国防科工委“十五”规划教材.动力机械及工程热物理

航空发动机原理

廉筱纯　吴　虎　编著

西北工業大學出版社
北京航空航天大学出版社　北京理工大学出版社
哈尔滨工业大学出版社　哈尔滨工程大学出版社

内容简介

本书共10章，前8章主要对航空燃气涡轮发动机进行了介绍，包括涡轮喷气、涡轮风扇、涡轮螺桨和涡轮轴等类型发动机的热力循环、推力和推进效率以及设计点热力计算、各部件的共同工作和发动机的控制规律和特性等内容。第9章介绍了航空燃气涡轮发动机风扇压气机的气动不稳定工作状态，以及进气畸变对发动机性能和稳定性的影响。第10章介绍了超燃冲压发动机，包括进气道、燃烧室、尾喷管以及发动机总体性能和推进系统的安装性能。

本书适合作飞行器动力工程专业本科生和研究生的教材，亦可供有关专业技术人员参考。

图书在版编目(CIP)数据

航空发动机原理/廉筱纯，吴虎编著. —西安：西北工业大学出版社，2005.6（2025.2重印）
国防科工委"十五"规划教材. 动力机械及工程热物理
ISBN 978-7-5612-1884-6

Ⅰ.航… Ⅱ.①廉… ②吴… Ⅲ.航空发动机—高等学校—教材 Ⅳ.V23

中国版本图书馆CIP数据核字(2005)第016057号

航空发动机原理

廉筱纯　吴　虎　编著
责任编辑　刘　晖　李　杰
责任校对　季苏平
西北工业大学出版社出版发行
西安市友谊西路127号(710072)
发行部电话：029-88493844　88491757
http://www.nwpup.com
陕西向阳印务有限公司印制　各地书店经销
开本：787 mm×960 mm　1/16
印张：30.5　　字数：636千字
2005年6月第1版　2025年2月第13次印刷
ISBN 978-7-5612-1884-6　　定价：85.00元

国防科工委“十五”规划教材编委会

（按姓氏笔画排序）

总　序

国防科技工业是国家战略性产业，是国防现代化的重要工业和技术基础，也是国民经济发展和科学技术现代化的重要推动力量。半个多世纪以来，在党中央、国务院的正确领导和亲切关怀下，国防科技工业广大干部职工在知识的传承、科技的攀登与时代的洗礼中，取得了举世瞩目的辉煌成就。研制、生产了大量武器装备，满足了我军由单一陆军，发展成为包括空军、海军、第二炮兵和其他技术兵种在内的合成军队的需要，特别是在尖端技术方面，成功地掌握了原子弹、氢弹、洲际导弹、人造卫星和核潜艇技术，使我军拥有了一批克敌制胜的高技术武器装备，使我国成为世界上少数几个独立掌握核技术和外层空间技术的国家之一。国防科技工业沿着独立自主、自力更生的发展道路，建立了专业门类基本齐全，科研、试验、生产手段基本配套的国防科技工业体系，奠定了进行国防现代化建设最重要的物质基础；掌握了大量新技术、新工艺，研制了许多新设备、新材料，以“两弹一星”、“神舟”号载人航天为代表的国防尖端技术，大大提高了国家的科技水平和竞争力，使中国在世界高科技领域占有了一席之地。党的十一届三中全会以来，伴随着改革开放的伟大实践，国防科技工业适时地实行战略转移，大量军工技术转向民用，为发展国民经济做出了重要贡献。

国防科技工业是知识密集型产业，国防科技工业发展中的一切问题归根到底都是人才问题。50多年来，国防科技工业培养和造就了一支以“两弹一星”元勋为代表的优秀的科技人才队伍，他们具有强烈的爱国主义思想和艰苦奋斗、无私奉献的精神，勇挑重担，敢于攻关，为攀登国防科技高峰进行了创造性劳动，成为推动我国科技进步的重要力量。面向新世纪的机遇与挑战，高等院校在培养国防科技人才，生产和传播国防科技新知识、新思想，攻克国防基础科研和高技术研究难题当中，具有不可替代的作用。国防科工委高度重视，积极探索，锐意改革，大力推进国防科技教育特别是高等教育事业的发展。

高等院校国防特色专业教材及专著是国防科技人才培养当中重要的知识载体和教学工具，但受种种客观因素的影响，现有的教材与专著整体上已落后于当今国防科技的发展水平，不适应国防现代化的形势要求，对国防科技高层次人才的培养造成了相当不利的影响。为尽快改变这种状况，建立起质量上乘、品种齐全、特点突出、适应当代国防科技发展的国防特色专业教材体系，国防科工委全额资助编写、出版200种国防特色专业重点教材和专著。为保证教材及专著的质量，在广泛动员全国相关专业领域的专家学者竞投编著工作的基础上，以陈懋章、王泽山、陈一坚院士为代表的100多位专家、学者，对经各单位精选的近550种教材和专著进行了严格的评审，评选出近200种教材和学术专著，覆盖航空宇航科学与技术、控制科学与工程、仪器科学与工程、信息与通信技术、电子科学与技术、力学、材料科学与工程、机械工程、电气工程、兵器科学与技术、船舶与海洋工程、动力机械及工程热物理、光学工程、化学工程与技术、核科学与技术等学科领域。一批长期从事国防特色学科教学和科研工作的两院院士、资深专家和一线教师成为编著者，他们分别来自清华大学、北京航空航天大学、北京理工大学、华北工学院、沈阳航空工业学院、哈尔滨工业大学、哈尔滨工程大学、上海交通大学、南京航空航天大学、南京理工大学、苏州大学、华东船舶工业学院、东华理工学院、电子科技大学、西南交通大学、西北工业大学、西安交通大学等，具有较为广泛的代表性。在全面振兴国防科技工业的伟大事业中，国防特色专业重点教材和专著的出版，将为国防科技创新人才的培养起到积极的促进作用。

党的十六大提出，进入21世纪，我国进入了全面建设小康社会、加快推进社会主义现代化的新的发展阶段。全面建设小康社会的宏伟目标，对国防科技工业发展提出了新的更高的要求。推动经济与社会发展，提升国防实力，需要造就宏大的人才队伍，而教育是奠基的柱石。全面振兴国防科技工业必须始终把发展作为第一要务，落实科教兴国和人才强国战略，推动国防科技工业走新型工业化道路，加快国防科技工业科技创新步伐。国防科技工业为有志青年展示才华，实现志向，提供了缤纷的舞台，希望广大青年学子刻苦学习科学文化知识，树立正确的世界观、人生观、价值观，努力担当起振兴国防科技工业、振兴中华的历史重任，创造出无愧于祖国和人民的业绩。祖国的未来无限美好，国防科技工业的明天将再创辉煌。

张华祝

前　言

《航空发动机原理》一书根据飞行器动力工程专业的航空发动机原理教学大纲编写而成。

本书以国内外综合高性能航空发动机的最新技术为着眼点，系统而重点地阐述了涡轮喷气发动机、涡轮风扇发动机、涡轮螺桨发动机和超燃冲压发动机的工作原理、参数选择、性能计算以及航空燃气涡轮发动机压缩系统的气动稳定性等内容。

在本教材的编写过程中，继承了建国以来我国编写和使用的多种相关教材和讲义的经典内容，并参阅了代表本学科最新发展动态的国内外著作、文献和研究成果，以保证本教材的先进性。

本书在内容的安排和叙述上，力图做到由浅入深，循序渐进，逻辑严密，推导论证细致，语言流畅易懂、精练准确，在充分讲清基本概念的基础上，符合认识规律，便于自学。

本书共10章，其中第1章、第4章、第5章、第6章、第7章由吴虎教授编写，其余各章由廉筱纯教授编写，各章中的许多图表由沈韶瀛工程师绘制。

由于编著者水平有限，书中的错误和不妥之处在所难免，恳请读者批评指正。

编著者

2005年5月

常用符号表

A	截面面积
A_{cr}	尾喷管临界截面面积
a	声速
B	涵道比
b	叶型弦长
C	热容量、系数、常数
C_p，C_V	定压比热容，定容比热容
c	气流速度
D	直径
e	压比参数（$e=\pi^{\frac{k-1}{k}}$）
E	残差、多变指数
EVC	有效热值
F	推力
E_N	净推力
F_g	总推力
F_{eff}	有效推力（安装推力）
F_s	单位推力
F_r	冲压阻力
f	油气比
$f(\lambda)$	气动函数
H	飞行高度、焓
H_f，H_u	燃油低热值
h	比焓（单位气体焓）
I	冲量、转动惯量
J	转动惯量
L	功
L_i	理想循环功
L_B	螺旋桨轴功
L_{CH}	高压压气机功
L_{CL}	低压压气机功
L_f	风扇功
L_{TH}，L_{TL}	高压涡轮和低压涡轮功
L_0	理论空气流量
Ma	马赫数
Ma_0	飞行马赫数
m	流量方程中的系数
n	转子转速
n_1，n_2	低压转子和高压转子的转速
N	功率
p	压力（压强）
p_t	总压（滞止压力）
Q	热量
q	单位气体热量
R	气体常数、半径
S	熵
s	比熵（单位气体熵）
sfc	单位燃油消耗率（耗油率）
SM	喘振裕度
T	绝对温度
T_t	总温（滞止温度）
U	内能
u	单位气体内能
W	气体质量流量
W_a，W_g，W_f	空气、燃气和燃油质量流量
X	阻力

希腊字母符号

α	迎角（攻角）
η	效率
k	定熵指数
λ	速度系数
π	循环总增压比

π_f	风扇增压比
π_{CL}	中压压气机增压比
π_{CH}	高压压气机增压比
$\pi_{C\Sigma}$	发动机内涵压气机总增压比
$\pi_{TL}, \pi_{TI}, \pi_{TH}$	低压、中压和高压涡轮膨胀比
β	飞机引气系数
Δ	加热比、增量符号
δ	冷却空气系数
ε	允许误差
ρ	密度
σ	总压恢复系数
φ	进气道流量系数
φ_C	尾喷管速度系数
ψ	熵函数
ω	角速度
τ	温度比

下角标

ab	加力燃烧室
a	空气
b	燃烧室
c	压气机
cl	冷却
cr	临界
d	设计点
eff	有效
f	燃油、风扇
g	总，燃气
H	高压、轮毂
I	中压
i	理想、进气道
idl	慢车
L	低压
M	混合室
m	机械
max	最大
min	最小
Sl	海平面
St	级
TO	起飞状态
T	涡轮
t	总参数(滞止参数)
th	喉部

上角标

*	发动机流路截面总参数
0	发动机远前方未扰动截面
i	进气道外界前缘点
2	低压压气机或风扇进口截面
2.3	中压压气机进口截面
2.5	高压压气机进口截面
3	高压压气机出口截面
4	燃烧室出口截面、高压涡轮进口截面
4.5	高压涡轮出口、低压涡轮进口截面
5Ⅰ	低压涡轮出口、混合室内涵进口截面
5Ⅱ	混合室外涵进口截面
6	混合室出口、加力燃烧室进口截面
7	加力燃烧室出口、尾喷管进口截面
8	尾喷管喉部截面
9	收敛-扩张型

涡轮风扇发动机的外涵道

22	风扇出口的外涵部分
5Ⅱ	混合出口的外涵部分
7Ⅱ	分别排气涡轮风扇发动机外涵尾喷管进口截面
8Ⅱ	分别排气涡轮风扇发动机外涵尾喷管喉部截面
9Ⅱ	分别排气涡轮风扇发动机外涵尾喷管出口截面

目　录

第1章 航空燃气涡轮发动机主要类型及其性能指标

1.1 航空燃气涡轮发动机的主要类型

自1939年9月27日装有燃气涡轮喷气发动机(简称燃气涡轮发动机)的飞机在德国首次试飞成功以来,航空燃气涡轮发动机有了飞速发展。与活塞式发动机相比,燃气涡轮发动机在结构上非常简单,它只是将转动的压气机和涡轮连接在同一根轴上,两者之间装有热源(燃烧室),空气连续不断地被吸入压气机,并在其中压缩增压后,进入燃烧室中喷油燃烧成为高温高压燃气,再进入涡轮中膨胀做功。显然,燃烧的膨胀功必然大于空气在压气机中被压缩所需要的压缩功,使得有部分富余功可以被利用。可见,燃气涡轮发动机的膨胀功可以分为两部分:一部分膨胀功通过传动轴传给压气机,用以压缩吸入燃气涡轮发动机的空气;另一部分膨胀功则对外输出,作为飞机、舰船、车辆或发电机等的动力装置。如图1-1所示即为典型的航空燃气涡轮发动机结构简图。

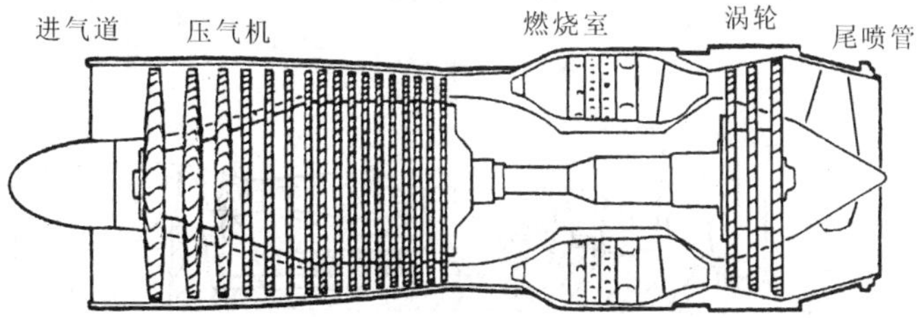

(a)

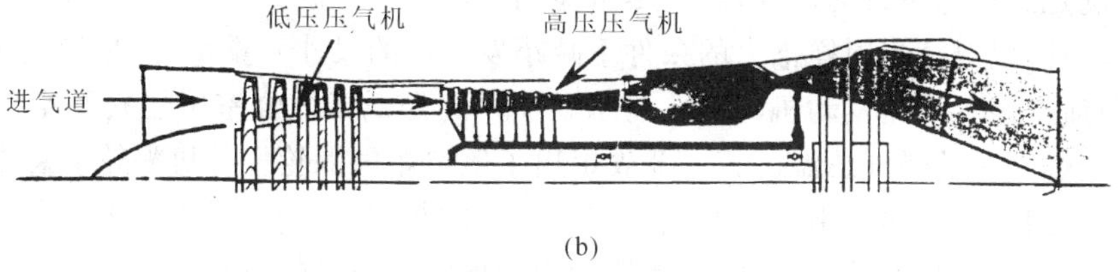

(b)

图1-1 典型的航空燃气涡轮发动机结构简图

燃气涡轮发动机与活塞式发动机不同之处在于：活塞式发动机工作时，空气是间断地进入汽缸的，气体的压缩、燃烧和膨胀过程发生在同一汽缸中；而燃气涡轮发动机工作时，空气是连续不断地被吸入，气体的压缩、燃烧和膨胀过程分别在压气机、燃烧室、涡轮或尾喷管等不同部件中进行。活塞式发动机靠大尺寸的螺旋桨推动飞机前进。随着飞行速度增加，特别是接近声速时，飞机的阻力急剧增大，要求大幅度地增大发动机的功率，活塞式发动机功率的增加，主要依靠加大汽缸尺寸和数目，这样就加大了发动机的重量和尺寸。此外，在飞机飞行速度达到 800 ～ 850 km/h 时，螺旋桨的效率开始明显下降，使其产生的推力下降，无法满足进一步提高飞行速度的要求。这正是活塞式发动机不能突破"音障" 的原因。与之相比，燃气涡轮发动机的重量显著减少，并且取消了螺旋桨，在很大的飞行速度范围内，燃气涡轮发动机的推力是随着飞行速度的增加而增加的。这样使飞机的飞行速度不但突破了"音障"，而且已超过声速 3 倍以上。

燃气发生器出口的高温高压燃气在尾喷管中膨胀加速，向后方高速喷射，产生反作用推力。在相同的燃气发生器条件下，可将燃气涡轮发动机燃气发生器出口的部分或大部分可用功，通过动力涡轮转变为轴功。轴功驱动螺旋桨的发动机就成为涡轮螺旋桨发动机，可简称为涡轮螺桨发动机；轴功驱动外涵压气机（常称为风扇）的发动机就成为涡轮风扇发动机，可简称为涡扇发动机。其结构简图分别如图 1 - 2(a)，(b) 所示。

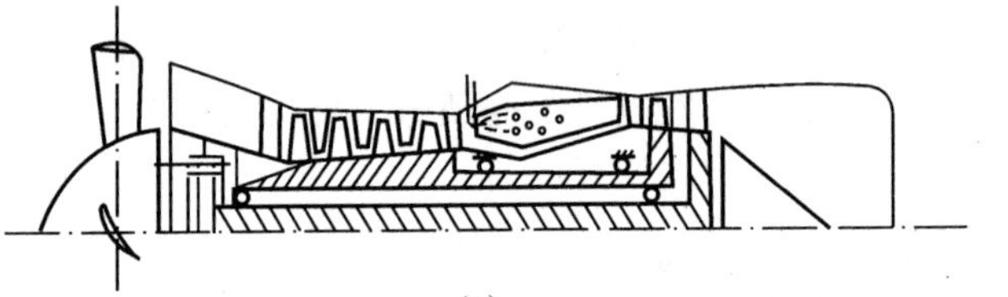

(a)

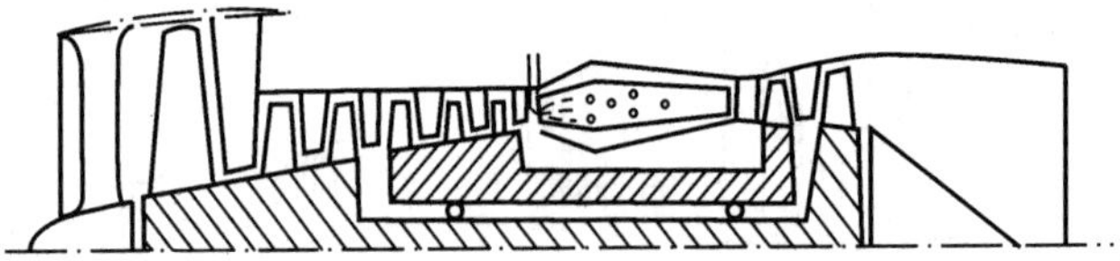

(b)

图 1 - 2　涡轮螺桨发动机和涡扇发动机

为了满足超声速飞行的需要，希望尽可能加大涡轮前总温 T_{t4}，采用高强度、重量轻的材料和高效率部件，以保证在同样推力的条件下减小发动机的尺寸和重量。但是受涡轮叶片材料的限制，目前航空燃气涡轮发动机的涡轮前总温 T_{t4}，还是低于燃烧室中燃料和空气按理论比例混合时完全燃烧时的燃气总温。图 1 - 3 表示出了航空燃气涡轮发动机涡轮前总温随航空科学技术发展的变化趋势。涡轮出口的燃气含有相当量的氧气，在涡轮出口，进一步向燃气流中喷油燃烧，可进一步提高发动机的推力。复燃加力的航空燃气涡轮发动机简称为加力式燃气涡喷发动机（可简称为涡喷发动机），如图 1 - 4 所示。

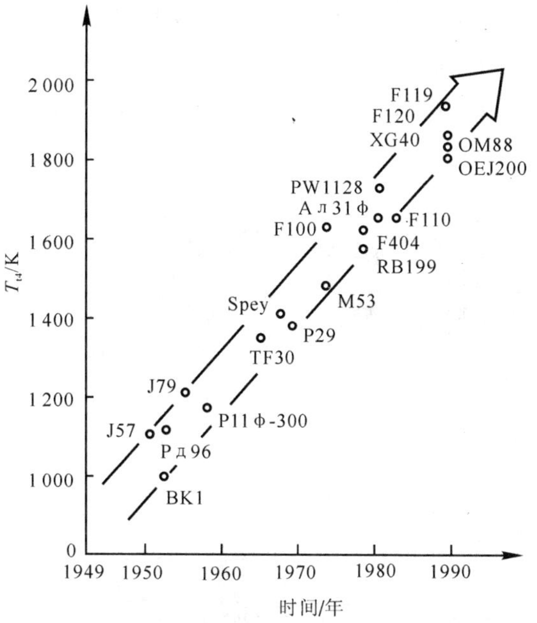

图　1-3　航空燃气涡轮发动机涡轮前总温 T_{t4} 的发展变化趋势

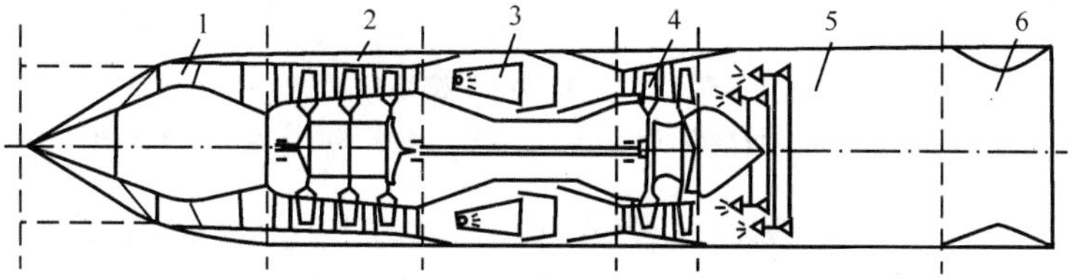

(a)

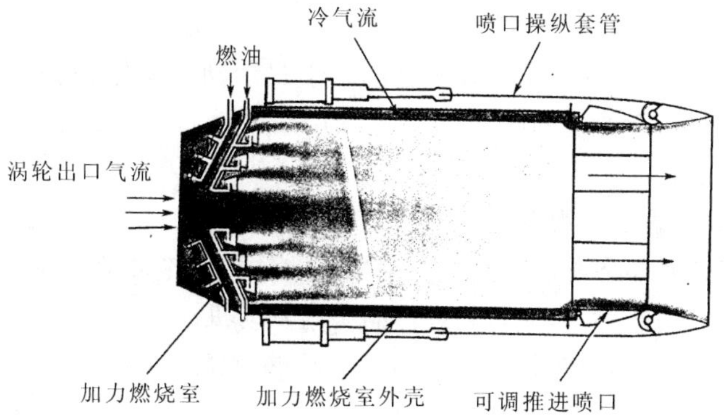

(b)

图 1-4　加力式燃气涡喷发动机

在较低的飞行速度下，燃气涡轮发动机的推进效率低，这是因为它的排气速度大。而作为推进器的螺旋桨在低速飞行时具有很高的推进效率。涡轮螺桨发动机综合了涡喷发动机和螺旋桨的优点。图 1-5 所示为燃气涡轮螺桨发动机的结构简图。

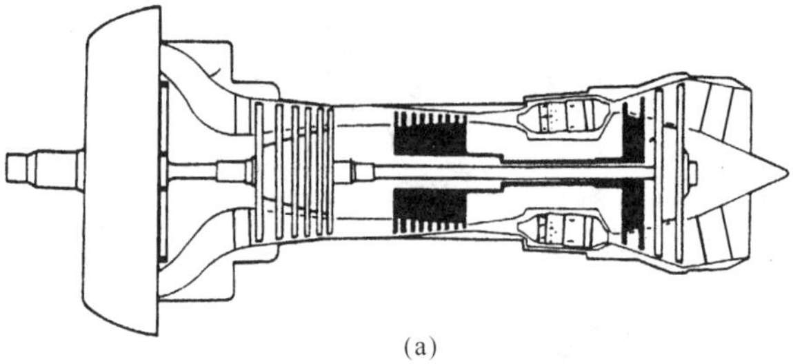

(a)

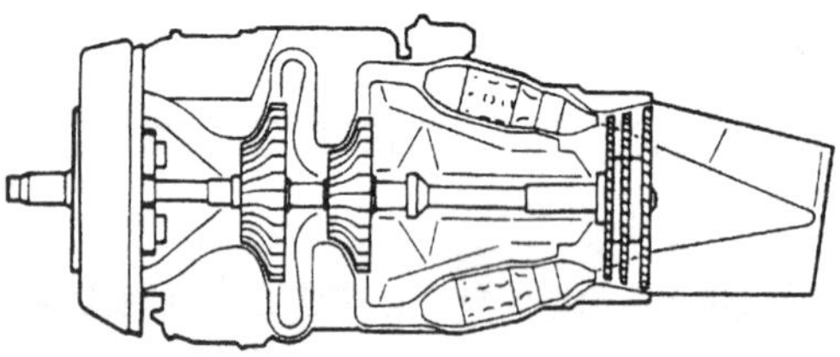

(b)

图 1-5　涡轮螺桨发动机结构简图

(a) 双轴轴流式涡轮螺桨发动机；(b) 单面进气双级离心式涡轮螺桨发动机

在这种发动机中，涡轮后的燃气总压接近外界大气的压力，燃气发生器后的涡轮用来带动螺旋桨。飞机前进的推力(或拉力) 主要由螺旋桨产生，喷气产生的推力只占很小的部分。当飞行速度低于 800 km/h 时，燃气涡喷发动机的推进效率低于涡轮螺桨发动机的推进效率，如图 1-6 所示。

如果燃气发生器后的燃气可用能量几乎全部用于驱动动力涡轮，则燃气涡轮发动机就变成了涡轮轴发动机。动力涡轮轴上的输出功率可以用来带动直升机的旋翼或地面车辆、发电机、舰船等，如图 1-7 所示。

改善涡喷发动机推进效率较为有效的方法是将通过发动机的空气分成两路。第一路通过内涵道的压气机和涡轮，第二路通过由燃气发生器后的动力涡轮带动的风扇，这种发动机称之为涡扇发动机。图 1-8 所示即为几种高涵道比的涡扇发动机。

可以把这种发动机视为涡轮螺桨发动机的变形，即把螺旋桨的尺寸缩小、桨叶数目增多并置于外涵道之中，以提高亚声速飞行条件下螺旋桨的效率。

将流过第二路的空气质量流量和流过第一路的空气质量流量之比称为涵道比(用 B 表示)。两股气流可以分别排出或混合排出。

由于第一路的气流在燃气发生器后的涡轮中继续膨胀以带动风扇，燃气的温度和压力降低，使第一路气流的排气速度减小，推力减小；但是，由于燃气发生器的一部分能量通过涡轮传给风扇，使第二路气流的压力升高，然后在外涵尾喷管中膨胀，也产生推力，因此，这种发动机是内涵的循环功转成两个涵道内全部空气的动能，所以气流流出发动机时的平均速度降低了，从而减少了排气带走的动能损失。在低速飞行条件下，这种发动机具有较高的推进效率。涵道比越大，其推进效率也越高(见图1-6)。高涵道比的涡扇发动机迎面尺寸太大，不适合于超声速飞行。

如图1-9所示是低涵道比混合排气的涡扇发动机，其特点是涵道比小($B\leqslant 1.0$)，内、外涵气流在涡轮后混合，然后统一由尾喷管排出。

如图1-10所示为一个典型的低涵道比混合加力涡扇发动机(EJ200)，其设计涵道比大约为0.4；图1-11所示为另一种类似的低涵道比混合加力涡扇发动机，设计涵道比大约为0.6。现代高性能战斗机都采用低涵道比混合加力涡扇发动机，其涵道比大约在0.1～0.6之间。

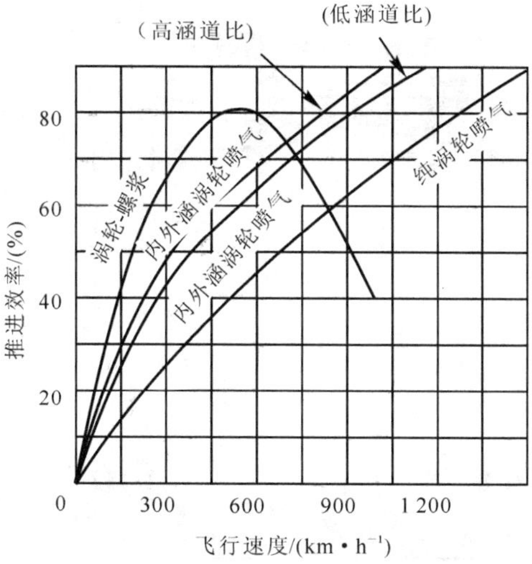

图1-6　燃气涡轮发动机推进效率随飞行速度的变化关系

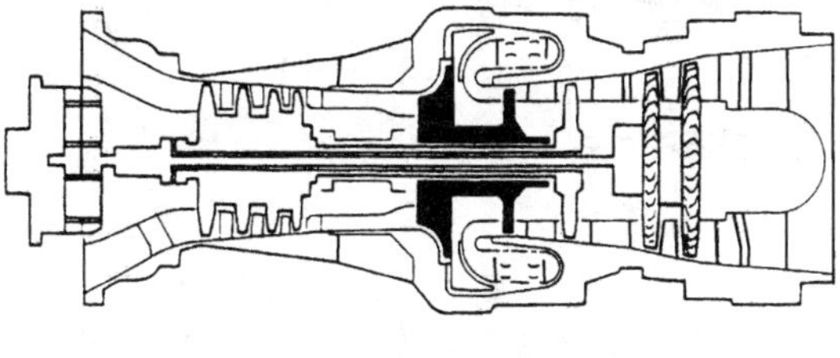

图1-7　涡轮轴发动机结构简图

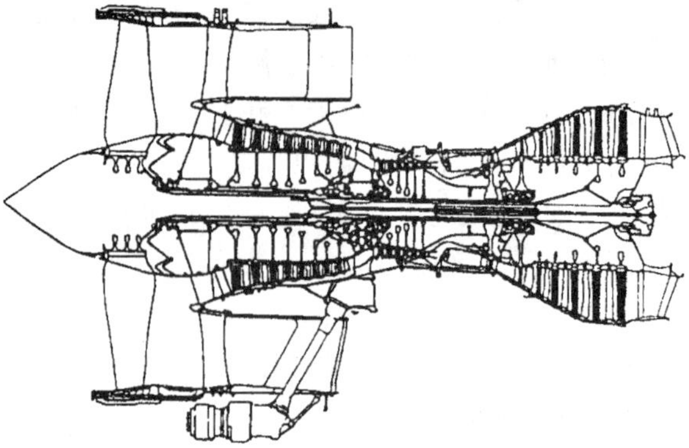

(a)

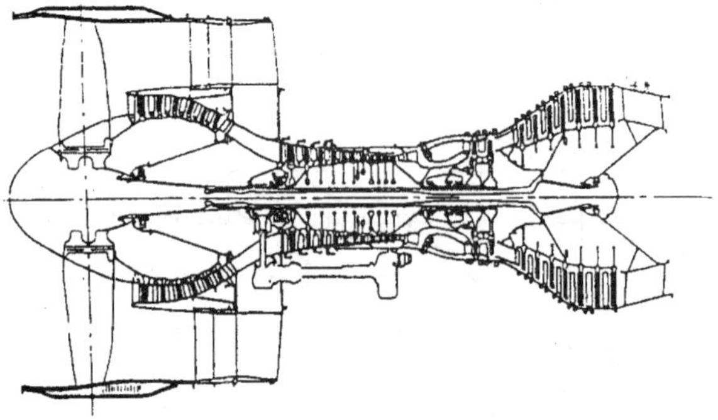

(b)

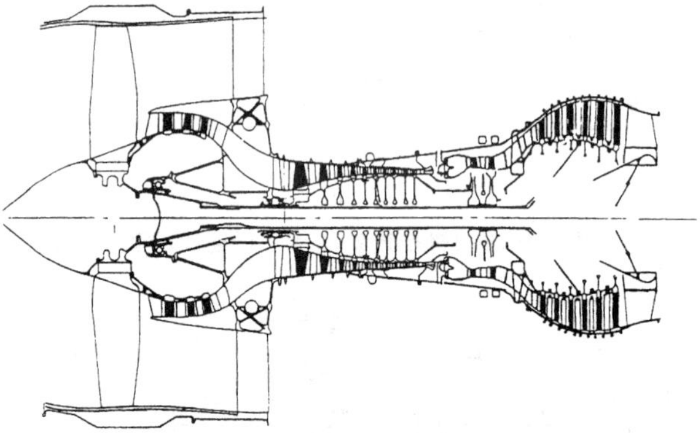

(c)

图 1－8　高涵道比的涡扇发动机

(a) 罗·罗公司 Trent 884 发动机；(b) 普·惠公司 4084 发动机；
(c) 通用电气公司 CE90 发动机

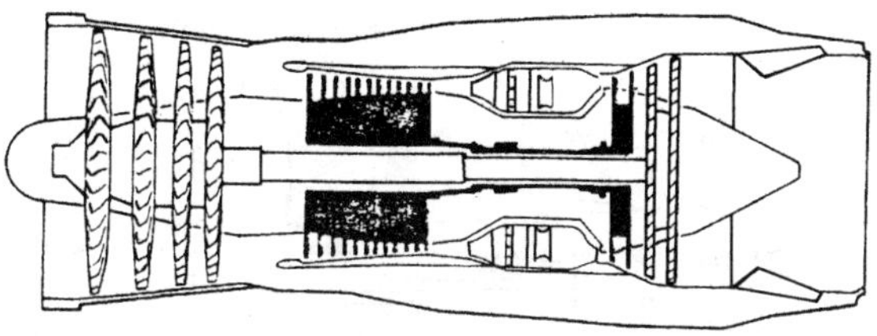

图 1-9 低涵道比混合排气的涡扇发动机

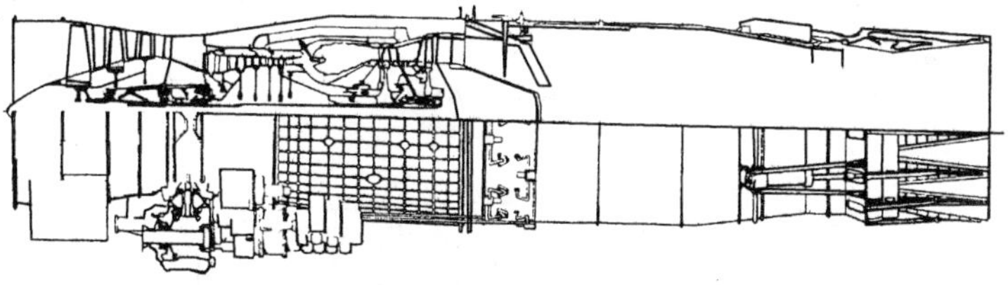

图 1-10 EJ200 涡扇发动机

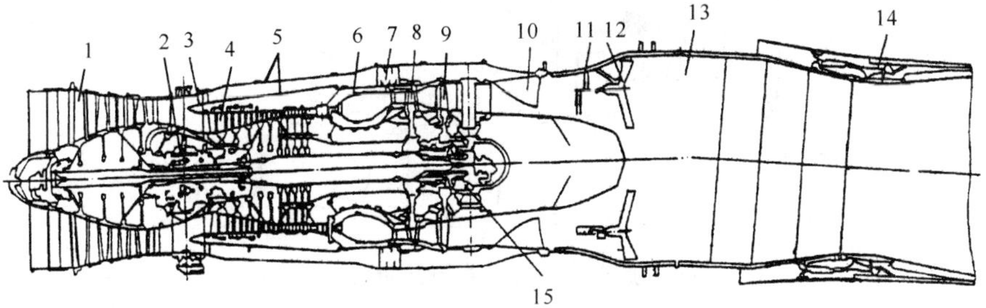

图 1-11 某现役歼击机用的低涵道比混合加力涡扇发动机

1— 低压压气机;2— 中央锥形传动装置;3— 中介机匣;4— 高压压气机;5— 外涵道;6— 主燃烧室;
7— 空气热交换器;8— 高压涡轮;9— 低压涡轮;10— 混合器;11— 加力燃烧输油圈;
12— 加力燃烧室稳定器;13— 加力燃烧室;14— 尾喷管调节机构;15— 涡轮轴承座

近年来,一种新型的民机动力 —— 桨扇发动机 —— 已经问世,如图 1-12 所示,可以说,它是采用先进技术的涡轮螺桨发动机。如图 1-13 所示为一种具有外涵道的桨扇发动机,可以视为超高涵道比的涡扇发动机(涵道比 B 为 15 ~ 20 量级)。普通螺旋桨一般由 3 或 4 片直叶片组成,而桨扇则由 8 ~ 10 片后叶片组成,该叶片还具有叶型薄、最大厚度位置后移等特点。这些特点克服了一般螺旋桨在飞行马赫数达到 0.65 后效率就急剧下降的缺点,而使推进效率较高的优越性保持到飞行马赫数在 0.8 左右(见图 1-6)。

与水平相当的高涵道比涡扇发动机相比,桨扇发动机更适用于巡航马赫数为 0.7 ~ 0.8 的短途运输机。

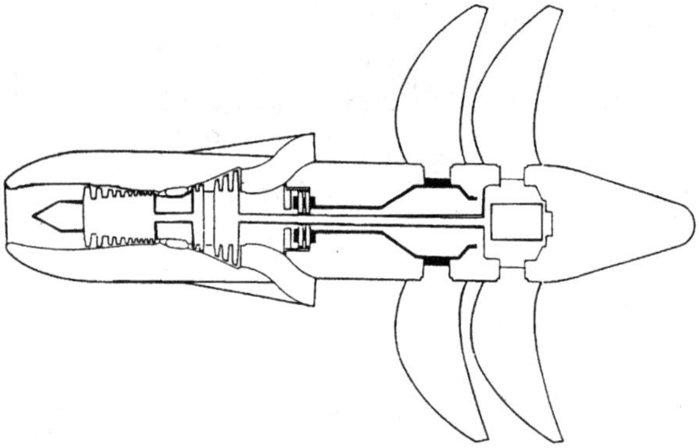

图 1－12 桨扇发动机

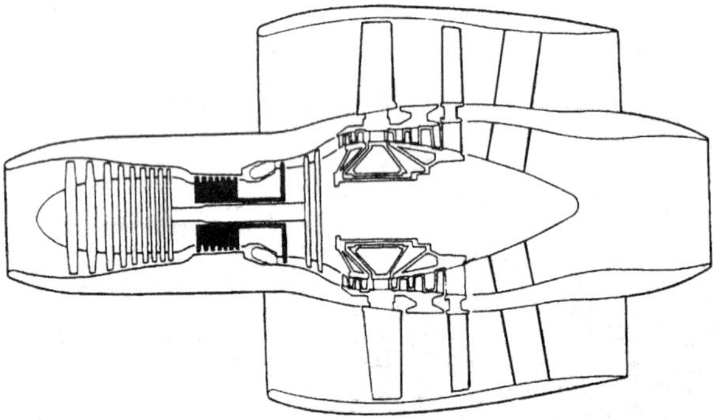

图 1－13 具有外涵道的桨扇发动机

1.2 航空燃气涡轮发动机性能指标

一、燃气涡喷发动机和涡扇发动机的性能指标

涡喷发动机和涡扇发动机都是将燃气发生器的可用功用于增加流过发动机气流的动能并产生反作用推力。因此，评定这两类发动机性能的指标都与推力有关。

1. 推力 F 和单位推力 F_s

发动机推力 F 是涡喷发动机或涡扇发动机的一个主要性能参数。当飞机的空气动力特性相同时，发动机推力越大，飞机就飞得越快越高，机动性也越好。

但发动机推力的大小，不足以评定发动机循环性能的优劣，因为对于循环性能相同的同类发动机，推力的增大可以是加大发动机尺寸、增大空气质量流量的结果。因此，评定发动机循环性能的优劣，应根据单位推力的大小。发动机推力与进入发动机的空气质量流量之比，称为发动机的单位推力，以 F_s 表示，单位为 N・s/kg，即

$$F_s = F/W_a \tag{1-1}$$

式中，W_a 为发动机的空气质量流量，单位为 kg/s。

在给定发动机推力的条件下，单位推力越大，空气质量流量越小，就可以缩小发动机的外廓尺寸和减轻发动机的重量。目前涡喷发动机地面台架最大状态的单位推力约为 60～75 daN・s/kg，加力状态下的单位推力可达 110 daN・s/kg 以上。

2. 单位燃油消耗率 sfc

发动机在单位时间内消耗的燃料质量称为燃油流量，用 W_f 表示。每小时每产生 1 单位推力所消耗的燃油质量称为单位燃油消耗率，简称耗油率，以 sfc 表示，即

$$\mathrm{sfc} = \frac{3\,600 W_f}{F} \tag{1-2}$$

耗油率是决定飞机的航程和续航时间的重要参数，是评定发动机经济性的重要指标。目前涡喷发动机在地面台架条件最大状态的耗油率为 0.8～1.0 kg/(daN・h)，大涵道比涡扇发动机的耗油率则已降到 0.4 kg/(daN・h) 以下。

3. 发动机推质比

发动机推力与发动机质量之比称为发动机推质比，用 F_m 表示，单位为 daN/kg，即

$$F_m = F/M \tag{1-3}$$

式中，M 为发动机质量，单位为 kg。

当发动机推力一定时，推质比愈大表示发动机质量愈轻。发动机推质比对飞机的性能有直接的影响，特别是军用歼击机要求高机动性（飞机能够迅速地加速和转弯等能力），需要有尽可能高的发动机推质比。表 1-1 和表 1-2 分别列出了现役的航空燃气涡轮发动机性能参数和推质比达 10 一级发动机的性能指标。

表 1-1　现役主要发动机的性能参数

参数	F100—PW100	F100—PW229	F100—GE100	F100—GE129	F404—GE400	F404—Ⅱ	F404—Ⅲ	RB—199	AJI—3
加力推力/kN	105.86	129.40	122.68	129.00	71.71	96～102	100～107	75.27	122.5
加力耗油率/kg/(daN・h)	2.036		2.05		1.86			2.25	1.99
不加力推力/kN	65.38	79.20	74.06		47.07			42.95	77.1

续表

参数	F100—PW100	F100—PW229	F100—GE100	F100—GE129	F404—GE400	F404—Ⅱ	F404—Ⅲ	RB—199	AJI—3
不加力耗油率 kg/(daN·h)	0.694		0.785		0.826			0.65	0.78
空气质量流量 kg/s	103.40		122.5	122	63.5				111
涵道比	0.63	0.36	0.87	0.81	0.34			1.10	0.6
涡轮前温度 K	1 606		1 728		1 655			1 590	1 665
总增压比	25	32	30		25			25	23.4
推质比	7.7	7.78	7.2		7.388	8.5 ～ 9	9.5	7.38	7.12
使用时间	1974		1984		1997			1982	1984
飞机型号	F15C,F16		F15E,F16C		F/A-18			“狂风”	苏-27

表 1-2　推质比达 10 一级的发动机的性能参数

参　数	F119	F120	M88—2	EJ200	P2000
加力推力 /kN	155.7	155.7	84.8	90.0	120.1
加力耗油率 /(kg·(daN·h)$^{-1}$)	2.305	2.305	1.840		
不加力推力 /kN	111.19	111.19	54.40	60.0	80.1
不加力耗油率 /(kg·(daN·h)$^{-1}$)	0.62	0.62	081		
推质比	10	10	9.6	10	
总增压比	25	25	24.5	25	
涡轮前温度 /K	1950	1950	1843	1803	1823
涵道比	0.2	0.2	0.5	0.4	0.6
装备飞机	ATF	ATF	“阵风”	EFA	MIG2000

如果发动机质量增加 1 kg，则亚声速飞机整体质量增加 4 ～ 5 kg，超声速飞机整体质量将增加 6 ～ 10 kg。在推力不变的条件下，推质比直接影响飞机的最大平飞速度、升限、有效载荷和机动性等性能。可见，推质比对飞机来说是非常重要的参数。

在相同的空气质量流量条件下，低涵道比的涡扇发动机一般比涡喷发动机的质量可低 20% 左右，因为通过涡扇发动机的高压压气机、燃烧室和涡轮的燃气流量少，所以其尺寸和质量都相应减小一些。但是涡扇发动机的喷气速度低，单位推力小。如果推力相同，则涡扇发动机的空气质量流量要大于涡喷发动机，即使如此，涡扇发动机的推质比仍然比较大。

4. 单位迎面推力 F_a

发动机推力与发动机迎风面积之比称为单位迎面推力，用 F_a 表示，其单位为 N/m^2，即

$$F_a = F/A_m \tag{1-4}$$

式中，A_m 为发动机迎风面积。

发动机单位迎面推力越大越好。当推力一定时，单位迎面推力越大，表示发动机迎风面积越小，有利于设计外形好、阻力小的飞机。

二、涡轮螺桨发动机和涡轮轴发动机的性能指标

涡轮螺桨发动机和涡轮轴发动机中燃气发生器的可用功由动力涡轮将大部分或绝大部分传递到螺旋桨或直升机旋翼上。因此，评定这类发动机性能的指标是功率和单位功率。

1. 功率和单位功率

在涡轮轴发动机中，几乎不产生喷气反作用推力，即循环有效功绝大部分由涡轮传至旋翼。涡轮轴发动机的功率（即轴功率）表达式为

$$N_s = L_{net} W_a \tag{1-5}$$

式中 N_s—— 涡轮轴发动机功率（即轴功率）；

L_{net}—— 涡轮输出至旋翼的功，对单轴发动机而言，$L_{net} = L_T - L_C$，对具有自由涡轮（或称动力涡轮）的发动机而言，$L_{net} = L_{TZ}$。其中，L_T 为涡轮单位质量气流的功；L_C 为压气机单位质量气流的功；L_{TZ} 为自由涡轮单位质量气流的功。

对于涡轮螺桨发动机，一般采用当量功率 N_e 来衡量其动力性能。所谓当量功率是在给定的飞行条件下，螺旋桨轴功率与发动机喷气推力的推进功率折合成为螺旋桨轴功率之和。根据这个定义，有

$$N_e = N_B + F_j c_0 / \eta_B \tag{1-6}$$

由于在台架条件下，飞行速度 $c_0 = 0$，$\eta_B = 0$，因此式(1-6)成为不定式，令

$$\beta = \lim_{c_0 \to 0} c_0 / \eta_B$$

一般地面条件下，$\beta = 60 \sim 80$ kW/kN，于是有

$$N_{e0} = N_{B0} + \beta F_{j0} \tag{1-7}$$

单位轴功率是流经发动机每千克空气所产生的轴功，或者说是单位质量空气流量所产生的轴功率；单位当量功率是流过发动机 1 kg/s 的空气流量所产生的当量功率。现代涡轮轴及涡轮螺桨发动机在地面台架的最大工作状态下的单位轴功率或单位当量功率约为 300 ～ 400 kW·s/kg。

2. 耗油率

涡轮螺桨发动机或涡轮轴发动机的单位燃油消耗率，简称为耗油率，是单位时间内产生 1 kW 功率所消耗的燃油量，用 sfc 表示，单位为 kg/(kW·h)，即

$$sfc = 3\,600 W_f / N_s \tag{1-8}$$

或者

$$sfc = 3\,600 W_f / N_e \tag{1-9}$$

地面台架上涡轮螺桨发动机或涡轮轴发动机最大工作状态下的 sfc 一般为 0.22 ~ 0.35 kg/(kW·h)。

3. 功率质量比

发动机功率与发动机质量之比称为功率质量比，以 N_m 表示，单位为 kW/kg，即

$$N_m = N_s / M \tag{1-10}$$

或者

$$N_m = N_e / M \tag{1-11}$$

地面台架上发动机最大工作状态的 N_m 值在 0.1 ~ 0.3 kW/kg 的范围内。

对于涡轮螺桨发动机和涡轮轴发动机来说，发动机迎风面积的大小往往不作为一个重要的指标。其原因，一方面是由于涡轮螺桨飞机和直升机的飞行速度较低；另一方面是流过发动机的空气质量流量一般都比较小，与螺旋桨直径相比，发动机的直径相对比较小。

三、航空燃气涡轮发动机的使用性能要求

除了上述各项主要性能指标外，对航空燃气涡轮发动机，还有下述使用性能方面的要求。

1. 起动迅速可靠

发动机由停车状态起动达到慢车工作状态的过程要迅速可靠。在地面不同的大气条件下起动，或在空中停车后重新起动，都要求起动成功率高。

2. 加速性好

通常以从慢车转速加速到最大工作状态转速所需要的时间来表示发动机加速性的好坏。加速时间越短，发动机加速性越好。现代航空燃气涡轮发动机的加速时间一般为 5 ~ 18 s。

3. 工作安全可靠

发动机在各种飞行条件下都能按照驾驶员的操纵，安全可靠地工作，不发生压气机的喘振、燃烧室的熄火或机件损坏等故障。

4. 发动机寿命长

发动机从出厂到第一次大翻修这一段期间内，总工作时数或两次大翻修之间的工作时数都可以称之为发动机寿命。发动机经数次翻修直至报废总积累的工作时数称为发动机总寿命。一般民用发动机的寿命较长，军用发动机的寿命较短。

另外，还有发动机的噪声低、空气污染小、维护方便、易于加工制造和生产成本低等性能要求。

1.3 航空燃气涡轮发动机的推力

作为飞机动力装置的航空燃气涡轮发动机产生推力，使飞机克服阻力飞行。

作为直升机动力装置的涡轮轴发动机，通过直升机旋翼产生升力，克服直升机重力，使直升机升空并飞行。

上述各种航空燃气涡轮发动机产生推力或升力，都是由于空气动能增加，动量变化，使发动机或螺旋桨获得的反作用力。

在本节中，以涡喷发动机为例来阐述航空燃气涡轮发动机推力的产生和计算推力的方法。

涡喷发动机的推力是由流过发动机内外壁面的气流对发动机各个部件表面上的作用力而产生的。气体在各个部件上作用力的轴向分力并不都是与推力方向相同的。例如，涡轮和尾喷管受到的是向后的轴向分力，而气流作用于压气机的轴向力与推力方向相同。

图 1-14 表示某单转子涡喷发动机在地面台架最大工作状态时的轴向力在各个部件上的分布。事实上，用计算各部件轴向力合力的方法来计算发动机的推力是十分困难的。这是因为发动机各部件的形状十分复杂，无法确切地知道部件表面的气体压力和黏性力的分布情况。

因此，计算发动机推力时，可以把发动机看做一个整体，根据动量定理，通过计算发动机进口和出口气流动量的变化来确定发动机的推力。

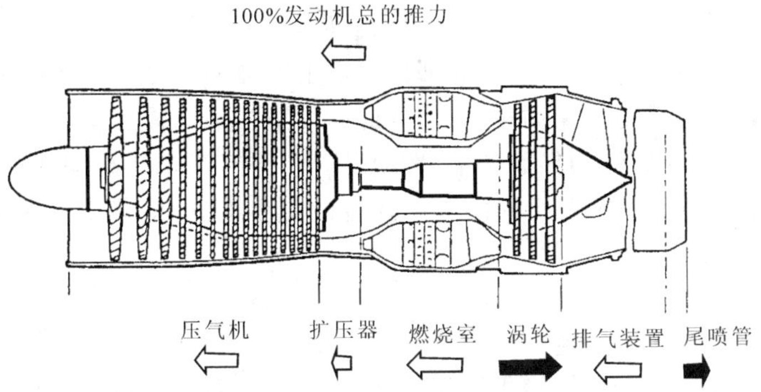

图 1-14 典型的单转子涡喷发动机各部件轴向力分布

一、涡喷发动机的推力计算公式

涡喷发动机既是热机又是推进器。作为热机，将燃料的热能转变为热力循环的有效功，循环的有效功全部用于增加流过发动机气流的动能；作为推进器，涡喷发动机直接产生推力，推动飞机前进，完成推进功。

1. 有效推力(又称安装推力)

为了容易理解，以发动机装于飞机机翼之下的短舱内为例说明有效推力的概念。图 1-15

所示为发动机装于短舱内的示意图。短舱前部有进气系统将气流引进发动机，短舱后部有排气系统将气流排出发动机。进气系统、发动机和排气系统组成飞机的动力装置(或称推进系统)。

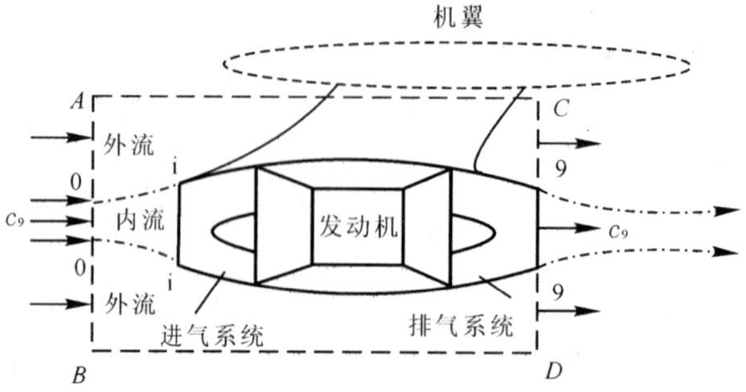

图 1-15　安装于机翼下短舱内的发动机示意图

飞行时，气流流过动力装置的内部和外部。内流对动力装置产生的力，称为内推力，以符号 F_{in} 表示，水平飞行时，内推力与飞行方向一致；通过短舱外部的气流称为外流，对动力装置产生与飞行方向相反的作用力，称为外阻力，以符号 F_{out} 表示。

内推力 F_{in} 与外阻力 F_{out} 的代数和定义为动力装置的有效推力(或称安装推力)，以符号 F_{eff} 表示。规定：与飞行方向一致的力为正，与飞行方向相反的力为负，所以

$$F_{eff} = F_{in} - F_{out} \tag{1-12}$$

F_{in} 是内流作用于其接触的动力装置各部件表面上的力的合力在发动机轴线上的投影。显然，计算 F_{in} 方便可行的方法是应用动量定理，为此必须适当地选择控制体。一般对内流所取的控制体如图 1-16 所示。控制体的界面包括：发动机远前方气流未受扰动的截面即截面 0—0；截面 0—0 与短舱进口截面 i—i 之间的内流和外流的交界面 0—i；发动机短舱内表面的界面 i—9；短舱出口截面 9—9。

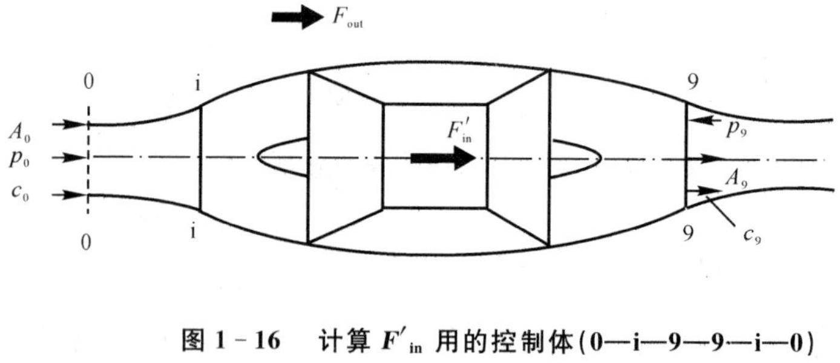

图 1-16　计算 F'_{in} 用的控制体(0—i—9—9—i—0)

计算推力 F_{in} 的控制体前端的界面本来应该在 i—i 截面处，但是此处的气流参数不易求得，为了计算方便通常将控制体的前端界面取在 0—0 截面。9—9 截面上气流参数一般是不均匀的，计算时应取参数的平均值。短舱的内表面应理解为内流与短舱内所有部件的接触面，因

此内流对短舱内表面的作用力即为 F_{in}。

对所选取的控制体内的气流应用动量方程，便可得到 F_{in}' 计算公式。这里规定：与气流方向一致的作用力为正，与气流方向相反的作用力为负。写出动量方程为

$$p_0A_0+\int_0^i p\mathrm{d}A+F_{in}'-p_9A_9=W_9c_9-W_ac_0 \tag{1-13}$$

式中，p_0 为 0—0 截面上的气流压力，因为 0—0 截面为未受扰动截面，故 p_0 即为外界大气压力；A_0 为通过发动机内部的气流在 0—0 截面上所对应的面积，故 p_0A_0 是外界对控制体内气流在 0—0 截面上的作用力；$\int_0^i p\mathrm{d}A$ 为在控制体界面 0—i 上外流对内流的作用力合力在发动机轴线上的投影；$\mathrm{d}A$ 为控制体界面 0—i 上的微元面积在垂直于轴线方向上的投影；F_{in}' 为发动机短舱内表面对控制体内气流的作用力合力在轴线上的投影，应注意到，F_{in}' 与 F_{in} 是一对作用力与反作用力，其大小相等、方向相反；p_9A_9 为在 9—9 截面上，外界对控制体内气流的作用力；W_9c_9 为控制体出口截面上气流的动量；W_ac_0 为控制体进口截面上的气流的动量。

根据式(1-13)可得

$$F_{in}'=W_9c_9-W_ac_0+p_9A_9-p_0A_0-\int_0^i p\mathrm{d}A \tag{1-14}$$

因为 F_{in}' 与 F_{in} 是一对作用力与反作用力，而且按照上面正负号的规定，F_{in} 与飞行方向一致为正，F_{in}' 与气流方向一致为正，所以

$$F_{in}=W_9c_9-W_ac_0+p_9A_9-p_0A_0-\int_0^i p\mathrm{d}A \tag{1-15}$$

式(1-15)就是式(1-12)中 F_{in} 的计算式。下面说明 F_{out} 的处理方法。

F_{out} 是外流对短舱外表面的作用力的合力在发动机轴线方向上的投影，可以表示为

$$F_{out}=\int_i^9 p\mathrm{d}A+X_f \tag{1-16}$$

式中　$\int_i^9 p\mathrm{d}A$—— 外流作用于短舱外表面上的压力在发动机轴线上的投影；

X_f—— 摩擦力的合力在轴线上的投影。

显然，要具体计算 F_{out}，必须知道短舱外表面上的压力分布和流动情况。它们决定于飞行条件、发动机的工作状态、短舱的几何形状和尺寸等因素，比较复杂，已超出本书内容范围。

将式(1-15)、式(1-16)代入式(1-12)中得

$$F_{eff}=W_9c_9-W_ac_0-p_0A_0+p_9A_9-\int_0^i p\mathrm{d}A-\int_i^9 p\mathrm{d}A-X_f \tag{1-17}$$

工程上对有效推力习惯以压力差 $p-p_0$ 表示，为此利用大气压力 p_0 沿控制体周围表面的封闭积分恒等于零这一事实，得到

$$p_0A_0+\int_0^i p_0\mathrm{d}A+\int_i^9 p_0\mathrm{d}A-p_0A_9=0 \tag{1-18}$$

将式(1-17)等号右端加式(1-18)等号左端，整理之后得

$$F_{\text{eff}} = W_9 c_9 - W_a c_0 + (p_9 - p_0)A_9 - \int_0^i (p - p_0)\mathrm{d}A - \int_i^9 (p - p_0)\mathrm{d}A - X_f \tag{1-19}$$

式(1-19)是有效推力的基本表达形式，式中等号右端前三项定义为发动机推力，以 F 表示，即

$$F = W_9 c_9 - W_a c_0 + (p_9 - p_0)A_9 \tag{1-20}$$

$\int_0^i (p - p_0)\mathrm{d}A$ 称为进气道附加阻力，以 X_d 表示；$\int_i^9 (p - p_0)\mathrm{d}A$ 称为短舱的压差阻力，以 X_p 表示，于是式(1-19)可写为

$$F_{\text{eff}} = F - X_d - X_p - X_f \tag{1-21}$$

下面对推力 F 做进一步说明。

2. 推力 F

式(1-20)定义的推力 F，工程上经常用到，因此式(1-20)是一个很重要的公式。

式(1-20)中的 $W_9 c_9$ 称为动量推力，$(p_9 - p_0)A_9$ 称为压力推力，两项之和称为总推力，以 F_g 表示，即

$$F_g = W_9 c_9 + (p_9 - p_0)A_9 \tag{1-22}$$

式(1-20)是发动机推力的基本表达式，在特殊的情况下有其简化形式。当尾喷管完全膨胀时($p_0 = p_9$)，则式(1-20)简化为

$$F = W_9 c_9 - W_a c_0 \tag{1-23}$$

如果进一步忽略燃气质量流量与空气质量流量的差别，则有

$$F = W_a (c_9 - c_0) \tag{1-24}$$

对于零飞行速度，则有

$$F = W_a c_9 \tag{1-25}$$

当尾喷管完全膨胀时，发动机的推力最大，其物理意义如图1-17(a)所示；不完全膨胀($p_9 > p_0$)或过度膨胀($p_9 < p_0$)时，发动机的推力都将减小，其物理意义如图1-17(b)、(c)所示。不完全膨胀时，尾喷管显得比较短，没有 L_2 这一段，损失了一部分推力，如图1-17(b)所示；过度膨胀时，尾喷管内壁面上的压力在 L_1 段上是小于外界大气压力的，因此在此段上作用着负推力，如果把 L_1 去掉则推力增加，如图1-17(c)所示。

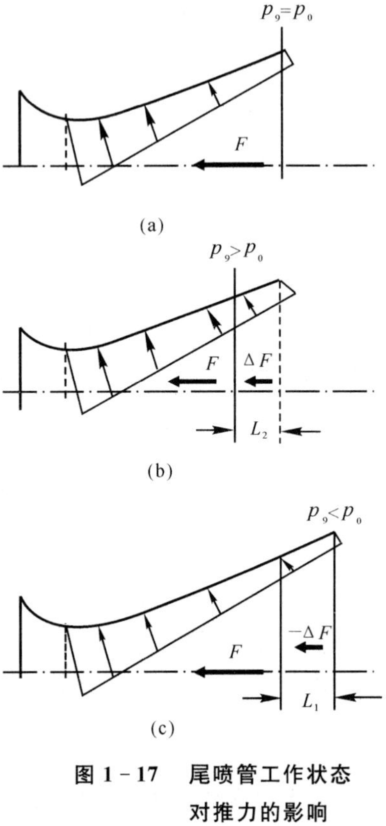

图1-17 尾喷管工作状态对推力的影响

有时用气动函数 $f(\lambda)$ 表示推力比较方便。$f(\lambda)$ 的定义为

$$f(\lambda)=(p+\rho c^2)/p_t$$

式中的静压 p、密度 ρ、速度 c 和总压 p_t 为气流在一维流管内同一截面上的参数。

由 $f(\lambda)$ 的定义可得

$$Ap_tf(\lambda)=Ap+A\rho c^2=Ap+Wc$$

式中 A—— 流管截面面积；

W—— 气流质量流量。

上式是一般形式，适用于一维流管的任意截面，对于发动机尾喷管出口 9—9 截面可写成

$$W_9c_9=A_9p_{t9}f(\lambda)-A_9p_9 \tag{1-26}$$

将此式代入式(1-20)中得

$$F=A_9p_{t9}f(\lambda)-A_9p_9+(p_9-p_0)A_9-W_ac_0$$

将该式整理后得

$$F=A_9p_0\left[\frac{p_{t9}}{p_0}f(\lambda_9)-1\right]-W_ac_0 \tag{1-27}$$

如果是零飞行速度，$c_0=0$，则

$$F=A_9p_0\left[\frac{p_{t9}}{p_0}f(\lambda_9)-1\right] \tag{1-28}$$

如果尾喷管出口为声速，$Ma_9=1$，$f(\lambda_9)\approx 1.259\ 1$，则

$$F=A_9p_0\left[1.259\ 1\frac{p_{t9}}{p_0}-1\right]-W_ac_0 \tag{1-29}$$

二、附加阻力

有效推力公式(1-19)等号右边的第一积分项是附加阻力。乍看起来难以理解，既然 0—i 截面的流管在发动机进口之外，为什么其表面上的压力积分是阻力?实际上只要注意到推导式(1-19)时对气流所取的控制体前端界面位于 0—0 截面，就容易解释附加阻力的物理意义。本来控制体的前端应该取在发动机进口 i—i 截面处，这样得到的推力假定为 F_A，则

$$F_i=[W_9c_9+(p_9-p_0)A_9]-[W_ic_i+(p_i-p_0)A_i] \tag{1-30}$$

但是，i—i 截面上的气流参数不易确定，所以把前端截面移到 0—0 处，由此得出的推力 F 就比实际的推力大了，其增大的部分为

$$F-F_A=W_ic_i+(p_i-p_0)A_i-W_ac_0 \tag{1-31}$$

这个差值恰是流管 0—i 中气流的反作用力，即它与积分

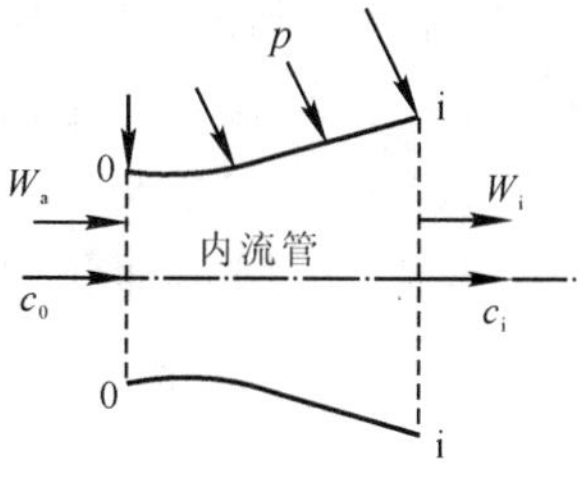

图 1-18 外流对发动机进口前内流管的作用力

$\int_0^i (p - p_0)\mathrm{d}A$ 是一对作用力与反作用力。为说明这一点，对流管 0—i 中的气流应用动量定理(见图 1-18)，有

$$p_0 A_0 + \int_0^i p\mathrm{d}A - p_i A_i = W_i c_i - W_a c_0$$

或者

$$\int_0^i (p - p_0)\mathrm{d}A - (p_i - p_0)A_i = W_i c_i - W_a c_0$$

最后有

$$\int_0^i (p - p_0)\mathrm{d}A = W_i c_i + (p_i - p_0)A_i - W_a c_0 \tag{1-32}$$

式中等号左边积分项是外流对内流管中气流作用的向后的作用力，即附加阻力，在数值上等于推力差 $F - F_i$。

由于控制体前端界面取在 0—0 处而不是 i—i 处，使计算所得的发动机推力偏大，差值部分必须扣除，这就是附加阻力。

三、外部阻力

式(1-19) 中等号右边最后两项是外部阻力，即

$$X_{ext} = \int_i^9 (p - p_0)\mathrm{d}A + X_f = X_p + X_f \tag{1-33}$$

习惯上把压差阻力 X_p 分成两部分：前体阻力 X_w 和后体阻力 X_b，即

$$X_p = X_w + X_b = \int_i^M (p - p_0)\mathrm{d}A + \int_M^9 (p - p_0)\mathrm{d}A \tag{1-34}$$

式中，M 表示前体与后体的分界点，通常位于短舱或机身的最大直径处。这种区分是合理的。前体阻力主要是由于进气道唇口部分的外流分离或进气道外罩上存在激波而造成的；后体阻力是由于后体外表面上气流膨胀加速而形成的负压造成的。为了更好地理解阻力，我们来研究理想外部流动的情况。理想外部流动是指外流中无黏性、无分离、无激波。图 1-19 所示为对外流所取的控制体。假定短舱比较长，控制体的侧边界取在非常远处，可近似地认为 0—0 截面的气流压力、流速等参数与 M—M 截面以及 9—9 截面的参数是相同的，没有流量通过控制体的侧边界。写出 0—M 截面和 M—9 截面的动量方程为

$$\int_0^i (p - p_0)\mathrm{d}A + \int_i^M (p - p_0)\mathrm{d}A = 0$$

$$\int_M^9 (p - p_0)\mathrm{d}A = 0$$

即

$$X_d + X_w = 0 \tag{1-35}$$

$$X_b = 0 \tag{1-36}$$

式(1-35)和式(1-36)说明,在所假设的条件下,前体阻力与附加阻力抵消,后体阻力为零。一般说来,亚声速飞机在亚声速飞行时近似是这种情况,这时有效推力近似地等于推力。亚声速飞机的进气道具有钝而圆滑的前缘,外流绕过前缘时很快地加速减压,产生前缘吸力,正是前缘吸力与附加阻力基本抵消。超声速飞机在超声速飞行时,进气道外罩上有激波,波后气流压力显著升高,形成很大的外部压差阻力。超声速进气道具有较尖锐的前缘,即使在亚声速飞行时也难以产生前缘吸力,所以超声速飞机的有效推力远小于推力。

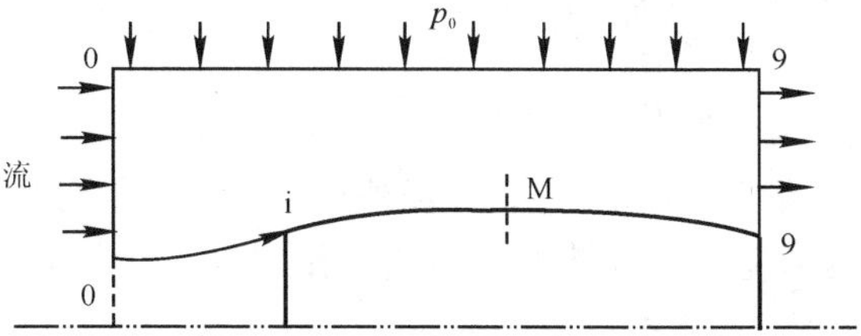

图 1-19 外流控制体示意图(0—i—M—9—9—0)

1.4 分别排气涡扇发动机的推力

前文所讲的涡喷发动机的有效推力、推力、附加阻力等概念和计算公式完全适合于具有统一尾喷管的空气喷气发动机,如加力涡喷发动机、混合排气的加力或不加力涡扇发动机和冲压发动机等。

分别排气的涡扇发动机的内外涵气流是通过各自的尾喷管排出发动机的。通常亚声速民用飞机的发动机是高涵道比短外涵分别排气的涡扇发动机。为了导出此类发动机的推力公式,取如图 1-20 所示的对内流的控制体。控制体的前端界面仍然位于发动机进口远前方的 0—0 截面,而控制体的后端界面由两部分组成:外涵尾喷管的出口截面 9_{II}—9_{II} 和内涵尾喷管的出口截面 9—9。参照涡喷发动机的有效推力公式,不难写出这时的有效推力公式,即

$$F_{\text{eff}} = W_9 c_9 + (p_9 - p_0)A_9 + W_{9\text{II}} c_{9\text{II}} + (p_{9\text{II}} - p_0)A_{9\text{II}} - W_a c_0 - \int_0^{9_{\text{II}}} (p - p_0)\mathrm{d}A - \int_{9_{\text{II}}}^{9} (p - p_0)\mathrm{d}A - X_{\text{fII}} - X_{\text{fI}} \tag{1-37}$$

$$F = W_9 c_9 + (p_9 - p_0)A_9 + W_{9\text{II}} c_{9\text{II}} + (p_{9\text{II}} - p_0)A_{9\text{II}} - W_a c_0 \tag{1-38}$$

式(1-38)表明,分别排气涡扇发动机的推力由内涵推力和外涵推力组成,即

$$F_{\text{I}} = W_9 c_9 + (p_9 - p_0)A_9 - W_{\text{aI}} c_0 \tag{1-39}$$

$$F_{\text{II}} = W_{9\text{II}} c_{9\text{II}} + (p_{9\text{II}} - p_0)A_{9\text{II}} - W_{\text{aII}} c_0 \tag{1-40}$$

式(1-39)的 W_{aI} 和式(1-40)中的 W_{aII} 之和即为发动机的总空气质量流量 W_a,所以

$$F = F_{\text{I}} + F_{\text{II}} \tag{1-41}$$

可以看出，分别排气涡扇发动机的内涵推力和外涵推力的计算公式(1-39)和式(1-40)与涡喷发动机的推力公式的形式是一样的。

式(1-37)等号右边的后4项是外部阻力 X_{ext}，即

$$X_{ext}=\int_{0}^{9_{\mathrm{II}}}(p-p_0)\mathrm{d}A+\int_{9_{\mathrm{II}}}^{9}(p-p_0)\mathrm{d}A+X_{f\mathrm{II}}+X_{f\mathrm{I}} \tag{1-42}$$

或者

$$X_{ext}=\int_{0}^{i}(p-p_0)\mathrm{d}A+\int_{i}^{9_{\mathrm{II}}}(p-p_0)\mathrm{d}A+\int_{9_{\mathrm{II}}}^{9}(p-p_0)\mathrm{d}A+X_{f\mathrm{II}}+X_{f\mathrm{I}} \tag{1-43}$$

式(1-43)等号右边第1项是附加阻力，第2项是外涵外罩上的压差阻力，第3项是内涵外罩上的压差阻力。应注意，第二个压差阻力是高速的外涵喷流作用于内涵外罩上产生的，因此它不仅与飞行条件有关，而且还与外涵风扇的参数有关。式(1-43)等号右边的最后两项分别是外涵外罩和内涵外罩上的摩擦阻力。如果外涵是长涵道，外涵的尾喷管出口与内涵尾喷管出口在同一截面上，则外阻力公式在形式上与涡喷发动机的相同。

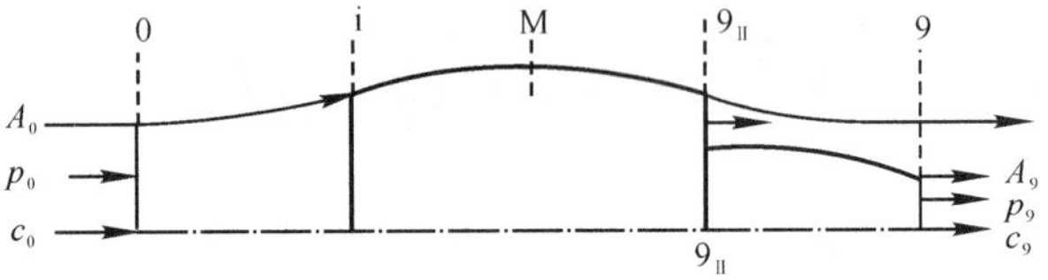

图1-20　短外涵分别排气涡扇发动机的推力

1.5　涡轮螺桨发动机的推力

由燃气涡轮发动机热力循环(见第4章)可知，涡轮螺桨发动机的有效功大部分传递到螺旋桨上，另一小部分用来增加通过发动机气流的动能。涡轮螺桨发动机的推力由螺旋桨产生的拉力(或推力)与喷气反作用推力两部分组成，其表达式为

$$F=F_B+F_j \tag{1-44}$$

式中　F_B——螺旋桨产生的推力；

F_j——喷气反作用推力；

F——涡轮螺桨发动机的推力。

喷气反作用推力的计算公式与涡喷发动机的推力公式形式上完全一样。不过，涡轮螺桨发动机的尾喷管是亚声速尾喷管，其出口截面的代号为8—8截面，即有

$$F_j=W_8c_8+(p_8-p_0)A_8-W_ac_0 \tag{1-45}$$

由于大部分有效循环功用于带动螺旋桨，尾喷管一般总是处于完全膨胀状态（$p_8 = p_0$），所以

$$F_j = W_8 c_8 - W_a c_0 \tag{1-46}$$

螺旋桨的推力与螺旋桨功率 N_B（即螺旋桨从动力涡轮得到的功率）有关。假定 L_{TB} 是动力涡轮传出的每千克燃气的功，则螺旋桨功率是

$$N_B = W_g L_{TB} \eta_m \tag{1-47}$$

式中　η_m—— 连接螺旋桨与动力涡轮的减速器的机械效率，一般为 0.97 ～ 0.98；

W_g—— 通过动力涡轮的燃气质量流量。

在飞行过程中，功率 N_B 转变为推进功率 $F_B c_0$，在此转变过程中总伴随着一定的损失：气流流过螺旋桨的摩擦、螺旋桨排出的气流存在周向分速损失以及轴向分速大于飞行速度引起的动能损失等。这些损失用螺旋桨的效率 η_B 考虑，所以

$$F_B c_0 = N_B \eta_B = W_g L_{TB} \eta_m \eta_B \tag{1-48}$$

由此，螺旋桨的拉力 F_B 为

$$F_B = \frac{W_g L_{TB} \eta_m \eta_B}{c_0} \tag{1-49}$$

零飞行速度时螺旋桨拉力与功率的关系为

$$F_B = \frac{N_B}{\beta} \tag{1-50}$$

1.6　航空燃气涡轮发动机的能量转化和效率

航空燃气涡轮发动机既是热机又是推进器。作为热机，它将燃料燃烧产生的热能转变为机械能，而作为一个推进器，则将机械能进一步转变为推动飞机前进的推进功。

一、航空燃气涡轮发动机的热效率

作为热机，其热效率用 η_t 表示，即

$$\eta_t = L_e / q_0 \tag{1-51}$$

式中　q_0—— 加给单位质量空气的燃料完全燃烧产生的热量；

L_e—— 发动机热力循环的有效功。

热效率考虑了燃料的化学能转变为循环功过程中的全部损失。这些损失包括：

(1) 燃油在燃烧室中不完全燃烧所损失的热量，约占 q_0 的 1% ～ 3%；

(2) 从发动机排出的燃气所带走的热量，这部分热量随着排气散失在周围大气中，约占 q_0 的 55% ～ 75%；

(3) 通过发动机壁面向外界散失的热量，约占 q_0 的 1% ～ 2%。

目前，航空燃气涡轮发动机的热效率为 25% ~ 40%。

二、航空燃气涡轮发动机的推进效率

航空燃气涡轮发动机将循环有效功转变为推动飞机前进的推进功。推进效率表明动力装置作为推进器的有效性。推进效率的定义是：推进功与循环有效功之比，或者推进功率与有效功率之比，即

$$\text{推进效率} = \frac{\text{推进功}}{\text{循环有效功}} = \frac{\text{推进功率}}{\text{有效功率}}$$

1. 航空燃气涡喷发动机的推进效率

飞行过程中，涡喷发动机完成的推动飞机前进的推进功率 N_p 等于发动机推力 F 与飞行速度(数值上等于 0—0 截面气流的速度）的乘积，即

$$N_p = Fc_0$$

式中，发动机的推力为

$$F = W_9 c_9 + (p_9 - p_0)A_9 - W_a c_0$$

当燃气流在尾喷管完全膨胀并忽略燃气质量流量与空气质量流量的差别时，有 $F = W_a(c_9 - c_0)$，于是推进功率为

$$N_p = Fc_0 = W_a(c_9 - c_0)c_0$$

涡喷发动机循环有效功率为

$$N_{cy} = \frac{1}{2}W_a(c_9^2 - c_0^2)$$

将推进功率和循环有效功率代入推进效率的定义式，整理后得到航空燃气涡喷发动机的推进效率为

$$\eta_p = \frac{2}{1 + c_9/c_0} \tag{1-52}$$

从式(1-52)可以看出：

(1) 涡喷发动机的推进效率决定于速度比 c_9/c_0。零飞行速度时，$c_0 = 0$，推力不做功，故推进效率等于零，$\eta_p = 0$；当 $c_9 = c_0$ 时，$\eta_p = 1$，但这时推力却等于零。

(2) 一般飞行状态下，总是 $c_9 > c_0$，$\eta_p < 1.0$，总是有一定损失的。如果以每千克空气质量流量的动能增量减去推进功，则有

$$\frac{1}{2}(c_9^2 - c_0^2) - (c_9 - c_0)c_0 = \frac{1}{2}(c_9 - c_0)^2 \tag{1-53}$$

式(1-53)即为损失的动能。假设从绝对坐标系观察，进入发动机的气流速度在 0—0 截面为零，而离开发动机尾喷口时的燃气速度为 $c_9 - c_0$，其中 c_0 应理解为飞行速度。所以气流流出发动机时不仅带走了 $c_9(T_9 - T_0)$ 的热能，还带走了 $\frac{1}{2}(c_9 - c_0)^2$ 的动能。

(3) 对于燃气涡喷发动机，循环有效功完全用于气流功能的增加，排气速度 c_9 很大，故推进效率较低。典型的推进效率随飞行速度的变化曲线如图 1-6 所示。

2. 分别排气涡扇发动机的推进效率

分别排气涡扇发动机的推力为

$$F = W_{9\,\mathrm{I}} c_{9\,\mathrm{I}} + (p_{9\,\mathrm{I}} - p_0) A_{9\,\mathrm{I}} + W_{9\,\mathrm{II}} c_{9\,\mathrm{II}} + (p_{9\,\mathrm{II}} - p_0) A_{9\,\mathrm{II}} - W_a c_0$$

为简单明了，假设内外涵尾喷管完全膨胀，并且 $c_9 = c_{9\,\mathrm{I}} = c_{9\,\mathrm{II}}$，则有

$$F = W_9 c_9 - W_a c_0$$

式中 W_a—— 进入发动机总的空气质量流量，$W_a = W_{a\,\mathrm{I}} + W_{a\,\mathrm{II}}$；

c_9—— 内涵尾喷管排气速度，亦为外涵尾喷管排气速度。

推进功率为

$$N_p = F c_0 = W_a (c_9 - c_0) c_0 \tag{1-54}$$

分别排气涡扇发动机的循环有效功率为

$$N_{cy} = \frac{1}{2} W_{a\,\mathrm{I}} (c_{9\,\mathrm{I}}^2 - c_0^2) + \frac{1}{2} W_{a\,\mathrm{II}} (c_{9\,\mathrm{II}}^2 - c_0^2)$$

注意到 $c_{9\,\mathrm{II}} = c_{9\,\mathrm{I}} = c_9$ 以及 $W_{a\,\mathrm{I}} + W_{a\,\mathrm{II}} = W_a$，则有

$$N_{cy} = \frac{1}{2} W_a (c_9^2 - c_0^2) \tag{1-55}$$

将式(1-54)和式(1-55)代入推进效率的定义式，可得到分别排气涡扇发动机的推进效率计算公式为

$$\eta_p = \frac{2}{1 + c_9 / c_0} \tag{1-56}$$

由式(1-56)可以看出：

(1) 在 $c_{9\,\mathrm{I}} = c_{9\,\mathrm{II}}$ 的情况下，分别排气涡扇发动机的推进效率公式与燃气涡喷发动机的推进效率公式在形式上是一样的。

(2) 尽管推进效率公式形式一样，但与“同参数”涡喷发动机相比，分别排气涡扇发动机的推进效率比较高。所谓“同参数”，是指涡扇发动机内涵循环参数，如增压比 π、加热比 Δ 等，与涡喷发动机相应循环参数相同；涡扇发动机内涵空气质量流量与涡喷发动机的空气质量流量相同。涡喷发动机总的循环功完全用于增加气流的动能，排气速度 c_9 较大，涡扇发动机总的循环功除了增加内涵气流的动能之外，还用来增加外涵气流的动能，所以排气速度较小而推进效率较高。

(3) 假定在能量由内涵传递至外涵的过程中没有损失，则不难想象，当 $c_{9\,\mathrm{I}} = c_{9\,\mathrm{II}}$ 时，涡扇发动机的推进效率最高。如果内涵循环功不向外涵传递，则 $c_{9\,\mathrm{II}} = c_0$，内涵排气速度必然很大，这相当于涡喷发动机的推进效率低；与之相反，如果内涵循环功完全传递到外涵，则 $c_{9\,\mathrm{I}} = c_0$，而 $c_{9\,\mathrm{II}}$ 比较大，推进效率亦较低。可见，只有在 $c_{9\,\mathrm{I}} = c_{9\,\mathrm{II}}$ 时才可得到最高的推进效率。

(4) 实际的发动机能量由内涵传递至外涵的过程中总是伴随着能量的损失。这些损失主

要包括：带动外涵风扇旋转的涡轮的损失，外涵风扇增压气流的过程损失，外涵风扇出口至尾喷管进口的管道流动损失以及外涵尾喷管中的流动损失等。由于这些损失的存在，使对应最高推进效率时的 $c_{9\mathrm{II}} < c_{9\mathrm{I}}$，损失越大，$c_{9\mathrm{II}}$ 越小。即使如此，分别排气涡扇发动机的平均排气速度总是小于同参数涡喷发动机的排气速度。推进效率高是涡扇发动机的主要优越性之一。

3. 混合排气涡扇发动机的推进效率

混合排气涡扇发动机具有统一的尾喷管、同一的排气速度 c_9，故其推进效率的公式与涡喷发动机完全一样，即

$$\eta_p = \frac{2}{1 + c_9/c_0} \tag{1-57}$$

在不加力情况下与同参数涡喷发动机相比，混合排气涡扇发动机推进效率较高。这是因为，混合排气涡扇发动机总的循环功与同参数涡喷发动机循环功相同，但涡扇发动机参加产生反作用推力的空气质量流量大，故排气速度小。

4. 涡轮螺桨发动机的推进效率

飞行时，涡轮螺桨发动机完成的推进功率为

$$N_p = (F_B + F_j)c_0$$

式中的喷气反作用推力 F_j 对螺旋桨推力来说很小，为简单起见，忽略 F_j，即

$$N_p = F_B c_0$$

涡轮螺桨发动机循环有效功率大部分传递给螺旋桨，小部分用于增加通过发动机气流的动能，忽略掉后一部分，则有效功率等于螺旋桨功率，即

$$N_{cy} = N_B$$

于是涡轮螺桨发动机的推进效率为

$$\eta_p = \frac{N_p}{N_{cy}} = \frac{F_B c_0}{N_B} \tag{1-58}$$

根据式(1-48)，可得

$$\eta_p = \eta_B \tag{1-59}$$

可见，涡轮螺桨发动机的推进效率近似等于螺旋桨的效率。

低速飞行时涡轮螺桨发动机的推进效率比较高，例如当飞行速度为 600 km/h 时，推进效率约为 0.82；飞行速度为 956 km/h 时，推进效率大约为 0.50。

飞行速度增大到螺旋桨叶尖相对速度接近马赫数为 1.0 时，螺旋桨桨叶表面产生激波，其效率开始迅速下降。目前，先进的技术已能生产出一种后掠多叶片的螺旋桨，可在较高的飞行速度下仍有很高的螺旋桨效率。将这种螺旋桨设计技术用于桨扇发动机，使之在飞行速度超过 800 km/h 时仍能有效地工作。

5. 航空燃气涡轮发动机的总效率

航空燃气涡轮发动机作为热机和推进器的组合体，应该用总效率来衡量它的经济性。总效

率 η_0 表示每秒加入发动机的燃料完全燃烧产生的热量 Q_0 有多少转变为推动飞机前进的推进功率，即

$$\eta_0 = \frac{\text{推进功率}}{\text{每秒消耗燃料的热能}} = \frac{Fc_0}{Q_0} = \eta_t \eta_p \tag{1-60}$$

在设计试制和生产使用航空燃气涡轮发动机的实践过程中，常用单位燃油消耗率作为衡量发动机的指标。因此利用式(1-2)，可得

$$\mathrm{sfc} = \frac{3\ 600W_f}{F} = \frac{3\ 600Q_0}{FH_u} \tag{1-61}$$

将式(1-60)代入式(1-61)中，可得

$$\mathrm{sfc} = \frac{3\ 600c_0}{H_u\eta_0} = \frac{3\ 600a_0Ma_0}{H_u\eta_0} \tag{1-62}$$

式中　a_0—— 飞行条件下的声速；

Ma_0—— 飞行马赫数；

H_u—— 燃料低热值。

式(1-62)表明，在一定的飞行速度下，耗油率 sfc 与总效率 η_0 成反比。这同时意味着，只有在相同的飞行条件下才能用耗油率比较两个发动机的经济性。由于经常需要在地面静止状态下评定发动机的经济性，因此，往往把单位燃油消耗率作为评定发动机经济性的指标。

1.7　小　结

(1) 航空燃气涡轮发动机的主要类型有涡喷、涡扇、涡轮轴、涡轮螺桨和桨扇等五种。可根据飞机或飞行器的用途选用适当的类型。

(2) 航空燃气涡轮发动机产生推力的基本原理是作用力与反作用力的原理。单位推力和耗油率是衡量燃气涡轮发动机性能的主要指标。

(3) 涡轮轴发动机用于直升机上；早期民用飞机主要用涡轮螺桨发动机；现代大型民用亚声速运输机一般都采用高涵道比($B \geqslant 5.0$)分别排气涡扇发动机；现代先进军用歼击机一般均采用低涵道比($B=0.1 \sim 1.0$)混合加力涡扇发动机。

(4) 燃气涡喷和涡扇发动机靠流过发动机气流的动能增量产生推力。其表达式为

$$F = W_9c_9 + A_9(p_9 - p_0) - W_ac_0$$

式中　F—— 发动机推力；

$W_9c_9 + A_9(p_9 - p_0)$—— 发动机总推力，以 F_g 表示；

W_ac_0—— 冲压阻力，以 F_r 表示。

所以

$$F = F_g - F_r$$

为了增大发动机推力，必须增大排气速度或增大流过发动机的空气质量流量。有时发动机推力 F 又称为发动机的“净”推力。

(5) 涡轮螺桨发动机的推力主要是由螺旋桨所产生的拉力形成的，其尾喷管排气产生的推力仅占发动机推力的很小一部分。

(6) 燃气涡喷和涡扇发动机的推进效率可近似表示为

$$\eta_p = \frac{2}{1 + c_9/c_0}$$

因此欲获得高的推进效率，必须设法降低排气速度。

(7) 涡轮螺桨发动机的推进效率近似等于其螺旋桨的效率，即

$$\eta_p = \eta_B$$

(8) 燃气涡轮发动机的总效率是推进功与燃料完全燃烧所释放出的热能之比。燃气涡喷发动机和涡扇发动机的总效率为推进效率与热效率的乘积，即

$$\eta_0 = \eta_p \eta_t$$

燃气涡喷和涡扇发动机的总效率与其单位燃油消耗率之间的关系为

$$\mathrm{sfc} = \frac{3\ 600c_0}{H_u \eta_0} = \frac{3\ 600a_0}{H_u} \frac{Ma_0}{\eta_0}$$

可见，在一定飞行条件下，sfc 与发动机的总效率成反比，sfc 是衡量燃气涡喷和涡扇发动机的经济性的重要指标。

习　题

1. 衡量燃气涡轮发动机和涡轮螺桨发动机的性能指标分别有哪些？

2. 燃气涡喷发动机中，哪些部件受向前的轴向力？哪些部件受向后的轴向力？尾喷管使气流加速流动，高速喷射产生反作用推力，为什么尾喷管所受到的气动力却是向后的？

3. 说明使用推力计算式 $F = W_a(c_9 - c_0)$ 时，作了哪些假设条件。

4. 试给出用气动函数 $f(\lambda)$ 计算发动机推力的表达式，并阐述使用该表达式有何方便之处。

5. 什么是附加阻力？其物理本质又是什么？

6. 已知发动机尾喷管出口处的气流速度为飞行速度的两倍，而加入发动机的总热量有 25% 用来增加气流的动能，试求发动机的总效率。

7. 具有收敛型尾喷管的某涡喷发动机在地面试车时，已知 $p_{t9} = 2.5 \times 10^5$ Pa，$T_{t9} = 887$ K，$W_9 = 50.7$ kg/s，周围大气压力 $p_0 = 1.013\ 25 \times 10^5$ Pa。试计算发动机的推力。

8. 协和号飞机装有奥林巴斯593涡喷发动机，在 $H = 15\ 545$ m，$Ma_0 = 2.0$ 巡航飞行时发动机排气速度 $c_9 = 1\ 009$ m/s。试计算发动机推进效率（设周围大气压力 $p_0 = 0.11 \times 10^5$ Pa，$T_0 = 216.7$ K）。

9. 在第 8 题的条件下，发动机耗油率 sfc 大约为 1.19 kg/(kgf·h)，试计算发动机的热效率和总效率。

第 2 章　航空燃气涡轮发动机的进气道

进气由飞机上的进口(或发动机短舱进口)至发动机进口所经过的一段管道称为发动机的进气道。燃气涡轮发动机的进气道用于从外界吸入空气,将空气供给发动机并在较高的飞行马赫数下利用气流速度减速增压。由进气道、进气道控制装置、放气门和辅助进气门、附面层吸除装置和防止外来物进入的防护装置等组成的系统,称为进气系统。不做特别声明时,本章对进气系统和进气道不予区分,统称为进气道。

对进气道的基本要求是:进气道必须以尽可能小的总压损失完成从高速的自由流至发动机进口所要求的减速增压任务;在所有飞行条件和发动机工作状态下,进气道的增压过程应避免过大的空间和时间上的气流不均匀性以减少风扇或压气机喘振和叶片振动的危险;进气道的外阻力应尽可能小。

军用飞机的进气道还可能有"隐身"性要求,包括噪声抑制和具有降低雷达目标性等;进气道在发动机上的配置,应考虑与所采用武器系统的相容性;接通反推力装置和推力矢量偏转装置时,应满足对发动机本身的排气以及对外来物进入发动机的最大防护要求等。

2.1　进气道的主要特性参数

进气道的主要特性参数有:总压恢复系数 σ_i、流量系数 φ_i、阻力系数 C_{Xi}、畸变指数和稳定裕度等。

一、总压恢复系数

进气道出口气流的总压 p_{t2} 与未受扰动气流的总压 p_{t0} 之比,称为进气道总压恢复系数,即

$$\sigma_i = \frac{p_{t2}}{p_{t0}} \tag{2-1}$$

总压恢复系数是进气道内流损失程度的度量,总压恢复系数愈大,则在一定的飞行马赫数下,气流在进气道中的增压比 π_i 越高,即

$$\pi_i \equiv \frac{p_{t2}}{p_0} = \sigma_i\left(1+\frac{k-1}{2}Ma_0^2\right)^{\frac{k}{k-1}} \tag{2-2}$$

总压恢复系数 σ_i 增加,π_i 增加,使发动机内所有特征截面气流的总压升高。这就使通过发动机的空气质量流量与 σ_i 成比例地增加;尾喷管进口的气流总压及其可用膨胀比与 σ_i 成比例地增加。结果是发动机推力增加,而耗油率 sfc 降低。若进气道总压恢复系数 σ_i 降低 1%,会使

推力降低 1.5% ～ 2%，耗油率提高 0.3% ～ 0.5%。

发动机进口处的气流马赫数一般为 0.6 ～ 0.7。因此在低飞行速度，特别是在零飞行速度时，气流经进气道速度增加而压力减小；在接近声速飞行时，进气道出口静压 p_2 与自由流静压 p_0 的比值也不过为 1.7 左右。就是说，这时进气道利用速度头转变为压力升高的作用不明显。但在超声速飞行时，进气道的增压作用却是十分显著的，当飞行马赫数 $Ma_0=3.0$ 时，进气道出口静压 p_2 与自由流静压 p_0 的比值约为 30；当 $Ma_0=3.5$ 时，该压力比约为 60。战斗机的飞行马赫数范围为 0 ～ 3.0，在如此大的飞行范围内，为了得到满意的进气道性能，进气道必须设计成几何可调节的，因而需要控制装置。

二、流量系数 φ_i

进入进气道的实际空气质量流量与以自由流参数流过捕获面积的空气质量流量之比，称为进气道的流量系数，用 φ_i 表示，表达式为

$$\varphi_i=\frac{\rho_0 c_0 A_0}{\rho_0 c_0 A_c}=\frac{A_0}{A_c} \tag{2-3}$$

式中 A_0—— 通过进气道进口的流量所对应的自由流流管面积；

c_0—— 飞行速度；

ρ_0—— 大气密度；

A_c—— 进气道的捕获面积，进气道前缘点 1 处的横截面面积，如图 2-1 所示。

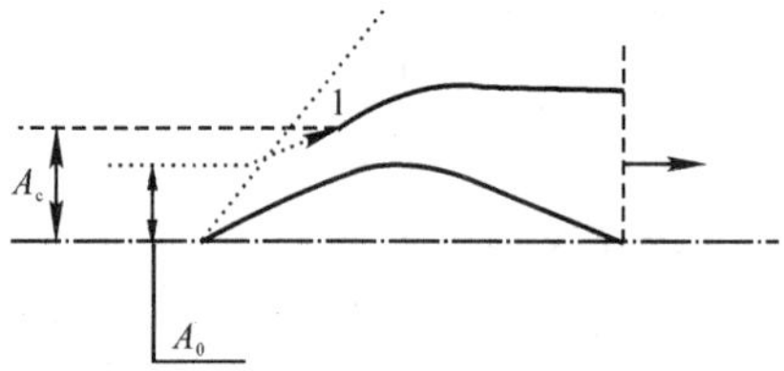

图 2-1　流量系数定义示意图

三、阻力系数 C_{X_i}

进气道阻力除以自由流动压头与参考面积乘积，称为进气道的阻力系数，用符号 C_{Xi} 表示，表达式为

$$C_{X_i}=\frac{X_i}{\frac{1}{2}\rho_0 c_0^2 A_{max}} \tag{2-4}$$

式中 X_i—— 进气道阻力，包括附加阻力、进气道外罩压差阻力和摩擦阻力；

A_{max}—— 参考面积（一般为进气道最大横截面面积）；

ρ_0, c_0—— 分别为自由流的密度和速度。

进气道阻力等于附加阻力与外罩阻力之和。附加阻力的定义是，进气道进口前外流作用于内流管上的压力差在 0 截面至 1 截面的积分的轴向分量（见图 2-2），用 X_d 表示，即

$$X_d=\int_{A_0}^{A_1}(p-p_0)\mathrm{d}A \tag{2-5}$$

外罩压差阻力的定义是，作用于进气道外罩上的压力差在 1 截面至 M 截面的积分的轴向

分量，用 X_p 表示，即

$$X_p = \int_{A_1}^{A_M} (p - p_0)\mathrm{d}A \qquad (2-6)$$

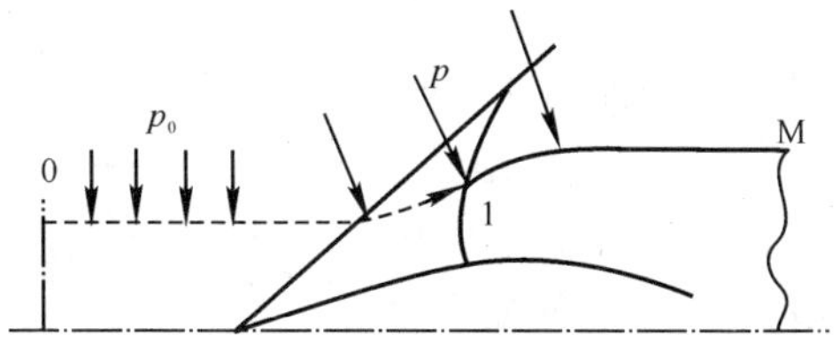

图 2-2　进气道附加阻力和外罩压差阻力的定义示意图

四、进气道出口的气流不均匀性

由于进气道内管道的转弯和面积扩张，激波和附面层干扰，大攻角和大侧滑角飞行引起的气流分离等会造成出口截面上的总压不均匀；发射武器时由于热燃气的吸入会造成出口截面上的总温不均匀。这种不均匀称为进气道出口流场畸变，畸变将使风扇或压气机的稳定裕度下降。畸变通常分为稳态畸变和动态畸变，一般可用畸变指数来定量描述。

五、进气道稳定裕度

超声速外压式进气道或混压式进气道，当流量系数小于某个值时，进气道将出现不稳定工作状态 —— 喘振。进气道的喘振严重影响发动机的工作，甚至会造成飞行事故。为避免喘振，必须使进气道有一定的稳定裕度。进气道稳定裕度的定义式为

$$(\mathrm{SM})_i = \frac{\varphi_i - \varphi_{ib}}{\varphi_{ib}} \times 100\% \qquad (2-7)$$

式中　φ_i —— 在给定飞行条件和发动机工作状态下的进气道流量系数；

φ_{ib} —— 在给定飞行条件下的进气道喘振点的流量系数。

按进气道适用的最大飞行速度，进气道可分为亚声速和超声速进气道两大类。

2.2　亚声速进气道

亚声速进气道主要用于亚声速飞机或飞行马赫数 $Ma_0 < 1.6 \sim 1.7$ 的低超声速飞机。例如，亚声速军用运输机和民航机的巡航飞行马赫数 $Ma_0 \leqslant 0.8 \sim 0.9$，一般装有亚声速进气道。跨声速飞机一般具有高亚声速巡航速度和不大的超声速（$Ma_0 < 1.6 \sim 1.7$），为保证其多状态性和机动性要求，这类飞机的进气道可设计成几何不可调的亚声速进气道。

一、亚声速进气道在设计状态的工作

亚声速飞机的进气道一般选取飞机的巡航状态为设计状态，典型的亚声速进气道是一段扩张型通道，如图 2-3 所示。

在设计状态下，气流经进气道减速增压。假定 0 截面是未受扰动的自由流截面，A_0 是流入进气道的气流所对应的自由流管面积，A_1 是进气道进口流通面积。通常根据进气道设计点上发动机所需要的空气质量流量并使 $c_1 \approx 0.5c_0$ 来确定 A_1。这样气流在进气道的进口外已经减速增压，外压缩由于不存在气流与物面的摩擦损失，而且进入进气道的气流速度较低，可以减小内通道的流动损失。但如果过分地利用外压缩，则气流流过进气道前缘时可能分离，使外阻力增加。进气道的内管道一般是一段平滑扩张的管道，为了保证气流不分离，扩张角不应超过 8°～12°。在接近发动机的进口处，管道略有收缩，以使进入发动机的气流比较均匀。气流流过进气道的总压损失主要决定于气流速度和通道的扩张角，当扩张角小于 10°、进口气流马赫数 $Ma_1 < 0.5$ 时，亚声速进气道设计状态的总压恢复系数 $\sigma_i = 0.96 \sim 0.98$。

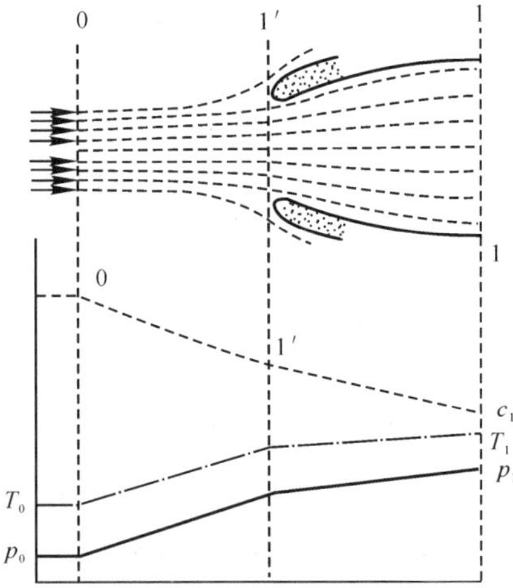

图 2-3　亚声速进气道设计状态气流流动示意图

二、亚声速进气道在非设计状态的工作

在非设计状态下，亚声速进气道进口前的流动状态主要由两个因素决定：一是飞行速度（即进气道远前方自由流的速度 c_0）；二是发动机的工作状态，通常可以用发动机转速代表。飞行速度和发动机的工作状态决定了发动机所需要的空气质量流量，亦即决定了进气道进口的气流速度 c_1。在一定的飞行马赫数下，发动机转速越大，所需要的空气质量流量越大，c_1 也越大；转速越小，需要的空气质量流量越小，c_1 也越小。由于发动机所需要的空气质量流量不同，使得亚声速进气道前方气流的流动具有不同的流态。

当自由流的速度 c_0 大于 0 而小于进气道进口截面上气流速度 c_1 时，进气道前方的气流流管呈收缩形，气流加速后流入进气道，流量系数 $\varphi_i > 1$，如图 2-4 所示。当飞行速度为 0 时，气流从四周吸入进气道内，流量系数 $\varphi_i \to \infty$。

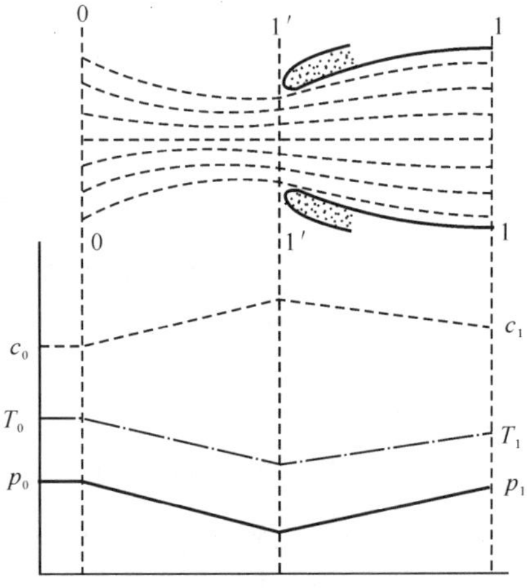

图 2-4　亚声速进气道非设计状态时气流的流动情形

当飞机自由流的速度 c_0 恰好等于进气道进口截面上气流流速 c_1 时，进气道前方气流流管面积不变，此时，流量系数 $\varphi_i=1$。

三、亚声速进气道的阻力

在巡航飞行状态下，亚声速进气道一般具有高的总压恢复系数和满意的出口流场的均匀性，主要的问题是进气道的阻力比较大。

当流量系数 $\varphi_i<1.0$ 时，若管道中无流量的泄出，进气道的阻力 X 由附加阻力 X_d、外罩摩擦阻力 X_f、外罩压差阻力 X_p 三项组成，而 X_f+X_p 可记为外罩阻力 X_w。所以当 $\varphi_i<1.0$ 时，有

$$X=X_d+X_f+X_p=X_d+X_w \tag{2-8a}$$

满流即 $\varphi_i=1.0$ 时，记为

$$X_0=X_{d,0}+X_{f,0}+X_{p,0}=0+X_{w,0} \tag{2-8b}$$

将式(2-8a)与式(2-8b)相减，得

$$X_{spill}\equiv X-X_0=X_d+\Delta X_w \tag{2-9}$$

式中　X_{spill}——溢流阻力；

ΔX_w——从 $\varphi_i<1.0$ 变到 $\varphi_i=1.0$ 时外罩阻力的变化；

X_d——附加阻力。

由式(2-9)可见，溢流阻力等于 $\varphi_i<1.0$ 时的阻力 X 与 $\varphi_i=1.0$ 时的阻力 X_0 之差；也等于附加阻力 X_d 与外罩阻力的变化 ΔX_w 之和。附加阻力的定义式是式(2-5)；附加阻力系数为

$$C_{X_d}=\frac{X_d}{\frac{1}{2}\rho_0 c_0^2 A_{max}} \tag{2-10}$$

下文对亚声速进气道的阻力分不同情况加以讨论。

1. 外流是理想流动

假定进气道的外流是理想流动，即无黏性和无激波，则 $X_{spill}=X-X_0=0$，这一点可证明如下。

如图2-5所示，取进气道外流的控制面ABCD，截面CD取在压力恢复到自由流压力 p_0 处，由于假定外流是理想流动，所以速度恢复到自由流速度 c_0。对图2-5所示的控制体应用动量定理，得

$$(W_a)_{CD}+(p-p_0)_{CD}A_{CD}-(W_a)_{AB}-(p-p_0)_{AB}A_{AB}=\\-\int_{A_0}^{A_1}(p-p_0)\mathrm{d}A-\int_{A_1}^{A_D}(p-p_0)\mathrm{d}A=0$$

此式之所以能成立，是因为 $p_{AB}=p_{CD}=p_0$，$c_{AB}=c_{CD}=c_0$。由此可得

$$\int_{A_0}^{A_1}(p-p_0)\mathrm{d}A+\int_{A_1}^{A_D}(p-p_0)\mathrm{d}A=0 \tag{2-11}$$

式(2-11)等号左端第1项是附加阻力 X_d,第2项是外罩压差阻力 X_p,当理想流动时,摩擦阻力 $X_f=0$,所以有

$$X_d+X_p+X_f=0$$

将上式代入式(2-8a)中可知进气道阻力 $X=0$,同理可证 $X_0=0$,所以有 $X_{spill}=0$。

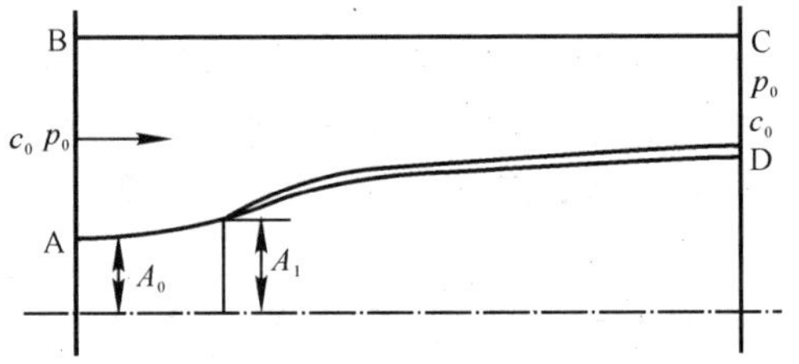

图 2-5　附加阻力等于前缘吸力的证明用图

这就证明了当外流为理想流动时,$X_{spill}=X=X_0=0$。其物理意义是,虽然满流($\varphi_i=1.0$)时无附加阻力,而当 $\varphi_i<1.0$ 时存在附加阻力,但此时气流绕过进气道前缘外表面时由于加速的程度加大,静压的下降程度加大,因而外罩阻力的变化为负值,恰恰与附加阻力抵消。或者说,与满流($\varphi_i=1.0$)相比,$\varphi_i<1.0$ 时由于前缘压力差 $p-p_0$ 是负值,所以存在前缘吸力,是前缘吸力抵消了附加阻力,如图2-6所示。

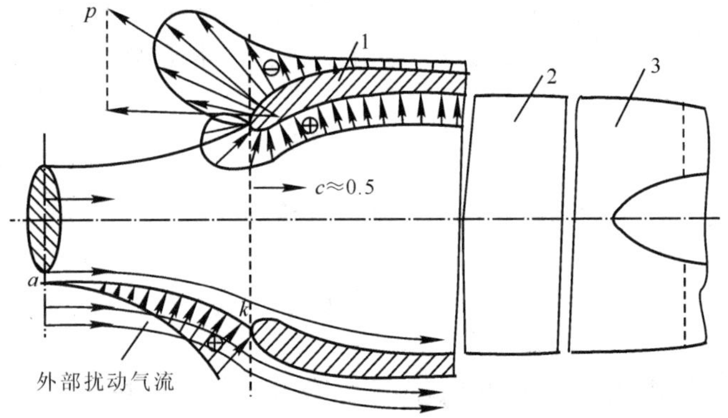

图 2-6　流量系数 $\varphi_i<1.0$ 时进气道的前缘吸力

1—唇口;2—连接通道;3—收敛段

2. 黏性的影响

实际气流总有黏性,黏性附面层的存在,改变了无黏流的边界,因此理想的前缘吸力是不可能实现的,实际的进气道总存在着阻力。

当流量系数 $\varphi_i<1.0$、进气道外表面为亚声速流动而且无分离时，斯坦候帕在假定外罩表面为紊流附面层情况下，根据经典的动量厚度得出如下结果：

$$\left(\frac{C_D}{C_f}\right)^{0.6}=1+0.33\left(\frac{d_m-d_0}{L}\right)\left[1+0.75\left(\frac{A_c-A_0}{A_m-A_c}\right)\right] \tag{2-12}$$

式中　C_D—— 进气道的阻力系数；

C_f—— 相应雷诺数下平板表面摩擦因数；

d_m,d_0—— 分别是最大截面和自由流管的直径；

L—— 进口与最大截面之间的距离；

A_c,A_m,A_0—— 分别是外罩进口、最大截面和自由流管的横截面面积。

应该注意，使用式(2-12)要满足以下两个条件：

(1) 进气道外表面气流无分离。对外罩剖面一定的进气道，不断减小流量系数，前缘相对于滞止流线的攻角不断增加，在某个临界流量系数下气流会从外表面分离。分离出现后，进气道阻力将比式(2-12)的计算值显著增加。

(2) 整个进气道外表面的流动是亚声速的。

3. 进气道外罩的“超临界”设计

在可能的情况下，如果能保证在所有的飞行马赫数范围内，外罩上的气流速度不超过声速，即亚临界设计，当然是最理想的。但对于高涵道比的涡扇发动机，如果进气道设计点的飞行马赫数是高亚声速的，外罩上不可避免地会出现超声速区和局部激波。气流经过激波变为亚声速，通过激波的动量损失使外表面上的压力分布改变，这时前缘吸力将小于附加阻力，剩余的阻力有时称为“波阻”。进气道外表面开始出现局部超声速区的飞行马赫数称为进气道的临界马赫数。如果飞行马赫数大于临界马赫数，由于激波-附面层干涉引起的气流分离使阻力迅速增加，这就是“跨声速阻力急升”。为了减小波阻，避免阻力急升，进气道外罩应采用“超临界”设计，其任务是以适当的外表面形状减小附面层的增厚，提高跨声速阻力急升的马赫数，使其大于进气道工作的最大马赫数。一般情况下波阻大约为进气道总阻力的10%是可以接受的。

在起飞和低速飞行条件下，进气道的阻力不大，主要的问题是总压恢复系数和出口气流的均匀性。起飞状态的流量系数趋于无穷大，靠近外罩前缘的气流绕过曲率较大的前缘时急剧加速并可能达到超声速，而进口之内的气流减速增压使附面层加厚，可能引起扩张段气流分离。这些都使气流的总压损失增加和出口流场的均匀性恶化。如果采用较钝(曲率小)的前缘，可以减小前缘处的气流速度和进口内的反压梯度，缓和气流的分离，但进气道的临界马赫数减小，这就限制了巡航速度。为了解决这个问题，有的进气道设有辅助进气门，当低速飞行时，进气道内部静压小于外表面静压，辅助进气门自动打开，部分外流流入进气道；飞行速度较高时，辅助进气门自动关闭。

四、亚声速进气道在低超声速飞行时的工作

低超声速飞机几乎都采用亚声速进气道，因为亚声速进气道具有构造简单、不需调节、总压恢复系数较高以及易于维护等优点。

超声速飞行时，进气道前方必定产生一道弓形激波，弓形激波的中间部分接近于正激波，如图 2-7(b) 所示。激波的位置决定于飞行马赫数和发动机的工作状态。若激波处于进气道进口截面处，通过正激波后的亚声速气流在进气道的扩张段内减速增压，如图 2-7(a) 所示。于是在进气道出口处的流量相似参数为

$$\frac{W_{a2}\sqrt{T_{t2}}}{p_{t2}}=\frac{W_{a1}\sqrt{T_{t1}}}{\sigma_s\sigma_i p_{t0}}=\frac{KA_0q(\lambda_0)}{\sigma_s\sigma_i} \tag{2-13}$$

式中 σ_s—— 气流通过正激波的总压恢复系数；

σ_i—— 亚声速流在进气道内的总压恢复系数；

λ_0—— 飞行速度系数。

此时，实际流入进气道的空气质量流量为

$$W_{a2}=\rho_0c_0A_0=\rho_0c_0A_1$$

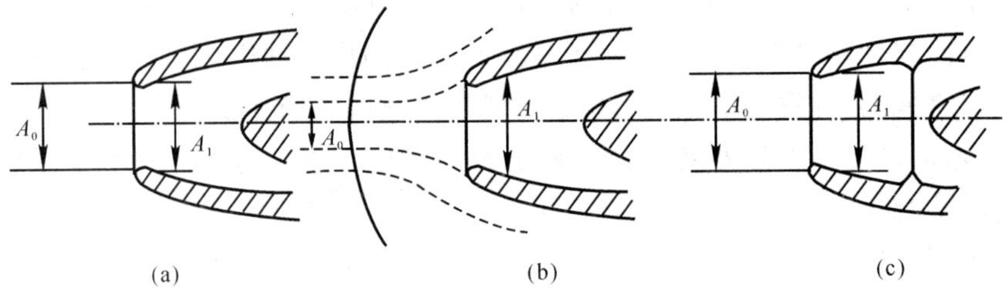

图 2-7 亚声速进气道在超声速下的流态

若发动机需要的空气质量流量小于 $\rho_0c_0A_1$，则进气道进口前产生弓形激波，如图 2-7(b) 所示。通过弓形激波，气流变为亚声速，气流的方向发生转折，多余的气流溢出进气道，实际流入进气道的空气质量流量为 $\rho_0c_0A_0$，$A_0<A_1$，流量系数 $\varphi_i<1$。发动机所需要的空气质量流量越小，弓形激波的位置越向前移，流量系数和流入进气道的空气质量流量也越小。

当发动机需要的空气质量流量大于 $\rho_0c_0A_1$ 时，流入进气道的空气质量流量最大值为 $\rho_0c_0A_1$，不可能再增大。这时，激波将被"吞入"进气道的扩张通道内，如图 2-7(c) 所示。超声速气流在扩张通道内加速，然后产生一道更强的正激波，使进气道的总压恢复系数下降，从而减小了发动机所需要的空气质量流量，或者说提高了发动机进口的空气质量流量相似参数，如式 (2-13) 所示。在这种流动状态下，实际流进发动机的空气质量流量并未增大，而发动机进口总压却下降了，故使发动机的推力减小。

由上述分析可见，亚声速进气道在超声速飞行时具有下述特点：

(1) 一般进口前有弓形激波，其强度接近于正激波，使进气道总压恢复系数下降。正激波的总压恢复系数为

$$\sigma_s = \lambda_0^2 \left\{ \frac{1-[(k-1)/(k+1)]\lambda_0^2}{1-[(k-1)/(k+1)]/\lambda_0^2} \right\}^{\frac{1}{k-1}} = q(\lambda_0) \Big/ q\left(\frac{1}{\lambda_0}\right) \tag{2-14}$$

式中，λ_0 为正激波前气流的速度系数。

表 2-1 列出了正激波的总压恢复系数随飞行马赫数 Ma_0 的变化关系。

表 2-1　正激波的总压恢复系数随飞行马赫数的变化关系

Ma_0	1.0	1.5	2.0	2.5	3.0	3.5
σ_s	1.0	0.931	0.721	0.499	0.328	0.213

由表2-1可见，当 $Ma_0 < 1.5$ 时，$\sigma_s > 0.931$，总压恢复还比较大，可以采用亚声速进气道。但随着飞行马赫数进一步增大，正激波的总压恢复系数 σ_s 急剧下降，这时采用亚声速进气道显然就不合适了。

(2) 进入进气道的气流流管面积 $A_0 \leqslant A_1$，即是流量系数 $\varphi_i \leqslant 1$。当 $\varphi_i < 1$ 时，有附加阻力 X_d 存在，即

$$X_d = \int_{A_0}^{A_1} (p - p_0) \mathrm{d}A$$

但若按上式计算附加阻力很困难，因为难以确定来流流管形状及其上的压力分布，如图 2-8 所示。

可以采用一维流近似法计算附加阻力。设驻点在唇口前缘，并假设进口截面 1 上的气流参数均匀分布。取 A_0 与 A_1 之间的进口流管作控制体(0—1 截面之间有无弓形激波均适合)，应用动量定理得

$$X_d = Wc_1 + p_1 A_1 - p_0 A_0 - Wc_0 \tag{2-15}$$

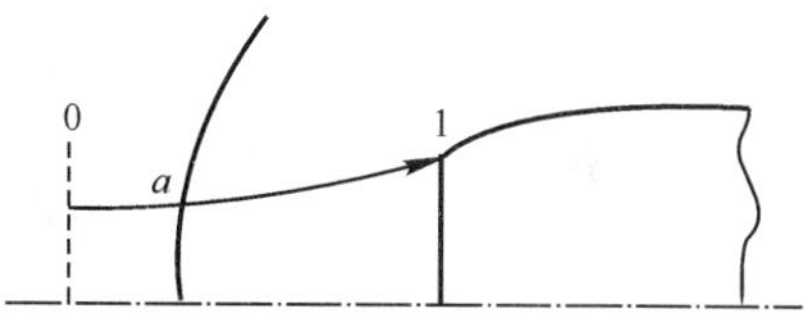

图 2-8　进气道附加阻力计算

注意到 $W = \rho Ac = \dfrac{kpcA}{a^2}$，$\dfrac{1}{2}\rho_0 c_0^2 = \dfrac{1}{2} kp_0 Ma_0^2$，于是进气道的附加阻力系数应是

$$C_d = \frac{2}{kMa_0^2}\left[\frac{p_1}{p_0}(kMa_1^2 + 1) - 1 - \varphi_i kMa_0^2\right] \tag{2-16}$$

$$C_{X_d} = \frac{2}{kMa_0^2}\left[\frac{\pi(Ma_1)}{\pi(Ma_0)}\sigma_i'(kMa_1^2 + 1) - 1 - \varphi_i kMa_0^2\right] \tag{2-17}$$

式中　φ_i—— 流量系数；

σ_i'—— 从自由流到进口截面的总压恢复系数。对于亚声速流，进口前没有损失，$\sigma_i' = 1.0$。

由于超声速流的进口外有脱体激波，σ_i' 接近于正激波的总压恢复。

由式(2-17)可以看出，若给定 Ma_0 及 φ_i，即可按以下步骤求得 C_{X_d}。

1) 若 $Ma_0<1$，取 $\sigma_i'=1.0$；若 $Ma_0>1$，由 Ma_0 查正激波表，得 σ_i'；

2) 按 φ_i 和 Ma_0，利用一维流连续方程 $q(Ma_1)=\varphi_i q(Ma_0)/\sigma_i'$，查气动函数表求出 Ma_1，$\pi(Ma_1)$，$\pi(Ma_0)$ 的值；

3) 代入式(2-17)求得 C_{X_d}。

图2-9上画出了 C_{X_d} 随 Ma_0 和 φ_i 变化的曲线。从图上可以看出，当流量系数 φ_i 减小时，附加阻力系数迅速增大。

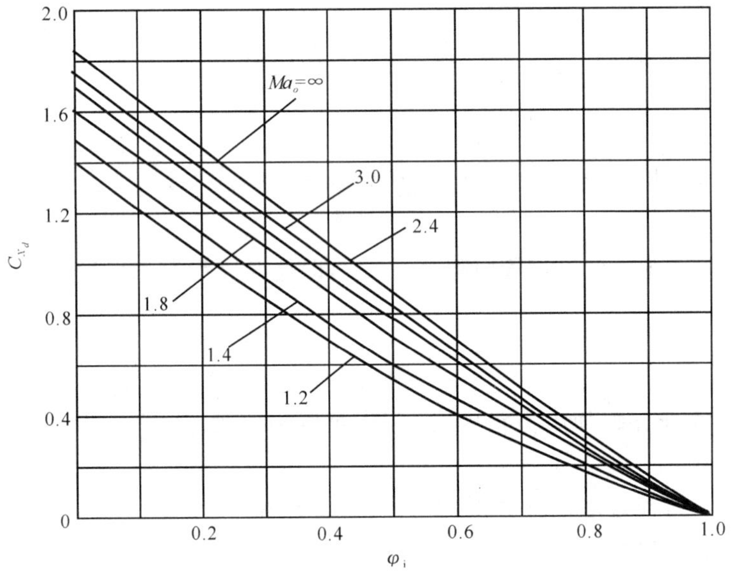

图2-9　亚声速进气道的附加阻力系数

(3) 当 $\varphi_i<1$ 时，外流经过进气道前面的弓形激波，总压降低，静压提高，流过进气道外罩外表面产生外阻力(压力阻力) X_p。

(4) 低超声速飞机用亚声速进气道，为了减小阻力一般采用比较尖的前缘。图2-10即表示这种进气道各种阻力随流量系数的变化关系。

由图可见，当流量系数 $\varphi_i=1.0$ 时，外罩前缘有激波，存在外罩波阻；当流量系数减小时，进口前有弓形激波，弓形激波后静压升高，附加阻力急剧增加；与 $\varphi_i=1.0$ 时相比，流量系数减小时外罩阻力的变化 ΔX_w 为负值；附加阻力减去外罩阻力的变化 ΔX_w 的绝对值即为溢流阻力。

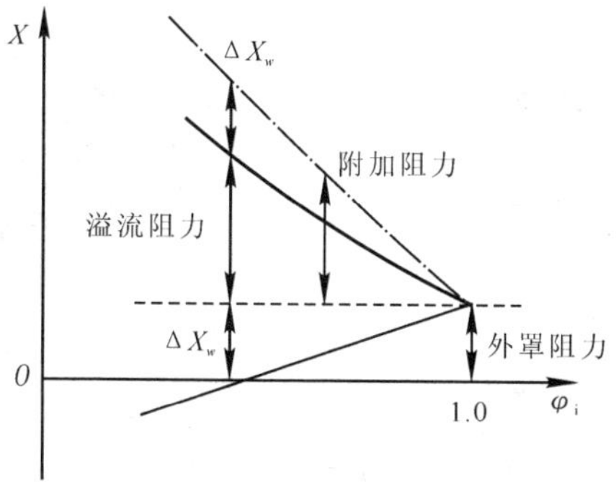

图 2-10 亚声速进气道在超声速飞行时的阻力(Ma_0 = const)

2.3 超声速进气道的类型和主要特点

当超声速飞机的设计飞行马赫数较大时，如果仍然使用亚声速进气道会存在很强的脱体弓形激波，总压恢复系数很低，发动机的推力损失严重。为避免大飞行马赫数下的发动机推力严重损失，通常采用超声速进气道。

虽然原则上，亚声速进气道设计时所考虑的许多问题同样也适合于超声速进气道，但由于下列因素使得在超声速进气道的设计和使用中所遇到的问题更为复杂。

(1) 宽广的飞行马赫数范围。高空最大飞行马赫数一般选为进气道的设计点。在设计点上，进气道的总压恢复系数、阻力系数都应给予特别的重视，以保证飞机能达到预期的设计速度。而同时又要考虑低速飞行和作战区域大攻角和侧滑角时可能产生的进气道出口流场畸变，发动机必须能够承受这种畸变。

(2) 进气道的稳定工作要求。在大马赫数飞行条件下，为使高速气流减速到发动机进口的要求，设计进气道时必须精心地组织激波波系。同时还要考虑在预期的整个飞机 / 发动机工作区域内，进气道都能稳定地工作，不出现喘振和痒振。

(3) 进气道的“二次”流量。从进气道进口通过的空气质量流量，除了绝大部分供给发动机之外，还可能有若干不同用途的“二次”流量需求，例如发动机周围和尾喷管的冷却、电子设备的冷却、进气道中心体上的附面层吸除等，这些都可能对进气道气流的损失、均匀性和发动机内流的稳定性产生严重的影响。

根据设计状态下超声速气流滞止过程的特点，超声速进气道可分为外压式、内压式和混压式三种，如图 2-11 所示。外压式进气道是在进口之前将超声速气流滞止到亚声速，如图 2-11(a) 所示；内压式进气道是超声速气流的减速扩压过程完全在进口中进行，如图 2-11(b) 所示；混压式进气道是超声速气流部分在进口之外减速扩压，部分在进口之内减速扩压，如

图 2－11(c) 所示。

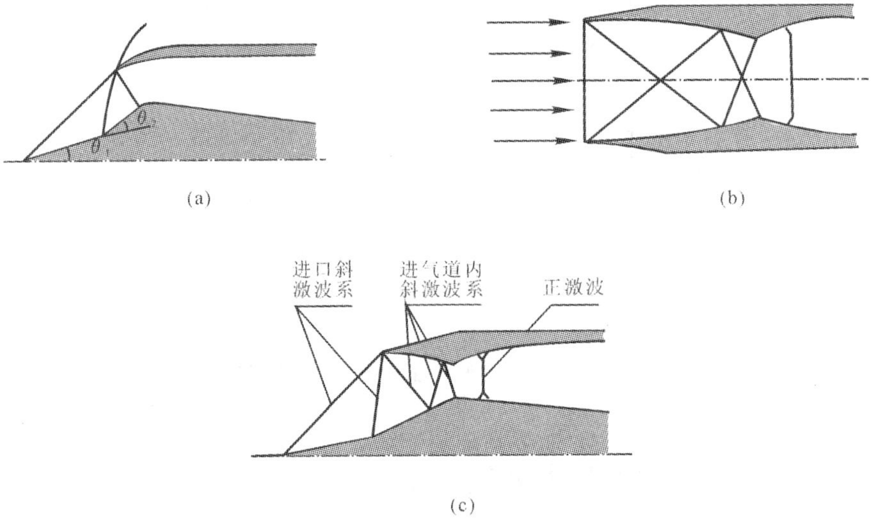

图 2－11　超声速进气道示意图

一、外压式进气道

外压式进气道由中心体和外罩组成。在设计状态下，超声速气流经过中心体上产生的斜激波减速，但仍为超声速，然后经过位于进气道进口的正激波减速为亚声速。如图 2－12(a) 所示，是一道斜激波加一道结尾正激波组成的二波系方案；图 2－12(b) 所示是两道斜激波加一道结尾正激波的三波系方案。

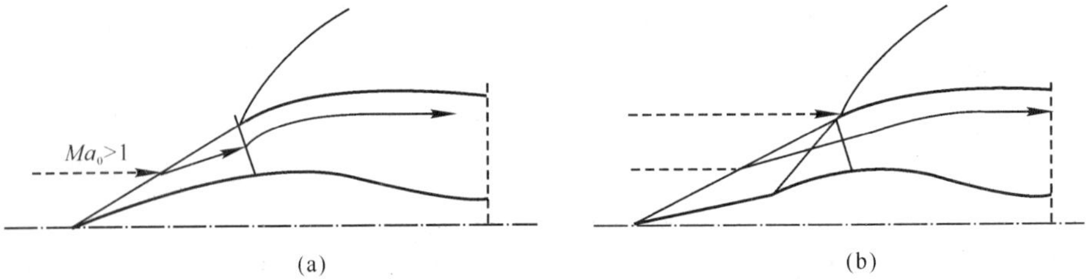

图 2－12　二波系和三波系的外压式进气道

(a) 二波系外压式进气道；(b) 三波系外压式进气道

外压式进气道的波系一般由几道斜激波和一道结尾正激波组成。根据气体动力学可知，在飞行马赫数一定时，每个波系的总压恢复系数存在最大值。图 2－13 表示激波系的最大总压恢复系数随飞行马赫数的变化关系。由图 2－13 可见，在一定的飞行马赫数下，波系的激波数目越多，总压恢复系数越高。理论上，当激波数目趋于无穷大时，便可实现超声速气流的等熵滞止减速过程，这时压缩表面的形状是连续平滑的。但实际上，激波的数目受进气道外罩上激波脱体的限制。因为，激波数目越多，气流的转折角越大，相应的外罩前缘的角度也越大，致使其激波脱体。

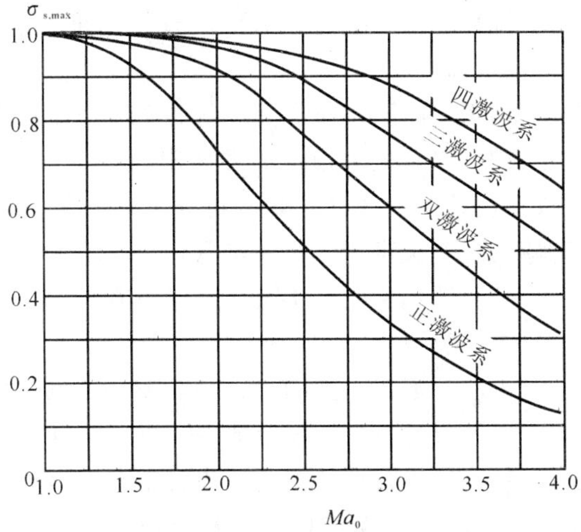

图 2－13　波系最大总压恢复系数与飞行马赫数的关系

在设计状态下，进气道任意截面的相对面积可根据流量连续方程确定。假定进气道的内管道中没有气流泄出，则由流量连续方程可以写出

$$KA\frac{p_t}{\sqrt{T_t}}q(\lambda)=KA_0\frac{p_{t0}}{\sqrt{T_{t0}}}q(\lambda_0)$$

注意到在进气道中总温不变，即

$$T_{t0}=T_t$$

所以

$$Aq(\lambda)=A_0q(\lambda_0)\frac{p_{t0}}{p_t}=A_2q(\lambda_2)\frac{p_{t2}}{p_t}$$

两边除以捕获面积 A_c，并注意流量系数 $\varphi_i\equiv\dfrac{A_0}{A_c}$，则任意截面的相对面积与该截面的 $q(\lambda)$ 之间的关系为

$$\overline{A}\equiv\frac{A}{A_c}=\frac{\varphi_i q(\lambda_0)}{\sigma q(\lambda)} \tag{2-18}$$

同理

$$\frac{A_2}{A_c}=\frac{\varphi_i}{\sigma_i}\frac{q(\lambda_0)}{q(\lambda_2)} \tag{2-19}$$

式中　A,A_c,A_2—— 分别为进气道任意截面面积、捕获面积和出口面积；

σ,σ_i—— 分别为 0 截面至任意截面的总压恢复系数和整个进气道的总压恢复系数，如果只考虑激波中的总压损失而不考虑管道中的附面层影响，则在设计状态下，σ，σ_i 是已知的；

$q(\lambda_0)$，$q(\lambda_2)$—— 分别为 0 截面和发动机出口截面的流量函数，在设计状态下，σ，σ_i 是已知的。

因此，给定了任一截面的相对面积，即可确定该截面的气流速度，或者给定了任一截面的速度即可确定该截面的相对面积。

上述分析只适合管道中无黏性流动情况。而实际上黏性的影响，必然在物面上形成附面层，在逆压力梯度时附面层可能很厚，以致失去稳定而发生附面层分离。分离区的出现将严重恶化气流滞止过程的特性，以致使设计的进气道方案不能实现。

外压式进气道的出口气流畸变主要决定于气流在进气道内管道中的转弯角度和管道的长度。如果从内管道进口至发动机进口的距离大于进气道进口直径的 3 ～ 4 倍，则总压损失稍大，但可得到畸变程度较小的出口气流流场。

图 2-14 表示了二波系外压式进气道在不同的飞行马赫数和不同的发动机工作状态下的气流流动图形。如图 2-14 所示，当飞行马赫数为设计值 Ma_d 时，可以使斜激波相交于进气道外罩的唇口处，这时流量系数 $\varphi_i = 1$。当飞行马赫数小于设计值时，斜激波的波角加大，使流量系数 $\varphi_i < 1$。当飞行马赫数大于设计值时，斜激波的波角减小，斜激波进入唇口内，这会导致附面层分离和流动损失的增加。

当飞行马赫数一定时，由发动机工作状态所决定的进气道出口流量相似参数 $\dfrac{W_a\sqrt{T_{t2}}}{p_{t2}}$（或与其成正比的流量函数 $q(\lambda_2)$）决定着进气道结尾正激波的位置。$q(\lambda_2)$ 越大，发动机所需要的空气质量流量越大，结尾正激波离发动机进口越近；反之，$q(\lambda_2)$ 越小，结尾正激波越向前移。结尾正激波处于进气道唇口处的工作状态称为临界工作状态，如图 2-14(a)，(d)，(g) 所示。随着发动机所需空气质量流量的增加，正激波被吸入进气道的扩张通道里。正激波前马赫数增大，总压损失增加。这时，进气道提供的空气质量流量不可能再增大，而是以进气道出口总压 p_{t2} 降低，来满足进气道出口空气质量流量相似参数增大的需要。这种工作状态称为超临界工作状态，如图 2-14(c)，(f)，(i) 所示。随着发动机所需要的进气道出口空气质量流量相似参数的减小，结尾正激波在进气道的扩张通道中向前移动，直至正激波被推出进气道以外，在进气道进口前形成一道弓形波。经过弓形波的一部分气流溢出进气道外，使流量系数减小，进入发动机的实际空气质量流量减少。正激波状态被推出进气道口外的状态称为进气道的亚临界工作状态，如图 2-14(b)，(e)，(h) 所示。

为提高外压式进气道的总压恢复系数，当飞行马赫数不超过 2.5 时，最有利的压缩面转折角为 28° ～ 30°。一般罩唇内表面基本平行于当地内流，罩唇外表面的倾斜角还要稍大一些，约等于压缩面转折角再加 3°，如此大的外罩角将产生很大的外罩波阻，故常把转折角控制在 20° ～ 22° 范围内。多波系进气道每道激波的强度大致相等时，可使总压损失最小；但考虑到飞行马赫数较小时，第一道激波不致脱体，第一锥（或斜板）的角度在强度允许的条件下应尽量

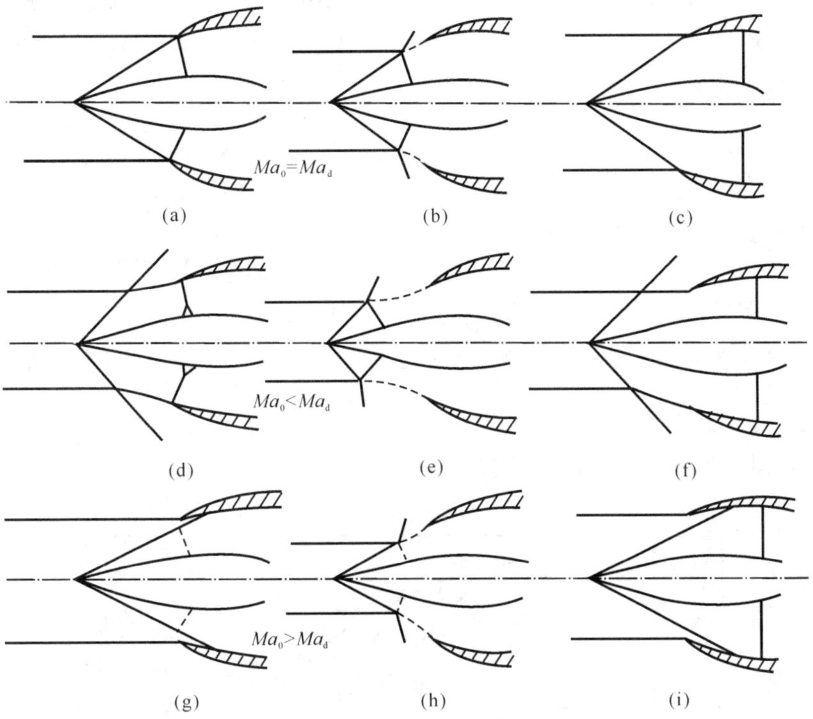

图 2－14　在不同飞行马赫数下外压式进气道的气流流动图形

选小些。

如上所述，外压式进气道设计状态下斜激波交于唇口、结尾正激波位于进口的方案，当受到外部和内部的扰动时，工作状态是不稳定的。为了避免这种现象，有如下两种方案可以采用：

(1) 双正激波方案。如图 2－15 所示，进口前的波系没有什么变化，但内管道是收缩-扩张型的，具有临界截面(cr 截面)。

气流流经进口波系后变为亚声速，接着通过收敛-扩张的内管道，在喉部(cr 截面) 达到声速，然后转为超声速，在扩张管道的某处经正激波变为亚声速。当发动机工作状态变化引起进气道出口反压减小时，结尾正激波向后移动，波前马赫数增大，总压损失增加并可能由于激波附面层干涉而引起分离；反压增加时，结尾正激波移向喉部。可见，这种管道内有临界截面的外压式进气道借助于结尾正激波在扩张管道内的移动，在一定的反压变化范围内可保持进口前的波系不变。但代价是总压损失加大和出口气流脉动增加，故一般不采用这种双正激波的外压式进气道方案。

(2) 设计点稍亚临界方案。如图 2－16 所示，在外压式进气道的设计点，设计为稍亚临界状态，结尾正激波不在进口上而少许前移。当进气道出口反压下降时，正激波移向进口达到临界状态；反压增加时，正激波前移。这样在反压一定的波动范围内保证设计状态的波系不被破坏。这种方案的外压式进气道结构简单，工作稳定性好，所以飞行马赫数在 2.5 以下的战斗机多半采用这种形式的进气道。

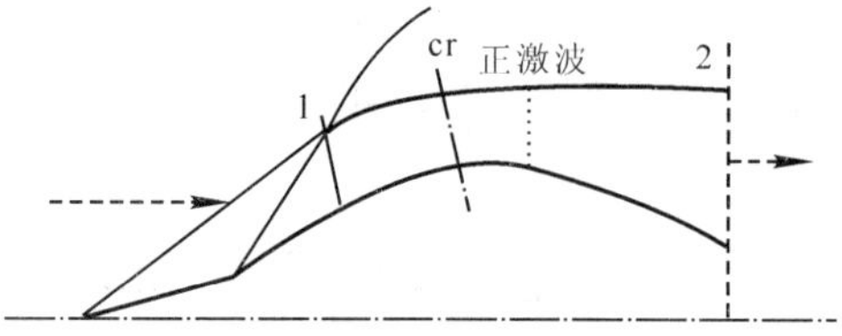

图 2-15　管道内有临界截面的三波系外压式进气道

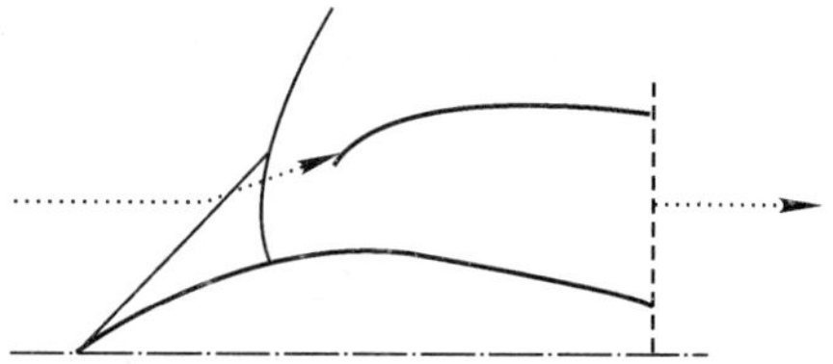

图 2-16　外压式进气道的建议设计状态

超声速飞机上，多激波外压式超声速进气道得到了广泛应用。图 2-17 所示为外压式进气道（二元）简图，图中标有其主要的几何参数。

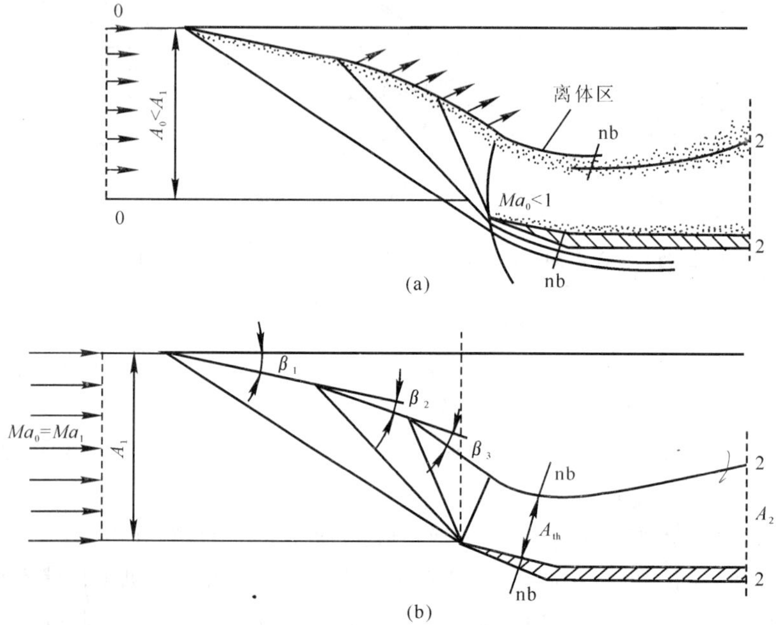

图 2-17　多波系超声速进气道简图及其主要几何参数

图中，A_1 为进口面积；A_{th} 为喉部面积；A_2 为发动机进口面积；β_1，β_2，β_3 为压缩表面（斜板）的倾斜角；$\beta_c=\sum_{i=1}^{m}\beta_i$ 为气流（压缩表面）总转折角；β_{in} 和 β_{out} 为唇口内、外安装角。

在设计状态下，结尾正激波位于进口稍前，即亚临界状态。为了不让正激波破坏斜激波系，斜激波有某些散焦，如图 2-17(a) 所示。由于设计状态下的 $\varphi_i < 1.0$，存在附加阻力，所以阻力系数 C_{X_i} 比激波封口的设计方案的阻力系数略大。简化计算时可以认为在设计点上斜激波系交于唇口结尾正激波处于进口平面，如图 2-17(b) 所示。

为了降低沿压缩表面上的压力梯度，减慢压缩表面上附面层的增厚，防止分离，β_c 角要选择得小一些。即使如此，气流在斜激波内的滞止中仍然可能偏离轴线方向很多，经正激波后变为亚声速，然后在喉道区通道凸起表面上再回转到轴线方向，如果进口之后管道马上扩张，气流容易分离。为了避免这种情况发生，内管道开始段做成稍微收敛状，气流完成回转后，再使管道扩张。

跨声速飞机的进气道一般做成不可调的，这种管道具有结构简单的特点。为了满足机动飞行时进气道与发动机的相容性，通常将进气道置于机身下或机翼下，机身或机翼对进气道有屏蔽作用，如图 2-18 所示为 F—16 飞机机身下进气道的实例。

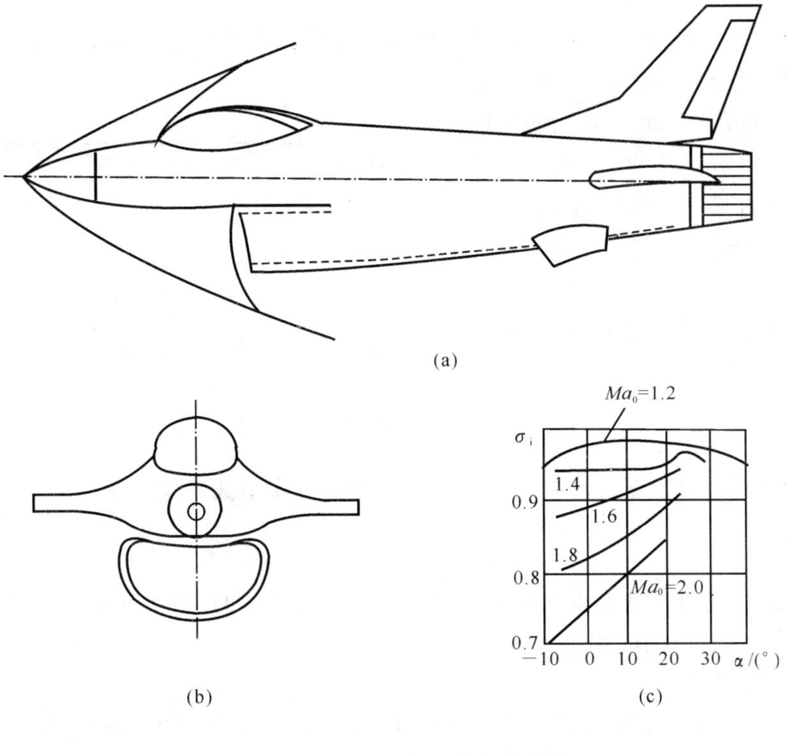

图 2-18　机身下进气道简图

飞机在大攻角 α 和侧滑角 β 下机动飞行时，如果进气道不可调而且是机头进气的，则发动机进口处出现的气流不均匀性很可能导致风扇或压气机的喘振。有了机身或机翼的屏蔽效应，在亚声速飞行时($Ma_0 < 0.8$)，进气道的攻角可以在 $-10° \sim 30°$ 范围内变化，而侧滑角可以在

$\pm 15^\circ$范围内变化；超声速飞行($Ma_0 = 1.5 \sim 1.7$)时，α和β的变化范围缩为$\alpha = -4^\circ \sim 15^\circ$，$\beta = \pm 4^\circ$，这样不致引起发动机失稳。F—16飞机的进气道是在$Ma_0 = 0.8 \sim 1.6$范围内，从进行空战条件出发优化设计的。当$Ma_0 < 1.0$时，在大攻角和侧滑角下，靠机身的整流作用和机翼的溢流使进气道来流的方向受飞机攻角变化的影响较小。超声速飞行时，进口处的气流在机身头部的斜激波中得到部分减速。由此，在进气道进口平面前产生减弱了的正激波，而且攻角愈大，正激波愈弱。在图2-18(c)中，以进气道总压恢复系数σ_i与飞机攻角的关系曲线形式给出了这种进气道的特性。可见，随着攻角α在一定范围内的增大，进气道总压恢复系数σ_i不但不下降，反而有所提高。因为这时，斜激波强度提高，而使正激波的强度降低。

二、内压式进气道

在设计状态下，超声速来流完全在进气道的收缩-扩张管道中减速并变成亚声速。

1. 设计状态下的理想流动

理想的超声速内压式进气道是一个具有特殊形面的先收敛后扩张的管道，如图2-19所示。特殊的形面保证超声速气流在管道的收敛段经过一系列的弱压缩波等熵的减速增压，至喉部截面t处达到声速，而后在扩张段中经过等熵的减速增压变成亚声速，气流的参数连续地变化，没有总压损失。进气道的外表面平行于来流，流量系数$\varphi_i = 1$，阻力等于零。为使喉道处达到声速，根据流量连续，喉部面积A_{th}应满足如下关系：

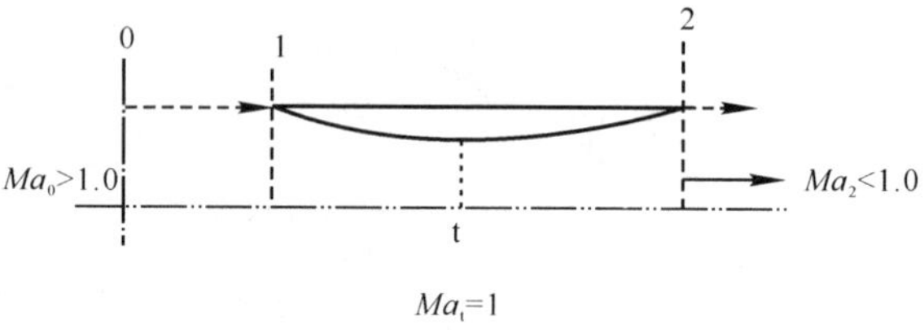

图2-19　超声速内压式进气道的理想状态

$$\frac{A_{th}}{A_1} = q(\lambda_0) \tag{2-20}$$

进气道出口截面面积，可根据发动机进口所要求的速度或由下式确定：

$$\frac{A_{th}}{A_2} = q(\lambda_2) \tag{2-21}$$

可见，内压式进气道在理想设计状态下的性能是非常优越的，但实际上由于存在难以解决的"起动"问题，限制了它的应用。

2. 内压式进气道的起动问题

内压式进气道是在一定的飞行马赫数下设计的，如果几何不可调节，则喉部与进口面积比等于常数，即

$$\frac{A_{th}}{A_1} = q(\lambda_0) = \text{const} \tag{2-22}$$

但是在实际的应用中，飞机一般总是从较小的马赫数加速到设计的飞行马赫数。当超声速飞行的马赫数小于设计值，即$Ma_0 < Ma_d$时，假定喉部马赫数仍等于1.0，则这时需要的面积

比为

$$\left(\frac{A_{th}}{A_1}\right)_R = q(\lambda_0) > q(\lambda_d) \tag{2-23}$$

比较式(2-23)与式(2-22)可见，设计的面积比小于需要的面积比，或者说设计的喉部面积小于需要的喉部面积。这就意味着由进口流入的空气质量流量太大，而喉部面积显得太小，通不过上游的空气质量流量，必然在进口前产生弓形激波，经激波后气流变为亚声速，多余的空气质量流量溢出口外，如图 2-20 所示。

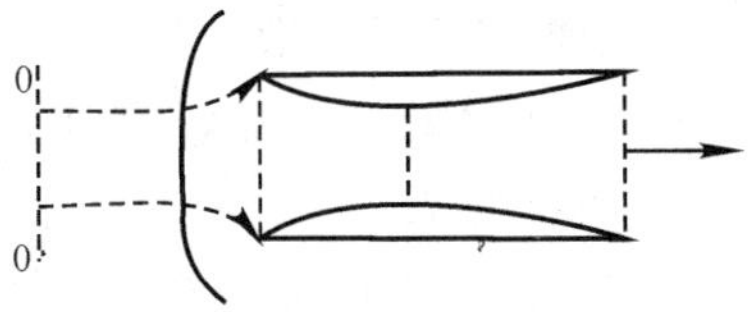

图 2-20 不可调内压式进气道 $Ma_0 < Ma_d$ 时的流动示意图

由于超声速气流的马赫数 Ma_0 越小，则 $q(\lambda_0)$ 越大，所以需要的面积比 $\left(\frac{A_{th}}{A_1}\right)_R$ 越大。图 2-21 中的实心点曲线 ① 表示需要的面积比 $\left(\frac{A_{th}}{A_1}\right)_R = \frac{A_{th}}{A_1} = q(\lambda_0)$ 随自由流马赫数的变化关系。

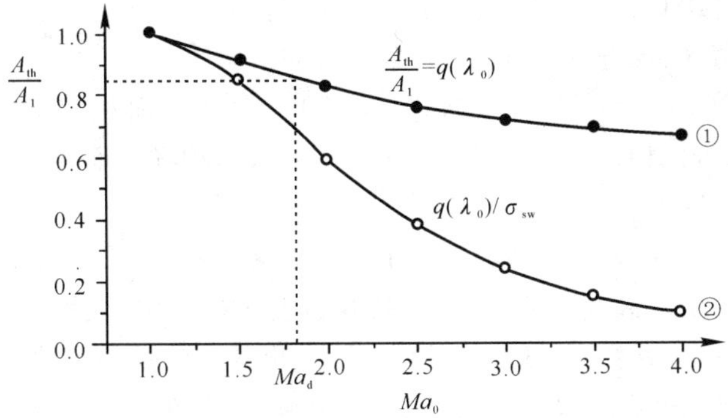

图 2-21 $q(\lambda_0)$ 和 $q(\lambda_0)/\sigma_{sw}$ 与马赫数的关系

值得注意的是，一旦进口前有弓形激波存在，经过激波气流的总压就会降低，通过喉部的流通能力下降，即使飞行马赫数增加到设计值，进口前的弓形激波仍不能消失。这可以由 0 截面至 1 截面的流量方程得到解释，即

$$\frac{A_{th}}{A_1} = \frac{A_0}{A_1}\frac{q(\lambda_0)}{\sigma_{sw}} = \frac{\varphi_i}{\sigma_{sw}}q(\lambda_0) \tag{2-24}$$

式中，σ_{sw} 为自由流至喉部的总压恢复系数，即弓形激波(进入进气道的部分相当于正激波)的总压恢复系数。

图 2-21 中的空心点曲线 ② 表示 $q(\lambda_0)/\sigma_{sw}$ 随 Ma_0 的变化关系。若设计马赫数 $Ma_d = Ma_0 = 1.5$，则设计的面积比 $A_{th}/A_1 = q(\lambda_0) = 0.850\,2$。当飞行马赫数从较小的值增加到设计马赫数 $Ma_d = Ma_0$ 时，$q(\lambda_0)/\sigma_{sw} = 0.913\,2$，把这个值和 $A_{th}/A_1 = 0.850\,2$ 代到式(2-24)

中，必然有 $\varphi_i < 1.0$，即进口前弓形激波依然存在。这种飞行马赫数已达到设计值，但设计状态的流动图形并没有形成的现象，称为进气道未“起动”。

实现进气道的起动，就是建立进气道的设计流动图形。由式(2-24)推断，理论上可能起动的方法有如下几种：

(1) 增加飞行马赫数使其大于设计点的马赫数。假定设计马赫数 $Ma_d = Ma_0 = 1.5$，则设计的面积比 $A_{th}/A_1 = q(\lambda_0) = 0.8502$。若逐渐增加 Ma_0，使其大于 Ma_d，则 $q(\lambda_0)/\sigma_{sw}$ 逐渐减小(见图 2-20)，由式(2-24)可见，流量系数 φ_i 逐渐增加，即弓形激波逐渐靠近进气道进口；当 Ma_0 增加到约 1.83 时，A_{th}/A_1 等于设计的喉部面积比 A_{th}/A_1，显然此时的流量系数 $\varphi_i = 1.0$，弓形激波贴口；若再稍微增加 Ma_0，则激波被吞入管道内；然后再逐渐减小 Ma_0 到设计值，于是进气道实现设计状态的流动。

虽然理论上增加飞行马赫数可以实现进气道的起动，但是需要飞行马赫数增加很多(若设计马赫数为 1.5，则 Ma_0 需要增加到 1.83 才能起动)，这在实际中很难实现。

(2) 调节喉部面积。由式(2-24)可以看出，喉部面积增加，面积比 A_{th}/A_1 增加，则流量系数 φ_i 增加。当 φ_i 增加到 1.0 时，弓形激波消失，$A_{th}/A_1 = q(\lambda_0)/\sigma_{sw}$。然后再缩小喉部面积，使飞行马赫数达到设计值，实现进气道起动。

假定设计马赫数 $Ma_d = Ma_0$，根据式(2-20)，设计的面积比 $A_{th}/A_1 = q(\lambda_0)$，而根据式(2-24)可见，起动喉部面积比 $A_{th}/A_1 = q(\lambda_0)/\sigma_{sw}$，起动喉部面积为设计值的 $1/\sigma_{sw}$。这种方法在结构上实现比较困难。

(3) 多孔式进气道。在进气道的收敛段上开设许多小孔，如图 2-22 所示，通过小孔放出多余的空气质量流量可实现进气道的起动。在激波的吸入过程中，波前的马赫数逐渐减小，激波的强度减弱，其总压恢复系数 σ_{sw} 升高。每个小孔放出的空气质量流量，可以根据小孔面积、管道内外压力差和适当的系数计算。在设计飞行马赫数下，激波处于收敛段任一位置时，其后面小孔总的放气量，可由流量平衡计算。

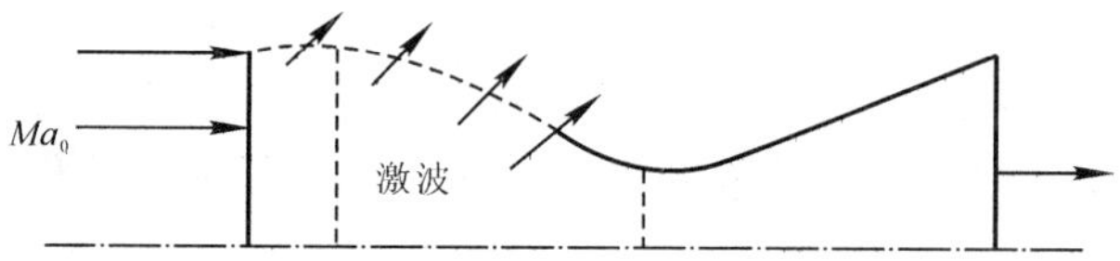

图 2-22　多孔式进气道示意图

多孔式进气道的缺点是：激波通过收敛段后，收敛段的超声速气流压力仍大于外界压力，小孔继续放气(虽然放气量有所减小)，因此产生放气阻力；开设的小孔只适合进气道的设计状态马赫数，当飞行马赫数小于设计值时，进气道又不起动了。

(4) 超临界设计。为了缓和内压式进气道的起动问题，可以在设计时适当放大喉部面积，使进气道在设计状态下工作于超临界状态，如图2-23所示。由于喉部面积放大，在设计飞行马赫数下，喉部的马赫数大于1.0，喉部下游某处形成正激波，经正激波后气流变为亚声速。这样使起动问题容易解决，但代价是经正激波后气流有总压损失。

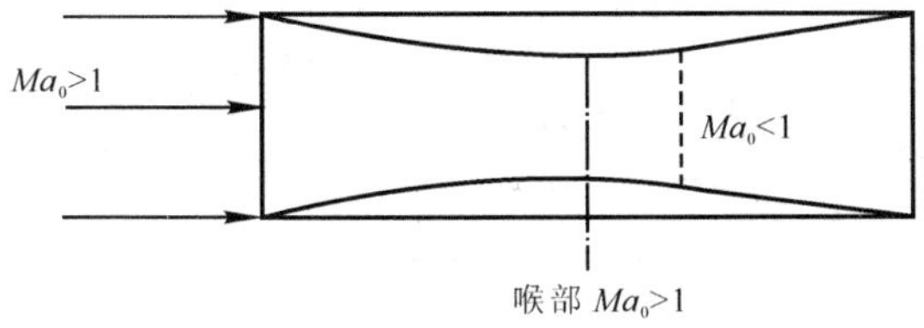

图 2-23 内压式进气道的超临界设计状态

三、混压式进气道

混压式进气道的特点是超声速气流在进气道进口前压缩后仍然是超声速的，然后在管道内继续压缩，通过喉部或扩张段中的正激波变为亚声速。显然这种进气道兼有外压式和内压式进气道的部分特点。混压式进气道比外压式进气道的阻力小，由于其内压式部分的进口马赫数低，缓和了起动问题。

图2-24所示是按 $Ma_0=2.2$ 设计的三个进气道，三道斜激波各使气流折转8°(接近于最佳)。图2-24(a)所示为外压式设计，外罩内壁倾角为24°。外罩外壁倾斜角需更大一些，其上面产生的激波很强，因此外罩上的阻力很大；图2-24(b)所示是混压式设计，外罩内壁倾角为8°；图2-24(c)所示是混压式设计，但外罩内壁倾角为7°。

比较以上三种进气道可以看出：

(1) 三种进气道的波系相同，因此波系的总压恢复系数相同。

(2) 外压式进气道的气流转弯程度最大，外罩外壁的倾角最大，所以阻力较大；由于气流的折转程度较大，所以管道内的总压损失也较大。

(3) 与(b)方案相比，(c)方案内管道进口的马赫数较大，因而起动问题相对较困难；但气流的内压缩程度增加，进气道的最大高度减小，使阻力和结构重量减小。

(4) 与外压式相比，混压式进气道结尾正激波前的压缩表面较长，压缩面附面层厚，且有部分波位于进气道内，发生激波反射，并与附面层相互干扰，对总压恢复系数和出口流场畸变有不利的影响。但与内压式进气道相比，混压式进气道减小了管道进口马赫数，大大地缓和了起动问题。为了波系稳定，混压式进气道必须有一套控制机构，增加了控制的复杂性，也增加了进气道的重量，只有在飞行马赫数较高的飞机上使用才能显示其优越性。美国SR—71高空高速侦察机和XB—70轰炸机上使用了这类进气道。

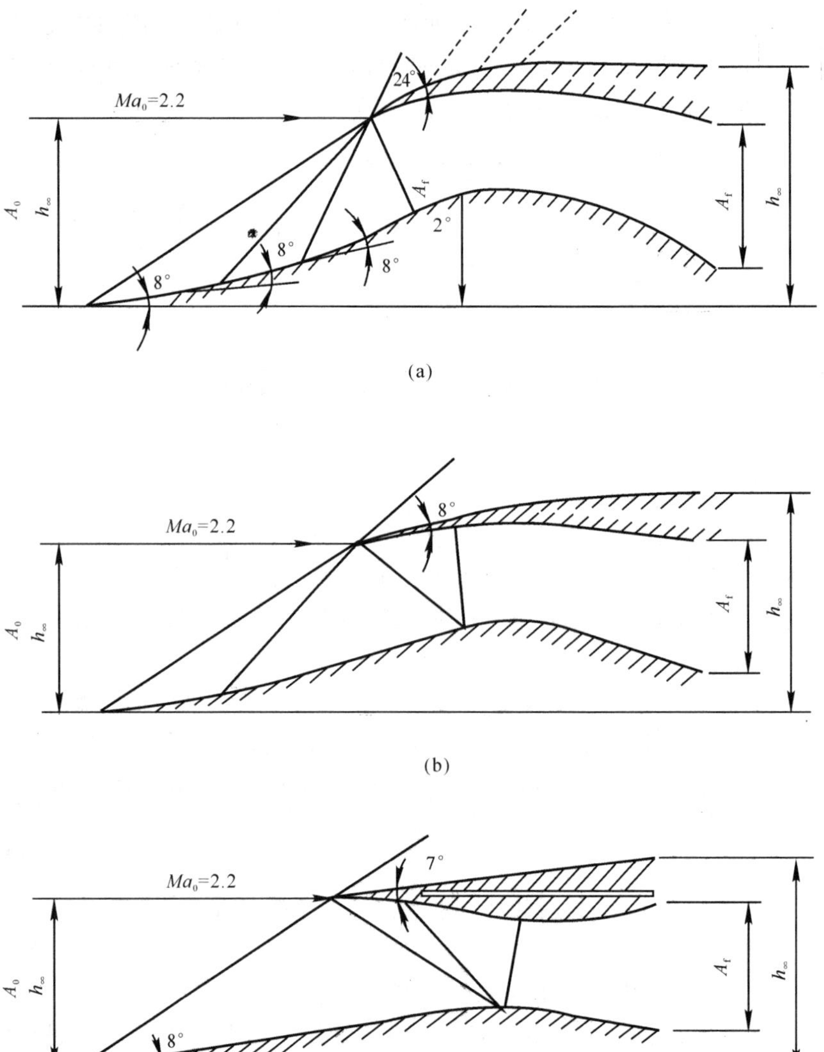

图 2-24　混压式和外压式进气道的比较

2.4　超声速外压式进气道的阻力

一、溢流阻力的定义

亚声速进气道溢流阻力定义为：流量系数 $\varphi_i < 1$ 时的阻力与满流（$\varphi_i = 1$）时的阻力之差。超声速外压式进气道溢流阻力通常定义为：$\varphi_i < \varphi_{i,max}$ 时的阻力与 $\varphi_i = \varphi_{i,max}$ 时的阻力之差。$\varphi_{i,max}$ 是在给定的超声速飞行马赫数下，进气道的最大流量系数，亦即结尾正激波位于唇口（临界状态）时的流量系数。显然，当进气道工作于亚临界状态下，即 $\varphi_i < \varphi_{i,max}$ 时，进气道将产生较大的溢流阻力。

当 $\varphi_i < \varphi_{i,max}$ 时，外压式进气道的阻力等于附加阻力、外罩摩擦阻力与外罩压力阻力之和，即

$$X = X_d + X_f + X_p = X_d + X_w \tag{2-25a}$$

当 $\varphi_i = \varphi_{i,max}$ 时，

$$X_0 = X_{d,0} + X_{f,0} + X_{p,0} = X_{d,0} + X_{w,0} \tag{2-25b}$$

式中　注角 0—— 表示当 $\varphi_i = \varphi_{i,max}$ 时的值；

X_f—— 外罩摩擦阻力；

X_p—— 外罩压力阻力；

X_w—— 外罩阻力，$X_w = X_f + X_p$。

根据定义，溢流阻力为

$$X_{spill} \equiv X - X_0 = \Delta X_d + \Delta X_w \tag{2-26}$$

二、飞行马赫数小于设计值时的附加阻力

1. 临界状态时的附加阻力

当飞行马赫数小于设计值，即 $Ma_0 < Ma_d$ 时，斜激波位于唇口之前，若进气道处于临界状态，此时最大流量系数 $\varphi_{i,max} < 1.0$。根据附加阻力的定义，它是图 2-25 所示的 a 点至 1 点流管上压力差的积分，其值为

$$X_d = \int_a^1 (p - p_0)\mathrm{d}A \tag{2-27a}$$

即为临界状态的附加阻力。由于该流管的气流是超声速的，故又称为超声速附加阻力。

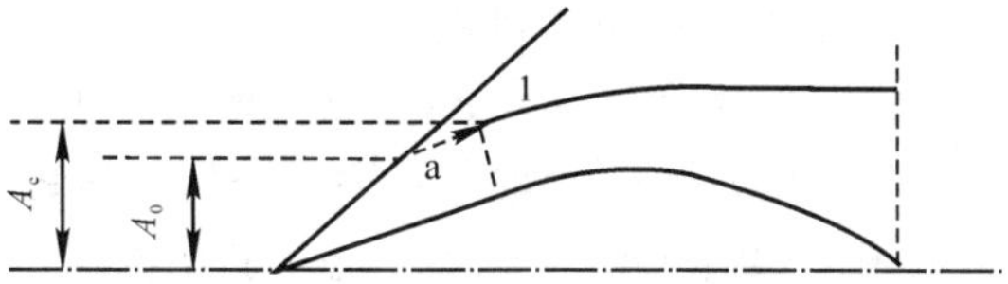

图 2-25　超声速附加阻力的示意图

(1) 单斜板二元进气道，式(2-27a) 可写成

$$X_d = (p_1 - p_0)(A_c - A_0) \tag{2-27b}$$

或者用相应的阻力系数表示为

$$C_{X_d}=\frac{p_0}{q_0}\left(\frac{p_1}{p_0}-1\right)(1-\varphi_{i,\max}) \tag{2-27c}$$

式中 $q_0=\frac{1}{2}\rho_0 c_0^2$；

A_c—— 进气道捕获面积；

$\varphi_{i,\max}=\left(\frac{A_0}{A_c}\right)_{\max}$，可根据进气道几何参数和飞行马赫数计算。

(2) 单锥面轴对称进气道。锥形激波和唇口之间的压力不是常数，可以近似取平均值，于是超声速附加阻力系数为

$$C_{X_d}=\frac{p_0}{q_0}\left(\frac{\bar{p}}{p_0}-1\right)(1-\varphi_{i,\max}) \tag{2-27d}$$

(3) 双斜板二元进气道。双斜板二元进气道在最大流量系数时的超声速附加阻力为

$$X_d=(p_b-p_0)(A_b-A_0)+(p_1-p_b)(A_c-A_b) \tag{2-28}$$

式中 p_b—— 第1道斜激波后流管 a—b 上的压力，如图 2-26 所示；

p_1—— 第2道斜激波后流管 b—1 上的压力；

A_0,A_b,A_c—— 分别为自由流管、b 点流管和进气道的捕获面积。

根据进气道的几何参数和飞行马赫数可计算出 p_b,p_1,A_0,A_b,A_c，进而计算出双斜板二元进气道在最大流量系数时的超声速附加阻力。

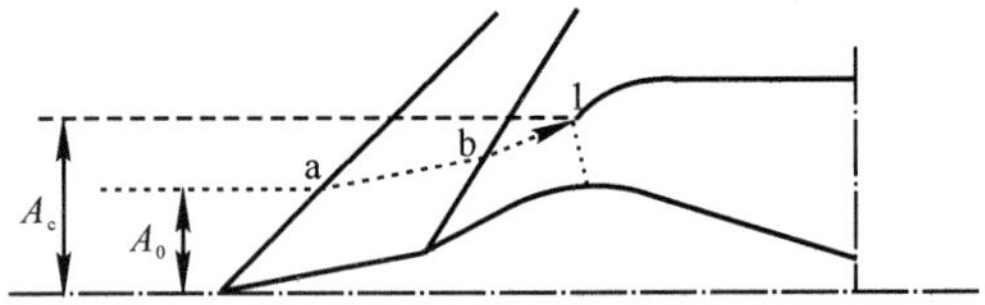

图 2-26 双斜板二元进气道超声速附加阻力

2. 亚临界时的附加阻力

在一定的飞行马赫数下，若进气道处于亚临界状态，流量系数小于最大流量系数，如图 2-27(b)，(c)，(d) 所示，此时附加阻力一般包括超声速和亚声速附加阻力两部分。

由图 2-27 可见，亚临界状态下斜激波与弓形激波的交点 a 相对于分界流线有三种不同情况：

(1) 图 2-27(c) 所示是分界流线恰过 a 点；

(2) 图 2-27(b) 所示是 a 点位于分界流线之上；

(3) 图 2-27(d) 所示是 a 点位于分界流线之下。

如图 2-27(e) 所示为各种流态下的阻力的组成：

状态 a：临界状态，流量系数为最大值 $\varphi_{i,max}$，此时只有超声速附加阻力和外罩阻力。

状态 b：亚临界状态，有超声速附加阻力、亚声速附加阻力。由于亚声速气流绕过前缘，有前缘吸力，所以此时的外罩阻力比最大流量时的外罩波阻要小一些，即外罩阻力的变化 ΔX_w 是负值。由式(2-26)可知，溢流阻力等于附加阻力的变化加外罩阻力的变化(见图 2-27(e))。

状态 c：对应一个点，是状态 b 和状态 d 的分界点。

状态 d：只有亚声速附加阻力。与状态 b 比较，附加阻力增加较慢。

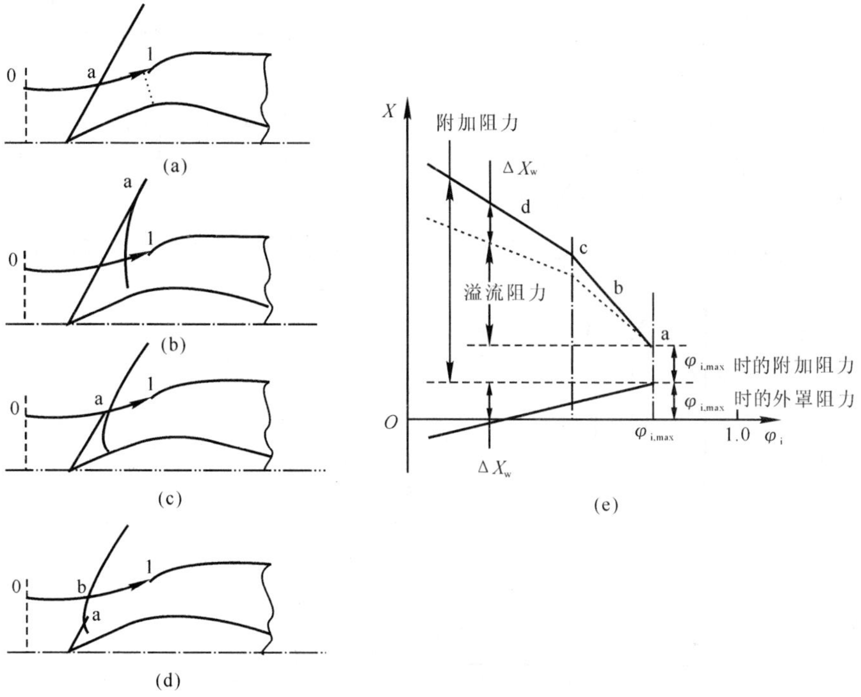

图 2-27　外压式进气道亚临界时的附加阻力

三、飞行马赫数小于设计值时的溢流阻力

一般在进气道阻力的计算中，选临界状态($\varphi_i = \varphi_{i,max}$)为参考状态，$\varphi_i < \varphi_{i,max}$ 状态的阻力等于参考状态的阻力 X_0 加溢流阻力 X_{spill}，即

$$X = X_0 + X_{spill}$$

四、飞行马赫数等于设计值时的阻力

当飞行马赫数等于设计值，即 $Ma_0 = Ma_d$ 时，临界状态的流量系数 $\varphi_i = 1$，附加阻力

$X_{d0}=0$，所以进气道阻力等于外罩阻力，即

$$X_0=X_{w0}$$

而亚临界时 $$X=X_d+X_w$$

故溢流阻力为 $$X_{spill}=X-X_0=X_d+\Delta X_w$$

图 2－28 为表示飞行马赫数为不同值时外压式进气道的各种阻力的示意图，由图 2－28 可知：

(1) 在 $Ma_0=Ma_d$ 的飞行条件下，当 $\varphi_i=1$ 时，只有外罩阻力；随着流量系数 φ_i 的减小，意味着进气道为亚临界状态，亚声速附加阻力迅速增加，外罩阻力的变化为负值。溢流阻力小于附加阻力。

(2) 在 $Ma_0<Ma_d$ 的飞行条件下，当 $\varphi_i=\varphi_{i,max}$ 时，存在超声速附加阻力。与亚声速附加阻力比较，超声速附加阻力较小。若 $\varphi_i<\varphi_{i,max}$，意味着进气道进入亚临界状态，这时不仅有超声速附加阻力，同时还存在亚声速附加阻力。

(3) 在超声速飞行时，若超声速进气道工作于亚临界状态，则产生很大的溢流阻力。

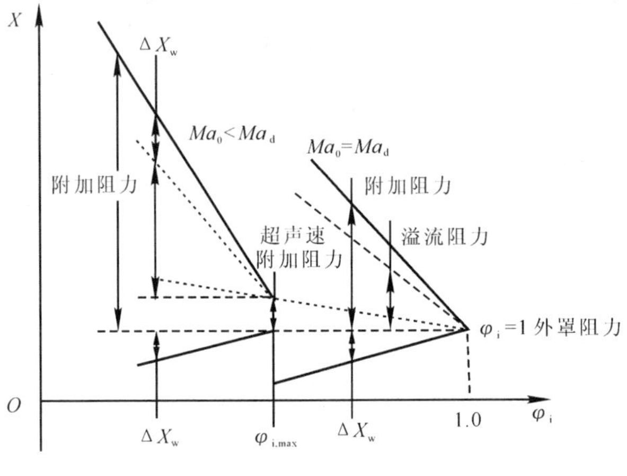

图 2－28　不同飞行马赫数下外压式进气道的各种阻力的示意图

2.5　超声速外压式进气道不稳定工作状态——喘振和痒振

超声速外压式进气道在临界状态下具有良好的性能，但工作于深度亚临界状态时，将出现激波振荡形式的气流不稳定现象，通常称之为“喘振”。喘振现象主要表现为正激波在进气道进口内、外迅速往返移动，气流的总压呈低频、大幅度的脉动，空气质量流量也呈忽大忽小的波动。进气道的喘振可能导致结构的破坏，诱发风扇或压气机的喘振以及引起燃烧室的熄火。

进气道的喘振一般发生在超声速飞行($Ma_0 > 1.4 \sim 1.5$ 时)且进气道工作于较深的亚临界状态下。

进气道的另一种不稳定情况发生在超临界工作状态下,称为"痒振"。

一、喘振发生的原因

1. 滑流层准则

当进气道工作于亚临界工作状态时,进口前存在弓形激波,斜激波与弓形激波交点后的气流,一部分经过斜激波而另一部分只经过正激波。两部分气流总压不同而静压相等,故存在速度差而形成涡面或称"滑流层",如图 2-29 所示。如果滑流层从进气道口外流过,如图 2-29(a)所示,不会引起喘振,如果滑流层流入进气道,如图 2-29(b) 所示,则可能引起喘振。

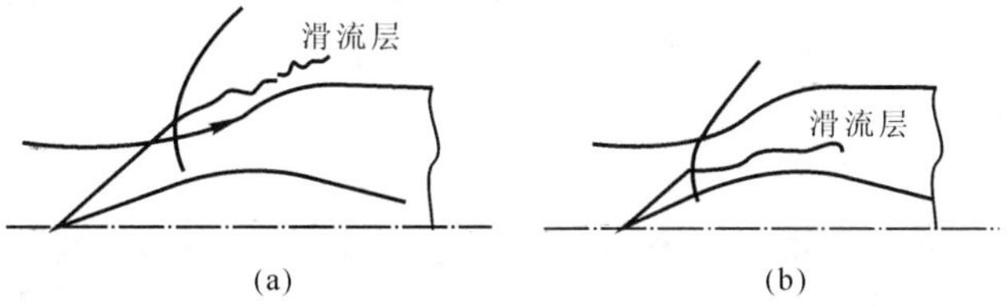

图 2-29　进气道的滑流层

当滑流层流入进气道时,外层气流总压小,飞行马赫数小;内层气流总压大,飞行马赫数大,两股气流在进气道内保持相同的扩压程度。根据压力变化与面积变化的关系,即

$$\frac{\Delta p}{p} = \frac{k}{\dfrac{1}{Ma^2} - 1} \frac{\Delta A}{A}$$

可知,在相同的压力变化情况下,外层气流面积迅速扩大,限制了内层气流通道面积,以致产生堵塞,使正激波后的压力增大,弓形激波更远离唇口。弓形激波远离唇口至前方某一位置,进入进气道的空气质量流量小于发动机需要的空气量,进气道出口边界条件的压力迅速下降,弓形激波被吸入进口,恢复原始的工作状态,上述过程重复循环形成喘振。有的试验显示,对于斜板式二元进气道,在飞行马赫数为 2 时,强度为 6% ~ 7% 的滑流层进入进气道则可能引起喘振,滑流层强度的定义是源点处滑流层两边的总压差除以上游总压。

2. 中心体上气流分离准则

当飞行马赫数在设计值附近时,滑流层容易流入进气道,滑流层准则可能起主导作用。飞行马赫数小于设计值时斜激波离开唇口较远,滑流层不易流入进气道,这时引起进气道喘振的另一原因可能是中心体上气流的分离,如图 2-30 所示。

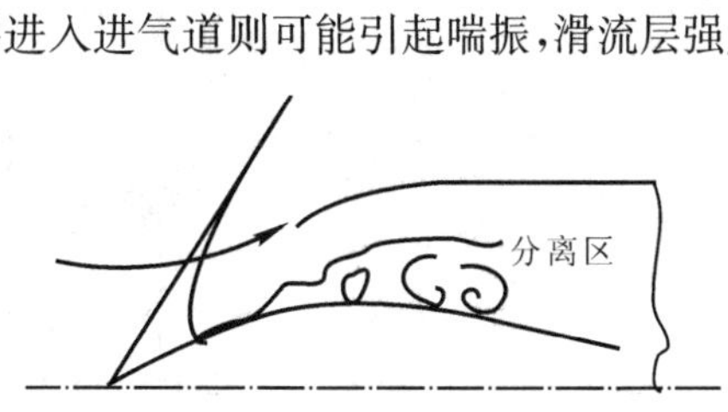

图 2-30　中心体上气流分离压缩主流引起喘振

轴对称进气道的一些试验说明，如果锥面上正激波前的飞行马赫数大于1.3，激波附面层的干扰会起气流分离。气流分离后，分离区中的旋涡沿流动方向逐渐扩展，使主流有效流通面积减小，以致堵塞，使正激波更向前移，从而产生喘振循环。

3. 压力变化斜率准则

有些研究者提出的准则是进气道进口处的静压变化斜率：当$\dfrac{d(p_1/p_0)}{d(A_0/A_1)}$由负值变为正值时，进气道的流动发生不稳定。研究证明，对于外压式进气道，只要滑流层不流入进气道并且中心体上激波附面层吞入的程度不大，则进口处静压变化斜率就是负值。

喘振时的压力和空气质量流量振荡是低频的，且振荡频率与内通道的容积有关，随着容积的增大，喘振振荡频率降低。随着Ma_0增大，振幅增大，可达其平均值的30%～50%。

进气道在使用中是不允许出现喘振的，因为可能造成进气道内通道壁面的变形，甚至破损，引起压气机喘振、燃烧室熄火或发动机停车（尤其是在高空飞行时）。

二、喘振的防止

（1）根据滑流层准则，进气道设计时应考虑到在流量系数减小时，始终保证滑流层不流入进气道。这要求细致地选取中心体角度、中心体尖点至唇口的距离等。

（2）在中心体上开设附面层抽吸孔，防止中心体上激波附面层干涉而引起气流分离，可以明显地扩大与滑流层无关的进气道的稳定工作范围。气流抽吸量大约为进气道流量的0.5%～1%。

戽斗式抽气比抽气孔的作用更为明显。戽斗式抽气一般设置在进口平面之前，如图2-31所示。

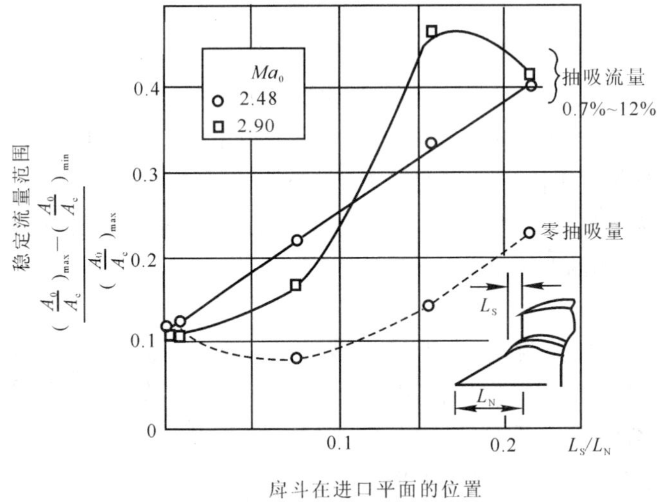

图2-31　戽斗式抽气对进气道稳定性的影响

(3) 扰流器。由图2-31可以看出,当抽气量等于零时也有一定的效果,这相当于在中心体表面上设置了凸台,凸台对气流起扰流器的作用。所以在中心体表面上设置扰流器可以缓和喘振的发生,如图2-32所示。其原因是,扰流器把层流附面层变为紊流附面层,使附面层内速度很小的气流层变薄,这样就可以推迟和减小锥面上的气流分离。

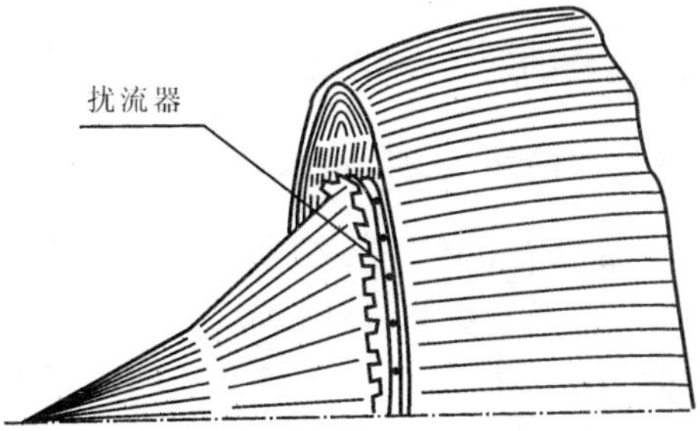

图2-32　锥体上的扰流器

(4) 采用可调进气道。适当调节锥体的轴向位置或斜板角度值,防止进气道的深度亚临界状态。

设置进气道防喘活门,在亚临界状态时打开放气活门,放出部分空气,防止进气道进入深度亚临界状态。

三、痒振

进气道在超临界工作状态下出现的不稳定流动现象称为痒振。其表现为较小振幅的高频压力振荡,频率为100～250 Hz,而压力的相对振幅不超过其平均值的5%～15%。进气道痒振产生的原因可解释如下:

当通过进气道空气质量流量少于发动机所需要的量时,结尾正激波被吸入管道中,即进入超临界状态。正激波的位置越靠后,激波前的马赫数越大,附面层越厚。在深度的超临界状态下,通道中的附面层与正激波相互作用形成的分离区流动具有强烈的脉动性质,其压力表现为高频周期性变化,从而引起管道中激波的高频振荡。

痒振并不像喘振那样危险,在一定使用条件下允许其存在。但是痒振的出现,也会带来一系列不良后果,其中主要的是压气机稳定裕度,由于其进口处气流不均匀度和非定常性程度的增大而降低。其次,痒振时的振动会破坏进气道附近飞机设备的正常工作,给飞行员带来生理影响。

2.6 不可调超声速外压式进气道的节流特性

进气道的总压恢复系数 σ_i 表示其内流总压损失的大小，影响通过发动机的空气质量流量和推力性能；阻力系数 C_X 表示外阻力大小，影响推进系统的有效推力（或称安装推力）；流量系数 φ_i 表示对发动机提供空气质量流量的能力，影响进气道与发动机的流量匹配。进气道的性能参数 σ_i，C_X 和 φ_i 随着飞行马赫数和进气道的出口条件 $q(\lambda_2)$ 或 $\dfrac{W_a\sqrt{T_{t2}}}{p_{t2}}$ 而变化。为了确定发动机或推进系统的总体性能，必须知道上述参数之间的变化关系。

进气道的 σ_i，C_X，φ_i 等参数随飞行马赫数和进气道出口反压（或出口的 $q(\lambda_2)$）的变化关系称为进气道的特性。在飞行马赫数不变时，σ_i，C_X，φ_i 与出口反压的关系曲线称为节流特性。节流特性通常表示成飞行马赫数为参变量的 σ_i，C_X 与 φ_i 的关系曲线，以便于研究进气道与发动机的流量匹配。

以图 2-33 所示的二波系外压式超声速进气道为例说明进气道的节流特性。

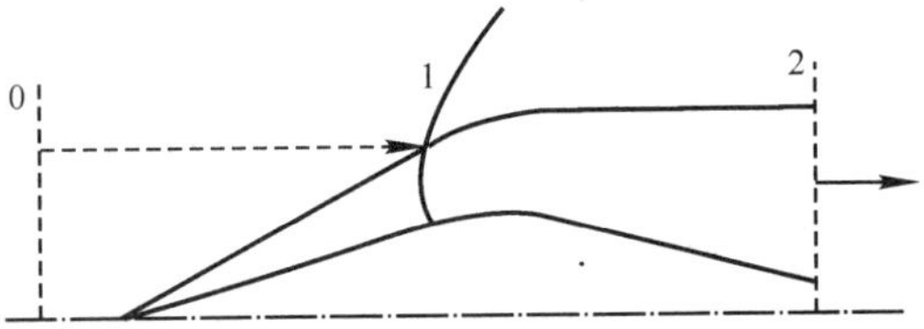

图 2-33 二波系外压式超声速进气道

进气道的设计马赫数可取为超声速巡航或最大飞行马赫数。在设计状态下，一般使进气道工作于稍微亚临界状态，取流量系数 $\varphi_i = 0.95 \sim 0.97$。这样，当飞行条件和出口反压波动时，可以保持进口前波系的稳定。为了实现这种流动状态，可以根据波系的总压恢复系数和发动机的空气质量流量要求计算出 1 截面的面积 A_1，在 1—2 截面之间，设计成通道截面面积单调增加，气流进一步减速，根据发动机对进气道出口马赫数 Ma_2 的要求（Ma_2 大致为 0.5）计算出口面积 A_2。内管道的总压损失由气流的转弯损失和扩压损失组成，转弯损失主要决定于转弯角度，扩压损失决定于管道进口的马赫数 Ma_1 和管道的扩张度。进气道出口截面的气流速度均匀度和脉动大小主要决定于转弯角度和管道长度，若 1—2 截面之间的距离为进气道进口直径的 3 ～ 4 倍，则出口气流均匀脉动较小；若只有 1 倍直径的距离，则出口气流脉动大，很不均匀。

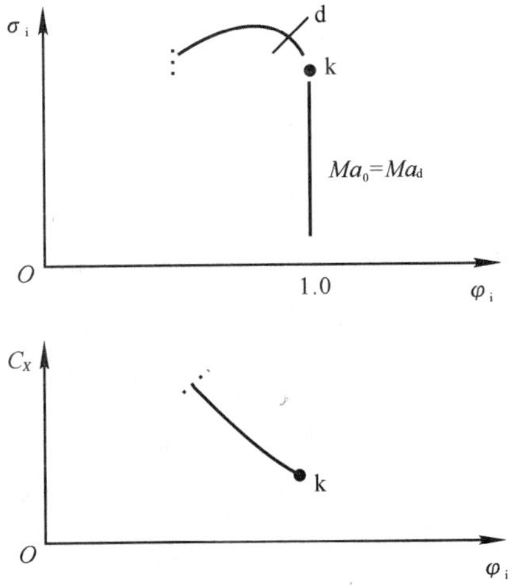

图 2-34 几何不可调外压式进气道的节流特性（$Ma_0 = Ma_d$）

节流特性是飞行马赫数 Ma_0 等于常数时总压恢复系数 σ_i、阻力系数 C_X 随流量系数 φ_i 的变化关系。图 2-34 表示飞行马赫数等于设计马赫数时

($Ma_0 = Ma_d$)几何不可调的外压式进气道的节流特性，几何不可调是指，设计时所确定的几何尺寸和形状不随飞行条件而变化。

图 2-34 中，d 点表示进气道的设计状态，如前所述，流量系数 φ_i 稍小于 1.0。在设计状态下，对应着一定的总压恢复系数 σ_i 和阻力因数 C_X 值。

从 d 点开始，若进气道出口的反压减小(进气道后面接发动机时，如果发动机转速增加，则 $q(\lambda_2)$ 增加，p_2 减小)，则进口前的正激波向后移动；当正激波贴口时，称为进气道的“临界状态”，对应图 2-34 中的 k 点。由于亚临界状态下正激波后的气流至进气道的进口是扩压的，所以与亚临界的 d 点相比，临界状态下进气道扩压段进口的马赫数较大，扩压段的损失较大，使总压恢复系数略有降低；而在临界状态下不存在亚声速附加阻力，所以阻力系数也有所减小。

从临界状态 k 点，若进气道出口反压继续下降，则正激波被吸入管道内，如图 2-35 所示。正激波位于管道内的状态称为“超临界状态”。因为超声速气流在扩张的管道中速度增加，正波前的马赫数增加，气流通过正激波的损失增加，总压恢复系数降低；由于进口前的斜激波不变，进气道流量系数 φ_i 不变，所以阻力系数不变。

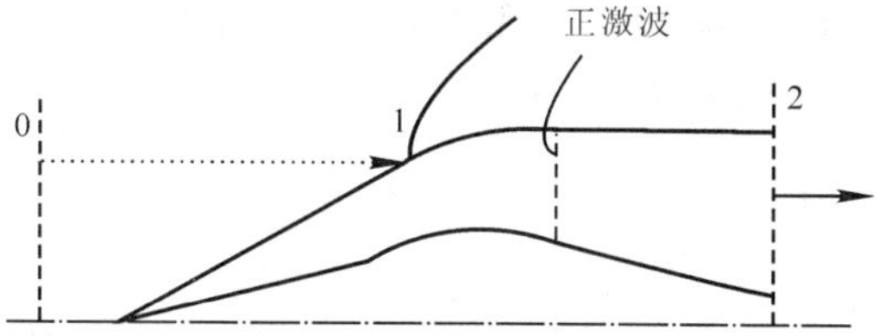

图 2-35　外压式超声速进气道的超临界状态

从临界状态 k 点，若进气道出口反压上升，正激波被推出口外，这种正激波位于进气道进口之外的状态称为“亚临界状态”，如图 2-36 所示。亚临界状态下，气流经正激波后变为亚声速，部分亚声速气流溢出进气道，流量系数 φ_i 减小，这时存在亚声速附加阻力，故进气道阻力系数增加。气流从正激波至进口是减速扩压的，内管道损失减小，进气道总压恢复系数略有增加。若进气道出口反压继续上升，正激波更向前移，亚临界程度增加，滑流层进入进气道，使总压恢复系数下降。在深度的亚临界状态下，进气道将发生喘振。

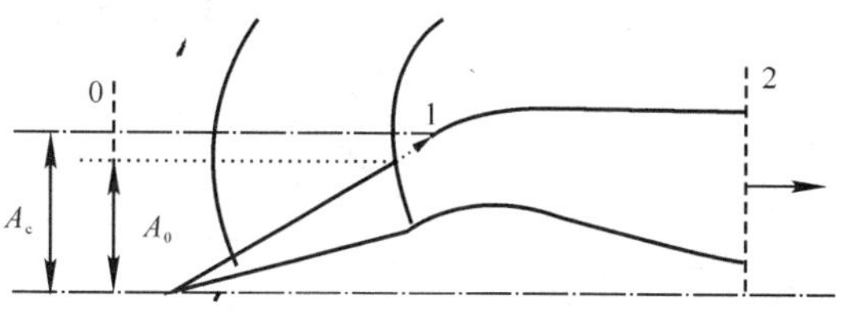

图 2-36　外压式超声速进气道的亚临界状态

当飞行马赫数小于设计点马赫数时，进气道的节流特性的基本规律没有改变，只是数值上有所不同，如图 2-37 所示。

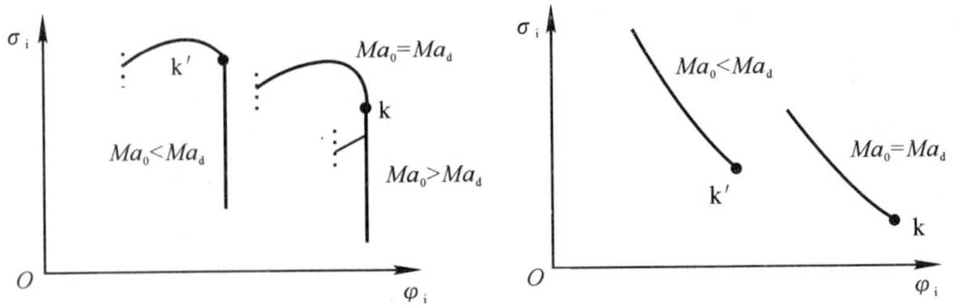

图 2-37　几何不可调外压式进气道的节流特性

飞行马赫数小于设计值，即 $Ma_0 < Ma_d$ 时，临界状态（图 2-37 中的 k′ 点）的激波位置如图 2-38 所示，即正激波位于进口最小截面处，斜激波角增加而脱开进口前缘，流量系数 φ_i 减小；进口前有超声速溢流引起的附加阻力，阻力系数增加；由于飞行马赫数减小，激波强度减小，进气道总压恢复系数增加。

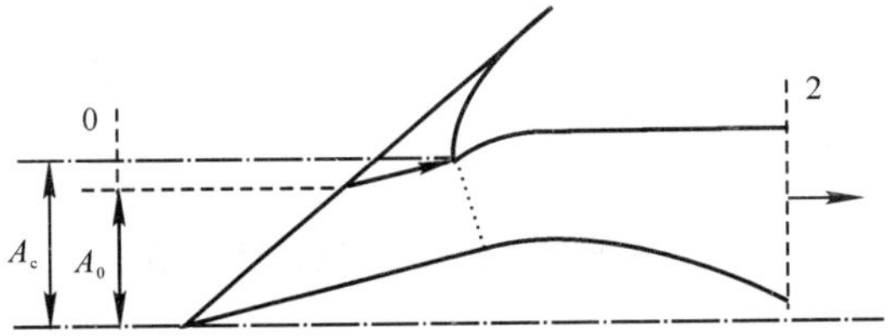

图 2-38　$Ma_0 < Ma_d$ 临界状态的激波位置

从临界状态 k′ 点，进气道出口反压增加，进入亚临界状态。由于斜激波脱口，滑流层不易进入管道内，进气道的喘振裕度增加。在亚临界状态下，有亚声速溢流，附加阻力迅速上升，阻力系数迅速上升。

从临界状态 k′ 点，若进气道出口反压下降，进入超临界状态，如图 2-39 所示。由于斜激波位置不变，正激波进入管道内，波前马赫数上升，进气道总压恢复系数下降，附加阻力与临界状态时相同，阻力系数不变。

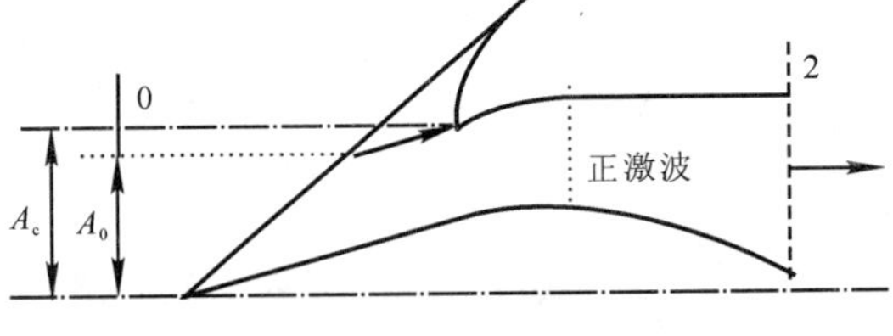

图 2-39　$Ma_0 < Ma_d$ 超临界状态的激波位置

当飞行马赫数大于设计值，即 $Ma_0 > Ma_d$ 时，如果进气道出口反压较小，进气道处于临界或超临界状态，斜激波进入管道，与结尾正激波相交或与进气道外罩的内壁相交形成复杂的波系，进气道的总压恢复系数明显下降；如果反压较大，进气道处于亚临界状态，滑流层进入管道，进气道的喘振裕度急剧下降，且总压恢复系数降低，流量系数降低，阻力系数与 $Ma_0 = Ma_d$ 时相比，基本不变。

进气道的节流特性也可以表示成流量系数、总压恢复系数、阻力系数与发动机进口流量函数的关系，如图 2－40 所示。

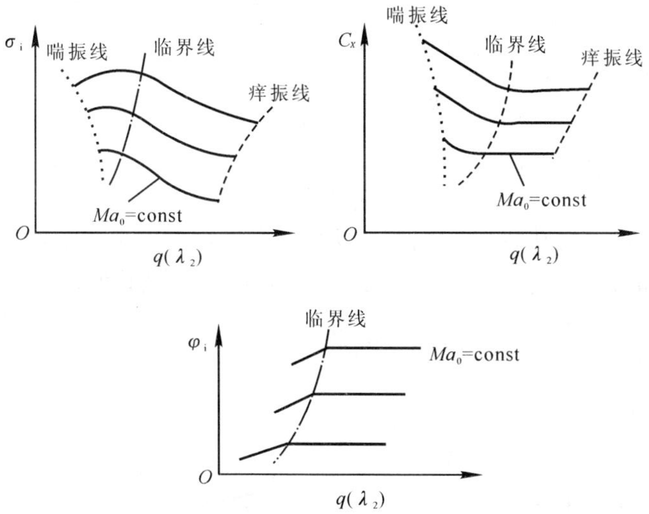

图 2－40　外压式超声速进气道的节流特性

当飞行马赫数等于常数时，如果进气道工作于超临界状态，则流量系数 $\varphi_i = \varphi_{i,max} =$ const，由进气道与发动机的流量连续方程

$$A_2 q(\lambda_2) p_{t2} = A_0 q(\lambda_0) p_{t0}$$

两边除以进气道的捕获面积 A_c，并注意到 $A_0/A_c = \varphi_i$，$p_{t2}/p_{t0} = \sigma_i$，$A_2/A_c = \text{const}$，则有

$$\sigma_i q(\lambda_2) = \text{const} \tag{2-29}$$

可见，在 $Ma_0 = \text{const}$、超临界状态下，$\varphi_i = \varphi_{i,max} = \text{const}$；$C_X = \text{const}$；$\sigma_i$ 与 $q(\lambda_2)$ 呈双曲线关系。

2.7　几何不可调超声速外压式进气道与发动机的共同工作

由进气道与发动机的共同工作可以确定进气道在其特性图上的具体工作点，从而确定进气道的实际总压恢复系数和阻力系数。有了进气道总压恢复系数 σ_i，就可以进一步确定发动机安装于飞机后，实际σ_i下的发动机推力；有了进气道的阻力系数，就可以确定进气道的阻力，以进一步确定推进系统的安装推力。

一、进气道与发动机的共同工作方程

进气道和发动机的共同工作条件是流量平衡。如图 2-41 所示，如果在进气道的管道中（1—2 截面）没有气流的泄出，在稳定工作状态下，流量平衡可以表示为：通过进气道的空气质量流量等于发动机进口的空气质量流量，即 $W_0 = W_2$。用流量函数表示 0 截面和 2 截面的流量，并注意 $T_{t0} = T_{t2}$，则有

$$A_0 p_{t0} q(\lambda_0) = A_2 p_{t2} q(\lambda_2)$$

两边同除以进气道的捕获面积 A_c，并注意到$\dfrac{A_0}{A_c} = \varphi_i$，$\dfrac{p_{t2}}{p_{t0}} = \sigma_i$，$\dfrac{A_2}{A_c} = \text{const}$，则上式变为

$$\sigma_i = \text{const} \cdot \frac{q(\lambda_0)}{q(\lambda_2)} \varphi_i \tag{2-30}$$

式(2-30)称为进气道与发动机的共同工作方程。如果已知 $q(\lambda_0)$，$q(\lambda_2)$，便可把方程式(2-30)表示在进气道的特性上，从而确定进气道与发动机的共同工作点。

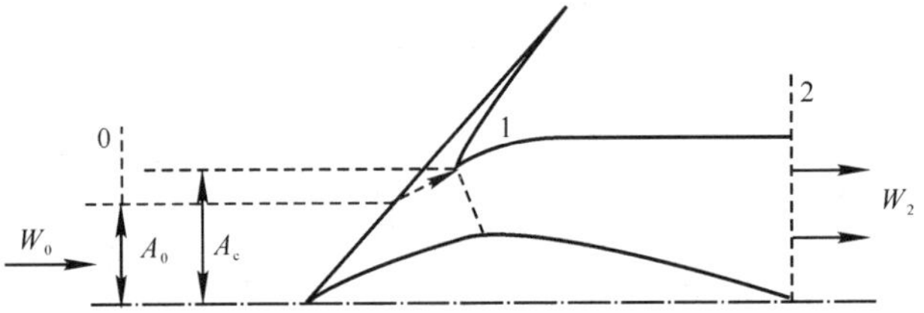

图 2-41　进气道与发动机的流量平衡

二、当 $Ma_0 = Ma_d$，$q(\lambda_2) = q(\lambda_2)_d$ 时进气道与发动机的共同工作点

Ma_d 为进气道设计点的马赫数，由 Ma_d 可计算 $q(\lambda_0)$；$q(\lambda_2)_d$ 为进气道设计时对应的发动机进口流量函数。在 $Ma_0 = Ma_d$，$q(\lambda_2) = q(\lambda_2)_d$ 的条件下，$q(\lambda_0)$ 和 $q(\lambda_2)_d$ 是已知的，这时方程式(2-30)可写成

$$\sigma_i = \text{const} \cdot \varphi_i \tag{2-31}$$

方程式(2-31)表示进气道的总压恢复系数σ_i与流量系数φ_i是直线关系，在进气道的特性图上是通过原点的一条直线。这条直线与 $Ma_0 = Ma_d$ 时的进气道特性线的交点 d 即是进气道与发动机的共同工作点，如图 2-42 所示。

如前所述，在进气道的设计点，一般设计为进气道稍微亚临界状态。这样可以保证进气道与发动机匹配良好，有较大的总压恢复系数和较小的阻力系数，同时进口前的波系比较稳定。

但是当飞行条件或发动机的工作状态偏离 $Ma_0 = Ma_d$，而 $q(\lambda_2) = q(\lambda_2)_d$ 时，则几何不可调进气道与发动机的良好匹配将被破坏。

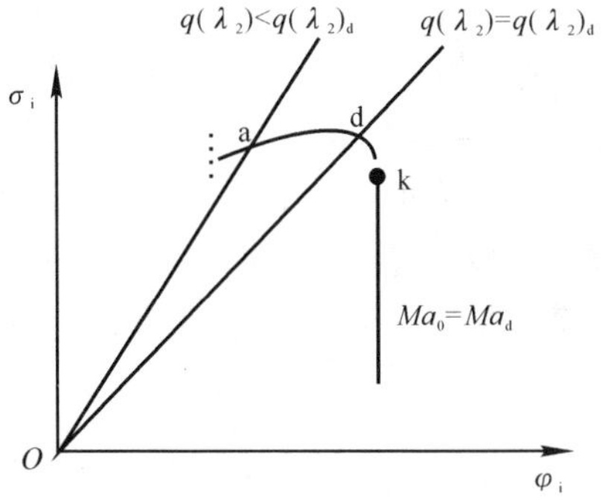

图 2-42　进气道与发动机的共同工作点($Ma_0 = Ma_d$)

三、当 $Ma_0 = Ma_d$，$q(\lambda_2) < q(\lambda_2)_d$ 时进气道与发动机的共同工作点

方程式(2-30)中的 $q(\lambda_2)$ 是发动机进口的流量函数，它决定于发动机的工作状态。如果发动机的转速下降，则 $q(\lambda_2)$ 下降，方程式(2-30)中 σ_i 与 φ_i 直线关系的斜率增加，进气道与发动机共同工作点处于进气道特性线的亚临界状态上，如图 2-42 中所示的 a 点。其物理意义是，$q(\lambda_2)$ 的下降，意味着发动机进口气流速度减小，发动机需要的空气质量流量减小，而飞行马赫数 $Ma_0 = Ma_d$ 不变，进气道提供的空气质量流量大于发动机的需求，结果是结尾正激波被推出口外，多余的空气质量流量溢出，进气道处于亚临界状态，亚声速附加阻力增加。深度的亚临界将使进气道进入不稳定工作姿态 —— 喘振。

四、当 $Ma_0 = Ma_d$，$q(\lambda_2) > q(\lambda_2)_d$ 时进气道与发动机的共同工作点

若 $q(\lambda_2)$ 稍大于 $q(\lambda_2)_d$，则发动机需要的空气质量流量略有增加，进气道提供的空气质量流量稍小于发动机的需求，结尾正激波向进口移动，当正激波恰好位于唇口时，进气道达到临界状态 k 点。若 $q(\lambda_2)$ 进一步增加，结尾正激波被吸入管道内，进气道工作于超临界状态。在超临界状态下，进气道的流量系数保持最大值不变，不可能提供更多的空气质量流量，结尾正激波被吸入管道内，正激波前的马赫数加大而使总压损失加大。这样就减小了发动机需求的空气质量流量，达到进气道与发动机的空气质量流量平衡。发动机需求的空气质量流量用其进口 2—2 截面的参数表示，有

$$W_2 = KA_2 \frac{p_{t2}}{\sqrt{T_{t2}}} q(\lambda_2)$$

显然，进气道总压恢复系数减小，p_{t2} 减小，发动机需要的空气质量流量减小。

五、当 $Ma_0 < Ma_d$，PLA = const 时进气道与发动机的共同工作点

当飞行马赫数小于设计飞行马赫数，即 $Ma_0 < Ma_d$ 时，进气道与发动机共同工作方程式（2-30）中的 $q(\lambda_0)$ 增加；发动机进口的 $q(\lambda_2)$ 决定于飞行马赫数和发动机油门杆角度 PLA。一般说当 PLA 不变时，$q(\lambda_2)$ 随 Ma_0 减小而增加（参见发动机各部件的共同工作章节），但比 $q(\lambda_0)$ 增加得慢。所以 σ_i 与 φ_i 直线关系的斜率增加，与进气道特性线的交点如图 2-43 中所示的 b 点，即进气道处于超临界状态。物理意义是，Ma_0 减小使进气道提供的最大可能空气质量流量减小；而 Ma_0 减小却使发动机需要的空气质量流量相对增加，所以进气道处于超临界状态。

六、当 $Ma_0 > Ma_d$，PLA = const 时进气道与发动机的共同工作点

当飞行马赫数大于设计飞行马赫数，即 $Ma_0 > Ma_d$ 时，进气道与发动机共同工作方程式（2-30）中的 $q(\lambda_0)$ 减小；油门杆角度 PLA 决定着发动机的工作状态，一般说，给定的 PLA 对应一定的发动机转速。当 PLA 不变时，通常发动机进口的流量函数 $q(\lambda_2)$ 随飞行马赫数的增加而减小（参见发动机各部件的共同工作章节），进气道与发动机的共同工作点位于进气道的亚临界状态，如图 2-44 中所示的 c 点。

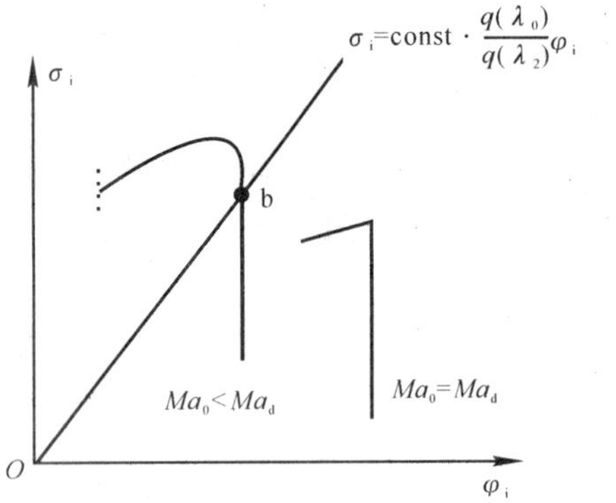

图 2-43 进气道与发动机的共同工作点（$Ma_0 < Ma_d$）

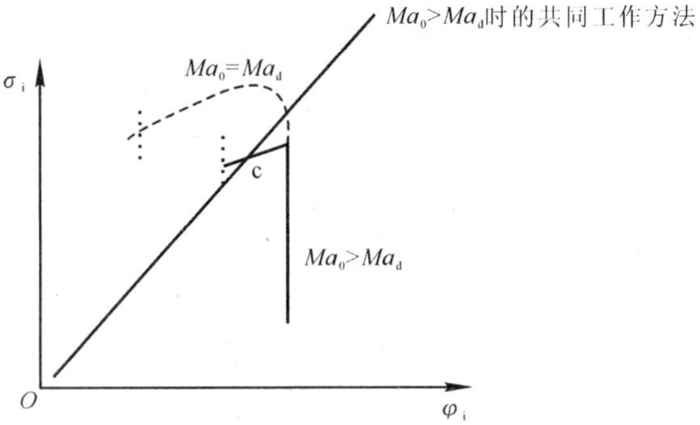

图 2-44 进气道与发动机的共同工作点（$Ma_0 > Ma_d$）

由上述分析可见，几何形状固定的进气道只能保证在一种飞行条件及发动机工作状态组合（即进气道设计点）下具有良好的空气质量流量匹配。偏离设计状态，进气道则工作于亚临界状态或超临界状态。为使进气道在非设计状态下也具有较好的性能，至少保证进气道及发动机稳定工作，进气道应该是可调节的。

2.8　超声速外压式进气道的调节

进气道调节的目的是，当飞行条件、大气条件和发动机油门杆角度（或发动机转速）变化时，使发动机与进气道匹配于进气道的临界状态附近，以保证进气道的总压恢复系数较大；阻力系数较小；进气道有足够的喘振裕度以及出口流场畸变程度可以接受。

由上节的改述可以定性地看出：

（1）当 $Ma_0 < Ma_d$，$n = n_d$ 时，即当飞行马赫数小于设计值马赫数时，进气道提供的空气质量流量小于发动机的需求，进气道工作于超临界状态。为了避免这种情况，应该增加进气道提供的流量，为此，轴对称进气道可以后移中心锥；二元进气道可以缩小尖劈角。这样，进口前的斜激波靠向唇口，超声速溢流量减小，进气道最大流量系数 $\varphi_{i,max}$ 增加，进气道提供的空气质量流量增加。

（2）当 $Ma_0 > Ma_d$，$n = n_d$ 时，进气道提供的空气质量流量大于发动机的需求，进气道工作于亚临界状态。为避免这种情况，应该减小进气道提供的空气质量流量。为此，轴对称进气道可以前移中心锥；二元进气道可以放大尖劈角。

（3）当 $Ma_0 = Ma_d$，$n < n_d$ 时，为避免进气道进入亚临界状态，应该减小进气道提供的空气质量流量，轴对称进气道可以前移中心锥；二元进气道可以放大尖劈角。

下面具体讨论轴对称进气道和二元进气道两种情况，给出超声速进气道的定量调节方法。

一、轴对称进气道的调节

1. 中心锥调节时的进气道特性

轴对称进气道一般采用沿轴向移动中心锥的调节方法，而不用结构上难以实现的锥角调节。设中心锥顶点至外罩前缘的相对轴向距离为 $\bar{L} = L/L_R$，式中 L 为实际距离，L_R 为最大距离。在飞行马赫数 $Ma_0 = \text{const}$ 条件下，$\bar{L}$ 等于不同值时的进气道节流特性，如图 2－45 所示。由图 2－45 可见：

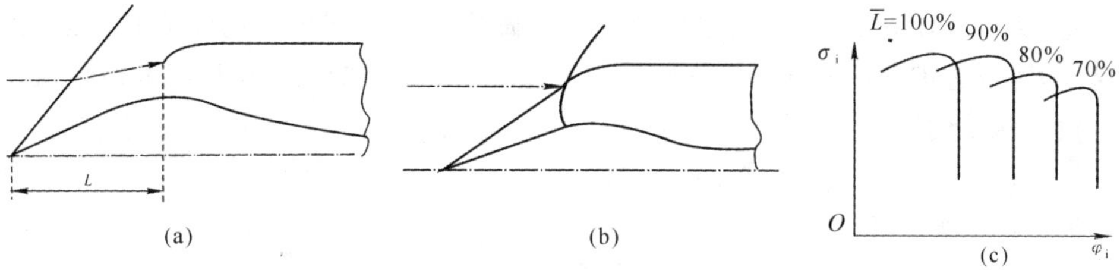

图 2－45　中心锥调节时的进气道节流特性(Ma_0 = const)

(a) $\bar{L} = 100\%$ 时进气道最大可能的流量图形；(b) $\bar{L} = 70\%$ 时进气道最大可能的流量图形；

(c) 不同 $\bar{L}$ 值下的进气道节流特性(Ma_0 = const)

(1) 在不同 $\bar{L}$ 值下，进气道节流特性是类似的。

(2) 当 $\bar{L}=100\%$ 时，最大可能的流量系数比较小。这是因为斜激波离唇口较远，超声速溢流较大。所以，相应的进气道阻力系数也比较大。

(3) 随着 $\bar{L}$ 值的减小，最大可能的流量系数 φ_i 增加。在一定的 $\bar{L}$ 值下，例如 $\bar{L}=70\%$，斜激波贴口，最大可能的流量系数 $\varphi_i=1$。

有了不同 $\bar{L}$ 值下的进气道节流特性($Ma_0=\text{const}$)，便可计算在给定飞行马赫数 Ma_0、飞行高度 H 和发动机转速 n 的条件下，进气道中心锥轴向位置调节量。

2. 给定 Ma_0,H,n 时 $\bar{L}$ 的计算

在给定飞行马赫数 Ma_0，高度 H 和发动机转速 n 的情况下，假定让进气道工作于临界状态，则进气道中心锥轴向位置 $\bar{L}$ 计算的大致步骤如下：

(1) 根据图 2-45(c)，可得进气道的最大流量系数 $\varphi_{i,max}$(对应进气道临界状态的流量系数)与临界状态的进气道总压恢复系数的关系曲线方程为

$$\varphi_{i,max}=f(\sigma_i) \tag{2-32}$$

(2) 进气道与发动机的共同工作方程为

$$\varphi_i=\frac{A_2}{A_c}\sigma_i\frac{q(\lambda_2)}{q(\lambda_0)} \tag{2-33}$$

注意，这时式中 $\varphi_i=\varphi_{i,max}$；$q(\lambda_0)$ 由给定的 Ma_0 计算；由给定的 Ma_0,H,n 可计算发动机进口的 $q(\lambda_2)$(具体计算方法参见发动机各部件共同工作章节)。这样又可得到满足进气道与发动机共同工作的关系为

$$\varphi_{i,max}=\text{const}\cdot\varphi_i \tag{2-34}$$

(3) 联立式(2-32)与式(2-34)，可解得 $\varphi_{i,max}$。

(4) 根据图 2-45(c)，可得进气道的最大流量系数 $\varphi_{i,max}$ 与中心锥相对轴向位置 $\bar{L}$ 的关系曲线方程为 $\varphi_{i,max}=f(\bar{L})$，由上一步解得的 $\varphi_{i,max}$ 可计算出 $\bar{L}$。最后计算获得的 $\bar{L}$ 是在给定的 Ma_0,H 和发动机转速 n 条件下，理论上保证进气道工作于临界状态的中心锥轴向相对位置。

3. 进气道喉部面积的调节

在给定 Ma_0,H,n 的条件下，且进气道工作于临界状态时，进气道的喉部面积也应满足流量平衡条件，即通过进气道喉部的空气质量流量与发动机进口的空气质量流量相等(假定进气道管道中没有流量的泄出)，即

$$A_{th}p_{t,th}q(\lambda_{th})=A_2p_{t2}q(\lambda_2)$$

由此可得需要的喉部面积

$$A_{th}=A_2q(\lambda_2)\sigma_r$$

式中，$\sigma_r=\dfrac{p_{t2}}{p_{t,th}}$，进气道喉部至发动机进口的总压恢复系数变化不大，可近似为常数，所以需要的喉部面积为

$$A_{th} = \text{const} \cdot A_2 q(\lambda_2) \tag{2-35}$$

可见，随着飞行条件和发动机状态的变化，应根据式(2-35)调节进气道喉部面积。

理论上最好独立的条件是中心锥的轴向位置 $\bar{L}$ 和喉部面积 A_{th}，但这样结构复杂。实际上，轴对称进气道通常采用单参数 $\bar{L}$ 调节。如此只调节 $\bar{L}$，例如当 $n = \text{const}$，Ma_0 减小而收进中心锥时，在进气道最大流量系数 $\varphi_{i,\max}$ 增加的同时，喉部的位置向后移动且喉部面积 A_{th} 随之增大。但这个喉部面积 A_{th} 一般不等于由式(2-35)所得的喉部面积，因此单参数调节不能保证进气道始终处于临界状态。

如果飞行马赫数等于设计值，即 $Ma_0 = Ma_d$，且发动机节流(n 减小)，中心锥应前移，但一般飞机在最大飞行马赫数时中心锥已移到最前位置而不能再前移了，进气道将进入亚临界状态。为防止进气道进入深度亚临界状态，在进气道喉部后面可设有放气活门，当进气道有喘振危险时或亚临界较深时放气活门打开。

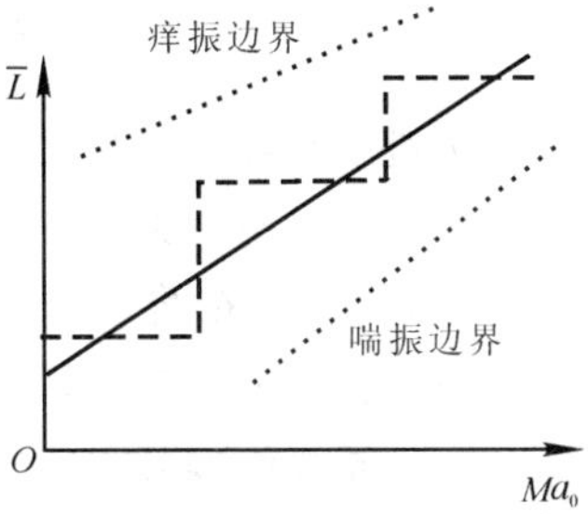

图 2-46 保持进气道临界状态的调节($n = \text{const}$)

4. 计算结果举例

图 2-46 表示在发动机状态不变($n = \text{const}$)、进气道始终处于临界状态的情况下，中心锥轴向相对位置 $\bar{L}$ 随飞行马赫数 Ma_0 的变化关系计算结果。

图 2-46 中实线为保持进气道始终位于临界状态所需要的中心锥轴向位置的无级调节。为了简化调节机构，可采用虚线所示的分级调节。

二、二元进气道的调节

二元(平面)进气道通常采用调节斜板角和喉部面积以保证进气道与发动机匹配于进气道的临界状态附近。

在飞行马赫数 $Ma_0 = \text{const}$ 条件下，调节斜板角等于不同值时的进气道节流特性，如图 2-47 所示。

由图 2-47 可见，当斜板角增加时，斜板上的激波角增加，最大流量系数减小，滑流层不易进入管道，故喘振裕度增加。在飞行马赫数 $Ma_0 = \text{const}$ 条件下，当斜板角不同时，斜激波与正激波的强度将发生变化，所以进气道总压恢复系数会有变化。

如果在任意给定的飞行马赫数 Ma_0、高度 H、发动机转速 n 条件下，欲保持进气道始终工作于临界状态，则与轴对称进气道一样应满足以下关系：

(1) 最大流量系数 $\varphi_{i,\max}$ 与总压恢复系数的关系 $\varphi_{i,\max} = f(\sigma_i)$；

(2) 最大流量系数 $\varphi_{i,\max}$ 与斜板角 β_c 的关系 $\varphi_{i,\max} = f(\beta_c)$；

(3) 进气道与发动机的共同工作方程 $\varphi_{i,\max} = \dfrac{A_2}{A_c}\sigma_i \dfrac{q(\lambda_2)}{q(\lambda_0)}$；

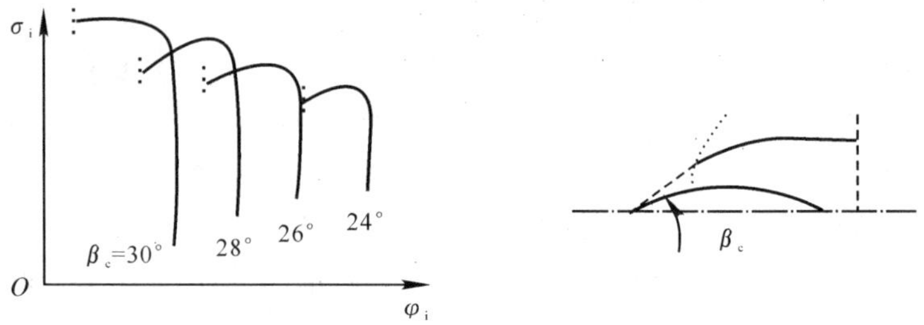

图 2-47　二元进气道节流特性(Ma_0 = const)

(4) 进气道喉部与发动机进口的流量平衡 $A_{th} = \text{const} \cdot A_2 q(\lambda_2)$。

第(1),(2) 两个关系由进气道本身的特性所决定;第(3),(4) 两个关系由进气道与发动机流量平衡所决定。在给定的飞行马赫数 Ma_0、高度 H、发动机转速 n 条件下,可计算出 $q(\lambda_0)$,$q(\lambda_2)$,所以由(1) 和(3) 两关系可解得最大流量系数 $\varphi_{i,max}$,进而由关系(2) 求出斜板角 β_c,由关系(4) 算出需要的喉部面积 A_{th}。

由上述分析可见:

(1) 在任意给定的飞行马赫数 Ma_0、高度 H、发动机转速 n 条件下,若要保持进气道始终工作于临界状态,必须同时调节斜板角和喉部面积。实际上为了简化机构,通常采用单变量(斜板角或中心锥位置)调节,而喉部面积随之改变,这样只能保证进气道处于临界状态附近。

(2) 由于发动机进口的 $q(\lambda_2)$ 决定于飞行马赫数 Ma_0 和发动机换算转速 $\frac{n}{\sqrt{T_{t0}}}$,而 $T_{t0} = T_0\left(1+\frac{k-1}{2}Ma_0^2\right)$。$\frac{n}{\sqrt{T_{t0}}}$ 包含了物理转速、飞行高度和大气温度的变化,所以若要保持进气道始终工作于临界状态,必须根据 Ma_0 和 $\frac{n}{\sqrt{T_{t0}}}$ 两个参数来调节进气道的斜板角和喉部面积。但实际上为了简化机构,可以只根据 $q(\lambda_2)$ 或与其相关的参数 $\frac{n}{\sqrt{T_{t0}}}$ 等仅调节斜板角或中心锥轴向位置。

(3) 上述分析针对超声速飞行条件,在低速飞行,特别在起飞时,发动机转速一般都处于最大值,希望有最大的空气质量流量以产生尽可能大的推力,减小起飞滑跑距离。当飞机静止或前进速度很小时,气流流过超声速外压式进气道的情况如图 2-48 所示。由图 2-48 可以看出,当飞行速度较小时,气流加速流向进气道,当气流绕过较尖的进气道前缘时,在外罩的内壁上气流发生分离,使唇口下游附近的有效通道面积减小而形成喉部。这样,气流有可能在喉部加速到声速,然后在扩张管道内继续加速到超声速,最后超声速气流受到发动机进口反压的阻滞作用,产生激波,气流经激波后变为亚声速。由于激波的存在,进气道的总压恢复系数减小,同时由于有临界截面的出现，限制由进口流入的空气质量流量，这都严重影响发动机的推力。

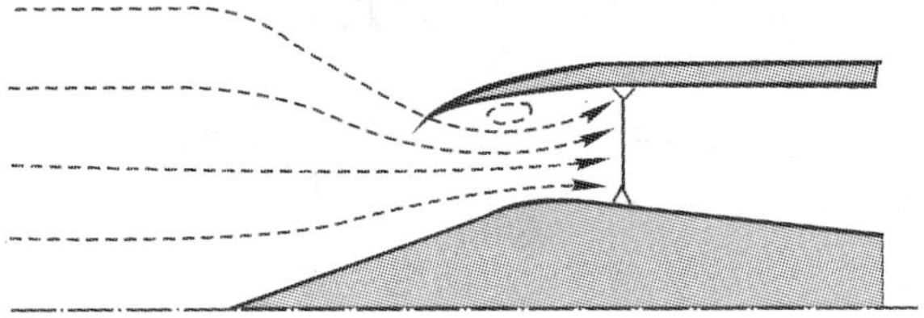

(a)

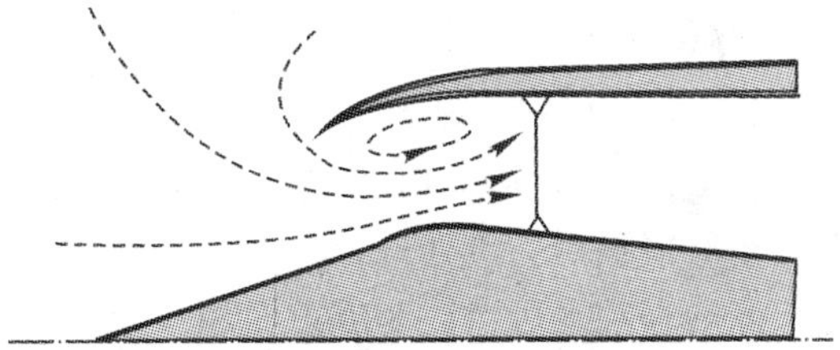

(b)

图 2-48　低飞和零飞速度下气流流过外压式超声速进气道的情形

(a) 低飞速度；(b) 零飞速度

当零速飞行时，气流流过进气道前缘的情况更加恶化，气流分离区扩大，总压损失更严重，空气质量流量更小。为缓解这一问题，超声速飞机常在发动机进口前开有辅助进气门，如图 2-49 所示，辅助进气门是自行开启和关闭的。当飞机静止或前进速度很小时，进气道内的压力比外界压力低，辅助进气门打开，这样，发动机除了从进气道前面吸入空气外，还从辅助进气门吸入空气。进入发动机的总的空气质量流量增加而从进气道进口流入的空气质量流量减小，气流在唇口附近的加速程度减小，分离区缩小，因而防止了超声速区的出现，减小了总压损失。当滑跑速度增大到一定值时，进气道压力高于外界压力，辅助进气门便自动关闭。

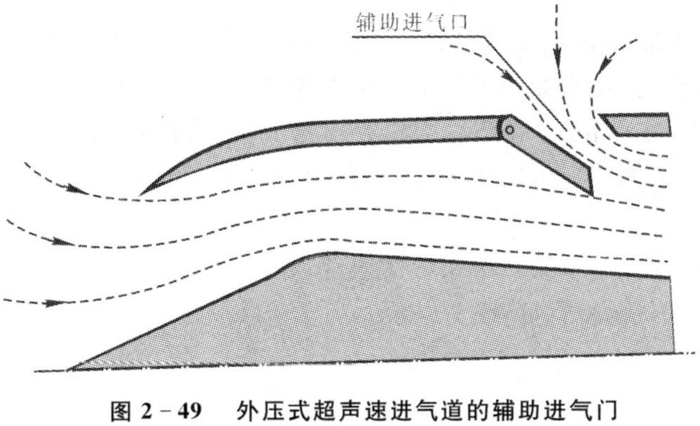

图 2-49　外压式超声速进气道的辅助进气门

2.9 进气道的调节实例

例 1 某歼击机的最大飞行马赫数为 2.05，其进气道基本上是外压式的。图 2-50 给出了该机进气道的调节示意图。

该进气道中心体位置由中心体顶点到唇口的距离 l 表示。其调节规律是：

$Ma_0 < 1.5$ $\quad l = 321\ \text{mm}$

$1.5 \leqslant Ma_0 < 1.9$ $\quad l = 451\ \text{mm}$

$Ma_0 \geqslant 1.9$ $\quad l = 491\ \text{mm}$

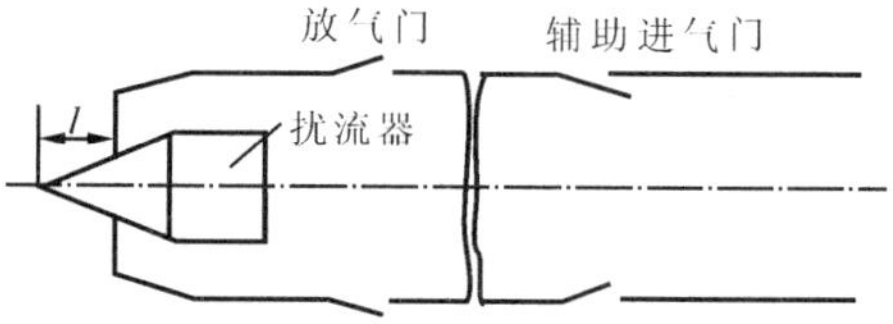

图 2-50 某歼击机超声进气道调节示意图

这种三级调节方法目前已很少用，通常采用多级或无级调节。该机的喉部位于唇口稍后一点处，由于外罩内表面是倾斜的，中心体的移动也可以改变喉道面积。

当 $Ma_0 < 1.5$ 时，放气门总是关闭的。$Ma_0 \geqslant 1.5$ 后，当切断加力时，为防止转速的变动使发动机需求的空气质量流量减小，从而引起进气道喘振，放气门向外打开；当拉驾驶杆使水平尾翼下偏（平尾下偏对应着攻角增大）超过 20° 时，放气门向外打开。

如图 2-50 所示，进气道中心体上装有扰流器，其位置处于气流发生剧烈拐弯的地方，功能有两个：一是保证边界层内的流态经扰流器后变成紊流；另一方面是把边界层外的高动能气流引向边界层内，二者都使边界层不易分离。

该机进气道上还设有辅助进气门，其功用与 2.8 节中所述一致。

例 2 某机进气道的主要特征如图 2-51 所示。设计飞行马赫数等于 2.0，进气道的总压恢复系数大约为 0.95。该进气道基本上是三波系外压式进气道，第一级斜板是固定的，第二级斜板采用部分等熵压缩，外罩内唇角和型面的设计使进气道具有少量的内部超声速压缩。进气道开设有附面层吸除缝，其主要作用是防止附面层分离，另外还有助于改善进气道与发动机的流量匹配。当发动机需要的空气质量流量减小时，进气道内的压力增加，通过吸除缝的空气质量流量就会加大，反之亦然。因此吸除缝具有一定的自动调节功能，当发动机需要的空气质量流量在一定的范围内变化时，不会影响外部波系结构和进气道的流量系数。进气道进口处是一道弯曲的斜激波，在出口附近很强，激波后为亚声速气流；在吸除缝附近较弱，波后为超声速气流，然后经过一道位于吸除缝后缘的正激波变为亚声速。第一级斜板上边的隔道用于排除机翼下翼面上的附面层。

当飞行马赫数变化时，调节第二级斜板的角度以及使吸除缝下游的内斜板产生相应的运动来实现进气道与发动机的良好匹配。

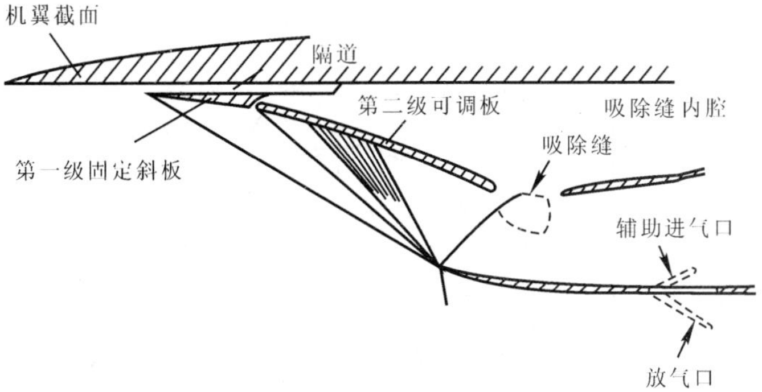

图 2-51 例 2 机型的进气道调节

2.10 进气道在飞机上的布局和攻角对总压恢复系数的影响

超声速进气道在飞机机身上的布局，特别是当飞机作大攻角和大侧滑角机动飞行时，对进气道的性能有重要的影响。

一、机头进气的轴对称进气道

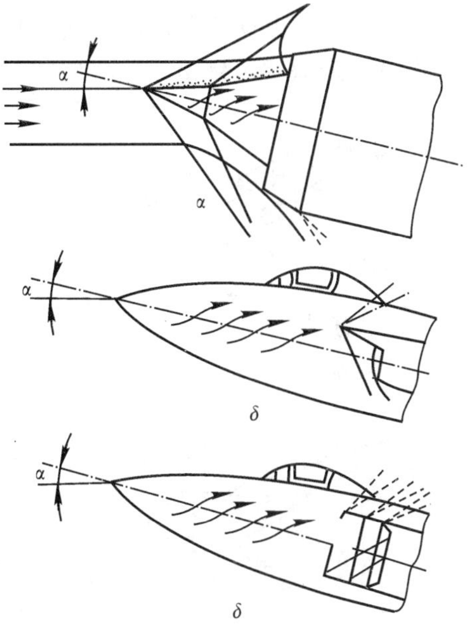

图 2-52 机头进气的轴对称进气道大攻角时的气流流动情况

机头进气的轴对称进气道，如图 2-52 所示，在飞机大攻角或大侧滑角时的性能比较差。图 2-53 表示几种不同布局进气道总压恢复系数随攻角变化关系的示意图。图中曲线 1 代表机头进气情况下的轴对称进气道，以零度攻角为基准。当攻角 α 增加时，如图 2-52 所示，背风面中心锥上的锥形波变弱，结尾正激波变强，气流通过波系的总压损失加大，下游发动机相应部分的流通能力减小，这部分进气道处于亚临界工作状态；相反，当攻角 α 减小时，迎风面中心锥上的锥形波变强，结尾正激波变弱，气流通过波系的总压损失减小，下游发动机相应部分的流通能力加大，这部分进气道处于超临界工作状态。由于中心锥上表面的气流静压比较小，下表面的静压比较大，引起气流的侧向流动，使附面层向低压区渗流，附面层容易分离。上述流动情况，使进气道出口流场的畸变程度增加、总压恢复系数下降、流量系数减小以及进气道的稳定裕度降低。

对于机头进气的轴对称进气道，侧滑角与攻角的影响完全是一样的。

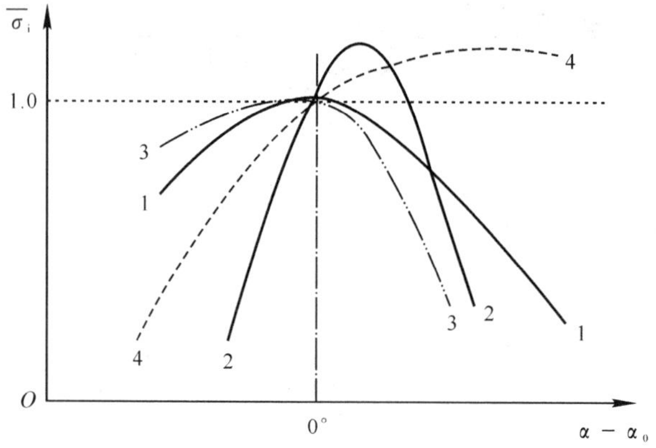

图 2-53　不同的进气道布局的总压恢复系数与攻角的关系(Ma_0 = const)

1— 机头进气轴对称进气道；2— 侧面进气道；3— 机背进气道；4— 翼下(或腹部)进气道

二、侧面进气道

图 2-54(a)，(b) 所示是进气道置于机身的两侧，且没有屏蔽的情况，其中，图 2-54(a) 表示二元进气道，图 2-54(b) 表示半轴对称进气道。

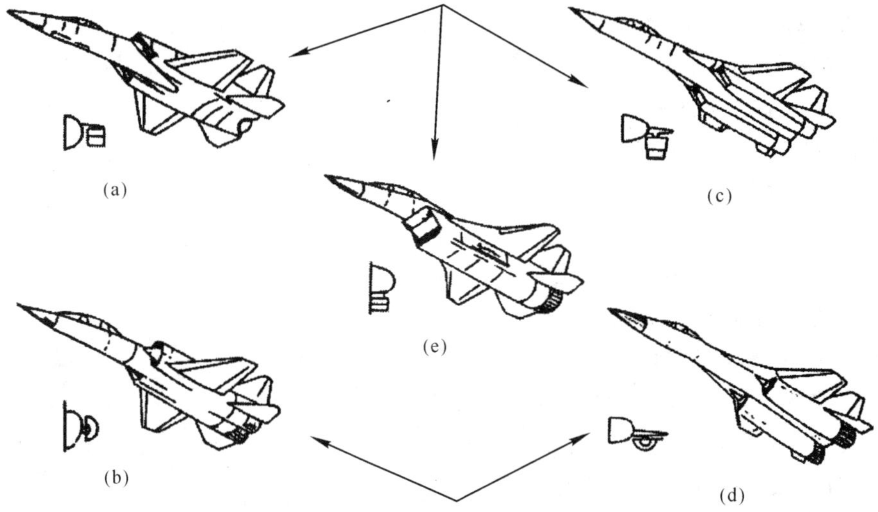

图 2-54　几种典型的进气道布局

(a) 二元进气道侧面布局(无屏蔽)；　(b) 半轴对称进气道侧面布局(无屏蔽)；

(c) 二元进气道翼下布局(机翼屏蔽)；(d) 半轴对称进气道翼下布局(机翼屏蔽)；

(e) 二元进气道腹部布局(机身屏蔽)

侧面进气道总压恢复系数随飞机攻角的变化关系如图 2－53 中的曲线 2 所示。

当飞机攻角 α 加大时，如图 2－55 所示，进气道压缩面相当于远前方自由流的倾角加大，同时由于前机身下表面压力大于上表面压力，所以气流沿机身有侧向流动，使气流流经进气道压缩面的总转折角 β 增加而趋向于最佳总转折角 β_{opt}（这与设计时所取的转折角值有关，一般情况是在设计状态下，为了避免气流的折转太大，设计的转折角 β 略小于最佳值 β_{opt}），所以在一定的范围内 α 增加时，进气道总压恢复系数增加。若 α 继续增加，使 β 角超过 β_{opt} 时，则进气道总压恢复系数下降。

当攻角 $\alpha > 0°$ 时，有可能进气道流量系数 $\varphi_i > 1.0$，如图 2－56 所示。

当攻角 $\alpha < 0°$ 时，进气道的流动情况如图 2－57 所示。这时进气道压缩表面上的斜激波的强度很弱，而结尾正激波很强，基本上接近于一个亚声速进气道，所以总压恢复系数、流量系数显著降低。

飞行马赫数等于常数，侧面布局进气道在不同攻角下的进气道总压恢复系数与流量系数的关系，如图 2－58 所示。

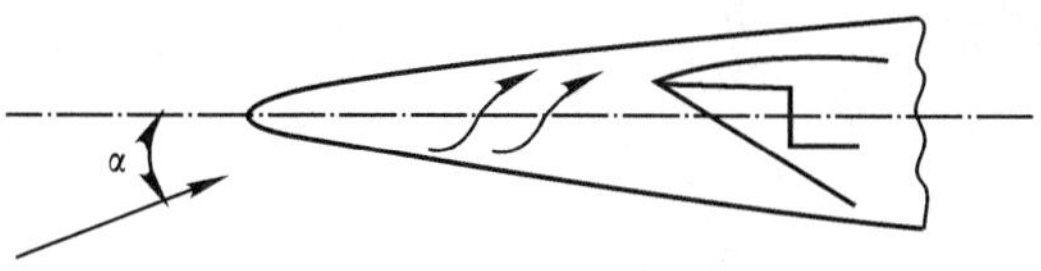

图 2－55　侧面布局进气道在 $\alpha > 0°$ 时的气流流动情况

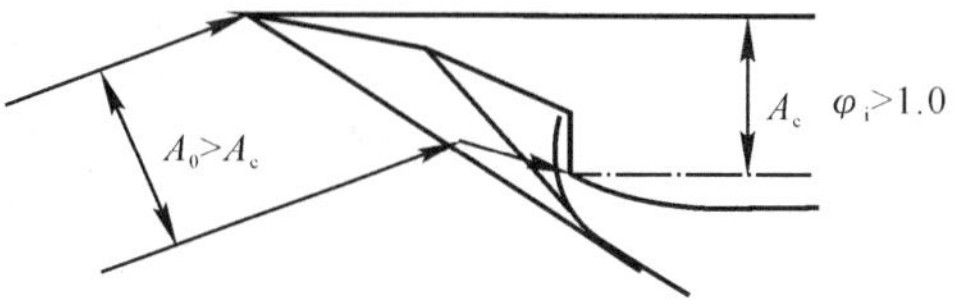

图 2－56　侧面布局进气道在 $\varphi_i > 1.0$ 时的气流流动情况

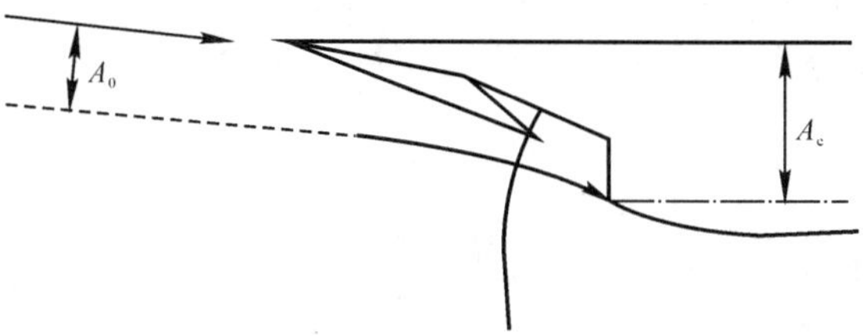

图 2－57　侧面布局进气道在 $\alpha < 0°$ 时的气流流动情况

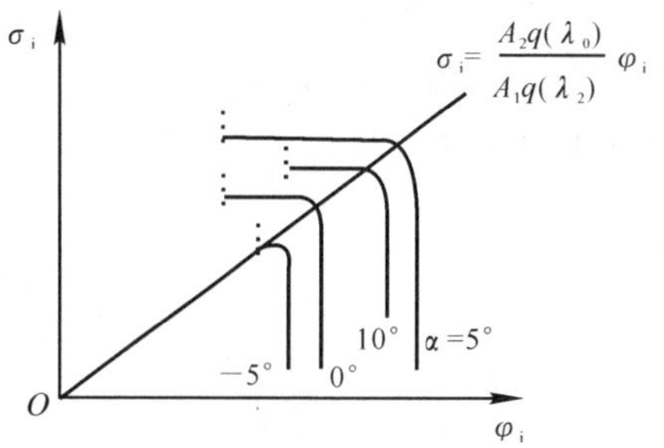

图 2－58　侧面布局进气道在不同攻角下进气道总压恢复系数与流量系数的关系示意图（Ma_0 = const）

三、翼下进气道和腹部进气道布局

进气道布置在机翼下面或机身腹部有相似的特点(见图 2.54(d),(e)),都具有良好的大攻角特性,如图 2-53 中的曲线 4 所示。当攻角 $\alpha = 0°$ 时,气流经过机翼前缘形成的激波受压缩,但随后又膨胀,至进气道的进口气流基本上恢复到自由流马赫数 Ma_0;当攻角 $\alpha > 0$ 时,气流流过翼下进气道的情况如图 2-59 所示,气流经过机翼前缘形成的激波,发生转折之后流向进气道。对于进气道而言,其进口局部的气流攻角基本上不受飞机攻角的影响,所以在 $\alpha = 15° \sim 20°$ 的范围内总压恢复系数都保持不降低;当攻角 $\alpha < 0°$ 时,进气道进口的马赫数大于 Ma_0,而且在机翼的下表面气流很容易分离。

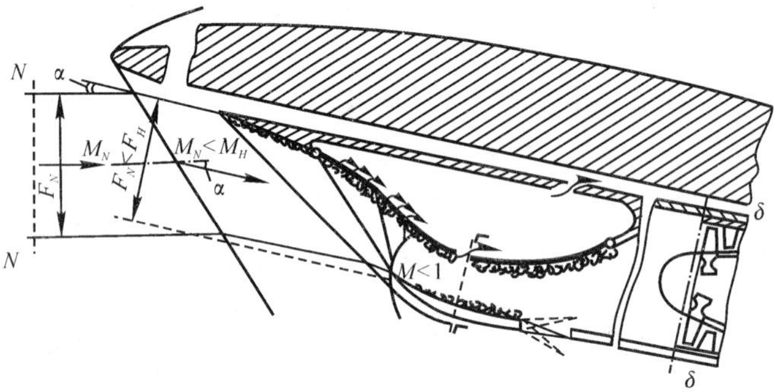

图 2-59　攻角 $\alpha > 0°$ 时翼下进气道的气流流动示意图

四、背部布局

进气道的这种布局方式与腹部布局有相反的特点。当攻角 $\alpha > 0°$ 时,进气道进口前的马赫数将大于自由流马赫数 Ma_0,气流在背部容易分离,进气道的性能比较差;当攻角 $\alpha < 0°$ 时,进气道的性能较好。

2.11　几种特殊形式的进气道

一、Λ 形进气道

对高超声速飞行器,“乘波构形”在升阻比方面具有明显的优越性。所谓“乘波构形”,就是一种激波附着于前缘的构形,恰似飞行器乘在激波上面,而普通构形的激波是脱体的,如图 2-60 所示。

乘波构形的激波将飞行器上、下表面隔开,激波后的高压气流不会绕流到飞行器上表面,因此飞行器具有较高的升力。而普通构形的飞行器上、下表面的气流相互沟通，结果升力较低。

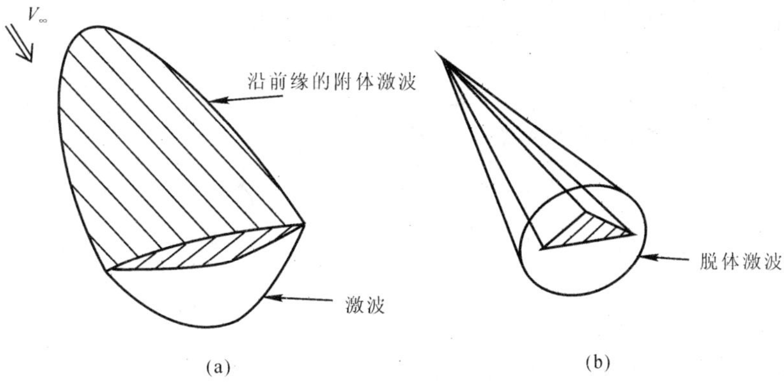

图 2-60 乘波构形与普通构形的比较

(a) 乘波构形；(b) 普通构形

图 2-61 表示具有单一斜激波的乘波构形机翼，形状像符号 Λ，故称 Λ 形机翼。Λ 形机翼构造方法如下：

(1) 对于给定的激波角 θ 和超声速来流马赫数 Ma，通过斜激波公式确定气流偏转角 δ；

(2) 在激波平面上选取原点 O 和任意点 B_1 和 B_2；

(3) 通过来流流线 OA，构筑平面 OAB_1 和 OAB_2；

(4) 连接 OB_1C 和 OB_2C，直线 ADC 垂直于激波平面。

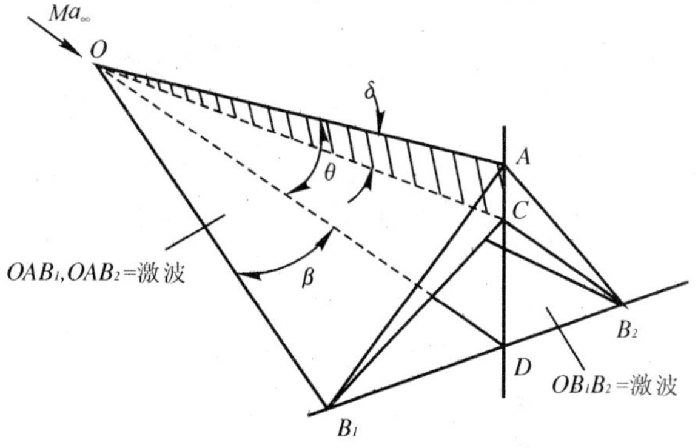

图 2-61 Λ 形机翼

图 2-62 表示一个单激波的 Λ 形进气道，Λ 构形的内表面即是进气道的压缩面。进口的展弦比与角度 ψ 有关，ψ 增加则展弦比增加。

二、Bump(凸包)形进气道

圆锥体平行置于超声速来流中，产生锥形激波，如图 2-63 所示。用一偏离中心而平行于中心线的平面与锥形激波相交，通过交线之后的流线所形成的曲面定义为“Bump”压缩面。

由于锥形激波的气流是等熵压缩，所以 Bump 压缩面上的气流具有横向压力梯度，有助于将附面层排泄于进气道进口之外。例如洛克希德·马丁公司为 JFS X—35 飞机设计的就是一种 Bump 进气道。由于采用进气道与机身高度的一体化设计，并利用 CFD 对机身、进口和内管道流场进行精确的数值模拟和优化，成功设计出不可调、无附面层隔道、无附面层放气系统、性能优良而且重量轻、成本低的三维曲面 Bump 进气道，如图 2-64 所示。

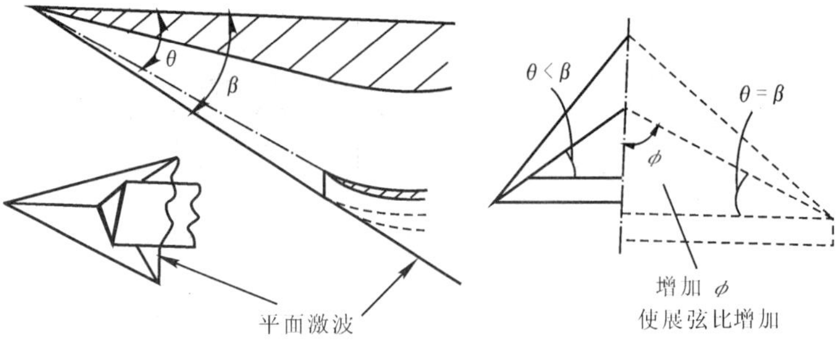

图 2-62　Λ 形进气道

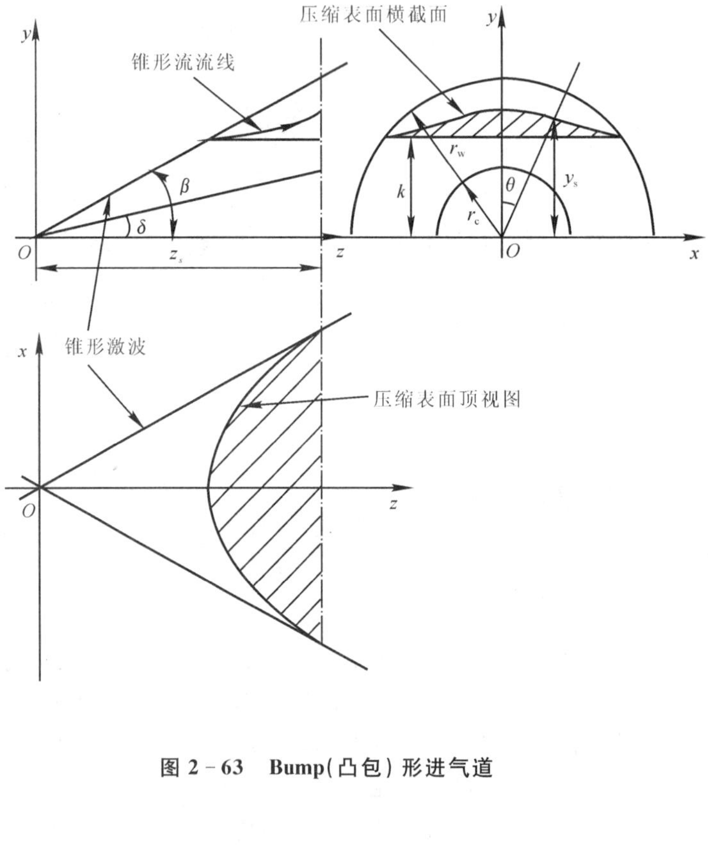

图 2-63　Bump(凸包)形进气道

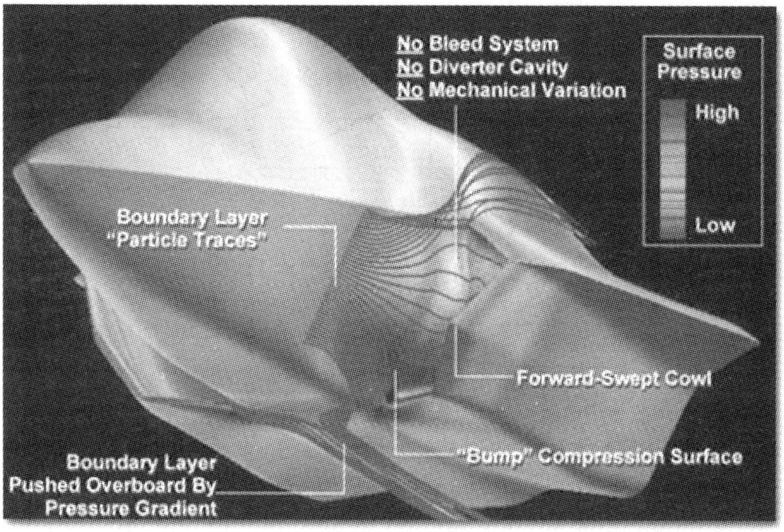

图 2-64　JFS X—35 的 Bump 形进气道

三、Scoop 形进气道

设计飞行马赫数增加到 2.5 时，外压式进气道将具有很高的外罩阻力，若采用内压式进气道则很难解决起动问题。原理上，这时可采用如图 2-65 所示的 Scoop 形进气道，其压缩面位于机翼或机身的对面，相当于一般外压式进气道的翻转。由于进气道的外罩埋入机翼或机身，因此消除了外罩阻力。

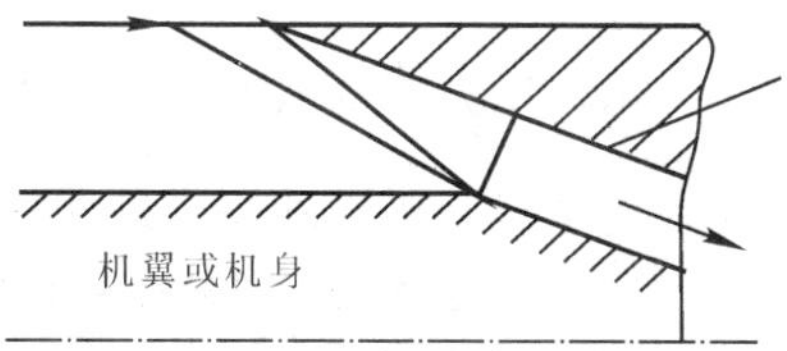

图 2-65　Scoop 形进气道

实际上，这种进气道也存在起动问题。如果进气道提供的空气质量流量大于发动机需要的空气质量流量，则部分气流通过侧面的面积溢出，正激波停在非起动位置，如图 2-66 所示。理论上，选择适当的收缩比可以实现进气道的自动起动，但起动过程需要足够的附面层控制，因为气流经过叉状激波，总压恢复系数已经很低了，加之起动过程激波附面层的干涉而使总压恢复系数进一步降低，使喉部的流通能力严重不足。此外，对于已经起动的状态也需要附面层控制，这可以通过附面层隔道解决，但如此又带来唇口波阻和隔道阻力，使 Soop 形进气道的优越性降低。

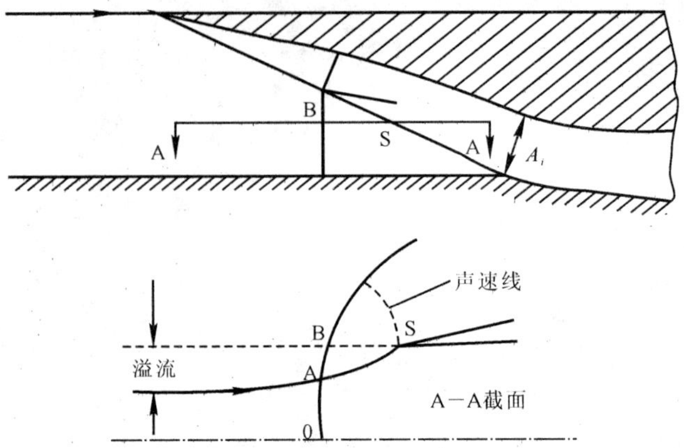

图 2-66　Scoop 形进气道的非起动状态

2.12　小　　结

1. 评定进气道的主要性能指标

总压恢复系数　$\sigma_i = p_{t2}/p_0$

阻力系数　$C_{Xi} = \dfrac{X_i}{\frac{1}{2}\rho_0 C_0^2 A_{max}}$

流量系数　$\varphi_i = A_0/A_c$

出口压力畸变强度　$\dfrac{p_{t,AV} - p_{tL,AV}}{p_{t,AV}}$

2. 各种进气道的主要特点和应用飞行马赫数范围(见表 2-2)

表 2-2　各种进气道的主要特点和应用飞行马赫数范围

特点 进气道	主　要　特　点	适　应　范　围
亚声速进气道	结构简单;不需要调节;总压恢复系数较高(低速时);易于维护;超声速飞行时外阻力迅速增加,总压恢复系数急剧下降	$Ma_0 \leqslant 1.5$
内压式	外阻力最小,总压恢复系数高;存在"起动问题"	由于存在"起动问题"尚未实际使用
外压式	结构比较简单;不存在"起动问题";高超声速飞行时外阻力较大,总压恢复系数低	一般可用到 $Ma_0 = 2.0$,个别情况可到 $Ma = 2.5$
混合式	外阻力较小;总压恢复系数较大;虽存在"起动问题",但容易解决	一般用于 $Ma_0 > 2.0$

3. 亚声速进气道

(1) 亚声速进气道进口前的 3 种流动形态：$\varphi_i > 1$，$\varphi_i = 1$，$\varphi_i < 1$。

(2) 外流为理想流动时，附加阻力与前缘吸力抵消，溢流阻力为零。

(3) 在零速飞行或低速飞行时，主要问题是提高总压恢复系数；在设计飞行速度时，主要问题是减小外阻力。

(4) 亚声速进气道用于低超声速飞行也有较好的性能。

4. 外压式超声速进气道

(1) 3 种工作状态：亚临界、临界、超临界。

(2) 节流特性：总压恢复系数、阻力系数随流量系数的变化关系曲线，是确定进气道与发动机共同工作点所必需的。

(3) 喘振的机理：滑流层准则、附面层分离准则、压力斜率准则。

(4) 进气道与发动机的共同工作条件是流量平衡，共同工作方程为 $\sigma_i = \text{const} \cdot \dfrac{q(\lambda_0)}{q(\lambda_2)}\varphi_i$。

(5) 进气道的调节方法：中心锥的轴向移动、斜板角度的调节、喉部面积调节、辅助进气门和放气门等。

5. 内压式进气道

(1) 设计状态性能优越，但存在起动问题。

(2) 解决起动问题理论上的方法：增加飞行马赫数、调节喉部面积、收敛段开设放气孔。

习　题

1. 亚声速进气道进口之前的气流为什么会有收缩、扩张和平行 3 种不同的流动状态？

2. 亚声速进气道在超声速飞行条件下，什么因素决定正激波的位置？

3. 什么是内压式进气道的起动问题？为什么内压式进气道会产生起动问题？理论上实现起动有哪些方法？

4. 一个内压式超声速进气道的设计马赫数等于 2.5，试问理想设计状态下的喉部与进口的面积比为多少？假设用放大喉部面积的办法实现起动，则与理想状态相比，喉部面积应至少放大多少？在放大了的喉部面积下工作时，喉部的气流马赫数等于多少？

5. 假定进气道前自由流马赫数为 3.0，求下列情况下进气道压缩过程的增压比和总压恢复系数（只考虑激波的增压和损失）：

(1) 简单亚声速进气道；

(2) 三波系二元外压式超声速进气道（设 $\alpha_1 = 30°$，$\alpha_2 = 40°$ 然后一结尾正激波）。

6. 什么是混压式进气道？与外压式和内压式相比混压式进气道有何优缺点？

7. 外压式进气道有哪 3 种工作状态？

8. 外压式进气道的工作状态由什么条件决定？

9. 什么是外压式进气道的节流特性?试画出不可调外压式进气道的节流特性,并解释特性的变化规律。

10. 外压式进气道为什么需要调节?当飞行马赫数大于或小于设计马赫数时,外压式超声速进气道的中心体位置如何调节?

11. 进气道与发动机共同工作的条件是什么?根据共同工作条件导出进气道与发动机的共同工作方程。

12. 如何根据共同工作方程在外压式进气道特性图上求出共同工作点?

13. 什么是进气道的总压恢复系数?进气道总压损失对发动机的性能会有何影响?

14. 什么是外压式进气道的喘振现象?产生喘振的机理是什么?

15. 有哪些措施防止外压式进气道的喘振?

16. 什么是外压式进气道的痒振?产生的原因是什么?

17. 什么是进气道的附加阻力?

18. 什么是进气道的外罩阻力?

19. 什么是进气道的溢流阻力?

20. 什么是外压式进气道总的阻力?

21. 超声速进气道在飞机上有哪几种布局方式,其各自的特点是什么?

第 3 章　航空燃气涡轮发动机的尾喷管

在航空涡喷发动机和涡扇发动机上，尾喷管的主要作用是使燃气发生器排出的燃气继续膨胀，将燃气的可用功转变为动能，燃气以高速向后喷出，发动机产生反作用推力。此外，尾喷管喉道面积的调整可改变气流在涡轮和尾喷管中膨胀比的分配，即改变压气机和涡轮的共同工作点，实现对整个发动机工作状态的控制。因此，尾喷管的喉道面积可以作为发动机的一个调节量。现代飞机还要求尾喷管具有推力换向和反向的能力以提高飞机机动性和起飞、着陆性能。尾喷管的设计还应考虑尽量减小红外线辐射、噪声和雷达信号反射强度等。

由于发动机净推力（净推力 $F_N = F_g - W_a c_0$）对尾喷管性能的敏感程度较高，因此为获得尽可能高的尾喷管性能，对尾喷管的成本、重量、复杂程度、可靠性等进行周密考虑是极为重要的。

尾喷管可分为两大类：

（1）收敛尾喷管，包括锥形尾喷管和分开排气涡扇发动机的尾喷管；

（2）收敛-扩张尾喷管，包括轴对称收敛-扩张尾喷管、塞式尾喷管以及各类不同形状的非轴对称尾喷管。图 3－1 为典型的尾喷管示意图。

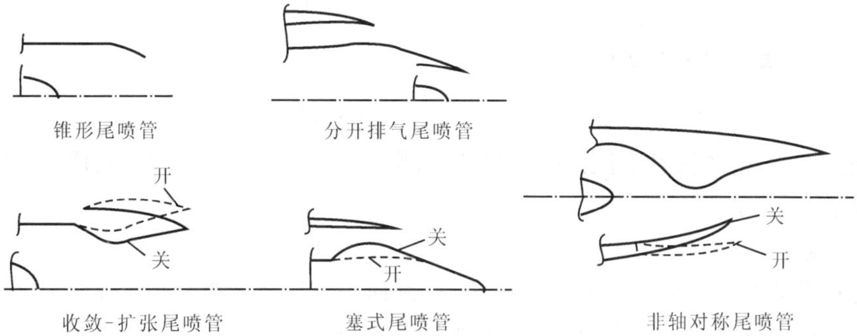

图 3－1　各种类型的尾喷管

不可调节的锥形尾喷管最简单，以收敛通道排出发动机排气流，主要用在第一、二代涡喷发动机以及亚声速飞机的混合排气涡扇发动机上。亚声速飞机所用的分开排气涡扇发动机一般也采用收敛尾喷管。现代高超声速飞机用高性能的加力式涡喷发动机、混合排气涡扇发动机都采用收敛-扩张尾喷管，否则发动机排气流就不能有效地膨胀，结果会导致发动机净推力显著损失。从非加力到全加力工作状态，这类尾喷管的最小截面面积可能增大 50% ～ 150%。属于这种类型的尾喷管主要有轴对称收敛-扩张尾喷管、二元矩形收敛-扩张尾喷管、塞式尾喷管、引射式尾喷管以及其他各种非轴对称尾喷管。

3.1 收敛尾喷管

由于收敛尾喷管的结构简单、重量轻，并且能在可用压力比小于 5.0 的范围内具有较好的性能，所以在亚声速飞行或只作短暂超声速飞行的多用途飞机的发动机上仍然有广泛的应用。

锥形收缩尾喷管有两种基本形式。一种为固定式，它无活动构件，另一种为可调式，配有作动系统和活动鱼鳞片，使尾喷管出口面积能在一定范围内变化。图 3-2 是这种收敛尾喷管的示意图。

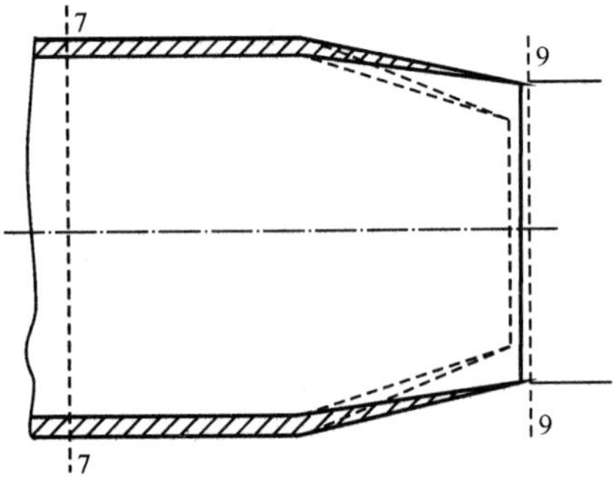

图 3-2　收敛尾喷管

一、收敛尾喷管的工作状态

当尾喷管进口气流总压 p_{t7} 或出口反压 p_0 变化时，尾喷管出口的流动状态会发生相应的变化，并由此引起尾喷管射流流谱的变化。收敛尾喷管有 3 种工作状态，其特点说明如下。

1. 亚临界状态

其特点是：$p_9 = p_0$，$Ma_9 < 1.0$。

当尾喷管可用压力比 p_{t7}/p_0 较低时，出口截面气流速度较低，达不到当地声速，所以气流是完全膨胀且马赫数小于 1.0。图 3-3 为亚临界状态下气流在收敛尾喷管内的流动示意图。

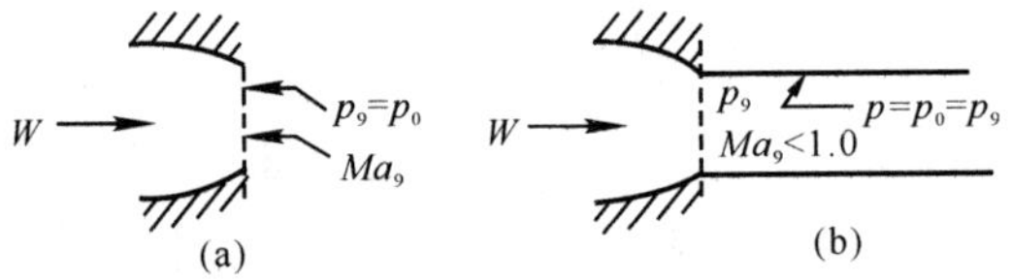

图 3-3　亚临界状态下收敛尾喷管内气流的流动示意图

随着可用压力比的增加，出口气流速度增加并趋近于声速。当 $p_9 = p_0$ 而 $Ma_9 = 1.0$时，称为临界状态。

2. 临界状态

其特点是 $p_9 = p_0, Ma_9 = 1.0$。

在临界状态下，显然有

$$\left(\frac{p_{t9}}{p_0}\right) = \left(\frac{p_{t9}}{p_0}\right)_{cr} = \left(\frac{k+1}{2}\right)^{\frac{k}{k-1}} \tag{3-1}$$

式中，$\left(\frac{p_{t9}}{p_0}\right)_{cr}$ 为临界压力比，以符号 π_{cr} 表示。

如果临界状态可用压力比继续增加，由于收敛尾喷管出口气流马赫数不能大于 1.0，所以此时仍然是 $Ma_9 = 1.0$ 而 $p_9 > p_0$，此时称为超临界状态。

3. 超临界状态

其特点是 $p_9 > p_0, Ma_9 = 1.0$。

根据 3 种工作状态的特点，由压力比 p_{t9}/p_0 的值与临界压力比 $\left(\frac{p_{t9}}{p_0}\right)_{cr}$ 的值作比较就可判断尾喷管属于何种工作状态。

当 $\frac{p_{t9}}{p_0} < \left(\frac{p_{t9}}{p_0}\right)_{cr}$ 时，为亚临界状态，$p_9 = p_0$，$Ma_9 < 1.0$；

当 $\frac{p_{t9}}{p_0} = \left(\frac{p_{t9}}{p_0}\right)_{cr}$ 时，为临界状态，$p_9 = p_0, Ma_9 = 1.0$；

当 $\frac{p_{t9}}{p_0} > \left(\frac{p_{t9}}{p_0}\right)_{cr}$ 时，为超临界状态，$p_9 > p_0, Ma_9 = 1.0$。此时，气流在尾喷管出口截面上达到声速，并在出口外的自由射流中膨胀到超声速。如不考虑黏性衰减，尾喷管出口后气流的流动状态如图 3-4 所示，膨胀波-反射膨胀波、压缩波-反射压缩波的超声速射流柱的形状是 AA_1BB_1 基本形状的重复变化。

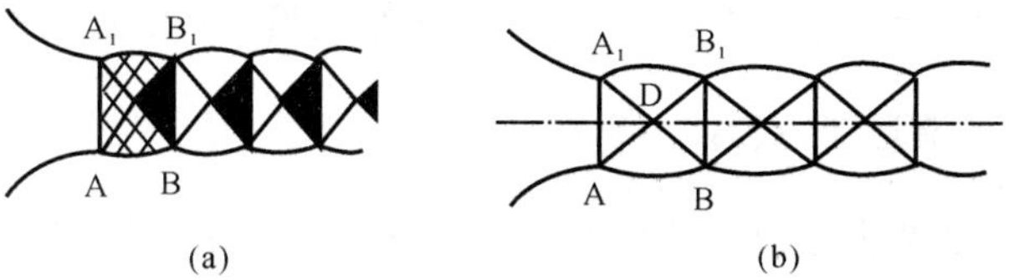

图 3-4　超临界状态下收敛尾喷管出口气流的流动示意图

在等熵流动条件下，尾喷管出口流速可根据尾喷管进口气流的滞止参数（p_{t7}, T_{t7}）和出口静压 p_9，运用等熵绝热流动方程求出。其表达式为

$$c_{9i} = \sqrt{\frac{2k}{k-1} R T_{t7} \left[1 - (p_9/p_{t7})^{\frac{k-1}{k}}\right]} \tag{3-2}$$

式中，k, R 分别为尾喷管中燃气的比热比和气体常数（为了书写简单，在不致混淆情况下略去

表示燃气的注脚)。

根据连续方程,如果是理想流动,从尾喷管流出的燃气质量流量为

$$W_{gi} = K\frac{p_{t7}A_9 q(\lambda_{9i})}{\sqrt{T_{t7}}} \tag{3-3}$$

当尾喷管的可用压力比 p_{t7}/p_0 大于或等于临界降压比 π_{cr} 时,$\lambda_{9i}=1.0$,于是从收敛尾喷管流出气流的理想最大质量流量为

$$W_{max} = K\frac{p_{t7}A_9}{\sqrt{T_{t7}}} \tag{3-4}$$

在尾喷管的实际流动中,膨胀过程不是等熵的,气体的流动有总压损失,尾喷管出口实际流速比理想流速低。通常以速度系数 φ_e 来衡量速度的降低程度,即

$$\varphi_e = c_9/c_{9i} \tag{3-5}$$

或以总压恢复系数 σ_e 来衡量气流流经尾喷管时的总压损失,即

$$\sigma_e = \frac{p_{t9}}{p_{t7}} \tag{3-6}$$

式中,p_{t9} 为尾喷管出口截面气流的总压。

速度系数 φ_e 与总压恢复系数 σ_e 间存在一定关系,即

$$\sigma_e = \left(\frac{1-\dfrac{k-1}{k+1}\lambda_{9i}^2}{1-\dfrac{k-1}{k+1}\lambda_{9i}^2\varphi_e^2}\right)^{\frac{k}{k-1}} \tag{3-7}$$

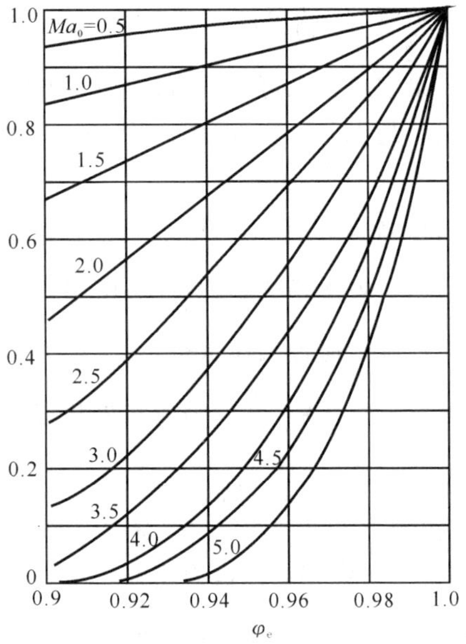

图 3-5 总压恢复系数与速度系数的关系

式(3-7)所表示的关系对于收敛尾喷管和收敛-扩张尾喷管都是适用的,曲线如图 3-5 所示。

二、收敛尾喷管的流通能力和推力系数

收敛尾喷管的流通能力用流量系数表示。流量系数 C_D 定义为尾喷管实际的与理想的气流质量流量之比,即

$$C_D = \frac{W_g}{W_{gi}} \tag{3-8}$$

式中 W_g—— 实际流量;

W_{gi}—— 一维等熵流量。

推力系数 C_{Fg} 的定义是:尾喷管实际总推力与一维等熵完全膨胀流动时的总推力之比,即

$$C_{Fg} = F_g/F_{gi} \tag{3-9}$$

式中　F_g—— 实际总推力；

F_{gi}—— 一维等熵完全膨胀总推力。

3.2　影响收敛尾喷管流量系数和推力系数的因素

收敛尾喷管的可用压力比 $\pi_{CP} \equiv \left(\dfrac{p_{t7}}{p_0}\right)$、收缩角 α、进出口直径比 D_9/D_7 等对收敛尾喷管的流量系数 C_D 和推力系数 C_{Fg} 有很大影响。

图 3-6 表示收敛尾喷管的推力系数 C_{Fg} 随 π_{CP} 的变化曲线。如图 3-6 所示，在尾喷管可用压力比大于临界压力比以后，随着压力比的增大，尾喷管的推力系数 C_{Fg} 下降。这是由于不完全膨胀损失增大的缘故。

图 3-7 表示收敛尾喷管的流量系数与可用压力比的关系曲线。由图可见，随着可用压力比的增大，开始流量系数急剧增加，而后变缓，直到某个压力比 —— 称“实际堵塞”压力比 —— 之后，流量系数不再变化。这一实际堵塞压力比，比一维等熵的临界压力比要大得多，而且与尾喷管内气体流动状况和尾喷管的几何参数 —— 尾喷管收缩角 α 等 —— 有关。

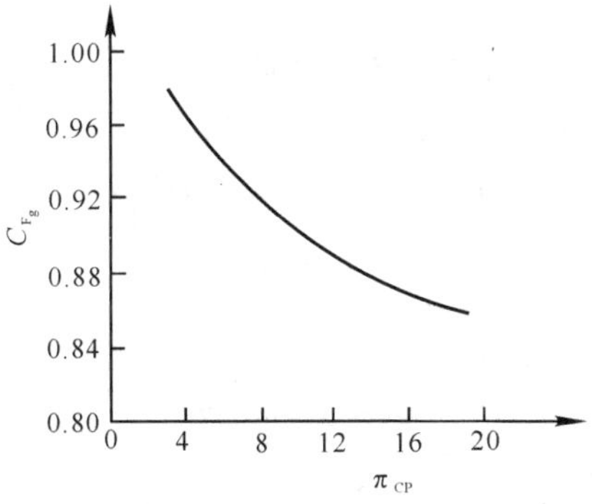

图 3-6　推力系数与可用压力比的关系

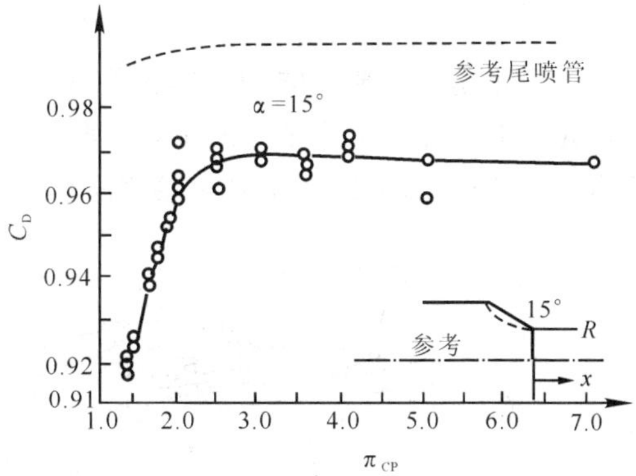

图 3-7　流量系数与可用压力比的关系

锥形收敛尾喷管的流量系数 C_D 随可用压力比的这种变化关系，决定于图 3-8 所示的超临界压力比下实际的锥形尾喷管出口声速线的形状。由图可见，随可用压力比的增大，声速线向尾喷管出口截面逼近，到达某一压力比后，声速线的形状和位置便固定不变。这一压力比便是所谓的“实际堵塞”压力比，它不同于一维等熵流中的“堵塞”压力比。这种差异是实际流动多维效应的结果。

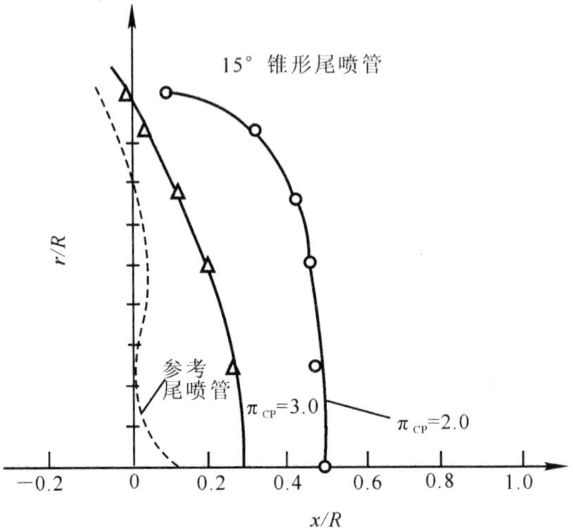

图 3-8　收敛尾喷管的实际声速线

3.3　轴对称收敛-扩张尾喷管

图 3-9 所示是一种典型的轴对称收敛-扩张尾喷管，也称为平衡梁式收敛-扩张尾喷管，这类尾喷管的主喷管靠一个凸轮和滚轮系统驱动，而副喷管运动靠连杆系统控制。凸轮的形状及连杆结构方案的选择，取决于尾喷管喉道面积和所需面积比调节规律两方面的综合要求。

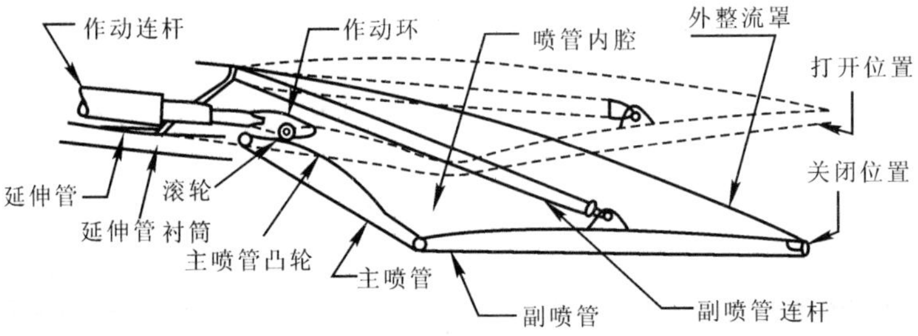

图 3-9　平衡梁式收敛-扩张尾喷管方案

一、轴对称收敛-扩张尾喷管工作原理

轴对称收敛-扩张尾喷管主要由 3 部分组成：亚声速收缩段、喉部、超声速扩张段。

在给定的设计压力比 p_{t7}/p_0 下，气流经尾喷管的亚声速收缩段加速到喉部的声速，而后在

尾喷管扩张段内进一步加速到超声速。出口压力等于外界环境压力 p_0。在等熵流动条件下，通过尾喷管的气流质量流量为

$$W_{gi} = k\frac{p_{t7}A_8}{\sqrt{T_{t7}}} \tag{3-10}$$

此时尾喷管出口截面与其喉道截面之比为

$$\left(\frac{A_9}{A_8}\right) = \frac{1}{Ma_{9i}}\left[\left(\frac{2}{k+1}\right)\left(1+\frac{k-1}{2}Ma_{9i}^2\right)\right]^{(k+1)/[2(k-1)]} \tag{3-11}$$

式中的理想出口马赫数由下式决定：

$$\pi(Ma_{9i}) = \frac{p_{t7}}{p_0} \tag{3-12}$$

在给定的设计压力比下，只有式(3-11)决定的面积比，才能使理想气流从尾喷管进口总压膨胀到出口时等于外界压力。尾喷管的这种工作状态称为“最佳状态”或“完全膨胀”。

设计时，若尾喷管面积比小于或大于由式(3-11)计算的值，气流将发生过度膨胀或不完全膨胀，引起推力损失。可以证明，当燃气流在尾喷管中完全膨胀时，发动机产生的推力最大。

发动机的净推力 F_N 等于总推力 F_g 减去冲压阻力 F_V，即

$$F_N = F_g - F_V \tag{3-13}$$

而

$$F_g = W_g c_9 + A_9(p_9 - p_0) \tag{3-14}$$

$$F_V = W_a c_0 \tag{3-15}$$

当尾喷管进口条件(燃气质量流量、总压、总温)一定时，将式(3-14)对 p_9 求导数并令其为零，便可求得 F_g 为最大值的条件。当 p_9 改变时，c_9 及 A_9 均随之变化，而 W_g 保持不变，则

$$\mathrm{d}F_g/\mathrm{d}P_9 = W_g\frac{\mathrm{d}c_9}{\mathrm{d}p_9} + \frac{\mathrm{d}A_9}{\mathrm{d}p_9}(p_9 - p_0) + A_9 = 0 \tag{3-16}$$

而燃气质量流量为

$$W_g = \rho_9 A_9 c_9 \tag{3-17}$$

利用气动力学中关系式，有

$$\frac{\mathrm{d}c_9^2}{\mathrm{d}p_9} = -\frac{2}{\rho_9}$$

可得

$$\mathrm{d}F_g/\mathrm{d}p_9 = \frac{\mathrm{d}A_9}{\mathrm{d}p_9}(p_9 - p_0) = 0 \tag{3-18}$$

由于 $\mathrm{d}A_9/\mathrm{d}p_9 \neq 0$，故当 $p_9 = p_0$ 时，即完全膨胀时总推力最大。

从式(3-11)和式(3-12)可以看出，在等熵完全膨胀情况下最佳面积比与可用压力比和绝热指数有关。图3-10所示为尾喷管最佳面积比与可用压力比和绝热指数的关系曲线。

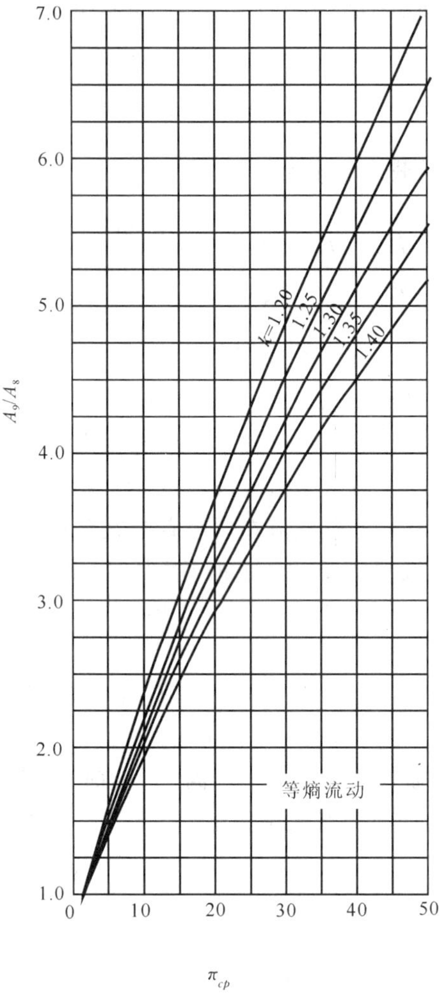

图 3-10　不同绝热指数下尾喷管最佳面积比与可用压力比的关系

与以上讨论类似，若尾喷管的面积比已按设计压力比给定，则当尾喷管的工作状态发生变化时，尾喷管的面积比就不适应变化后的喷管压力比，造成尾喷管的不完全膨胀或过度膨胀，尾喷管出口外的射流状态与收敛尾喷管在超临界压力比下的射流状态几乎是相同的。对于过度膨胀，尾喷管内气流可膨胀到低于外界环境压力，然后经过一系列激波气流压力提高到外界压力。图 3-11 表示在深度过度膨胀情况下尾喷管内气流的流动状态。若尾喷管进口总压不变，而外界环境压力大于设计状态下尾喷管出口压力，则反压的增加会通过射流周围的附面层向上游传播，同时使附面层增厚。如果 p_0 比设计状态下的值大得不多，则在尾喷管出口截面处形成斜激波，尾喷管壁面上压力从出口的 p_9 增加到 p_0；若反压进一步升高，激波便会向尾喷管内移动，并可能在尾喷管扩张段内出现气流分离，气流经激波被压缩到反压 p_0。出现分离时的气流静压称为“分离压力”p_s。实验结果证明分离压力 p_s 近似等于 $0.4p_0$。

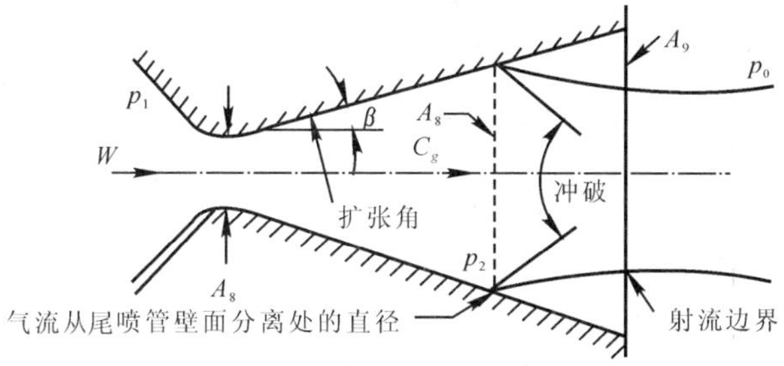

图 3-11　深度过度膨胀时气流的分离

如上所述，“分离”现象是逆压梯度对贴壁附面层作用的结果，当附面层内气流传出的动量大于它从主流接受的动量时，就会出现射流分离及激波现象。

二、轴对称收敛-扩张尾喷管的性能参数

轴对称收敛-扩张尾喷管的推力系数和流量系数定义与收敛尾喷管的定义相同。但对于收敛-扩张尾喷管，流量系数又可定义为

$$C_D = \frac{A_{te}}{A_{th}} \tag{3-19}$$

式中，A_{te} 表示喉道有效面积；A_{th} 表示喉道物理截面面积。在设计收敛-扩张尾喷管的结构时，尾喷管喉道物理截面面积已由发动机循环热力计算得出，这样为了能通过发动机的指定流量，收敛-扩张尾喷管所需的喉道截面 A_8 应是

$$A_8 = A_{th}/C_D \tag{3-20}$$

收敛-扩张尾喷管的推力系数 C_{Fg} 在忽略冷却流量和漏气损失时为

$$C_{Fg} = \frac{C_A \varphi_e W_g c_{9p} + (p_9 - p_0)A_9}{W_g c_{9i}} \tag{3-21}$$

式中　φ_e—— 尾喷管的速度系数；

C_A—— 角向流系数；

c_{9i}—— 一维理想完全膨胀气流速度；

c_{9p}—— 一维理想出口气流速度。

上述推力系数定义式中考虑了尾喷管的摩擦损失、角向流损失，以及非设计状况下的非完全膨胀损失。

当尾喷管的压力比等于其设计值时，即 $p_9 = p_0$，$c_{9p} = c_{9i}$，推力系数为最大值，即

$$C_{Fg,max} = \varphi_e C_A \tag{3-22}$$

故尾喷管最大推力系数等于速度和角向流系数的乘积。

在非设计压力比下，推力系数与其最大值是不同的，差别在于非完全膨胀损失，如图 3-12 所示。

实际计算中，可将推力系数表示为

$$C_{Fg} = \frac{C_A \varphi_e C_D W_{gi} c_{9p} + (p_9 - p_0) A_9}{C_D W_{gi} c_{9i}} \qquad (3-23)$$

由此可见，C_{Fg} 是尾喷管压力比和有关参数 A_9/A_8，φ_e，C_A，C_D 及发动机循环参数 p_{t7}，T_{t7} 等的函数。

尾喷管的角向流系数 C_A 是因排出气流方向不是尾喷管轴心线方向所带来的推力损失。若尾喷管具有足够的长度可使出口气流的流动角度遵循某一特定的流型（源流模型），则角向流系数可用典型公式表示为

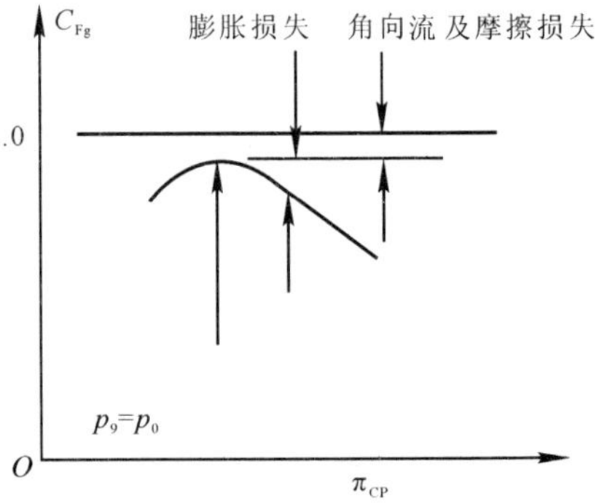

图 3-12　收敛-扩张尾喷管的推力系数

$$C_A = \frac{1+\cos\beta}{2} \qquad (3-24)$$

式中，β 为尾喷管的扩张角（或称半锥角）。图 3-13 所示为该流动模型。具体导出过程如下：

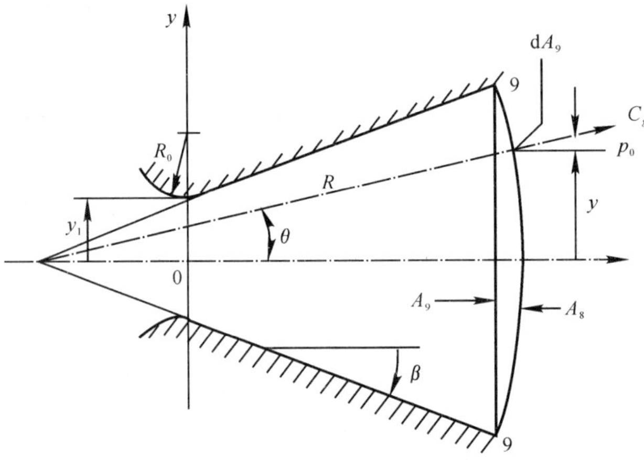

图 3-13　计算角向流系数的流动模型

在微元面积 dA_s 上产生的总推力为

$$dF_g = c_s \cos\theta dW + (p_s - p_a)\cos\theta dA_s$$

$$dW = \rho_s c_s dA_s, \quad dA_s = 2\pi R^2 \sin\theta d\theta$$

故

$$F_g = 2\pi R^2 \int_0^{\beta} [\rho_s c_s^2 + (p_s - p_0)] \cos\theta \sin\theta d\theta =$$
$$\pi R^2 \sin^2\beta [\rho_s c_s^2 + (p_s - p_0)] \tag{3-25}$$

又
$$A_s = \int dA_s = 2\pi R^2 \int_0^{\beta} \sin\theta d\theta = 2\pi R^2 (1 - \cos\beta)$$

而
$$A_9 = \pi R^2 \sin^2\beta$$

故
$$A_9 / A_s = \frac{1 + \cos\beta}{2} \tag{3-26}$$

把式(3-26)代入式(3-25)得

$$F_g = \left(\frac{1 + \cos\beta}{2}\right) A_s [\rho_s c_s^2 + (p_s - p_0)]$$

令
$$F_{gs} = W c_s + (p_s - p_0) A_s \tag{3-27}$$

它表示源流模型的一维流能力。故尾喷管的总推力为

$$F_g = C_A F_{gs} \tag{3-28}$$

式中，$C_A = \dfrac{1 + \cos\beta}{2}$。它是考虑流线径向发散引起的损失而对一维源流推力的修正。图 3-14 表示角向流系数 C_A 与尾喷管扩张角 β 及喉道面积与出口面积的关系。

收敛-扩张尾喷管的速度系数代表摩擦所引起的附面层动量损失的影响，因为它与尾喷管内摩擦损失有关，故它是尾喷管表面积、雷诺数和马赫数等参数的函数。一般情况下，雷诺数的影响较小，而马赫数又是尾喷管几何参数的函数，所以速度系数 φ_e 是尾喷管扩张角 β 和面积比 A_9/A_8 的函数，其关系曲线如图 3-15 所示。

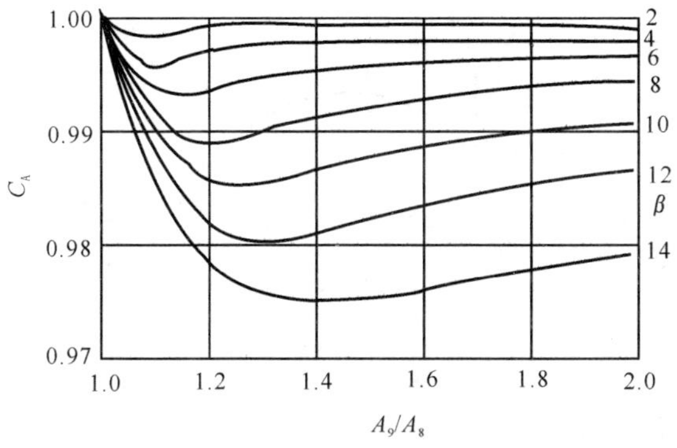

图 3-14 收敛-扩张尾喷管的角向流系数与面积比的关系曲线

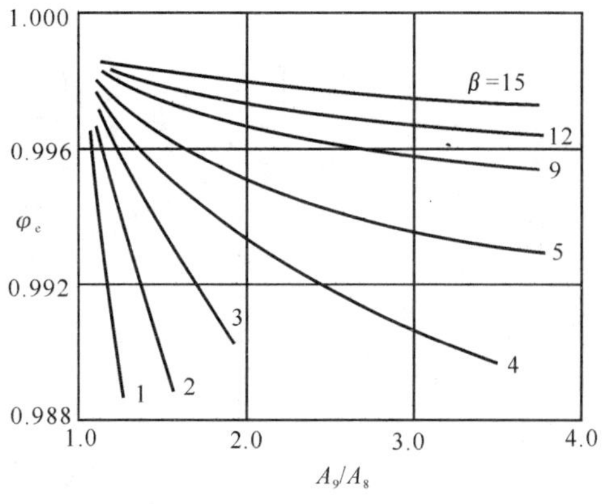

图 3-15 收敛-扩张尾喷管的速度系数与面积比的关系曲线

三、尾喷管分离/过度膨胀的影响

图3-12给出的推力系数曲线是在尾喷管内没有分离的“全部充满流动”情况下得出的。实际上，这种情况只有在尾喷管压力比接近或大于设计压力比时才出现。当尾喷管压力比低于无分离动状态下的压力比时，尾喷管内的流动将偏离设计情况较远并在尾喷管出口处将静压调整到等于外界大气压。流场的调整使尾喷管壁面上静压分布发生变化，影响尾喷管总推力系数。故必须对前面所述的推力系数加以修正，如图3-16所示。为了对尾喷管内过度膨胀的流动情况有更清晰了解，一般把它分成4个工作区域。

Ⅰ区：尾喷管压力比比设计压力比低得不多，这时仅在尾喷管出口处产生较弱的激波，对尾喷管壁面压力分布影响不大，故对推力系数影响也不大。

Ⅱ区：尾喷管压力比比设计压力比低得多，激波移到尾喷管内，强度也增大了，且波后出现气流分离，从而显著影响激波后壁面压力分布（一般激波后分离区壁面静压接近外界大气压），因而对推力系数有较大影响，比“全部充满流动”情况下的推力系数高些。

Ⅲ区：尾喷管压力比比设计压力比比低得多，激波移至接近喉道区，激波后的气流分离严重，这时推力系数最低。

Ⅳ区：尾喷管压力比很低，流动完全是亚声速的，尾喷管变成一个扩压器。

上面所述的只是一般情况，每种尾喷管因存在几何形状的差别，在流动形态上也会有所不同。

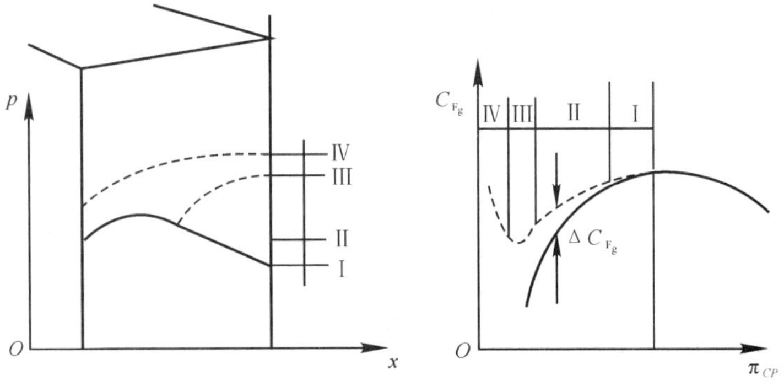

图3-16　过度膨胀对收敛-扩张尾喷管特性的影响

3.4　引射尾喷管

引射尾喷管主要有几种结构形式：圆筒型引射尾喷管，如图 3－17 所示；外套收敛-扩张型引射尾喷管，如图 3－18 所示；带辅助进气门式引射尾喷管，如图 3－19 所示。

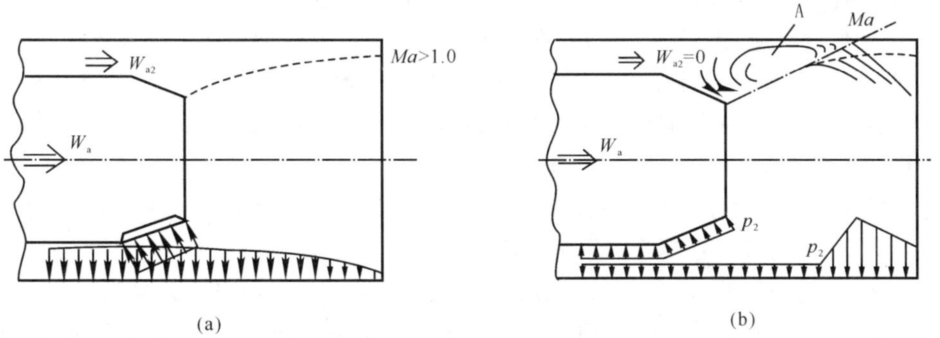

图 3－17　圆筒型引射尾喷管

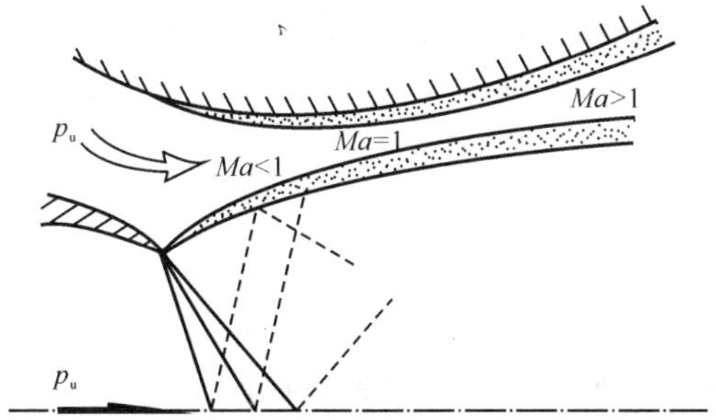

图 3－18　收敛-扩张型引射尾喷管

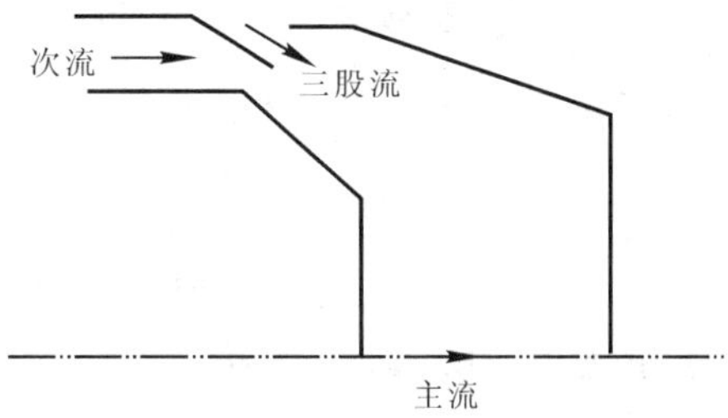

图 3－19　带辅助进气门式引射尾喷管

一、圆筒型引射尾喷管

圆筒型引射尾喷管由收敛形主喷管和一个圆筒形外套组成，如图 3－17 所示。

在设计状态下（主喷管的可用压力比大于临界压力比），主流在主喷管出口达到声速，然后在射流边界的“流体壁面”内加速为超声速。次流可以从进气道引入，也可以由单独的进气门引入。次流的截面面积在引射尾喷管内逐渐缩小，速度增加。在引射尾喷管的出口截面上主流和次流的压力等于外界大气压力。

在设计状态下（可用压力比大于临界压力比）主流为完全膨胀，所以与简单收敛尾喷管相比，引射尾喷管没有不完全膨胀损失，推力较大。其物理意义是：次流作用于主喷管尾部外表面上的压力 p_2 大于外界大气压，如图 3-17(a) 所示。但是次流流动过程有损失，例如，次流来自进气道，如果在引射尾喷管出口的压力等于大气压，则次流的速度必然小于飞行速度，次流产生负推力。所以与收敛-扩张尾喷管比较，引射尾喷管的推力要小一些。

在非设计状态下，当主喷管的可用压力比增加时，主流在引射尾喷管中所占面积扩大。可用压力比增加到一定程度后，主流与壁面相交产生激波，通过激波主流向内转折，见图 3-17(b)，在 A 区形成涡流。由于黏性作用，在主流和次流的边界附近存在一个混合区，通过混合区主流与涡流区进行质量和能量交换，并从涡流区中牵引出很少的次流量。在涡流区内和大部分的射流边界上，气流具有基本相同的压力 p_2。这时的 p_2 值小于设计状态的 p_2 值，因而引射尾喷管的得益下降。

当主流的可用压力比小于设计值时，主流所占面积减小而次流面积增加。当可用压力比降低到临界压力比时，主流在主喷管之后呈圆筒形。

由上所述，当主喷管的可用压力比变化时，圆筒型引射尾喷管中的“流体壁面”在一定的范围内可自动调节，使其在较低的可用压力比情况下优于不可调的收敛-扩张尾喷管；在较大的可用压力比情况下优于简单收敛尾喷管。

圆筒型引射尾喷管适用于最大飞行马赫数不超过 1.6 的飞机上，次流的流量大约为主流的 2%～3%。如果尾喷管的可用压力比更大，圆筒型引射尾喷管的推力损失就比较大，这时应采用外套收敛-扩张型引射尾喷管。

二、收敛-扩张型引射尾喷管

与圆筒型引射尾喷管不同，这种引射尾喷管的外套是收敛-扩张形的。

图 3-18 所示是这种引射尾喷管设计状态下的流动图形。主流在射流边界“流体壁面”内的扩张通道中膨胀加速为超声速；次流在收敛-扩张形的通道中加速到最小截面处马赫数等于 1，然后继续加速为超声速。在引射尾喷管的出口截面上主流和次流的压力等于外界大气压力。

在非设计状态下，当主喷管的可用压力比不断增加或者减小次流的流量时，主流在引射尾喷管中所占面积逐渐扩大，以致主流和次流的边界与外套内表面相撞产生激波并把次流“堵死”，在次流中形成一个“死区”(见图 3-20)。如果不考虑黏性，次流的流量等于零，实际上由于黏性在主流和次流的交界面附近存在混合层，通过混合层的能量交换和质量交

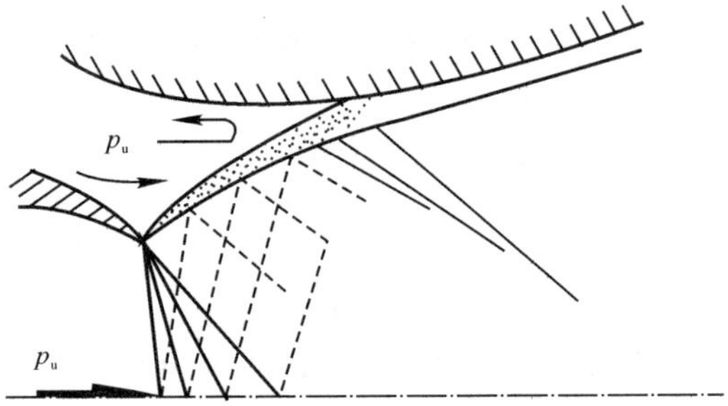

图 3-20　收敛-扩张型引射尾喷管的“堵死”状态

换，“死区”的少量气流被拖出。

收敛-扩张型引射尾喷管与圆筒型引射尾喷管基本上具有类似的特点，但在低次流状态下，前者的主流与外套内表面相撞时产生的激波较弱，所以损失显著减小。

图 3-21 表示收敛-扩张型引射尾喷管的特性曲线，即推力系数和主次流总压比随主喷管可用压力比的变化关系。

引射尾喷管的推力系数定义为

$$C_{Fg}=\frac{F_g}{F_{g\mathrm{I},i}+F_{g\mathrm{II},i}}$$

式中　F_g——引射尾喷管总推力；

$F_{g\mathrm{I},i}$——引射尾喷管主流总推力；

$F_{g\mathrm{II},i}$——引射尾喷管次流总推力。

引射尾喷管的主次流总压比 π_S 为引射尾喷管进口次流总压 p_{tS} 与主流总压 p_{tZ} 之比

$$\pi_S=\frac{p_{tS}}{p_{tZ}}$$

图 3-21 中曲线所对应的引射尾喷管的重要参数是

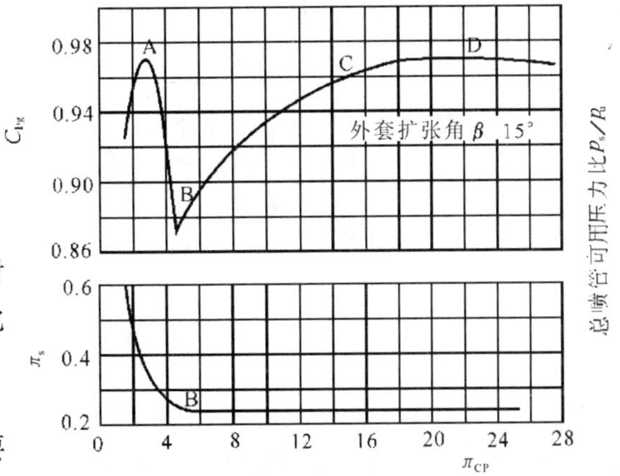

图 3-21　收敛-扩张型引射尾喷管的推力系数与主喷管可用压力比的关系

折合流量比 $\omega_c\equiv\frac{W_S}{W_Z}\sqrt{\frac{T_{tS}}{T_{tZ}}}=0.032$

出口直径比 $\frac{D_9}{D_S}\approx 1.8$

曲线上的 D 点为引射尾喷管的设计状态，此时出口为超声速，气流压力等于外界大气压，推力系数最大。

D 点左边的 D—B 段对应着过度膨胀，引射尾喷管出口气流是超声速的。主流的可用压力比从 D 点减小时，主流出现过度膨胀，外套内表面上某些区域的压力小于外界大气压，推力系数减小。在 D—B 段，主流和次流的喉部马赫数都等于 1.0，且喉部之后为超声速流动，所以主流和次流的总压比等于常数不变。

在 B 点时，气流的过度膨胀最严重，外套内表面上大部分区域的压力小于外界大气压力，推力系数降至最小。

当 B 点的主流的可用压力继续减小时，引射尾喷管的扩张段内开始出现激波。并且可用压力比越小，激波越向上游移动。激波后的壁面压力大于无激波过度膨胀时的壁面压力，所以推力系数复又增加，直到 A 点。

在 A 点，主流可用压力比接近临界压力比，次流是亚声速的，外套内表面的压力基本上等于外界大气压力，主流射流基本不受外套的影响。这时引射尾喷管的推力系数接近于简单收敛尾喷管的推力系数。

在设计状态D点的右边，主喷管的可用压力比大于设计值，有不完全膨胀的推力损失，故推力系数减小。

三、引射尾喷管推力估算

一般可用准一维流理论来近似估算引射尾喷管的推力特性。先讨论圆筒型引射尾喷管情况，如图3－22所示。假定次流为等熵流动，主流与次流间由分界面隔开。

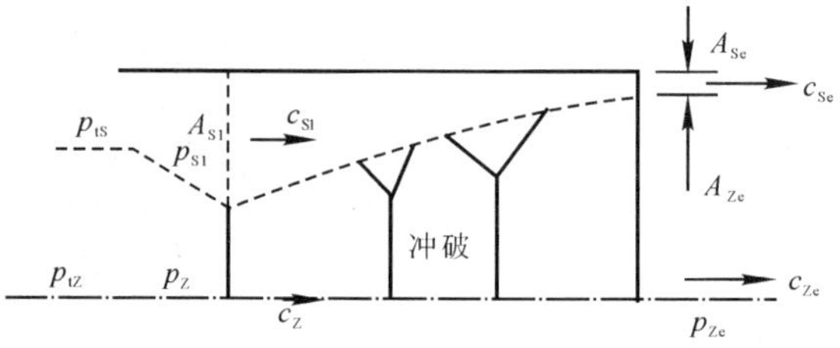

图3－22　圆筒型引射尾喷管内气流流动

在给定引射尾喷管几何尺寸、主流总压 p_{tZ}、总温 T_{tZ}、次流总温 T_{tS} 的条件下，在一定流量比下，用以下方法求出次流的总压 p_{tS} 及引射尾喷管出口截面上所有物理量，并算出引射尾喷管的推力。

连续方程

$$W_S = K_S \frac{p_{tS} A_{Se} q(\lambda_{Se})}{\sqrt{T_{tS}}} \tag{3-29}$$

$$W_Z = K_Z \frac{p_{tZ} A_{Ze} q(\lambda_{Ze})}{\sqrt{T_{tZ}}} \tag{3-30}$$

动量方程

$$(A_9 - A_Z) p_{S1} + W_S c_{S1} + A_Z p_Z + W_Z c_Z = A_9 p_9 + W_S c_{Se} + W_{Ze} c_{Ze} \tag{3-31}$$

几何关系

$$A_9 = A_{Se} + A_{Ze} \tag{3-32}$$

由以上关系式，可以明显看出，每选一个次流总压 p_{tS}，然后给定不同的尾喷管出口静压值 p_9，利用气动函数 $\pi(\lambda)$ 确定每一个 p_{tS}/p_9 值下所对应的 λ_{Se}，利用流量方程确定出所对应的 A_{Se} 值，再利用动量方程就可确定出每一个 p_{tS}/p_e 值下所对应的主流出口流速 c_{Ze} 值。这样可能出现以下几种情况：

(1) 连续方程和动量方程无共同解，表明选定的 p_{tS} 不合理，可能偏低，根本流不过所要求的次流质量流量 W_S。

(2) 连续方程和动量方程有两个解，即由两方程绘出的两条曲线有两个交点，这种情况下是无法确定出引射尾喷管的工作点的。这也表明所选的 p_{tS} 不合格，得重新选 p_{tS}。

(3) 连续方程和动量方程有惟一解，即由两方程所描绘的两条曲线相切时，这时所选取的次流总压 p_{tS} 才是符合引射尾喷管实际需要的。

次流总压 p_{tS} 一旦定出，引射尾喷管出口截面上所有的物理参数：速度、压力及主流和次流的截面 A_{Ze}，Z_{Se} 等也就可求出。引射尾喷管推力为

$$F = W_Z c_{Ze} + W_S c_{Se} + (p_9 - p_0)A_9 \tag{3-33}$$

图 3-23 表示在确定引射尾喷管工作点过程中可能出现的 3 种情况。

在计算收敛-扩张型引射尾喷管的推力时，假设条件是：次流喉道位于外套最小截面处；主流从其喷口至次流喉道只做简单的膨胀；主流和次流均为一维等熵流动且互不掺混。图 3-24 所示为这种流动模型。

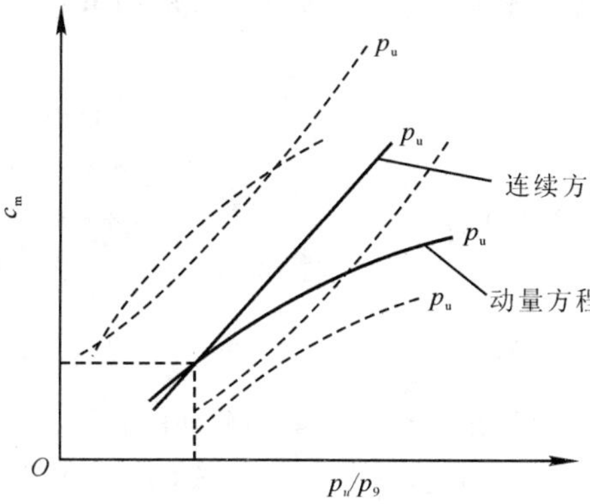

图 3-23　引射尾喷管工作点的确定

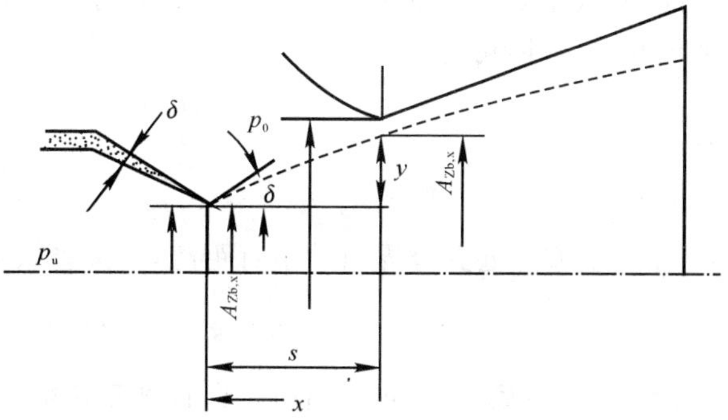

图 3-24　收敛-扩张型引射尾喷管内流动简图

次流流量参数为

$$W_S\sqrt{T_{tS}} = Cp_{tS}A_{St}$$

式中，C 为常数。

忽略主流和次流性质差异，则折合流量比 ω_c 为

$$\omega_c = \frac{W_S}{W_Z}\sqrt{\frac{T_{tS}}{T_{tZ}}} = \frac{p_{tS}}{p_{tZ}}\frac{A_{St}}{A_Z} \tag{3-34}$$

对扩张形套管，在反压很低时，次流往往在最小套管截面处发生堵塞，故认为该处为次流的喉道。于是由几何关系得

$$\omega_c = \frac{p_{tS}}{p_{tZ}}\left(\frac{A}{A_{Zb}} - \frac{A_{Zx}}{A_{Zb}}\right) \tag{3-35}$$

式中　A—— 外套最小截面面积；

A_{Zb}—— 主喷管的有效截面面积。

$\dfrac{A}{A_{Zb}}$虽不能直接测定，但可以由下式算出：

$$\frac{A}{A_{Zb}}=\frac{A}{A_Z}\frac{A_Z}{A_{Ab}}=\frac{A}{A_Z}\frac{1}{C_D} \tag{3-36}$$

式中　C_D—— 主喷管的流量系数；

A_Z—— 主喷管的几何截面面积。

当主喷管处在超临界压力比时，$\lambda_{Zb}=1.0$，次流在 A_{St} 处达到临界流速，此处静压 $p_{St}\approx 0.528p_{tS}$。若认为两股气流在分界面上压力相等，则可得

$$\frac{A_{Zx}}{A_{Zb}}=f\left(\frac{p_{tS}}{p_{tZ}}\right) \tag{3-37}$$

此外，假定次流喉部前的分界面是由主流作勃朗特-迈耶膨胀达到次流压力时得出的，于是根据几何条件，可写出

$$D_{Zx}=D_{Zb}+2y \tag{3-38}$$

于是又有

$$A_{Zx}/A_{Zb}=(D_{Zx}/D_{Zb})^2=(1+2y/D_{Zb})^2 \tag{3-39}$$

式中，y 为从 D_{Zb} 处到分界面的垂直距离，有关系式为

$$y/D_{Zb}=(s/D_{Zb})\int_0^1\tan\delta\,\mathrm{d}(x/s) \tag{3-40}$$

式中，δ 为气流的膨胀角，可从超声速流的图表中查出；s 为主喷管出口到套管最小截面的距离。

这样，对一定几何形状的引射尾喷管，由式(3-35)、式(3-36)、式(3-39)和式(3-40)等可求出 ω_c 与 p_{tS}/p_{tZ} 的关系。最后检查一下所求的 ω_c 与 p_{tS}/p_{tZ} 是否满足式(3-37)的要求。如果所得出的值满足式(3-37)，则引射尾喷管的工作点就确定下来了。从而可进一步计算出在该工况下引射尾喷管的推力，即

$$F=C_{DZ}C_{mZ}W_Zc_{9,Zt}+C_{DS}C_{mS}W_Sc_{9,St}+(p_9-p_0)A_9 \tag{3-41}$$

式中，C_D 为流量系数；C_m 为动量损失系数。进一步可求出引射尾喷管的推力系数 C_{F_g} 为

$$C_{F_g}=\frac{C_{DZ}C_{mZ}W_Zc_{9,Zt}+C_{DS}C_{mS}W_Sc_{9,St}+(p_9-p_0)A_9}{W_Zc_{9,Zi}+W_Sc_{9,Si}} \tag{3-42}$$

式中，注脚“i”表示等熵膨胀到外界压力；“t”表示理想等熵膨胀。

式(3-42)中尾喷管出口压力 p_9，可由几何条件来定，即

$$A_{S9}=A_9-A_{Z9}$$

及在 $R_S=R_Z$，$T_{tS}=T_{tZ}$ 条件下

$$\omega_c=\frac{p_{tS}}{p_{tZ}}\frac{A_{St}}{A_Z}$$

综合以上两式得

$$\omega_c=\frac{p_{tS}}{p_{tZ}}\left(\frac{A_9}{A_Z}-\frac{A_{Z9}}{A_Z}\right)\frac{A_{St}}{A_{S9}} \tag{3-43}$$

利用$\frac{A_{Z9}}{A_Z}=f_1\left(\frac{p_9}{p_Z^*}\right)$和$\frac{A_{St}}{A_Z}=f_2\left(\frac{p_9}{p_S^*}\right)$关系，可事先作出$\omega_c$，$p_{tS}/p_{tZ}$和$p_{t9}/p_{tZ}$图，这样只要确定$p_{tS}/p_{tZ}$和给定折合流量比$\omega_c$的值，利用所作出的图，就可确定尾喷管出口气流的静压p_9。

前面所讨论分析的内容，认为主流与次流由分界面隔开，互不掺混，实际上在分界面处是有混合的。考虑分界面存在混合的引射尾喷管计算及引射尾喷管性能的三维流计算方法，请参阅有关文献。

四、带辅助进气门的引射尾喷管

不可调节的圆筒型引射尾喷管和收敛-扩张型引射尾喷管，在主喷管可用压力比较低的亚声速飞行的非设计状态下工作时，过度膨胀严重，推力损失很大。为此出现了带辅助进气门的引射尾喷管，如图 3－19 所示。

辅助进气门式引射尾喷管，在外套上靠近主喷管出口截面处增加了辅助进气门。外套既可以是固定的，也可以在尾端带可以自由调节的活动鱼鳞片。

在低飞行马赫数工作时，辅助进气门被内外压差打开，外界空气通过辅助进气门流入套管内围绕着主喷管流动。这股附加的空气（第三股流）与次流一起阻止或减弱主流的过度膨胀。换言之，在低飞行马赫数时，尤其是在不加力的工作状态下，辅助进气门能有效地限制主流的过度膨胀，避免或减轻推力损失，提高尾喷管在低飞行马赫数下的性能。

对外套尾端带有活动鱼鳞片的引射尾喷管，在超声速飞行中，鱼鳞片受气动力作用自由张开，这时带辅助进气门的引射尾喷管的作用像一个收敛-扩张型尾喷管，提供更合适的尾喷管出口气流面积比，使在整个超声速马赫数范围内推力系数大约提高1％。图 3－25 所示为这种尾喷管的推力性能曲线。图中还标有固定式引射尾喷管的性能曲线（虚线）。可见在跨声速飞行范围内，带辅助进气门的引射尾喷管的性能比固定式引射尾喷管有很大提高。

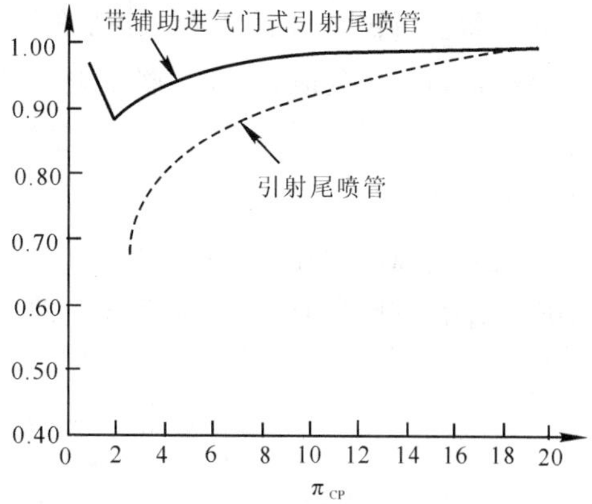

图 3－25 带辅助进气门的引射尾喷管的性能

通过辅助进气门的空气量及尾喷管外部气流状况受尾喷管在飞机上安装情况的影响，因此这种尾喷管对机体和尾喷管的一体化特别敏感。带辅助进气门的尾喷管与其他类型尾喷管一样，包括可调收敛-扩张型尾喷管，要求对机体进行仔细造型，以利用辅助进气门的进气减小尾喷管外部的阻力。

五、引射尾喷管与进气道间的流量匹配

引射尾喷管中的次流可以从进气道中引入，或直接通过风斗从飞机外吸进空气。一种较典型的从进气道旁路系统引入次流的方案如图 3－26 所示。

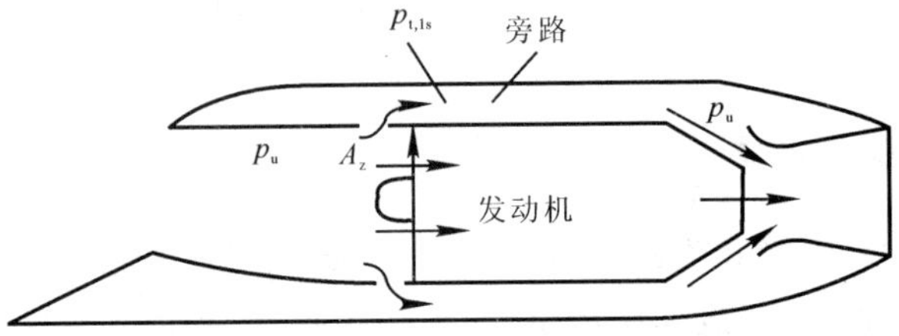

图 3－26　引射尾喷管的次流路

次流通过截面可调的进气道旁路系统被引入引射尾喷管中，这样一方面使发动机与进气道流量更好匹配，为引射尾喷管供给次流而改善引射尾喷管的性能，同时在这股次流流经发动机隔舱时，又对发动机附件和发动机各部件起到冷却作用。

超声速进气道的设计应能供给发动机所需的气流量和具有尽可能大的总压恢复系数。图 3－27 所示为较典型的进气道流量特性。可以看出，进气道的供气量超过发动机的需气量，它们之间的差值可供给引射尾喷管作为次流。当然在将这股多余的气流通过进气道旁路系统引到尾喷管进口截面处时，会有一些损失，使气流的总压有所降低。为了能与引射尾喷管匹配，次流流量及总压必须满足在该工况下引射尾喷管的需要。在设计进气道旁路系统时，可先给定旁路中气流的压力损失。在实际工作时，次流的压力损失大于估计值，则已确定的旁路进口截面就不能流过所需的次流量，进气道流量会减小，使进气道的附加阻力增大。为了不使进气道的附加阻力增加，就必须增大旁路系统的进口截面面积，以维持与引射尾喷管相匹配的次流流量和总压。

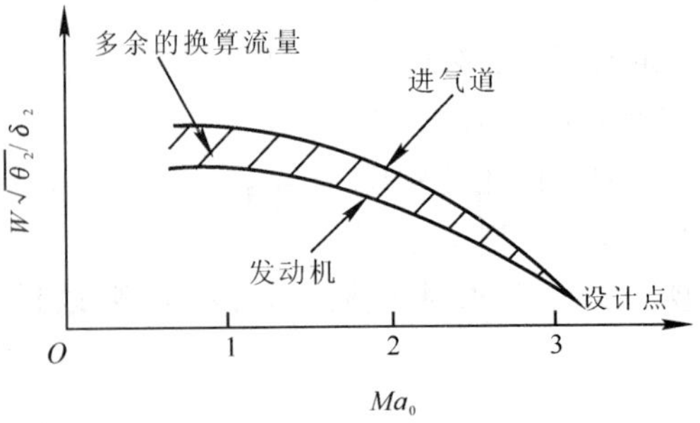

图 3－27　典型的进气道流量特性

用旁路系统控制进气道的流量比，通常旁路气流截面要按飞行马赫数和自由流总温等参数来调节，旁路气流截面的改变，应与旁路气流的压力损失特性和引射尾喷管的抽吸特性相适应，以做到进气道与尾喷管匹配良好。为了使进气道与尾喷管能在宽广的飞行马赫数范围内协调地工作，配置机身外放气或从机身外补充进气结构有时是必须的。

在设计状态下，进气道的旁路气流通过隔舱流入引射尾喷管中，旁路气流量是由引射尾喷管和旁路系统的共同工作所决定的。从引射尾喷管看，喷管的抽吸能力可由其抽吸特性确定，因而可以确定在任何飞行状态下的次流量。而通过旁路系统的气流量，即由进气道流入旁路隔舱的气流量 W_S' 的估算表达式为

$$W_S' = K\frac{p_{t2}A_g q(\lambda_g)}{\sqrt{T_{t2}}} \tag{3-44}$$

式中，λ_g 为旁路进口截面 A_g 处的速度系数，它可表示为

$$\pi(\lambda_g) = \frac{p_{1S}}{p_{t2}}$$

其中，p_{t2} 为进气道出口气流的总压。

假定隔舱中气流的静压 p_{1S} 近似地等于气流的总压 $p_{t,1S}$，隔舱出口次流总压 $p_{tS} = p_{t,1S} - \Delta p_{tS}$（式中 Δp_{tS} 为隔舱内的总压损失），则在给定不同的 p_{tS} 值下，可算出由进气道流入隔舱中的气流量 W_S' 随 p_{tS} 变化的曲线。另外由引射尾喷管的抽吸特性，可得出从隔舱流进引射尾喷管的次流量 W 随 p_{tS} 的变化曲线。如图 3-28 所示，这两条曲线的交点，即为在该飞行状态下的次流量。

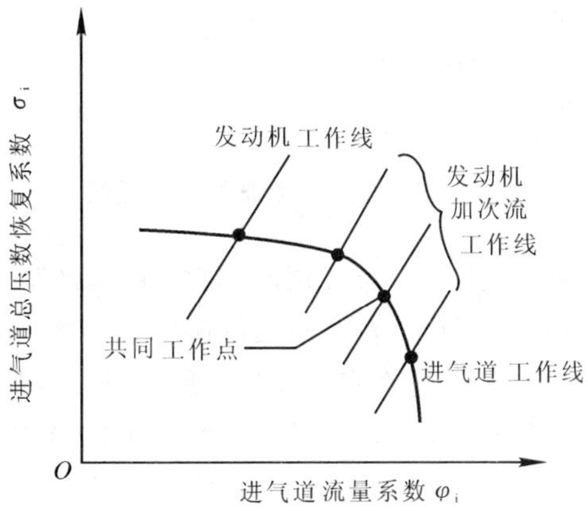

图 3-28　进气道-发动机-引射尾喷管共同工作

3.5　轴对称塞式尾喷管

用于空间飞行器上的推进系统，要求具有较高的推力重量比，并在宽广的工作条件下有着良好的性能，轴对称塞式尾喷管在满足上述要求上有着明显的优势。就其工作原理而言，轴对称塞式尾喷管可大致分为：内膨胀式、内外混合膨胀式、外膨胀式。

一、外膨胀式塞式尾喷管

外膨胀式塞式尾喷管也是一种收敛-扩张尾喷管，不过，气流在尾喷管的最小截面之后超声速膨胀的内边界是尾喷管中心体的表面，而外边界是“流体壁面”，如图 3－29 所示。

在设计状态下，气流在尾喷管最小截面处达到声速，然后绕外罩唇口 A 处作勃朗特-迈耶膨胀；从 A 点发出的一系列膨胀波与特殊设计的中心体型面相交时不产生反射，并且最后一道膨胀波与中心体型面相交于中心体的顶点；气流经过这一系列膨胀波后膨胀到大气压的同时转成轴向。因此，这种塞式尾喷管设计状态下的推力系数与一般的收敛-扩张型尾喷管没有差别，如图 3－29(a) 所示。

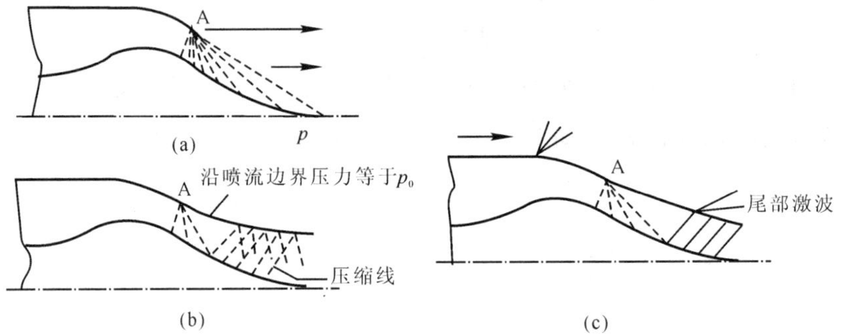

图 3－29　完全外膨胀式塞式尾喷管

在非设计状态下当可用压力比小于设计值时，排气流外边界“流体壁面”自动向内收缩，不会出现严重的过度膨胀。图 3－29(b) 表示零飞行速度时的流动情况。沿喷流的外边界气流的压力等于外界大气压，在中心体上的 A 点气流压力膨胀到大气压，A 点的下游气流受中心体型面的压缩，中心体上保持有较高的压力。所以这种状态下的推力系数高于一般的收敛-扩张型尾喷管。图 3－29(c) 表示可用压力比小于设计值时，外部流动对尾喷管出口流动的影响。由于外流流过后体外表面时膨胀加速，所以喷气流出口压力比周围环境压力还要低。

图 3-30 表示零飞行速度时，完全外膨胀式塞式尾喷管的推力系数随可用压力比变化的关系。由图可见，当可用压力比大于设计值时，其性能与一般收敛-扩张型尾喷管一样，而在较低

的可用压力比情况下仍具有很高的推力系数。

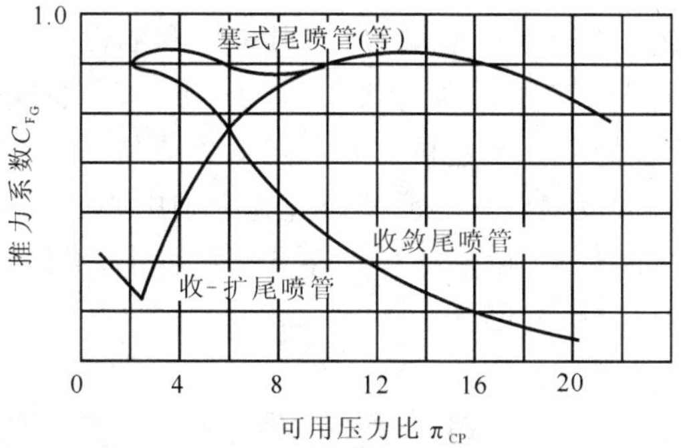

图 3-30 外膨胀式塞式尾喷管的推力系数与可用压力比的关系

完全外膨胀式塞式尾喷管的缺点是尾部阻力比较大。特别是当可用压力比低于设计值时，排气流向内收缩使外流向内的转折程度加大，引起外套尾部上的压力减小，阻力加大。为了减小尾部阻力，可采用混合膨胀式塞式尾喷管。

二、混合膨胀式塞式尾喷管

如图 3-31 所示是混合膨胀式塞式尾喷管的示意图。其特点是：超声速膨胀一部分在管道内进行、另一部分在管道外进行。

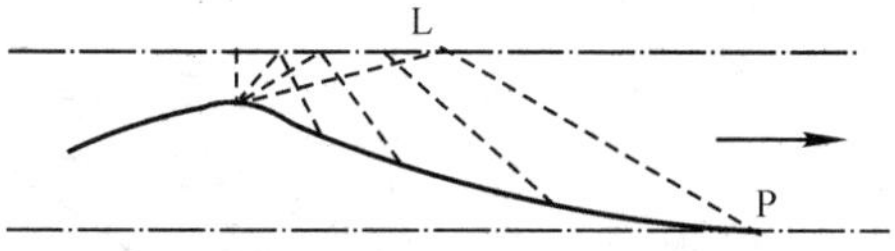

图 3-31 混合膨胀式塞式尾喷管

在设计状态下，尾喷管外壳唇口处射流的压力正好等于外界大气压，由唇口发出的膨胀波 LP 恰好交于中心体顶点 P。

这种尾喷管有一部分超声速外膨胀，所以在较低的可用压力比下其推力系数优于一般收敛-扩张型尾喷管。这种尾喷管又有一部分超声速内膨胀，所以外套尾缘角较小，阻力较小。

为了适应发动机工作状态变化的需要，最好尾喷管是可调的。一般调节方法是下列 3 种基本方法之一或者是它们的组合：

(1) 中心体张开和收拢。它要求中心体的活动鱼鳞片之间在高温下具有良好的密封性，同时还要求中心体的尺寸足够大，以容许其中安装传动机械。但大尺寸中心体会带来较大重量和较大的阻力。

（2）前、后移动中心体，改变尾喷管喉部面积比的调节方案。由于能移动的中心体是悬挂在支撑杆外，这就要求有较重的支撑结构，以维持其强度和刚性。

（3）铰链式外套尾部调节方案。在不加力状态下，缩小喉部面积时，外罩尾角较大，阻力增加。

混合膨胀式塞式尾喷管的主要问题是加力状态下中心体的有效冷却，冷却气流必须有足够的压力。如果是从压气机或风扇引入一股气流经管道到中心体，那会带来较大的发动机性能损失；另一个问题是中心体的调节，中心体外悬在其支撑杆上，工作时会发生颤动，因而要解决结构强度和尾喷管工作的稳定性问题。

3.6　非轴对称尾喷管及二元尾喷管

未来战斗机应具有更高的性能和隐身能力以适应战术技术的需要，所以近年来对非轴对称尾喷管和二元尾喷管开展了大量研究。因为这类尾喷管具有如下优点：

（1）良好的内特性，使飞机能在宽广的飞行包线内维持良好的性能；

（2）容易实现反推力和推力换向，减小起降滑跑距离，增加飞机的机动性及低速飞行性能；

（3）具有低的红外辐射强度和雷达散射面积，使飞机的生存力提高。

较典型非轴对称尾喷管、二元尾喷管方案有：

（1）简单收敛-扩张型二元尾喷管；

（2）带中心体的收敛-扩张型二元尾喷管；

（3）单边斜板膨胀式收敛-扩张型二元尾喷管；

（4）具有反推力和推力换向能力的收敛-扩张型二元尾喷管（推力矢量尾喷管将在下节介绍）。

图 3-32 是这些类型的二元尾喷管示意图。

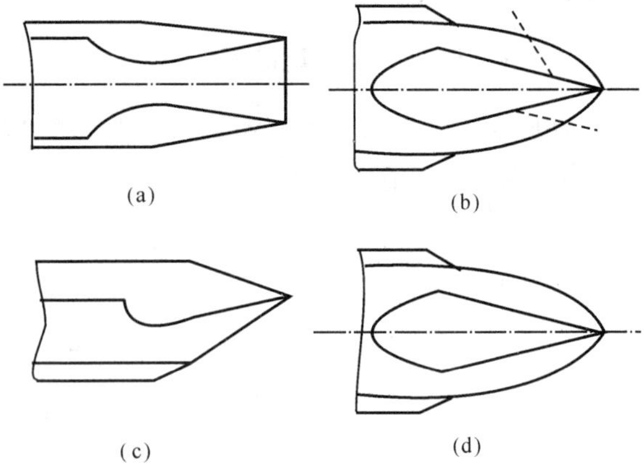

图 3-32　不同类型的二元尾喷管方案

（a）收敛-扩张型；（b）反推力及推力换向型；（c）单边斜板膨胀型；（d）带中心体型

一、二元尾喷管主要性能参数

一般常用下列参数来表征二元尾喷管的性能。

（1）推力系数 C_{Fg}：

$$C_{Fg}=\frac{F_e}{F_i}=\frac{\text{总推力}}{\text{一维等熵完全膨胀推力}}$$

（2）反推力系数 C_{F_R}：

$$C_{F_R}=\frac{-F_{eR}}{F_e}=\frac{\text{反推力}}{\text{总推力}}$$

（3）红外辐射强度 I。

（4）可用压力比 π_{CP}：

$$\pi_{CP}=\frac{p_{t7}}{p_0}$$

（5）主要几何特征参数是宽高比 AB：

$$AB=\frac{\text{尾喷管出口宽度}}{\text{尾喷管出口高度}}$$

通过试验可以获得这些参数之间的联系。

二、收敛-扩张型二元尾喷管

收敛-扩张型二元尾喷管的推力系数为

$$C_{Fg}=\frac{\varphi_c C_A C_M W c_{9i}+A_9(p_9-p_0)}{W c_{9i}}$$

式中　c_{9i}——一维等熵完全膨胀时的尾喷管出口气流流速；

C_M——经验修正系数，通过尾喷管模型试验数据与分析得出。

典型收敛-扩张型二元尾喷管的推力系数随可用压力比的变化关系如图 3-33 所示。其中，图 3-33(a) 所示曲线对应设计可用压力比大约等于 4.0；图 3-33(b) 所示曲线对应设计可用压力比大约等于 8.0。

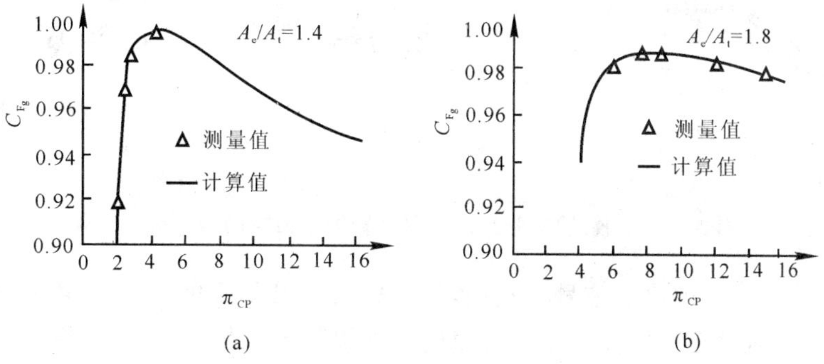

图 3-33　收敛-扩张型二元尾喷管的内特性曲线

可见与一般轴对称收敛-扩张型尾喷管一样，收敛-扩张型二元尾喷管的推力系数峰值是在可用压力比等于设计值时，即完全膨胀时达到的，而且当设计值较大时，曲线的变化比较平缓，因而其非设计状态下的性能要好些。

一般收敛-扩张型二元尾喷管的推力系数比轴对称收敛-扩张尾喷管的低 1% ～ 2%，主要是因为在相同尾喷管面积比条件下，二元尾喷管的扩张角比轴对称尾喷管的大，内损失及非轴向损失较大。同时，二元尾喷管的湿面积较大，加力时需要更多的冷却气流量，这部分气流没有参加燃烧而使加力推力减小。

收敛-扩张型二元尾喷管的推力换向和反推力方案如图 3－34 所示。这类尾喷管一般有 3 对调节片，第一级调节片(1) 用来调节尾喷管喉部截面面积；第二级调节片(2) 用来调节面积比；外调节片(3) 用来保证外部绕流的平滑性。这种尾喷管的内通道矩形截面可以有不同的宽高比。

在调节时，为了防止燃气泄漏，把尾喷管侧表面做成两个在平面上平行的板，称为侧板。在侧板上安装有调节片的轴，而控制调节片的机械装置布置在外面。该方案中第一级调节片的吊挂轴通过其压力中心，这样做是为了在操纵时减少作用在调节片上的力，以减小调节片和控制机构的重量。第一、二级调节片对称偏转，可以保证喉部面积和可用压力比改变时不改变推力矢量方向(见图 3－34(a))。垂直平面上推力矢量的偏转，可通过调节片非对称偏转来实现(见图 3－34(b))，在这种情况下，改变了燃气在尾喷管出口处的速度方向，从而也就改变了推力矢量方向。实现推力反向时，第一级调节片的后端在转轴处闭合，挡住燃气在直线方向运动的去路，而调节片的前端向两边分开，打开燃气向相反方向排出的窗口(见图 3－34(c))。

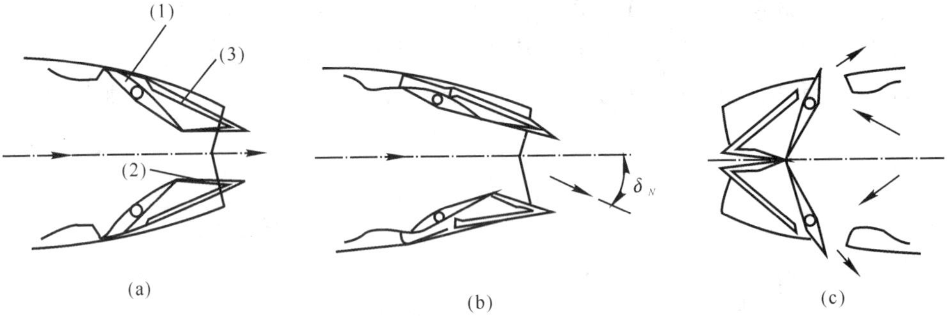

图 3－34　收敛-扩张型二元尾喷管的推力换向和反推力方案

轴对称尾喷管的红外辐射信号比较强，为了提高军用飞机的隐蔽性，必须降低推进系统的红外辐射。二元尾喷管在降低高温排气射流的红外辐射方面起着重要作用。排气射流柱中燃烧产物的红外辐射信号的强弱与射流柱的高温核心区大小、气动结构以及紧靠核心区的混合区状况等因素密切相关。核心区是未与外界空气混合的发动机排出气体，含有 CO_2，CO，H_2O 等气体，温度很高，并具有气体静温辐射能量，辐射强度与 T^n($n \approx 4 \sim 5$) 有关，因此核心区是排气流红外信号的主要来源。增大二元尾喷管的宽高比可使核心区射流与外界冷气流迅速混合，大大缩小高温热核区，使排气流的红外辐射强度显著衰减下来。研究表明，二元尾喷管中红外辐射强度降低的程度，相当于降低导弹红外引头捕捉飞机距离的一半左右。

3.7 尾喷管的尾部阻力概念

在宽广的飞行高度和飞行马赫数范围内使用的飞机，发动机尾喷管的可用压力比变化范围很大，因此一般采用几何面积可调的尾喷管。这就带来了飞机的后机身（或发动机短舱）和尾喷管的恰当组合问题。从尾喷管出口喷出的燃气和流过后机身的外部气流的相互干扰，会引起尾喷管内部和外部气流的分离，使飞机阻力增大。本节简单介绍尾喷管的尾部阻力概念。

对于收敛型尾喷管（见图 3-35），尾部阻力的产生主要是由其尾部形状所致。图中给出了外流在尾部的典型静压分布。尾部表面上的起始段气流加速，静压降低（因转弯时流管的收敛），而尾部末端静压升高（因气流转回尾喷管轴线时减速）。有表面折点的锥形尾部比拱形尾部的最大负压值更高，因此阻力更大。尾部阻力的计算式为

$$X_b = -\int_M^9 (p - p_0)\,\mathrm{d}A + X_f \tag{3-45}$$

式中，9，M 分别表示尾喷管出口截面及最大截面；X_f 为摩擦阻力。可见尾喷管末端静压的升高有利于尾部阻力减小。

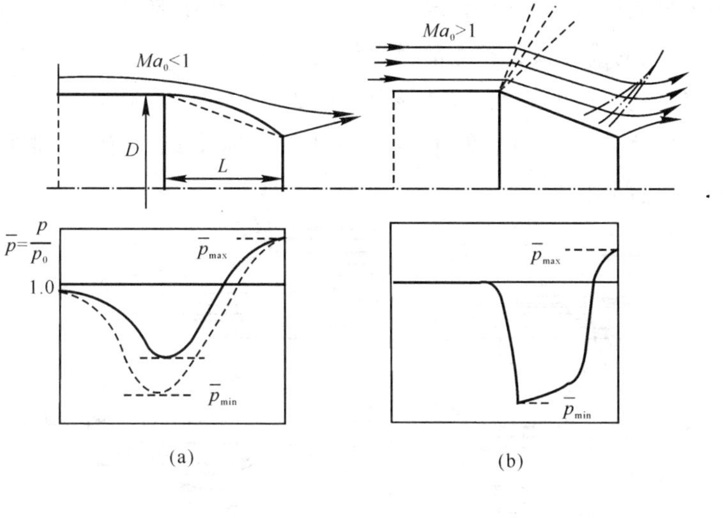

图 3-35 收敛尾喷管尾部表面上的静压分布

如图 3－35(b) 所示，当飞行马赫数大于 1 时，气流在尾部转折处发生膨胀，然后在尾部末端受到鼓出的排气流(不完全膨胀时) 的阻滞而产生一系列压缩波。此时大部分尾部外表面上的压力小于大气压，这是产生尾部阻力的主要原因。

对于超声速收敛-扩张型尾喷管，尾部阻力通常在较低的飞行马赫数时出现。例如，设计飞行马赫数 $Ma_0 = 3.0$ 时，尾喷管中的可用压力比约等于 30，若完全膨胀，则尾喷管的 A_9/A_8 约为 4.0。当飞行马赫数为 1.0 时，可用压力比降为 4.0 左右，此时要求发动机的 $A_9/A_8 = 1.25$。如果将尾喷管的出口面积调节到完全膨胀，则尾部须有较大的向内收缩，如果尾部外罩随尾喷管调节片一起向内偏转，如图 3－36(c) 所示，这时产生较大的尾部阻力，其大小仍可由式(3－45) 计算。

如果只是尾喷管调节片向内收缩而外罩不可调(见图 3－36(a))，则在尾喷管与外罩之间形成低压区，低压区在出口截面所占面积可视为底部面积，所产生的底部阻力估算式为

$$X_b = -\int_{A_b} (p_b - p_0)\,dA \tag{3-46}$$

式中　A_b—— 底部横截面面积；

p_b—— 底部静压。

如果收敛-扩张型尾喷管不可调节，如图 3－36(b) 所示，则由于深度过度膨胀使扩张段上的气流分离，形成低压区，所产生的底部阻力亦可用式(3－46) 估算。

过度膨胀状态下如果气流不从壁面分离，只是经过一道正激波而使气流变为亚声速，在这种情况下，由于激波造成的推力损失和底部阻力相差不多。

引射尾喷管可以采用专门的通道，从外界引入次流以防止过度膨胀。飞行马赫数越低，需要引入的次流越多，这时在后体和引射尾喷管的外径之间形成一个“底部面积”(见图 3－36(d))，因此也会产生底部阻力。

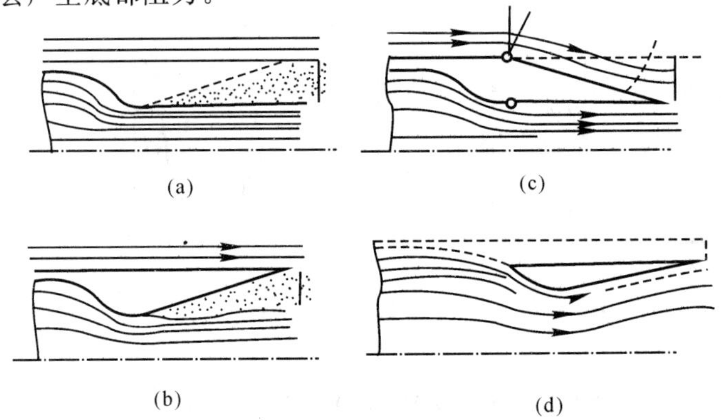

(a)　(c)　(b)　(d)

图 3－36　收敛-扩张型尾喷管的底部阻力

3.8　推力矢量尾喷管

能够控制排出气流的方向使推力方向变化的尾喷管称为推力矢量尾喷管。目前通常是采用机械方法使尾喷管管道转向以控制推力方向，如矩形、轴对称和球形推力矢量尾喷管等。

一、推力矢量尾喷管的主要类型

图 3-37 所示是普惠公司研制的具有俯仰推力和推力反向能力的矩形（二元）推力矢量尾喷管。这种尾喷管通过旋转收敛-扩张壁面，改变气流的方向，可在俯仰平面内控制推力的方向和大小，另外还可实现推力反向。

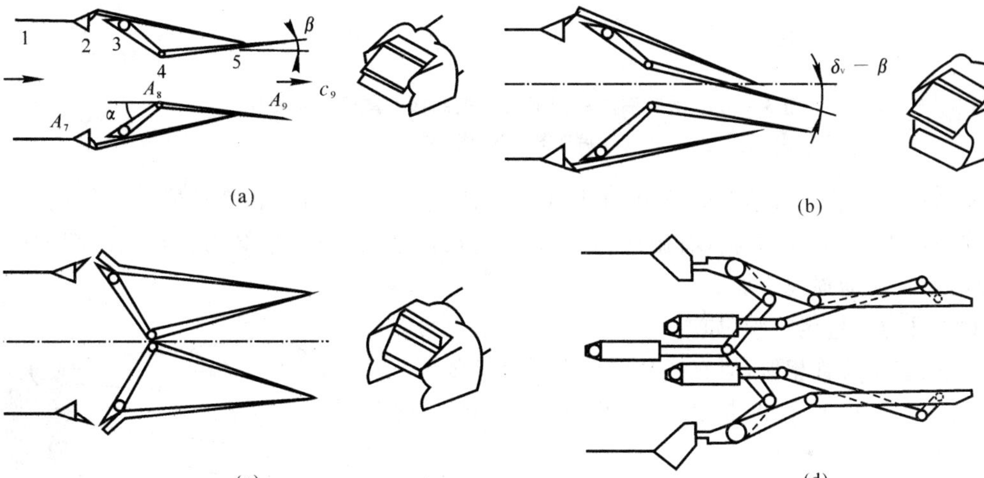

图 3-37　俯仰推力和推力反向的二元推力矢量尾喷管

(a) 非推力矢量状态；(b) 俯仰推力状态；

(c) 反向推力状态；(d) 矢量尾喷管的控制机构

1— 圆形发动机导管；2— 圆形至矩形过渡段；

3— 收敛调节片的铰链；4— 喉部铰链；

5— 扩张段调节片；α— 收敛段与水平面的夹角；

A_7— 尾喷管进口面积；A_8— 喉部面积；

A_9— 出口面积；c_9— 出口流度；δ_v— 尾喷管扩张段偏转角；

β— 扩张段与水平面夹角的初始值

图 3－38 是带有偏航和俯仰推力控制板的尾喷管示意图。1990 年装有这种尾喷管的 X—31 飞机首次进行了超机敏性试验。

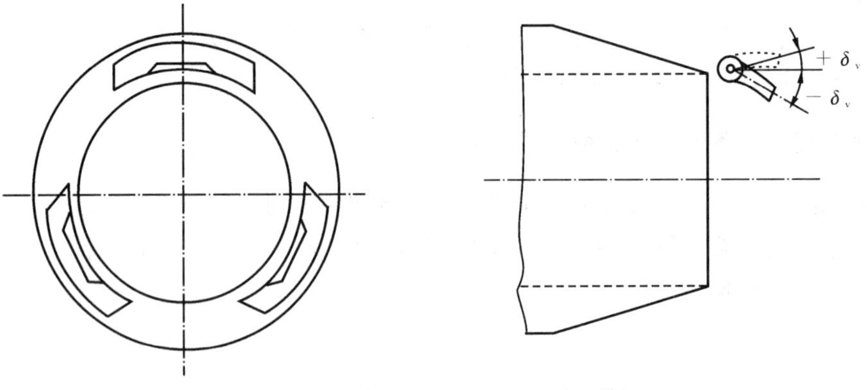

图 3－38　带有偏航和俯仰推力控制板的尾喷管示意图

(a) 后视图；(b) 侧视图

二元矩形尾喷管具有结构简单、易于与飞机一体化、提高升阻比和隐身能力强等优点，但只有俯仰矢量推力。如果同时具有俯仰、偏航和推力反向能力，将导致结构、密封、冷却和控制的复杂性，而且流动损失增加。

轴对称推力矢量尾喷管，如图 3－39 所示，外形上与普通的收敛-扩张型尾喷管相似，但有一套可独立操纵扩张调节片的作动系统，使尾喷管的扩张段在周向 360° 范围内偏转17° ～ 20°。

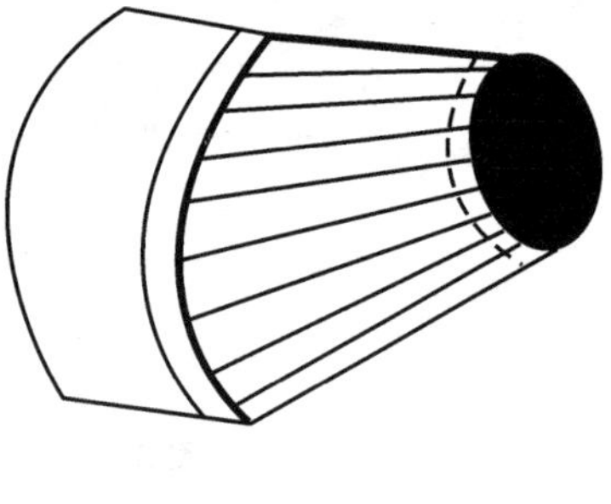

图 3－39　轴对称推力矢量尾喷管示意图

与二元矩形尾喷管比较，轴对称推力矢量尾喷管的优点是：同时具有俯仰和偏转推力矢量；不存在圆形通道 —— 矩形通道的过渡问题及其相应的流动分离范围较小；已有的轴对称尾喷管的技术可以利用，容易安装在现有的战斗机上；等等。但是这种尾喷管不易与飞机一体化，隐身能力较差。

图 3-40 是球形推力矢量尾喷管的示意图。这种尾喷管的收敛段呈球面形状，扩张段类似于二元尾喷管，出口为矩形。扩张段调节片上下偏转，可产生俯仰推力；整个喉部和扩张段作周向转动，可产生偏航推力；当球面收敛合拢时，气流从向前倾斜 45° 的 4 个排气孔排出产生反推力。球形推力矢量尾喷管的优点是：设计紧凑、重量轻、偏转范围大、流动损失小，以及二元尾喷管所具有的其他优点。但是，此种尾喷管机械设计复杂，作动系统实现困难。

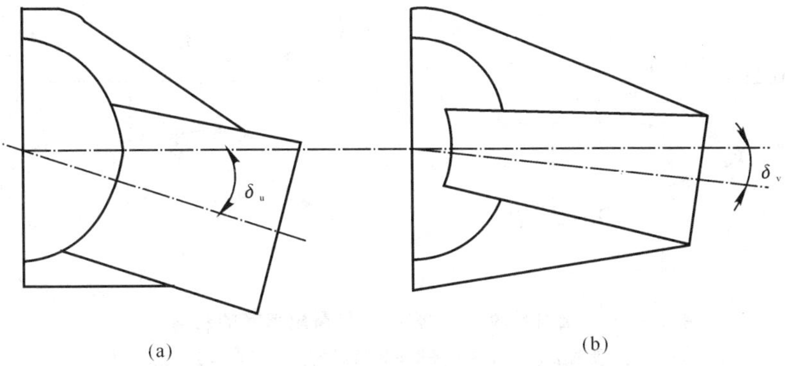

图 3-40　球形推力矢量尾喷管示意图

(a) 产生偏航推力时的俯仰视图；(b) 产生俯仰推力的侧视图

二、推力矢量尾喷管的功能

采用推力矢量尾喷管，可以显著提高飞机的以下性能：

(1) 降低起飞和着陆距离。起飞过程中，尾喷管先转向上，在很低的飞行速度下飞机可抬头，抬起前起落架后尾喷管再转向下，直接产生升力，可以大大减小起飞滑跑距离；着陆过程中，利用俯仰推力矢量，减小进场速度，滑跑距离减小。

(2) 超机动性和超机敏性。飞机的机动性指快速直线加速和转弯能力，良好的机动性必须与有效的操纵性相结合。操纵性是指迅速地改变姿态和保持所希望姿态的能力。常规飞机的操纵性靠飞机操纵面的气动力实现。这种气动力在大攻角、大侧滑角、低飞行速度和高空飞行条件下最小，特别是操纵面失速时接近于零，因此不能突破“失速障碍”。常规的机动性加操纵性称常规机敏性。推力矢量尾喷管用于飞机操纵，可突破“失速障碍”，使飞机有“过失速机动性”，即“超机动性”和“超操纵性”，超机动性加超操纵性称超机敏性。

(3) 超声速巡航。采用推力矢量尾喷管有助于实现发动机不加力时的飞机超声速巡航。推力矢量尾喷管与飞机一体化设计，喷流向下折转使机翼形成超环量，升力增加，提高升阻比，减小超声速飞行时的阻力。

(4) 隐身性。采用推力矢量尾喷管可使飞机操纵面积减小，不加力超声速巡航，若采用大宽高比的矩形尾喷管可大幅度降低可探测性。

(5) 对于民用运输机，采用推力矢量尾喷管可以增加飞行安全性和改善飞机性能。

三、轴对称收敛-扩张型推力矢量尾喷管的内特性

轴对称收敛-扩张型推力矢量尾喷管的主要几何参数如图 3-41 所示。

这种尾喷管的性能参数有下述 3 个。

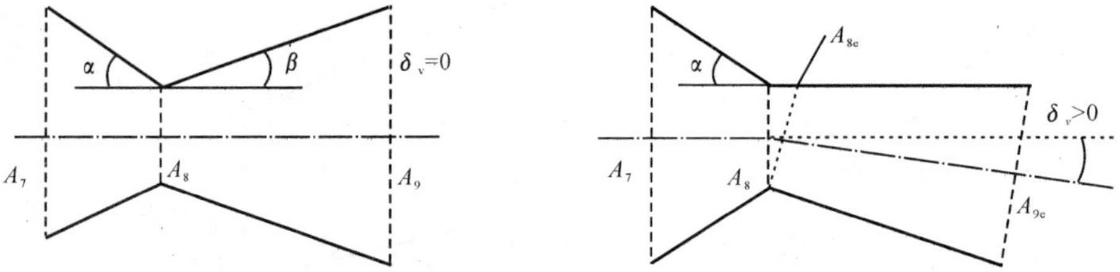

图 3-41　轴对称收敛-扩张推力矢量尾喷管的几何参数

α— 收敛段调节片的角度；β— 不转折时的扩张段调节片角度；

δ_v— 扩张段俯仰几何转折角度；

A_8，A_9— 扩张段没有偏转($\delta_v=0$)时，尾喷管喉部和出口几何面积；

A_{8e}，A_{9e}— 扩张段偏转($\delta_v\neq 0$)时，尾喷管喉部和出口几何面积

(1) 流量系数 C_D 定义为实际气流质量流量与理想气流质量流量之比，即

$$C_D=\frac{W}{W_i} \tag{3-47}$$

式中，W_i 为具有同样喉部面积、尾喷管可用压力比(π_{CP})和总温的收敛-扩张尾喷管的理想气流质量流量；$\pi_{CP}=\frac{p_{t7}}{p_0}$，表示尾喷管进口总压与外界大气压力之比，因此，得

$$W_i=KA_8\frac{p_{t7}}{\sqrt{T_{t7}}}q(\lambda_8) \tag{3-48}$$

如果$\frac{p_{t7}}{p_0}\geqslant\left(\frac{k+1}{2}\right)^{\frac{k}{k-1}}$，则 $q(\lambda_8)=1.0$；如果$\frac{p_{t7}}{p_0}<\left(\frac{k+1}{2}\right)^{\frac{k}{k-1}}$，则 $p_8=p_0$，根据 $\pi(\lambda_8)=\frac{p_0}{p_{t7}}$，求得 λ_8，进而求得 $q(\lambda_8)$。

已知流量系数可确定尾喷管的有效喉部面积，可用于尾喷管与发动机的气流质量流量匹配。

(2) 推力系数 C_{Fg} 定义为实际总推力与理想总推力之比，即

$$C_{Fg}=\frac{F_g}{F_{Gi}} \tag{3-49}$$

收敛-扩张型尾喷管的理想总推力是等熵完全膨胀且出口气流平行于轴线时的总推力，即

$$F_{gi}=W\sqrt{2C_pT_{t7}\left[1-\left(\frac{p_0}{p_{t7}}\right)^{(k-1)/k}\right]} \tag{3-50}$$

已知推力系数可确定飞行条件下的实际的总推力。推力系数决定于可用压力比 π_{CP}、出口与喉部面积比、比热比及收敛段角度等。

(3) 有效推力矢量角 δ_e，它是实际的总推力方向与尾喷管没偏转时的轴线的夹角。

四、推力矢量尾喷管性能参数与几何参数的关系曲线

由三维 Navier-Stokes 方程数值求解，可得出轴对称推力矢量尾喷管性能参数与几何参数的关系。

1. 流量系数与几何推力矢量角的关系

图 3-42 表示相对流量系数 C_D/C_D^* 随 $\delta_v-\beta$ 的变化曲线。其中，C_D^* 是非推力矢量的轴对称收敛-扩张型尾喷管在临界状态或超临界状态时的流量系数。流量系数 C_D^* 的值是已知的，详细数据可查阅有关文献。

由图 3-42 可以看出，在出口与喉部面积比 $A_9/A_8=1.0\sim1.5$ 范围内，试验和计算的结果吻合良好，而且落在一条曲线上。

当 $\delta_v-\beta>0$ 时，最小面积 $A_{8e}<A_8$，如图 3-43 所示，如果最小截面 A_8 和 A_{8e} 都具有同样的的几何形状即为圆形截面，则影响流量系数 C_D 的主要因素是最小面积 A_{8e}，而 A_{8e} 决定于 $\delta_v-\beta$，随着 $\delta_v-\beta$ 增加，A_{8e} 减小，因此 C_D/C_D^* 减小。扩张段调节片的角度 β 的影响是微弱的，所以 C_D/C_D^* 只决定于 $\delta_v-\beta$。

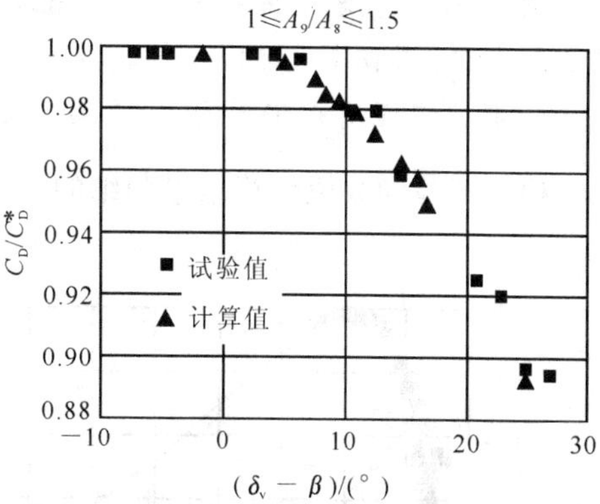

图 3-42 C_D/C_D^* 随 $\delta_v-\beta$ 的变化关系曲线

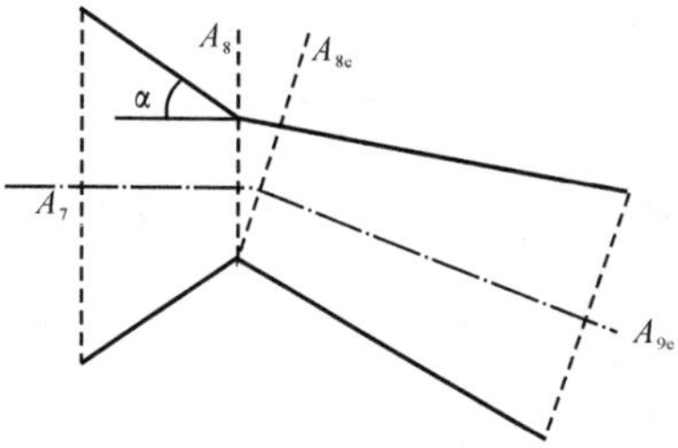

图 3-43 $\delta_v-\beta>0$ 时的最小面积 A_{8e}

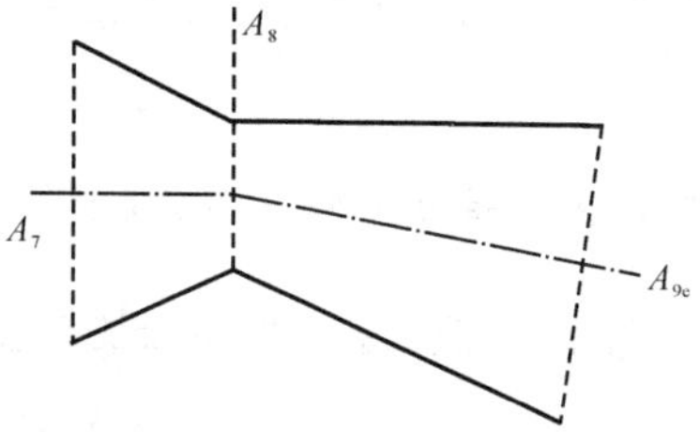

图 3-44 $\delta_v-\beta<0$ 时的最小面积 A_8

当 $\delta_v-\beta<0$ 时，A_8 就是最小面积，如图 3-44 所示，即几何推力矢量角 δ_v 不影响喉部面积，所以流量系数 C_D 基本上等于 C_D^* 的值，即 $C_D/C_D^*\approx1.0$。

2. 推力系数的变化关系曲线

推力系数可以表示成如图 3-45 所示的关系曲线，图中的相关参数是$\dfrac{C_{Fg}}{C_{Fg,max}}$和$\dfrac{\pi_{CP}-1}{\pi_{CP,opt}-1}$。其中，$\pi_{CP,opt}$ 为使轴对称收敛-扩张型推力矢量尾喷管的推力系数达最大值 $C_{Fg,max}$ 时的可用压力比，$\pi_{CP,opt}$ 是比热比 k 的函数；$C_{Fg,max}$ 为最大推力系数，对应着完全膨胀，它是几何参数

A_{9e}/A_{8e}，A_9/A_8，β 的函数。

数值计算表明，由非推力矢量轴对称收敛-扩张型尾喷管的计算可以很准确地得到如图 3-45 所示的推力系数的变化关系曲线，只要计算时采用有效喉部面积比 A_9/A_8 即可。

由图 3-45 可以看出：当 $\dfrac{\pi_{CP}-1}{\pi_{CP,opt}-1}>0.5$ 时，试验与计算结果非常趋近于一条曲线；在较小的可用压力比 π_{CP} 值下，差别较大，这是由于管道内的激波、喉部气流的分离等引起的。

图 3-45 所表示的曲线是关于总推力数值大小的通用曲线，可用于不同的喉部面积、出口-喉部面积比、调节片长度以及偏转角。

3. 推力矢量有效偏转角 δ_e 的变化关系曲线

根据试验和数值计算结果归纳的参数 $\left(\dfrac{\delta_e}{\delta_{e,max}}\right)\phi$ 与 $\dfrac{\pi_{CP}-1}{\pi_{CP,opt}-1}$ 的关系曲线如图 3-46 所示。

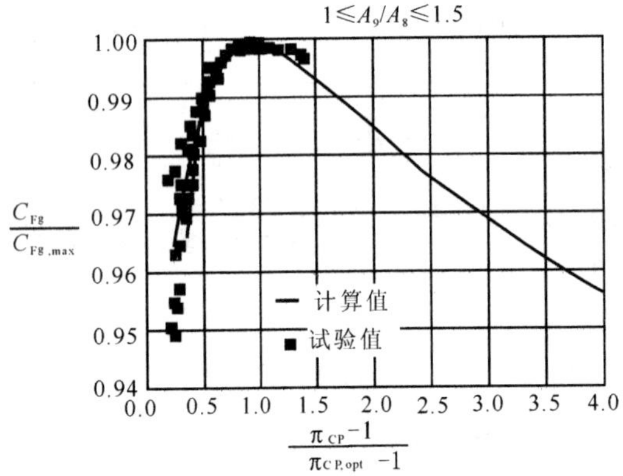

图 3-45　推力系数的变化关系曲线

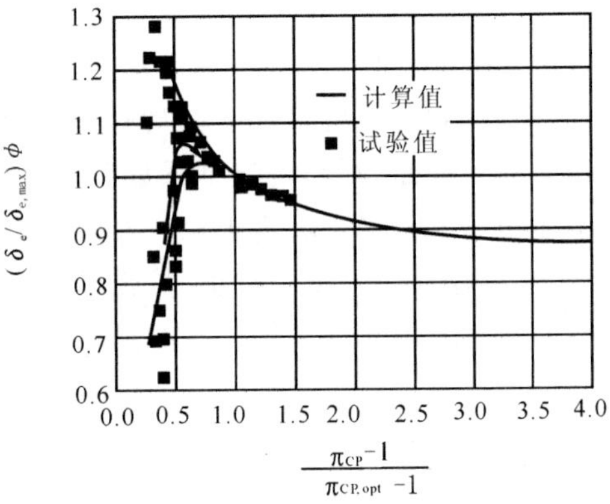

图 3-46　推力矢量有效偏转角的变化关系曲线

其中，$\delta_{e,max}$ 对应 $\pi_{CP,opt}$ 时的推力矢量有效偏转角；ϕ 的表达式为

$$\phi=1+\frac{1}{2}\varphi\left(\frac{A_9}{A_8}\right)\left\{1+\tanh\left[\frac{2}{3}\left(\frac{\pi_{CP}-1}{\pi_{CP,opt}-1}-\frac{5}{2}\right)\right]\right\} \tag{3-51}$$

$$\varphi\left(\frac{A_9}{A_8}\right)=0.2778-\frac{0.1984A_9}{A_8},\quad 1\leqslant\frac{A_9}{A_8}\leqslant1.5 \tag{3-52}$$

关联参数 $\left(\dfrac{\delta_e}{\delta_{e,max}}\right)\phi$ 中之所以包含函数 ϕ，是因为在较大的可用压力比 π_{CP} 下，$\dfrac{A_9}{A_8}$ 越大，气流的偏转角越大。

由图 3-46 可见，在大约 $\dfrac{\pi_{CP}-1}{\pi_{CPopt}-1}<0.5$ 时，$\left(\dfrac{\delta_e}{\delta_{e,max}}\right)\phi$ 的值不是惟一的。这是因为，如同推力系数一样，当可用压力比很低时，尾喷管扩张段中有激波存在，引起壁面气流的分离。如果分离区较小，则推力矢量有效偏转角 δ_e 较大。

4. $\delta_{e,max}$ 与 δ_v 的关系曲线

$\delta_{e,max}$ 与 δ_v 的关系曲线如图 3－47 所示。

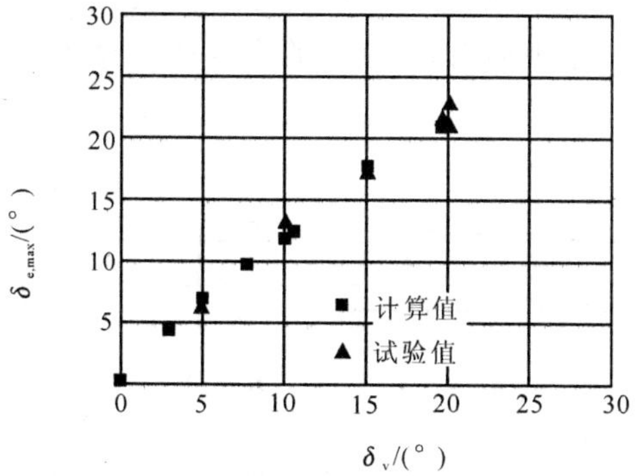

图 3－47 $\delta_{e,max}$ 与 δ_v 的关系曲线

五、关系曲线的应用

应用上述曲线，可计算轴对称推力矢量尾喷管在给定进口条件和几何条件下的性能，大致步骤如下（注意使用条件是：尖喉部、$1 \leqslant \dfrac{A_9}{A_8} \leqslant 1.5$）：

（1）给定几何参数：轴对称收敛-扩张型尾喷管无偏转时的喉部面积 A_8、出口面积 A_9 和推力矢量几何偏转角 δ_v；

（2）根据 A_8，A_9，δ_v，确定面积比 A_9/A_8 调节计划、收敛段调节片角度 α、扩张段调节片角度 β；

（3）由图 3－42 查得 $C_D/\overset{*}{C}_D$，进而计算流量系数 C_D；

（4）由 C_D 计算 $\dfrac{A_9}{A_8C_D}$，把此参数作为无偏转轴对称收敛-扩张型尾喷管的喉部面积比，并确定相应的 $\pi_{CP,opt}$ 和 $C_{Fg,max}$；

（5）由图 3－45 查得 $\dfrac{C_{Fg}}{C_{Fg,max}}$，并计算推力系数 C_{Fg}；

（6）根据 δ_v，由图 3－47 查得 $\delta_{e,max}$；

（7）由图 3－46 查得 $\left(\dfrac{\delta_e}{\delta_{e,max}}\right)\phi$，并计算推力矢量有效偏转角 δ_e。

六、推力矢量尾喷管的安装性能

推力矢量尾喷管在正的推力矢量角下可以增加飞机的升力、升阻比、俯仰力矩。喷流向下偏转，就如同机翼的襟翼向下偏转一样，使襟翼局部的环量加大而增加升力，当然阻力也随之

增加，不同的是偏转喷流的有效长度随发动机的状态、尾喷管的压力比和飞行马赫数而变化。

用试验或理论计算可获得尾喷管几何偏转角对飞机的升力、升阻比、俯仰力矩等的影响。试验模型如图 3-48 所示，试验条件为：飞行马赫数为 0.9、攻角为 8°、可用压力比为 5.0；双喷管，尾喷管的中心线位于机翼叶弦平面内，尾喷管的出口在机翼尾缘处。试验的某些结果如图 3-49 ~ 图 3-51 所示。

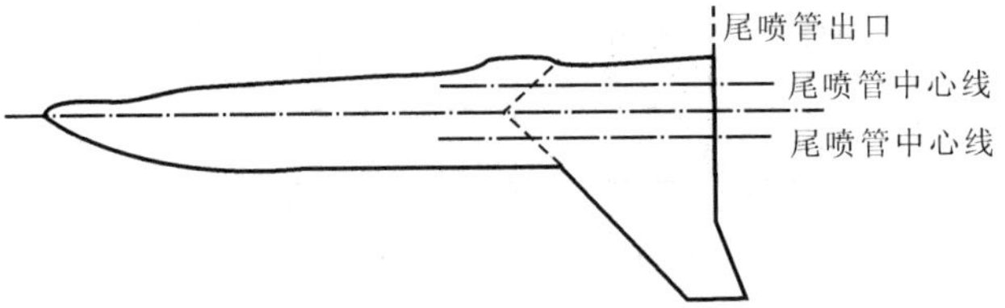

图 3-48　带有推力矢量尾喷管的飞机模型

图 3-49 所示是尾喷管几何偏转角 δ_v 对升力系数的影响。

飞机的总升力系数为

$$C_{L,\mathrm{TOT}} = C_{L,\mathrm{R}} + C_{l,\mathrm{J}} + C_{L,\mathrm{C}}$$

式中　$C_{L,\mathrm{R}}$—— 参考升力系数，对应着喷流不偏转情况；

$C_{L,\mathrm{J}}$—— 由推力偏转直接产生的升力系数：$C_{L,\mathrm{J}} = C_{\mathrm{T}}\sin(\alpha+\delta_{\mathrm{e}}) - C_{\mathrm{T,R}}\sin\alpha$；

$C_{L,\mathrm{C}}$—— 由于喷流偏转，机翼上产生的诱导环量（超环量）所引起的间接升力系数；

δ_{e}—— 推力矢量有效偏转角；

C_{T}—— 基于机翼面积的总推力系数，$C_{\mathrm{T}} = \dfrac{F_{\mathrm{g}}}{qS}$，$q = \dfrac{1}{2}\rho_0 c_0^2$；

$C_{\mathrm{T,R}}$—— 参考条件时的 C_{T}。

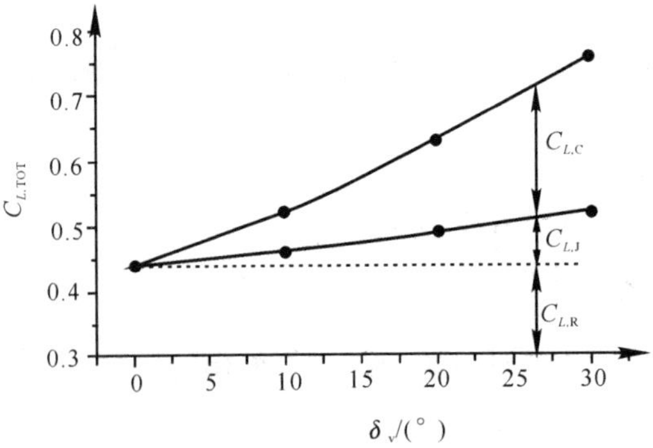

图 3-49　尾喷管几何偏转角 δ_v 对升力系数的影响

图 3-50 所示是尾喷管几何偏转角 δ_v 对俯仰力矩系数的影响。

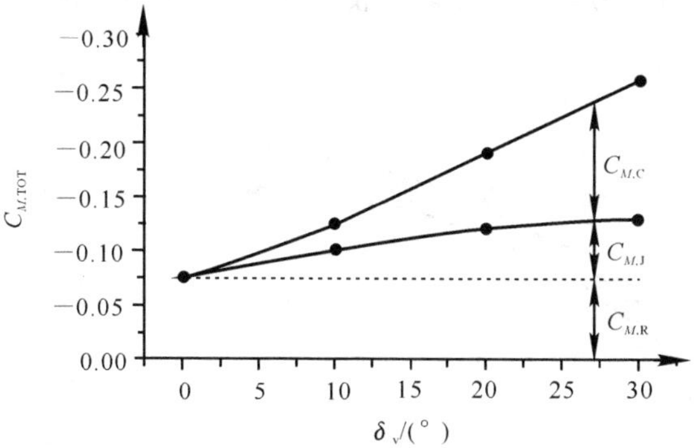

图 3-50 推力几何偏转角 δ_v 对俯仰力矩系数的影响

飞机总的俯仰力矩系数为

$$C_{M,\text{TOT}} = C_{M,\text{R}} + C_{M,\text{J}} + C_{M,\text{C}}$$

式中 $C_{M,\text{R}}$—— 参考俯仰力矩系数，对应着喷流不偏转情况；

$C_{M,\text{J}}$—— 由于推力偏转直接产生的俯仰力矩系数；

$C_{M,\text{C}}$—— 由于喷流偏转，机翼上产生的诱导升力的俯仰力矩系数。

图 3-51 表示尾喷管几何偏转角 δ_v 对阻力系数的影响。

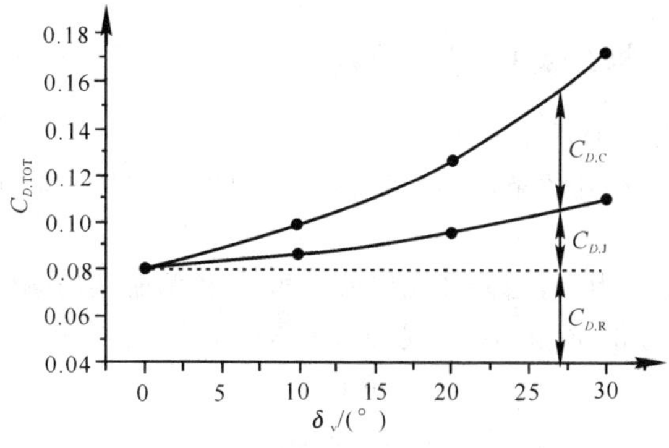

图 3-51 尾喷管几何偏转角 δ_v 对阻力系数的影响

飞机总的阻力系数为

$$C_{D,\text{TOT}} = C_{D,\text{R}} + C_{D,\text{J}} + C_{D,\text{C}}$$

式中 $C_{D,\text{R}}$—— 参考阻力系数，对应着喷流不偏转情况；

$C_{D,\text{J}}$—— 由于推力偏转直接产生的阻力系数；

$C_{D,\text{C}}$—— 由于喷流偏转，机翼上产生的诱导阻力系数。

尾喷管偏转在升阻曲线方面的得益对于二元矩形尾喷管特别明显。图 3-52 表示非推力矢量轴对称收敛-扩张型尾喷管和推力矢量二元矩形收敛-扩张型尾喷管的并力系数与推力－阻力系数的变化关系。

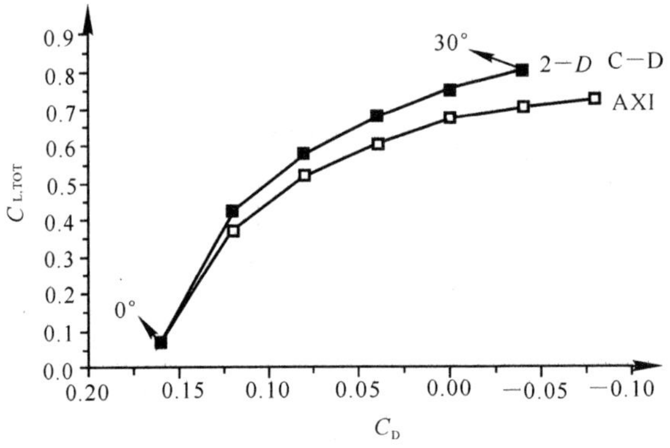

图 3－52　升力系数与推力减阻力系数的关系

图中　$C_D = \dfrac{F_{g,V} - X_D}{qS}$—— 推力减阻力系数；

$F_{g,V}$—— 总推力在飞行方向的投影。

由图 3－52 可以看出，与非推力矢量轴对称收敛-扩张型尾喷管相比，推力矢量二元矩形收敛-扩张型尾喷管在几何偏转角由 0° 增加到为 30° 时，其总的升力系数不断加大。

七、推力矢量尾喷管对发动机稳态共同工作的影响

1. *涡轮喷发动机和混合排气的涡扇发动机*

对于这两种类型的发动机，在其他条件不变时影响发动机各部件共同工作的是尾喷管喉部的有效面积 A_{8e}。

以二元矩形推力矢量尾喷管为例，当俯仰几何偏转角 δ_v 和偏航几何偏转角 δ_y 使喉部有效面积 A_{8e} 小于 A_8 时，A_{8e}，A_{9e} 与 δ_v，δ_y 的关系（见图 3－53）为

$$A_{8e} = A_8 \cos\delta_v \cos\delta_y \tag{3-53a}$$

$$A_{9e} = A_9 \cos\delta_v \cos\delta_y \tag{3-53b}$$

可见推力矢量尾喷管在较大的 δ_v，δ_y 下，喉部有效面积的减小，对于双轴涡喷发动机，低压转子的共同工作线向下移动，高压转子共同工作线基本不变；对于混合排气涡扇发动机，低压转子共同工作线的移动情况决定于设计涵道比的大小。低涵道比（$B < 0.4$ 左右）时，类似于双轴涡喷发动机，大涵道比时与双轴涡喷发动机相反。

如果当尾喷管偏转时欲保持发动机部件的共同工作不受影响，则需要按下式调节喉部面积：

$$A_{8,\delta} = \frac{A_8}{\cos\delta_v \cos\delta_y} \tag{3-54}$$

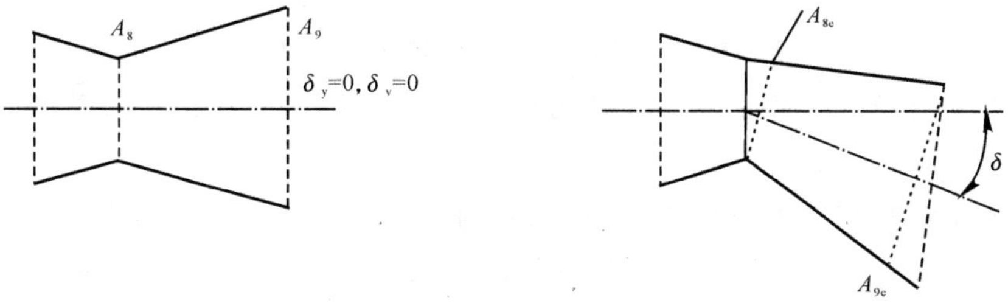

图 3-53 几何偏转角对尾喷管有效面积的影响

式中 A_8—— 尾喷管无俯仰和偏航偏转时的几何喉部面积；

$A_{8,\delta}$—— 尾喷管在有俯仰偏转角 δ_v、偏航偏转角 δ_y 时的几何喉部面积。

实际上当推力矢量尾喷管偏转时按式(3-54)放大几何喉部面积，就使得有效喉部面积等于无偏转时的喉部面积，即

$$A_{8e} = A_8$$

因此也就保证了偏转前后发动机的流量不变，保证了发动机的工作状态不受影响。

2. 分别排气涡扇发动机

对于分别排气涡扇发动机，内涵尾喷管和外涵尾喷管都可以采用收敛形的推力矢量尾喷管。尾喷管偏转时引起喉部面积的减小从而影响发动机部件的共同工作。图 3-54 所示是这种类型的某发动机总推力变化百分数 $\Delta F_g\%$ 在不同的内涵尾喷管几何偏转角 δ_v 下，随油门杆角度 PLA 变化关系的数值模拟结果(当 PLA = const 时，低压转子转速 n_1 = const)。

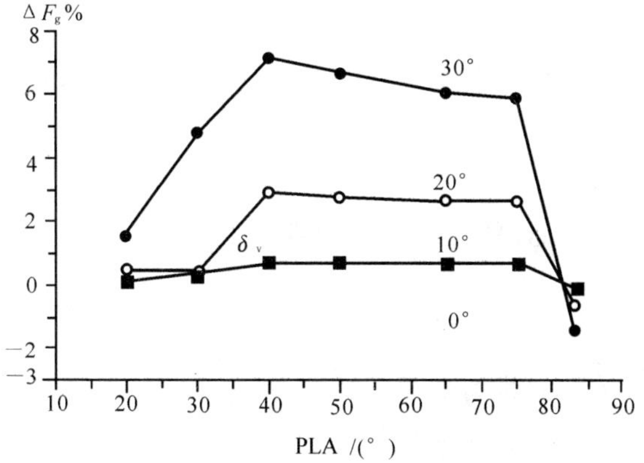

图 3-54 分别排气涡扇发动机在不同的内涵尾喷管几何偏转角 δ_v 下总推力相对变化量 $\Delta F_g\%$ 随门杆角度 PLA 的变化关系

由图 3－54 可以看出：

(1) 在油门杆角度小于 81° 时，随着尾喷管几何偏转角 δ_v 的增加，$\Delta F_g\%$ 是增加的。

(2) 在最大油门杆角度附近，$\Delta F_g\%$ 变为负值，而且尾喷管几何偏转角 δ_v 越大，$\Delta F_g\%$ 越小。

这是因为在给定的 PLA 角度保持 $n_1 = \text{const}$ 时，喉部有效面积的减小使涡轮前总温 T_{t4} 增加，高压转速 n_2 增加，涵道比 B 减小。T_{t4} 增加使推力增加，而涵道比减小使推力减小。在较小的油门杆角度下尾喷管处于亚临界状态，T_{t4} 的增加起主导作用；在较大的油门杆角度下尾喷管处于临界或超临界状态，涵道比 B 的减小起主导作用。

八、推力矢量尾喷管对发动机过渡共同工作的影响

同稳态时一样，如果尾喷管偏转时调节有效喉部面积等于原有的几何喉部面积，在任意的几何偏转角下，发动机的过渡工作过程不受影响。

如果尾喷管是不可调节的，则由于几何偏转使有效喉部面积减小，使发动机的过渡工作过程相当于在一个较小的几何喉部面积下进行。

九、流体控制推力矢量尾喷管

推力矢量尾喷管依靠机械控制显著使尾喷管的重量和成本增加。近期以来已对流体控制推力矢量尾喷管开展了大量的研究，包括喉部截面面积的控制、推力矢量控制、红外信号和噪声抑制等。

对固定几何参数的尾喷管，在喉部附近喷入气流可以在相当的范围内改变喉部主流的有效面积。

3.9 小　结

1. 尾喷管主要参数

推力系数：　C_{Fg} = 实际总推力 / 理想总推力

流量系数：　C_D = 实际流量 / 理想流量

尾部阻力系数：　$C_{X_{AB}} = X_{AB} \Big/ \left(\frac{1}{2}\rho_0 c_0^2 A_{max}\right)$

速度系数：　φ_e = 实际平行于轴线出口速度 / 等熵膨胀出口速度

可用压力比：　$\pi_{CP} = p_{t7}/p_0$

2. 收敛尾喷管推力损失如表 3-1 所示

表 3-1 收敛尾喷管推力损失随飞行马赫数的变化关系

飞行马赫数 *Ma*	π_{CP}	$\overline{A}_9$	收敛尾喷管推力损失
1.5	9	～1.9	～7%
2.0	14	～2.5	～9%
3.0	30	～4.1	～15%

$\overline{A}_9$：完全膨胀时尾喷管出口面积与喉道面积之比

由表 3-1 可见，尾喷管的调节是必须的。

3. 各种类型尾喷管的主要特点见表 3-2

表 3-2 各种类型尾喷管的主要特点

尾喷管类型	主 要 特 点
简单收敛喷管	结构简单，重量轻；可用压力比不大时（小于等于 5.0），推力系数较好；主要用于亚声速飞机的发动机上
收敛-扩张型尾喷管	在设计状态下有较高的推力系数；固定不可调的收敛-扩张型尾喷管在非设计状态下推力系数下降；一般做成分级可调的；低速飞行时底部阻力较大
引射尾喷管	射流边界在一定程度上可自动变化以适应可用压力比的改变。在低的可用压力比范围内，推力系数高于固定收敛-扩张型尾喷管而接近于简单收敛尾喷管；在高的可用压力比范围内，推力系数大于简单收敛尾喷管而接近于固定收敛-扩张型尾喷管
塞式尾喷管	在设计状态下推力系数与收敛-扩张型尾喷管的相接近；在低的可用压力比下，也有较高的推力系数；亦即在宽广的工作条件下性能良好；主要问题是尾部冷却
二元尾喷管	具有良好内特性，良好的尾喷管/后体一体化，设计可大大减小后体阻力，具有矢量推力能力，低的红外辐射强度和雷达散射截面；主要问题是浸湿面积大，使冷却困难，非圆截面造成结构效能差、重量大

4. 推力矢量尾喷管

（1）推力矢量尾喷管的主要功能：改善飞机起降性能，突破“失速障碍”，使飞机具有超机敏性。

（2）推力矢量尾喷管的主要类型：二元矩形收敛-扩张型、轴对称收敛-扩张型和球形矢量尾喷管。

(3) 推力矢量尾喷管的主要特性参数:推力系数、流量系数、有效推力矢量角。

(4) 推力矢量尾喷管的主要几何参数:收敛段角度、扩张段角度、几何偏转角。

(5) 特性参数与几何参数之间的关系主要靠试验获得。

(6) 在推力矢量状态下对发动机工作的影响,主要决定于尾喷管有效喉部面积的变化和流量系数的变化。

习 题

1. 航空燃气涡轮发动机所用的尾喷管有哪些类型?各有何特点?

2. 收敛尾喷管有哪几种工作状态?其特点是什么?如何判断实际上属于哪种状态?

3. 什么是尾喷管的推力系数?它考虑了哪些因素引起的推力损失?

4. 与收敛尾喷管和收敛-扩张型尾喷管相比,引射尾喷管推力系数随可用压力比的变化特点是什么?

5. 与轴对称尾喷管相比,非轴对称尾喷管有什么特点?

6. 塞式尾喷管主要类型有哪些?各有何特点?

7. 总压恢复系数和速度系数均可用来衡量尾喷管的流动损失,这二者之间是什么关系?用什么方法衡量尾喷管流动损失比较合理?

8. 某发动机在飞机起飞时,尾喷管内气流总压 $p_t = 2.3\times10^5\ N/m^2$,总温 $T_t = 928.5\ K$,若要使气流在尾喷管内得到完全膨胀,应采用面积比 A_9/A_8 为多大的收敛-扩张型尾喷管?这时排气速度比收敛尾喷管大多少?(设大气压强 $p_0 = 0.981\times10^5\ N/m^2$,燃气的比热比 $k = 1.33$)。

9. 如图 3-55 所示,一个暂冲式超声速风洞主要由拉伐尔尾喷管、等规格化面试验段、阀门和真空箱组成。试验时,先把真空箱空气抽走,造成低压。当把阀门牌号打开时,可在试验段通入超声速气流。试验段出口的反压近似认为就是真空箱内气体的压强,随着试验的进行,气体不断充入真空箱,使真空箱内气体压强不断升高。假如试验所需的超声速气流马赫数 $Ma_9 = 2.33$,问:

(1) 尾喷管面积比 A_8/A_9 的值是多少?

(2) 真空箱内气体压强升高至多大时,试验段就不能形成超声速气流(设大气压力 $p_0 = 10^5\ N/m^2$)?

10. 在习题 9 中,若在试验段后面接一扩压段,其面积比 $A_9/A_8 = 0.808$,则真空箱内气体压力升高到多大时,试验便不能进行?

11. 收敛-扩张型尾喷管喉部的气流总温为 1 000 K,总压为 $2.8\times10^5\ N/m^2$,喉部面积为 $0.03\ m^2$,设计成完全膨胀到出口压力 $0.35\times10^5\ N/m^2$。尾喷管的速度系数为 0.95,$k = 1.33$。

(1) 计算出口截面的温度、压力、速度、马赫数;

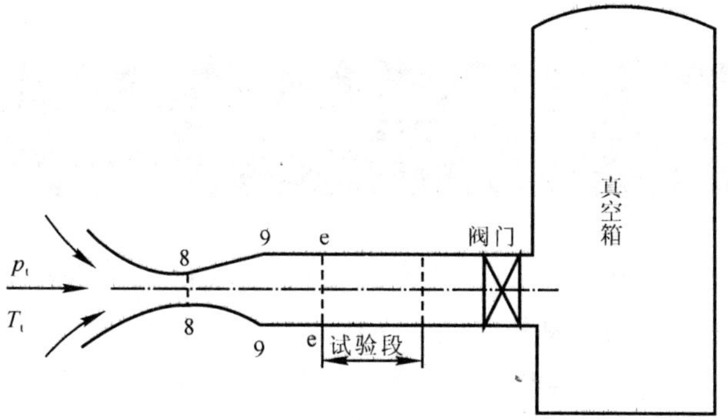

图 3－55　超声速风洞简图

(2) 计算尾喷管出口截面面积；

(3) 假设反压升高到 $1.8\times10^5\ \mathrm{N/m^2}$，尾喷管扩张段中出现一个正激波，若正激波后的气流是等熵压缩，求激波前后的速度、温度、压力和马赫数，并估算由于激波的出现，推力损失了多少。

12. 推力矢量尾喷管有哪几种主要类型?其特点是什么?

13. 推力矢量尾喷管在哪些方面可提高飞机的性能?为什么?

14. 示意地表示出推力矢量尾喷管的流量系数与几何偏转角的关系曲线，并加以简要解释。

15. 示意地表示出推力矢量尾喷管的推力系数与几何偏转角的关系曲线，并加以简要解释。

16. 试分析说明推力矢量尾喷管的几何偏转角对发动机工作的影响。

第 4 章　航空燃气涡轮发动机的热力循环分析

航空燃气涡轮发动机本质上是一种热力机械，它利用空气作为工质重复地进行压缩、加热、膨胀和放热过程。这些过程组成发动机的热力循环而对外做功。

本章着重论述理想循环，以找出影响发动机性能的主要因素，从而得出循环过程参数与循环性能指标关系的解析表达式。关于航空燃气涡轮发动机理想循环的若干重要结论大多数亦定性地适用于其实际循环。

4.1　理想循环

一、基本假设

对于发动机热力循环作如下假设即为理想循环：

(1) 在循环的各过程中，工质是质量流量为 1 kg/s 的空气，是热力学上的完全气体，具有恒定不变的定压比热容 C_p、定容比热容 C_V；

(2) 发动机各部件的效率或损失系数皆等于 1.0，即在进气道和压气机中进行的压缩过程是等熵压缩；在涡轮和尾喷管中的膨胀过程是等熵膨胀；在燃烧室中进行的是等压加热过程；放热过程实际上是在发动机之外进行的，也假定是等压放热过程。

(3) 假设发动机每个部件内的气流是一维定常的，尾喷管出口的静压等于外界大气压力。

(4) 为了讨论分析方便起见，除了进口自由截面和尾喷管出口截面采用气流的静参数之外，发动机的其他特征截面采用滞止参数(总参数)，涡喷发动机的各特征截面如图4－1所示。

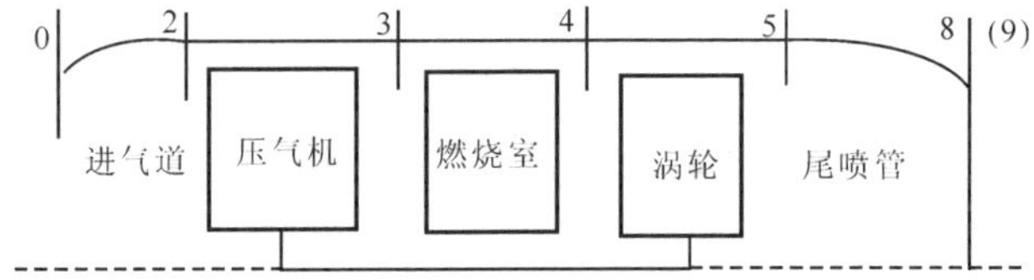

图 4－1　涡喷发动机特征截面示意图

二、涡喷发动机理想循环

1. 理想循环的 $p-v$ 图

图 4-2 所示是涡喷发动机的以压力和比体积关系表示的理想循环，称为 $p-v$ 图(在 $p-v$ 图中，上角 * 表示总参数；在公式中，下角 t 表示总参数)。理想循环由以下 4 个过程组成：

点 0— 点 3^*：等熵压缩过程；

点 3^* — 点 4^*：等压加热过程；

点 4^* — 点 9：等熵膨胀过程；

点 9— 点 0：等压放热过程。

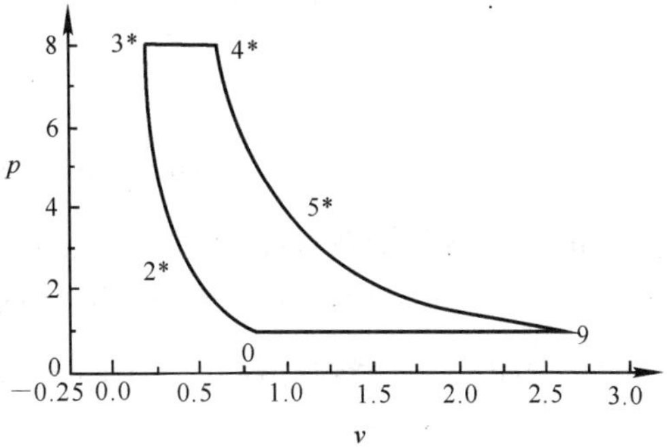

图 4-2　涡喷发动机理想循环的 $p-v$ 图

在图 4-2 中，点 0 代表发动机远前方气流未受扰动的状态，即为大气的压力和比体积；点 0— 点 2^* 表示气流在进气道口前和进气道内压缩；点 2^* — 点 3^* 表示气流在压气机中压缩。整个压缩过程中气流压力增加，温度上升而比体积减小，在进气道中靠气流速度减小增压，在压气机中压气机对气流做功使压力增加。点 3^* — 点 4^* 对应燃烧室中燃油燃烧释放热能对气流加热，理想循环不考虑工质成分和质量的变化，假设外界对空气等压加热。压缩过程终了时的总温大约为 479 ～ 820 K，由于涡轮叶片材料和冷却条件的限制，燃烧室出口的气流总温 T_{t4} 限制在 1 400 ～ 1 950 K，故要求燃烧室对气流加热的温升应在 930 ～ 1 130 K 之间。在图 4-2 中，点 4^* — 点 9 表示等熵膨胀过程，其中，点 4^* — 点 5^* 表示在涡轮内膨胀，点 5^* — 点 9 表示在尾喷管中膨胀。在涡喷发动机中，涡轮用于带动压气机，而在涡轮螺桨和涡轮轴等发动机中涡轮除了带动压气机之外，还必须带动螺旋桨或旋翼等部件。高温高压的气流吹动涡轮高速旋转，其叶尖切线速度可达 457 m/s，经过涡轮后气流的压力和温度降低，然后经尾喷管进一步膨胀以一定的速度排出发动机。涡喷发动机依靠很大的排气速度产生反作用推力；而涡轮螺旋桨发动机排气速度较小，只产生较小的喷气反作用推力，大部分的推力由螺旋桨产生；涡轮轴发动机基本上不产生喷气反作用推力。根据发动机类型的不同，尾喷管进口气流的总温大致在 550 ～ 850℃ 之间，若采用加力燃烧室则可达 1 500℃ 或更高。在图 4-2 中，点 9— 点 0 是在外界大气中进行的。

2. 理想循环功

理想循环 $p-v$ 过程曲线所包围的面积定义为理想循环功，用 L_{id} 表示。

根据热力学第一定律：对系统的加热量 dq(若放热则 dq 为负值) 等于系统内能的变化 $C_V dT$ 与容积改变功 $p dV$ 之和，即

$$dq = C_V dT + p dV \tag{4-1}$$

另有

$$d(pV) = pdV + Vdp$$

代入式(4－1)得

$$dq = C_p dT - Vdp \tag{4-2}$$

即对系统的加热量等于系统焓的增量与多变压缩功(若为等熵过程则是等熵压缩功)之差。

把式(4－2)应用于理想循环,则有

$$\oint dq = \oint C_p dT - \oint Vdp$$

显然

$$\oint dq = q_1 - q_2, \quad \oint C_p dT = 0$$

式中 q_1—— 等压加热过程(点 3^*— 点 4^*)的加热量;

q_2—— 等压放热过程(点 9— 点 0)的放热量;

$-\oint Vdp$—— 循环过程曲线包围的面积 $= L_{id}$。

所以

$$L_{id} = q_1 - q_2 \tag{4-3}$$

式(4－3)说明,理想循环功由加热量转换而来,但是加热量 q_1 并没有全部转换成理想循环功而总是伴随有热量损失 q_2。

根据从 0—0 截面至 9—9 截面气流的能量守恒可以写出

$$C_p T_0 + \frac{1}{2}c_0^2 + L_C + q_1 - L_T = C_p T_9 + \frac{1}{2}c_9^2$$

式中 L_C—— 工质在压气机中得到的机械功;

L_T—— 工质在涡轮中对涡轮做的机械功,它在数值上恰好等于 L_C;

c_0—— 0—0 截面上气流的速度;

c_9—— 尾喷管出口截面上气流的速度。

改写上式得

$$q_1 - C_p(T_9 - T_0) = \frac{1}{2}(c_9^2 - c_0^2)$$

或者

$$q_1 - q_2 = \frac{1}{2}(c_9^2 - c_0^2)$$

最后得

$$L_{id} = \frac{1}{2}(c_9^2 - c_0^2) \tag{4-4}$$

式(4－4)说明理想循环功在涡喷发动机中完全用于增加气流的动能。

下面讨论影响理想循环功的因素。首先导出热力循环过程参数与理想循环功 L_{id} 的关系式。

由式(4－3)得

$$L_{id}=q_1-q_2=C_p(T_{t4}-T_{t3})-C_p(T_9-T_0)=$$
$$C_p(T_{t4}-T_{t9})-C_p(T_{t3}-T_0)=$$
$$C_pT_9\left(\frac{T_{t4}}{T_9}-1\right)-C_pT_0\left(\frac{T_{t3}}{T_0}-1\right)$$

因为点 0— 点 3* 和点 4*— 点 9 都是等熵过程，且

$$p_{t3}=p_{t4},\quad p_9=p_0$$

所以

$$\frac{T_{t4}}{T_9}=\left(\frac{p_{t4}}{p_9}\right)^{\frac{k-1}{k}}=\left(\frac{p_{t3}}{p_0}\right)^{\frac{k-1}{k}}=\frac{T_{t3}}{T_0}$$

把此关系式代入式(4－4)得

$$L_{id}=C_pT_0\left(\frac{T_{t3}}{T_0}-1\right)\left(\frac{T_9}{T_0}-1\right)=C_pT_0\left(\frac{T_{t3}}{T_0}-1\right)\left(\frac{T_{t4}/T_0}{T_{t3}/T_0}-1\right)$$

注意到$\dfrac{T_{t3}}{T_0}=\dfrac{T_{t4}}{T_9}=\left(\dfrac{p_{t3}}{p_0}\right)^{\frac{k-1}{k}}$，并令$\left(\dfrac{p_{t3}}{p_0}\right)^{\frac{k-1}{k}}\equiv e$，其中$\dfrac{p_{t3}}{p_0}\equiv\pi$是循环过程的总增压比，亦即发动机压缩过程的总增压比。

令$\dfrac{T_{t4}}{T_0}\equiv\Delta$称为循环过程（或发动机）的加热比，最后得

$$L_{id}=C_pT_0(e-1)\left(\frac{\Delta}{e}-1\right)\tag{4-5}$$

式(4－5)包含了所有影响L_{id}的因素，其中主要的有两个：发动机的总增压比π（或e）和加热比Δ。下面具体分析这两个因素对理想循环功L_{id}的影响。

(1) 加热比Δ的影响。若其他因素不变，仅Δ增加故L_{id}增加。物理意义是明显的，Δ增加意味着燃烧室出口总温T_{t4}增加，加热量q_1增加，故L_{id}增加。L_{id}用于增加气流的动能，所以T_{t4}增加，则发动机的单位推力增加。在要求发动机同样的推力条件下，单位推力大则需要的空气质量流量小，发动机的尺寸和质量小而推质比加大。所以，燃烧室出口总温T_{t4}应尽可能地选取高值。

(2) 发动机总增压比π的影响。π对L_{id}的影响如图 4－3 所示。由该图可以看出，当$\pi=1.0$时，$L_{id}=0$，这是因为$\pi=1.0$，则循环的热效率等于零（见图 4－4）。由此可知，欲获得循环功（或推力）必须先对工质增压而后加热。

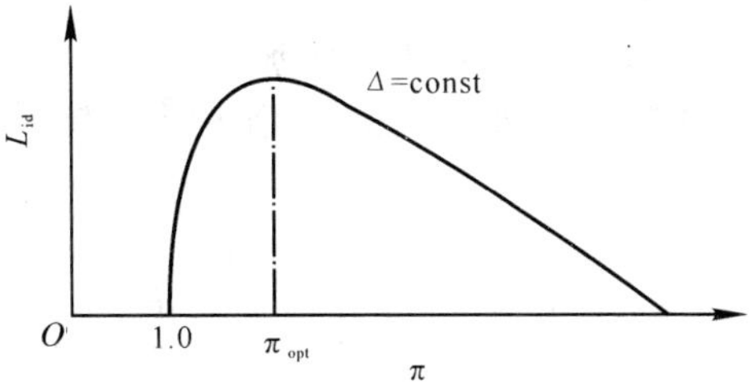

图 4－3　总增压比对理想循环功的影响

图 4－3 还表明，当$\pi=\pi_{max}$时，$L_{id}=0$。在其他条件不变仅π值增加时，压缩终了时的总温T_{t3}增加，当增加到π_{max}时对应着$T_{t3}=T_{t4}$，加热量q_1

$=0$，故循环功 $L_{id}=0$。

从物理意义分析，影响 L_{id} 的是加热量 q_1 和热效率两个因素。当 π 从 1.0 开始增加时，热效率急剧增加(见图 4-4)，使 L_{id} 增加，一直达到其最大值；此后 π 继续增加则 q_1 的减小起了主导作用，使 L_{id} 下降。

对应最大理想循环功的增压比称为最佳增压比，以 π_{opt} 表示。

最佳增压比 π_{opt} 可由式(4-5)对 e 求导数，并令其等于零求得，即

$$\partial L_{id}/\partial e = C_p T_0\left(\frac{\Delta}{e^2}-1\right)=0$$

所以

$$e_{opt}=\sqrt{\Delta} \tag{4-6}$$

或者

$$\pi_{opt}=\Delta^{\frac{k}{2(k-1)}}$$

将式(4-6)代入式(4-5)可得理想循环功，最大值为

$$L_{id,max}=C_p T_0(\sqrt{\Delta}-1)^2 \tag{4-7}$$

L_{id} 与 π 和 Δ 的关系曲线如图 4-5 所示。

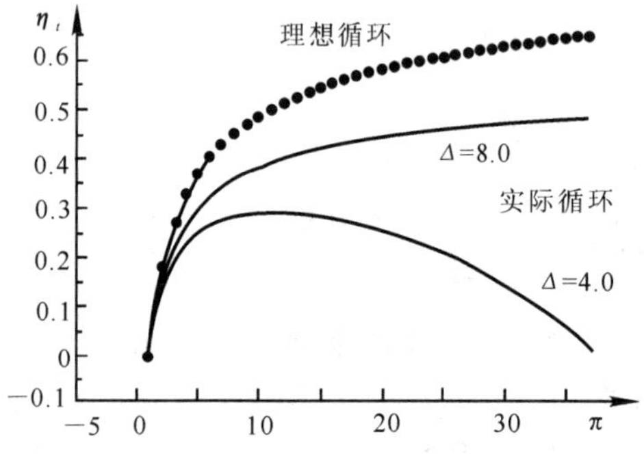

图 4-4 循环热效率与 π 和 Δ 的关系

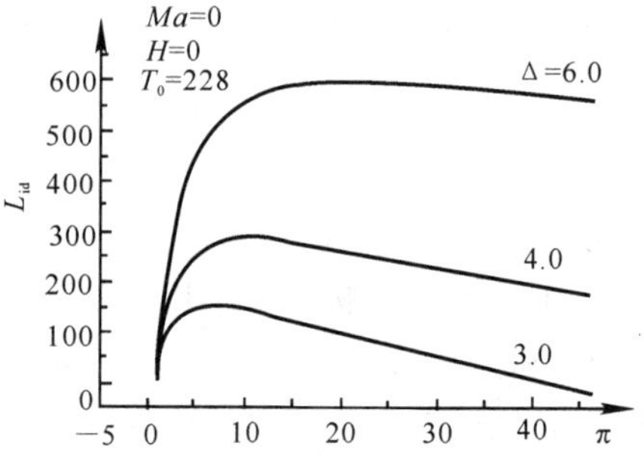

图 4-5 π 和 Δ 对理想循环功的影响

3. 理想循环的热效率 η_{ti}

理想循环功和加热量之比称为理想循环的热效率 η_{ti}。即

$$\eta_{ti}=\frac{L_{id}}{q_1}=\frac{q_1-q_2}{q_1}=1-\frac{q_2}{q_1}=1-\frac{T_9-T_0}{T_{t4}-T_{t3}}=1-\frac{T_9\left(1-\dfrac{T_0}{T_9}\right)}{T_{t4}\left(1-\dfrac{T_{t3}}{T_{t4}}\right)}$$

考虑到

$$\frac{T_{t4}}{T_0}=\left(\frac{p_{t3}}{p_{t0}}\right)^{\frac{k-1}{k}}=\left(\frac{p_{t4}}{p_{t9}}\right)^{\frac{k-1}{k}}\frac{p_{t4}}{T_9}$$

所以

$$\frac{T_0}{T_9}=\frac{T_{t3}}{T_{t4}}$$

最后得

$$\eta_{ti}=1-\frac{1}{T_{t4}/T_9}=1-\frac{1}{\pi^{\frac{k-1}{k}}} \tag{4-8}$$

式(4-8)表明，理想循环的热效率 η_{ti} 只与总增压比有关，而与加热比 Δ 无关，随着增压比的加大，η_{ti} 单调上升。在增压比较小时，η_{ti} 上升速度很快，而后上升的速度逐渐变慢，当 π 趋向无穷大时，η_{ti} 趋于1.0。图4-4表示 η_{ti} 与 π 的关系曲线，为了比较，图上还标有实际循环的热效率与 π 和 Δ 的关系。

4. 关于理想循环的几点结论

1) 增加燃烧室出口(或涡轮进口)总温是增加理想循环功的主要途径之一，但该温度受涡轮叶片材料和冷却条件的限制。

2) 在加热比 Δ(或 T_{t4})和其他因素不变的情况下，存在最佳增压比 π_{opt} 对应的理想循环功最大。

3) 最佳增压比 π_{opt} 随加热比 Δ 的升高而升高，所以欲获得尽可能大的理想循环功，应当在提高涡轮前总温的同时提高增压比。

4) 理想循环的热效率只是增压比的函数，随增压比的增大而单调增大。

上述4点结论的前3点也定性地适用于实际循环。在本章的最后部分将会看到，实际循环的热效率不仅与增压比有关而且与加热比有关。虽然以上是有关涡喷发动机的理想循环分析，但其4点结论同样也适合于其他几种类型燃气涡轮发动机的理想循环。这将在下面几节中作进一步分析讨论。

三、分别排气涡扇发动机的理想循环

分别排气涡扇发动机采用如图4-6所示的截面符号。外涵气流经进气道和外涵风扇增压之后没有加热经外涵尾喷管排出，所以外涵不产生循环功。整个发动机的理想循环等于内涵的理想循环功，如图4-7所示，与涡喷发动机的理想循环完全相同。不过点 4^* —点9的等熵膨胀过程，对于涡喷发动机是在带动压气机的涡轮(点 4^* —点 4_c^*)和尾喷管中(点 4_c^* —点9)进行的；而对分别排气涡扇发动机可想像为3段：第一段(点 4^* —点 4_c^*)是在带动内涵的风扇和压气机的涡轮中的等熵膨胀，第二段点 4_c^* —点 5^* 是在带动外涵的风扇的涡轮中等熵膨胀，第三段点 5^* —点9是在内涵尾喷管中等熵膨胀。尽管如此，理想循环仍然是由两个等熵过程和两个等压过程构成的。带动外涵风扇需用功可以不同，但点 5^* 只能在点 4_c^* —点9的等熵线上变动，并不影响理想循环功。所以关于涡喷发动机理想循环的4点结论亦适用于分别排气涡扇发动机。

四、涡轮螺桨发动机和涡轮轴发动机的理想循环

图4-8和图4-9分别是涡轮螺桨发动机和涡轮轴发动机的气流流过各部件的示意图，从

热力循环的观点来看，与涡喷发动机没有任何差别。不同的只是在于循环功的用途。

涡喷发动机的循环功完全用于气流动能的增加；涡轮轴发动机的循环功绝大部分用来带动直升机旋翼；涡轮螺桨发动机的循环功大部分用于带动螺旋桨而小部分用于增加气流的动能，亦即发动机的推力主要由螺旋桨产生，小部分由喷气反作用产生；分别排气涡扇发动机的循环功用于增加内涵气流和外涵气流的动能。

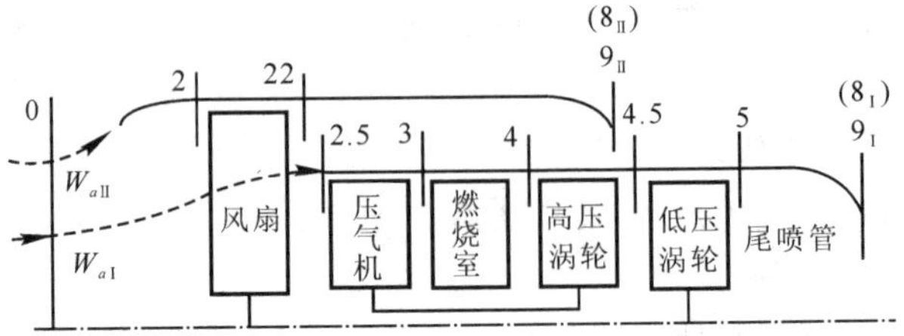

图 4-6　分别排气涡扇发动机的截面符号

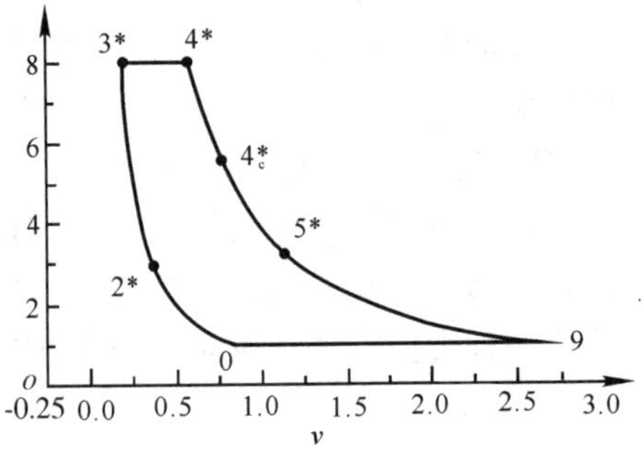

图 4-7　分别排气涡扇发动机的理想循环

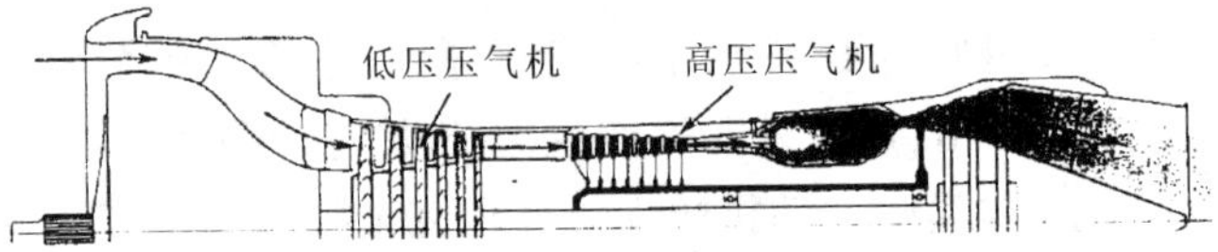

图 4-8　涡轮螺桨发动机的气流流动示意图

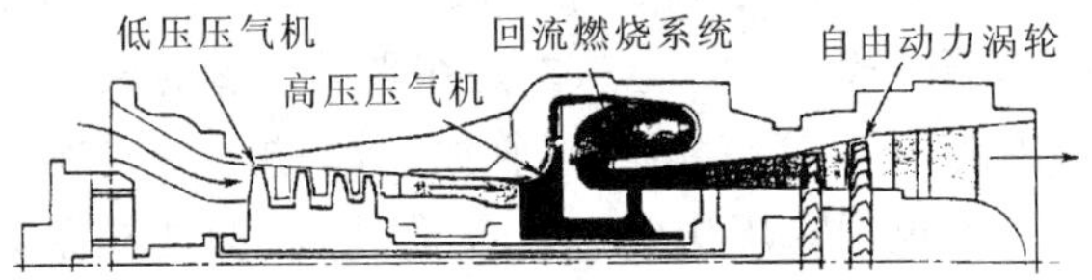

图 4-9　涡轮轴发动机的气流流动示意图

五、混合排气涡扇发动机(不加力)的理想循环

混合排气涡扇发动机的截面符号如图 4-10 所示。图 4-11 是用 $p-v$ 表示的发动机内涵和

外涵的理想循环。

图 4-11(a) 所示的内涵理想循环由下述各过程组成：点 0— 点 3^* 是等熵压缩；点 3^*— 点 4^* 是等压加热；点 4^*— 点 5^* 是等熵膨胀；点 5^*— 点 6^* 是在混合室中内外涵气流混合，由于内涵气流温度高于外涵气流的温度，所以对内涵气流而言是等压放热过程(不考虑加力，点 6^* 与点 7^* 重合)；点 7^*— 点 9 是在尾喷管中等熵膨胀；点 9— 点 0 是等压放热。如图 4-11(b) 所示，外涵理想循环的各过程为：点 0— 点 22^* 是等熵压缩(点 22^* 与点 5_{II}^* 重合，因为从点 22— 点 5_{II}^* 是气流在外涵道与外界无任何能量交换)；点 5_{II}^*— 点 6^* 是等压加热；点 7^*— 点 9 是在尾喷管中等熵膨胀；点 9— 点 0 是等压放热。

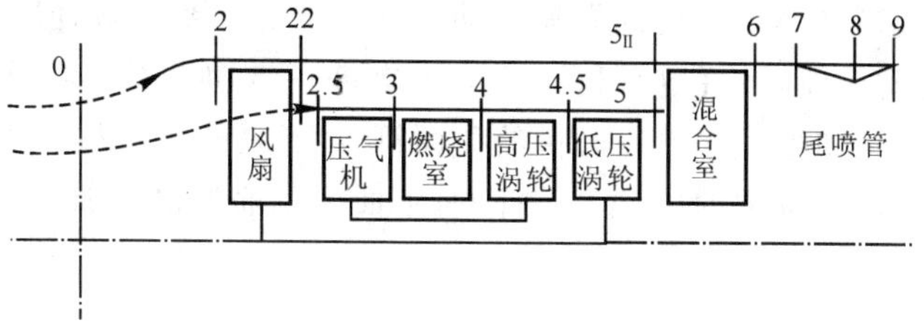

图 4-10 混合排气涡扇发动机截面符号

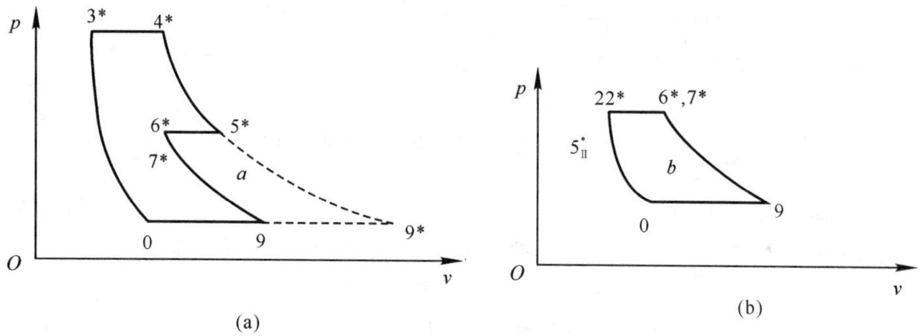

图 4-11 混合排气涡扇发动机(不加力)的理想循环

(a) 内涵理想循环；(b) 外涵理想循环

与涡喷发动机的理想循环相比，图 4-11(a) 中缺少一块循环面积 a，但外涵却有一块循环面积 b。可以证明，面积 b 恰好等于面积 a，证明如下：

(1) 图 4-11(a) 中，如果把点 9 → 点 7^* → 点 5^* → 点 $9'$ → 点 9 视为一个循环，则循环功 a 取决于压力比 p_{t7}/p_9(或 p_{t6}/p_9) 和加热量 Q_B，即

$$Q_B = C_p W a_{\mathrm{II}} (T_{t5} - T_{t7}) \tag{4-9}$$

(2) 图 4-11(b) 中表示的循环功决定于压力比 p_{t22}/p_0 和加热量，而这个加热量是由内涵气流传来的，所以加热量就是式(4-9) 中的 Q_B，如果压力比再相等，则循环功 $a = b$。

(3) 在混合排气的涡扇发动机中，为了减少混合过程的损失，两股气流在混合室进口总压一般选为相等或接近相等。在讨论理想循环时，假定它们相等，即 $p_{t5} = p_{t5\,II}$，另外 $p_9 = p_0$，所以有压力比相等，即

$$p_{t5}/p_9 = p_{t5\,II}/p_9$$

由上所述，混合排气涡扇发动机的理想循环功恰等于涡喷发动机的理想循环功。

4.2 加力式涡喷发动机的理想循环

由前文分析可知，提高加热比是提高涡喷发动机循环功的主要措施。但是涡轮叶片材料所能承受的的燃气温度是有限制的，在这种情况下为了更进一步加大循环功就出现了加力式燃气涡轮发动机。图 4-12 是加力式涡喷发动机的截面符号图，现代先进战斗机上所用一般都是混合加力涡扇发动机，其增加推力的原理是一样的。下面仅就前者说明加力燃气涡轮发动机的特点。

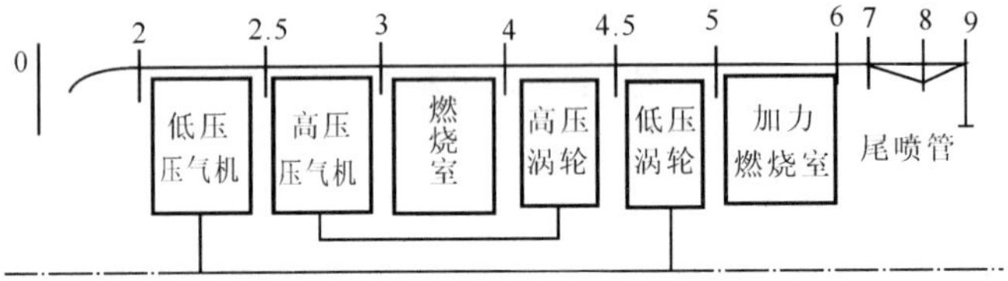

图 4-12　加力式涡喷发动机的截面符号

加力涡喷发动机的理想循环如图 4-13 所示。图中，点 5^* — 点 7^* 是在涡轮后的加力燃烧室中对 1 kg 的空气加入热量 q_{ab} 的等压加热过程，然后在尾喷管中等熵膨胀(点 7^* — 点 9_{ab})。可以看出：

(1) 采用加力燃烧室增加的循环功相当于图 4-13 所示中点 5^* → 点 7^* → 点 9_{ab} → 点 9 → 点 5^* 所围成的面积；

(2) 气流经过涡轮膨胀后进入加力燃烧室，其压力 p_{t5} 远小于主燃烧室中的压力 p_{t3}。由于在低压下加热的热效率低，故采用加力燃烧室的热效率比不加力的涡喷发动机的热效率低。

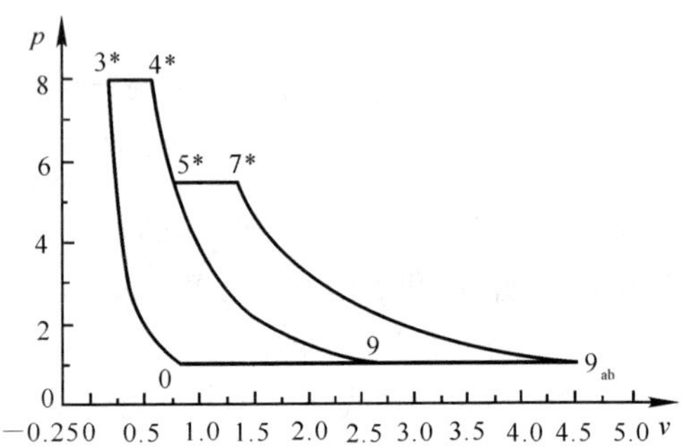

图 4-13　加力式涡喷发动机理想循环 p-v 图

(3) 当加力燃烧室出口温度 $T_{t,ab}$ 等于常数时，只存在一个最佳增压比 π_{opt}，即对应于最大

循环功的增压比与对应于最大热效率的增压比相等。这一点可证明如下：

加给加力涡喷发动机 1 kg 空气的总加热量 q 是主燃烧室加热量 q_1 与加力燃烧室加热量 q_{ab} 之和，即

$$q = q_1 + q_{ab}$$

忽略燃气定压比热与空气定压比热的差别，有

$$q = C_p(T_{t4} - T_{t3}) + C_p(T_{t,ab} - T_{t5}) \tag{4-10}$$

由于压气机功与涡轮功相等，故

$$C_p(T_{t4} - T_{t5}) = C_p(T_{t3} - T_{t1}) \tag{4-11}$$

将式(4-11)代入式(4-10)，得

$$q = C_p(T_{t5} - T_{t1}) + C_p(T_{t,ab} - T_{t5})$$

最后有

$$q = C_p(T_{t,ab} - T_{t1}) \tag{4-12}$$

式中的 T_{t1} 是进气道进口的总温，其大小取决于飞行条件。在给定的飞行条件下 T_{t1} 不变。式(4-12)表明，循环的总加热量 q 只与 $T_{t,ab}$ 有关，而与增压比 π 和涡轮前总温 T_{t4} 无关。其物理意义是明显的，π 和 T_{t4} 的改变影响主燃烧室的加热量 q_1，如果 q_1 减小则 q_{ab} 增加，相反若 q_1 增加则 q_{ab} 减小，其和不变。加力涡喷发动机循环的热效率 $\eta_{t,ab}$ 等于循环功与总加热量之比，即

$$\eta_{t,ab} = \frac{L_{id,ab}}{q} \tag{4-13}$$

既然在一定的飞行条件和一定的 $T_{t,ab}$ 值下，总加热量 q 不变，所以由式(4-13)可知，随着 π 的变化，当 $L_{id,ab}$ 为最大值时，热效率 $\eta_{t,ab}$ 也必为最大值，这就证明了加力涡喷发动机的循环只存在一个最佳增压比 π_{opt}。

4.3　燃气涡轮发动机的实际循环

与理想循环比较，实际循环的主要特点是：

(1) 工质流过发动机各部件的过程都不是理想过程而是伴随有流动损失的实际过程。例如在总的压缩过程中，不是等熵压缩而是多变压缩(点 0—点 2*)(见图 4-14)；在涡轮和尾喷管中的膨胀过程不是等熵膨胀而是多变膨胀(点 4*—点 9)；在燃烧室中由于流动阻力和加热阻力的存在，使加热过程伴随有气流总压的降低($p_{t4} < p_{t3}$)。

(2) 工质的成分是变化的，在燃烧室之前的工质是空气，经燃烧室后变为燃气。实际循环的工质比热随着气体的成分和温度而变化。

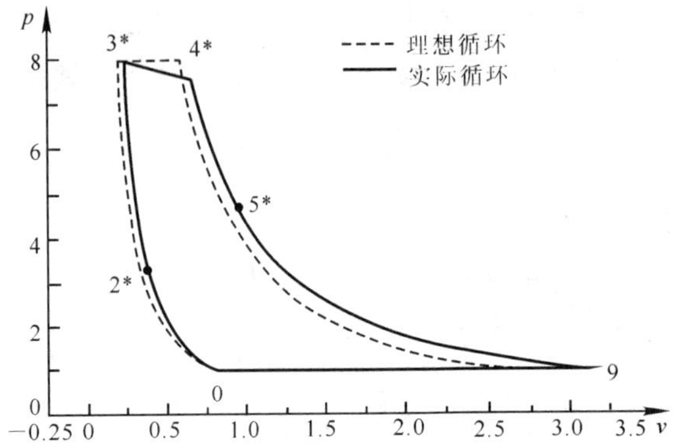

图 4－14　燃气涡轮发动机的实际循环

一、实际循环的指示功与有效功

按照工程热力学的定义，实际循环过程曲线所包围的面积为指示功，以 L_i 表示。将一般形式的帕努利方程

$$L = \int_1^2 v\mathrm{d}p + \frac{\Delta c^2}{2} + L_r \tag{4-14}$$

应用于压缩过程点 0— 点 3^* 和膨胀过程点 3^* — 点 9，分别有

$$L_C = \int_0^{3^*} v\mathrm{d}p - \frac{c_0^2}{2} + L_{rc} \tag{4-15}$$

$$-L_T - L_{net} = \int_{3^*}^9 v\mathrm{d}p + \frac{c_9^2}{2} + L_{rp} \tag{4-16}$$

式中　L_T—— 带动压气机的涡轮功；

L_{net}—— 输出的功，驱动螺旋桨、旋翼或外涵风扇等的涡轮功；

L_{rp}—— 膨胀过程的摩擦功；

c_9—— 尾喷管出口气流速度。

L_C—— 压气机功；

L_{rc} —— 压缩过程的摩擦功。

将式(4－15) 和式(4－16) 相加，并注意到压气机功 L_C 和涡轮功 L_T 相等，则有

$$L_i = \frac{1}{2}(c_9^2 - c_0^2) + L_{net} + L_{rp} + L_{rc} \tag{4-17}$$

上式表明实际循环的指示功 L_i 用于增加气流的动能、向外输出功 L_{net} 和克服摩擦力。式(4－17) 等号右边的前两项定义为实际循环的有效功，以 L_e 表示，即

$$L_e = \frac{1}{2}(c_9^2 - c_0^2) + L_{net} = L_i - L_{rp} - L_{rc} \tag{4-18}$$

对于涡喷发动机，$L_{net}=0$，即实际有效功完全用于增加流过发动机气流的动能，即

$$L_e=\frac{1}{2}(c_9^2-c_0^2) \tag{4-19}$$

涡轮轴发动机实际循环的有效功绝大部分用于驱动直升机旋翼；涡轮螺桨发动机的有效功大部分用于驱动螺旋桨，小部分用于增加气流动能；分别排气涡扇发动机的有效功用来驱动外涵风扇，从而增加外涵气流的动能。

像理想循环一样，对流过发动机的气流应用能量方程可以得到

$$L_e=q_1-q_2 \tag{4-20}$$

式(4-20)表明，实际循环有效功是燃料加给循环的热量 q_1 与循环放热量 q_2 之差。由于实际循环存在摩擦损失，与理想循环相比，在循环参数 π 和 Δ 相同的情况下，实际循环的排气温度 T_9 较高因而放热量 q_2 较大。

二、实际循环的热效率 η_t

实际循环的热效率定义为有效功 L_e 与加热量 q_1 之比，即

$$\eta_t=\frac{L_e}{q_1} \tag{4-21}$$

由于过程存在损失，实际循环热效率总是低于理想循环的热效率。

三、影响实际循环有效功和热效率的因素

实际循环过程的损失越小越趋近于理想循环，理想循环是实际循环的极限。理想循环功随增压比 π 和加热比 Δ 的变化规律，定性地也适合于实际循环。这些规律有：

(1) 有效功随加热比 Δ 的提高而增大，提高涡轮前总温是增大有效功的主要措施之一。

(2) 存在最佳增压比 π_{opt} 使有效功最大，而且加热比越大，π_{opt} 越大。在地面起飞标准大气条件下，在目前先进技术水平所能达到的部件效率状态下，当涡轮前总温 $T_{t4}=1\ 400\sim1\ 800$ K 时，理想循环的 $\pi_{opt}=16\sim25$，而实际循环的 $\pi_{opt}=11\sim18$。

(3) 由于(1)和(2)，为了尽可能获得最大实际循环有效功，应在提高涡轮前温度的同时，适当提高增压比。

实际循环的热效率 η_t 是有效功与燃烧室中对 1 kg 空气加热量之比。与理想循环的热效率不同，实际循环的热效率不仅与增压比有关，而且还与加热比有关，如图 4-15 所示。

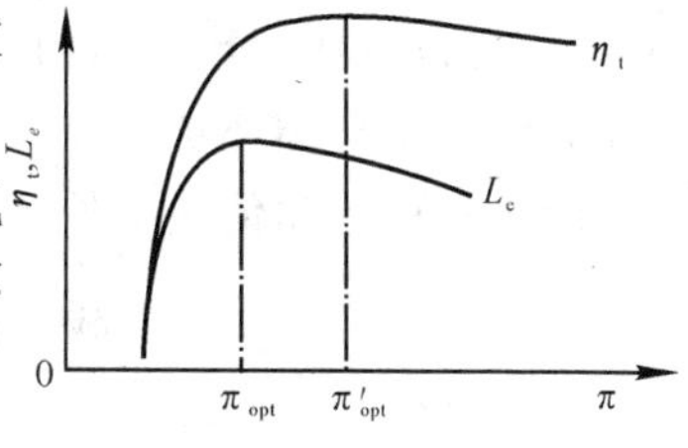

图 4-15 实际循环最佳增压比和对应于最大循环热效率增压比

由图 4-15 所示实际循环的热效率曲线可以看出：

(1) 在加热比 $\Delta=$ const 和当前部件效率水平情况下，随着增压比的增加，实际循环热效率 η_t 是先增加后减小，对应 η_t 最大的增压比以 π'_{opt} 表示。

当增压比很小时，压气机出口的总压以及涡轮进口的总压都比较小，气流的膨胀程度很小，因而排气静温很高，加热量的大部分被高温的气流带走了，所以热效率很低；当增压比过大时，由于压气机出口总温接近涡轮进口总温，加热量很小，发动机部件流动损失占加热量的比重增加，极限情况下，加热量仅够克服损失而无有效循环功，此时热效率等于零。因此在某个增压比下有最大实际循环热效率。

(2) 在同样的发动机增压比 π 值下，加热比 Δ 越大，则实际循环热效率越高。这是因为，π 值一定，Δ 越高则加热量 q_1 越大，发动机部件损失占加热量的比重减小，故热效率提高。

(3) 对应于有效功最大值的最佳增压比 π_{opt} 远小于对应于最大热效率的增压比 π'_{opt}（见图 4-15）。这一点可解释如下：

实际循环的热效率 η_t 是实际循环有效功与加热量 q_1 的比值，即

$$\eta_t = \frac{L_e}{q_1}$$

式中加热量 q_1 可近似地写为

$$q_1 = C_p(T_{t4} - T_{t3})$$

可以看出，随着 π 的增加，压气机出口总温 T_{t3} 增加，在加热比 Δ 即 T_{t4} 不变的条件下加热量单调地下降。另一方面，在 π_{opt} 值附近，有效功 L_e 的变化是平坦的，所以在 π_{opt} 附近随着 π 的增加热效率 η_t 仍将继续上升，这就意味着 π'_{opt} 要大于 π_{opt}。

4.4 涡扇发动机内、外涵间循环功的最佳分配

对于分别排气涡扇发动机，其内、外涵之间存在一个循环功的最佳分配问题。由前面分析可知，与涡喷发动机相比，涡扇发动机的热力循环功的一部分转换成风扇涡轮中的机械功，其余部分则用于增加内涵尾喷管排气流的动能，即

$$L_{id} = \frac{c_{9\,\mathrm{I}}^2 - c_0^2}{2} + L_{\mathrm{T\,II}} \tag{4-22}$$

式中，$L_{\mathrm{T\,II}}$ 为以机械功形式从内涵提取并传递至外涵的，用于增加外涵气流的动能和克服外涵流动损失的那部分循环功。

从内涵提取的和传递至外涵的能量平衡方程可写成

$$W_{a\,\mathrm{I}} L_{\mathrm{T\,II}} = W_{a\,\mathrm{II}}\left(\frac{c_{9\,\mathrm{II}}^2 - c_0^2}{2} + \sum L_{r\,\mathrm{II}}\right) \tag{4-23}$$

式中 $\dfrac{c_{9\,\mathrm{II}}^2 - c_0^2}{2}$ —— 流过外涵的空气动能的增量；

$\sum L_{r\,\mathrm{II}}$ —— 流过外涵的 1 kg 空气总流动损失。

$\sum L_{r\,\mathrm{II}}$ 通常用外涵损失系数评定，其表达式为

$$\eta_{\mathrm{II}}=\frac{c_{9\mathrm{II}}^{2}-c_{0}^{2}}{c_{9\mathrm{II}}^{2}-c_{0}^{2}+2\sum L_{\mathrm{r II}}} \tag{4-24}$$

系数 η_{II} 考虑了外涵从未扰动截面至外涵尾喷管出口截面流道中所有的流动损失。一般 η_{II} 为 0.8 ～ 0.85。将式(4－24) 代入式(4－23)，可得

$$W_{\mathrm{a\,I}}L_{\mathrm{T\,II}}=W_{\mathrm{a\,II}}\frac{c_{9\mathrm{II}}^{2}-c_{0}^{2}}{2\eta_{\mathrm{II}}}$$

即

$$L_{\mathrm{T\,II}}=B\frac{c_{9\mathrm{II}}^{2}-c_{0}^{2}}{2\eta_{\mathrm{II}}} \tag{4-25}$$

联立式(4－22) 和式(4－25)，可得到分别排气涡扇发动机循环功方程为

$$L_{\mathrm{id}}=\frac{c_{9\mathrm{I}}^{2}-c_{0}^{2}}{2}+\frac{B}{\eta_{\mathrm{II}}}\frac{c_{9\mathrm{II}}^{2}-c_{0}^{2}}{2} \tag{4-26}$$

由式(4－26) 可以清楚看出，在涵道比 B 和外涵损失系数 η_{II} 不变条件下，当用于增加外涵道动能的循环功降低时，其用于增加内涵道气流动能的循环功必然增加。那么在什么样的内、外涵气喷管排气速度 $c_{9\mathrm{I}}^{2}$，$c_{9\mathrm{II}}^{2}$ 下，涵道之间的循环功分配为最佳？换句话说，涡扇发动机的单位推力 F_{s} 达到最大值时，涵道间循环功处在怎样的分配比例下呢？下面阐述这个问题。

由单位推力 F_{s} 定义，有

$$F_{\mathrm{s}}=\frac{F}{W_{\mathrm{a\,I}}+W_{\mathrm{a\,II}}}=\frac{W_{\mathrm{a\,I}}F_{\mathrm{s\,I}}+W_{\mathrm{a\,II}}F_{\mathrm{s\,II}}}{W_{\mathrm{a\,I}}+W_{\mathrm{a\,II}}}=\frac{F_{\mathrm{s\,I}}+BF_{\mathrm{s\,II}}}{1+B} \tag{4-27}$$

设内、外涵尾喷管均处于完全膨胀状态，则有

$$F_{\mathrm{s}}=\frac{c_{9\mathrm{I}}-c_{0}+B(c_{9\mathrm{II}}-c_{0})}{1+B} \tag{4-28}$$

对式(4－28) 求导数 $\dfrac{\mathrm{d}F_{\mathrm{s}}}{\mathrm{d}c_{9\mathrm{I}}}$，并令其为 0，则有

$$\frac{\mathrm{d}F_{\mathrm{s}}}{\mathrm{d}c_{9\mathrm{I}}}=\frac{1}{1+B}\left(1+B\frac{\mathrm{d}c_{9\mathrm{II}}}{\mathrm{d}c_{9\mathrm{I}}}\right)=0 \tag{4-29}$$

由于热力循环过程的循环功 L_{id} 不变，因此将式(4－26) 两边同对 $c_{9\mathrm{I}}$ 求导可得

$$\frac{1}{2}\left(2c_{9\mathrm{I}}+2c_{9\mathrm{II}}\frac{B}{\eta_{\mathrm{II}}}\frac{\mathrm{d}c_{9\mathrm{II}}}{\mathrm{d}c_{9\mathrm{I}}}\right)=0 \tag{4-30}$$

由式(4－30) 可得

$$\frac{\mathrm{d}c_{9\mathrm{II}}}{\mathrm{d}c_{9\mathrm{I}}}=-\frac{c_{9\mathrm{I}}}{c_{9\mathrm{II}}}\frac{\eta_{\mathrm{II}}}{B}$$

将其代入式(4－29)，得到对应于 $F_{\mathrm{s}}=F_{\mathrm{s,max}}$ 的速度 $c_{9\mathrm{I}}$ 为

$$c_{9\mathrm{I,opt}}=\frac{c_{9\mathrm{II}}}{\eta_{\mathrm{II}}} \tag{4-31}$$

即在给定的循环功 L_{id}、涵道比 B 和 η_{II} 的条件下，$F_{\mathrm{s}}=F_{\mathrm{s,max}}$ 的物理本质是涡扇发动机在(式4－31) 条件下，其推进效率达到最大值。

在理想循环条件下，气流流过外涵道没有损失，涡扇发动机最大单位推力是在内、外涵尾喷管出口速度相等，即 $c_{9\,\mathrm{I}} = c_{9\,\mathrm{II}}$ 的条件下获得的。

为了保证涵道间循环功按所期望的那样进行最佳分配，必须采取相应的措施，来改变从内涵道燃气流中提取并传给外涵道的能量份额。这可以通过改变涡扇发动机燃气发生器后的涡轮膨胀功来达到。

能量传给外涵道是通过位于外涵道内的风扇压缩外涵道空气来实现的。求得最佳速度 $c_{9\,\mathrm{I}}$，$c_{9\,\mathrm{II}}$ 后，便可以确定风扇外涵压缩功 $L_{\mathrm{K\,II}}$ 及相应的风扇增压比 π_{f}。

为保证内涵尾喷管的出口速度 $c_{9\,\mathrm{I},\mathrm{opt}}$，必然从内涵燃气流提取相应的机械功 $L_{\mathrm{i\,I},\mathrm{opt}}$ 给外涵道，即

$$L_{\mathrm{i\,I},\mathrm{opt}} = L_{\mathrm{id}} - \frac{c_{9\,\mathrm{I},\mathrm{opt}} - c_0^2}{2} \tag{4-32}$$

从内涵道提取的功率应与传给外涵道的功率相等，即

$$W_{\mathrm{a\,I}} L_{\mathrm{i\,I},\mathrm{opt}} = W_{\mathrm{a\,II}} L_{\mathrm{K\,II},\mathrm{opt}} \tag{4-33}$$

即

$$L_{\mathrm{K\,II},\mathrm{opt}} = \frac{1}{B} L_{\mathrm{i\,I},\mathrm{opt}}$$

而 π_{f} 则可由下式求得：

$$L_{\mathrm{K\,II},\mathrm{opt}} = \frac{C_p T_{\mathrm{t2}} \left(\pi_{\mathrm{f}}^{\frac{k-1}{k}} - 1\right)}{\eta_{\mathrm{K\,II}}} \tag{4-34}$$

式中，$\eta_{\mathrm{K\,II}}$ 为风扇外涵道压缩效率。若外涵道压气机的压缩过程为等熵压缩，则由帕努利方程得

$$\Delta T_{\mathrm{t,ad}} = \frac{1}{2C_p}\left(c_{9\,\mathrm{II}}^2 - c_0^2\right) \tag{4-35}$$

而

$$\Delta T_{\mathrm{t,ad}} = T_{\mathrm{t2}}\left(\pi_{\mathrm{f}}^{\frac{k-1}{k}} - 1\right) \tag{4-36}$$

当内、外涵尾喷管处于完全膨胀状态时，

$$F_{\mathrm{s}} = \frac{F}{W_{\mathrm{a\,I}} + W_{\mathrm{a\,II}}} = c_{\mathrm{m}} - c_0 \tag{4-37}$$

而

$$c_{\mathrm{m}} = \frac{c_{9\,\mathrm{I}} + B c_{9\,\mathrm{II}}}{1 + B} \tag{4-38}$$

为发动机平均排气速度。

当循环功在内、外涵道处于最佳分配时，$c_{9\,\mathrm{II}} = \eta_{\mathrm{II}} c_{9\,\mathrm{I}}$，代入式(4－38)得

$$c_{\mathrm{m}} = \frac{1}{1+B}\left(B + \frac{1}{\eta_{\mathrm{II}}}\right) c_{9\,\mathrm{II}} \tag{4-39}$$

联立式(4－35)～式(4－39)，可得在 $F_{\mathrm{s}} = F_{\mathrm{s,max}}$ 的条件下，外涵风扇的增压比为

$$\left(\pi_{\mathrm{f,opt}}\right)^{\frac{k-1}{k}} = 1 + \frac{k-1}{2+(k-1)Ma_0^2}\left\{\frac{(1+B)^2}{\left(B + \frac{1}{\eta_{\mathrm{II}}}\right)^2}\left[\frac{F_{\mathrm{s}}}{\sqrt{kRT_0}} + Ma_0\right]^2 - Ma_0^2\right\} \tag{4-40}$$

图 4-16 所示为由式(4-40)计算出的 $\pi_{f,opt}$ 在不同涵道比 B 下随单位推力 F_s 的变化关系。

在涡扇发动机总增压比和单位推力不变条件下，涵道比 B 愈高，则涡轮前总温 T_{t4} 愈高。文献[1] 给出了在总增压比和单位推力一定的条件下，涵道比 B 对 sfc 和 T_{t4} 的影响，如图 4-17 和图 4-18 所示。从图 4-18 中可看出：

(1) 当单位推力一定时，存在最佳涵道比 B_{opt}，使 sfc 达到最小值；

(2) 随着单位推力增加，其最佳涵道比 B_{opt} 降低，总增压比对 B_{opt} 的影响较小；

(3) 当单位推力较小时，sfc 随 B 的变化曲线在 B_{opt} 附近较为平坦，因此减小 B，并不严重增加 sfc，但可使涡轮前总温 T_{t4} 显著降低；

(4) 不同单位推力下，sfc - B 的变化曲线相互交

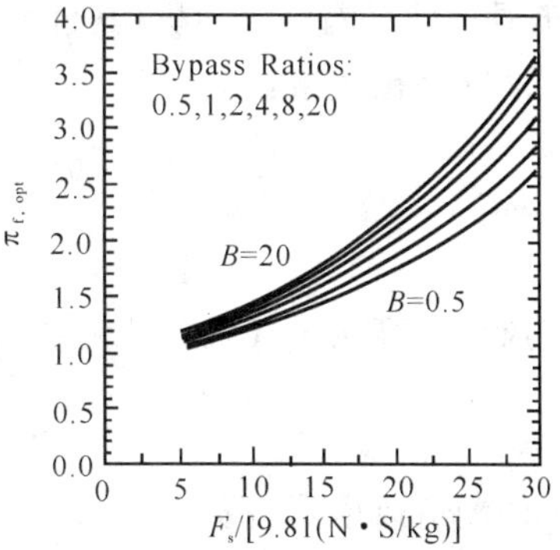

图 4-16　风扇最佳增压比随发动机单位推力的变化关系(H = 11 km, Ma_0 = 0.82)

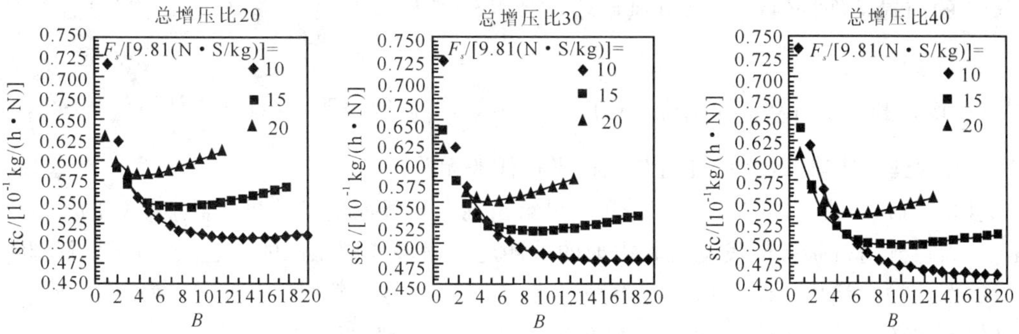

图 4-17　涡扇发动机涵道比 B 对 sfc 的影响(H = 11 km, Ma_0 = 0.82)

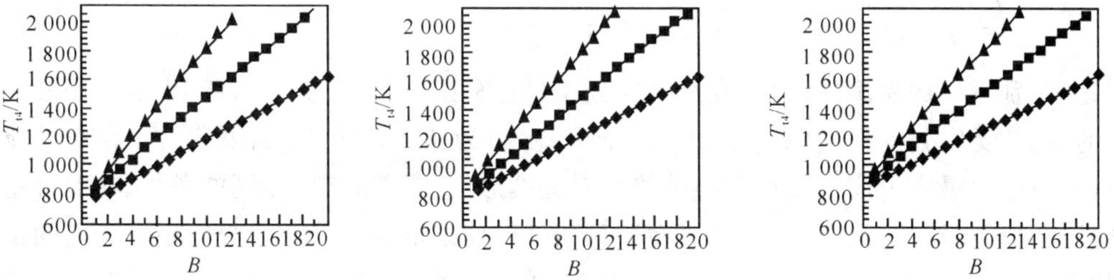

图 4-18　涡扇发动机涵道比 B 对 T_{t4} 的影响(H = 11 km, Ma_0 = 0.82)

叉，这表明，当 B 一定时，存在着使 sfc 达到最小值的单位推力 F_s。

对于混合排气涡扇发动机，其外涵道风扇最佳增压比，可由以下关系式联立确定[2]。

(1) 功率平衡关系：

$$\frac{C_{pg}}{C_p}(T_{t4}-T_{t5})=(T_{t3}-T_{t2})+B(T_{t5\text{II}}-T_{t2}) \tag{4-41}$$

(2) 风扇和高压压气机总压缩功的关系为

$$T_{t3}-T_{t2}=\frac{1}{\eta_c}T_{t2}(\text{OPR}^{\frac{k-1}{k}}-1) \tag{4-42}$$

(3) 外涵道风扇功关系为

$$(T_{t5\text{II}}-T_{t2})=\frac{1}{\eta_f}T_{t2}(\pi_f^{\frac{k-1}{k}}-1) \tag{4-43}$$

(4) 高、低压涡轮总膨胀功关系为

$$T_{t4}-T_{t5}=\eta_t T_{t4}\left[1-\left(\frac{\text{OPR}}{\pi_f}\right)^{\frac{1-k'}{k'}}\right] \tag{4-44}$$

式(4-44)的前提条件是假设外涵道风扇增压比处于最佳值时，混合室外进口内、外涵总压相等。

尽管在设计和非设计状态下，$p_{t5\text{II}}$ 并非与 p_{t5} 相等，但研究表明，在设计点使用 $\frac{p_{t5\text{II}}}{p_{t5}}\approx 1$，所得到的 π_f 值达到最佳值，且这最佳值与飞机飞行任务无关。

将式(4-41)～式(4-44)联立求解，即可给出混合排气涡扇发动机外涵道风扇的最佳增压比 $\pi_{f,\text{opt}}$。为得到与分别排气发动机相类似的外涵道风扇最佳增压比的表达式，对于低涵道涡扇发动机(军用加力涡扇发动机即为此类型)，式(4-41)等号右端第二项与第一项相比影响较小，故可用 k' 近似替代式(4-43)中 π_f 的指数 k。据此可得到关系式为

$$\pi_{f,\text{opt}}^{\frac{k'-1}{k'}}\left(\frac{BT_{t2}}{\eta_f}+\frac{C_{pg}/C_p\eta_t T_{t4}}{\text{OPR}^{\frac{k'-1}{k'}}}\right)=$$

$$\frac{C_{pg}}{C_p}\eta_t T_{t4}-\frac{1}{\eta_c}T_{t2}(\text{OPR}^{\frac{k-1}{k}}-1)+\frac{BT_{t2}}{\eta_f} \tag{4-45}$$

很明显，分别排气的涡扇发动机，在循环功处于最佳分配时，$p_{t5\text{II}}>p_{t5}$，所以，混合排气涡扇发动机的 $\pi_{f,\text{opt}}$ 要比分别排气涡扇发动机的低一些。因为从理论上讲，如果认为不存在气流混合损失，单位推力最大值应该对应于尾喷管出口处两股气流流出速度相同的条件。在混合室外进口处静压总是相等的，$p_{5\text{II}}=p_5$。为了在这种条件下使未混合气流从总喷管中以相同的速度排出，就必须保证 $p_{t5\text{II}}>p_{t5}$。但这对于混合排气的涡扇发动机来说，在混合室进口处，两股气流总压差大是十分不利的，这会引起大的流动损失。因此，在设计条件下，有些混合排气涡扇发动机通常取 $\lambda_\text{I}=\lambda_\text{II}$，使 $p_{t5\text{II}}=p_{t5}$。

从式(4－45)可以看出，$\pi_{f,opt}$ 与发动机工作过程参数 Δ,π,B 及飞行高度有关，但涵道比 B 对其影响最大。B 愈高，从内涵尾喷管流出的速度就愈低，从而需要降低外涵尾喷管的膨胀比，从而使 $\pi_{f,opt}$ 降低。提高涡轮前总温 T_{t4}，通常使循环功增加，使 $\pi_{f,opt}$ 也相应增加，图4－19示出了分别排气涡扇发动机 $\pi_{f,opt}$ 与 B 在3种不同 T_{t4} 值下的变化关系。一般来说，设计过程中所需风扇压气机级数由 $\pi_{f,opt}$ 值确定。很明显，风扇级数随涵道比 B 的增加而减少，随着循环功的增加而增加。通常在 $B<1.0$ 时，风扇级数为3～5级(英国的Spey－MK202，俄罗斯的Ал－31ф发动机)。而在 $B>4.5\sim5$ 时，风扇的级数减小到1级(如乌克兰的Аи－22，美国的AE3007和PW2037等发动机)。

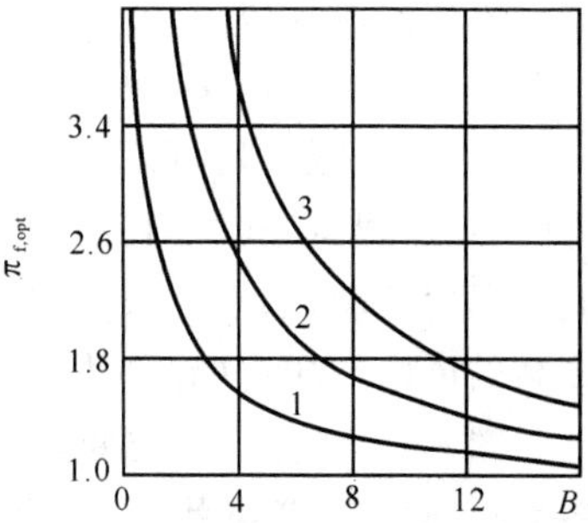

图4－19　涡扇发动机风扇最佳增压比随涵道比变化关系

4.5　航空燃气涡轮发动机的变循环及组合循环概念

发展变循环发动机的主要目的在于：

(1) 降低发动机耗油率和提高推力；

(2) 降低发动机高负荷部件在极端飞行条件下的应力和温度；

(3) 改善飞机非设计点的性能，以满足宽广的飞行包线，大作战半径、高机动性、超/亚声速持续时间长的要求；

(4) 增加飞机生存力——减少红外辐射和雷达散射截面面积，提高飞机的隐身性；

(5) 改善环境——降低噪声和排气污染。

一般来说，变循环燃气涡轮发动机，即是通过改变发动机部件几何形状，调节发动机的基本循环参数，如流量、增压比、涡轮前总温，使发动机在各种飞行状态下都有最佳的热力循环状态，从而对飞机的飞行速度和高度具有良好的适应性。其典型方案有：单涵道变循环发动机、双涵道变循环发动机。

1. 单涵道变循环发动机

单涵道变循环发动机方案，基本上是一种低涵道比的涡扇发动机，在涡轮出口段，加装了变面积涵道引射器(VABI)的可调混合装置，它有一个改变外涵道的气流马赫数的活动流通面积，以控制气流速度，图4－20所示为这种发动机的简单结构。在最大推力和超声速状态下，外涵道关闭，使该发动机处于双轴涡喷发动机工作状态，以提高发动机推

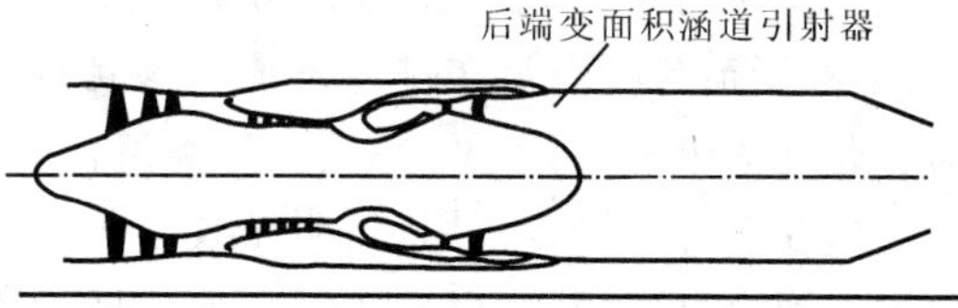

图4－20　单涵道变循环发动机结构简图

力。在起飞和亚声速状态下，外涵道引射器活门打开，使发动机处于涡扇发动机工作状态，以降低发动机燃油消耗率。

2. 双涵道变循环发动机

图 4－21 所示即为典型的双涵道变循环发动机方案。为了提高部分推力状态的大流量能力，降低亚声速状态时的耗油率，这种类型的发动机采用了 2×1 分离风扇形式(前端两级风扇由低压涡轮带动，后端一级风扇连同高压压气机由高压涡轮带动)，由于超声速巡航要求，采用了较高的风扇增压比(π_f 约为 4) 来获得很高的非加力单位推力。

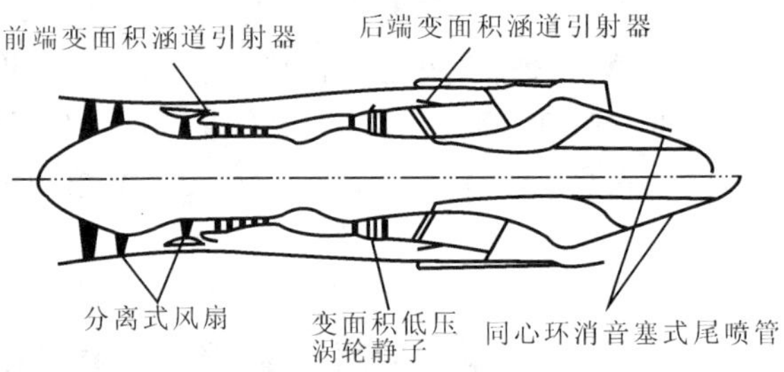

图 4－21 双涵道变循环发动机结构简图

如图 4－22 所示。该类变循环发动机处在最大功率的超声速状态时，为获得高单位推力，发动机作为一台双轴涡喷发动机工作。可变几何部件安排如下：

(1) 前选择活门关闭，风扇出口气流全部进入核心机的风扇级；

(2) 前变面积涵道引射器开启，将多余气流从核心机的风扇后放出以冷却排气系统；

(3) 后变面积涵道引射器关闭，使放出的气流从加力燃烧室套筒外直接进入尾喷管。

因为较高压力的空气在经过加力燃烧室套筒时保持正的静压差，从而改善了它的冷却效果，所以利用这种空气冷却可允许涡轮前总温设计得非常高。涡轮前总温减小了涡轮落压比，提高了尾喷管进口压力，产生了所希望的高单位推力。

当变循环发动机处在部分功率的亚声速状态时，为达到降低单位燃油消耗率目的，发动机作为一台双轴涡扇发动机工作。此时，可变几何部件安排如下：

(1) 前选择活门打开，让一部分气流自前风扇出口从核心机外的涵道流过；选择活门的开度将前风扇的工作状态调节到完全满足进气道匹配要求，并使流入前风扇的空气质量流量与低压涡轮转子转速下降而改变的推力相适应。此外，此活门的开启，也减轻了风扇的负荷，使得发动机处于部分功率状态时，风扇的稳定工作裕度保持适当值。

(2) 前 VABI 关闭，阻止核心机气流进入外涵道。

(3) 后 VABI 打开，使较大量的低压空气进入主排气流。

上述安排可使发动机在部分功率状态下达到亚声速巡航飞行所要求的 0 ～ 0.4 的涵道比。由于外涵道与核心流在排气系统的掺混面上静压要平衡，因此，较低的风扇增压比又使涡轮前总温进一步降低。可见，在这种双涵道模式中，较低的风扇增压比、适当的涵道比和较低的涡轮前总温三者的综合作用，将明显改善非安装耗油率。同时，由于增加了进气道空气质量流量和尾喷管出口面积，所以减小了与油门杆位置相关联的安装损失，降低安装耗油率的潜力是明显的。

图 4 - 22 和图 4 - 23 表示了变循环发动机在以上两种工作模式下的一些优点[3]。为了便于比较，图上还表示出了传统的（不变循环）混合排气涡扇发动机的相应变化。

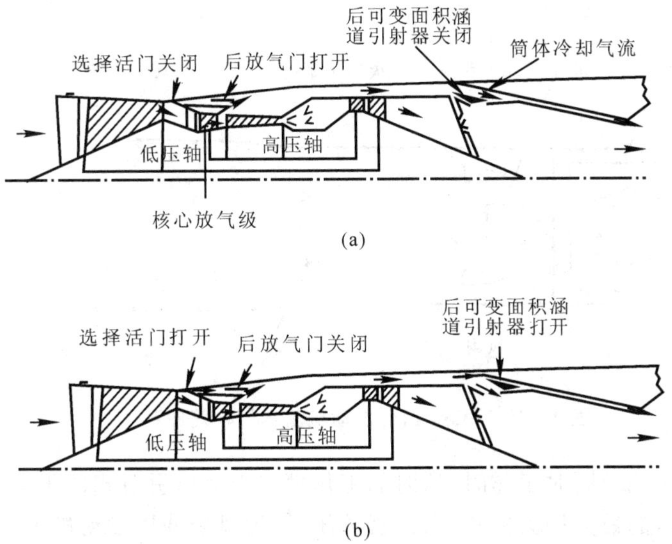

图 4 - 22　变循环发动机改进在亚声速巡航时进气道流量匹配

(a) 涡喷模式；(b) 涡扇模式

该传统的混排涡扇发动机尺寸是按与变循环发动机同一任务要求确定的。如图 4 - 24 所示，尤其是 VCE (Variable-Cycle Engine) 处于涡扇工作模式下，能够使空气质量流量和尾喷管排气面积，在较宽的推力变化范围内，甚至在达到高推重比飞机亚声速巡航时所需的低推力下仍保持不变。这使得双涵道变循环发动机的进气道溢流阻力和后体阻力都减小。

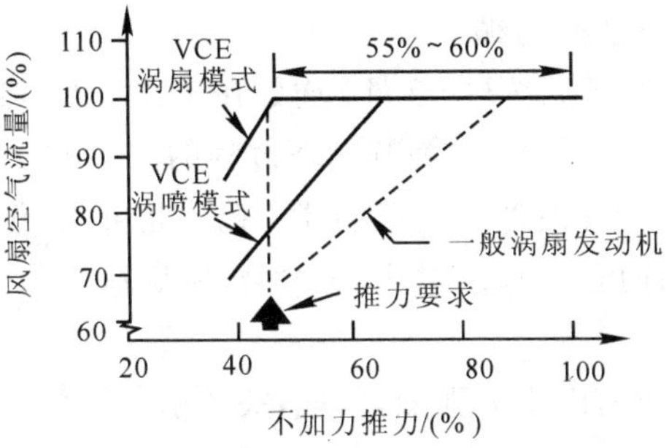

图 4 - 23　亚声速巡航时变循环发动机改善进气捕获流量

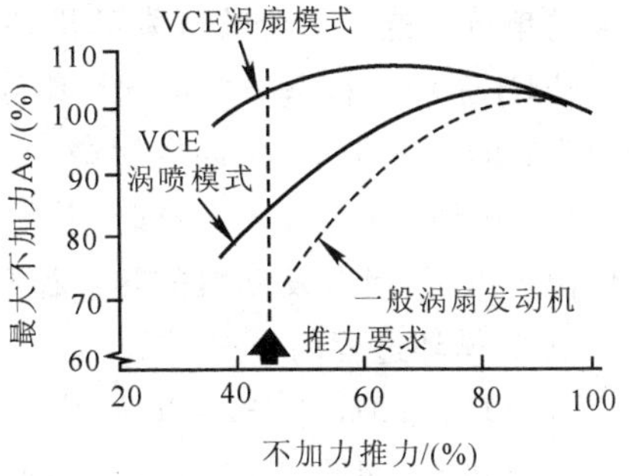

图 4 - 24　亚声速巡航时变循环发动机改善尾喷管尾部阻力

图 4-25 给出了一种航天飞机使用的空气吸入式涡喷/火箭组合发动机基本结构[4]。它的基本循环为增压-引射冲压燃烧喷射(Supercharged Ejector Ramjet Cycle),简称为 SERJ 组合发动机。

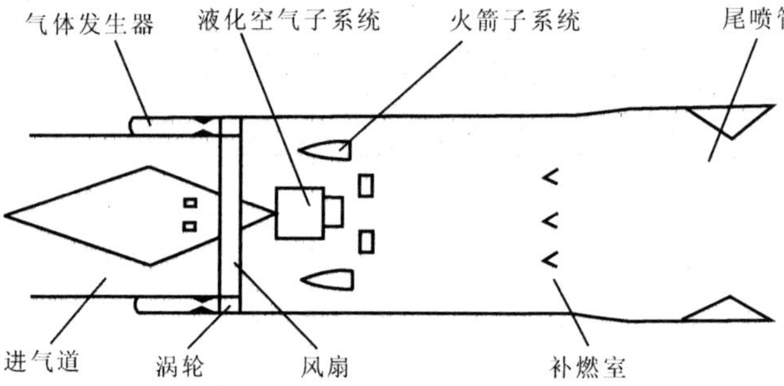

图 4-25 SERJ 组合发动机基本结构简图

当该发动机全部子系统同时工作时,这时的工作模式为增压引射式冲压发动机模式,这是低空状态($Ma_0 < 3.0$)的最大推力模式。引射器关闭后,为风扇冲压发动机工作模式,此时,发动机的推力比增压引射冲压发动机的推力低,但比冲较高。从热力循环角度上说,该模式为涡扇加力工作推进模式。

当飞行器加速到 $Ma_0 = 3.0$ 时,燃气发生器关闭,风扇被移走或处于风车状态,发动机处于冲压工作模式。若要求进一步增加推力,可打开引射器,使其成为引射-冲压发动机工作模式。最后,在高马赫数($Ma_0 = 4.5 \sim 8$)和高空飞行条件下,组合发动机处于火箭发动机模式下工作,这时,进气道关闭,引射器工作,冲压燃烧室停止工作。这一模式一直加速到轨道速度为止。

下面简单分析这类组合喷气发动机各工作模式下的热力循环。

(1) SERJ 循环。当 $Ma_0 < 3.0$ 时,组合发动机所有子系统(或部件)均处在工作状态,热力循环过程为:增压 → 引射 → 冲压燃烧 → 膨胀过程。图4-26(a) 为其循环过程的 $p-v$ 图。

(2) FRJ 循环。当 $Ma_0 = 3.0$ 时,关闭引射器,因为此时冲压增压的能力已经足够大,仅需风扇工作便可以了。组合发动机的热力循环过程为:冲压 → 风扇增压 → 燃烧 → 膨胀过程。图 4-26(b) 为其循环过程的 $p-v$ 图。

(3) RJ 循环。当 $Ma_0 > 3.0$ 以后,由于冲压增压能力已十分强烈,因此,关闭引射器和气体发生器,此时涡轮/风扇不起作用,可把它们移走,组合发动机变成纯粹的冲压发动机。图 4-26(c) 为其循环过程的 $p-v$ 图。

(4) ERJ 循环。在 RJ 循环的基础上,为了进一步增大发动机的推力,可再把引射器打开,使发动机处于引射 — 冲压燃烧 — 膨胀循环过程状态(Ejector Ramjet Cycle)。其循环过程的

$p-v$ 图如图 4-26(d) 所示。

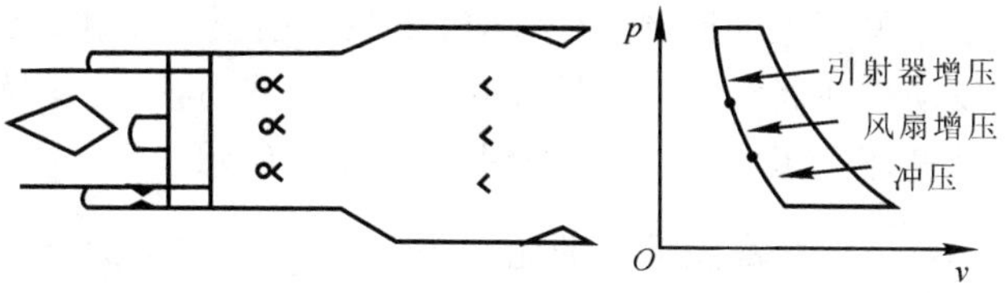

(a)

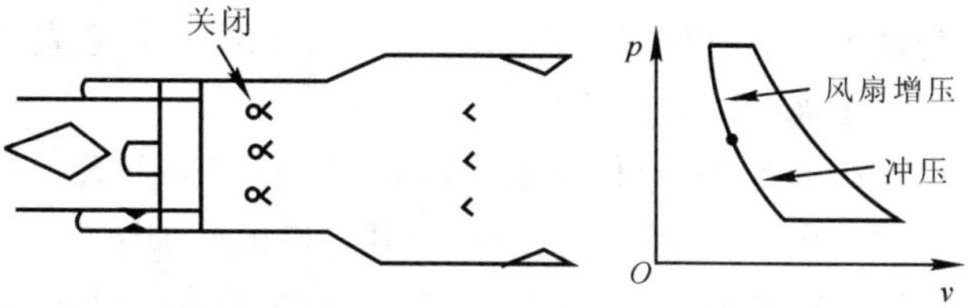

(b)

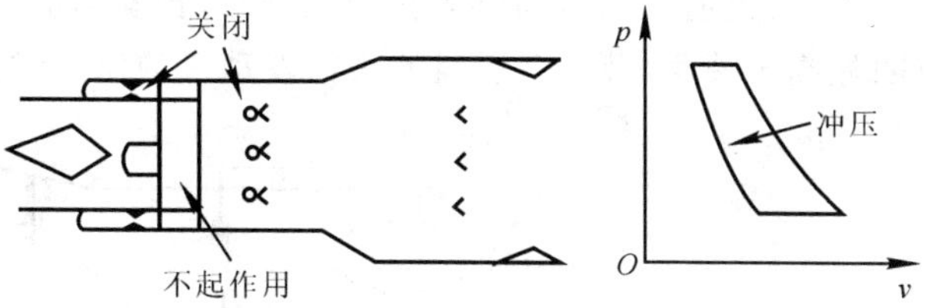

(c)

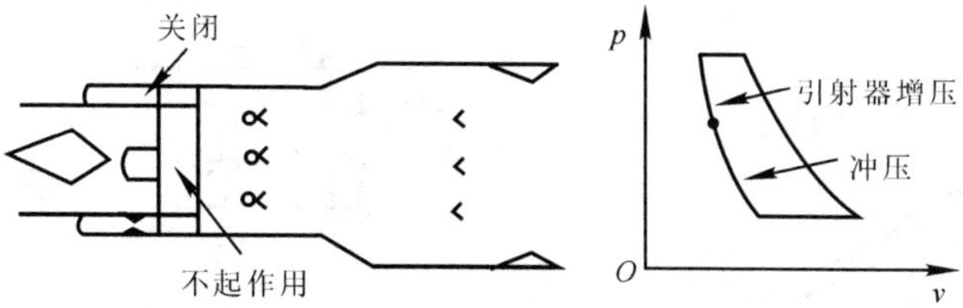

(d)

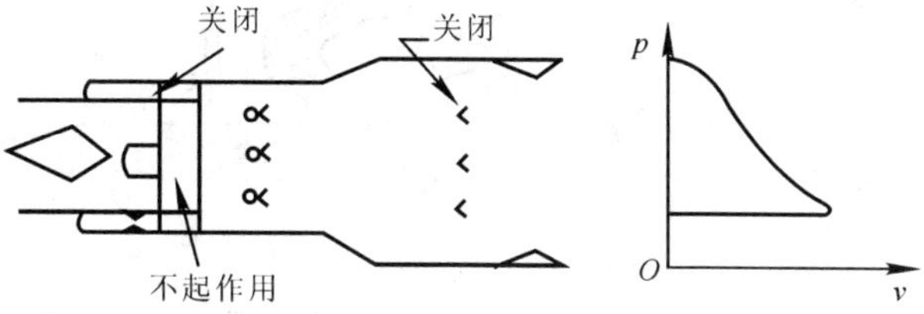

(e)

图 4-26　SERJ 组合发动机复合热力循环过程

(5) RK 循环。当飞行高度较高时($H > 21$ km)，由于大气密度已经很小，利用大气中的氧气的优越性已十分不明显，于是关闭进气道，组合发动机中只有引射器工作，其工作模式相当于火箭发动机。这亦是组合发动机在高空及大气层外时的工作模式。这一工作模式一直持续到飞行器进入预定轨道为止。其循环过程的 $p-v$ 图如图 4-26(e) 所示。

为了充分利用大气中的氧气，以提高发动机的比冲 $I(I=\dfrac{F}{W_f})$，先进的吸气式组合喷气发动机已成为空间轨道点的候选动力装置之一。图 4-27 给出了不同喷气发动机的循环状态下，发动机比冲随飞行马赫数的变化关系[5]。很明显，在 $Ma_0 < 15$ 的情况下涡喷发动机、冲压/超声速燃烧冲压发动机的比冲远远比火箭发动机的高。

图 4-28 所示为美国空军在 20 世纪 80 年代中期优选的 SSTO(Single Stage To Orbit) 的 RBCC(Rocket Based Combined Cycle) 组合发动机系统及其可能的附加子系统[5]。

图 4-28(a) 所示为基本发动机系统 —— 引射超燃冲压喷气推进(Ejector Scramjet)。图 4-28(b) 所示为引入的附加涡扇子系统，以进一步提高组合发动机的比冲。图 4-28(c) 所示为引入的液化空气装置子系统，为火箭发动机提供氧化剂。这些组合发动机的比冲在其工作任务段可达 630 ～ 780 s，也明显高于液氢-液氧双燃料的火箭发动机的比冲(约为 320 s)。

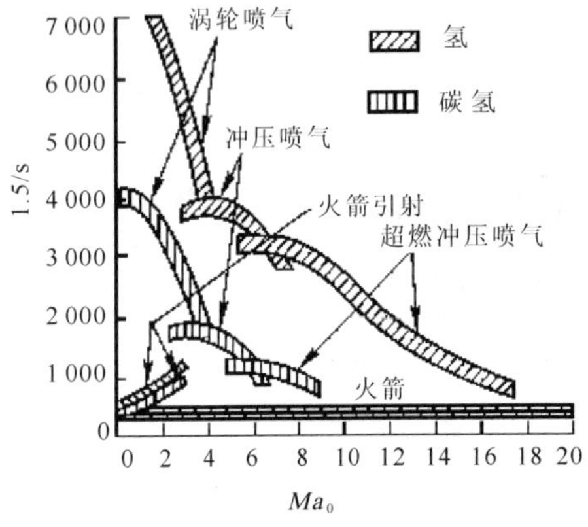

图 4-27　喷气发动机比冲随飞行马赫数 Ma_0 的变化关系

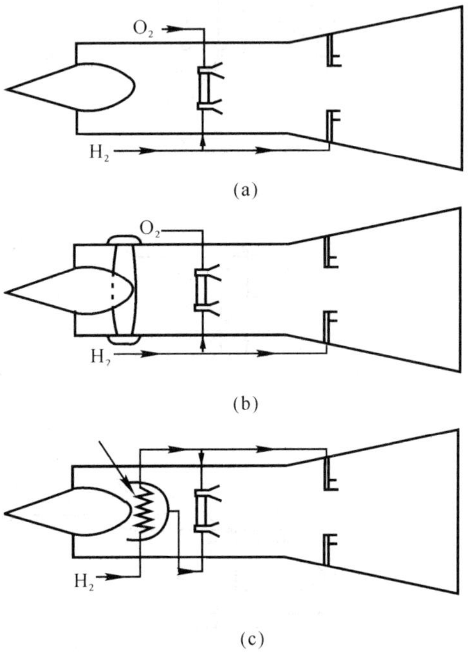

图 4-28　单级入轨的 RBCC 组合发动机系统简图

4.6 小 结

(1) 燃气涡轮发动机的理想热力循环是由两个等熵过程和两个等压过程组成的。循环过程曲线所包围的面积就是理想循环的循环功。不同类型的航空燃气涡轮发动机可视为循环功的应用方式的不同。一般可写为

$$L_{id} = \frac{1}{2}(c_9^2 - c_0^2) + L_{net}$$

式中，L_{ent} 为循环功的输出部分，对燃气涡喷发动机，$L_{net} = 0$；对涡轴发动机，$L_{net} = L_{TZ}$；对涡轮螺桨发动机，L_{net} 中的大部分传至螺旋桨，小部分增加流过发动机的气流动能；对于涡扇发动机，L_{net} 用来驱动外涵道风扇。

(2) 理想循环功 $L_{id} = C_p T_0(e-1)(\Delta/e-1)$，循环增压比和加热比是影响理想循环功的两个主要参数。

(3) 对于理想循环，存在使 L_{id} 最大的最佳增压比 π_{opt}，该最佳增压比随加热比的增加而加大。相应的最大循环功为

$$L_{id,max} = C_p T_0(\sqrt{\Delta} - 1)^2$$

(4) 理想循环的热效率只取决于增压比 π，而与加热比无关

$$\eta_{ti} = 1 - \frac{1}{\pi^{\frac{k-1}{k}}}$$

(5)π，Δ 对实际循环有效功的影响与对理想循环功的影响在定性方面是相类似的。

(6) 与理想循环不同，实际循环热效率不仅与 π 有关，而且与加热比 Δ 有关。实际循环不仅存在最佳增压比 π_{opt}，而且还存在使实际循环热效率最大的增压比 π'_{opt}，并且 π'_{opt} 大于 π_{opt}。

(7) 中间复燃加力的加力式燃气涡轮发动机可以增加循环功，但其循环的热效率总是低于相应的不加力燃气涡轮发动机循环的热效率。加力式燃气涡轮发动机的理想循环只有一个最佳增压比 π_{opt} 对应着最大循环功和最大热效率。

(8) 变循环及组合循环喷气发动机是一种在燃气涡轮发动机热力循环的基础上，为改善发动机在宽广工作条件下的性能而发展起来的新型热力循环，它通过改变流路几何形状，或者通过改变热力循环模态，从而达到变循环或组合热力循环，以实现提高循环效率或增大循环功，进一步提高发动机推力或降低燃油消耗率的目的。

习 题

1. 假设在标准大气条件下 $T_0 = 288$ K，发动机增压比 $\pi = 40$，涡轮进口前总温 $T_{t4} =$ 1 700 K，试计算理想循环的热效率和理想循环的循环功。

2. 在题 1 条件下，计算压缩终了时的总温和在燃烧室中对每千克空气的加热量。

3. 假定循环加热比 $\Delta=5.9$，计算燃气涡轮发动机最佳增压比、相应的最大循环功和循环热效率。

4. 分析实际循环的最佳增压比小于理想循环最佳增压比的原因。

5. 为什么实际循环的最经济增压比大于其最佳增压比？

6. 实际循环的热效率为什么与循环加热比 Δ 有关？在其他参数不变时，为什么循环加热比 Δ 愈大，实际循环的热效率愈大？最佳增压比也愈大？

7. 为什么加力式燃气涡轮发动机在给定加力燃烧室出口总温时，只存在一个 π_{opt} 对应最大循环功和最大热效率？为什么加力式燃气涡轮发动机加力时的热效率总是低于相应的非加力状态下的热效率？

8. 为了提高燃气涡轮发动机的性能，为什么要设法提高涡轮前总温？又为什么在提高涡轮前总温的同时要增大压气机的设计增压比？

9. 何谓变循环燃气涡轮发动机？它具有什么样的优点？变循环随飞行状态变化的规律是什么？

10. 为什么燃气涡轮发动机的比冲要比火箭发动机的比冲高得多？从起飞到进入轨道组合，循环推进系统各子系统是如何进行协调工作的？

第 5 章　航空燃气涡轮发动机设计点气动热力计算与分析

上一章对燃气涡轮发动机的热力循环进行了分析，我们知道了燃气涡轮发动机的工作过程参数，如压气机增压比、风扇增压比、涵道比和涡轮进口总温对发动机单位推力和单位燃油消耗率等性能参数的影响。但是，在设计发动机时，如何选择参数，仅仅根据这些定性分析是不够的。设计一台新的发动机还必须进行许多精确的气动热力计算工作，其中首先需要进行的是发动机设计点的气动热力计算。

5.1　设计点气动热力计算的目的

设计发动机时，对发动机性能要求通常是由飞机设计部门提出的。飞机设计部门根据所设计飞机的战术技术要求，选定若干典型的飞行状态，提出对发动机的要求。比如为了保证某型歼击机的作战性能，要求发动机在某一飞行高度以某一飞行马赫数飞行时，发动机的推力应该是多少，推重比应该是多少，耗油率应该是多少，等等。当这台发动机在另一飞行高度以另一飞行马赫数巡航飞行时，发动机推力、推重比和耗油率又应该是多少，等等。此时，发动机设计部门选定其中的一个主要状态作为发动机的设计、计算状态。为达到飞机设计部门的要求，根据部件设计已达到的水平和科学研究的新成果及可能采用的新技术，选定部件的效率或总压恢复系数，同时选取不同的压气机增压比、风扇增压比、涵道比和涡轮进口总温的组合，进行这一设计状态下的气动热力计算。根据计算结果，选取最合理的发动机工作过程参数作为发动机的设计参数。

由此可见，发动机设计点是指：给定飞行和大气条件（飞行高度、飞行马赫数和大气温度、压力和湿度），并在此条件下选定满足单位性能参数要求（如单位推力和单位燃油消耗率等）的发动机工作过程参数，进一步依据推力（或功率）要求确定通过发动机的空气质量流量和特征尺寸（如涡轮导向器和尾喷管喉部面积）。

设计点热力计算的目的在于：对选定的发动机工作过程参数（如 π_C，T_{t4}，B 等）和部件效率或损失系数，计算 0—0 截面至 9—9 截面的气流参数以获得发动机单位性能参数随工作过程的变化规律。

发动机设计点热力计算的已知条件是：

（1）给定的飞行条件和大气条件：飞行高度 H 和飞行马赫数 Ma_0，大气温度、大气压力和大气湿度。通常使用国际标准大气条件（大气压力为 $1.013\,25\times10^5$ Pa，大气温度为 288.15 K，干空气）计算发动机的性能。

（2）在给定的飞行条件和大气条件下，对发动机的性能要求，如推力、单位推力和单位燃油消耗率的具体值等。

（3）根据发动机的类型不同，选择其一组工作过程参数：压气机增压比、外涵风扇增压比、涵道比、涡轮前总温和加力燃烧室出口温度等。

（4）预计的发动机各部件效率或损失系数等。

在给定的飞行条件和大气条件下，每选一组工作过程参数都有对应的发动机单位性能参数，同时也都对应着一台发动机硬件。

当然，实际上一台新的发动机最终设计不可能仅仅取决于设计点的性能，而且还取决于飞行包线内其他飞行条件下（非设计点）的性能。发动机设计点热力计算的重要作用是：

（1）只有进行了设计点的热力计算，确定了发动机的特征尺寸之后才能进行发动机的非设计点热力计算，以确定发动机非设计点的性能。

（2）完成设计点的热力计算之后，可望初步确定满足飞行任务要求的发动机设计参数选择的大致范围。

5.2　等熵绝热过程的计算方法

在发动机实际循环过程中，实际的压缩和膨胀过程均是多变过程，要确定其出口的压力和温度须借助于等熵绝热过程的计算方法。根据熵的定义，有

$$ds = \frac{dq}{T} = \frac{C_p dT - v dp}{T} = C_p \frac{dT}{T} - R \frac{dp}{p}$$

当工质由等熵绝热过程从状态 1 到状态 2 时，对上式积分得

$$s_2 - s_1 = \int_{T_1}^{T_2} \frac{C_p}{T} dT - R\ln \frac{p_2}{p_1} = 0$$

即

$$\int_{T_1}^{T_2} \frac{C_p}{T} dT = R\ln \frac{p_2}{p_1} \qquad (5-1)$$

由式(5－1)可知，在等熵绝热过程中，压力 p 和温度 T 之间的关系与定压比热 C_p 有关。

由于工质（空气或燃气）的比热随温度和气体成分而变化，因此在等熵绝热过程中温度 T 和压力 p 之间的关系较为复杂。一般来说，在等熵绝热过程中的实际计算中，根据对比热的不同处理方法，产生若干种不同的计算方法。

一、分段定比热方法

分段定比热方法是粗略地将发动机热力过程各部分的比热和比热比分别看做是固定不变的，如空气在压气机压缩过程中，$k = 1.4$，$C_p = 1\,005$ J/(kg·K)，燃气在涡轮膨胀过程中 $k_g =$

1.3，$C_{pg}=1\ 245\ \mathrm{J/(kg \cdot K)}$。在实际计算时，为比较准确起见，还可以根据需要把分段的范围取得更小一些，如将低压压气机和高压压气机和高、低压涡轮进一步分段进行分别计算。

采用分段定比热的方法后，由于各部件等熵绝热过程的比热和比热比为常数，式(5-1)即为

$$C_p \ln \frac{T_2}{T_1} = R\ln \frac{p_2}{p_1}$$

等熵过程方程为

$$\frac{T_2}{T_1} = \left(\frac{p_2}{p_1}\right)^{(k-1)/k} \tag{5-2}$$

这种方法最简单，但计算精度较差。

二、分段平均比热法

分段平均比热法是取工质经过某一部分始末状态的比热平均值作为该过程的比热。等熵绝热过程方程同式(5-2)。这种方法比分段定比热方法准确，但仍是一种近似计算方法。

在大多数情况下，由于过程末状态往往不能事先知道，因此在第一遍计算时须先假设过程中的平均比热，然后进行迭代计算，一般只要进行两至三次迭代就能达到足够的精度。

三、变比热法

随着计算机的普及和迅速发展，更为准确的变比热计算方法已经得到了广泛的应用。

由式(5-1)可见，式中积分项$\int_{T_1}^{T_2} \frac{C_p}{T}\mathrm{d}T$的值只与过程的始末温度有关，因此可以定义

$$\int_{T_1}^{T_2} \frac{C_p}{T}\mathrm{d}T = \phi(T_2) - \phi(T_1) \tag{5-3}$$

式中，ϕ 函数是工质的状态参数，是温度的单值函数。

根据式(5-1)和式(5-3)，可以得到

$$\phi_2 - \phi_1 = R\ln\left(\frac{p_2}{p_1}\right) = R\ln\pi \tag{5-4}$$

式中，$\pi = \frac{p_2}{p_1}$，为状态1到状态2过程的压力比。

为了方便计算，将自然对数改为常用对数，即

$$\phi_2 - \phi_1 = \frac{R}{\lg e}\lg\pi \tag{5-5}$$

令 $\psi = \frac{\lg e}{R}\phi$，称之为熵函数，并将其代入式(5-5)，得

$$\psi_2 - \psi_1 = \lg\pi \tag{5-6}$$

式(5-4)和式(5-6)便是变比热法中等熵绝热过程的基本方程。

这个方法相应的空气和燃气热力性质表可参阅文献[6]，该表给出了不同温度下空气的 C_p、焓 h 和熵函数 ψ 值。若已知等熵绝热过程的压力比 π 和初始状态的温度，即可由气体热力性质表和以上等熵绝热过程的基本方程求得末状态的温度。

关于燃气的计算，文献[6] 采用下列修正公式：

$$C_{pg} = C_p + \frac{f}{1+f}\theta C_p \tag{5-7a}$$

$$h_g = h + \frac{f}{1+f}\theta_h \tag{5-7b}$$

$$\psi_g = \psi + \frac{f}{1+f}\theta_\psi \tag{5-7c}$$

式中，f 为油气比；θ_{C_p}，θ_h，θ_ψ 为修正系数，它们仅是温度 T 的函数，可以从文献[6] 的热力性质表或文献[7] 的附表中查得。基于文献[7]，本书附录 1 中也列出了空气和燃气热力性质分段拟合关系式，供计算时参考。

5.3　燃烧室油气比的计算方法

在热力计算中，需要根据燃烧室进口总温 T_{t3}、出口总温 T_{t4}、燃烧效率 η_b 和燃油热值 H_u，计算油气比 f。

图 5-1 给出了燃烧室能量平衡示意图。图中：

W_{3a}，W_f—— 进入燃烧室的空气质量流量和燃油质量流量；

T_{t3}，T_{t4}，T_f—— 燃烧室进、出口总温和燃油进口温度；

η_b，H_u—— 燃油燃烧效率和燃料的低热值。

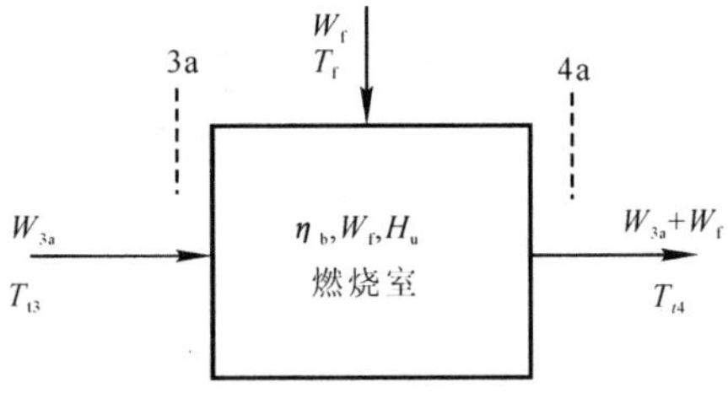

图 5-1　主燃烧室能量平衡关系

由能量守恒定律，忽略燃油进口的焓，很容易列出燃烧室能量平衡关系式为

$$C_{pg}(W_{3a}+W_f)T_{t4} = C_p W_{3a} T_{t3} + \eta_b W_f H_u$$

由油气比定义 $f = W_f/W_{3a}$，上式即为

$$f = \frac{C_{pg}T_{t4} - C_p T_{t3}}{\eta_b H_u - C_{pg} T_{t4}} \tag{5-8}$$

由于燃烧产物的比热 C_{pg} 是随油气比 f 而变化，因此用式(5-8) 计算油气比，必须经历一个迭代过程。文献[6] 提供了两种避免迭代的计算方法。

一、等温焓差法

文献[6] 中在计算油气比时，引用了等温焓差的概念。等温焓差定义为 1 kg 燃油与 L_0 千克空气完全燃烧所产生的纯燃气与 L_0 千克在同温度下的纯空气的焓差，即：$H=(1+L_0)h_{\alpha=1}-L_0h_a$。经对燃烧室能量守恒方程按等温焓差的概念重新整理后，得

$$f=\frac{C_pT_{t4}-C_pT_{t3}}{\eta_bH_u-H_4+C_pT_{t3}} \tag{5-9a}$$

式中，H_4 为温度为 T_{t4} 时的等温焓差，可以从文献[7]的附录 2 中查得，表中所列的等温焓差 $H=f(T)$ 是以含碳 86%、含氢 14% 的煤油为燃料制成的。

用这种方法进行计算时，已知温度 T_{t3}，T_{t4}，欲求油气比 f 比较容易。计算主燃烧室油气比 f 的拟合关系式（见文献[7]）为

$$f=\theta_f[(-0.0110966+0.197799\times10^{-4}T_{t4}+0.495727\times10^{-8}T_{t4}^2+(5-0.01T_{t3})\times(0.00258+0.2\times10^{-6}T_{t4})] \tag{5-9b}$$

式中，θ_f 为油气比修正系数（修正燃烧效率和燃料热值），其计算式为

$$\theta_f=\frac{0.97\times42900}{\eta_bH_u}=\frac{41613}{\eta_bH_u} \tag{5-9c}$$

若已知 T_{t3} 和油气比 f，欲求温度 T_{t4}，则需要进行迭代计算，先假设一个 T_{t4} 值求出油气比 f，再逐步修正 T_{t4} 值使 f 逼近已知值。

二、有效热值法

用文献[6]中的数法计算油气比时，引入了有效热值的概念。有效热值定义为单位质量燃油提供给工质空气的净热值，记为 ECV。燃烧室能量方程为

$$C_pT_{t4}-C_pT_{t3}=f\cdot\mathrm{ECV} \tag{5-10}$$

由此可得油气比公式为

$$f=\frac{C_pT_{t4}-C_pT_{t3}}{\mathrm{ECV}} \tag{5-11}$$

用式（5-11）计算油气比的关键在于确定有效热值 ECV。

文献[7]给出了 ECV 计算关系式，并给出了理想条件下燃料的 $(\mathrm{ECV})_i$，根据给定的燃烧效率 η_b 和燃料热值 H_u 进行计算。有效热值的计算式为

$$(\mathrm{ECV})=(\mathrm{ECV})_i+\eta_bH_u-43105.9 \tag{5-12}$$

式中，$(\mathrm{ECV})_i$ 为本书附录表中查得的有效热值。

有效热值法具体计算方法如下：

对于主燃烧室，若已知温度 T_{t3}，T_{t4}，欲求油气比 f，则可根据 T_{t4} 从附录查得 $(\mathrm{ECV})_i$，根据给定的 η_b 和 H_u，由式（5-12）算得 ECV 值。最后代入式（5-11），即可求得油气比 f。

若已知温度 T_{t3} 和油气比 f 欲求 T_{t4}，则须先试取 T_{t4} 值，用上述方法算得油气比 f，进行多次迭代，使计算得到的 f 值与给定值相差不超过规定的小量 ε 为止。

对于加力燃烧室，由于进入加力燃烧室的气体已经是燃气，因此即便是已知加力燃烧室进、出口温度 T_{t6}，T_{t7}，欲求加力燃烧室油气比 f_{ab} 也需要进行迭代计算，不能用有效热值而必

须用燃气焓值来进行计算。但作为第一步，首先应根据加力温升用下式有效热值法先估计一个油气比，即

$$f_{\mathrm{ab},0}=\frac{C_{pg}T_{\mathrm{t7}}-c_{pg}T_{\mathrm{t6}}}{(\mathrm{ECV})_7}$$

有了加力燃烧室进出口的温度和油气比，然后按加力燃烧室能量平衡方程求得新的加力燃烧室油气比 f_{ab}，其计算式为

$$f_{\mathrm{ab}}=\frac{[(1+f+f_{\mathrm{ab},0})C_{pg}T_{\mathrm{t7}}-(1+f)C_{pg}T_{\mathrm{t6}}]}{\eta_{\mathrm{b,ab}}H_{\mathrm{u}}} \tag{5-13}$$

规定 $|f_{\mathrm{ab}}-f_{\mathrm{ab},0}|\leqslant\varepsilon$，否则令 $f_{\mathrm{ab},0}=f_{\mathrm{ab}}$，重新根据新的油气比，计算新的燃气比热 C_{pg}，并代入式(5-13)重新进行计算。

若已知温度 T_{t6}，f 和加力燃烧室油气比 f_{ab}，欲求 T_{t7}，则需先试取 T_{t7}，再用上方法算得油气比 f_{ab}，进行多次迭代，使计算得到的 f_{ab} 值与给定值相差不超过某规定的小量 ε 为止。

5.4 燃气涡轮发动机设计点气动热力计算

为详细阐述燃气涡轮发动机设计点气动热力的定比热和变比热计算过程，下面分别给出两个具体算例。

一、混合排气涡扇发动机设计点分段定比热气动热力计算过程[8]

1. 基本假设

(1) 气体是完全气体，流动是一维定常的；

(2) 气流流经进气道、风扇、高压压气机、涡轮和尾喷管时具有各自定压比热容 C_p、定容比热容 C_V 和比热比 k；

(3) 气流流过燃烧室、加力燃烧室和混合室时，C_p，C_V 和 k 值是变化的。

2. 截面符号

对混合排气加力涡扇发动机使用如图 5-2 所示的截面符号。

3. 主要计算步骤及公式

假设设计点飞行条件为

飞行马赫数： $Ma_0=1.6$；

飞行高度： $H=11\ \mathrm{km}$。

相应的标准大气条件为

温度： $T_0=216.7\ \mathrm{K}$；

压力： $p_0=0.227\times10^5\ \mathrm{Pa}$。

选取的发动机工作过程参数为

涵道比： $B=0.4$；

风扇（低压压气机）增压比： $\pi_{CL}=3.8$；

高压压气机增压比： $\pi_{CH}=4.474$；

总增压比： $\pi_{C}=17.0$；

燃烧室出口总温： $T_{t4}=1\ 800\ K$；

加力燃烧室出口总温： $T_{t,ab}=2\ 000\ K$。

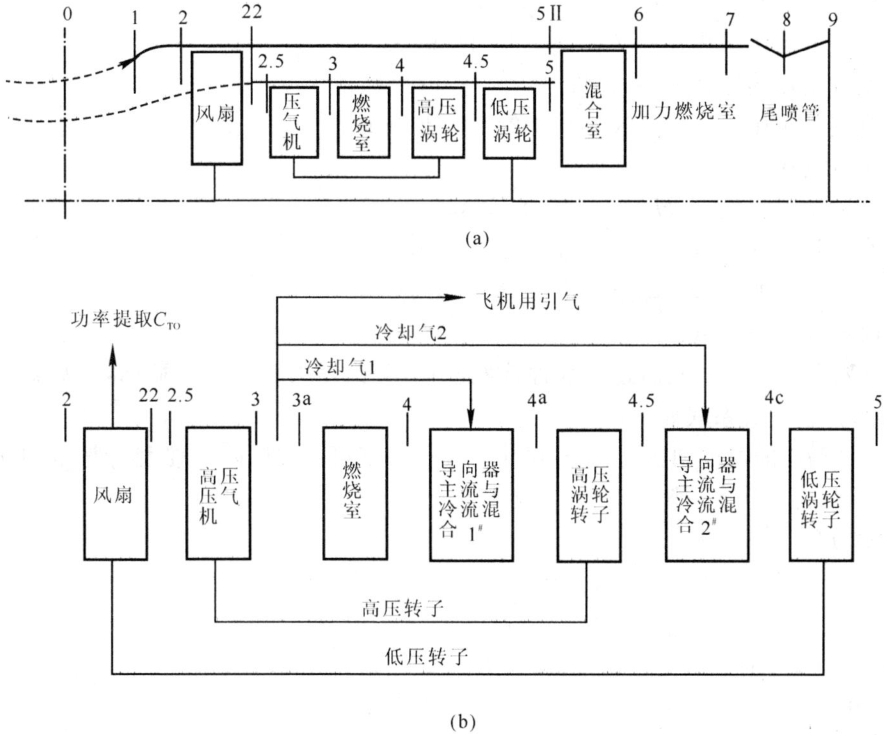

图 5-2　混合排气加力涡扇发动机气动热力计算截面及冷却气流分配关系

预计的部件效率或损失系数为

进气道总压恢复系数： $\sigma_{i}=0.97$；

风扇绝热效率： $\eta_{CL}=0.868$；

高压压气机效率： $\eta_{CH}=0.878$；

主燃烧效率： $\eta_{b}=0.98$；

主燃烧室总压恢复系数： $\sigma_{b}=f(\mu_{0})$；

高压涡轮效率： $\eta_{TH}=0.89$；

低压涡轮效率： $\eta_{TL}=0.91$；

混合室总压恢复系数： $\sigma_{m}=0.97$；

加力燃烧效率： $\eta_{b,ab}=0.97$；

加力燃烧室总压恢复系数： $\sigma_{b,ab}=0.96$；

尾喷管总压恢复系数： $\sigma_{e}=0.98$；

高压轴机械效率： $\eta_{mH}=0.98$；

低压轴机械效率： $\eta_{mL}=0.98$；

相对功率提取系数： $C_{T0}=3.0\ kJ/kg$；

空气的定压比热容： $C_p=1\ 005\ J/(kg\cdot K)$；

空气的比热比： $k=1.4$；

燃气的定压比热容： $C_{pg}=1\ 244\ J/(kg\cdot K)$；

燃气的比热比： $k_g=1.3$；

燃油的低热值： $H_u=42\ 900\ kJ/kg$；

高压涡轮的相对冷却空气量： $\delta_1=5\%$；

低压涡轮的相对冷却空气量： $\delta_2=5\%$；

飞机相对引气量： $\beta=1.0\%$。

设计点热力计算从 0 截面逐个部件依次进行，直到尾喷管出口 9 截面，然后再计算总性能。主要步骤及计算关系式如下：

(1) 0—0 截面的温度和压力。根据给定的飞行高度可以查国际标准大气表，得到大气温度 T_0(静温) 和大气压力 p_0(静压)，或由下式计算：

当 $H\leqslant 11$ km 时

$$T_0=(288.15-6.5H)K \tag{5-14}$$

$$p_0=101\ 325(1-H/44.308)^{5.255\ 3}\ Pa \tag{5-15}$$

当 $H\geqslant 11$ km 时

$$T_0=216.7\ K \tag{5-16}$$

$$p_0=0.227e^{\frac{11-H}{6.338}}\times 10^5\ Pa \tag{5-17}$$

在本实例中

$$T_0=216.7\ K$$

$$p_0=0.227\times 10^5\ Pa$$

$$a_0=\sqrt{kRT_0}=\sqrt{1.4\times 287\times 216.7}=295\ m/s \tag{5-18}$$

0—0 截面气流速度为

$$c_0=a_0\times Ma_0=295\times 1.6=472\ m/s$$

由静温、静压和给定的飞行马赫数，计算 0—0 截面的总压和总温分别为

$$p_{t0}=p_0\left(1+\frac{k-1}{2}Ma_0^2\right)^{\frac{k}{k-1}}=$$

$$22\ 700(1+0.2\times 1.6^2)^{3.5}=0.964\ 8\times 10^5\ \text{Pa} \tag{5-19}$$

$$T_{t0}=T_0\left(1+\frac{k-1}{2}Ma_0^2\right)=216.7(1+0.2\times 1.6^2)=327.57\ \text{K} \tag{5-20}$$

(2) 进气道出口总压和总温。进气道出口总压恢复系数 σ_i 可按下式近似估算：

当 $Ma_0\leqslant 1.0$ 时　　$\sigma_i=0.97$

当 $Ma_0>1.0$ 时　　$\sigma_i=0.97[1.0-0.075(Ma_0-1)^{1.35}]=$

$$0.97[1-0.075(1.6-1)^{1.35}]=0.933\ 5 \tag{5-21}$$

总压　　$$p_{t2}=\sigma_i\times p_{t0}=0.933\ 5\times 96\ 480=0.9\times 10^5\ \text{Pa} \tag{5-22}$$

总温　　$$T_{t2}=T_{t0}=327.57\ \text{K} \tag{5-23}$$

(3) 风扇出口参数。

风扇出口总压为

$$p_{t,22}=p_{t2}\times\pi_{CL}=90\ 060\times 3.8=3.42\times 10^5\ \text{Pa} \tag{5-24}$$

风扇出口总温为

$$T_{t,22}=T_{t2}[1+(\pi_{CL}^{\frac{k-1}{k}}-1)/\eta_{CL}]=$$

$$327.57\left(1+\frac{3.8^{0.285\ 7}-1}{0.868}\right)=502.85\ \text{K} \tag{5-25}$$

风扇每千克空气所消耗的功为

$$L_{CL}=C_p(T_{t22}-T_{t2})=1\ 005(502.85-327.57)=176\ 160\ \text{J/kg} \tag{5-26}$$

(4) 高压压气机出口总压和总温。近似认为高压压气机进口总压等于风扇出口总压，故

总压　　$$p_{t3}=p_{t,22}\times\pi_{CH}=3.42\times 10^5\times 4.474=15.30\times 10^5\ \text{Pa} \tag{5-27}$$

总温　　$$T_{t3}=T_{t22}\left(1+\frac{\pi_{CH}^{\frac{k-1}{k}}-1}{\eta_{CH}}\right)=$$

$$502.85\left(1+\frac{4.474^{0.285\ 7}-1}{0.878}\right)=808.84\ \text{K} \tag{5-28}$$

压气机每千克空气所消耗的功为

$$L_{CH}=C_p(T_{t3}-T_{t22})=1\ 005(808.84-502.85)=307\ 520\ \text{J/kg} \tag{5-29}$$

(5) 主燃烧室出口参数。由前面所得到的式(5-8)，可得到燃烧室油气比 f 为

$$f=\frac{C_{pg}T_{t4}-C_pT_{t3}}{\eta_b H_u-C_{pg}T_{t4}}=\frac{1.224\times 1\ 800-1.005\times 808.84}{0.98\times 42\ 900-1.244\times 1\ 800}=0.035\ 8 \tag{5-30}$$

式中，油气比 f 定义为

$$f=W_f/W_{3a}$$

总压　　$$p_{t4}=p_{t3}\sigma_b=15.3\times 10^5\times 0.97=14.84\times 10^5\ \text{Pa} \tag{5-31}$$

总温　　$$T_{t4}=1\ 800\ \text{K}(\text{选定值})$$

(6) 高压涡轮出口参数。冷却高压涡轮的空气从高压压气机出口引出，如图5-3和图5-4所示。冷却空气量为 $W_C\delta_1$，W_C 为流过高压压气机的空气质量流量。这部分空气用来冷却高压

涡轮导向器和转子叶片。热力计算时，假设冷却空气和主流在 1# 混合器中混合后进入涡轮转子做功，混合后总温由能量平衡求得，而混合后总压认为等于混合前主流总压。

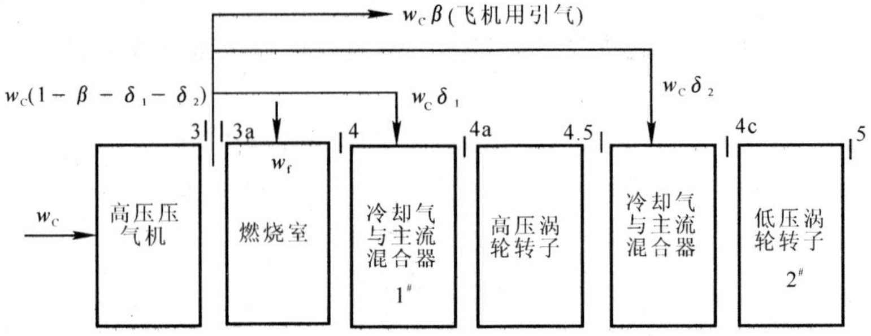

图 5-3　冷却气流在高压涡轮中分配关系

$$W_3 = W_C;W_{3a} = W_C(1-\beta-\delta_1-\delta_2);\ W_4 = W_C(1-\beta-\delta_1-\delta_2)(1+f);$$

$$W_{4a} = W_{4,5} = W_C[(1-\beta-\delta_1-\delta_2)(1+f)+\delta_1];\ W_{4C} = W_5 = W_C[(1-\beta-\delta_1-\delta_2)(1+f)+\delta_1+\delta_2]$$

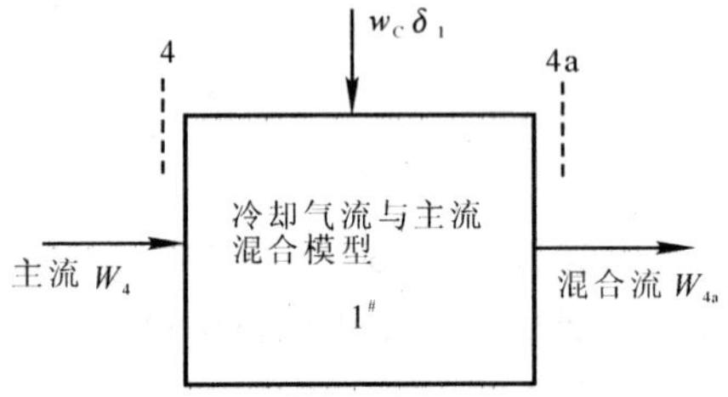

图 5-4　冷却气流在高压涡轮中的混合模型

混合前后的能量平衡关系为(见图 5-4)

$$C_pW_3\delta_1T_{t3}+C_{pg}W_4T_{t4} = C_{pg}W_{4a}T_{t4a}$$

由此可得

$$\tau_{m1} = \frac{T_{t4a}}{T_{t4}} = \frac{(1-\beta-\delta_1-\delta_2)(1+f)+C_p\delta_1T_{t3}/(C_{pg}T_{t4})}{(1-\beta-\delta_1-\delta_2)(1+f)+\delta_1} =$$

$$\frac{(1-0.01-0.05-0.05)(1+0.035\ 8)+1.005\times0.05\times808.84/(1.244\times1\ 800)}{(1-0.01-0.05-0.05)(1+0.035\ 8)+0,05} = 0.967 \tag{5-32}$$

$$T_{t4a} = T_{t4}\tau_{m1} = 1\ 800\times0.967\ 2 = 1\ 741\ \mathrm{K}$$

$$p_{t4a} = p_{t4} = 14,84\times10^5\ \mathrm{Pa}$$

高压涡轮出口总温 $T_{t4,5}$，由高压转子的功率平衡计算来求得，即

$$C_{pg}W_{4a}(T_{t,4a}-T_{t4.5})\eta_{mH} = C_pW_3(T_{t3}-T_{t,22})$$

得

$$\frac{T_{t4.5}}{T_{t4a}}=1-\frac{C_p(T_{t3}-T_{t,22})}{[(1-\beta-\delta_1-\delta_2)(1+f)+\delta_1]\eta_{mH}C_{pg}T_{t4a}}=$$

$$1-\frac{1.005(808.84-502.85)}{[(1-0.01-0.05-0.05)(1+0.035\ 8)+0.05]\times 0.98\times 1.244\times 1\ 741}=$$

$$0.849\ 1 \tag{5-33}$$

$$T_{t4.5}=\frac{T_{t4.5}}{T_{t4a}}T_{t4a}=0.849\ 1\times 1\ 741=1\ 479\ \text{K}$$

高压涡轮落压比为

$$\pi_{TH}=\frac{p_{t4a}}{p_{t4.5}}=\left[1-\left(1-\frac{T_{t4.5}}{T_{t4a}}\right)/\eta_{TH}\right]^{-\frac{k_g}{k_g-1}}=$$

$$[1-(1-0.849\ 1)/0.90]^{-4.333}=2.207 \tag{5-34}$$

(7) 低压涡轮出口参数。该计算方法与高压涡轮计算相类似。2# 混合器进出口总温之比由能量平衡(见图 5-5)求得

$$\tau_{m2}=\frac{T_{t4C}}{T_{t4.5}}=\frac{(1-\beta-\delta_1-\delta_2)(1+f)+\delta_1\delta_2C_pT_{t3}/(C_{pg}T_{t4.5})}{(1-\beta-\delta_1-\delta_2)(1+f)+\delta_1+\delta_2}=0.972\ 8$$

$$T_{t4C}=\tau_{m2}\times T_{t4.5}=1\ 439\ \text{K} \tag{5-35}$$

$$p_{t4C}=p_{t4.5}=6.724\times 10^5\ \text{Pa} \tag{5-36}$$

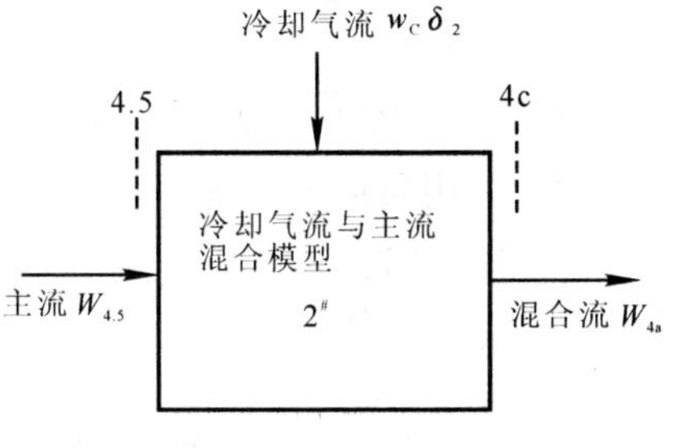

图 5-5 冷却气流在低压涡轮中的混合模型

低压涡轮出口总温与进口总温之比为

$$\frac{T_{t5}}{T_{t4C}}=1-\frac{[C_p(T_{t22}-T_{t2})+C_{T0}/\eta_{mp}](1+B)}{\eta_{mL}C_{pg}T_{t4C}[(1-\beta-\delta_1-\delta_2)(1+f)+\delta_1+\delta_2]} \tag{5-37}$$

在本算例中,C_{T0} 代入设计点所取具体数值为 3.0 kJ/kg。代入有关设计点参数得

$$\frac{T_{t5}}{T_{t4C}}=1-\frac{[1\ 005(502.85-327.57)+3.0/0.98](1+0.4)}{0.99\times 1\ 244\times 1\ 439[(1-0.01-0.05-0.05)(1+0.035\ 8)+0.05+0.05]}=$$

$$0.861\ 5$$

低压涡轮的出口总温为

$$T_{t5}=\frac{T_{t5}}{T_{t4C}}T_{t4C}=0.861\ 5\times 1\ 439=1\ 239.7\ \text{K}$$

低压涡轮落压比为

$$\pi_{TL}=\left[1-\left(1-\frac{T_{t5}}{T_{t4C}}\right)/\eta_{TL}\right]^{\frac{-k_g}{k_g-1}}=$$

$$[1-(1-0.8615)/0.92]^{-4.3333}=2.028 \qquad (5-38)$$

低压涡轮出口总压为

$$p_{t5}=p_{t4C}/\pi_{TL}=6.724\times10^5/2.028=3.315\times10^5\ \text{Pa} \qquad (5-39)$$

(8) 混合室出口参数如图 5-6 所示。根据混合室进、出口的能量平衡计算混合室出口总温，即

$$C_{pg}W_5T_{t5}+C_pW_{5\text{II}}T_{t22}=C_{p6}(W_5+W_{5\text{II}})T_{t6}$$

由此可得

$$\frac{T_{t6}}{T_{t5}}=\frac{C_{pg}}{C_{p6}}\frac{1+B_mC_pT_{t22}/(C_{pg}T_{t5})}{1+B_m} \qquad (5-40)$$

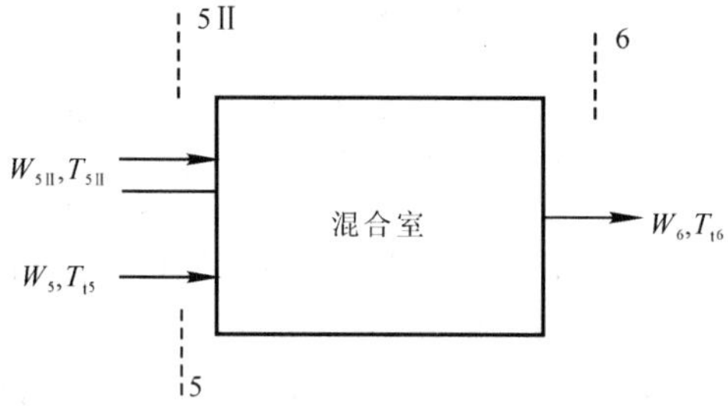

图 5-6　混合室能量平衡计算

式中，B_m 为混合室进口的涵道比，即

$$B_m=\frac{W_{5\text{II}}}{W_5}=\frac{B}{(1-\beta-\delta_1-\delta_2)(1+f)+\delta_1+\delta_2} \qquad (5-41)$$

将设计点有关参数代入式(5-41)，得

$$B_m=\frac{0.4}{(1-0.01-0.05-0.05)(1+0.0358)+0.05+0.05}=0.3914$$

C_{p6} 为混合室出口气流的定压比热容，可用质量平均值计算

$$C_{p6}=\frac{C_{pg}+B_mC_p}{1+B_m}=\frac{1\,244+0.3914\times1\,005}{1+0.3914}=1\,177\ \text{J/(kg·K)} \qquad (5-42)$$

将所给参数具体值代入式(5-40)，得

$$\frac{T_{t6}}{T_{t5}}=\frac{1\,244}{1\,177}\frac{1+0.3914\times1\,005\times502.85/(1\,244\times1\,239.7)}{1+0.3914}=0.857$$

$$T_{t6}=\frac{T_{t6}}{T_{t5}}T_{t5}=0.857\times1\,239.7=1\,062.5\ \text{K}$$

混合室出口气流总压为

$$p_{t6}=\sigma_mp_m\ \text{Pa} \qquad (5-43)$$

式中　σ_m—— 混合室总压恢复系数，取 0.97；

　　　p_m—— 混合室进口气流的质量平均总压，其值为

$$p_m=\frac{p_{t5}+B_mp_{t5\text{II}}}{1+B_m}=\frac{p_{t5}+B_m\sigma_{\text{II}}p_{t22}}{1+B_m} \qquad (5-44)$$

式中，$p_{t5\text{II}}$ 是混合室进口外涵气流总压；σ_{II} 是外涵风扇出口至混合室进口的总压损失系数，大致可取 0.98。

将有关值代入式(5-43),得

$$p_{t6}=0.97\times\frac{3.315+0.3914\times0.98\times3.42}{1+0.3914}\times10^5=3.226\times10^5\ \text{Pa}$$

(9) 加力燃烧室出口参数。加力燃烧室油气比的定义是:向加力燃烧室供入的燃油质量流量 $W_{f,ab}$ 与空气质量流量 $W_3+W_{a\,II}-W_B$ 之比,表达式为

$$f_{ab}=\frac{W_{f,ab}}{W_3+W_{a,II}-W_B}\tag{5-45}$$

写出加力燃烧室的能量守恒方程(见图5-7),可得

$$W_{f,ab}\eta_{b,ab}H_u+C_{p6}W_6T_{t6}=(W_6+W_{fab})C_{p7}T_{tab}$$

由此可得

$$W_{f,ab}=\frac{W_6(C_{p7}T_{t,ab}-C_{p6}T_{t6})}{H_u\eta_{b,ab}-C_{p7}T_{t,ab}}$$

因为

$$W_6=W_3+W_{a\,II}-W_B+W_f,\quad f=\frac{W_f}{W_{3a}}$$

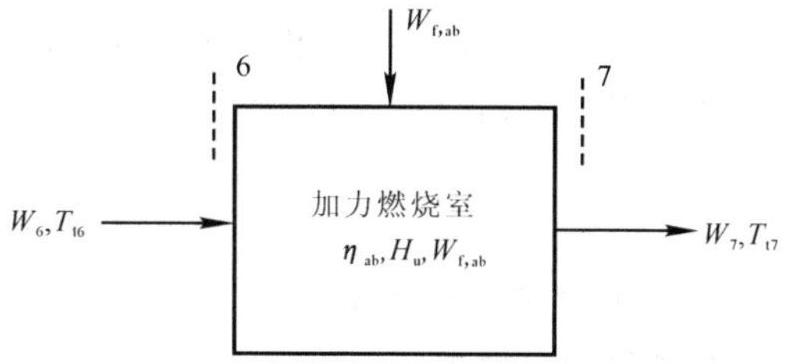

图5-7　加力燃烧室的能量守恒

最后整理得

$$f_{ab}=\left(1+f\frac{1-\beta-\delta_1-\delta_2}{1+B-\beta}\right)\left(\frac{C_{p7}T_{t7}-C_{p6}T_{t6}}{\eta_{b,ab}H_u-C_{p7}T_{t7}}\right)\tag{5-46}$$

发动机的总油气比定义为主燃烧室供油量加上加力燃烧室供油量再与发动机进口的空气质量流量之比,表达式为

$$f_0\equiv\frac{W_f+W_{f,ab}}{W_3+W_{a\,II}}=\frac{W_f/W_3+W_{f,ab}/W_3}{1+B}$$

而

$$\frac{W_f}{W_3}=\frac{(1-\beta-\delta_1-\delta_2)W_f}{W_{3a}}=(1-\beta-\delta_1-\delta_2)f$$

$$\frac{W_{f,ab}}{W_3}=\frac{W_{f,ab}}{W_3}\frac{W_3+W_{a\,II}-W_B}{W_3+W_{a\,II}-W_B}=(1+B-\beta)f_{ab}$$

所以

$$f_0=\frac{(1-\beta-\delta_1-\delta_2)f+(1+B+\beta)f_{ab}}{1+B}\tag{5-47}$$

将有关数据代入式(5-46)和式(5-47),可以得到加力燃烧室油气比和发动机的总油气比均为

$$f_{ab}=\left(1+0.00358\times\frac{1-0.01-0.05-0.05}{1+0.4-0.01}\right)\left(\frac{1244\times2000-1177\times1062.5}{0.97\times42900-1244\times2000}\right)=$$
$$0.03235$$

加力时的总油气比为

$$f_0=\frac{(1-0.01-0.05-0.05)0.0358+(1+0.4-0.01)0.03235}{1+0.4}=0.05488$$

而不加力时的总油气比为

$$f_0 = \frac{(1-0.01-0.05-0.05)0.035\ 8}{1+0.4} = 0.022\ 76$$

加力燃烧室出口气流总压为

$$p_{t7} = \sigma_{b,ab} p_{t6} \tag{5-48}$$

式中，$\sigma_{b,ab}$ 为加力燃烧室总压恢复系数，加力时取 0.96，不加力时可取 0.98。

代入相应的数值得

$$p_{t7} = 0.96 \times 3.226 \times 10^5 = 3.097 \times 10^5\ \text{Pa} \quad (加力)$$

$$p_{t7} = 0.96 \times 3.226 \times 10^5 = 3.097 \times 10^5\ \text{Pa} \quad (不加力)$$

加力燃烧室出口总温

$$T_{t,ab} = 2\ 000\ \text{K} \quad (加力)$$

$$T_{t,ab} = 1\ 062.5\ \text{K} \quad (不加力)$$

(10) 尾喷管出口参数。

尾喷管出口总温

$$T_{t9} = T_{t7} = 2\ 000\ \text{K} \quad (加力)$$

$$T_{t9} = T_{t7} = 1\ 062.5\ \text{K} \quad (不加力)$$

尾喷管出口总压

$$p_{t9} = 0.98 \times 3.097 \times 10^5 = 3.035 \times 10^5\ \text{Pa} \quad (加力)$$

$$p_{t9} = 0.98 \times 3.161 \times 10^5 = 3.097\ 8 \times 10^5\ \text{Pa} \quad (不加力)$$

假定尾喷管完全膨胀，出口静压 p_9 等于外界大气压，即 $p_9 = p_0$，尾喷管出口马赫数为

$$Ma_9 = \sqrt{\frac{2}{k_g - 1}\left[\left(\frac{p_{t9}}{p_9}\right)^{\frac{k_g - 1}{k_g}} - 1\right]} =$$

$$\sqrt{\frac{2}{1.3-1}\left[\left(\frac{3.035}{0.227}\right)^{0.230\ 8} - 1\right]} = 2.337 \quad (加力)$$

$$Ma_9 = 2.362 \quad (不加力)$$

尾喷管出口截面静温

$$T_9 = T_{t9}\left(1 + \frac{k_g - 1}{2} Ma_0{}^2\right)^{-1} = 1\ 099\ \text{K} \quad (加力)$$

$$T_9 = 578.65\ \text{K} \quad (不加力)$$

尾喷管出口声速

$$a_9 = \sqrt{k_g R T_9} = \sqrt{1.3 \times 287 \times 1\ 099} = 640\ \text{m/s} \quad (加力)$$

$$a_9 = \sqrt{1.3 \times 287 \times 578.65} = 465\ \text{m/s} \quad (不加力)$$

尾喷管出口速度

$$c_9 = a_9 Ma_9 = 640 \times 2.337 = 1\ 469\ \text{m/s} \quad (加力)$$

$$c_9 = 465 \times 2.361 = 1\ 098\ \text{m/s}\quad（不加力）$$

(11) 发动机单位性能参数。

单位推力为

$$F_s = \frac{F}{W_3 + W_{a\text{II}}} = \frac{W_9 c_9 + A_9(p_9 - p_0) - W_a c_0}{W_3 + W_{a\text{II}}} \tag{5-49}$$

因为

$$W_9 = c_9 A_9 \rho_9,\quad p_9 = \rho_9 R T_9$$

$$W_9 = W_3 + W_{a\text{II}} + W_f + W_{f,ab} - W_B$$

$$W_a = W_3 + W_{a\text{II}}$$

$$f_0 = (W_f + W_{f,ab})/(W_3 + W_{a\text{II}})$$

$$B = W_{a\text{II}}/W_3$$

最后可得

$$F_s = \left(1 + f_0 - \frac{\beta}{1+B}\right)\left[c_9 + \frac{RT_9}{c_9}\left(1 - \frac{p_0}{p_9}\right)\right] - c_0 \tag{5-50}$$

将所举例子的有关数据代入式(5-50)，得加力时的单位推力为

$$F_{s,ab} = \left(1 + 0.054\ 88 - \frac{0.01}{1+0.4}\right)(1\ 469 + 0) - 472 = 1\ 095\ \text{N/(kg}\cdot\text{s}^{-1})$$

不加力时的单位推力为

$$F_s = \left(1 + 0.022\ 76 - \frac{0.01}{1+0.4}\right)(1\ 098 - 0) - 472 = 643\ \text{N/(kg}\cdot\text{s}^{-1})$$

耗油率的计算公式如下：

加力时的耗油率

$$(\text{sfc})_{ab} = \frac{3\ 600(W_f + W_{f,ab})}{(W_3 + W_{a\text{II}})F_s} = \frac{3\ 600 f_0}{F_s} \tag{5-51}$$

不加力时的耗油率

$$\text{sfc} = \frac{3\ 600 W_f}{F_s} = \frac{3\ 600 f(1 - \beta - \delta_1 - \delta_2)}{F_s(1+B)} \tag{5-52}$$

代入具体数值得

$$(\text{sfc})_{ab} = \frac{3\ 600 \times 0.054\ 88}{1\ 095} = 0.180\ 4\ \text{kg/(N}\cdot\text{h)}$$

$$\text{sfc} = \frac{3\ 600 \times 0.035\ 8(1 - 0.01 - 0.05 - 0.05)}{643 \times (1 + 0.4)} = 0.127\ 4\ \text{kg/(N}\cdot\text{h)}$$

二、航空燃气涡轮发动机设计点热力计算的变比热计算过程[7]

为了提高计算结果的精度，现代航空燃气涡轮发动机的设计点及非设计点性能计算普遍采用变比热方法。下面以一典型的单轴燃气涡轮发动机为例，详细给出变比热计算的主要过程。计算所用的发动机各部件截面符号如图 4-1 所示。

已知参数如下：

假设设计点飞行条件为 $Ma_0 = 0$

$H = 0$

$T_0 = 288\ \text{K}$

$p_0 = 101\ 325\ \text{Pa}$

选取的发动机工作过程参数为 $\pi_C = 10.2$

$T_{t4} = 1\ 140\ \text{K}$

各部件效率及损失系数为

进气道总压恢复系数 $\sigma_i = 0.99$

压气机效率 $\eta_c = 0.84$

燃烧室总压恢复系数 $\sigma_b = 0.90$

燃烧室效率 $\eta_b = 0.98$

涡轮效率 $\eta_T = 0.89$

机械效率 $\eta_m = 0.98$

冷却空气系数 $\delta = 3.5\%$（从压气机出口抽出）

尾喷管总压恢复系数 $\sigma_e = 0.96$

计算过程如下：

(1) 进气道出口参数的计算。

$$T_{t2} = T_0 = 288\ \text{K} \tag{5-53}$$

$$p_{t2} = \sigma_i p_0 = 0.99 \times 101\ 325 = 100\ 312\ \text{Pa} \tag{5-54}$$

(2) 压气机出口参数的计算。

$$p_{t3} = p_{t2}\pi_C = 100\ 312 \times 10.2 = 102\ 318\ 2\ \text{Pa} \tag{5-55}$$

由变比热拟合公式见文献[7]，得压气机进口的 h_2 和 ψ_2 为

$$h_2 = -1.047\ 58 + 1.004\ 15 \times T_{t2} = 288.148\ \text{J/kg} \tag{5-56}$$

$$\psi_2 = 7.802\ 01 + 0.010\ 414\ 3 \times T_{t2} - 0.871\ 623 \times 10^{-5} \times T_{t2}^2 = 10.078\ 4$$

由式(5-6)得压气机出口理想熵函数 $\psi_{3,i}$ 为

$$\psi_{3,i} = \psi_2 + \lg\pi_C = 10.078\ 4 + 1.008\ 6 = 11.087\ 0 \tag{5-57}$$

由变比热拟合公式求得 $T_{t3,i}$ 和 $h_{3,i}$ 分别为

$$T_{t3,i} = -0.174\ 713 \times 10^4 + 0.540\ 265 \times 10^3 \times \psi_{3,i} - 0.495\ 662 \times 10^2 \times \psi_{3,i}^2 + 1.604\ 24 \times \psi_{3,i}^3 - 0.162\ 647 \times \psi_{3,i}^4 + 0.015\ 973\ 2 \times \psi_{3,i}^5 = 554.645\ \text{K} \tag{5-58}$$

$$h_{3,i} = 3.956\ 94 + 0.968\ 169 \times T_{t3,i} + 0.610\ 914 \times 10^{-4} \times T_{t3,i}^2 = 559.369\ \text{J/kg} \tag{5-59}$$

根据压气机效率的定义，可得

$$h_3 = h_2 + \frac{h_{3,i} - h_2}{\eta_C} = 288.148 + (559.396 - 288.148)/0.84 = 611.062\ \mathrm{J/kg} \tag{5-60}$$

由变比热拟合关系式得到压气机出口总温为

$$T_{t3} = -18.778\,7 + 1.085\,38 \times h_3 - 0.108\,229 \times 10^{-3} \times h_3^2 = 604.043\ \mathrm{K} \tag{5-61}$$

压气机功 L_C 为

$$L_C = h_3 - h_2 = 611.062 - 288.148 = 322.914\ \mathrm{J/kg} \tag{5-62}$$

(3) 燃烧室出口气流参数的计算。

$$p_{t4} = \sigma_b p_{t3} = 0.90 \times 1\,023\,182 = 920\,864\ \mathrm{Pa} \tag{5-63}$$

(4) 主燃烧室油气比的计算。

油气比的修正系数 θ_f 为

$$\theta_f = \frac{0.97 \times 42\,900}{0.98 \times 42\,900} = 0.989\,8 \tag{5-64}$$

变比热计算油气比的拟合关系式(见式(5-9b))为

$$f = \theta_f[(0.011\,096\,6 + 0.197\,799 \times 10^{-4} T_{t4} + 0.495\,727 \times 10^{-8} T_{t4}^2) + (5 - 0.01 T_{t3})(0.002\,58 + 0.2 \times 10^{-6} T_{t4})] = 0.015\,065\,1 \tag{5-65}$$

(5) 涡轮出口气流参数的计算。由功率平衡得

$$L_T = L_C/[(1 + f - \delta)\eta_m] = 322.914/[1 + 0.015\,065\,1 - 0.035) \times 0.98] = 336.206\ \mathrm{J/kg} \tag{5-66}$$

由变比热拟合关系式得空气在温度为 T_{t4} 时的总焓及相应的总焓修正系数为

$$h_{4,a} = 0.321\,975 \times 10^3 + 0.046\,981\,1 T_{t4} + 0.939\,525 \times 10^{-3} T_{t4}^2 - 0.262\,836 \times 10^{-6} T_{t4}^3 = 1\,207.14\ \mathrm{J/kg}$$

$$\theta_h = -0.160\,747 \times 10^3 + 0.884\,484 T_{t4} + 0.175\,335 \times 10^{-3} T_{t4}^2 + 0.408\,376 \times 10^{-6} T_{t4}^3 - 0.140\,527 \times 10^{-9} T_{t4}^4 = 1\,443.11\ \mathrm{J/kg}$$

$$h_{4,g} = h_{4,a} + \frac{f}{1+f}\theta_h = 1\,207.14 + \frac{0.015\,065\,1}{1.015\,065\,1} \times 1\,443.11 = 1\,228.558\ \mathrm{J/kg}$$

$$h_{5,g} = h_{4,g} - L_T = 1\,228.558 - 336.206 = 892.352\ \mathrm{J/kg}$$

由燃气焓值 $h_{5,g}$ 求温度 T_{t5}，应先经过迭代计算出相同温度下的空气焓值 $h_{5,a}$。附录1中所提供的变比热修正系数 θ_h 为空气焓值 $h_{5,a}$ 的函数，为此先以燃气焓值代替空气焓值计算出修正系数 θ_{h_5}。

$$\theta_{h_5} = -206.027 + 0.949\,191 h_{5,g} + 0.348\,278 \times 10^{-3} h_{5,g}^2 = 918.317\ \mathrm{J/kg} \tag{5-67}$$

这就可以算出第一次在涡轮出口温度下空气的焓值 h_{5,a_1} 为

$$h_{5,a_1}=h_{5,g}-\frac{f}{1+f}\theta_{h_5}=$$
$$892.352-\frac{0.015\,065\,1}{1.015\,065\,1}\times 918.317=878.722\ \mathrm{J/kg} \qquad (5-68)$$

由以上得到的空气焓值可进一步计算出新的修正系数 θ_{h_5} 为

$$\theta_{h_5}=-206.027+0.949\,191h_{5,a_1}+0.348\,278\times 10^{-3}h_{5,a_1}^2=896.972\ \mathrm{J/kg} \qquad (5-69)$$

由此又可计算出在涡轮出口温度下空气的焓值的第二次迭代值 h_{5,a_2} 为

$$h_{5,a_2}=h_{5,g}-\frac{f}{1+f}\theta_{h_5}=892.352-\frac{0.015\,065\,1}{1.015\,065\,1}\times 896.972=879.040\ \mathrm{J/kg} \qquad (5-70)$$

据此再一次计算新的修正系数 θ_{h_5} 为

$$\theta_{h_5}=-206.027+0.949\,191h_{5,a_2}+0.348\,278\times 10^{-3}h_{5,a_2}^2=897.468\ \mathrm{J/kg} \qquad (5-71)$$

据此又可计算出在涡轮出口温度下空气的焓值的第三次迭代值 h_{5,a_3} 为

$$h_{5,a_3}=h_{5,g}-\frac{f}{1+f}\theta_{h_5}=892.352-\frac{0.015\,065\,1}{1.015\,065\,1}\times 897.468=879.032\,0\ \mathrm{J/kg} \qquad (5-72)$$

经过以上迭代计算,h_{5,a_3} 与 h_{5,a_2} 已满足精度要求,因此可计算出涡轮出口总温为

$$T_{t5}=27.149\,8+0.979\,141h_{5,a_3}-0.464\,182\times 10^{-4}h_{5,a_3}^2=851.979\ \mathrm{K} \qquad (5-73)$$

为计算涡轮出口总压,必须先计算出涡轮的落压比 π_T。计算过程如下:

(1) 计算等熵焓降时的 $h_{5,i}$ 为

$$h_{5,i}=h_4-L_T/\eta_T=1\,228.558-336.206/0.89=850.798\ \mathrm{J/kg} \qquad (5-74)$$

(2) 应用与以上迭代方法相类似的迭代方法,计算出等熵焓降时的 $T_{t5,i}$,其过程如下:

$$\theta_{h_5,i}=-206.027+0.949\,191h_{5,i}+0.348\,278\times 10^{-3}h_{5,i}^2=853.646\ \mathrm{J/kg} \qquad (5-75)$$

$$h_{5,i,a_1}=h_{5,i}-\frac{f}{1+f}\theta_{h_5,i}=850.798-\frac{0.015\,065\,1}{1.015\,065\,1}\times 853.646=838.129\ \mathrm{J/kg} \qquad (5-76)$$

$$\theta_{h_5,i}=-206.027+0.949\,191h_{5,i,a_1}+0.348\,278\times 10^{-3}h_{5,i,a_1}^2=$$
$$834.169\ \mathrm{J/kg} \qquad (5-77)$$

$$h_{5,i,a_2}=h_{5,i}-\frac{f}{1+f}\theta_{h_5,i}=$$
$$850.798-\frac{0.015\,065\,1}{1.015\,065\,1}\times 834.169=838.418\ \mathrm{J/kg} \qquad (5-78)$$

$$\theta_{h_5,i}=-206.027+0.949\,191h_{5,i,a_2}+0.348\,278\times 10^{-3}h_{5,i,a_2}^2=834.612\ \mathrm{J/kg} \qquad (5-79)$$

$$h_{5,i,a_3}=h_{5,i}-\frac{f}{1+f}\theta_{h_5,i}=$$

$$850.798-\frac{0.0150651}{1.0150651}\times 834.612=838.411\ \text{J/kg} \tag{5-80}$$

经过迭代，h_{5,i,a_3} 与 h_{5,i,a_2} 已满足精度要求，由此计算出

$$T_{t5,i}=27.1498+0.979141h_{5,i,a_3}-0.464182\times 10^{-4}h^2_{5,i,a_3}=815.444\ \text{K} \tag{5-81}$$

由 T_{t4}，$T_{t5,i}$ 计算空气熵函数 ψ_4 和 $\psi_{5,i}$ 及其修正系数如下：

$$\psi_4=9.53683+0.00170452T_{t4}+0.366499\times 10^{-5}T^2_{t4}-0.412950\times 10^{-8}T^3_{t4}+0.127907\times 10^{-11}T^4_{t4}=12.2853$$

$$\theta_{\psi_4}=-0.500646+0.00246010T_{t4}+0.544612\times 10^{-6}T^2_{t4}-0.722395\times 10^{-10}T^3_{t4}-0.117749\times 10^{-12}T^4_{t4}=2.70575$$

$$\psi_{5,i}=8.58266+0.00484824T_{t5,i}+0.398421\times 10^{-5}T^2_{t5,i}-0.143229\times 10^{-7}T^3_{t5,i}+0.129794\times 10^{-10}T^4_{t5,i}-0.401566\times 10^{-14}T^5_{t5,i}=11.7102$$

$$\theta_{\psi_5}=-0.278105+0.104424\times 10^{-2}T_{t5,i}+0.281488\times 10^{-5}T^2_{t5,i}-0.126703\times 10^{-8}T^3_{t5,i}=1.75815$$

由式(5-7c)可得燃气涡轮的进、出口的熵函数 $\psi_{4,g}$ 和 $\psi_{5,g,i}$ 分别为

$$\psi_{4,g}=\psi_4+\frac{f}{1+f}\theta_{\psi_4}=12.2853+\frac{0.0150651}{1.0150651}\times 2.70575=12.3255 \tag{5-82}$$

$$\psi_{5,g,i}=\psi_{5,i}+\frac{f}{1+f}\theta_{\psi_5}=11.7102+\frac{0.0150651}{1.0150651}\times 1.75815=11.7363 \tag{5-83}$$

由式(5-6)可得燃气涡轮的落压比 π_{Ti} 为

$$\pi_{Ti}=10^{(\psi_{4,g}-\psi_{5,g,i})}=10^{(12.3255-11.7363)}=3.88329 \tag{5-84}$$

涡轮出口总压为

$$p_{t5}=p_{t4}/\pi_{Ti}=920864/3.88329=2.37135\times 10^5\ \text{Pa} \tag{5-85}$$

尾喷管和发动机单位推力和单位燃油消耗率的计算过程与前面所给的定比热计算过程十分类似，在此不再赘述。至此，燃气涡轮发动机简单变比热计算过程全部结束。很明显，与定比热计算过程相比，变比热计算过程要复杂得多，并且计算工作量也要大得多，这主要是涉及大量的迭代计算过程。之所以称之为简单的变比热计算过程，是因为实际发动机的变比热计算过程比前面所介绍的简单的变比热计算过程还要复杂。详细的计算过程和相应的计算机程序可参阅文献[9]。

5.5 航空燃气涡轮发动机设计参数选择

上一章在讨论航空燃气涡轮发动机理想循环和实际循环时，已经讨论过发动机有效功 L_e

和热效率 η_t 随增压比 π 和加热比 Δ 的变化关系。当加热比 Δ 一定时，有使有效功 L_e 达到极大值的最佳增压比 π_{opt} 和使热效率 η_t 达到极大值的 π'_{opt}。当增压比一定时，加热比 Δ 的增加，能使有效功 L_e 和热效率同时单调增加。上述结果在实际应用于燃气涡轮发动机设计参数选择时，还需要注意下述几点。

一、飞机的飞行状态对发动机设计参数选择的影响

飞机的飞行状态对涡喷发动机参数选择的影响主要有两个方面：

(1) 随着飞行高度的增加，环境的大气温度 T_0 降低。在给定涡轮前总温 T_{t4} 的条件下，加热比 T_{t4}/T_0 将随飞行高度增加而增加。

(2) 发动机的空气压缩过程应包括气流在进气道中的减速增压和在压气机中的加功增压两个部分，即

$$\pi_i = p_{t2}/p_0 = \sigma_i(1+(k-1)Ma_0^2/2)^{\frac{k}{k-1}} \tag{5-86}$$

随着飞行马赫数的增加，气流通过进气道的增压比 π_i 增大，如果选用的总增压比 π 已确定，那末对应于高飞行马赫数的飞机就选用较低的压气机增压比 π_C，即

$$\pi_C = \pi/\pi_i \tag{5-87}$$

二、设计参数的选择由单位推力和耗油率确定

衡量航空燃气涡喷发动机性能优劣的参数是单位推力 F_s 和耗油率 sfc。

涡喷发动机的单位推力 F_s 与循环有效功 L_e 的关系为

$$F_s = \sqrt{2L_e + c_0^2} - c_0 \tag{5-88}$$

可见，在一定的飞行速度下，有效功 L_e 越大，单位推力 F_s 也越大，因此，使 L_e 达到极大值所对应的最佳增压比与使单位推力达到极大值所对应的最佳增压比是相同的。

而 sfc 与 η_t 之间的关系为

$$\text{sfc} = 3\,600f/F_s = 3\,600f/(\sqrt{2L_e + c_0^2} - c_0) = 3\,600f/(\sqrt{2fH_u\eta_t + c_0^2} - c_0) \tag{5-89}$$

可见，在一定飞行速度下，sfc 是油气比 f 和热效率 η_t 两者的函数。因此，使热效率达到极大值的 π'_{opt} 与使 sfc 达到极小值的最经济增压比是不同的。图 5-8 给出了当加热比 Δ 保持不变时，热效率 η_t、耗油率 sfc 和油气比 f 随增压比的变化关系。由图看出，随着增压比的增加，η_t 增大，f 减小使 sfc 减小；η_t 达到极大值以后，继续增大增压比，热效率开始下降，但由于油气比 f 还在继续减小，故 sfc 在一定范围内仍随增压比增大而降低。因此使耗油率 sfc 达到极小值的最经济增压比大于使 η_t 达到极大值的 π'_{opt}。由于，目前涡喷发动机所选用的增压比远小于 π'_{opt}，因此，在可能的条件下，选用较高的增压比对于提高经济性是有利的。

上一章在分析燃气涡轮发动机的实际循环时，我们知道在增压比 π_C 保持不变的条件下，

增大 Δ 总能使热效率提高，并不存在最经济的加热比。但对于涡喷发动机来说，在保持 π_C 不变的条件下，耗油率 sfc 随加热比 Δ 的增大有一极小值。图 5－9 给出了这种变化关系。可见，在加热比 Δ 很小时，热效率 η_t 趋于零，使耗油率 sfc 趋于无穷大；Δ 增加时 sfc 随热效率增加而减小；当加热比 Δ 大于一定值以后，热效率变化不大而油气比随加热比增大而增大，使 sfc 也随之增加，因此在某一加热比条件下，耗油率出现极小值，这个加热比称为涡喷发动机的最经济加热比，用 Δ_{ec} 表示，而相应涡轮前温度 T_{t4} 称之为最经济的涡轮前温度 $T_{t4,ec}$。

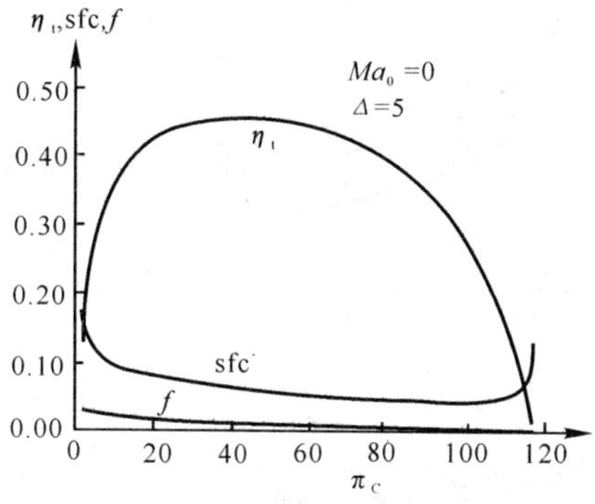

图 5－8　加热比 Δ 不变时 η_t，sfc 随增压比 π_C 的变化关系

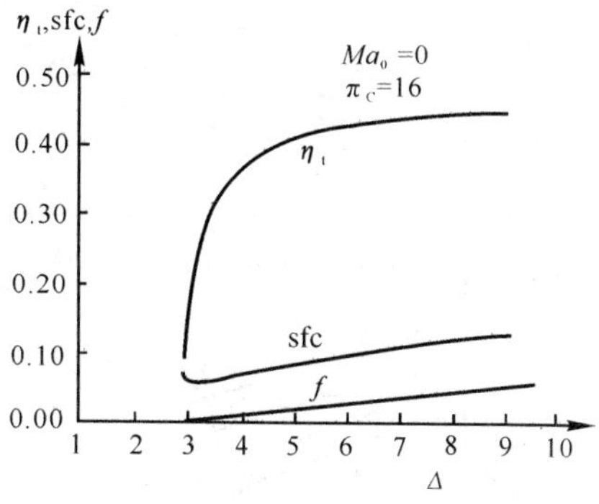

图 5－9　增压比不变时 η_t，sfc 和 f 随加热比的变化

通过前面一节介绍的方法，可以定量计算出在给定飞行条件下发动机设计参数的选择对其单位推力 F_s 和单位燃油消耗率 sfc 的影响。图 5－10 和 5－11 分别表示了在不同飞行条件下 F_s 和 sfc 随压气机增压比 π_C 和 T_{t4} 的变化关系。图 5－12 示出了在不同的 T_{t4} 和 π_C 下，F_s 和 sfc 间的变化关系。

由图可看出以下几点：

（1）在给定的涡轮前总温 T_{t4} 下，存在使单位推力达到最大值的压气机最佳增压比 $\pi_{C,opt}$，压气机最佳增压比 $\pi_{C,opt}$ 随涡轮前总温 T_{t4} 升高而增大，随飞行马赫数增大而减小。

（2）在给定的涡轮前总温 T_{t4} 下，存在使耗油率达到最小值的压气机最经济增压比 $\pi_{C,ec}$，压气机最经济增压比 $\pi_{C,ec}$ 随涡轮前总温 T_{t4} 升高而增大，随飞行马赫数增大而减小。在飞行马赫数较小情况下，由于压气机最经济增压比 $\pi_{C,ec}$ 较大，因此耗油率 sfc 随压气机增压比的增加而降低。

（3）在给定的压气机增压比下，单位推力 F_s 随涡轮前总温 T_{t4} 增加而增加。

（4）在给定的压气机增压比下，存在使耗油率达到最小值的最经济涡轮前总温 $T_{t4,ec}$。在一定的飞行状态下，最经济涡轮前总温 $T_{t4,ec}$ 随压气机增压比的增加而增加。

设计参数中涡轮前总温 $T_{t4,d}$ 和压气机增压比 $\pi_{C,d}$ 可根据使单位推力大而耗油率低的原则

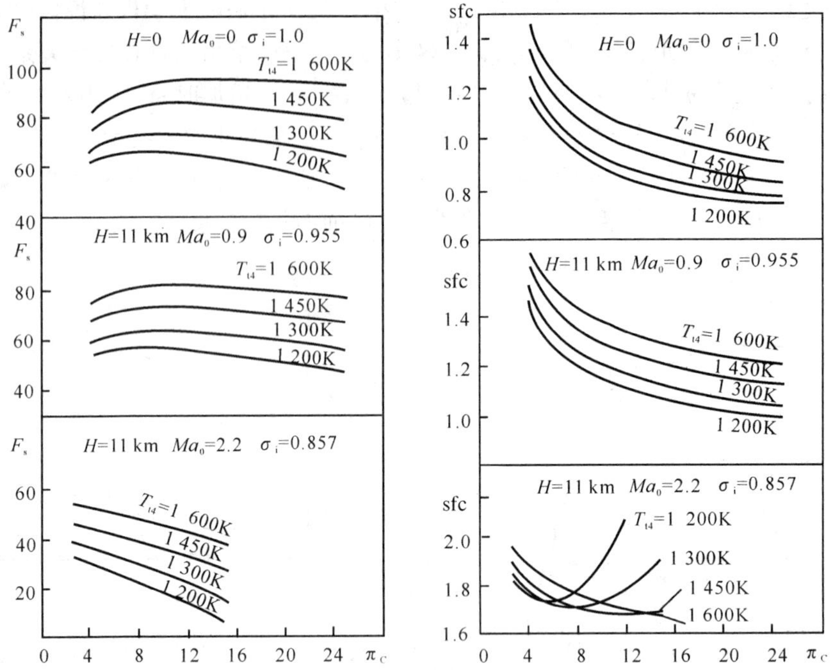

图 5-10 F_s 和 sfc 随压气机增压比 π_C 的变化关系

确定。在参数选择过程中，一般先确定涡轮前总温的设计值 $T_{t4,d}$，然后再选择压气机的设计增压比 $\pi_{C,d}$。压气机的设计增压比 $\pi_{C,d}$ 一般选在使单位推力达到最大值的最佳增压比附近。为了降低耗油率，压气机的设计增压比 $\pi_{C,d}$ 有时大于最佳增压比。

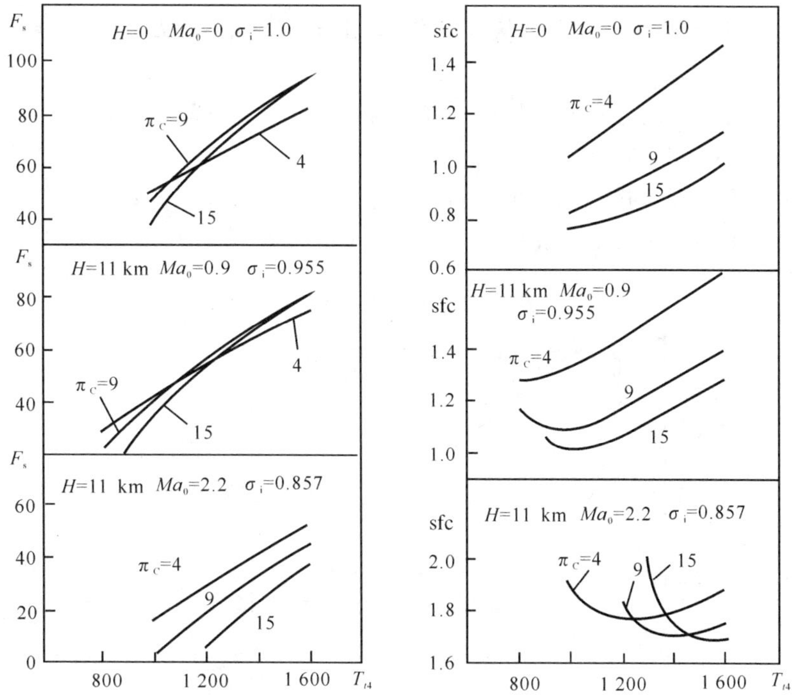

图 5-11 F_s 和 sfc 随涡轮前总温 T_{t4} 的变化关系

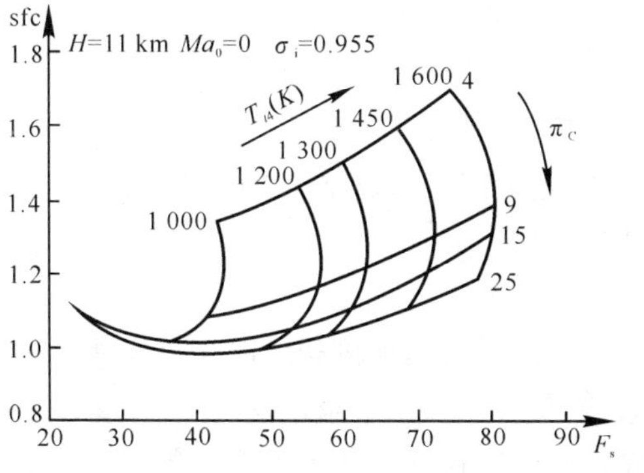

图 5-12 不同 π_C 或 T_{t4} 下 sfc 随 F_s 的变化关系

5.6 涡扇发动机设计参数的选择

应用前文5.3节所述的分段定比热计算方法对某燃气涡扇发动机进行了设计点气动热力计算，结果如图5-13～图5-15所示。

图5-13所示为一混合排气涡扇发动机在飞行条件为：$Ma_0 = 1.2$，$H = 11$ km，涵道比$B = 2.0$，$T_{t4} = 1\,600$ K，内涵压气机总增压比对单位推力F_s和耗油率sfc的影响。

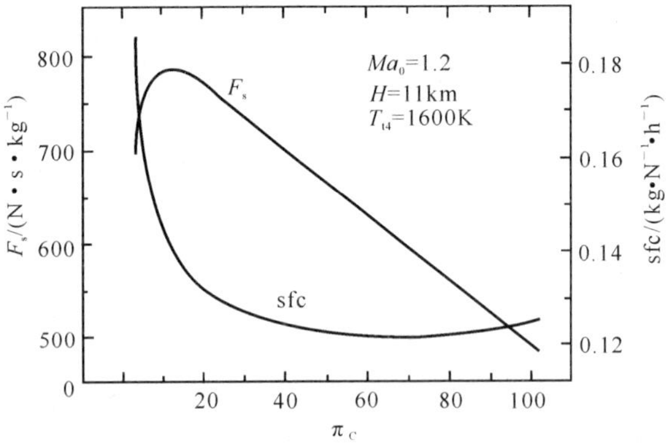

图5-13 内涵压气机总增压比对F_s和sfc的影响

发动机内涵压气机总增压比π_C等于内涵风扇(低压压气机)增压比和高压压气机增压比的乘积(假设没有中压压气机)。

从图5-13中看出：

(1) 随着π_C的增加，单位推力F_s先增加后减小，在某个π_C值下有最佳增压比$\pi_{C,opt}$。

(2) 随着π_C的增加，耗油率sfc先下降而后增加，在某个π_C值下耗油率达到最小值，这时的压气机增压比π_C称为最经济增压比$\pi_{C,ec}$；

(3) 最经济增压比$\pi_{C,ec}$远大于最佳增压比$\pi_{C,opt}$。

以上3点变化与第5.5节所介绍的涡喷发动机相应的变化规律完全一致。

图5-14所示为一分别排气涡扇发动机在飞行条件$Ma_0 = 0.8$，$H = 11$ km，$T_{t4} = 1\,600$ K时，单位推力F_s和单位燃油消耗率sfc在不同涵道比下随压气机增压比的变化关系。图中的$\pi = \pi_i\pi_C$(π_i为冲压比)。

由图5-14看出：

(1) 涵道比B的增加并不影响最佳增压比$\pi_{C,opt}$，但却使F_s显著降低。

(2) 最经济增压比$\pi_{C,ec}$也远大于其最佳增压比$\pi_{C,opt}$；

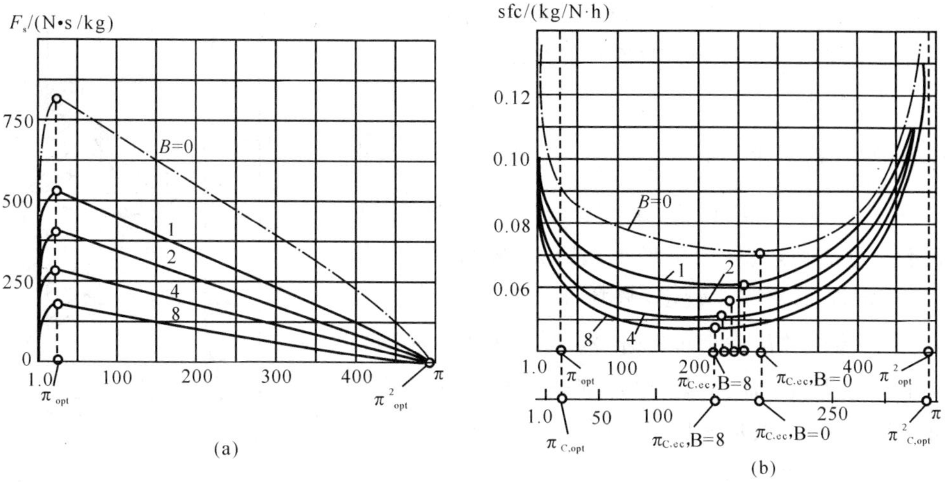

图 5-14 F_s 和 sfc 在不同涵道比下随压气机增压比的变化关系

(3) 随着涵道比的增加，其单位燃油消耗率 sfc 降低，且其 $\pi_{C,ec}$ 也减小，这是因为对于分别排气涡扇发动机来说，其热力循环的热效率 η_t 与涵道比 B 无关，而 B 对其推进效率影响显著，如图 5-15 所示。B 愈高，发动机的推进效率愈大，但在 $\pi_C \geqslant \pi_{C,opt}$ 以后，随着 π_C 的增加推进效率的增加速率要慢一些。因此分别排气涡扇发动机的经济性随着涵道比增大而得到明显改善，结果是具有高涵道比的涡扇发动机的总效率 η_0 在低的 π_C 时达到最大值。可见，分别排气涡扇发动机的经济性随涵道比 B 增大而得到改善，是因为提高推进效率而增大总效率的结果。由于 $\pi_{C,opt}$ 与 $\pi_{C,ec}$ 不重合，在设计涡扇发动机时，对压气机总增压比的选择应考虑如下因素：

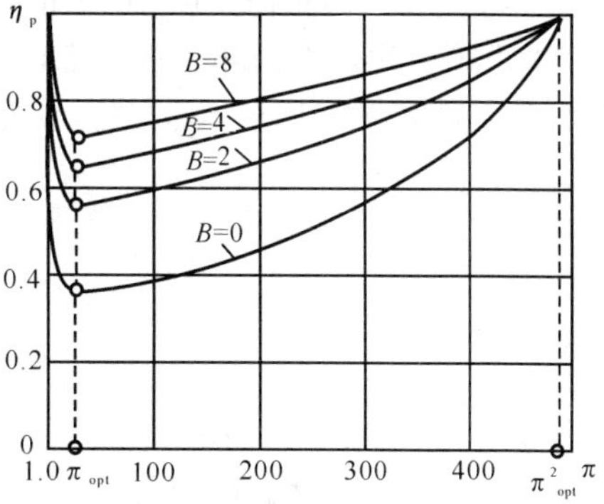

图 5-15 涵道比 B 对涡扇发动机推进效率的影响

(1) 为使发动机有尽可能大的单位推力，压气机总增压比应选择在最佳值附近。

(2) 兼顾到低耗油率的要求，可选择在最佳增压比的右边，但选取的 π_C 值总是要小于 $\pi_{C,ec}$，因为在接近 $\pi_{C,ec}$ 时，sfc 值变化非常平缓，要想得到较高的 π_C，必增加压气机和带动压气机的涡轮级数及相应的重量，从而加大发动机重量。

图 5-16 所示为涡轮前总温(T_{t4})对 F_s 和 sfc 的影响。图中对应的飞行条件是：$Ma_0 = 0.8$，$H = 11$ km，$\pi_C = 30$。图中实线和虚线分别对应于 $B = 4$ 和 $B = 0$。

从图 5-16 中可以看出：

(1) 随着 T_{t4} 的增加，单位推力 F_s 单调增加，这是因为 T_{t4} 增加使加热量增加，且热效率也增加。

(2) 对于耗油率 sfc，存在着最经济涡轮前温度 $T_{t4,ec}$ 使耗油率最小。这可由 $\mathrm{sfc}=\dfrac{3\,600f}{F_s(1+B)}$ 来解释。在很小的 T_{t4} 下，只有很小的加热量，仅够克服气流流动过程的损失而不产生推动，故耗油率趋于无穷大；随着 T_{t4} 的增加，F_s 迅速增加而 f 增加较慢，故耗油率减小；排气速度正比于$\sqrt{T_{t4}}$，因而单位推力也正比于$\sqrt{T_{t4}}$，加热量或油气比基本正比于 T_{t4}，因而当 T_{t4} 增加到一定值时，f 的增加速度将会超过 F_s 的增加速度，这又使 sfc 增加。

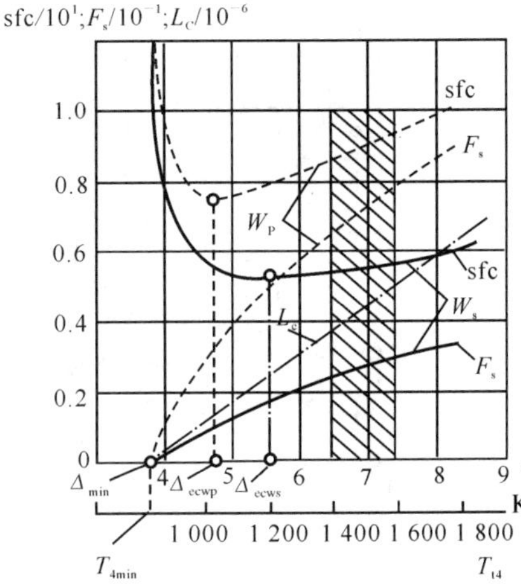

图 5-16　T_{t4} 对 F_s 和 sfc 的影响

(3) 与涡喷发动机相比，涡扇发动机的 $T_{t4,ec}$ 值较高，且在 $T_{t4}>T_{t4,ec}$ 时，其 sfc 随 T_{t4} 增加而缓慢增加。这对提高发动机经济性相当有益，因为现代燃气涡喷发动机都在比 $T_{t4,ec}$ 大得多的 T_{t4} 下工作，即使运输机发动机设计的涡轮前温度(T_{t4}) 也远大于 $T_{t4,ec}$。

(4) 由第 4 章热力循环分析知道，当循环有效功和加热量一定，且 $c_{9\,\mathrm{I}}\approx c_{9\,\mathrm{II}}$ 时，分别排气涡扇发动机的单位推力 F_s 与同参数涡轮发动机单位推力 F_s 之比为

$$\bar{F}_s=\left(\sqrt{\frac{2L_e}{1+\dfrac{B}{\eta_{\mathrm{II}}}}+c_0^2}-c_0\right)\Bigg/\left(\sqrt{2L_e+c_0^2}-c_0\right)\tag{5-90}$$

$$\overline{\mathrm{sfc}}=\frac{1}{(1+B)\bar{F}_s}\tag{5-91}$$

当涵道比 B 增大时，涡扇发动机单位推力 F_s 总是下降的，使 $\bar{F}_s$ 减小，但 $1+B$ 增加得比 $\bar{F}_s$ 下降得要快，从而也就使$\overline{\mathrm{sfc}}$ 降低。从式(5-91) 可以看出，随着 B 的增加，$\bar{F}_s$ 下降得愈剧烈，则涡扇发动机的耗油率 sfc 下降得也就愈缓慢。

飞行速度对 F_s 随 B 的提高而降低的速率产生最大的影响。当 $c_0=0$ 时，由式(5-90) 和式(5-91) 可知，在相同 L_e 值下，相对单位推力和相对单位燃油消耗率分别为

$$\bar{F}_s=\frac{1}{\sqrt{1+B/\eta_{\mathrm{II}}}}\tag{5-92}$$

$$\overline{\mathrm{sfc}}=\frac{\sqrt{1+B/\eta_{\mathrm{II}}}}{(1+B)}\tag{5-93}$$

若 $\eta_{\mathrm{II}}=1.0$，由式(5-92) 和式(5-93) 得 $\bar{F}_s=\overline{\mathrm{sfc}}=\dfrac{1}{\sqrt{1+B}}$。这意味着$\overline{\mathrm{sfc}}$随涵道比 B 提高而降低的程度与 $\bar{F}_s$ 随涵道比 B 提高而降低的程度相同。因此，在这种特例条件下($c_0=0$，$\eta_{\mathrm{II}}=1.0$)，B 的升高在$\overline{\mathrm{sfc}}$ 降低中产生最大的效益。如果 $\eta_{\mathrm{II}}<1.0$，那么即使在 $c_0=0$ 条件下，

$\overline{F}_s$ 和$\overline{sfc}$与 B 的关系曲线也开始出现分支：$\overline{F}_s$ 随涵道比 B 提高而下降的速度比$\overline{sfc}$的快。这种变化关系如图 5－17 所示。很明显，在 $c_0>0$ 时，$\overline{F}_s$ 随涵道比 B 提高而降低的变化率比 $c_0=0$ 时的更大一些，即随着 c_0 的增加，借助于高涵道比 B 来改善燃气涡扇发动机经济性的效果会明显降低。

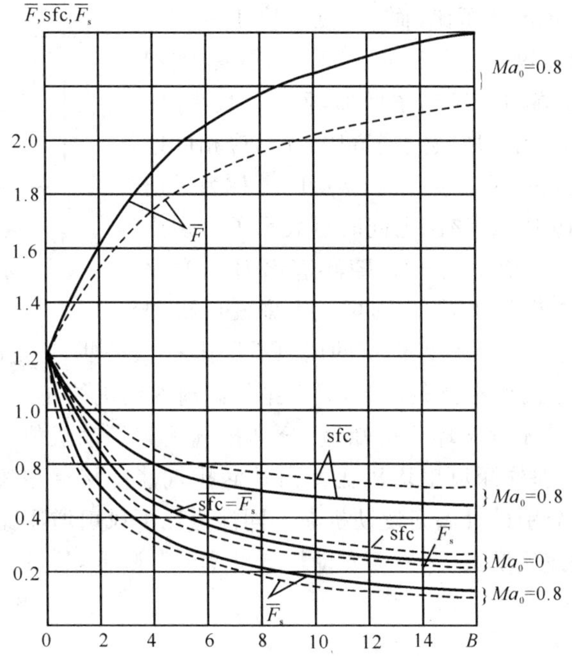

图 5－17　设计涵道比 B 对 $\overline{F}_s$ 和$\overline{sfc}$ 的影响

降低外涵道中的流动损失，即是保持高的 η_{II} 值，这对分别排气涡扇发动机设计具有很重要的意义。涵道比 B 愈高、飞行马赫数 Ma_0 愈大，外涵道中的流动损失对 F_s 和 sfc 的影响也愈大，这一特点在图 5－17 中也表现的相当明显。

在超声速飞行条件下，分别排气涡扇发动机的经济性不如燃气涡喷发动机的，这是因为在该条件下，燃气涡轮发动机的推进效率足够高，再利用外涵道来提高发动机推进效率的优点不明显，而由于进入燃气涡轮发动机的空气，在超声速进气道中的压缩损失增加，η_{II} 值急剧下降。图 5-18 表示出了在不同 Ma_0 下，已计入涡扇发动机部件中的实际损失的 sfc 与涵道比 B 的变化关系曲线。由图可见，在 $Ma_0=3.0$ 时，随着涵道比 B 升高，涡扇发动机的经济性显著变差。

对于混合排气涡扇发动机来说，其设计涵道比 B 和风扇压气机的增压比受到一定的约束条件而不能独立地选择。因为为了减小混合室中内涵和外涵气流混合过程的损失，两股气流在混合室进口的总压应大致相等，即

$$p_{t,5\,\mathrm{II}} = p_{t5}$$

如果忽略外涵风扇后流道中的总压损失，上式应为

$$p_{t,22} = p_{t5}$$

在飞行条件、内涵压气机总增压比和涡轮前总温给定的情况下，$p_{t,22}$ 取决于风扇增压比，而 p_{t5} 则取决于风扇增压比和涵道比。如果保持风扇增压比 $\pi_f = \mathrm{const}$ 不变，增加涵道比 B 时，则带动风扇的涡轮功率增加，使 p_{t5} 减小。所以，为了保持 $p_{t,22} = p_{t5}$，当选取较大涵道比 B 时，应相应地选取较小的风扇增压比 π_f，对应 $p_{t,5\,\mathrm{II}} = p_{t5}$ 的 π_f 称为最佳增压比 $\pi_{f,opt}$ 如图 5－19 所示。该图上同时示表示了分别排气涡扇发动机的最佳风扇增压比 $\pi_{f,opt}$ 随涵道比 B 的变化关系。可见，在相同的涵道比 B 下，分别排气涡扇发动机的风扇增压比 π_f 要比混合排气涡扇发动机的风扇增压比 π_f 大一些。这是因为混合排气时风扇增压比 π_f 对应于 $p_{t,5\,\mathrm{II}} = p_{t5}$，而在此条件下，分别排气涡扇发动机的外涵排气速度（温度低）远低于内涵排气速度，而由第 4 章循环分析知道，分别排气涡扇发动机能量分配为最佳时，$c_{9\,\mathrm{I}} \approx c_{9\,\mathrm{II}}$，因此必须进一步增加外涵风扇增压比使内外涵排气速度接近相等而使耗油率达到最小值。图 5－20 还表示了分别排气涡扇发动机在不同涵道比下风扇增压比 π_f 对发动机耗油率的影响，该图表明随着涵道比增大，一方面发动机耗油率显著降低，另一方面风扇增压比 π_f 也随涵道比增大而减小。

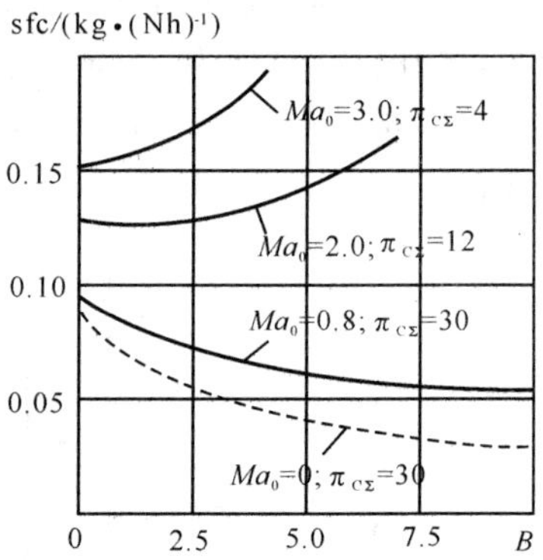

图 5－18　不同 Ma_0 下 sfc 随涵道比 B 的变化关系

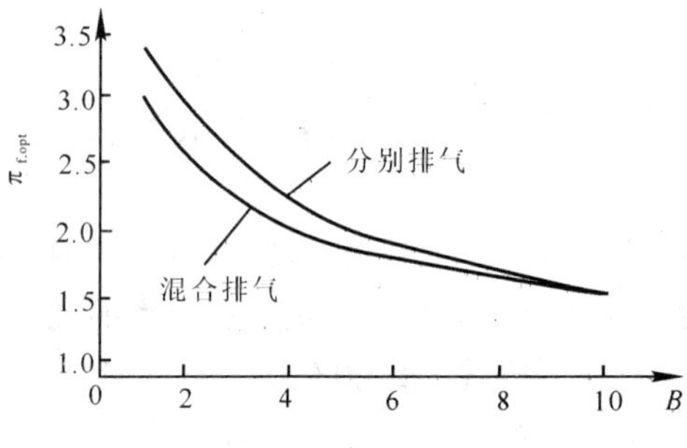

图 5－19　设计涵道比对风扇设计增压比的影响

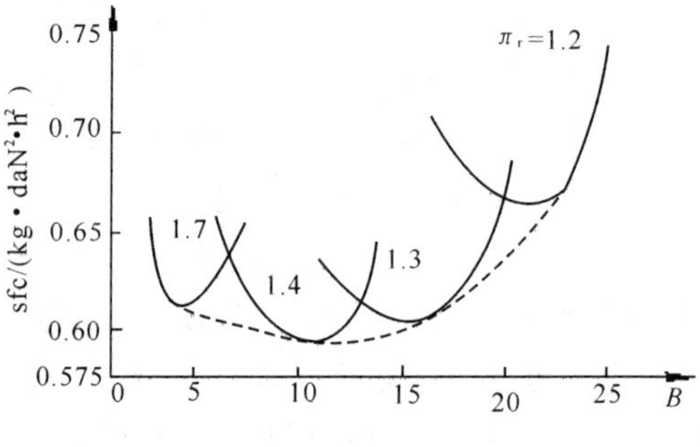

图 5－20　不同涵道比下风扇设计增压比对分别排气涡扇发动机耗油率的影响

5.7　涡轮螺桨发动机设计参数的选择

为使涡轮螺桨发动机的推力或推进功率达到最大，需要确定当燃气发生器的有效功 L_e 一定时，其在螺旋桨轴和尾喷管出口的燃气动能之间的最佳分配方案。

在给定的飞行速度下，涡轮螺桨发动机的单位推进功 L_p 为螺旋桨产生的推进功和燃气动量差产生的推进功之和，可表示为

$$L_p = [L_e - (c_9^2 - c_0^2)/2]\eta_{TL}\eta_m\eta_B + c_0(c_9 - c_0) \tag{5-94}$$

式中，L_c 为燃气发生器的有效功。

令 $x = c_9/c_0$，上式可改写为

$$L_p = [L_e - c_0^2(x^2 - 1)/2]\eta_{TL}\eta_m\eta_B + c_0^2(x - 1) \tag{5-95}$$

将式(5-95)两边对 x 取导数，并令 $x = 0$，可以求出对应于最大推进功的最佳速度比 x_{opt} 为

$$\frac{dL_p}{dx} = - xc_0^2\eta_{TL}\eta_m\eta_B + c_0^2 = 0 \tag{5-96}$$

$$x_{opt} = 1/(\eta_{TL}\eta_m\eta_B)$$

或

$$c_{9,opt} = c_0/(\eta_{TL}\eta_m\eta_B) \tag{5-97}$$

从式(5-97)可以看出，在燃气发生器的有效功最佳分配条件下，尾喷管出口速度必定大于飞行速度。飞行速度 c_0 愈大，以及低压涡轮效率 η_{TL}、减速器机械效率 η_m 和螺旋桨效率 η_B 愈低，尾喷管出口燃气排气速度 c_9 的最佳值愈大。

当涡轮螺桨发动机在地面静止条件下工作时，燃气发生器的有效功 L_e 的最佳分配就应该根据地面静止推力或单位推力为最大的条件来确定。在地面静止条件下，涡轮螺桨发动机的单位推力 F_s 可以表示为

$$F_s = (L_e - c_9^2/2)\eta_{TL}\eta_m/\beta + c_9 \tag{5-98}$$

式中，$\beta = \frac{c_0}{\eta_B}$。

将式(5-98)两边对 c_9 取导数，并令 $C_9 = 0$，可以求出对应于最大单位推力时的最佳 c_9 值为

$$\frac{dF_s}{dc_9} = - c_9\eta_{TL}\eta_m/\beta + 1 = 0 \tag{5-99}$$

$$c_{9,opt} = \beta/(\eta_{TL}\eta_m) \approx 80\ \text{m/s}$$

实际上，涡轮螺桨发动机在地面静止条件下工作时，尾喷管出口燃气排气速度 c_9 一般选择不小于 200 m/s。这一方面是由于低压涡轮后的燃气速度一般不低于 200 m/s，要在尾喷管中把燃气速度降低到 80 m/s 是很困难的。另一方面也考虑到随着飞行速度的增大，最佳的 c_9

值也会相应地增大。在地面静止条件下选择较大的尾喷管出口燃气排气速度，可以使涡轮螺桨发动机在巡航飞行时具有较佳的 c_9 值。

5.8 涡轮螺桨发动机设计点气动热力计算及其结果分析

涡轮螺桨发动机在低速下的耗油率较低，一般用于飞行马赫数不超过 0.8 和注重低油耗的飞机上。图 5－21 表示这种类型发动机的原理图及截面符号。

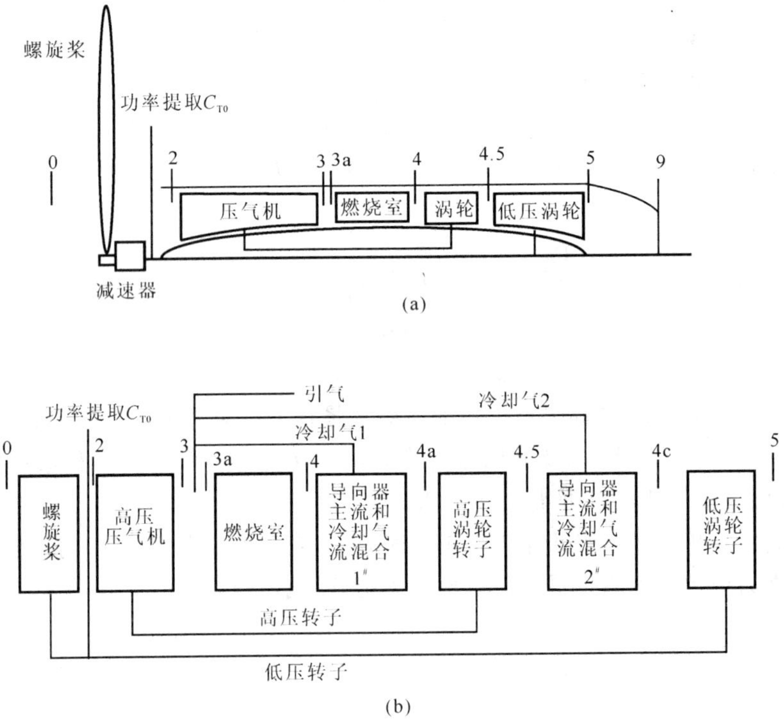

图 5－21 涡轮螺桨发动机的原理图及截面符号

由第 4 章燃气涡轮发动机的热力循环研究已经知道，欲提高燃气涡轮发动机的热效率，应选择较高的涡轮前温度和相应的较高的压气机增压比。关于这两个参数的影响此处不再赘述。本节只讨论在给定的飞行条件、发动机主要工作过程参数 π_C 和 T_{t4} 以及各部件效率的情况下，改变带动螺旋桨的低压涡轮落压比 π_{TL} 的影响。π_{TL} 变化意味着传递给螺旋桨功率的变化，有效功在螺旋桨和通过发动机气流动能增量之间的分配不同。

下面举例说明涡轮螺桨发动机设计点气动热力计算过程。

1. 已知条件

$Ma_0 = 0.8, H = 8\ 000\ \mathrm{m}, \sigma_i = 0.97$，$\eta_C = 0.842\ 2$，$\eta_{TH} = 0.906\ 4$，$\eta_{TL} = 0.928\ 2, \sigma_b = 0.97$；

$\eta_b = \eta_{mH} = \eta_{mL} = 0.98$，$\eta_B = 0.82$，$\eta_g = 0.99$，$\delta_1 = 0.05$，$C_{T0} = 0.0$，$\beta = 0.0$，$T_{t4} = 1\ 800\ \mathrm{K}$；

$k = 1.4$，$k_g = 1.3$，$c_p = 1\ 004.6\ \mathrm{J/(kg \cdot K)}$，$R = 287\ \mathrm{J/(kg \cdot K)}$；

$C_{pg} = 1\ 234.8\ \mathrm{J/(kg \cdot K)}$，$H_u = 42\ 900\ \mathrm{kJ/kg}$，$\pi_C = 35.0$，$\sigma_e = 0.98$。

2. 计算步骤

(1) 0—0 截面的温度和压力以及声速、飞行速度计算。根据给定的高度查国际标准大气数据表，得到静温和静压为

$$T_0 = 236.2\ \mathrm{K}$$

$$p_0 = 35\ 650\ \mathrm{Pa}$$

$$a_0 = \sqrt{kRT_0} = \sqrt{1.4 \times 287 \times 236.2} = 308.07\ \mathrm{m/s} \tag{5-100}$$

由静参数和给定的飞行马赫数计算总温和总压为

$$p_{t0} = p_0\left(1 + \frac{k-1}{2}Ma_0^2\right)^{\frac{k}{k-1}} = 53\ 460\ \mathrm{Pa} \tag{5-101}$$

$$T_{t0} = T_0\left(1 + \frac{k-1}{2}Ma_0^2\right) = 266.43\ \mathrm{K} \tag{5-102}$$

(2) 进气道出口总压和总温：

总压

$$p_{t2} = \sigma_i \times p_{t0} = 52\ 716\ \mathrm{Pa} \tag{5-103}$$

总温

$$T_{t2} = T_{t0} = 266.43\ \mathrm{K} \tag{5-104}$$

(3) 压气机出口总压和总温：

总压

$$p_{t3} = p_{t2} \times \pi_C = 18.450\ 6 \times 10^5\ \mathrm{Pa} \tag{5-105}$$

总温

$$T_{t3} = T_{t2}\left(1 + \frac{\pi_C^{\frac{k-1}{k}} - 1}{\eta_C}\right) = 823.69\ \mathrm{K} \tag{5-106}$$

(4) 燃烧室出口参数为

$$f = \frac{W_f}{W_{3a}} = \frac{C_{pg}T_{t4} - C_pT_{t3}}{\eta_b H_u - C_{pg}T_{t4}} = 0.034\ 3 \tag{5-107}$$

总压

$$p_{t4} = p_{t3}\sigma_b = 17.897\ 1 \times 10^5\ \mathrm{Pa} \tag{5-108}$$

总温 $T_{t4}=1\ 800\ \text{K}$ （选定值）

(5) 高压涡轮出口参数为

$$\tau_{m1}=\frac{T_{t4a}}{T_{t4}}=\frac{(1-\beta-\delta_1-\delta_2)(1+f)+C_p\delta_1 T_{t3}/(C_{pg}T_{t4})}{(1-\beta-\delta_1-\delta_2)(1+f)+\delta_1}=0.977\ 1 \tag{5-109}$$

$$T_{t4a}=T_{t4}\tau_{m1}=1\ 742.40\ \text{K} \tag{5-110}$$

$$p_{t4a}=p_{t4}=17.897\ 1\times10^5\ \text{Pa} \tag{5-111}$$

$$\frac{T_{t4.5}}{T_{t4a}}=1-\frac{C_p(T_{t3}-T_{t2})}{[(1-\beta-\delta_1-\delta_2)(1+f)+\delta_1]\eta_{mH}c_{pg}T_{t4a}}=0.729\ 3 \tag{5-112}$$

$$T_{t4.5}=\frac{T_{t4.5}}{T_{t4a}}T_{t4a}=1\ 270.73\ \text{K}$$

$$\pi_{TH}=\frac{p_{t4a}}{p_{t4.5}}=\left[1-\left(1-\frac{T_{t4.5}}{T_{t4a}}\right)\Big/\eta_{TH}\right]^{-\frac{k_g}{k_g-1}}=4.650\ 6 \tag{5-113}$$

$$p_{t4.5}=\frac{p_{t4a}}{\pi_{TH}}=3.848\ 4\times10^5\ \text{Pa} \tag{5-114}$$

(6) 低压涡轮出口参数为

$$\tau_{m2}=\frac{T_{t4c}}{T_{t4.5}}=\frac{(1-\beta-\delta_1-\delta_2)(1+f)+\delta_1+\delta_2 C_p T_{t3}/(C_{pg}T_{t4.5})}{(1-\beta-\delta_1-\delta_2)(1+f)+\delta_1+\delta_2}=0.977\ 1 \tag{5-115}$$

$$T_{t4c}=\tau_{m2}\times T_{t4.5}=1\ 241.60\ \text{K} \tag{5-116}$$

$$p_{t5}=\frac{p_{t4.5}}{\pi_{TL}}=0.481\ 1\times10^5\ \text{Pa}$$

$$\eta_{TL}=0.928\ 2$$

$$\frac{T_{t5}}{T_{t4c}}=1-\left(1-\frac{1}{\pi_{TL}^{\frac{k_g-1}{k_g}}}\right)\eta_{TL}=0.646\ 2 \tag{5-117}$$

$$T_{t5}=\frac{T_{t5}}{T_{t4c}}T_{t4c}=802.69\ \text{K}$$

(7) 尾喷管出口参数：

尾喷管出口总温

$$T_{t9}=T_{t5}=802.69\ \text{K} \tag{5-118}$$

尾喷管出口总压

$$p_{t9}=0.98\times p_{t5}=0.471\ 5\times10^5\ \text{Pa} \tag{5-119}$$

$$\frac{p_{t9}}{p_0}=1.322\ 5 \quad （亚临界） \tag{5-120}$$

$$Ma_9=\sqrt{\frac{2}{k_g-1}\left[\left(\frac{p_{t9}}{p_0}\right)^{\frac{k_g-1}{k_g}}-1\right]}=0.666\ 5$$

$$\frac{T_{t9}}{T_9}=\left(1+\frac{k_g-1}{2}Ma_9^2\right)$$

$$T_9=\frac{T_9}{T_{t9}}T_{t9}=752.19\ \mathrm{K}$$

$$a_9=\sqrt{k_g RT_9}=527.91\ \mathrm{m/s}$$

$$c_9=a_9 Ma_9=351.85\ \mathrm{m/s}$$

(8) 喷气反作用单位推力为

$$F_{s,j}=\frac{F_j}{W_a}=[(1-\beta-\delta_1-\delta_2)(1+f)+\delta_1+\delta_2]c_9-c_0=116.26\ (\mathrm{N\cdot s})/\mathrm{kg} \tag{5-121}$$

(9) 螺旋桨计算。螺旋桨从低压涡轮轴上获得的单位发动机空气质量流量功率(假定从低压涡轮轴上的功率提取为0)为

$$\frac{N_B}{W_a}=\eta_g[(1-\beta-\delta_1-\delta_2)(1+f)+\delta_1+\delta_2]C_{pg}(T_{t,4c}-T_{t5})=548.02\ \mathrm{kJ/kg} \tag{5-122}$$

螺旋桨产生的单位拉力为

$$F_{s,B}=\frac{F_B}{W_a}=\frac{N_B\eta_B}{W_a c_0}=1.823\,4\ (\mathrm{N\cdot s})/\mathrm{kg} \tag{5-123}$$

(10) 整台发动机性能参数:

单位推力

$$F_s=F_{s,j}+F_{s,B}=193.97\ (\mathrm{daN\cdot s})/\mathrm{kg} \tag{5-124}$$

推力耗油率

$$\mathrm{sfc}=\frac{3\,600W_f}{F}=\frac{3\,600f(1-\beta-\delta_1-\delta_2)}{F_s}=0.572\,9\ \mathrm{kg/(daN\cdot h)} \tag{5-125}$$

当量功率耗油率

$$(\mathrm{sfc})_e=\frac{3\,600W_f}{N_e}=\frac{3\,600f(1-\beta-\delta_1-\delta_2)}{\dfrac{N_B}{W_a}+\dfrac{F_s c_0}{\eta_B}}=0.190\,6\ \mathrm{kg/(kW\cdot h)} \tag{5-126}$$

如图5-22所示为低压涡轮落压比对涡轮螺桨发动机单位推力和耗油率的影响。

由图5-22可以看出,当低压涡轮落压比约等于8.2时,涡轮螺桨发动机具有最大单位推力和最小耗油率。低压涡轮用于驱动螺旋桨,低压涡轮落压比的变化表示改变发动机输给螺旋桨的功,或者说发动机有效循环功在螺旋桨和增大通过发动机气流动能之间分配比例的变化。

当发动机有效循环功处于最佳分配时，发动机耗油率最小。对于上面所举例子，其最佳分配时发动机动能增量与输给螺旋桨的功之比大约为6%。图5-23分别表示加热比Δ和压气机增压比π_C对循环有效功L_e和当量功率耗油率$(sfc)_e$的影响[10]。图5-23(a)表示当Δ不变时，π_C对L_e和$(sfc)_e$的影响；图5-23(b)表示当π_C不变时，Δ对L_e和$(sfc)_e$的影响。为比较起见，图中还同时给出了涡喷/涡扇发动机的相应关系。由图可见，涡轮螺桨发动机的最佳增压比与涡喷/涡扇发动机的最佳增压比相同，而最经济增压比却显著减小了。这与图5-22所示的结果一致。

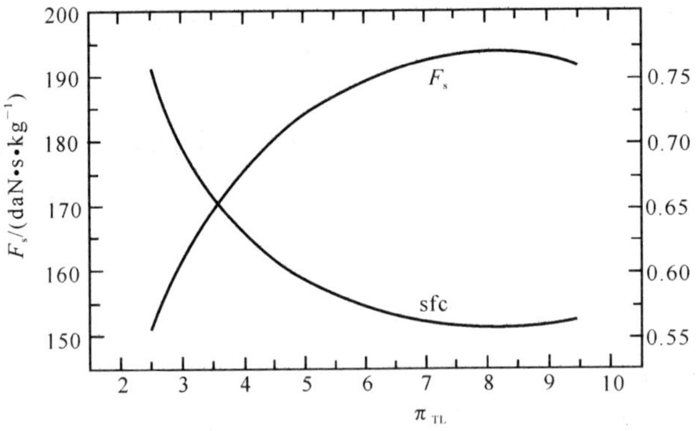

图5-22　低压涡轮落压比对涡轮螺桨发动机单位推力和耗油率的影响

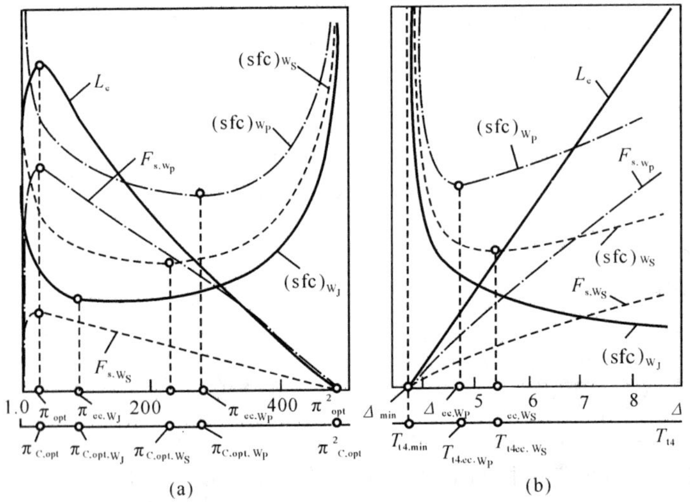

图5-23　加热比Δ和π_C对L_e和$(sfc)_e$的影响

5.9 小 结

(1) 在设计点上可以独立地选取燃气涡轮发动机的工作过程参数，如 π_f，π_C，B，T_{t4}，$T_{t,ab}$ 等。通过发动机设计点的气动热力计算能够获得发动机性能参数，如单位推力和耗油率等随工作过程参数的变化曲线。每选择一组发动机的工作过程参数可能代表不同类型的燃气涡轮发动机。

(2) 没有统一的发动机类型或固定的工作过程参数组合，能以最佳方式适用于不同用途的飞机。飞机和发动机的设计过程包括大量的数值模拟计算，燃气涡轮发动机的设计点气动热力计算是首先要进行的，它是燃气涡轮发动机非设计点性能计算的基础。

(3) 为了提高发动机的单位推力和循环热效率，应选取尽可能高的涡轮前总温，但是实际上选取时还要充分考虑涡轮叶片的材料，冷却空气量以及期望的涡轮叶片寿命。

(4) 发动机压气机总增压比的选取主要考虑单位推力和单位燃油消耗率的比例分配。在压气机最佳增压比附近对应较大的单位推力，选比最佳增压比更大一些的增压比则可降低耗油率。

(5) 一般来说歼击机要求大的推力/质量比，宜采用低涵道比混合排气加力涡扇发动机。通常 $B=0\sim1.0$，大多数是 $B=0.1\sim0.7$。外涵风扇增压比和 T_{t4} 增加，单位推力单调增加，同时耗油率也单调增加。希望获得大的单位推力必须有高的 π_f。混合排气涡扇发动机有内、外涵气流总压在混合室进口近似相等的条件限制，而分别排气涡扇发动机有内、外涵尾喷管出口速度近似相等的条件限制。因此在给定的 π_C 和 T_{t4} 情况下，高 π_f 必然有低 B 值。若希望有较小的耗油率则须选较低的 π_f，相应地涵道比 B 值较大。最终 π_f 和 B 的选取只有在综合考虑飞行任务及其对发动机要求之后才能确定。

加力可明显增加单位推力但同时也使耗油率显著增加。对于以空中优势为主要任务的飞机，战斗阶段的油耗不到总油耗的一半，巡航等许多任务阶段要求较小的发动机不加力推力，所以在短时的战斗阶段采用加力是最佳选择。对于拦截类型的飞机，战斗任务阶段的油耗占总油耗的大部分，具有超声速巡航能力的不加力发动机则是最佳选择。

(6) 远程大型民用运输机主要要求经济性，宜采用大涵道比($B=5\sim8$)分别排气涡扇发动机。高涡轮前总温、高压气机增压比使发动机具有高的循环热效率，高的涵道比 B 使推进效率较大。但是，随着 B 的增加，耗油率的下降程度减弱，发动机质量增加，短舱外阻力增加。因此最终选取的 B 值应小于对应最小耗油率的 B 值。随着 B 的增加，外涵风扇增压比最佳值减小，因此，一般大涵道比的涡扇发动机，其风扇增压比较低。

(7) 发动机设计点飞行条件的选择也是很重要的。亚声速民用发动机在起飞、爬升和巡航状态的 T_{t4}/T_{t2} 之比变化不大，而用于 $Ma_0=2.0$ 左右的发动机，T_{t4}/T_{t2} 之比变化范围很大，因为 T_{t2} 可能从 216 K 变化到 400 K。如果选择的设计点发动机进口总温太低或太高，则在飞行包线内的某些点上会因为发动机参数远离设计点而使性能变差。最佳设计点也只有在完成对许多组发动机的工作过程参数计算结果分析之后才能综合确定。

习　题

1. 一台混合加力涡扇发动机加力燃烧室出口总温 $T_{t,ab}=2\ 200$ K，外涵风扇增压比 $\pi_f=2.74$，飞行马赫数 $Ma_0=0.9$，高度 $H=11$ km。假设混合过程、加力燃烧室和尾喷管均无损失，尾喷管完全膨胀，试计算单位推力 F_s（计算时取混合室进口内、外涵气流总压相等，分别采用定比热和分段变比热方法）。

2. 如果已知进气道出口总温 T_{t2}，混合加力涡扇发动机加力燃烧室出口总温 $T_{t,ab}$，试证明发动机总的油气比近似公式为

$$f=\frac{C_{pg}T_{t,ab}-C_pT_{t2}}{\eta_b H_u}$$

式中，η_b，H_u 分别为燃烧效率和燃油低热值。

3. 根据第 1 和第 2 题关系，计算发动机单位燃油消耗率 sfc。

4. 在 $Ma_0=0.85$，$H=10$ km 的巡航状态下，分别排气涡扇发动机的风扇增压比 $\pi_f=1.6$，$\eta_f=0.88$；经风扇内涵进入高压压气机，$\pi_{CH}=25$，$\eta_{CH}=0.86$，试计算风扇和高压压气机出口总温。

5. 按第 4 题条件，$T_{t4}=1\ 500$ K，$\eta_{TH}=0.90$，试计算高压涡轮出口总压和总温。

6. 3 级风扇增压比为 4.5，设 3 级风扇中每级的总温升相等，各级级效率相同均为 0.85，试求风扇每级的总温升和总压升。

7. 某高压压气机进、出口马赫数分别为 0.5 和 0.3，$\bar{m}\left(\bar{m}=\frac{W\sqrt{C_pT_t}}{Ap_t}\right)$分别为 0.956 和 0.629，已知总空气质量流量为 67.4 kg/s，$B=0.471$。求高压压气机进、出口面积；若该高压压气机为等外径设计方案，进口叶尖直径为 0.443 m，求其进、出口叶片高度。

第 6 章　航空燃气涡轮发动机部件的共同工作和调节规律

上一章讲述了发动机设计点性能。在设计点，发动机工作过程参数相互之间是独立的。设计完成之后，飞行条件、大气条件和发动机油门操纵杆位置都会变化，使发动机性能偏离设计点而工作于非设计点。非设计点的发动机性能决定于各部件的共同工作。研究共同工作的目的在于确定发动机过程参数随飞行条件、大气条件以及油门操纵杆位置的变化关系。有了这种关系，通过非设计点热力计算可获得发动机在非设计点的性能。目前广泛使用的燃气涡轮发动机有单轴的，双轴的，个别情况也有三轴的。但研究单轴发动机共同工作是研究双轴和三轴发动机共同工作的基础。

6.1　几何不可调单轴燃气涡轮发动机的共同工作

几何不可调是指根据发动机设计点参数确定的各部件的几何尺寸和形状在非设计点不再变化。这是一种最简单的情况，由此可了解发动机各部件共同工作的基本概念。

一台已经设计制成的单轴燃气涡轮发动机，可以在不同的飞行状态下工作，驾驶员通过操纵油门杆使燃油自动调节器供给发动机不同的燃油流量。

当发动机在一定的飞行状态下工作时，如果保持燃油质量流量以及各部件的几何参数不变，那么发动机将在这一状态下稳定地工作，即发动机的转速以及发动机各截面的气流参数保持一定的数值。若改变飞行状态或者改变发动机燃油质量流量，都将使发动机进入不同的工作状态。由于发动机各个部件是协调工作、相互影响、相互制约的，所以任何一个部件工作状态的变化都将影响其他部件的工作。

一、共同工作条件

在非设计点下单轴燃气涡轮发动机稳定工作时，各部件必须满足以下相互制约条件，即共同工作条件：

(1)气流质量流量的平衡关系；

(2)压力平衡关系；

(3)涡轮与压气机的功率平衡；

(4)涡轮与压气机的物理转速相等。

下文对这些条件逐一进行讨论：

1. 压气机进口的空气质量流量

W_a 与涡轮导向器进口的燃气质量流量 W_g 的关系为

$$W_a - W_{col} + W_f = W_g$$

式中，涡轮冷却空气质量流量 W_{col} 和燃油质量流量 W_f 与 W_a 相比相对较小，为简化起见略去不计，这对讨论共同工作概念没有影响。于是上式变为

$$W_a = W_g$$

用气动函数 $q(\lambda)$ 表示气流质量流量，则上式可写为

$$A_2 K \frac{p_{t2}}{\sqrt{T_{t2}}} q(\lambda_2) = A_{nb} K_g \frac{p_{t,nb}}{\sqrt{T_{t,nb}}} q(\lambda_{nb})$$

式中 K, K_g—— 常数；

$q(\lambda_{nb})$—— 涡轮导向器喉部的 $q(\lambda)$，在常用的发动机工作状态下 $q(\lambda_{nb}) = 1.0$；

A_2—— 压气机进口截面面积；

A_{nb}—— 涡轮导向器喉部截面面积；

T_{t2}, T_{t4}—— 压气机进口和涡轮进口前总温；

p_{t2}—— 压气机进口总压；

$p_{t,nb}$—— 涡轮导向器喉部总压，根据压力平衡关系，$p_{t,nb} = p_{t3}\sigma_b\sigma_{nb}$；

p_{t3}—— 压气机出口总压；

σ_b, σ_{nb}—— 燃烧室和涡轮导向器进口至喉部的总压恢复因数，认为是常数。

整理之后流量平衡方程变成

$$\pi_C = \text{const}\sqrt{\frac{T_{t4}}{T_{t2}}} q(\lambda_2) \tag{6-1}$$

式中

$$\text{const} = \frac{K}{K_g}\frac{A_2}{A_{nb}}\frac{1}{\sigma_b\sigma_{nb}q(\lambda_{nb})}$$

式(6-1)表示压气机与涡轮的气流质量流量平衡关系。由式(6-1)可以看出：

(1) 若令 $T_{t4}/T_{t2} = \text{const}$，则式(6-1)在压气机的特性图上呈一束直线，如图6-1所示。

(2) 在图6-1中所示 $\bar{n}_{1cor} = \text{const}$ 的曲线上，$T_{t4}/T_{t2} = \text{const}$ 的值越大，就越靠近喘振边界。其物理意义是：作为发动机部件的压气机，虽然后面的涡轮导向器喉部截面不变，但燃烧室出口总温 T_{t4} 增加时，气流比热容加大，相当于压气机的后面节流阀门关小，通过的气流质量流量减小，故工作点沿 $\bar{n}_{1cor} = \text{const}$ 曲线上移。

(3) 当飞行条件不变，发动机的物理转速 n 减小使 $\bar{n}_{1cor}$ 很小时，压气机增压比很低，涡轮导向器为亚临界状态，$q(\lambda_{nb}) < 1.0$，而不再是常数，$T_{t4}/T_{t2} = \text{const}$ 的关系曲线不能保持为直线而变成曲线并趋于 $\pi_C = 1.0$。

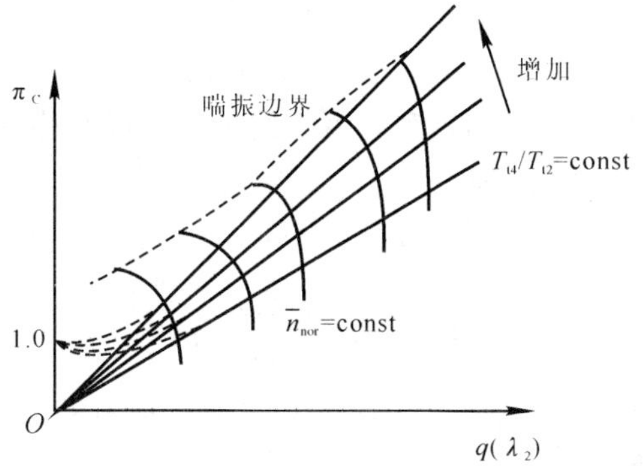

图 6-1 压气机涡轮的流量平衡在压气机特性图上的表示

2. 涡轮与压气机功率平衡

稳定工作时，涡轮与压气机功率相等，忽略空气与燃气质量流量的差别，即功相等。写出功相等方程为

$$C_{pg}T_{t4}\left(1-\frac{1}{e_T}\right)\eta_T = C_pT_{t2}\left(\frac{e_C-1}{\eta_C}\right)$$

或

$$\frac{T_{t4}}{T_{t2}} = \text{const}\cdot\frac{e_C-1}{\eta_C}\frac{1}{\left(1-\frac{1}{e_T}\right)\eta_T} \tag{6-2}$$

式中

$$e_C = \pi_C^{\frac{k-1}{k}},\ e_T = \pi_T^{\frac{k_g-1}{k_g}}$$

对式(6-2)作如下讨论：

(1) 假定第一级涡轮导向器最小截面和尾喷管最小截面均处于临界或超临界状态，则涡轮落压比 $\pi_T = \text{const}$。

这一结论可由涡轮导向器最小截面和尾喷管最小截面的流量相等证明。

$$A_{nb}\frac{p_{t4}\sigma_{nb}}{\sqrt{T_{t4}}}q(\lambda_{nb}) = A_{cr}\frac{p_{t5}\sigma_{cr}}{\sqrt{T_{t5}}}q(\lambda_{cr}) \tag{6-3}$$

注意，式中两个临界截面的面积 A_{nb} 和 A_{cr} 均为常数；$q(\lambda_{nb}) = q(\lambda_{cr}) = 1.0$；总压恢复系数 σ_{nb} 和 σ_{cr} 认为等于常数，则式(6-3)变为

$$\frac{p_{t4}}{p_{t5}}\sqrt{\frac{T_{t5}}{T_{t4}}} = \text{const}$$

假定涡轮的膨胀过程指数为 k_T，则

$$\frac{T_{t5}}{T_{t4}} = \left(\frac{p_{t5}}{p_{t4}}\right)^{\frac{k_T-1}{k_T}}$$

代入式(6-3)得

$$\pi_T \equiv \frac{p_{t4}}{p_{t5}} = \left[\frac{A_{cr}\sigma_{cr}q(\lambda_{cr})}{A_{nb}\sigma_{nb}q(\lambda_{nb})}\right]^{\frac{2k_T}{k_T+1}}$$

假定 k_T，σ_{cr} 和 σ_{nb} 等于常数，涡轮导向器和尾喷管处于临界或超临界状态下，上式的等号右边为常数，所以涡轮落压比等于常数，即

$$\pi_T = \text{const} \tag{6-4}$$

式中

$$\text{const} = \left[\frac{A_{cr}\sigma_{cr}q(\lambda_{cr})}{A_{nb}\sigma_{nb}q(\lambda_{nb})}\right]^{\frac{2k_T}{k_T+1}} \tag{6-5}$$

另外，燃气涡轮发动机中涡轮效率 η_T 也变化不大，近似可认为等于常数，即 $\eta_T = \text{const}$。

如此，式(6-3)即成为

$$\frac{T_{t4}}{T_{t2}} = \text{const} \cdot \frac{e_C - 1}{\eta_C} \tag{6-6}$$

(2) 式(6-6)表示涡轮与压气机的功率平衡，没有考虑涡轮效率的变化，这样在定性地讨论共同工作概念时比较简单。如果考虑涡轮效率的变化，则可应用涡轮与压气机转速相等的条件，即

$$\frac{n}{\sqrt{T_{t4}}} = \frac{n}{\sqrt{T_{t2}}}\sqrt{\frac{T_{t2}}{T_{t4}}} \tag{6-7}$$

根据 $n/\sqrt{T_{t4}}$ 和 π_T，从涡轮特性图上查得 η_T。

(3) 当发动机物理转速较小而飞行速度较低时，涡轮导向器和尾喷管可能处于亚临界状态，涡轮落压比 π_T 不能再保持不变。不过大多数飞行条件下涡轮和尾喷管都处于临界或超临界状态，在此主要讨论这种条件下的共同工作。

二、共同工作方程

发动机部件的共同工作必须同时满足涡轮与压气机的流量平衡关系式(6-1)和功率平衡关系式(6-6)。将两式合并消去 T_{t4}/T_{t2}，得

$$\frac{q(\lambda_2)}{\pi_C}\sqrt{\frac{e_C - 1}{\eta_C}} = \text{const} \tag{6-8}$$

式(6-8)主要体现了燃气涡轮发动机中涡轮与压气机的相互约束，所以称为涡轮-压气机共同工作方程。这个方程是几何不可调单轴涡喷发动机在涡轮导向器和尾喷管处于临界或超临界状态下的共同工作方程。方程式(6-8)中所包含的参数都是压气机特性图上的参数，可以把该方程表示在压气机特性图上，从而得到共同工作线。

三、共同工作线

共同工作线是共同工作方程在压气机特性图上的表示，共同工作线的具体求法需要试凑，步骤大致如下(见图 6-2)。

(1) 因为共同工作方程在发动机设计点也成立，而在设计点方程式(6-8)中等号左边的参数是已知的，所以可根据发动机设计点的参数 π_{Cd}，η_{Cd}，$[q(\lambda_2)]_d$ 计算式(6-8)中等号右边的常数值，即

$$\text{const} = \left[\frac{q(\lambda_2)}{\pi_C}\sqrt{\frac{e_C - 1}{\eta_C}}\right]_d$$

设计点上参数自然满足共同工作方程。假定在图 6-2 上对应 D 点，相对换算转速为

$$\bar{n}_{cor} = \frac{n/\sqrt{T_{t2}}}{[n/\sqrt{T_{t2}}]_d} = 100\%$$

(2) 在图 6-2 上任取一条 $\bar{n}_{cor} = \text{const}$ 的曲线(例如 $\bar{n}_{cor} = 90\%$)。

(3) 在这条 $\bar{n}_{cor} = 90\%$ 线上任意取一点 A，并查得相应的压气机增压比、效率和进口相对密流：π_C，η_C，$q(\lambda_2)$。

(4) 代入式(6-8)计算其等号左边的值。

(5) 比较第(4)步计算的值与第(1)步计算的 const 值是否相等。若相等则表明 A 点是共同工作点；若不相等，则在同一条等换算转速线上重新取一点，重复第(2)～(5)步，直到满足一定的误差要求为止。

(6) 在另一条等换算转速线(例如 $\bar{n}_{cor} = 80\%$)上，以上述同样的方法求得共同工作点 B。如此类推，在所有等换算转速线上都可找到共同工作点。

(7) 将所有的共同工作点连起来即得共同工作线(或简称工作线)。

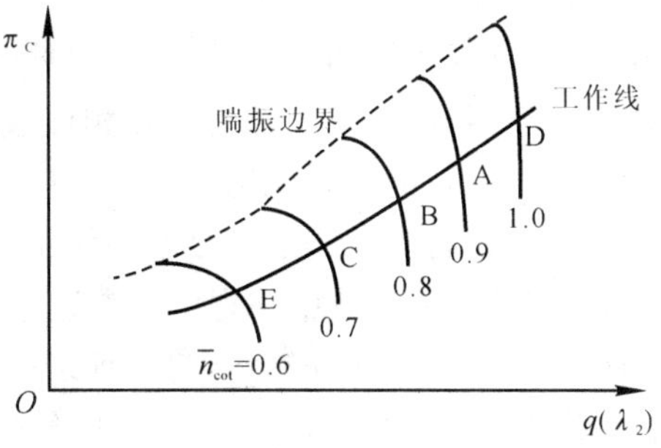

图 6-2 几何不可调单轴涡喷发动机在涡轮导向器和尾喷管处于临界或超临界情况下的共同工作线

四、关于共同工作线的讨论

(1) 以上所讲的共同工作线是几何不可调、涡轮导向器和尾喷管处于临界或超临界状态下单轴涡轮发动机的共同工作线。在上述条件下涡轮落压比 $\pi_T = \text{const}$，所以又称为 $\pi_T = \text{const}$ 下的共同工作线。

(2) 当发动机安装在飞机上稳定运转时，只要上述条件成立，发动机工作点必然在共同工作线上。例如当转速 $n=\text{const}$ 时，飞行马赫数 Ma_0 增加，则 T_{t2} 增加，$\bar{n}_{cor}$ 减小，发动机工作点则沿共同工作线向下移动。

(3) 由前面分析已经得到了单轴燃气涡轮发动机共同工作条件下满足的 3 个约束关系式(6-1)、式(6-3)和式(6-5)。用这 3 个关系式和压气机通用特性图(见图 6-1)就可以进行发动机稳态工作分析。通过分析可以知道，在一定的飞行状态下，对于一台制成的单轴燃气涡轮发动机，只要给定 3 个参数中的任意两个参数，就能决定另外一个参数。这 3 个参数是：燃气发生器的转速相似参数 $n/\sqrt{T_{t2}}$；涡轮前总温相似参数 T_{t4}/T_{t2}；尾喷管最小截面面积 A_{cr}。

例如，给定燃气发生器的转速相似参数 $n/\sqrt{T_{t2}}$ 和 T_{t4}/T_{t2}，就可以确定 A_{cr} 的大小。其步骤如下：

1) 在压气机特性图上根据 $n/\sqrt{T_{t2}}=\text{const}$ 和 $T_{t4}/T_{t2}=\text{const}$ 曲线的交点确定压气机特性图上的工作点，进而确定压气机的增压比 π_C、压气机效率 η_C 和压气机功 L_C；

2) 利用压气机功和涡轮功相等的平衡关系式(6-3)，求出所需的涡轮落压比 π_T；

3) 由式(6-5)确定尾喷管最小截面面积 A_{cr}。

又如，给定 T_{t4}/T_{t2} 和 A_{cr}，可以确定燃气发生器的转速相似参数 $n/\sqrt{T_{t2}}$。其步骤如下：

1) 由给定的 A_{cr}，从式(6-5)中求出涡轮落压比 π_T；

2) 由式(6-3)得到压气机增压比 π_C 与压气机效率 η_C 的函数关系式为

$$\pi_C^{\frac{k-1}{k}}-1=\text{const}\cdot\eta_C$$

3) 在压气机特性图上，π_C 与 η_C 的关系可表示为一条曲线，它与 $T_{t4}/T_{t2}=\text{const}$ 曲线的交点即为共同工作点。工作点确定后，燃气发生器的转速相似参数 $n/\sqrt{T_{t2}}$ 也就确定了。

从以上的分析可以看出，在一定的飞行状态下，即燃气发生器进口总温 T_{t2} 和进口总压 p_{t2} 确定以后，驾驶员通过操纵发动机自动控制器和已知系统给定燃气发生器的转速 n、涡轮前温度 T_{t4}、尾喷管最小截面面积 A_{cr} 三个参数中任意两个参数，发动机的工作状态就确定了。发动机的各个部件按照上述规律相互影响、相互制约，自动地进入给定状态工作。实际使用中，对于发动机尾喷管最小截面面积 A_{cr} 不变的发动机，所要求的转速只能通过改变 T_{t4} 来实现，驾驶员通过燃油质量流量 W_f 的变化，来改变涡轮前温度 T_{t4}，使发动机达到所要求的转速 n。

以上以单轴燃气涡轮发动机为例说明了燃气发生器各部件工作时相互之间的制约关系。可以看出，尾喷管的作用不仅是将燃气发生器出口燃气的可用能转变为燃气本身的动能，从而使发动机获得反作用推力，而且尾喷管的最小截面面积 A_{cr} 还起了控制涡轮落压比的作用，从而控制涡轮前温度 T_{t4} 和压气机在特性图上工作点位置。图 6-3 所示为调整 A_{cr} 对单轴燃气涡轮发动机共同工作线的影响。若放大 A_{cr}，则共同工作线下移；反之，则工作线上移。其原因可解释如下：

假定调整使 A_{cr} 加大，由式(6-5)可知 π_T 增加，涡轮功增加，就破坏了原来工作点上的功

平衡，在新的情况下必然要重新获得平衡。根据涡轮与压气机功平衡有

$$L_K = L_T = C_{pg} T_{t4} (1 - \frac{1}{e_T}) \eta_T$$

由上式可知，必须减小 T_{t4} 才能满足新情况下的功平衡。在等换算转速线上，工作线下移对应着 T_{t4} 减小(见图 6-1)。同理减小 A_{cr}，使工作线上移。

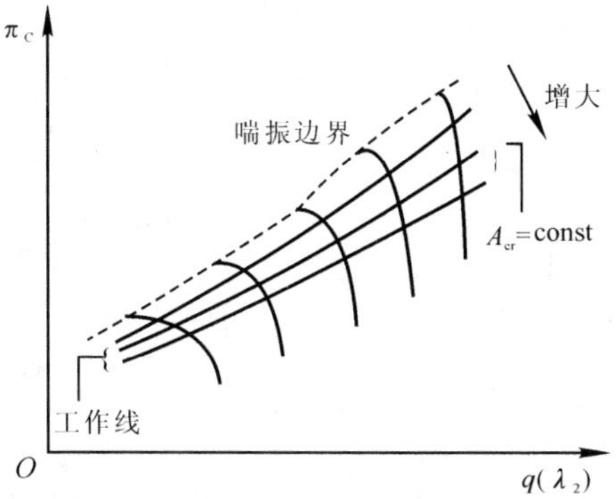

图 6-3　调整尾喷管临界截面面积对单轴涡喷发动机共同工作线的影响

4) 在低速飞行和物理转速较小的情况下，发动机总的增压比较低，尾喷管可能处于亚临界状态，$q(\lambda_{cr}) < 1.0$。这时共同工作线与飞行马赫数 Ma_0 有关，如图 6-4 所示。其原因可以解释如下：

考察 $\bar{n}_{cor} = 70\%$ 上的 a，b，c 三个点。因为 $q(\lambda_{cr}) < 1.0$，由式(6-5)可知，涡轮落压比小于尾喷管处于临界或超临界状态时的 π_T 值。飞行马赫数越小，进气道中的速度增压越小，尾喷管进口的总压越低，结果是 $q(\lambda_{cr})$ 越小，π_T 越小。据 3) 中的解释，π_T 减小则共同工作线沿等换算转速线上移。

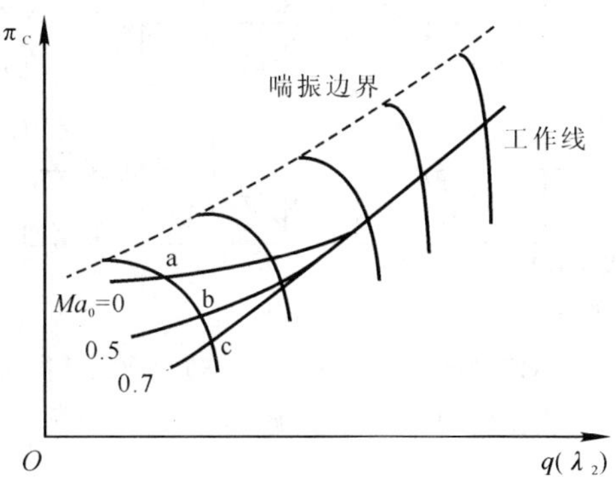

图 6-4　尾喷管处于亚临界状态下单轴涡喷发动机的共同工作线

5）设计点压气机增压比对共同工作线的影响。设计点压气机增压比 $\pi_{C,d}$ 对共同工作线的影响定性地表示于图 6－5 上。图 6－6 和图 6－7 分别用相对坐标表示出 $\pi_{C,d}=4,6,8,10$ 的单轴涡喷发动机共同工作线上参数随发动机相对换算转速 $\bar{n}_{cor}$ 的变化关系。可见，对具有较高 $\pi_{C,d}$ 的单轴涡喷发动机，$\bar{\pi}_C$，$\bar{q}(\lambda_2)$ 随 $\bar{n}_{cor}$ 减小下降得较为剧烈，从而对压气机效率和稳定工作裕度产生了明显不利的影响。这种变化趋势是多级轴流压气机在非设计状态下前、后级的不协调所造成的。

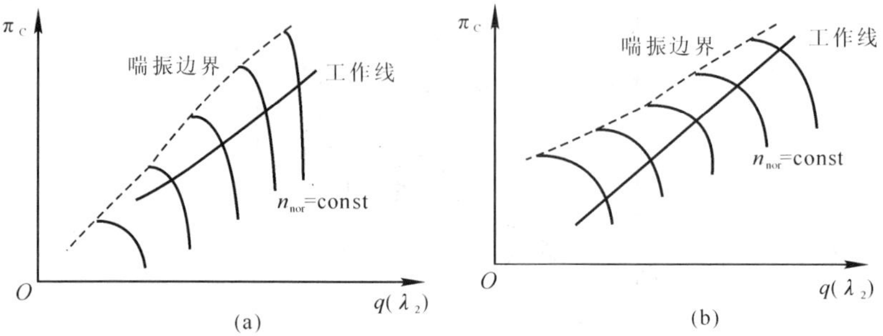

图 6－5　压气机增压比 $\pi_{C,d}$ 对单轴发动机共同工作线的影响

（a）压气机高设计增压比；（b）压气机低设计增压比

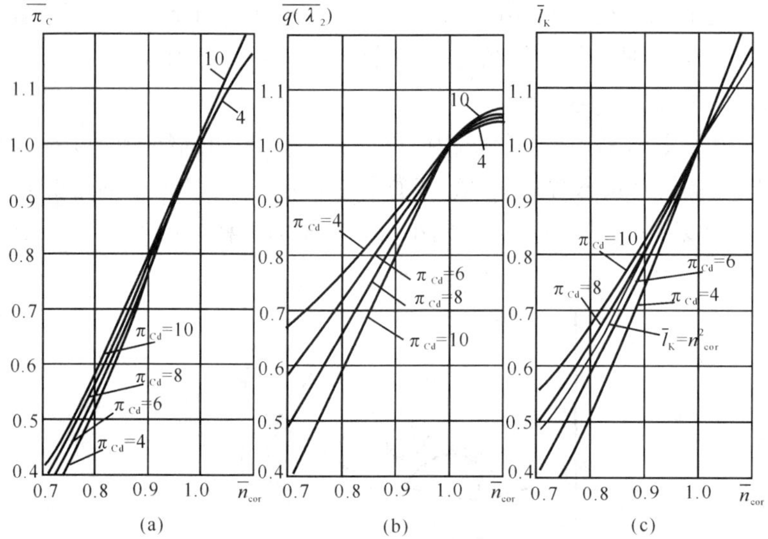

图 6－6　不同设计增压比 $\pi_{C,d}$ 对单轴发动机共同工作线上无量纲增压比、换算流量和比功的影响

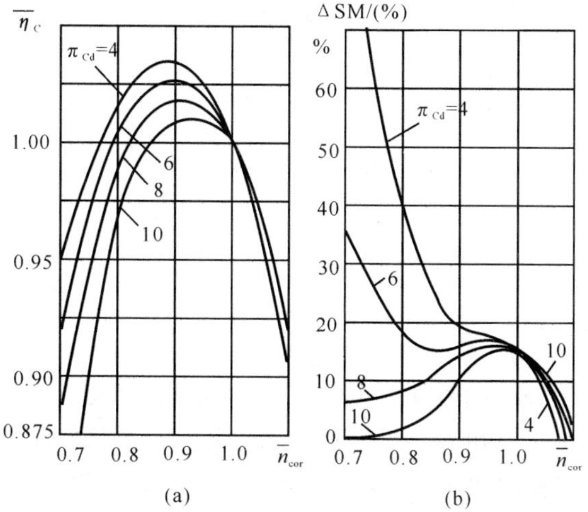

图 6-7　不同设计增压比 $\pi_{C,d}$ 对单轴发动机共同工作线上无量纲效率和稳定裕度的影响

当 $\bar{n}_{cor}$ 减小时，前面级压气机的流量系数减小，而后面级的流量系数增大。前面级压气机的流量系数减小，使流动攻角增大，级的增压比和相应的压气机功增加，即负荷“加重”，与此同时，其效率和稳定工作裕度降低。后面级由于流量系数增大，过渡到攻角减小的工作状态，其级的增压比和相应的压气机功均下降，即负荷“减轻”。压气机设计增压比 $\pi_{C,d}$ 愈高，在工作状态偏离设计状态时，其级间不匹配程度就愈严重。这是由于在非设计状态下，后面级和前面级空气密度之比偏离设计值较大，从而使级的流通面积与这些截面上的空气密度不相适应加剧的缘故。

如图 6-6 所示，具有高的 $\pi_{C,d}$ 的不可调多级轴流压气机在非设计状态下随换算转速 $\bar{n}_{cor}$ 减小，其 $\pi_C, \eta_C, q(\lambda_2)$ 和 ΔSM 下降剧烈，这使得 λ_2, c_2 对高增压比压气机要比低增压比的压气机降低得更明显，从而意味着其流量系数降低得更急剧。因此随着 $\bar{n}_{cor}$ 的减小，压气机前面级上的攻角增大得更多，前面负荷“加重”的级数增加。而后面级的轴向流速和流量系数的变化取决于涡轮导向器的流通能力。由压气机出口截面和涡轮导向器最小截面间的流量连续方程得

$$K\frac{p_{t3}q(\lambda_3)A_3}{\sqrt{T_{t3}}} = K'\frac{p_{t3}\sigma_b\sigma_{nb}A_{nb}}{\sqrt{T_{t4}}} \tag{6-9}$$

由此得

$$q(\lambda_3) = \text{const}\sqrt{\frac{T_{t3}}{T_{t4}}} \tag{6-10}$$

又因

$$\frac{T_{t4}}{T_{t3}} = \frac{T_{t4}}{T_{t2}}\frac{T_{t2}}{T_{t3}} \tag{6-11}$$

由功率平衡得
$$\frac{T_{t4}}{T_{t2}} = \text{const} \cdot \frac{C_p}{C_{pg}} \frac{e_C - 1}{\eta_C}$$

又令 $l_K = \dfrac{e_C - 1}{\eta_C}$,则有

$$\frac{T_{t4}}{T_{t2}} = \text{const} \cdot l_K$$

而$\dfrac{T_{t3}}{T_{t2}} = 1 + l_K$,代入得

$$\frac{T_{t4}}{T_{t3}} = \text{const} \cdot \frac{l_K}{1 + l_K} \tag{6-12}$$

如图 6-6 和图 6-7 所示,随着 $\bar{n}_{cor}$ 减小,l_K 值也降低,由式(6-12) 可知,温度比 T_{t4}/T_{t3} 也减小,进一步由式(6-10) 可知,$q(\lambda_3)$ 增加,因此,其流量系数增加。由于低设计增压比的压气机在 $\bar{n}_{cor}$ 减小时,l_K 值降低得更剧烈一些,因此,其 $q(\lambda_3)$ 增加得更大一些,如图 6-7 所示。这表明 $\pi_{C,d}$ 高的压气机,在 $\bar{n}_{cor}$ 降低时,$q(\lambda_3)$ 的增高程度要小一些。所以高设计增压比的压气机,在 $\bar{n}_{cor}$ 降低时其后面级的流量系数比低设计增压比的压气机的增长速度慢一些,其偏离设计状态的程度也要小些。

知道了压气机进口处和出口处无量纲密流相对值随 $\bar{n}_{cor}$ 的变化关系,现在可进一步分析压气机第一级流量系数 $\varphi_2 = c_{a2}/u$ 相对于设计值的变化。压气机第一级流量系数的相对值为

$$\bar{\varphi}_2 = \frac{\varphi_2}{\varphi_{2d}} = \frac{\lambda_2}{\lambda_{2d}\bar{n}_{cor}} = \frac{\bar{\lambda}_2}{\bar{n}_{cor}} \tag{6-13}$$

压气机最后一级流量系数的相对值为

$$\bar{\varphi}_3 = \frac{\varphi_3}{\varphi_{3d}} = \frac{\bar{\lambda}_3}{\bar{n}_{cos}} \tag{6-14}$$

图 6-8 给出了某多级压气机按式(6-13) 和式(6-14) 求出的压气机第一级和最后一级相对流量系数与 $\bar{n}_{cor}$ 之间的变化关系。很明显,若 $\bar{\varphi} < 1.0$,则表明压气机级在增大了的攻角下工作(级负荷“加重”); 若 $\bar{\varphi} > 1.0$,则表明压气机级在减小了的攻角下工作(级负荷“减轻”)。由图 6-8 可见,高 $\pi_{C,d}$ 的压气机,在 $\bar{n}_{cor}$ 减小时,其前面若干级上流量系数减小急剧,表明了其间不匹配程度加剧。后面级上流量系数增大程度较小,不匹配程度减小。

从上面分析可知,$\pi_{C,d}$ 的改变影响多级轴流压气机某些级的工作状态偏离设计状态的程度,最终影响到“加重的” 级和“减轻的” 级的级数比值关系。低 $\pi_{C,d}$ 时,压气机最后几级上的流量系数增大得较多,而前面几级上的流量系数减小得较少,“减轻的” 级的数目超过“加重的” 级的数目,故整个压气机是“减轻的”;高 $\pi_{C,d}$ 时,压气机前面几级上的流量系数减小程度大一些,而在最后几级上的流量系数增大的程度小一些,因此“加重的” 级的数目超过“减轻的” 级的数目,整个压气机是“加重的”。

如图 6-8 所示,当 $\bar{n}_{cor} > 1.0$ 时,压气机后面几级上的流量系数急剧下降,表明在 $\bar{n} > 1.0$

的范围内，$\bar{n}_{cor}$ 增加时，$q(\lambda_3)$ 和 λ_3 是减小的；前面级在 $\bar{n}_{cor} > 1.0$ 时，其流量系数在 $\bar{n}_{cor}$ 增大时仍继续减小，但其减小的程度比后面级减小的程度小。这是因为压气机进口的 λ_2 接近于 1.0，在 $\bar{n}_{cor} > 1.0$ 时，$q(\lambda_2)$ 随着 $\bar{n}_{cor}$ 增加而增加的速度减慢，使 λ_2 增长幅度落后于 $\bar{n}_{cor}$ 的增加幅度的缘故。

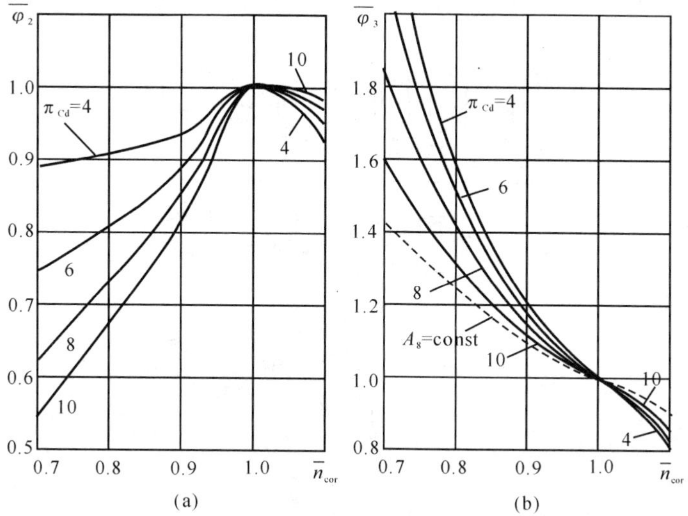

图 6－8　不同设计增压比下多级轴流压气机第一级和最后一级流量系数随换算转速的变化关系

不同设计增压比的单轴发动机的不匹配过程，可由图 6－9 得到进一步证实。图中给出了 3 种不同 $\pi_{C,d}$ 值的多级轴流压气机及对应的级数。级的工作状态变化用 $\bar{\varphi}_i = \varphi_i/\varphi_{id}$ 表示。所有级在设计状态下 $\varphi_i = \varphi_{id}$，$\bar{\varphi}_i = 1.0$。图 6－9 中下部分给出了所研究的压气机在 $\bar{n}_{cor} < 1.0$ 和 $\bar{n}_{cor} > 1.0$ 时 $\bar{\varphi}_i$ 的定性变化关系。低 $\pi_{C,d}$（压气机级数 $n=3$ 的情况）时，在 $\bar{n}_{cor} < 1.0$ 的情况下，“减轻的”级的数目等于 2（这两级在较大程度上“减轻”），而“加重的”仅有一个第一级，因此，整个压气机是“减轻的”；随着 $\pi_{C,d}$ 的增长，前面几级上的流量系数减小得较明显，并且在 $\bar{n}_{cor} < 1.0$ 时，其“负荷加重”级的数目增加（7 级压气机有 4 级，5 级压气机有 3 级），这使高 $\pi_{C,d}$ 压气机“加重的”级的数目及其“加重”的程度比“减轻的”级要大。

图 6－10 给出了高、中、低设计增压比下发动机共同工作线与不稳定边界间的布局变化。可见，随着 $\pi_{C,d}$ 值的增大，发动机共同工作线在压气机特性图上走势较平缓，而不稳定边界线较陡。共同工作线走势较平缓的原因可解释如下：

当 $\bar{n}_{cor} < 1.0$ 时，$\pi_{C,d}$ 愈高，随着 $\bar{n}_{cor}$ 的减小，$\bar{q}(\lambda_2)$ 降低得比 $\bar{\pi}_C$ 降低得慢（这可由图 6－6 看得十分明显），使得 $\bar{\pi}_C/\bar{q}(\lambda_2)$ 比值愈小。不稳定工作边界较陡的走势是由于当 $\bar{n}_{cor} < 1.0$ 时，一方面高 $\pi_{C,d}$ 的压气机 $\bar{q}(\lambda_2)$ 减小得较急剧，另一方面引起“负荷加重”的压气机前面的级数较

多，损失加剧所致。因此高 $\pi_{C,d}$ 的压气机随 $\bar{n}_{cor}$ 降低，其稳定裕度 ΔSM 是降低的；而低 $\pi_{C,d}$ 压气机随 $\bar{n}_{cor}$ 降低，其稳定裕度 ΔSM 是增加的（见图 6-10）。

值得注意的是，在 $\bar{n}_{cor} > 1.0$ 范围内，当 $\bar{n}_{cor}$ 增大时，压气机后面级的流量系数减小（见图 6-9），且低 $\pi_{C,d}$ 的压气机后面级上的流量系数减小的程度更大，这导致在这个范围内，低 $\pi_{C,d}$ 压气机的 ΔSM 降得更多一些，使低 $\pi_{C,d}$ 的压气机处于更加不利的工作状态。

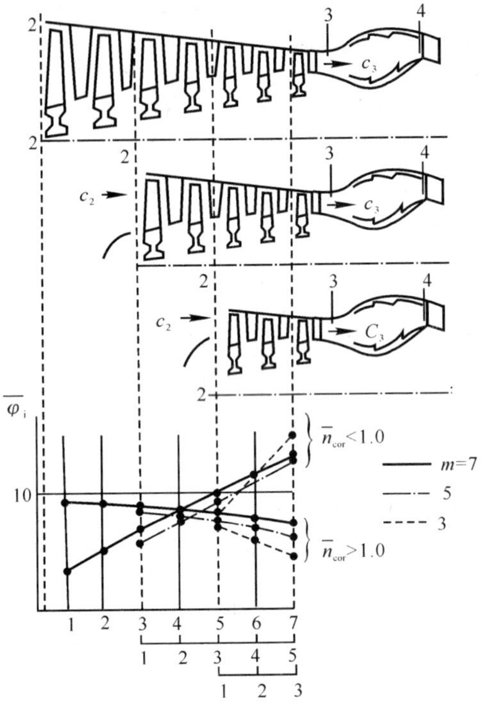

图 6-9　不同设计增压比下多级轴流压气机前后级不匹配过程

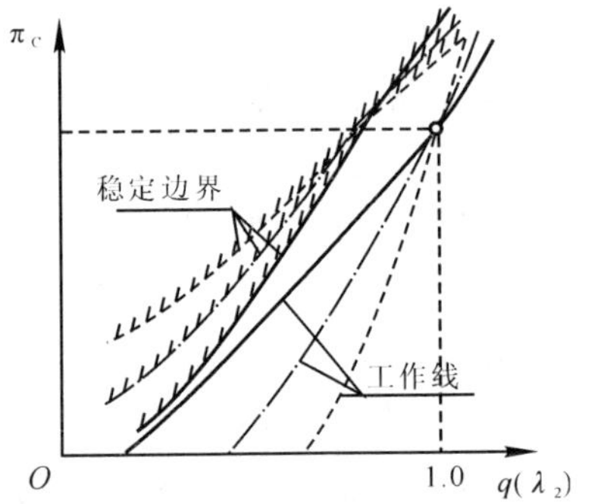

图 6-10　不同设计增压比下发动机共同工作线与不稳定边界间的布局

6.2　单轴燃气涡轮发动机的调节规律

一、发动机调节规律概述

在飞机的飞行中，假定油门操纵杆固定于最大状态位置不变，随着飞行条件 Ma_0，H 的变化，希望发动机的物理转速能保持在最大转速不变，以使发动机产生最大推力。但是如果发动机上没有自动控制装置，则当飞行条件变化时转速将随之变化。如果转速变大，则发动机超转，影响工作的可靠性；如果转速变小，则发动机产生不了最大推力，没有发挥发动机潜力。为了保持最大转速不变，驾驶员可以操纵油门杆，当转速要增加时减小油门杆角度；当转速要减小时增大油门杆角度，然而这样却增加了驾驶员的劳动强度。为了解决这个问题，在发动机上总是装有自动控制器，通过对燃油量的自动控制来控制转速不受飞行条件和大气条件等变化的扰动。供油量 W_f 称为调节量（或调节中介），转速 n 称为被调节量（被调参数），被调参数随飞行条件（或大气条件）的变化规律称为控制规律或称为调节规律。

从发动机部件的共同工作考虑，假定油门操纵杆固定在最大位置不变，随着飞行条件 Ma_0，H 的变化，共同工作点将在共同工作线上移动。显然共同工作点的位置决定于换算转速 $n/\sqrt{T_{t2}}$ 的值，其中 $T_{t2}=T_o(1+\frac{k-1}{2}Ma_0^2)$，可以根据飞行马赫数、高度和大气条件，计算出 T_{t2}，而物理转速 n 决定于发动机的调节规律。因此，只有给定了调节规律才能在给定的飞行条件下确定发动机的共同工作点，进而确定发动机在非设计点的性能。调节规律包括稳定工作状态的调节规律和过渡工作状态的调节规律。本章只讨论稳定工作状态的调节规律。稳定工作状态调节规律又分为最大状态调节规律、巡航状态调节规律、慢车状态调节规律和加力状态调节规律等。

二、最大状态调节规律

发动机最大状态调节规律的作用是，在任何飞行条件下最大限度发挥发动机潜力，以获得最大推力值。

（1）当发动机几何不可调时，即发动机设计制造完成后其部件的几何尺寸和形状不再变化，只有供油量 W_f 可以作为调节量，故只能有一个被调节参数。选择哪个参数作为被调节参数呢?原则上说，被调节参数应能反映发动机的机械负荷、热负荷和推力大小，同时又便于测量使得自动调节器容易实现。发动机物理转速 n 可以满足这样的要求，所以一般选取 n 作为被调节参数。

发动机最大状态的调节规律，通常为

$$W_f \rightarrow n = n_{max} = \text{const} \tag{6-15}$$

式(6－15) 的意义是：当油门杆固定于最大位置处，且当飞行条件、大气条件变化时，自动调节器自动改变供油量 W_f，使发动机物理转速保持其最大值不变，即

$$n = n_{max} = const$$

$n = n_{max} = const$ 是被调节参数的一种变化规律，当然也可以指定 n 的其他变化规律。不过应注意，最大状态调节规律的目的是在发动机安全可靠工作的同时获得最大推力。

如果选定了式(6－15) 所描述的调节规律，并且已知飞行条件，很容易确定发动机共同共工作点。为此，首先计算出 T_{t2}，进而计算 $n/\sqrt{T_{t2}}$，然后在共同工作线上确定共同工作点位置。

(2) 在发动机几何不可调的情况下，虽然只有一个调节参数 W_f，但选择什么参数作为被调参数却有一定的自由度。例如也可以选涡轮前总温 T_{t4} 作为被调参数，其调节规律可以为

$$W_f \rightarrow T_{t4} = T_{t4,max} = const \tag{6-16}$$

式(6－16) 的意义是：当油门杆置于最大位置不动，且当飞行条件、大气条件变化时，自动调节器自动改变供油量 W_f，使发动机涡轮前总温 T_{t4} 保持最大值不变。涡轮前总温 T_{t4} 保持最大值，发动机也能产生最大推力。但是与物理转速 n 比较起来，T_{t4} 难测量，使自动调节器不易实现。

如果选取了调节规律式(6－16)，根据已知的飞行条件计算出 T_{t2}，进而计算出 $T_{t4}/T_{t2} = T_{t4,max}/T_{t2}$，然后不难在共同工作线上确定共同工作点的位置。

在第 6.1 节讲述求几何不可调的单轴燃气涡轮发动机的共同工作线时，并没有限定是什么调节规律，因此采用式(6－15) 和式(6－16) 的调节规律所得发动机的共同工作点是一样的。但应该注意，采用不同的调节规律，发动机共同工作点的位置随飞行条件变化是不同的。例如，当采用式(6－15) 的调节规律时，$n = const$ 不变，涡轮前总温 T_{t4} 随飞行条件的变化而变化。因为由图 6－8 知道，当飞行马赫数或高度变化使压气机进口总温增加而换算转速下降时，对于高设计增压比的发动机而言压气机的功是增加的，故为了保持压气机与涡轮的功平衡，在 π_T 不变的情况下必然是涡轮前总温 T_{t4} 上升；相反，对于低设计增压比的发动机而言，T_{t4} 将下降。同理，采用式(6－16) 的调节规律时，T_{t4} 不变，而物理转速 n 将随飞行条件变化而变化。

(3) 发动机几何不可调时的组合调节规律。在 $n = const$ 调节规律下，随着飞行马赫数增加，当发动机进口总温 T_{t2} 增加时，换算转速 n_{cor} 减小，发动机共同工作点沿工作线下移。若是高设计增压比则压气机功增加、涡轮前总温 T_4 增加，可能超出其最大允许值，为了保证发动机工作安全可靠，这时调节规律应转为 $T_{t4} = T_{t4,max} = const$。

不论采用 $T_{t4} = const$ 还是采用 $n = const$ 的调节规律，当压气机进口总温 T_{t2} 较小(小于 288K) 时，发动机换算转速 n_{cor} 较大，换算转速 n_{cor} 过大亦会引起压气机的不稳定工作及其效率的急剧下降。因此这时最好采用 $n_{cor} = const$ 的调节规律。

这样，根据 T_{t2} 的范围不同而采用不同的调节规律，称为组合调节规律。

图 6－11 表示单轴涡喷发动机采用组合调节规律下涡轮前总温随发动机进口总温的变化。其中，图 6－11(a) 表示压气机高设计增压比，图 6－11(b) 表示压气机低设计增压比。

(4) 尾喷管临界截面 A_{cr} 可调时的调节规律。式(6－15) 和式(6－16) 所表示的两种调节规

律的优点是只有一个被调参数，发动机几何不变，控制系统简单，但其缺点是不能充分发挥发动机潜力。

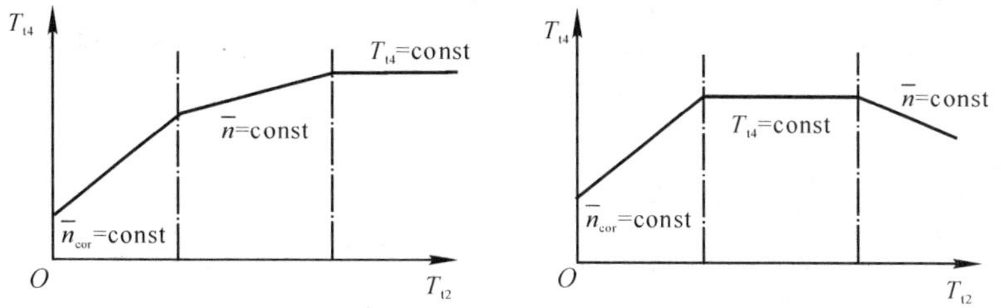

(a)　　　　(b)

图 6-11　单轴涡喷发动机组合调节规律下的变化

(a) 高设计增压比；　(b) 低设计增压比

例如，当采用 $n = n_{max} =$ const 调节规律时，涡轮前总温 T_{t4} 随飞行马赫数变化，如果 T_{t4} 增加，则可能大于涡轮叶片能承受的最大温度 $T_{t4,max}$，将可能烧坏发动机或使其寿命缩短，这是不允许的；如果 T_{t4} 减小，则发动机推力减小，不能获得最大可能的推力，因为只有在转速 n 和 T_{t4} 同时都保持在最大值时，发动机产生的推力才最大。所以最大状态的调节规律最好是同时保持 n 和 T_{t4} 均为最大值不变。为此需要两个调节量，一个当然是供油量 W_f，另一个通常选取尾喷管临界截面面积 A_{cr}。这样调节规律可以表示为

$$\begin{aligned} W_f &\rightarrow n = n_{max} = \text{const} \\ A_{cr} &\rightarrow T_{t4} = T_{t4,max} = \text{const} \end{aligned} \tag{6-17}$$

式(6-17)的意义是：当飞行条件变化时，控制系统自动增加或减小供油量 W_f，以保持转速 n 等于其最大值不变；同时控制系统自动调节 A_{cr}，以保持 T_{t4} 等于其最大值不变。为什么调节 A_{cr} 能够控制 T_{t4}，其原因可解释如下：

飞行条件改变时要维持 n 不变，必须满足压气机功 L_C 与涡轮功 L_T 相等，即

$$L_C = L_T = C_{pg} T_{t4} \left(1 - \frac{1}{\pi_T^{\frac{k_g - 1}{k_g}}} \right) \eta_T \tag{6-18}$$

我们知道，随着飞行条件变化压气机功 L_C 是变化的(见图 6-8)，所以涡轮功必须跟随 L_C 的变化而相应地变化。改变涡轮功 L_T 有两个途径，一个是改变 T_{t4}，这不符合对调节规律的要求；另一个是改变 π_T，在 T_{t4} = const 不变的情况下只有改变 π_T 才能保持式(6-18)成立。根据式(6-5)可知，π_T 与 A_{cr} 有关，通过调节 A_{cr} 可以改变 π_T，从而保证 $T_{t4} = T_{t4,max} =$ const 不变。

对于高设计增压比的发动机，当发动机进口总温 T_{t2} 增加使换算转速 n_{cor} 下降时，压气机功 L_C 增加，要实现式(6-17)的调节规律，则应使尾喷管临界截面面积 A_{cr} 变大，使涡轮落压比 π_T 增加以增加涡轮功 L_T；对于低设计增压比的发动机，当 T_{t2} 增加时，L_C 减小，则应使 A_{cr} 减小以减小 π_T，使涡轮功 L_T 减小。

由以上论述可以看到，采取式(6-17)所表示的调节规律，发动机的几何尺寸是可以调节的(尾喷管临界截面面积 A_{cr} 可调)。因此这时的发动机共同工作方程和共同工作线将不同于几何不可调情况下的共同工作方程和共同工作线。

下面推导采取式(6-17)调节规律时的共同工作方程。由压气机进口与涡轮导向器喉部流量平衡，可得

$$\pi_C = \text{const}\cdot\sqrt{\frac{T_{t4}}{T_{t2}}}q(\lambda_2)$$

因为 $T_{t4}=T_{t4,\max}=\text{const}$，将两个常数合并，则上式可写成

$$\pi_C = \text{const}\cdot\frac{1}{\sqrt{T_{t2}}}q(\lambda_2)$$

又因为 $n=n_{\max}=\text{const}$，所以有

$$\pi_C = \text{const}\cdot\frac{n}{\sqrt{T_{t2}}}q(\lambda_2)$$

另外，相对换算转速的定义是，换算转速与设计点换算转速的比值，即

$$\bar{n}_{cor} = (n/\sqrt{T_{t2}})/(n/\sqrt{T_{t2}})_d = \text{const}\cdot(n/\sqrt{T_{t2}})$$

将以上两式合并，则得

$$\pi_C = \text{const}\cdot\bar{n}_{cor}q(\lambda_2) \tag{6-19}$$

式(6-19)即是调节规律式(6-17)下的单轴燃气涡喷发动机的共同工作方程，它同时满足压气机和涡轮的流量平衡和功率平衡。

根据式(6-19)不难求得共同工作线(见图6-12)，其步骤如下：

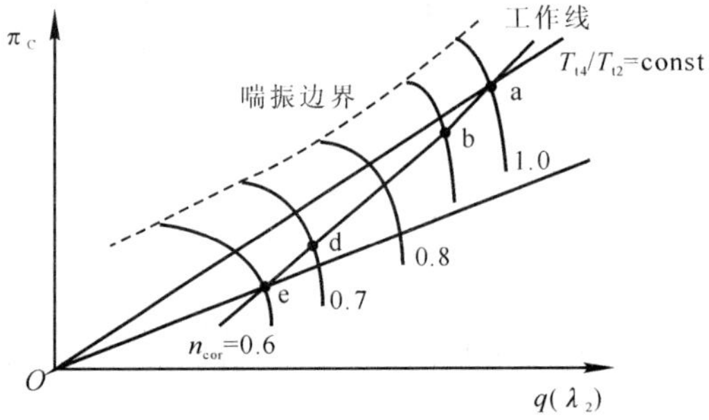

图6-12 $n=\text{const}, T_{t4}=\text{const}$ 时单轴燃气涡喷发动机的共同工作线

1) 根据设计点的参数 π_C，$\bar{n}_{cor}$，$q(\lambda_2)$ 求出式(6-19)中的 const；

2) 在压气机特性图上任取一条 $\bar{n}_{cor}=\text{const}$ 曲线；

3) 第1)步计算的 const 与第2)步取定的 $\bar{n}_{cor}$ 值相乘，得式(6-19)中 π_C 随 $q(\lambda_2)$ 的变化斜率，以此斜率作直线，该直线与直线 $\bar{n}_{cor}=\text{const}$ 的交点即为共同工作点；

4) 重复第 2),3) 步可得每一条 $\bar{n}_{cor}=\text{const}$ 曲线下的共同工作点;

5) 将共同工作点光滑地连起来即得共同工作线。

注意,在这条共同工作线上,发动机物理转速和涡轮前总温同时保持常数不变。

(5) 尾喷管和涡轮导向器临界截面均可调时发动机的共同工作。前面讨论的 $n=n_{max}=\text{const}$,$T_{t4}=T_{t4,max}=\text{const}$ 的调节规律的优点是:在任何飞行条件下都可以使发动机产生最大可能的推力。但是,对于高设计增压比的发动机来说,其共同工作线走向比较平坦,当进气总温 T_{t2} 较高使换算转速 n_{cor} 较小时,共同工作点接近压气机喘振边界而难以满足飞行中对发动机稳定工作裕度的要求。如果除了尾喷管临界截面面积可以调节之外,涡轮导向器临界截面也可调节,加上供油量可调就有 3 个调节量,可以有 3 个被调参数。这时调节规律为

$$\left.\begin{aligned} W_f &\rightarrow n=n_{max}=\text{const}\\ A_{cr} &\rightarrow T_{t4}=T_{t4,max}=\text{const}\\ A_{nb} &\rightarrow \Delta SM=\text{const}\end{aligned}\right\}\tag{6-20}$$

调节规律式(6-20)的意义是:当油门操纵杆置于最大状态位置不变而飞行条件变化时,发动机自动控制系统通过调节供油量 W_f 以保持物理转速 n 等于最大值不变;通过调节尾喷管临界截面面积 A_{cr} 以保持涡轮前总温 T_{t4} 等于最大值不变;通过调节涡轮导向器临界截面面积 A_{nb} 以保持压气机的稳定裕度 ΔSM 等于常数。

采用式(6-20)的调节规律时的共同工作线求法如下:

1) 计算设计点上的 ΔSM。根据稳定裕度 ΔSM 的定义,计算出设计点上的 ΔSM 为

$$\Delta SM=\left[\frac{\pi_C/q(\lambda_2)_S}{\pi_C/q(\lambda_2))_O}-1\right]\times 100\%\tag{6-21}$$

式中$()_S$ 和$()_O$ 分别代表同一等换算转速线上喘振点和发动机共同工作点的压气机增压比与进口相对密流(或换算流量)的比值。

2) 任意选取一条相对换算转速为常数,即 $\bar{n}_{cor}=\text{const}$ 线,在此曲线上的共同工作点应具有与设计点同样的喘振裕度 ΔSM。从压气机特性图上查出喘振边界上的$(\pi_c/q(\lambda_2))_S$ 值,然后由式(6-21)计算共同工作点的$(\pi_C/q(\lambda_2))_O$ 值,即得该 $\bar{n}_{cor}$ 下的工作点。

3) 连接各 $\bar{n}_{cor}=\text{const}$ 线上的工作点即得共同工作线。

当飞行条件变化使 $\bar{n}_{cor}$ 变化时,发动机的共同工作点在共同工作线上移动。这时涡轮导向器临界截面面积 A_{nb} 由自动控制系统调节变化。不同飞行条件下的 A_{nb} 值可由压气机与涡轮导向器临界截面 的流量平衡方程确定。流量平衡方程为

$$KA_2\frac{p_{t2}}{\sqrt{T_{t2}}}q(\lambda_2)=K_gA_{nb}\frac{\sigma_b\sigma_{nb}p_{t3}}{\sqrt{T_{t4}}}q(\lambda_{nb})$$

式中,$K,K_g,A_2,\sigma_b,\sigma_{nb}$ 均为常数,且 $T_{t4}=T_{t4,max}=\text{const}$,$q(\lambda_{nb})=1.0$,$p_{t3}/p_{t2}=\pi_C$,所以上式可写为

$$A_{nb}=\text{const}\frac{q(\lambda_2)}{\pi_C\sqrt{T_{t2}}}$$

因为 $\bar{n}_{cor}=(n/\sqrt{T_{t2}})/(n/\sqrt{T_{t2}})_d=\mathrm{const}(n/\sqrt{T_{t2}})$，而 $n=\mathrm{const}$，所以有

$$A_{nb}=\mathrm{const}\cdot\bar{n}_{cor}\frac{q(\lambda_2)}{\pi_C} \tag{6-22}$$

由式(6-22)可以计算任意相对换算转速 $\bar{n}_{cor}$ 下的 A_{nb} 值。因为给定了 $\bar{n}_{cor}$ 之后，$\bar{n}_{cor}=\mathrm{const}$ 曲线与共同工作线的交点即是共同工作点，由此查得式(6-22)中的 π_C 和 $q(\lambda_2)$，而式中的 const 则根据设计点的 A_{nb}，$\bar{n}_{cor}$，π_C 和 $q(\lambda_2)$ 计算。

采用式(6-20)调节规律虽然可以保证压气机的稳定裕度不变，但是需要调节涡轮导向器的临界截面面积，而涡轮导向器处于高温之下，调节实际上很难实现。保证低换算转速下的稳定裕度，一般采用其他措施，如采用可转压气机导叶、静子叶片以及组合调节规律等。

(6) 组合调节规律。对高压气机设计增压比的发动机，当换算转速很小或过大时，稳定裕度下降。为保证所有飞行条件下都有足够的稳定裕度和涡轮叶片的强度，可采用如下组合调节规律：

当发动机进口总温 $T_{t2}<288$ K 时，采用 $n_{cor}=\mathrm{const}$ 的调节规律，显然这种情况下发动机物理转速 n 与 $\sqrt{T_{t2}}$ 成正比，共同工作点不变，T_{t4} 与 T_{t2} 成正比；在中等的 T_{t2} 值下，采用 $n=\mathrm{const}$，$T_{t4}=\mathrm{const}$ 的调节规律；高 T_{t2} 值时，空气温度显著提高，涡轮冷却效果变差，为了保证涡轮叶片的强度，采用 $n=\mathrm{const}$，T_{t4} 随 T_{t2} 增加而下降的调节规律。

最大状态调节规律的目的是使发动机在各种飞行条件下安全可靠工作并产生最大推力或接近最大推力，而巡航状态调节规律的目的则是在给定的飞行条件下发动机有最小的耗油率。

三、巡航状态的调节规律

推力等于最大推力的 50% ~ 80% 时的工作状态称为发动机的巡航状态，用于飞机的巡航飞行。巡航飞行时，希望在给定的飞行条件下发动机有尽可能小的耗油率。

现在讨论如何获得最小耗油率。由发动机部件共同工作的讨论知道，给定飞行条件(Ma_0/H)、转速 n、和几何不变($A_{cr}=\mathrm{const}$)后就可得到共同工作点。进而由共同工作点上的参数不难计算供油量 W_f 等参数。可以想像，给定(Ma_0/H)，W_f 和尾喷管临界截面面积 A_{cr} 后，同样可得共同工作点，并由此计算相应的转速 n 和推力等参数。若现在给定在飞行条件(Ma_0/H)、给定供油量 $W_{f_1}=\mathrm{const}$ 和一系列不同的尾喷管临界截面面积 A_{cr} 等参数，则可获得发动机推力与转速 n 的关系曲线，如图 6-13(a) 所示。同理，对不同的供油量 W_{f_2}，W_{f_3} 等可得到类似的曲线。由图 6-13 可以看到，当 $W_f=\mathrm{const}$，推力随转速 n 变化，在某个 n 值下推力最大，即耗油率最小。将 $W_f=\mathrm{const}$ 的曲线族上推力最大值的点连接起来即得到发动机的最小耗油率工作线，也称为最经济巡航工作线，如图 6-13 所示的 abcef 线。

沿最经济巡航工作线可得发动机供油量 W_f，A_{cr} 与被调参数 n，T_{t4} 之间的曲线关系，如图 6-13(b) 所示。

飞机巡航飞行时是已知飞行条件并要求一定的推力，由此根据图 6-13(a) 中所示的 abcef

线可确定发动机相应的转速 n，进而根据图 6-13(b) 确定尾喷管最小截面面积 A_{cr} 的值。

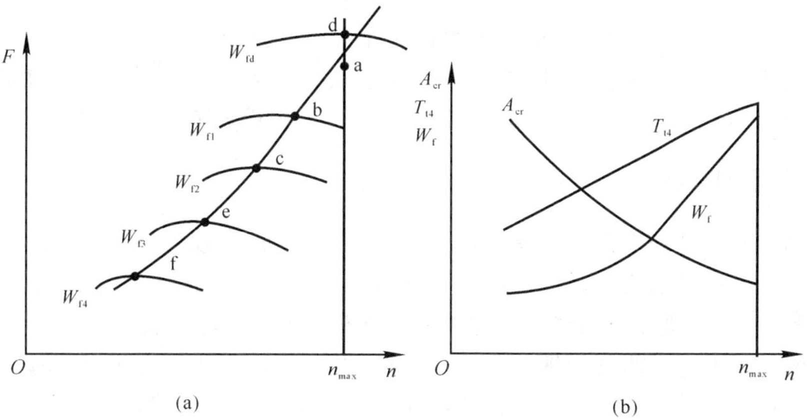

图 6-13　最经济巡航的工作线(Ma_0, H = const)

(a) 推力随转速的变化关系；(b) W_f, A_{cr}, T_{t4} 随转速 n 的变化关系

发动机最大工作状态点 d 对应设计点的 A_{cr} 即 $A_{cr,d}$，不处于最经济巡航工作线上。发动机从 d 点最经济节流时，先沿点 d — 点 a(A_{cr} 增加，π_T 变化) 线变化，然后沿 a → b → c → e → f 变化。

应注意，某一飞行条件下的最佳(耗油率最小) 巡航状态，在其他飞行条件下一般就不是最佳状态。要获得在任意飞行条件下都是最佳巡航状态，必须使巡航节流调节规律随飞行条件变化。实现这一点显然非常复杂，一般只保证主要巡航状态的最佳要求。即使如此，随着转速变化仍要求尾喷管临界截面连续可调。为了简化，可以采用尾喷管面积 A_{cr} 分级可调，如图 6-14 所示。这样可通过操纵机构改变转速的同时改变尾喷管临界截面 A_{cr}，不需要专门的尾喷管最小截面面积调节器，而发动机又能在接近最经济的巡航状态下工作。

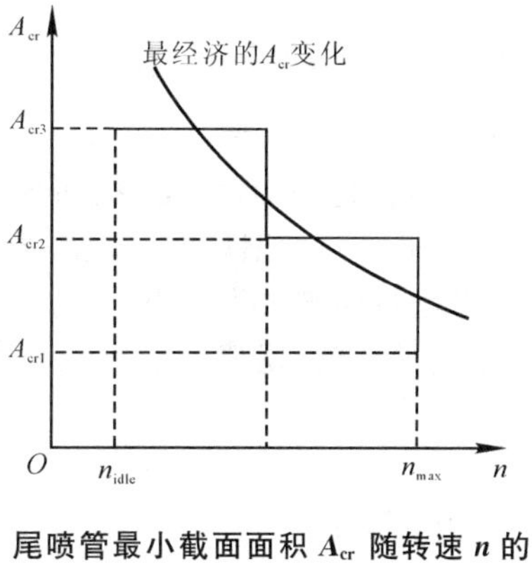

图 6-14　尾喷管最小截面面积 A_{cr} 随转速 n 的分级变化

为了使控制系统更简单，通常单轴燃气涡轮发动机都采用如下的巡航状态调节规律：

$$W_f \rightarrow n = \text{const}$$
$$A_{cr} = \text{const}$$

巡航飞行时，油门操纵杆固定在巡航状态位置上，发动机转速一般小于最大状态转速，通过调节供油量控制该转速不变，而尾喷管最小截面面积不调节。这样的调节规律就与最大状态转速 $n = n_{max} = \text{const}$ 和 $A_{cr} = \text{const}$ 的调节规律一样，因而调节机构非常简单。

四、加力状态调节规律

当飞机油门操纵杆处于最大位置时，发动机产生最大推力，如果这时还想增加推力，则对于带有加力燃烧室的发动机来说可以将油门杆推到加力位置以接通加力。发动机从最大状态过渡到加力状态时，希望加力燃烧室之前的参数及发动机的转速仍然保持最大状态不变，以便在最大推力的基础上进一步增加推力。为此接通加力时须相应地放大尾喷管最小截面面积以保证涡轮落压比 π_T 不变，涡轮与压气机的共同工作就不受影响。尾喷管最小截面面积的放大量可根据流量平衡确定。写出涡轮导向器临界截面和尾喷管临界截面的流量平衡方程为（为了简化，忽略两个截面之间加力燃烧室的供油量 $W_{f,ab}$）

加力时 $$A_{nb}\sigma_{nb}\frac{p_{t4}}{\sqrt{T_{t4}}}q(\lambda_{nb}) = A_{8ab}\sigma_{ab}\sigma_e\frac{p_{t5}}{\sqrt{T_{tab}}}q(\lambda_8)$$

不加力时 $$A_{nb}\sigma_{nb}\frac{p_{t4}}{\sqrt{T_{t4}}}q(\lambda_{nb}) = A_b\sigma_{ab}\sigma_e\frac{p_{t5}}{\sqrt{T_{t5}}}q(\lambda_8)$$

式中，A_{nb}，A_{8ab}，A_8 分别为涡轮导向器的临界截面面积以及加力与不加力时的尾喷管的临界截面面积；$q(\lambda_{nb})$，$q(\lambda_8)$ 分别为涡轮导向器和尾喷管临界截面处的流量气动函数，假定涡轮导向器和尾喷管处于临界或超临界状态，$q(\lambda_{nb})$，$q(\lambda_8)$ 均等于 1.0；σ_{nb}，σ_{ab}，σ_e 分别为涡轮导向器，加力燃烧室和尾喷管的总压恢复系数，假定等于常数。

如果加力和不加力时加力燃烧室之前的参数都不变，则前面两式等号左边相同，因此两式相比可得

$$\frac{A_{8ab}}{A_8} = \sqrt{\frac{T_{t,ab}}{T_{t5}}} \tag{6-23}$$

式(6-23)的物理意义是明显的：接通加力后，尾喷管的进口总温由 T_{t5} 提高到 $T_{t,ab}$，燃气比热容增加，如果不放大 A_8，则必然引起加力燃烧室内燃气质量堆积，总压 p_{t5} 增加导致涡轮落压比 π_T 减小。这样就维持不了发动机原来最大状态的转速等参数。

加力状态的调节规律是指，接通加力后，尾喷管最小截面面积由 A_8 放大到 $A_{8,ab}$ 之后，飞行条件变化时发动机的调节规律。

1) 当发动机几何不可调（$A_{8ab} = \text{const}$）时，一种可能的调节规律是

$$\left.\begin{aligned} &W_f \rightarrow n = n_{max} = \text{const} \\ &W_{f,ab} \rightarrow \pi_T = \text{const} \\ &(A_{8,ab} = \text{const}) \end{aligned}\right\} \tag{6-24}$$

通常简称为 $\pi_T = \text{const}$ 的调节规律。

(6－24) 式的意义是：当飞行条件变化时，发动机控制系统通过调节主燃烧室供油量 W_f 控制转速等于最大值不变；通过调节加力燃烧室的供油量 $W_{f,ab}$ 控制涡轮落压比 $\pi_T = \text{const}$，而发动机几何不变，即 $A_{8ab} = \text{const}$。

这种调节规律的特点是：

(a) 加力时发动机(压气机-涡轮) 的共同工作线不变，因为涡轮落压比 $\pi_T = \text{const}$ 。

(b) 加力温度 $T_{t,ab}$ 随飞行条件变化。根据压气机与涡轮功相等，有

$$L_C = L_T = C_{pg} T_{t4} \left(1 - \frac{1}{\pi_T^{\frac{k_g - 1}{k_g}}}\right) \eta_T$$

式中，$\pi_T = \text{const}$，而涡轮效率 η_T 也可近似认为不变，故有

$$\frac{L_C}{T_{t4}} = \text{const} \tag{6-25}$$

式(6－25)说明，在所讨论的发动机调节规律下，涡轮前总温 T_{t4} 与压气机功 L_C 成正比。随着飞行条件的变化，压气机功 L_C 是变化的(见图 6－7)，故 T_{t4} 也是变化的。

既然涡轮落压比和涡轮效率都等于常数，所以涡轮出口与进口的总温比也不变，即

$$\frac{T_{t5}}{T_{t4}} = \text{const} \tag{6-26}$$

另外，根据式(6－23)，因为 $A_{8,ab}$ 不变，所以

$$\frac{T_{t,ab}}{T_{t5}} = \text{const} \tag{6-27}$$

由式(6-25)～式(6-27)可知，加力总温 $T_{t,ab}$ 随着飞行条件的变化而变化。这一结论对于双轴燃气涡喷发动机也适用。

2) 几何不可调时的组合调节规律。采用调节规律式(6－24) 的问题是：当加力燃烧室余气系数 $\alpha \leqslant 1.1 \sim 1.15$ 时，$\pi_T = \text{const}$，调节器失效。这是因为加力燃烧室内的燃油分布是不均匀的，总体上说余气系数 $\alpha \leqslant 1.1 \sim 1.15$，但在局部地区可能已严重富油，若继续增加供油量可能使燃烧效率大大下降，并且由于燃油汽化吸热使加力温度反而下降，由此出现涡轮落压比 π_T 升高的反调现象。按正常规律，若调节系统的敏感元件感受到 π_T 增大，燃油控制器就自动增加供油量，提高加力总温 $T_{t,ab}$，使涡轮后总压上升，以保持 $\pi_T = \text{const}$。但如果加力燃烧室已处于富油状态($\alpha \leqslant 1.1 \sim 1.15$)，增加供油反而使 π_T 升高，即 $\pi_T = \text{const}$，调节器失效，直至富油熄火。

因此，如果加力时加力燃烧室的余气系数 α 变化范围很大，则宜采用如下的组合控制规律：

$$\left.\begin{array}{l} W_f \to n = n_{max} = \text{const} \\ W_{f,ab} \to \pi_T = \text{const}, \alpha > 1.12 \\ W_{f,ab} \to W_{f,ab}/p_{t3} = \text{const}, \alpha \leqslant 1.12 \\ (A_{8,ab} = \text{const}) \end{array}\right\} \tag{6-28}$$

调节规律式(6-28)表示：主发动机采用主燃烧室供油量 W_f 为调节量，调节转速 n 保持其最大值不变；当加力燃烧室的余气系数 $\alpha > 1.12$ 时，通过加力供油量 $W_{f,ab}$ 控制涡轮落压比 $\pi_T = \text{const}$；当加力燃烧室的余气系数 $\alpha \leqslant 1.12$ 时，通过加力供油量 $W_{f,ab}$ 控制 $W_{f,ab}/p_{t3} = \text{const}$。这后一种情况，当飞行条件变化时会引起涡轮落压比 π_T 的变化，主发动机(即压气机-涡轮)共同工作线将受加力的影响。

3) $A_{8,ab}$ 可调时 $T_{t,ab} = \text{const}$ 的调节规律。如果接通加力后，随着飞行条件的变化尾喷管临界截面面积 $A_{8,ab}$ 可以调节，则可以采用如下调节规律：

$$\left.\begin{aligned} W_f &\rightarrow n = n_{max} = \text{const} \\ A_{8,ab} &\rightarrow T_{t4} = T_{t4,max} = \text{const} \\ W_{f,ab} &\rightarrow T_{t,ab} = \text{const} \end{aligned}\right\} \tag{6-29}$$

这种调节规律的特点是：

(a) 发动机共同工作和共同工作线不受加力影响。因为加力燃烧室之前的涡轮与压气机的共同工作始终是在 $n = n_{max}$，$T_{t4} = T_{t4,max} = \text{const}$ 的调节规律之下。

(b) 随着飞行条件变化涡轮落压比 π_T 是变化的，因为压气机功随飞行条件而变化。由压气机与 涡轮的功平衡方程

$$L_C = L_T = C_{pg} T_{t4} \left(1 - \frac{1}{\pi_T^{\frac{k_g - 1}{k_g}}}\right) \eta_T$$

可知，既然 $T_{t4} = \text{const}$ 而 L_C 变化，故 π_T 必变化。

(c) $T_{t,ab} = \text{const}$，不能充分发挥加力燃烧室增大推力的潜力。很明显，发动机总加热量 q_Σ(在主燃烧室与加力燃烧室中加给 1 kg 工质的热量之和) 与温度差 $T_{t,ab} - T_{t2}$ 成正比，即

$$q_\Sigma = \text{const}(T_{t,ab} - T_{t2})$$

而加力燃烧室中的总余气系数 α_Σ 与发动机总加热量 q_Σ 的关系为

$$\alpha_\Sigma = \frac{H_u}{q_\Sigma L_0}$$

所以

$$\alpha_\Sigma = \frac{\text{const}}{T_{t,ab} - T_{t2}} \tag{6-30}$$

式中 $T_{t,ab}$—— 加力燃烧室出口总温；

T_{t2}—— 进气道出口总温。

由上式可见，当飞行马赫数 Ma_0 增加使 T_{t2} 增加时，α_Σ 增加。α_Σ 增加意味着加力燃烧室内油气比减少，加力温度没有达到其最大可能值，所以不能充分发挥加力燃烧室增大推力的潜力。如果加力燃烧室采用 $\alpha_\Sigma = \text{const}$ 的调节规律，则可以获得更大的加力推力。

4) $A_{8,ab}$ 可调时 $\alpha_\Sigma = \text{const}$ 的调节规律。这时加力燃烧室之前的主发动机仍采用主燃烧室供油量 W_f 和尾喷管临界截面面积 $A_{8,ab}$ 控制转速 n 与涡轮前总温 T_{t4} 保持其最大值不变；而用

加力供油量 $W_{f,ab}$ 控制发动机总油气比 $\alpha_\Sigma = \text{const}$ 不变的调节规律，即

$$\left.\begin{aligned} &W_f \to n = n_{max} = \text{const} \\ &A_{8,ab} \to T_{t4} = T_{t4,max} = \text{const} \\ &W_{f,ab} \to \alpha_\Sigma = \text{const} \end{aligned}\right\} \tag{6-31}$$

这种调节规律的特点是：加力时主发动机的工作状态不受加力的影响；任何飞行条件下可获得最大的加力推力；但是为了实现发动机总余气系数 $\alpha_\Sigma = \text{const}$ 的调节规律必须有测量 α_Σ 的传感器，加力燃烧室中燃油分布很不均匀，难以准确地测量 α_Σ。

6.3　双轴燃气涡轮发动机部件的共同工作

现代先进飞机发动机的压气机设计增压比一般都比较高，通常把压气机分成低压压气机和高压压气机两部分。低压压气机由低压涡轮驱动形成低压转子；高压压气机由高压涡轮驱动形成高压转子，这就成为双轴燃气涡轮发动机。与单轴涡轮发动机相比较，双轴燃气涡轮发动机可以缓和 $\bar{n}_{cor}$ 减小时压气机前后级的不协调。由于多了一个转子，共同工作变得复杂一些，但基本的原理与单轴发动机一样。共同工作的条件仍然是：流量平衡、压力平衡、功率平衡和转速相同（低压涡轮与低压压气机、高压涡轮与高压压气机的转速相同）。

下面分别讨论高压转子和低压转子的共同工作情况。

一、高压转子的共同工作

高压压气机和高压涡轮连在一根轴上组成高压转子（见图 6-15）。稳态工作时高压压气机和高压涡轮的流量平衡、功率相等、转速相同。只要把低压涡轮导向器视做尾喷管，而把低压压气出口截面视做进气道的出口，高压转子就完全等同于一个单轴燃气涡轮发动机。

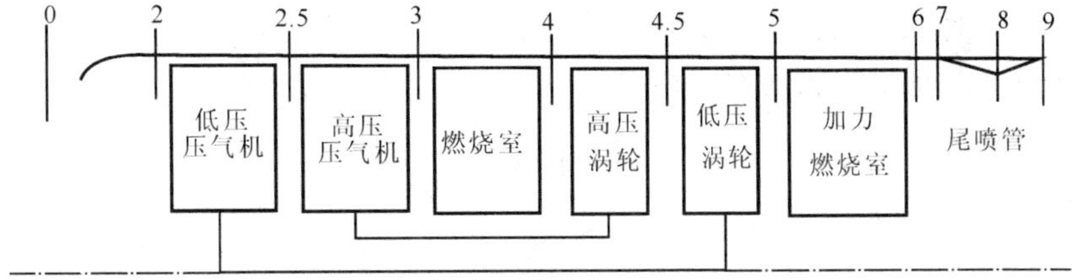

图 6-15　双轴燃气涡轮发动机结构示意图

因此，仿照单轴燃气涡轮发动机，很容易写出高压转子的共同工作方程为

$$\frac{q(\lambda_{2.5})}{\pi_{CH}}\sqrt{\frac{e_{CH}}{\eta_{CH}}} = \text{const} \tag{6-32}$$

式中 $e_{CH}=\pi_{CH}^{\frac{k-1}{k}}$；

π_{CH},η_{CH}—— 高压压气机的增压比和效率；

$q(\lambda_{2.5})$—— 高压压气机进口的 $q(\lambda)$。

由式(6－32)可作出高压转子的共同工作线，如图 6－16(a)所示。

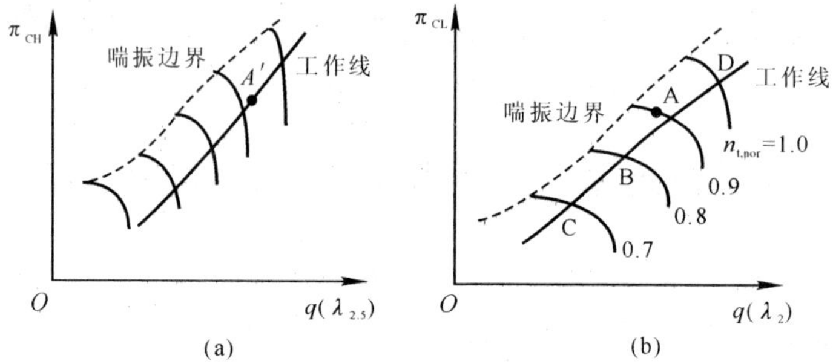

图 6－16 双轴燃气涡轮发动机的共同工作线

二、低压转子共同工作方程

由低压压气机进口与低压涡轮进口的流量平衡(忽略空气质量流量与燃气质量流量的差别)可导出低压转子的流量平衡方程为

$$\pi_{CL}\pi_{CH}=\text{const}\cdot\sqrt{\frac{T_{t4.5}}{T_{t2}}}q(\lambda_2) \tag{6-33}$$

式中 π_{CL},π_{CH}—— 低压压气机和高压压气机增压比；

$T_{t4.5},T_{t2}$—— 高压涡轮和低压压气机进口总温；

$q(\lambda_2)$—— 低压压气机进口流量气动函数。

由低压压气机与低压涡轮功率平衡得

$$\frac{T_{t4.5}}{T_{t2}}=\text{const}\cdot\frac{e_{CL}-1}{\eta_{CL}} \tag{6-34}$$

式中 $e_{CL}=\pi_{CL}^{\frac{k-1}{k}}$；

η_{CL}—— 低压压气机效率。

将式(6－33)和式(6－34)联立消去 $T_{t4.5}/T_{t2}$，得低压转子共同工作方程为

$$\frac{q(\lambda_2)}{\pi_{CL}\pi_{CH}}\sqrt{\frac{e_{CL}-1}{\eta_{CL}}}=\text{const} \tag{6-35}$$

式(6－35)是发动机几何不可调节，高压涡轮、低压涡轮导向器和尾喷管处于临界或超临界情况下低压转子的共同工作方程。该方程中除了低压压气机特性图上的参数外，还包含高压

压气机的增压比 π_{CH}。由此可知，高压转子和低压转子的共同工作点存在着关联关系。这种关系通过低压转子共同工作线的求作方法可以清楚地看到。

三、低压转子共同工作线求作方法

(1) 首先在高压压气机特性图上作出高压转子共同工作线(其求作方法与单轴燃气涡轮发动机相同)，如图 6-16(a) 所示。

(2) 在低压压气机特性图上任取一条 $\bar{n}_{1cor}=\text{const}$ 线，并在此曲线上任取一点 A(见图 6-16(b))，可查得相应的低压压气机增压比、效率和进口 $q(\lambda)$ 数值：π_{CL}，η_{CL}，$q(\lambda_2)$。

(3) 根据低压压气机进口和出口 2—2.5 截面的流量连续条件，计算低压压气机出口的 $q(\lambda_{2.5})$。由流量相等可写出

$$A_{2.5}\frac{p_{t2.5}}{\sqrt{T_{t2.5}}}q(\lambda_{2.5})=A_2\frac{p_{t2}}{\sqrt{T_{t2}}}q(\lambda_2)$$

考虑到

$$T_{t2.5}-T_{t2}=T_{t2}(e_{CL}-1)\big/\eta_{CL}$$

$$\pi_{CL}=\frac{p_{t2.5}}{p_{t2}}$$

式中，$A_{2.5}$，A_2 为低压压气机出口和进口的截面面积，等于常数，因此该流量平衡方程变为

$$\frac{\pi_{CL}}{\sqrt{1+(e_{CL}-1)\big/\eta_{CL}}}=\text{const}\cdot\frac{q(\lambda_2)}{q(\lambda_{2.5})} \tag{6-36}$$

根据式(6-36) 计算出 $q(\lambda_{2.5})$ 的值。

(4) 在高压转子共同工作线上，根据 $q(\lambda_{2.5})$ 的值确定高压转子的工作点，假定为 A′(见图 6-16(a))，由此查得高压压气机增压比 π_{CH}。

由此可以看出，低压压气机特性图上的任一点，在高压转子共同工作线上有其相对应的点。这种关系的本质是由于高压转子与低压转子处于一个气流流路之上，有流量连续的约束条件。

(5) 将上面得到的有关值 π_{CL}，η_{CL}，$q(\lambda_2)$，π_{CH} 代入式(6-35)，计算其等号左边值。

(6) 比较第 5 步的计算值与式(6-35) 等号右边 const 值(该值由设计点的有关参数计算)，若相等则 A 点是共同工作点，否则重选一点，直到满足要求误差，找到共同工作点为止。

(7) 再选一条 $\bar{n}_{1cor}=\text{const}$ 线，重复步骤第(2)～(6) 步，在所有 $\bar{n}_{cor}=\text{const}$ 线上都可求得共同工作点。

(8) 把这些共同工作点光滑地连起来即得低压转子的共同工作线。

四、关于双轴燃气涡轮发动机共同工作线的讨论

(1) 当双轴燃气涡轮发动机几何不可调节、高、低压涡轮导向器和尾喷管处于临界或超临

界状态时，高压转子和低压转子分别在高压压气机和低压压气机特性图上各有一条共同工作线，与进气道的总压恢复系数 σ_i 无关，因为求作共同工作线的过程并不涉及参数 σ_i。

(2) 外界条件，例如当飞行马赫数、飞行高度和大气温度变化时，发动机的工作点在其共同工作线上移动。高压转子和低压转子的工作点有对应关系而不是独立变化的，这种对应关系取决于流量连续。

(3) 当发动机几何不可调时，与单轴燃气涡轮发动机一样，只有一个调节量即主燃烧室供油量 W_f，故只能选取一个被调参数。无论选取哪个参数作为被调参数，其共同工作线不变，因为在求作共同工作线时并没有涉及发动机的被调参数和调节规律。但是随着外界条件的变化，不同调节规律的共同工作点在共同工作线上的移动情况是不相同的。

(4) 调整尾喷管最小截面面积 A_8（即 A_{cr}）的影响。假定高压涡轮和低压涡轮导向器处于临界或超临界状态，调整尾喷管的最小截面面积 A_8，不影响高压涡轮的落压比 π_{TH}，高压转子共同工作方程和共同工作线不变。

调整 A_8 对低压转子的工作线影响表示在图 6-17 上。由图可见，调大 A_8 时，工作线上移；调小 A_8 时，工作线下移。这恰恰与单轴燃气涡轮发动机的情况相反，其原因可解释如下。

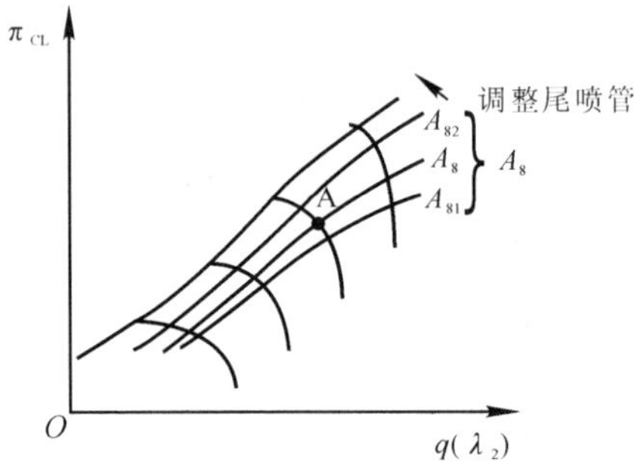

图 6-17　调整尾喷管 A_8 对低压转子共同工作线的影响

假定给定飞行马赫数 Ma_0、飞行高度 H 和低压转子物理 n_1，则这时相对换算转速 $\bar{n}_{1cor}=$ const。假定该 $\bar{n}_{1cor}=$ const 的曲线上的 A 点为原工作点对应着截面面积 A_8，现调整放大 A_8 为 A_{82}，则低压涡轮落压比 π_{TL} 加大，低压涡轮功 L_{TL} 随之增加而大于低压压气机的功 L_{CL}，转速 n_1 也有增加的趋势。为了保持 n_1 不变，必须减小低压涡轮前总温 $T_{t4.5}$ 以保持其发出的涡轮功 L_{TL} 与 L_{CL} 相等 。因为高压涡轮落压比 π_{TH} 不变，减小 $T_{t4.5}$ 就意味着要减小 T_{t4}，这样就引起高压涡轮功 L_{TH} 减小，高压转子转速 n_2 下降，结果使 π_{CH} 减小，$q(\lambda_{2.5})$ 减小。$q(\lambda_{2.5})$ 是低压压气机出口的相对密流，它的减小必然引起 $q(\lambda_2)$ 减小。在同一条 $\bar{n}_{1cor}=$ const 线上，$q(\lambda_2)$ 减小意味着低压转子工作点沿 $\bar{n}_{1cor}=$ const 线上移。概括起来说，在给定的 Ma_0，H 和 n_1 条件下，当 A_8 调整变大时高压转子的抽吸能力变弱使 $q(\lambda_2)$ 减小，低压转子工作点沿 $\bar{n}_{1cor}=$ const 线上移。同理，对每一条 $\bar{n}_{1cor}=$ const 线都有上述同样结果，所以当 A_8 变大时，低压转子共同工作线上移。用同样的方法可以解释当尾喷管最小截面面积 A_8 变小时低压转子的共同工作线下移。

值得注意的是，高压压气机设计增压比 $\pi_{CH,d}$ 对低压压气机共同工作线分布产生较强的影响。图 6－18 给出了不同 $\pi_{CH,d}$ 下，低压压气机共同工作线上参数的变化。

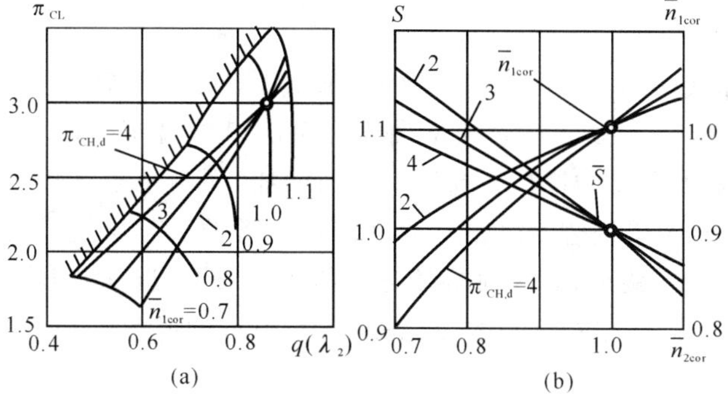

图 6－18　高压压气机设计增压比 $\pi_{CH,d}$ 对低压压气机共同工作线的影响

可见，$\pi_{CH,d}$ 愈高，随着 $\bar{n}_{2cor}$ 减小，$q(\lambda_{2.5})$ 下降得愈剧烈，致使高压压气机对通过低压压气机的空气流的节流作用愈加显著。所以，在同一个 $\bar{n}_{1cor} < 1.0$ 值下，$\pi_{CH,d}$ 愈高，$q(\lambda_2)$ 值愈小。

低压压气机共同工作线的这种特点，会严重影响低压压气机的稳定工作裕度 ΔSM 随 $\bar{n}_{1cor}$ 的变化规律。随着 $\bar{n}_{1cor}$ 的减小，对于低 $\pi_{CH,d}$，低压压气机的 ΔSM 增加，而对于高 $\pi_{CH,d}$，低压压气机的 ΔSM 降低。在 $\bar{n}_{1cor}$ 减小时，双轴燃气涡轮发动机的两个转子的转差率 S 增大。但随着 $\pi_{CH,d}$ 的增加，S 随 $\bar{n}_{1cor}$ 减小而增大的程度减弱，如图 6－18(b) 所示。

6.4　双轴燃气涡轮发动机最大状态的调节规律

对双轴燃气涡轮发动机，只讨论最大状态的调节规律。加力状态和巡航状态的调节规律与单轴涡轮发动机相类似，不再赘述。

双轴燃气涡轮发动机虽然有两个转子，但由于高、低压转子之间存在气动上的联系，使两个转子的共同工作点有对应的关系而不是独立变化的。因此从自动控制的观点来说，双轴燃气涡轮发动机与单转子涡轮发动机相比并没有增加自由度：发动机几何不可调节时只有一个调节量，一个被调量；尾喷管最小截面面积可调时有两个调节量，两个被调参数，等等。

一、几何不可调时的调节规律

几何不可调的双轴燃气涡轮发动机通常选取下述 3 种调节规律中的一种：

1. $W_f \rightarrow n_1 = n_{1max} = \text{const}$　　(6－37)

式(6－37) 表示，当飞行条件变化时，调节系统通过调节主燃烧室供油量 W_f 控制低压转子

转速 n_1 使其保持最大值不变。

对于单轴燃气涡轮发动机，当飞行条件变化使发动机进口总温 T_{t2} 增加而换算转速 n_{cor} 下降时，压气机有"前重后轻"现象，即前面级的功增加而后面级的功减少。同样，对于双轴燃气涡轮发动机也存在类似现象，即当 T_{t2} 增加时，前面低压压气机的功相对增加而后面高压压气机的功相对减小。

当采用调节规律式(6-37)时，随着 T_{t2} 的增加低压转子换算转速 n_{1cor} 下降，低压压气机功增加，为保持物理转速 $n_1 = \text{const}$，必须增加燃烧室出口总温 T_{t4}，以增加低压涡轮进口总温 $T_{t4.5}$，使低压涡轮功增加。T_{t4} 的增加使高压涡轮功增加，而高压压气机功是减小的，故高压转子物理转速 n_2 增加。对于单轴燃气涡轮发动机，T_{t2} 的增加引起压气机前面级攻角加大，功增加；后面级的攻角减小，功减小。对双轴燃气涡轮发动机来说，当 T_{t2} 增加时，高压转子转速 n_2 增加，这样就使其每级进口相对气流的攻角偏离设计点的程度减轻。因此与单轴相比缓和了前面级(低压压气机)和后面级(高压压气机)不协调矛盾。

2. $W_f \rightarrow n_2 = n_{2max} = \text{const}$ (6-38)

式(6-38)表示当飞行条件变化时，控制系统通过调节主燃油供油量 W_f 来调节高压转子物理转速 n_2 使其保持最大值不变。

高压压气机相当于单轴发动机压气机的后面级，所以当飞行条件变化使发动机进口总温 T_{t2} 加大时，高压压气机功减小。为保持 n_2 不变，需要减小主燃烧室供油量 W_f 以减小燃烧室出口总温 T_{t4}，使高压涡轮功减小。由于高压涡轮落压比不变，T_{t4} 减小则其出口总温 $T_{t4.5}$ 随之减小，使低压涡轮功减小，故低压转子物理转速 n_1 减小。转差率 n_2/n_1 随 T_{t2} 的增加而增加，同样缓和了前后级在非设计状态下不协调的矛盾。

3. $W_f \rightarrow T_{t4} = T_{t4max} = \text{const}$ (6-39)

式(6-39)表示，当飞行条件变化时，控制系统通过调节主燃烧室供油量 W_f 来控制高压涡轮进口总温 T_{t4} 使其保持最大值不变。

如前所述，当发动机进口总温 T_{t2} 加大时，低压压气机功增加，高压压气机功减小，而高压涡轮和低压涡轮的落压比不变，且 $T_{t4} = T_{t4,max} = \text{const}$，故低压转子物理转速 n_1 减小，而高压转子物理转速 n_2 加大，转差率 n_2/n_1 升高。

图6-19表示了在上述3种调节规律下 n_1，n_2 和 T_{t4} 随 T_{t2} 的变化关系。图中参数以相对于设计点的比值表示，并假定设计点的发动机进口总温 $T_{t2} = 288$ K。

图6-20表示了3种不同调节规律下燃气涡轮的相对推力值随飞行马赫数 Ma_0 的变化曲线比较。由图可以看出，当 $n_1 = \text{const}$ 时，高飞行马赫数下推力较高；当 $n_2 = \text{const}$ 时，低飞行马赫数下推力较高；当 $T_{t4} = \text{const}$ 时，推力介于上述两种情况之间。

由图6-20可以看出，在保持一个被调参数不变时，另外的参数随飞行马赫数而变化，有的可能明显加大而超过最大允许值。考虑到这种情况，可以在双轴燃气涡轮发动机上采用组合调节规律。

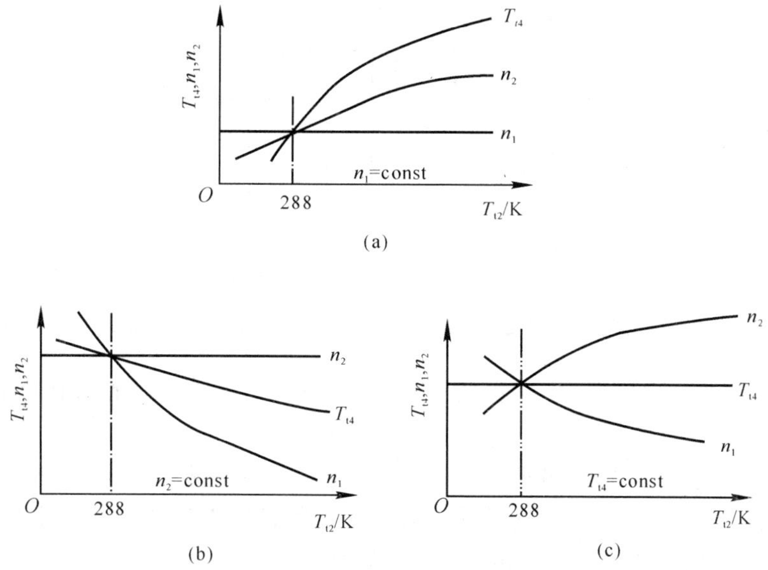

图 6-19　双轴燃气涡轮几何不可调时 3 种调节规律下的参数变化

(a) 低压转子 n_1 = const；(b) 高压转子 n_2 = const；(c) T_{t4} = const

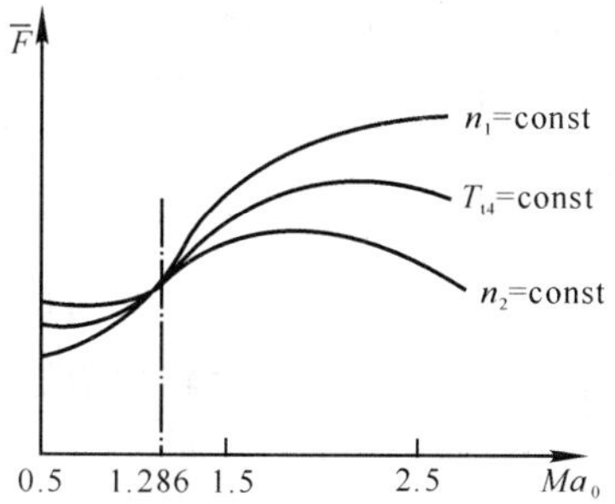

图 6-20　3 种不同调节规律下双轴燃气涡轮发动机推力与 Ma_0 的关系

二、组合调节规律(发动机几何不可调节)

有的双轴燃气涡轮发动机上采用组合调节规律，以保证在宽广的飞行范围内可靠地工作并具有良好的发动机最大状态性能。一种可能的组合调节规律如图 6-21 所示。

图 6-21 表示在一种可能的组合调节规律下，涡轮前总温 T_{t4} 随发动机进口总温 T_{t2} 的变化关系。可以看出，图中按 T_{t2} 的大小分为 4 个区域。

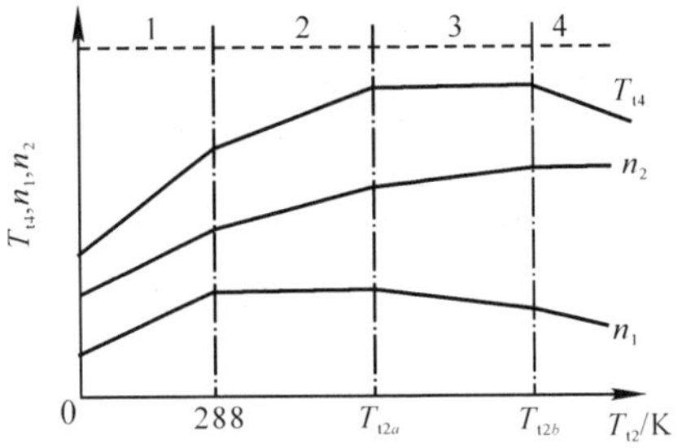

图 6-21 双轴燃气涡轮发动机组合调节规律下 T_{t4}，n_1，n_2 随 T_{t2} 的变化关系

(1) 第一区域，T_{t2} 比较小，一般是 $T_{t2} < 288$ K。在此区域内采用的调节规律为

$$n_{1cor} = \text{const}$$

如果在发动机进口总温 T_{t2} 较低的情况下仍然采用物理转速 $n_1 = n_{1max} = \text{const}$，则换算转速 n_{1cor} 将大于设计点的换算转速，这样就使得压气机的稳定工作裕度和效率显著地降低。为此，在 $T_{t2} \leqslant 288$ K 时采用 $n_{1cor} = \text{const}$ 的调节规律。

由前面共同工作的讨论可知，当 $n_{1cor} = \text{const}$ 时，共同工作点不变。随着 T_{t2} 的增加，低压转子物理转速 n_1 增加(与 $\sqrt{T_{t2}}$ 成正比)，涡轮前总温 T_{t4} 增加(与 $\sqrt{T_{t2}}$ 成正比)。既然 $n_{1cor} = \text{const}$，则 $n_{2cor} = \text{const}$，高压转子物理转速 n_2 增加(与 $\sqrt{T_{t2}}$ 成正比)。

在第一区域，当 T_{t2} 增加到 288 K 时，低压物理转速 n_1 达到其最大值 n_{1max}。所以 T_{t2} 再继续增加时则应采用 $n_1 = n_{1max} = \text{const}$ 的调节规律，这就是第二区域 的调节规律。

(2) 第二区域的调节规律为

$$n_1 = n_{1max} = \text{const}$$

在此区域内，随着 T_{t2} 增加，由于低压压气机“加重”，为保持 $n_1 = \text{const}$，必须增加高压涡轮前总温 T_{t4} 以增加低压涡轮前总温 $T_{t4.5}$，使低压涡轮功增加。由于 T_{t4} 增加，高压涡轮功增加而高压压气机功减小，所以高压转子物理转速 n_2 增加。

(3) 第三区域，涡轮前总温达最大允许值，故采用的控制规律为

$$T_{t4} = T_{t4,max} = \text{const}$$

在此区域内，随着发动机进口总温 T_{t2} 的增加，低压压气机“加重”，高压压气机“减轻”，而高、低压涡轮的功不变，所以低压转子物理转速 n_1 下降，而高压转子物理转速 n_2 增加。

(4) 第四区域，高压转子物理转速 n_2 达到最大值，因此采用的控制规律是

$$n_2 = n_{2max} = \text{const}$$

在此区域内，随着发动机进口总温 T_{t2} 的增加，高压压气机“减轻”，为保持 $n_2 = \text{const}$，必须减小高压涡轮前总温 T_{t4} 以减小高压涡轮功。T_{t4} 减小，$T_{t4.5}$ 随之减小，使低压涡轮的功减小，而低压压气机“加重”，所以低压物理转速 n_1 下降。

三、尾喷管最小截面面积 A_8 可调时的双轴燃气涡轮发动机最大状态调节规律

这种情况下，有两个调节量：燃烧室供油量 W_f 和尾喷管最小截面面积 A_8，可以调节两个被调参数。调节规律在发动机进口总温 $T_{t2} > 288$ K 时，一般是

$$W_f \to T_{t4} = T_{t4,max} = \text{const}$$

$$A_8 \to n_1 = n_{1max} = \text{const}$$

上述调节规律表示，随着飞行条件变化，控制系统通过调节主燃烧室供油量 W_f 来调节高压涡轮前总温 T_{t4} 使其保持最大值不变；通过调节尾喷管临界截面面积 A_8，调节低压转子物理转速 n_1 保持其最大值不变。

在这种调节规律下，当发动机进口总温 T_{t2} 增加时，低压压气机的功增加，因此必须调节增大 A_8，以提高低压涡轮落压比从而提高其发出的功，保证 $n_1 = \text{const}$。这种调节规律的优点是，可以在比较宽的飞行条件范围内较好地发挥发动机潜力。缺点是当 T_{t2} 增加时，A_8 增大，低压转子工作线向喘振边界方向移动。

如果要问，在 A_8 可以调节时能否采用控制规律：$T_{t4} = T_{t4,max} = \text{const}$，$n_2 = n_{2max} = \text{const}$？答案是否定的。因为，调节尾喷管临界截面面积 A_8 并不能改变高压涡轮的落压比，因而不能改变高压涡轮的功。这样当高压压气机的功随着飞行条件变化时，高压转子物理转速 n_2 必然变化。

6.5　分别排气涡扇发动机部件的共同工作

亚声速大型飞机一般采用分别排气涡扇发动机。这种发动机通常具有较高的涵道比 B 和较低的风扇增压比。一般来说，这种发动机有两个转子：低压涡轮及其驱动的风扇为低压转子；高压涡轮及其驱动的高压压气机为高压转子。气流经过风扇后分别进入外涵和内涵，所以风扇的内涵部分相当于低压压气机，风扇的外涵部分简称为外涵风扇。

图 6-22 所示为典型的分别排气涡扇发动机示意图。下面分别阐述高压转子和低压转子的共同工作。

一、高压转子的共同工作

高压压气机、主燃烧室和高压涡轮实质上相当于一个单轴燃气涡轮发动机，因其处于中心位置通常称为核心发动机。高压转子的共同工作就是核心发动机的共同工作。共同工作方程与双轴燃气涡轮发动机高压转子的完全一样，即

$$\frac{q(\lambda_{2.5})}{\pi_{CH}}\sqrt{\frac{e_{CH}-1}{\eta_{CH}}} = \text{const} \tag{6-40}$$

由共同工作方程式(6-40)不难作出其共同工作线，如图 6-23 所示。

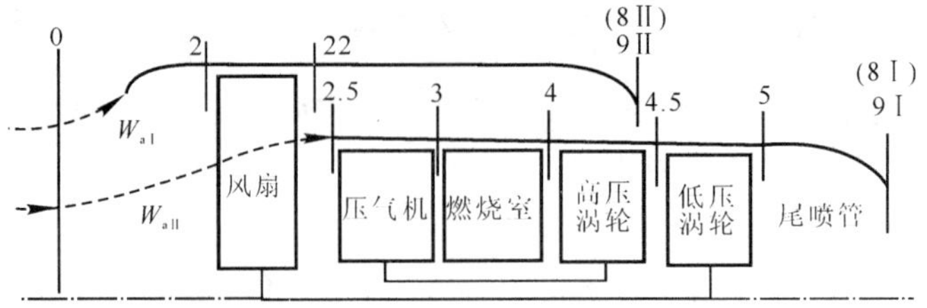

图 6-22　分别排气涡扇发动机示意图和截面符号

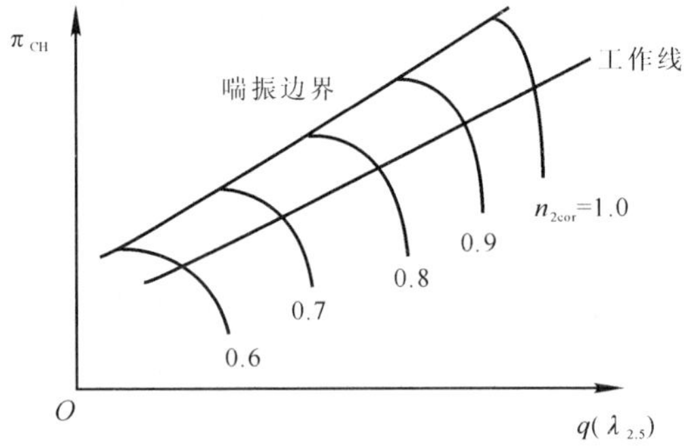

图 6-23　分别排气涡扇发动机高压转子共同工作线

二、低压转子共同工作

低压转子由风扇和低压涡轮组成。气流经过风扇之后，流入外涵道的空气与流入内涵道的空气质量流量的比称之为涵道比，用符号 B 表示，即

$$B = \frac{W_{a\mathrm{II}}}{W_{a\mathrm{I}}} \tag{6-41}$$

式中　$W_{a\mathrm{II}}$ —— 风扇后进入外涵道的气流质量流量；

$W_{a\mathrm{I}}$ —— 风扇后进入内涵道的气流质量流量。

对涡扇发动机来说，涵道比 B 是一个很重要的参数。随着飞行条件的变化，涵道比 B 也会发生变化。从下面的讨论将会看到涵道比 B 的变化对涡扇发动机的低压转子共同工作线的走向有一定的影响。

1. 涵道比 B 随飞行条件的变化

在涵道比 B 的定义式(6-41)中，通过外涵的空气质量流量 $W_{a\mathrm{II}}$，可以用外涵尾喷管最小截面的参数表示为

$$W_{a\text{II}} = KA_{8\text{II}}\sigma_{\text{II}} \frac{p_{t22}}{\sqrt{T_{t22}}} q(\lambda_{8\text{II}})$$

式中　σ_{II}——外涵道进口至外涵尾喷管最小截面的总压恢复系数；

$A_{8\text{II}}$——外涵尾喷管最小截面面积。

通过内涵的气流质量流量，可以用高压压气机进口参数表示为

$$W_{a\text{II}} = KA_{2.5} \frac{p_{t25}}{\sqrt{T_{t2.5}}} q(\lambda_{2.5})$$

注意到，面积 $A_{8\text{II}}$，$A_{2.5}$ 为常数，近似地认为外涵道的总压恢复系数 σ_{II} 不变。高压压气机进口的总压 $p_{t2.5}$ 和总温 $T_{t2.5}$ 分别等于气流经过风扇后的总压 p_{t22} 和总温 T_{t22}，即

$$p_{t2.5} = p_{t22}, \quad T_{t2.5} = T_{t22}$$

则可以得到

$$B = \text{const} \cdot \frac{q(\lambda_{8\text{II}})}{q(\lambda_{2.5})} \tag{6-42}$$

由式(6－42)可看出：

(1) 如果外涵尾喷管处于临界或超临界状态，则 $q(\lambda_{8\text{II}}) = 1.0$。随着飞行条件的变化当发动机进口总温 T_{t2} 增加时，由双轴燃气涡轮发动机的共同工作知道，低压转子和高压转子的换算转速 $n_1/\sqrt{T_{t2}}$ 和 $n_2/\sqrt{T_{t2.5}}$ 都是减小的，因而 $q(\lambda_2)$ 和 $q(\lambda_{2.5})$ 下降，这一变化规律对于涡扇发动机仍然适用。所以随着 T_{t2} 的增加，涵道比 B 增加，若 T_{t2} 减小，则 B 随着减小。

(2) 如果外涵尾喷管处于亚临界状态，则 $q(\lambda_{8\text{II}}) < 1.0$。当飞行马赫数加大时，进气道的冲压比加大，使外涵尾喷管进口的总压增加，$q(\lambda_{8\text{II}})$ 增加并趋于 1.0。这样随着飞行马赫数的增加(T_{t2} 增加)，涵道比 B 的增加速率更快。

2. $q(\lambda_{22})$ 和 $q(\lambda_{2.5})$ 的关系

假定风扇出口 2—2 截面上的气流是均匀的，由于风扇出口至高压压气机进口有一定距离，$q(\lambda_{22})$ 和 $q(\lambda_{2.5})$ 一般是不相等的。根据气流质量流量关系

$$W_a = W_{a\text{II}} + W_{a\text{I}} = W_{a\text{I}}(1 + B)$$

式中，W_a 为通过发动机总的空气质量流量。

用风扇出口截面的参数表示发动机总的空气质量流量，用高压压气机进口的参数表示内涵的气流质量流量，则上式可以写为

$$A_{22} \frac{p_{t22}}{\sqrt{T_{t22}}} q(\lambda_{22}) = A_{2.5} \frac{p_{t2.5}}{\sqrt{T_{t2.5}}} q(\lambda_{2.5})(1 + B)$$

又因为　$T_{t22} = T_{t2.5}$　　$p_{t22} \approx p_{t2.5}$　　$A_{22}, A_{2.5} = \text{const}$

上式可以变为

$$q(\lambda_{22}) = \text{const} \cdot q(\lambda_{2.5})(1 + B) \tag{6-43}$$

由式(6－43)可以看出

(1) 对于双轴燃气涡轮发动机，涵道比恒为零($B\equiv 0$)，故低压压气机出口的 $q(\lambda_2)$ 与高压压气机进口的 $q(\lambda_{2.5})$ 成正比关系，其变化的速度是一样的；

(2) 对于涡扇发动机，当 T_{t2} 增加时涵道比 B 增加，所以与双轴燃气涡轮发动机比较，涡扇发动机风扇进口的 $q(\lambda_{22})$ 下降较慢。

3. 低压转子共同工作方程

根据风扇进口与低压涡轮进口的气流质量流量关系，有

$$W_{a}=W_{a\,\text{I}}+W_{a\,\text{II}}=W_{a\,\text{I}}(1+B)=W_{4.5}(1+B) \tag{6-44a}$$

式中，$W_{4.5}$ 为流过低压涡轮进口 4.5 截面的燃气质量流量，忽略空气与燃气质量流量的差别，则 $W_{4.5}=W_{a\,\text{I}}$，即

$$\frac{p_{t3}}{\sqrt{T_{t4.5}}}(1+B)=\text{const}\cdot\frac{p_{t2}}{\sqrt{T_{t2}}}q(\lambda_2)$$

注意到 $p_{t3}/p_{t2}=\pi_{CL}\pi_{CH}$，最后得

$$\pi_{CL}\pi_{CH}=\frac{\text{const}}{1+B}\sqrt{\frac{T_{t4.5}}{T_{t2}}}q(\lambda_2) \tag{6-44b}$$

式中 π_{CL}—— 低压压气机增压比(即风扇进口至高压压气机进口的增压比)，对所研究的图 6-22 所示发动机结构，即等于风扇的增压比；

π_{CH}—— 高压压气机增压比。

式(6-44b) 代表风扇进口与低压涡轮进口的流量平衡。下面考虑低压转子的功率平衡，有关系式

$$W_{a\,\text{I}}L_{TL}=(W_{a\,\text{I}}+W_{a\,\text{II}})L_{CL}=W_{a\,\text{I}}(1+B)L_{CL}$$

即

$$L_{TL}=(1+B)L_{CL}$$

式中，低压涡轮的功和低压压气机的功分别为

$$L_{TL}=C_{pg}T_{t4.5}\left(1-\frac{1}{e_{TL}}\right)\eta_{TL}\approx\text{const}\cdot T_{t4.5}$$

$$L_{CL}=C_pT_{t2}\left(\frac{e_{CL}-1}{\eta_{CL}}\right)$$

所以可得功率平衡方程为

$$\frac{T_{t4.5}}{T_{t2}}=\text{const}\cdot(1+B)\frac{e_{CL}-1}{\eta_{CL}} \tag{6-45}$$

将式(6-44b) 和式(6-45) 联立，得低压转子共同工作方程为

$$\frac{q(\lambda_2)}{\pi_{CL}\pi_{CH}}\sqrt{\frac{(e_{CL}-1)/\eta_{CL}}{1+B}}=\text{const} \tag{6-46}$$

由式(6-46) 可以看出，若涵道比 $B=0$，则它变成双轴燃气涡轮发动机低压转子的共同工作方程。在涡扇发动机中，由于涵道比 B 在非设计工作条件下的变化，使涡扇发动机的低压转子共同工作线的求作方法变得更复杂。

4. 低压转子共同工作线确定方法

(1) 首先确定出高压转子的共同工作线,如图 6-23 所示。

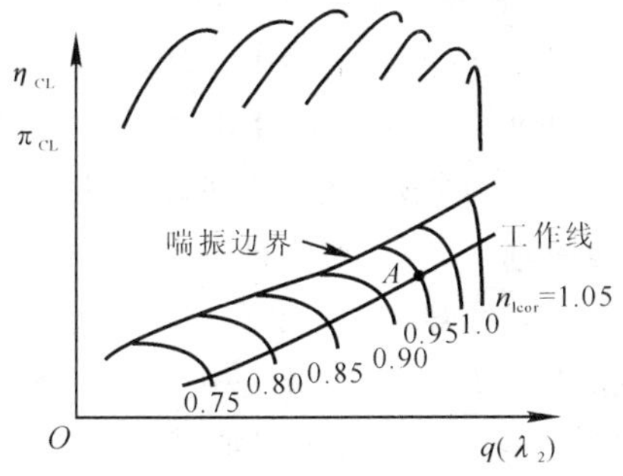

图 6-24 风扇特性图上低压转子的共同工作线

(2) 在风扇特性图上任取一条 $\bar{n}_{1cor}=$ const 曲线,并在该曲线上任取一点 A,如图 6-24 所示。由点 A 可查得 π_{CL},$q(\lambda_2)$,η_{CL} 等风扇参数。

(3) 根据风扇进口和出口流量相等,得

$$q(\lambda_2)=\text{const}\cdot\frac{\pi_{CL}q(\lambda_{22})}{\sqrt{1+(e_{CL}-1)/\eta_{CL}}}\tag{6-47}$$

由式(6-43) 可以计算出 $q(\lambda_{22})$ 的值。

(4) 假定外涵尾喷管处于临界或超临界状态,则式(6-42) 变成

$$B=\frac{\text{const}}{q(\lambda_{2.5})}\tag{6-48}$$

由式(6-43) 和式(6-48) 联立,可以解出 B 和 $q(\lambda_{2.5})$。

(5) 根据 $q(\lambda_{2.5})$ 值,在高压转子共同工作线上得到高压转子共同工作点,进而查得高压压气机的增压比 π_{CH} 和效率 η_{CH}。

(6) 将参数 $q(\lambda_2)$,π_{CL},η_{CL},B,π_{CH} 的值代入共同工作方程式(6-46),计算方程式等号左边的值。

(7) 将第(6) 步计算的值与式(6-46) 等号右边常数值比较(常数值可由设计点的有关参数计算),如果满足一定的误差要求,则 A 点为共同工作点,否则重新选一点,直到找出共同工作点。

(8) 再另外选一条 $\bar{n}_{1cor}=$ const 曲线,重复第(2) ~(7) 步。

(9) 将不同 $\bar{n}_{1cor}=$ const 曲线上的共同工作点连接起来,可得低压转子共同工作线。

5. 关于分别排气涡扇发动机共同工作线的讨论

(1) 当发动机几何不可调,且尾喷管和涡轮导向器处于临界或超临界状态时,分别排气涡扇发动机的低压转子和高压转子分别在风扇特性图和高压压气机特性图上各有一条共同工作

线。当外界条件变化时，发动机的共同工作点在工作线上移动。

（2）当发动机几何不可调时，只有燃烧室供油量 W_f 可以作为调节量，也只能有一个被调参数。大涵道比分别排气涡扇发动机通常以低压转子物理转速 n_1 作为被调节量，如 CF6，CFM56 发动机等。因为高涵道比发动机推力主要由外涵产生，而 n_1 决定了外涵空气质量流量，所以选 n_1 比选 n_2 作为被控参数对推力的影响更为有效。有些发动机如 JT8D，JT9D 等，以发动机压力比 p_{t5}/p_{t2} 作为最大状态的被调参数。在尾喷管出口截面给定的情况下，压力比 p_{t5}/p_{t2} 能较准确地反映发动机推力，因而选 p_{t5}/p_{t2} 作为被控参数可以更准确地控制推力。

（3）由式（6－42）和式（6－43）可知，当发动机进口总温 T_{t2} 增加时，涵道比 B 增加，使 $q(\lambda_{22})$ 比双轴燃气涡轮发动机的低压压气机出口的相应值下降得慢，因而风扇进口的 $q(\lambda_2)$ 也下降缓慢。所以低压转子的共同工作线的走向比双轴燃气涡轮发动机低压转子的共同工作线更陡一些，如图 6－25 所示。上述现象物理上可这样理解：

高设计增压比的单转子燃气涡轮发动机，当飞行条件变化使进口总温 T_{t2} 增加时，换算转速 $\bar{n}_{1cor}$ 减小，共同工作点沿共同工作线向下移动。由于前后级的不协稠，工作点容易进入喘振边界，前面的级出现喘振。为了避免喘振的发生，可以在压气机某中间级后的机匣上开设放气口，当 $\bar{n}_{1cor}$ 小于某值时放气口自动打开。当放气口打开时，一部分气流经放气口流到发动机外边，这样就增加了压气机进口的气流流量，所以共同工作点向远离喘振边界的方向移动，避免压气机前面的级出现喘振。

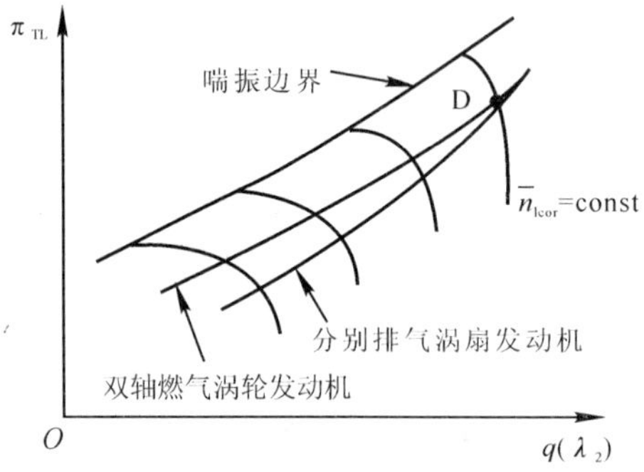

图 6－25　分别排气涡扇发动机低压转子共同工作线与双轴燃气涡轮发动机低压转子共同工作线的比较

与单轴燃气涡轮发动机相比，双轴燃气涡轮发动机虽然缓和了压气机前后不协调的矛盾，但是低压转子的共同工作线仍然比较平坦。飞行条件变化使 T_{t2} 增加时，低压压气机仍有可能进入喘振状态。

对于分别排气涡扇发动机来说，当发动机进口总温 T_{t2} 增加时，涵道比 B 值增加。这意味着当核心发动机的流通能力下降时，有部分气流进入外涵，对风扇的堵塞程度减轻，相当于双轴燃气涡轮发动机的低压压气机出口放气，因此涡扇发动机中的低压转子的共同工作线比较陡。

(4) 如果外涵尾喷管处于亚临界状态，则外涵尾喷管一定是完全膨胀，$p_{8\mathrm{II}} = p_0$，由此可得

$$\frac{p_0}{p_{t0}}\frac{p_{t0}}{p_{t2}}\frac{p_{t2}}{p_{t8\mathrm{II}}} = \frac{p_0}{p_{t8\mathrm{II}}} = \frac{p_{8\mathrm{II}}}{p_{t8\mathrm{II}}}$$

即

$$\frac{\pi(\lambda_0)}{\sigma_i \pi_{CL} \sigma_{\mathrm{II}}} = \pi(\lambda_{8\mathrm{II}})$$

式中 $\pi(\lambda_0) \equiv \dfrac{p_0}{p_{t0}}$—— 自由流截面的气动函数 $\pi(\lambda)$，可以根据飞行马赫数计算；

$\sigma_i \equiv \dfrac{p_{t22}}{p_{t8}}$—— 进气道总压恢复系数，可以根据飞行马赫数估计；

σ_{II}—— 外涵道进口至外涵尾喷管出口的总压恢复系数，可以认为是常数；

$\pi_{CL} \equiv \dfrac{p_{t22}}{p_{t8}}$，$\pi(\lambda_{8\mathrm{II}}) \equiv \dfrac{p_{8\mathrm{II}}}{p_{t8\mathrm{II}}}$—— 外涵尾喷管出口的气动函数。

由此可得

$$\frac{\pi(\lambda_0)}{\sigma_i \pi_{CL}} = \mathrm{const} \cdot \pi(\lambda_{8\mathrm{II}}) \tag{6-49}$$

于是，当外涵尾喷管处于亚临界状态时，求作低压转子的共同工作线时，应在低压转子共同工作线确定方法的第(4)步中由式(6-42)、式(6-43)、式(6-49)3个方程联立求解 B，$\lambda_{8\mathrm{II}}$，$\lambda_{2.5}$ 三个未知数。为此，需要给定飞行马赫数 Ma_0，进而求得 $\pi(\lambda_0)$ 和 σ_i。所以低压转子共同工作线将与 Ma_0 有关。当 Ma_0 增加使 T_{t2} 增加时，$q(\lambda_{8\mathrm{II}})$ 增加，涵道比 B 增加，故共同工作线向远离喘振边界方向移动，如图6-26(a)所示。其原因可解释为，在 $Ma_0 = 0$ 时内涵尾喷管处于亚临界状态，而在 $Ma_0 = 0.8$ 时内涵尾喷管处于超临界状态。因此当 $Ma_0 = 0$ 时低压涡轮落压比随着 $\bar{n}_{1cor}$ 减小而下降，这使涵道比 B 随着 $\bar{n}_{1cor}$ 减小而增大的速率减慢。而在 $Ma_0 = 0.8$ 时，由于内涵尾喷管处于超临界使低压涡轮落压比不变，这使涵道比 B 随着 $\bar{n}_{1cor}$ 的减小增加得较剧烈，如图6-26(b)所示。

(5) 如果内涵尾喷管和外涵尾喷管都处于亚临界状态，则低压转子共同工作线与飞行马赫数 Ma_0 的关系决定于设计点涵道比的大小。如果设计点的涵道比 B 较小，则涡扇发动机趋近于双轴燃气涡轮发动机，Ma_0 增加时，共同工作线靠近喘振边界；如果设计点涵道比 B 较大，则共同工作线主要受外涵制约，Ma_0 增加时共同工作线远离喘振边界。

像双轴燃气涡轮发动机一样(见第6.4节)，高压压气机设计增压比 $\pi_{CH,d}$ 的高低对风扇共同工作线走向的影响相当大，如图6-27所示。当 $\bar{n}_{1cor}$ 减小时，在同样的 $\bar{n}_{1cor}$ 下，π_{CHd} 愈高，其 $q(\lambda_2)$ 降低得愈多，从而使其稳定性裕度 ΔSM降低，同时风扇效率 η_{CL} 也降低，涵道比 B 增加程度更剧烈。图6-28所示为设计涵道比 B_d 的大小对风扇共同工作线的影响。由图可见，当 $\bar{n}_{1cor}$

减小时，B_d 的增大使风扇的共同工作线远离不稳定工作边界。因为由式(6-43)可知，B_d 愈高，$\bar{n}_{1cor}$ 减小使 $q(\lambda_{2.5})$ 减小时，高 B_d 的涡扇发动机的 $q(\lambda_{22})$ 降低得愈缓慢，致使 $q(\lambda_2)$ 也降低得更缓慢。

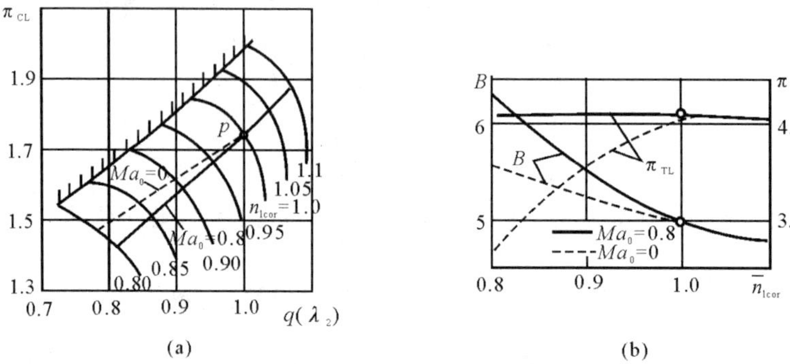

图 6-26　分别排气涡扇发动机在尾喷管处于亚临界状态时飞行马赫数 Ma_0 对低压转子共同工作线的影响

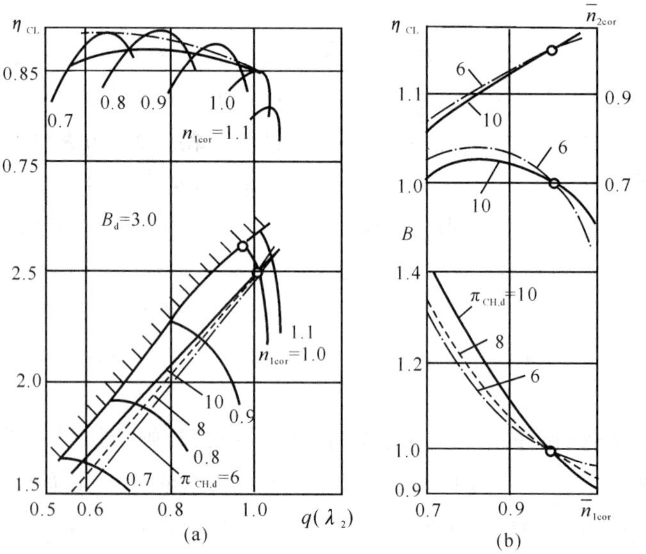

图 6-27　高压压气机设计增压比 $\pi_{CH,d}$ 对风扇共同工作线的影响

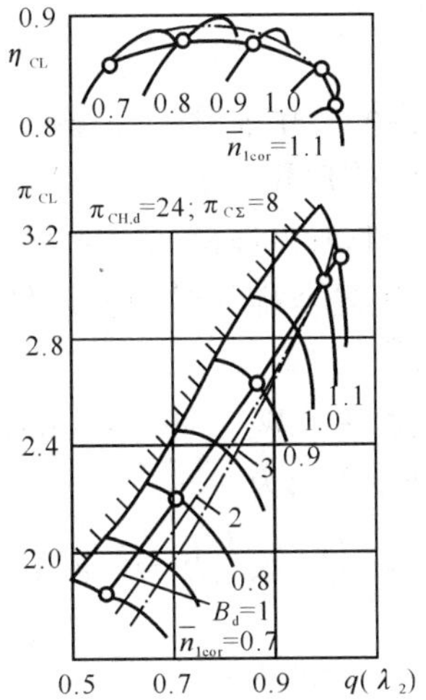

图 6-28　设计涵道比 B_d 对风扇共同工作线的影响

6.6　混合排气涡扇发动机部件的共同工作

本节研究如图 6-29 所示的混合排气涡扇发动机部件的共同工作。

一、高压转子(核心发动机)的共同工作

混合排气涡扇发动机的高压转子部件的共同工作与分别排气时的高压转子完全相同，不再赘述。

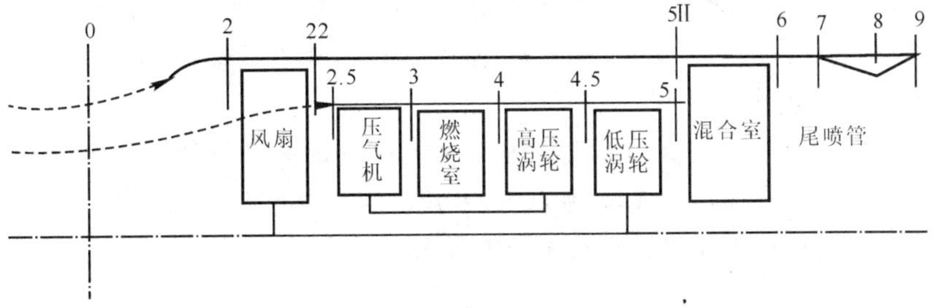

图 6-29　混合排气涡扇发动机示意图和截面符号

二、低压转子共同工作方程

分别排气时，低压涡轮后面是内涵的尾喷管，如果涡轮导向器和内涵尾喷管都处于临界或超临界状态，则低压涡轮的膨胀比保持常数不变。但在混合排气时由于有混合室存在，低压涡轮之后的总压将受到外涵气流的影响。所以即使尾喷管处于临界或超临界状态，低压涡轮的膨胀比也不能保持常数不变。这样就使混合排气时的低压转子的共同工作比分别排气时更为复杂。

(1) 涵道比 B 的关系式。涵道比 $B = W_{a\mathrm{II}}/W_{a\mathrm{I}}$，其中通过外涵道的空气质量流量 $W_{a\mathrm{II}}$ 可以用混合室进口截面外涵的气流参数表示为

$$W_{a\mathrm{II}} = KA_{5\mathrm{II}}\frac{\sigma_{\mathrm{II}}p_{t22}}{\sqrt{T_{t22}}}q(\lambda_{5\mathrm{II}}) = \mathrm{const}\cdot\frac{p_{t22}}{\sqrt{T_{t22}}}q(\lambda_{5\mathrm{II}})$$

式中　K—— 常数；

$A_{5\mathrm{II}}$—— 外涵气流在混合室进口的截面面积，等于常数；

σ_{II}—— 外涵道的总压恢复系数，等于常数；

p_{t22}, T_{t22}—— 风扇后气流总压、总温，$T_{t22} = T_{t5\mathrm{II}}$。

涵道比 B 定义式中的内涵空气质量流量 $W_{a\mathrm{I}}$，可用高压压气机进口的参数表示为

$$W_{a\mathrm{I}} = KA_{2.5}\frac{p_{t2.5}}{\sqrt{T_{t2.5}}}q(\lambda_{2.5}) = \mathrm{const}\cdot\frac{p_{t2.5}}{\sqrt{T_{t2.5}}}q(\lambda_{2.5})$$

由此可得

$$B = \mathrm{const}\cdot\frac{q(\lambda_{5\mathrm{II}})}{q(\lambda_{2.5})} \tag{6-50}$$

因为混合室中气流的静压比较大，总是大于外界的大气压，所以外涵气流在混合室外涵入口处一般处于亚临界状态，马赫数 $Ma_{5\mathrm{II}} < 1.0$，$q(\lambda_{5\mathrm{II}}) < 1.0$。随着飞行马赫数的增加，进气道中的冲压比增加，风扇后的总压增加，外涵气流在混合室进口的总压加大，因此使 $q(\lambda_{5\mathrm{II}})$ 增加而趋于 1.0。高压压气机进口的 $q(\lambda_{2.5})$ 随着 Ma_0 增加而减小，所以从式(6-50)可以看出涵道比 B 的增加比分别排气时更快。

(2) 风扇出口的 $q(\lambda_{22})$ 与高压压气机进口的 $q(\lambda_{2.5})$ 的关系与分别排气时完全一样，即

$$q(\lambda_{22}) = \mathrm{const}\cdot q(\lambda_{2.5})(1+B) \tag{6-51}$$

(3) 风扇进口与低压涡轮进口流量平衡方程为

$$\pi_{CL}\pi_{CH} = \frac{\mathrm{const}}{1+B}\sqrt{\frac{T_{t4.5}}{T_{t2}}}q(\lambda_2) \tag{6-52}$$

(4) 低压涡轮与风扇功率平衡与分别排气情况不同，混合排气时低压涡轮出口气流与外涵气流相汇，即使涡轮导向器和尾喷管处于临界或超临界状态，低压涡轮落压比 π_{TL} 也不等于常数，所以功率平衡关系式中包含有 π_{TL}，平均方程为

$$\frac{T_{t4.5}}{T_{t2}} = \text{const} \cdot \frac{1+B}{\left(1-\frac{1}{e_{TL}}\right)\eta_{TL}} \frac{e_{CL}-1}{\eta_{CL}} \tag{6-53}$$

(5) 利用式(6-52)和式(6-53)消去 $T_{t4.5}/T_{t2}$，得低压转子共同工作方程为

$$\pi_{CL}\pi_{CH} = \text{const} \cdot \sqrt{\frac{(e_{CL}-1)/\eta_{CL}}{1+B}} \sqrt{\frac{1}{(1-1/e_{CL})\eta_{TL}}} q(\lambda_2) \tag{6-54}$$

如果低压涡轮的落压比和效率等于常数，即 $\pi_{TL} = \text{const}$，$\eta_{TL} = \text{const}$，则低压转子的共同工作方程式(6-54)就与分别排气时低压转子的共同工作方程式(6-46)完全一样。

三、混合排气涡扇发动机低压转子的共同工作线求法

利用式(6-54)确定低压转子的共同工作线，由于低压涡轮膨胀比 $\pi_{TL} \neq \text{const}$，比分别排气情况复杂得多。为了确定 π_{TL} 和涵道比 B 的变化，需要使用混合室的有关方程。确定工作线的大致步骤如下，注意有两层迭代。

(1) 首先在高压压气机特性图上作出高压转子的共同工作线，如图 6-30(b) 所示。

(2) 在风扇特性图上取一条 $\bar{n}_{1cor} = \text{const}$ 曲线。

(3) 第一层迭代，在此 $\bar{n}_{1cor} = \text{const}$ 曲线上任意取一点 A，查得风扇参数 π_{CL}，η_{CL}，$q(\lambda_2)$。

(4) 由风扇进口和出口的流量相等得

$$q(\lambda_2) = \text{const} \cdot \frac{\pi_{CL} q(\lambda_{22})}{\sqrt{1+\frac{e_{CL}-1}{\eta_{CL}}}}$$

式中，$e_{CL} = \pi_{CL}^{\frac{k-1}{k}}$。

由上式计算 $q(\lambda_{22})$，进而计算 λ_{22}。

以下为内层迭代。

1) 初选涵道比 B 的值。

2) 根据式(6-50)和式(6-51)联立求解出 $q(\lambda_{2.5})$，$q(\lambda_{5\text{II}})$，进而计算 $\lambda_{2.5}$，$\lambda_{5\text{II}}$。

3) 由 $q(\lambda_{2.5})$ 值在高压转子共同工作线上确定共同工作点，并查得高压压气机的增压比和效率 π_{CH}，η_{CH}。

4) 在混合室进口内、外涵两股气流相汇，由于这两股气流是亚声速的，所以它们的静压必然相等。由此可得

$$p_{t5\text{II}} = p_5$$

所以

$$p_{t5\text{II}}\pi(\lambda_{5\text{II}}) = p_{t5}\pi(\lambda_5)$$

而

$$p_{t5\text{II}} = \sigma_{\text{II}} p_{t22} = \text{const} \cdot p_{t22}$$

由此可得

$$\pi(\lambda_{t5\text{II}}) = \text{const} \cdot \pi(\lambda_5) \frac{p_{t5}}{p_{t22}}$$

又由于
$$p_{t5}=\frac{\sigma_b p_{t3}}{\pi_{TH}\pi_{TL}}=\text{const}\cdot\frac{p_{t3}}{\pi_{TL}}$$

代入前式得
$$\pi(\lambda_{5\,\mathrm{II}})=\text{const}\cdot\frac{\pi_{CH}\pi(\lambda_5)}{\pi_{TL}} \tag{6-55}$$

由低压涡轮进口与混合室内涵进口流量平衡得(假设低压涡轮导向器处于临界或超临界状态,低压涡轮效率 $\eta_{TL}=\text{const}$)

$$K_g A_{4.5}\frac{\sigma_{nb}p_{t4.5}}{\sqrt{T_{t4.5}}}q(\lambda_{nb})=K_g A_5\frac{p_{t5}}{\sqrt{T_{t5}}}q(\lambda_5)$$

式中 σ_{nb}—— 低压涡轮导向器进口至喉部截面的总压恢复系数,等于常数;

$q(\lambda_{nb})=1.0$—— 低压涡轮导向器喉部的流量气动函数(或相对密流)。

所以

$$\frac{p_{t4.5}}{p_{t5}}\sqrt{\frac{T_{t5}}{T_{t4.5}}}=q(\lambda_5)$$

注意到式中

$$\frac{T_{t4.5}}{T_{t5}}\equiv\pi_{TL}$$

$$\frac{T_{t5}}{T_{t4.5}}=1-\left(1-\frac{1}{e_{TL}}\right)\eta_{TL}$$

最后有

$$\pi_{TL}\sqrt{1-\left(1-\frac{1}{e_{TL}}\right)\eta_{TL}}=\text{const}\cdot q(\lambda_5) \tag{6-56}$$

由式(6-55)和式(6-56)联立求解出 $\pi(\lambda_5)$,π_{TL},并由 $\pi(\lambda_5)$ 计算出 λ_5。

5)由混合室进口和出口能量守恒得(假定空气和燃气的定压比热容相等)

$$\frac{T_{t6}}{T_{t5}}=\frac{1+B\dfrac{T_{t5\,\mathrm{II}}}{T_{t5}}}{1+B} \tag{6-57a}$$

式中
$$\frac{T_{t5\,\mathrm{II}}}{T_{t5}}=\text{const}\cdot\frac{\eta_{CH}}{(e_{CH}-1)\left[1-\left(1-\dfrac{1}{e_{TL}}\right)\right]} \tag{6-57b}$$

由式(6-57a)和式(6-57b)可计算出$\dfrac{T_{t6}}{T_{t5}}$。

6)假定混合过程中的总压恢复系数 $\sigma_m=\text{const}$ 不变,σ_m 的定义是混合室出口总压与混合室进口总压的质量平均值的比值,即

$$\sigma_m=\frac{p_{t6}}{p_{t,av}}$$

式中,$p_{t,av}$ 为混合室进口总压的质量平均值,即

$$p_{t,av}=\frac{W_{a\mathrm{I}}\,p_{t5}+W_{a\mathrm{II}}\,p_{t5\mathrm{II}}}{W_{a\mathrm{I}}+W_{a\mathrm{II}}}$$

所以混合室出口总压 p_{t6} 与混合室进口内涵气流的总压 p_{t5} 的比值为

$$\frac{p_{t6}}{p_{t5\mathrm{II}}}=\sigma_m\frac{1+B\dfrac{p_{t5\mathrm{II}}}{p_{t5}}}{1+B} \tag{6-58}$$

式中，σ_m 可取为0.97。

因为
$$p_{t5\mathrm{II}}=\sigma_{\mathrm{II}}\,p_{t22},\qquad p_{t5}=\frac{p_{t3}\sigma_b}{\pi_{TH}\pi_{TL}}$$

而
$$p_{t3}=p_{t22}\pi_{CH}$$

代入得
$$p_{t5}=\frac{p_{t22}\pi_{CH}\sigma_b}{\pi_{TH}\pi_{TL}}$$

现认为 σ_{II}，σ_b，π_{TH} 均为常数，故有

$$\frac{p_{t5\mathrm{II}}}{p_{t5}}=\mathrm{const}\cdot\frac{\pi_{TL}}{\pi_{CH}}$$

由式(6-58)可计算出$\dfrac{p_{t6}}{p_{t5\mathrm{II}}}$。

7）混合室进出口的流量平衡（假定混合室是圆形等截面管道）。混合室进口内涵与外涵的气流质量流量之和等于出口的气流质量流量，即

$$W_5+W_{5\mathrm{II}}=W_6$$

所以

$$K_gA_5\frac{p_{t5}}{\sqrt{T_{t5}}}q(\lambda_5)+KA_{5\mathrm{II}}\frac{p_{t5\mathrm{II}}}{\sqrt{T_{t5\mathrm{II}}}}q(\lambda_{5\mathrm{II}})=K_g(A_5+A_{5\mathrm{II}})\frac{p_{t6}}{\sqrt{T_{t6}}}q(\lambda_6) \tag{6-59}$$

式中 K_g，K—— 以气动函数表示的空气和燃气流量公式中的常数；

$A_{5\mathrm{II}}$，A_5—— 混合室进口处外涵和内涵气流的流道截面面积，等于常数。

将式(6-59)写为无纲量形式为

$$q(\lambda_5)+\frac{K}{K_g}\frac{p_{t5\mathrm{II}}}{p_{t5}}\sqrt{\frac{T_{t5}}{T_{t5\mathrm{II}}}}\frac{A_{5\mathrm{II}}}{A_5}q(\lambda_5)=\frac{p_{t6}}{p_{t5}}\sqrt{\frac{T_{t5}}{T_{t6}}}\left(1+\frac{A_{5\mathrm{II}}}{A_5}\right)q(\lambda_6) \tag{6-60}$$

由式(6-60)可以计算出 $q(\lambda_6)$，进而求得 λ_6。

8）假定尾喷管处于临界或超临界状态，根据混合室出口截面至尾喷管最小截面的流量相等，在不加力时，有

$$K_gA_6\frac{p_{t6}}{\sqrt{T_{t6}}}q(\lambda_6)=K_gA_8\frac{p_{t8}}{\sqrt{T_{t8}}}q(\lambda_8)$$

由于
$$T_{t6}=T_{t8},\quad p_{t8}=\sigma_{b,ab}\sigma_e p_{t6},\quad q(\lambda_8)=1.0$$

所以上式可以写为

$$q(\lambda_6) = \sigma_{b,ab}\sigma_e \frac{A_8}{A_6} = \text{const} \tag{6-61}$$

式中　$\sigma_{b,ab}$—— 加力燃烧室冷态总压恢复系数；

σ_e—— 尾喷管收敛段的总压恢复系数。

加力时，一般相应地放大尾喷管临界截面面积，以保持加力燃烧室之前的气流参数不变，所以式(6-61)仍然成立。

于是由式(6-61)又可得到$q(\lambda_6)$和相应的λ_6。

9) 比较第7)，8)两步所得的λ_6值，若在允差范围之内，则所初选B值正确，否则重选B值，重复第1)～9)步，直到迭代求正确的B值，则内层迭代成功。

(5) 将上述步骤求得的π_{CL}，π_{II}，η_{CL}，B，π_{TL}等参数值代入方程式(6-54)中计算方程两边值。式中等号右边常数值由设计点参数值求得。如果方程式(6-54)两边近似相等满足允差要求，则第(3)步假定的A点是共同工作点，否则重选取一点重复第(3)～(5)步，直到求得共同工作点。第一层迭代成功。

(6) 在风扇的特性图上另选一条$\bar{n}_{1cor} = \text{const}$曲线，同样可确定其共同工作点。

(7) 将若干共同工作点连起来即得共同工作线，如图6-30(a)所示。

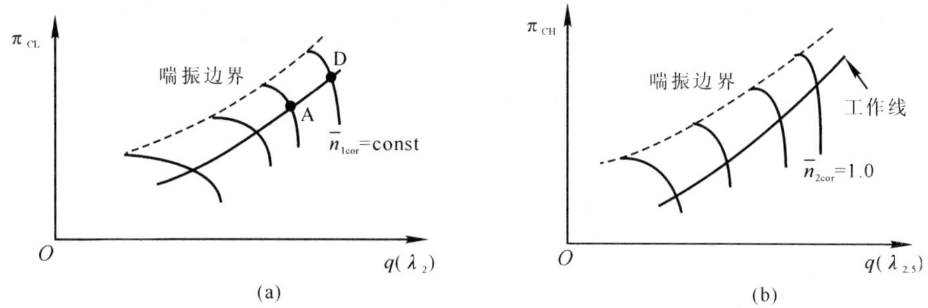

图6-30　混合排气涡扇发动机的共同工作线(涡轮导向器和尾喷管处于临界或超临界状态)

(a) 低压转子；(b) 高压转子

四、关于混合排气涡扇发动机的共同工作线的讨论

图6-31表示混合排气与设计点参数相同的分别排气涡扇发动机与同参数双轴燃气涡轮发动机($B=0$)的低压转子共同工作线的比较(涡轮导向器和尾喷管均处于超临界状态)。

(1) 由图6-31可以看出，与相同设计点参数的分别排气涡扇发动机和同参数的双轴燃气涡轮发动机相比，混合排气涡扇发动机低压转子的共同工作线走向最陡，即当飞行条件变化使得进口总温T_{t2}增加，低压转子相对换算转速$\bar{n}_{1cor}$下降时，风扇进口的$q(\lambda_2)$下降最缓慢，共同工作线离喘振边界最远。其原因解释如下：

前面已讲到，随着发动机进口总温 T_{t2} 的增加，混合排气涡扇发动机的涵道比 B 值增加较快（见式(6－50)），快于分别排气涡扇发动机的情况。B 值增加较快决定了风扇出口的 $q(\lambda_2)$ 的下降较慢（见式(6－51)），进而使风扇进口的 $q(\lambda_2)$ 下降缓慢。混合排气涡扇发动机随着 T_{t2} 的增加而涵道比增加，意味着当内涵的流通能力下降时外涵道流通能力相对较大，在风扇出口，内涵气流部分进入外涵。双轴燃气涡轮发动机无外涵（$B=0$），流通能力下降直接引起低压压气机进口的 $q(\lambda_2)$ 下降，故其共同工作线走向最为平坦；分别排气涡扇发动机的 B 值增加相当于风扇出口内涵气流部分放气进入外涵，使风扇进口的气流速度下降减慢，故工作线下移；混合排气时涵道比 B 增加较快，因而共同工作线下移得更多一些。

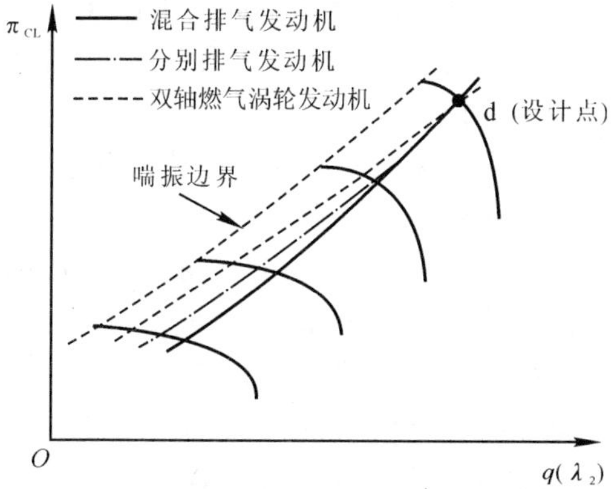

图 6－31　混合排气涡扇发动机与设计点参数相同的分别排气涡扇发动机低压转子共同工作线的比较（涡轮导向器和尾喷管处于超临界状态）

(2) 混合排气涡扇发动机几何不可调且涡轮导向器和尾喷管处于临界或超临界状态时，高压转子和低压转子分别在压气机和风扇特性图上各有一条共同工作线。当飞行条件、大气条件和油门杆位置变化时，共同工作点在共同工作线上移动。共同工作线和工作点与进气道的总压恢复系数无关。

(3) 调节尾喷管最小截面面积 A_8 的影响。对于混合排气涡扇发动机来说，改变 A_8 可以调节风扇压气机特性图上共同工作线的走向，以此来影响内外涵道发动机参数之间的相互关系及其特性。此时，若高压涡轮落压比 π_{TH} 不变，则高压压气机的共同工作线是不变的。而 A_8 的改变对风扇压气机共同工作线的影响与对双轴燃气涡轮发动机低压压气机影响是不同的。双轴燃气涡轮发动机的 A_8 的增大，使转子转差率下降，并使低压压气机特性上的共同工作线向不稳定工作边界方向移动。混合排气的涡扇发动机的 A_8 增大时，$\lambda_{5\text{II}}$ 提高，引起涵道比 B 的增大，这表示风扇流通能力增大，风扇压气机共同工作线向远离喘振边界方向移动。同时，A_8 增大、λ_5 增加将引起低压涡轮落压比 π_{TL} 增大，π_{TL} 增加使风扇压气机共同工作线向喘振边界方向移动。最终风扇压气机共同工作线的移动情况取决于设计涵道比 B 的大小。一般来说，当设

计涵道比 $B > 0.4 \sim 0.5$ 且 A_8 增加时，涵道比 B 的增大起主要作用，风扇压气机共同工作线向远离喘振边界方向移动；反之，当涵道比 B 较小时，A_8 增加则使风扇压气机共同工作线向喘振边界方向移动。

五、发动机几何不可调($A_8 = \text{const}$) 混合排气涡扇发动机的调节规律

当发动机几何不可调($A_8 = \text{const}$) 时，调节量只有一个，即供油量，故被调节量也只能有一个。被调节量可以选取下列参数中的一个：涡轮前总温 T_{t4}、低压转子物理转速 n_1、高压转子物理转速 n_2、低压转子换算转速 n_{1cor} 以及其他参数。

不论选取哪个参数作为被调节量，对发动机的共同工作线都没有影响。但是当被控制量不同时，随着飞行条件的变化即发动机进口总温 T_{t2} 变化，共同工作点在共同工作线上的位置是不同的，因而发动机的性能是不同的。

最大状态控制规律的选取首先要保证发动机在各种飞行条件下能产生尽可能大的推力，因而单变量调节规律可以是如下几种形式中的一种：

$$T_{t4} = T_{t4,\max} = \text{const}; n_1 = n_{1,\max} = \text{const}$$

$$n_2 = n_{2,\max} = \text{const}; n_{1cor} = n_{1cor,\max} = \text{const}$$

在选定了上述调节规律中的一个之后，例如 $T_{t4} = T_{t4,\max} = \text{const}$，其余的参数 n_1, n_2, n_{1cor} 等将随着飞行条件变化而变化。有的参数可能明显地加大超过其极限值。这些极限限制是：

(1) 结构强度的限制。当飞行条件和发动机状态参数改变时，发动机部件的结构强度须有一定的安全系数。影响燃气涡轮发动机机械结构强度的代表性参数是转子物理转速，相应地有最大允许转速 $n_{\max}$ 限制。

(2) 涡轮前最高燃气总温 $T_{t4,\max}$ 限制。

(3) 风扇和压气机稳定裕度的限制，一般加力式涡扇发动机在换算转速降低时靠风扇和压气机的调节保证必要的稳定裕度。如果由于进口总温 T_{t2} 太小而使换算转速 n_{1cor} 增大超过其最大允许值，则风扇和压气机效率会急剧减小，同时有进入风扇或压气机不稳定工作状态的危险，故有最大允许换算转速 $n_{1cor,\max}$ 或 $n_{2cor,\max}$ 限制。

(4) 压气机出口总温 T_{t3} 限制。现代加力式混合排气涡扇发动机的设计总增压比较大，而且飞行马赫数变化范围大，压气机出口总温可能很高。一般钛基合金的压气机后面级的叶片和盘允许的最大气流总温大约为 875 K。

考虑到上述限制条件，在几何不可调的情况下，通常采用组合调节规律。一种可能的调节规律如图 6－32 所示，这里假定在可能的飞行范围内没有转子物理转速的限制。

图 6－32 中，A 为设计点，对应 $T_{t2} = 288$ K。由图可见，组合控制规律分为 3 个区域：

Ⅰ 区：当 $T_{t2} = 288$ K 时，控制规律为 $n_{1cor} = \text{const}$。在此区域内，$n_{2cor} = \text{const}$，$T_{t4}/T_{t2} = \text{const}$，如图所示，$n_1, n_2, T_{t4}$ 随 T_{t2} 的增加而增加；

Ⅱ 区：$288\text{K} < T_2 < T_{t,b}$，调节规律为 $T_{t4} = T_{t4,\max} = \text{const}$；

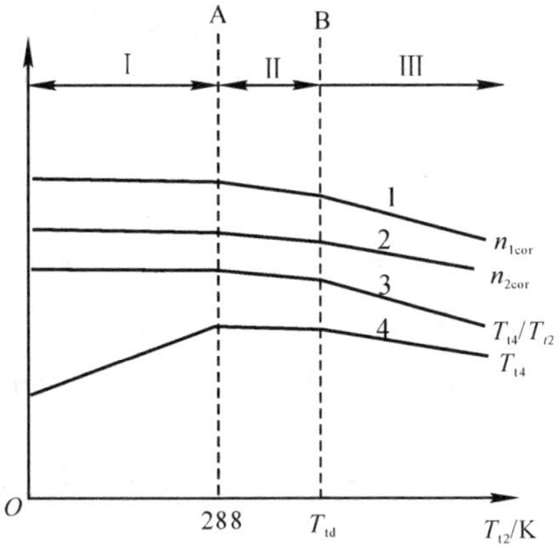

图 6-32　几何不可调时混合排气涡扇发动机的一种组合调节规律

Ⅲ 区：$T_{t2} > T_{t2,b}$，控制规律为 $T_{t3} = T_{t3,max} = \text{const}$。

在B点 T_{t3} 已达到其极限值(假定这是根据具体的计算结果而得的)，随着发动机进口总温 T_{t2} 的增加必须使 T_{t4} 下降，结果 T_{t4}/T_{t2} 下降，故 n_{1cor} 随着下降。

选定的调节规律由燃油自动控制系统保证实现，一旦某参数超过极限值则自动减小供油量。

六、混合排气涡扇发动机加力状态下的调节规律

在一定的飞行条件下接通加力时，为了不影响加力燃烧室上游部件的共同工作情况，应放大尾喷管最小截面面积 A_8。放大程度可由混合室出口与 A_8 处的流量关系导出，即

$$\frac{A_{8,ab}}{A_8} = \sqrt{\frac{T_{t,ab}}{T_{t6}}} \tag{6-62}$$

式中　$A_{8,ab}$，$T_{t,ab}$—— 加力时尾喷管的最小截面面积和加力燃烧室出口总温；

A_8，T_{t6}—— 不加力时尾喷管的最小截面面积和加力燃烧室出口总温。

按式(6-62)放大尾喷管最小截面面积，可保证接通加力时加力燃烧室上游发动机部件的工作条件不变。

下面讨论随着飞行条件的变化，加力状态的调节规律。

(1) 发动机几何不可调($A_{8,ab} = \text{const}$)。加力燃烧室上游的主发动机仍可采用如图 6-32 所示的组合调节规律，加力燃烧室可采用其供油量 $W_{f,ab}$ 为调节量，被调节量为 $T_{t,ab}/T_{t6}$，则调节规律为

$$\left.\begin{aligned} &\dot{W}_f \rightarrow n_2 = f(T_{t2}) \\ &W_{f,ab} \rightarrow \frac{T_{t,ab}}{T_{t6}} = \text{const} \end{aligned}\right. \tag{6-63}$$

调节规律式(6－63)表示:当飞行条件变化时,主发动机控制系统调节供油量 W_f 以实现图 6－32 所示的组合调节规律:加力燃油流量 $W_{f,ab}$ 调节系统调节供油量 $W_{f,ab}$ 控制 $T_{t,ab}/T_{t6}$ 等于常数。

(2) $A_{8,ab}$ 可调时的加力状态可采用如下调节规律:

$$\left.\begin{aligned} W_f &\rightarrow n_1 = n_{1,max} = \text{const} \\ A_{8,ab} &\rightarrow T_{t4} = T_{t4,max} = \text{const} \\ W_f &\rightarrow \alpha_\Sigma = \alpha_{\Sigma,max} = \text{const} \end{aligned}\right\} \qquad (6-64)$$

当飞行条件变化时,发动机自动控制系统通过调节主燃烧室的供油量 W_f,控制低压转子物理转速保持最大值不变;调节尾喷管最小截面面积 A_8,控制高压涡轮前总温 T_{t4} 保持最大值不变;调节加力燃烧室供油量 $W_{f,ab}$,控制发动机的总余气系数保持最小值不变。这种调节规律可以发挥发动机潜力,保证在任何飞行条件下得到最大可能的加力推力。

最小余气系数 $\alpha_{\Sigma,min}$ 一般取为 1.15 左右,太小则难以保持稳定燃烧。对于涡扇发动机来说,总余气系数为

$$\alpha_\Sigma = \frac{W_{a\text{I}} + W_{a\text{II}}}{(W_f + W_{fab})L_0}$$

由于上式中 L_0 是理论空气流量,等于常数;W_f 为主燃烧室供油量,用来控制 T_{t4};$W_{a\text{I}}$ 和 $W_{a\text{II}}$ 是通过发动机内涵和外涵的空气质量流量,随着飞行条件变化而变化。所以为了保持 α_Σ 不变,必须调节加力供油量 $W_{f,ab}$。但是因为总余气系数不易测量,发动机中也没有空气质量流量的测量,所以难以直接控制 $\alpha_\Sigma = \alpha_{\Sigma,min} = \text{const}$。实践中一般通过控制 $W_{f,ab}/p_{t3} = f(T_{t2})$ 来间接地实现 $\alpha_\Sigma \approx \text{const}$。其中函数关系推导说明如下:

根据 α_Σ 的定义,有

$$\alpha_\Sigma = \frac{W_{a\text{I}} + W_{a\text{II}}}{(W_f + W_{f,ab})L_0} = \frac{(1+B)}{\left(\dfrac{W_f}{W_{a\text{I}}} + \dfrac{W_{f,ab}}{W_{a\text{I}}}\right)L_0} = \frac{1+B}{\left[f(1-\beta-\delta_1-\delta_2) + \dfrac{W_{f,ab}}{W_{a\text{I}}}\right]L_0}$$

式中,$W_{a\text{I}}$ 为通过发动机内涵的空气质量流量,可以写为 $W_{a\text{I}} = \text{const}\cdot\dfrac{p_{t3}}{\sqrt{T_{t4}}}$,代入上式得

$$\alpha_\Sigma = \frac{1}{\left[\dfrac{\text{const}\cdot W_{f,ab}\sqrt{T_{t4}}}{p_{t3}(1+B)} + \dfrac{f(1-\beta-\delta_1-\delta_2)}{(1+B)}\right]L_0}$$

式中,$f/(1+B)$ 变化不大,L_0 为理论空气流量,等于常数 β,δ_1 和 δ_2 也为常数。所以,随着飞行条件的变化只要保证

$$\frac{W_{f,ab}\sqrt{T_{t4}}}{p_{t3}(1+B)} = \text{const} \qquad (6-65\text{a})$$

就可以近似地保证 $\alpha_\Sigma = \text{const}$。

在涡轮前总温 $T_{t4} = \text{const}$ 情况下,式(6－65a)可以写为

$$\frac{W_{f,ab}}{p_{t3}} = \text{const} \cdot (1 + B) \tag{6-65b}$$

一般来说，在固定油门杆位置的情况下，涵道比 B 是发动机进口总温 T_{t2} 的函数，所以保证 $\alpha_{\Sigma} = \text{const}$ 的加力供油量调节规律通常是以下述形式给出：

$$\frac{W_{f,ab}}{p_{t3}} = f(T_{t2}) \tag{6-65c}$$

图 6-33 所示为典型的混合加力涡扇发动机加力工作状态的调节规律。

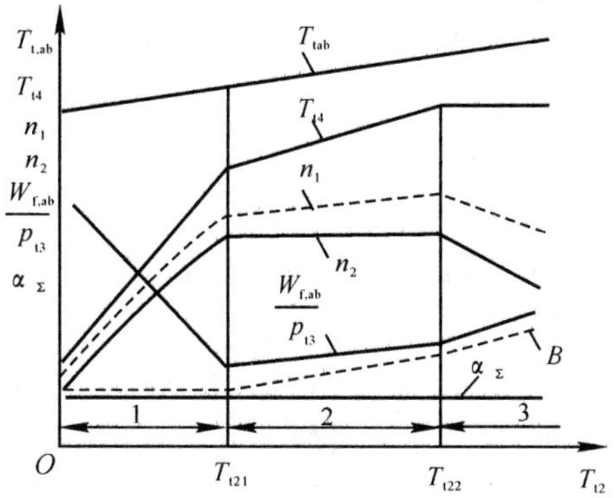

图 6-33　典型的混合加力涡扇发动机加力状态下的调节规律

在区间 2 和 3 中，涵道比 B 增大，$W_{f,ab}/p_{t3}$ 也增大，且在区间 3 中 $T_{t4} = \text{const}$，，因此，$W_{f,ab}/p_{t3} = \text{const} \cdot (1+B)$。在区间 2 中，由于保持 $n_1 = \text{const}$，因此，随 T_{t2} 的升高 T_{t4} 也增高，由式(6-65a)可知，随 T_{t2} 升高 T_{t4} 增高的速率比在区间 3 中要慢一些。在区间 1 中，为了实现 $\alpha_{\Sigma} = \text{const}$，必须在 T_{t2} 升高时，使 T_{t4} 急剧增加，从而使得 $W_{f,ab}/p_{t3}$ 随 T_{t2} 升高而降低。

6.7　涡轮螺桨和涡轮轴发动机的调节规律以及部件的共同工作

涡轮螺桨和涡轮轴发动机稳定工作状态下调节规律的任务与涡喷发动机和涡扇发动机相类似。在各部件安全可靠稳定工作的前提下，最大工作状态时应保证发动机产生最大的功率，巡航状态时应具有最小的耗油率。

一、发动机几何不可调的单轴涡轮螺桨和涡轮轴发动机

这种发动机具有两个独立的控制变量，即燃烧室的供油量 W_f，螺旋桨或直升机旋翼的安装角 φ_B。因此发动机通常有两个调节器，一个是供油量调节器，通过供油量的改变使涡轮前总温不变或按一定的规律变化；另一个是转速调节器，通过改变桨叶安装角使螺旋桨吸收的功率改变，从而控制转速不变或按一定的规律变化。发动机最大状态的调节规律通常是

$$W_f \rightarrow T_{t4} = T_{t4,\max} = \text{const}$$
$$\varphi_B \rightarrow n = n_{\max} = \text{const} \qquad (6-66)$$

在采用式(6-66)调节规律的单轴涡轮螺桨或涡轮轴发动机中，涡轮与压气机的共同工作方程和共同工作线在压气机特性曲线图上的绘制，与单轴涡喷发动机采用式(6-17)的调节规律的情况完全一样。

在一定的飞行条件和大气条件下，发动机在最大状态节流时，可以采用以下几种调节规律中的一种：

(1) 保持转速 $n=\text{const}$。这时涡轮与压气机的共同工作线如图 6-34 中的 db 线所示。节流靠减小供油量来实现。供油量减小，涡轮前总温下降，为了保持转速不变，相应地要减小桨叶安装角以减小螺旋桨或旋翼吸收的功率。

采用这种调节规律的优点是发动机具有良好的加速性。因为这种情况下的加速只取决于桨叶安装角的变化速度和燃油调节器的动作速度，而发动机的转速不变。另一个优点使压气机的稳定工作裕度大。其缺点是部件效率下降得比较多。

(2) 保持涡轮前总温 $T_{t4}=\text{const}$，降低转速，这时涡轮与压气机的共同工作点沿图 6-34 中所示的 dc 线移动。可以看出，这种节流方法的缺点是共同工作点迅速向压气机喘振边界移动，发动机的加速性比较差。

(3) 保持桨叶安装角 $\varphi_B=\text{const}$ 条件下减小供油量。随着供油量的减小，涡轮前总温 T_{t4} 下降，涡轮功率降低，因而发动机转速下降，涡轮与压气机的共同工作点沿图 6-34 中所示的 de 线移动。这种节流方法的优点是容易实现，另外在节流状态下的发动机热负荷和机械负荷都比较低。缺点是发动机的加速性不如 $n=\text{const}$ 的调节规律。

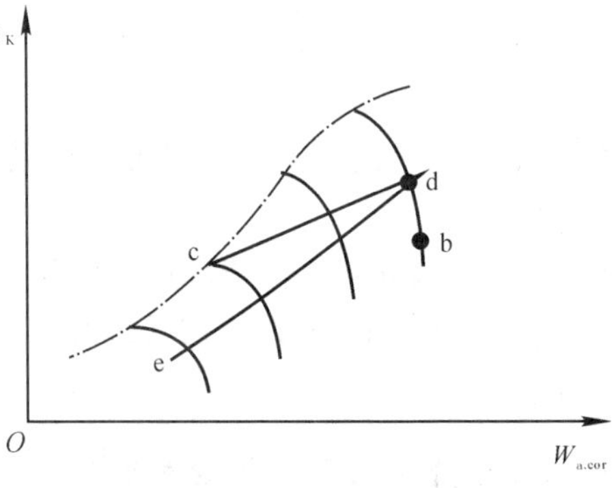

图 6-34　单轴涡轮螺桨和涡轮轴发动机采用不同调节规律节流时的共同工作线

(4) 组合调节规律。即在节流的开始阶段，采用调节规律 $n=\text{const}$，节流到一定程度后，采用 $\varphi_B=\text{const}$ 的调节规律。这样既利用了 $n=\text{const}$ 调节规律的优点，又不会使桨叶安装角的变化范围太大。

二、带自由涡轮的涡轮螺桨和涡轮轴发动机

图6-35是带自由涡轮的涡轮螺桨和涡轮轴发动机示意图。在这种发动机中，自由涡轮（低压涡轮）通过减速器与螺旋桨或旋翼相连。通常这种发动机使用两个调节参数：燃气发生器（由图6-35中所示的截面2至截面4b）采用供油量作为调节参数；而对自由涡轮采用螺旋桨或直升机旋翼的安装角作为调节参数。

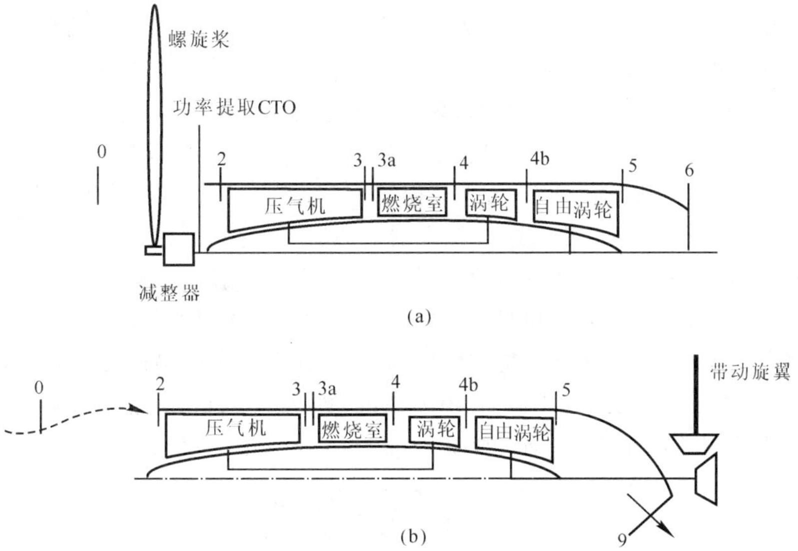

图6-35　带自由涡轮的涡轮螺桨和涡轮轴发动机

在发动机最大工作状态下，为了保证产生最大功率，首先燃气发生器应采用如下的调节规律：

$$W_f \rightarrow n_1 = n_{1max} = \text{const} \tag{6-67}$$

或

$$W_f \rightarrow T_{t4} = T_{t4,max} = \text{const} \tag{6-68}$$

在上述调节规律下，假设燃气发生器的涡轮和自由涡轮的导向器均处于临界或超临界状态，则涡轮-压气机的共同工作与单轴燃气涡轮发动机一样。

在发动机最大工作状态下，自由涡轮的调节规律一般为

$$\varphi_B \rightarrow n_2 = \text{const} \tag{6-69}$$

自由涡轮与排气管的组合特性一般表示为总膨胀比随自由涡轮换算转速的变化曲线，如图6-36所示。图中π_{TZ}为总膨胀比，即自由涡轮进口总压与排气管出口静压之比。因为自由涡

轮后的总压比较低，排气管出口静压总是等于外界大气压，故

$$\pi_{TZ}=\frac{p_{t4,b}}{p_9}=\frac{p_{t4,b}}{p_0}$$

$$\eta_{TZ}=\frac{1-T_9/T_{t4,b}}{1-(p_0/p_{t4,b})^{\frac{k_g}{k_g-1}}}$$

$$n_{TZ,cor}=n_{TZ}/\sqrt{T_{t4,b}}$$

式中　η_{TZ}—— 自由涡轮与排气管的组合效率；

$n_{TZ,cor}$—— 自由涡轮换算转速。

图 6－36 中，d 点表示设计点。如果发动机处于最大工作状态，采用的调节规律为 $n_1=$ const，$n_2=$ const，则当外界大气条件变化时，工作点沿 dc 线移动；如果大气温度下降，燃气发生器的换算转速增加，压气机增压比增加，总膨胀比增加，但涡轮前总温的变化取决于发动机的设计增压比。如果是高设计增压比，涡轮前总温随大气温度下降而下降，自由涡轮换算转速上升，工作点沿 dc 线向上移动；反之，若大气温度上升，则工作点沿 dc 线向下移动。

当大气条件和飞行条件不变而燃气发生器节流时，涡轮前总温下降，自由涡轮前温度下降，如果自由涡轮转速不变则其换算转速上升；另一方面，燃气发生器转速下降，压气机增压比减小，所以自由涡轮与排气管的总膨胀比下降，工作点沿 da 线向下移动。

当大气条件、飞行条件和燃气发生器转速均不变，而调节螺旋桨或旋翼的安装角上自由涡轮的转速变化时，则工作点沿 db 线移动。因为在这种情况下，自由涡轮的进口参数不变，所以自由涡轮与排气管的总膨胀比 π_{TZ} 不变，而 $n_{TZ,cor}$ 与 n_{TZ} 成正比变化。

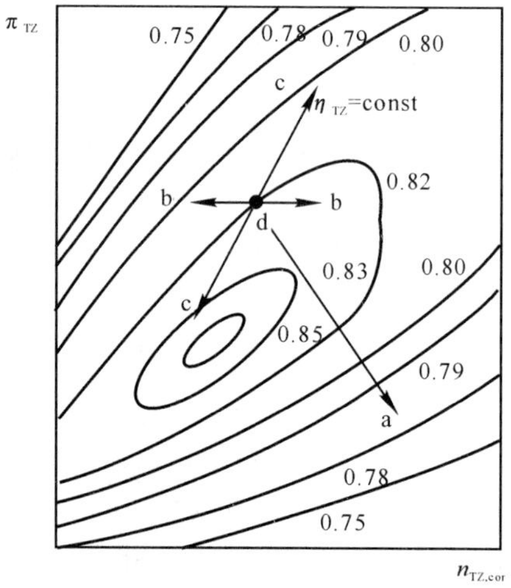

图 6－36　自由涡轮与排气尾喷管的组合特性

三、带自由涡轮的涡轮螺桨和涡轮轴发动机存在限制参数时的调节规律

对于涡喷发动机和涡扇发动机，由于强度约束条件，一般有涡轮前最大总温、最大物理转速的限制，考虑压气机或风扇的气动稳定性约束有最大换算转速的限制。这些限制同样对于涡轮螺桨和涡轮轴发动机也存在。此外，涡轮轴发动机还可能有最大输出功率的限制，这种限制是由于发动机与旋翼的功率匹配所决定的。

当飞行高度增加时，直升机悬停所需要的功率增加，而发动机输出的轴功率却因为大气密度的降低而降低。如果根据地面标准大气起飞或悬停条件设计的发动机的轴输出功率，则当飞行高度增加或在炎热气候条件下，发动机的可用功率满足不了直升机需用功率的要求。为了解决这个矛盾，一般根据某个飞行高度的悬停所需功率来设计发动机，并由此时的强度条件设计减速器的尺寸等。这个高度称之为发动机的设计高度，以符号 H_d 表示。这样，当 $H < H_d$ 时，特别是在 $H = 0$ 时，发动机最大可能的功率有比较多的剩余。然而，不能允许发动机进入这样的工作状态，否则发动机和减速器的强度将超出最大限度。所以，将对应 $H = H_d$ 时的发动机最大输出轴功率 $N_{TZ,max}$ 作为限制功率。当 $H < H_d$ 或大气温度升高时，使 $N_{TZ} < N_{TZ,max}$。

具有 $T_{t4,max}$，$n_{1,max}$，$n_{1cor,max}$ 和 $N_{TZ,max}$ 限制的涡轮轴发动机最大工作状态的调节规律如图 6-37 所示。图 6-37(a) 对应 $H = H_d$，图 6-37(b) 对应 $H = 0$。由图 6-37(a) 可以看出：

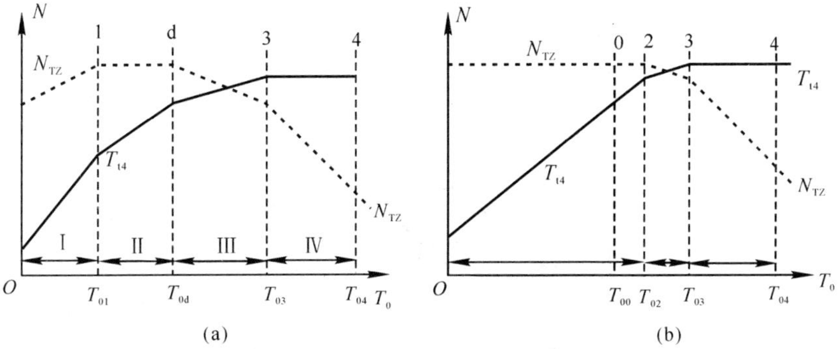

图 6-37　具有参数限制的涡轮轴发动机最大工作状态的调节规律

(1) 在区域 Ⅰ，大气温度比较低，为了保证压气机的稳定工作裕度，应保持 $n_{1cor} = \text{const}$ 不变。所以随着大气温度的增加，涡轮前总温迅速增加，压气机转速 n_1 与 $\sqrt{T_0}$ 成正比地增加(因为直升机的飞行速度很小，可近似认为 $T_0 = T_{t0}$)，发动机的输出功率也迅速增加。当大气温度 $T_0 = T_{01}$ 时，轴功率达到最大限制值。

(2) 在区域 Ⅱ，保持 $N_{TZ} = N_{TZ,max} = \text{const}$，所以随着大气温度的增加，涡轮前总温增加的速度要比区域 Ⅰ 慢一些，压气机转速的增加速度也要慢一些。当 $T_0 = T_{0,d}$ 时，压气机转速达

到最大限制转速。

(3) 在区域 Ⅲ 中，保持压气机物理转速 $n_1 = n_{1\max} = \text{const}$。对于高设计增压比的压气机，随着大气温度的增加，即换算转速的下降，压气机功增加，所以涡轮前总温仍然是增加的，但增加的速度更慢，发动机输出轴功率下降，当 $T_0 = T_{03}$ 时，涡轮前温度达到最大限制值。

(4) 在区域 Ⅳ 中，保持涡轮前温度最大值不变，$T_{t4} = T_{t4,\max} = \text{const}$，压气机转速下降，输出轴功率下降。

图 6-37(b) 表示当 $H=0$ 时，发动机最大工作状态考虑参数限制的一种可能的组合调节规律。图中，T_{00} 表示地面标准大气温度(288K)。由图可以看出：

(1)$N_{TZ} = N_{TZ,\max} = \text{const}$ 的区域 Ⅱ 明显扩大而压气机换算转速最大值限制的区域消失。这是因为，发动机输出轴功率与飞行高度有关，随着飞行高度的降低输出轴功率显著增加。当 $H=0$ 时，在较高的温度 T_{02} 下，轴功率达到最大限制值。所以在地面温度的一般变化范围内可能不会出现压气机换算转速的限制。显然设计高度 H_d 愈高，则区域 Ⅱ 愈宽。

(2) 与 $H = H_d$ 时比较，在同样的 T_{03} 和 T_{02} 值下分别达到涡轮前最大总温限制和压气机最大物理转速限制。这是因为，涡轮前总温和压气机物理转速只与外界温度有关而与飞行高度无关。

图 6-38 表示有参数限制的涡轮螺桨发动机和涡轮轴发动机在最大工作状态调节规律下压气机与涡轮的共同工作线。

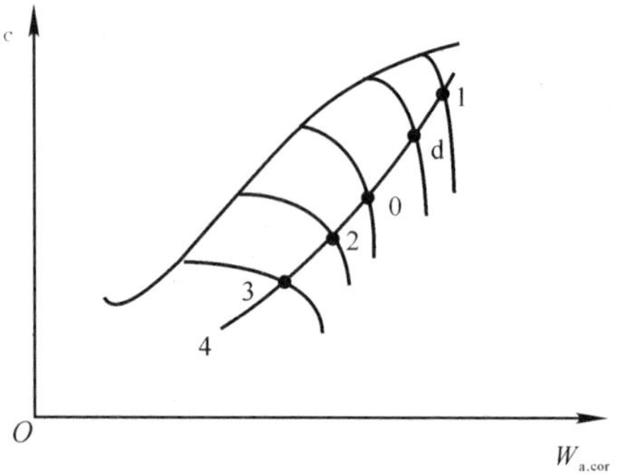

图 6-38　有参数限制的涡轮螺桨发动机和涡轮轴发动机在最大工作状态调节规律下压气机与涡轮的共同工作线

6.8 小 结

(1) 单轴燃气涡轮发动机部件的共同工作主要是压气机与涡轮的共同工作。压气机与涡轮的共同工作条件主要是流量平衡和功率平衡。

在发动机几何不可调、涡轮导向器和尾喷管处于临界或超临界状态下得到的共同工作方程,表示在压气机的特性图上可得到一条共同工作线。该共同工作线与进气道的总压恢复系数无关,与飞行条件无关。在飞行条件、大气条件和发动机物理转速变化时,共同工作点在共同工作线上移动。

尾喷管最小截面面积放大,共同工作线下移。尾喷管处于亚临界状态时,共同工作线与飞行马赫数有关。

一般来说,压气机高设计增压比时,共同工作线走向较平;低设计增压比时,共同工作线走向较陡。

发动机最大工作状态调节规律的目的是在安全可靠工作的前提下,任何飞行条件都能产生尽可能大的推力。而在巡航状态下的调节规律的目的是在给定的飞行条件下,耗油率尽可能地小。当发动机几何不可调时,只有燃烧室供油量可作为调节参数,因此只能有一个被调参数。发动机最大工作状态的调节规律通常选为物理转速保持最大值不变。尾喷管的最小截面面积可调时,最大工作状态的调节规律一般为物理转速和涡轮前总温度都保持最大值不变。

接通加力时,需要相应地放大尾喷管最小截面面积。

(2) 双轴燃气涡轮发动机的高压转子的共同工作与单轴燃气涡轮发动机相类似。在发动机几何不可调、涡轮导向器和尾喷管处于临界或超临界状态时,高、低压转子各有一条共同工作线,并与进气道的总压恢复系数无关。高压转子和低压转子共同工作线上的工作点有确定的对应关系,不是独立变化的。

调整尾喷管最小截面面积时,对高压转子的共同工作没有影响,而对低压转子共同工作线的影响恰好与对单轴燃气涡轮发动机共同工作线的影响相反。

发动机几何不可调节时,最大状态的调节规律的选取对共同工作线没有影响。

(3) 分别排气燃气涡扇发动机的高压转子的共同工作与单轴燃气涡轮发动机相类似。与同参数双轴燃气涡轮发动机比较,燃气涡扇发动机的低压转子共同工作线的走向更陡一些。

(4) 混合排气燃气涡扇发动机,在涡轮导向器和尾喷管处于临界或超临界状态时高压转子和低压转子分别在风扇和高压压气机特性图上有一条共同工作线,并与进气道的总压恢复系数无关。现代军用战斗机使用的发动机在大多数飞行条件下,涡轮导向器和尾喷管都处于临界或超临界状态,即使是亚临界状态,涡轮导向器最小截面面积的 $q(\lambda)$ 也变化不大,所以高压转子的共同工作线也变化不大。

一般说来,发动机部件的共同工作受发动机调节规律的影响。如果发动机几何不可调,则无论采用什么调节规律，发动机的共同工作方程和共同工作线不变，但随外界大气条件的变化共同工作点在共同工作线上的位置是不同的。如果发动机几何可调，则共同工作方程和共同工作线都有所变化。加力状态的调节规律一般是这样选择的，即接通加力后加力燃烧室的工作不影响其上游的主发动机工作状态。

(5) 研究共同工作的目的在于确定发动机在非设计点下的性能。知道了设计点参数，选择了调节规律，给定了飞行条件、大气条件和油门杆位置后，根据共同工作原理即可确定发动机各部件参数，进而进行气动热力计算，即可得到发动机性能参数。工程实践中为了精确计算发动机非设计点下的性能，需使用各部件(风扇、压气机、燃烧室、高(低)压涡轮、加力燃烧室和尾喷管)的特性曲线，并且要考虑涡轮冷却空气量、气体成分和发动机流量的变化等，技术过程甚为复杂，只有依靠计算机方能实现。本章所讲述的内容着重在于阐述燃气涡轮发动机共同工作的概念，因此在阐述和推导中忽略了许多的次要因素，而且仅采用了风扇和压气机的特性图。

习　题

1. 什么是燃气涡轮发动机的共同工作?研究共同工作的目的何在?

2. 燃气涡轮发动机稳定工作时，各部件有哪些相互制约条件?

3. 试推导出单轴燃气涡轮发动机涡轮与压气机的流量平衡方程。把该方程的图形表示在压气机特性图上，并说明其物理意义。

4. 燃气涡轮发动机在涡轮导向器和尾喷管处在临界或超临界状态下时，为什么可以认为涡轮的落压比不变?调节尾喷管或涡轮导向器临界截面面积对涡轮的落压比有何影响?如果尾喷管处于亚临界状态时情况又是如何?

5. 试推导出单轴燃气涡轮发动机在涡轮导向器和尾喷管处在临界或超临界状态下时的涡轮与压气机的共同工作方程，并说明如何利用该方程求作共同工作线。

6. 为什么在涡轮导向器和尾喷管处在临界或超临界状态下的共同工作线与进气道总压恢复系数无关?这能否说明进气道总压恢复系数对发动机性能没有影响?为什么?

7. 调节尾喷管临界截面面积对单轴燃气涡轮发动机的共同工作线有何影响?

8. 当尾喷管处在亚临界状态下时，为什么飞行马赫数对单轴燃气涡轮发动机的共同工作线有影响?

9. 单轴燃气涡轮发动机的压气机设计增压比较高时，发动机的共同工作线走向为什么比较平?而低设计增压比的发动机的共同工作线走向为什么比较陡?

10. 什么是发动机的调节规律?什么是被调参数?什么是调节参数?

11. 对于单轴燃气涡轮发动机，当物理转速保持不变，飞行高度不变而飞行马赫数变化时，发动机的共同工作点是如何移动的?压气机功、稳定裕度和涡轮前总温又是如何变化的?

12. 单轴燃气涡轮发动机几何不可调时，为什么调节规律的选取并不影响共同工作线?常用的最大状态调节规律是什么？

13．单轴燃气涡轮发动机，采用 $n = n_{max} = const$ 与采用 $n = n_{max} = const, T_{t4} = T_{t4,max} = const$ 调节规律时的共同工作线是否重合？为什么？

14．发动机循环状态调节规律的目的是什么？单轴燃气涡轮发动机一般采用什么样的巡航调节规律？

15．发动机接通加力时为什么要调节尾喷管面积？如何调节？如果不进行调节会有什么样的影响？

16．单轴燃气涡轮发动机采用 $n = const, \pi_T = const(A_{8,ab} = const)$ 的加力状态调节规律时，采用什么参数作为调节中介的？为什么有时存在 $\pi_T = const$ 调节器失效的问题？

17．为什么说单轴燃气涡轮发动机采用 $n = const, T_{t4} = const, T_{t,ab} = const$ 调节规律不能充分发挥发动机的加力潜力？

18．单轴燃气涡轮发动机的加力状态采用 $n = const, T_{t4} = const, \alpha_{\Sigma} = const$ 调节规律为什么不容易实现？如何近似实现 $\alpha_{\Sigma} = const$？

19．一台单轴燃气涡轮发动机，试分析在下述条件下工作时，缩小尾喷管截面面积对发动机各部件的工作产生什么影响：

(1) 保持燃油流量 $W_f = const$；

(2) 保持 $n = const$；

(3) $p_{t5}/p_{t2} = const$。

20．某单轴燃气涡轮发动机在地面标准大气条件下以最大转速运行时，涡轮导向器和尾喷管临界截面均处于超临界状态，发动机工作点为P点。由于P点靠近压气机的喘振边界，现采用放大尾喷管喉道面积的方案将工作点由P点移至O点。试求：

(1) O点的涡论前总温和落压比；

(2) 估算发动机在O,P两点的单位推力和单位燃油消耗率。

21．同一台压气机，若作为双轴燃气涡轮发动机的低压压气机与作为单轴燃气涡轮发动机的压气机相比，其共同工作线的位置有什么不同？为什么？

22．其他条件不变时，减小双轴燃气涡轮发动机的尾喷管临界面积或低压涡轮导向器临界面积，对低压压气机的共同工作点如何影响？对高压压气机的共同工作点又是如何影响？为什么？

23．分别排气涡扇发动机的涵道比 B 随发动机进口总温的变化会发生什么样的变化？为什么？

24．分别排气涡扇发动机的涵道比 B 的变化对高压转子和低压转子的共同工作线各有什么样的影响？为什么？

25．高涵道比分别排气涡扇发动机通常采用什么样的调节规律？为什么？

26．当涡轮导向器和尾喷管处于临界或超临界状态下时，为什么混合排气涡扇发动机的低压涡轮落压比仍然随飞行条件的变化而变化?

27. 对于混合排气涡扇发动机,若涡轮导向器和尾喷管临界截面均处于临界或超临界状态,试证明:

$$\frac{p_{t5\,\mathrm{II}}}{p_{t5}} = \mathrm{const} \cdot \frac{\pi_{TL}}{\pi_{CH}}$$

式中

$$\mathrm{const} = \frac{\sigma_{\mathrm{II}}\,\pi_{TH}}{\sigma_b}$$

28. 调节尾喷管临界截面面积对混合排气涡扇发动机中的低压转子和高压转子各有何影响?为什么?

第 7 章　航空燃气涡轮发动机特性

7.1　航空燃气涡轮发动机特性的一般概念

航空燃气涡轮发动机的设计点对应着一定的油门杆位置、飞行速度、飞行高度和大气条件，但为了完成飞机不同的飞行状态或机动动作，发动机必须能在宽广的状态范围内工作。因此，当设计条件中的任何一个发生变化时，发动机便偏离了设计点而处于非设计点工作。改变发动机推力(功率)及其他性能参数是通过移动发动机油门杆位置来实现的。在这种情况下，是通过改变燃油流量来实施对发动机工作过程控制的。即使在发动机油门杆位置不改变的情况下，只要外界条件有了变化，其中包括飞行速度和高度及周围大气条件的变化，发动机主要性能参数也要随之改变。所以为了方便研究，一般把发动机特性分成速度特性、高度特性和节流特性。在给定的油门杆位置、飞行高度、大气条件和调节规律下，推力和耗油率等参数随飞行马赫数的变化关系称为发动机速度特性；在给定的油门杆位置、飞行马赫数、大气条件和调节规律下，推力和耗油率等参数随飞行高度的变化关系称为高度特性；在给定的飞行马赫数、飞行高度、大气条件和调节规律下，推力和耗油率等参数随油门杆位置的变化关系称为节流特性。可以用转子的转速、涡轮前总温或主燃烧室供油量等参数代表油门杆位置，也可用推力与耗油率之间的变化关系描述发动机的节流特性。

7.2　航空燃气涡轮发动机特性获取方法

航空燃气涡轮发动机及其各部件在非设计工况下工作时，气体流动情况十分复杂，不依靠任何试验而纯粹用理论计算方法准确地获得其特性几乎是不可能的。因此获得航空燃气涡轮发动机特性最根本和最可靠的方法是试验测量。

从试验研究的对象可以分为：

(1) 部件试验；

(2) 整机试验。

从试验设备可能提供的环境范围区分，又可分为：

(1) 地面试验；

(2) 高空模拟试验；

(3) 飞行试验。

航空燃气涡轮发动机进行地面试验最基本的设备就是地面试验台，如图 7-1 所示。地面试验台由静架和动架两部分组成。静架可以固定在地基上，也可以采用悬挂式固定于试车间的房顶上。采用悬挂式台架方便发动机下部附件管道的装卸，还可以使发动机试验时离地面较远，便于周围空气流动。发动机则装于动架上。动架与静架之间用弹簧片相连接，使动架可以前后移动，以便测量发动机的推力。在地面试验台上只能测得燃气涡轮发动机在地面静压条件下的(油门节流)特性，其进气温度、压力以及尾喷管出口的静压，都要受到试车时周围大气条件的限制。

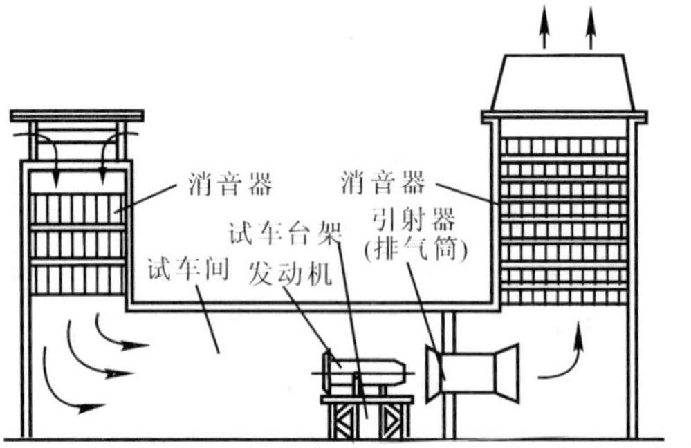

图 7-1 航空燃气涡轮发动机地面试验台结构简图

高空模拟试验是在高空模拟台上进行的，它是一种在地面模拟发动机高空飞行时的情况的地面试验台。因此，高空模拟台要有供应试验所需的一定压力、温度的压缩空气的气源。要在高空试验段或高空试验舱建立高空条件，要用抽气机或引射器将通过发动机的气体和环绕发动机外部流过的气体排入大气，使高空试验舱达到所要求模拟的高空大气压力(例如模拟 $H=20$ km 的高空大气压力为 5 475 Pa)，也要有抽气气源。若采用抽气机，还要将发动机排出的高温燃气冷却至抽气机所能承受的温度(一般为 40～50 ℃)，这需要高温降、大流量的排气冷却系统。要模拟飞机高空高速飞行状态，例如模拟 11 km 高空、$Ma_0=2.5$ 的飞行状态，发动机进口的气流总温要高达 484.46 K，远高于气源压缩加热所能达到的空气温度，因此，必须有相应的空气加温设备，将气源供应的压缩空气加热到 484.46 K 以上。再如要模拟高空低速($H=11$ km，$Ma_0=0.5$)的飞行条件，发动机进口的气流总温低于 288 K，远低于气源所能供应的空气温度，这就需要空气降温设备。为防止空气中水分在 0 ℃以下的低温环境条件下工作的高空试验舱内结冰，气源供应的空气必须经过降温除湿和干燥处理。同样，模拟飞机高速飞行状态时，气源供应的高压空气在超声速尾喷管中大幅度膨胀加速，为防止空气中水分结冰或析出液态水，气源供应的空气也必须经除湿和干燥处理，这样必须有空气降温除湿和干燥设备。由此可见,航空燃气涡轮发动机高空模拟台必须具备供应气源和抽气气源及其动力设备、空气加湿设备、空气除湿和干燥设备、空气降温设备、高空试验舱、发动机排气冷却系统、模拟飞行状态的自动控制系统以及供电系统和给、排水系统等大型设备以及连接各大型设备的管道和阀门等。如图 7-2 所示为航空燃气涡轮发动机高空模拟台试验设备的基本组成及其工作原理。

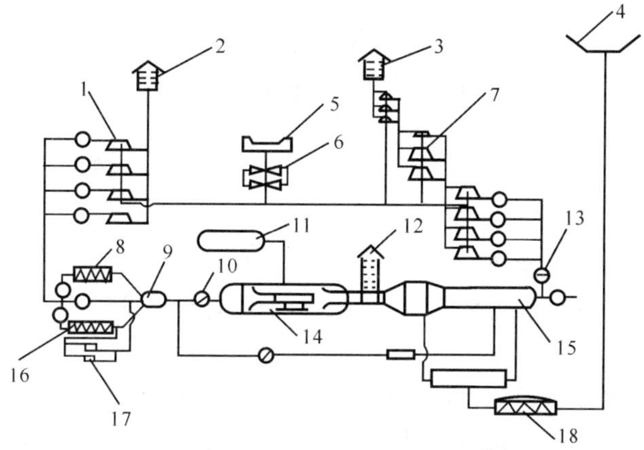

图 7-2 高空模拟台的基本组成及工作原理

1—供气气源;2—压气机进气过滤、降噪设备;3—压气机和抽气机排气降噪设备;4—供水池;5—变电站及供电设备;6—变频启动设备;7—抽气设备;8—空气加温装置;9—混合器;10—进气调压系统;11—燃油供应系统;12—发动机高温排气降噪设备;13—排气调压系统;14—高空试验舱;15—排气冷却设备;16—空气降温设备;17—膨胀涡轮;18—循环冷却水系统

飞行试验台是将被试验的发动机置于多发飞机上进行实际飞行的一种飞行试验室,被试验的发动机既经受试验,又作为飞机的动力。

很明显,发动机特性的试验方法尽管真实可靠,但代价昂贵。因此,当用试验的方法取得发动机各部件的特性数据之后,就可以通过理论计算的方法来估算发动机特性,这种方法通常是以部件试验数据作为计算的依据。航空燃气涡轮发动机特性的理论计算方法基本上分为通用计算方法和近似计算方法。

7.3 发动机特性的通用计算方法

发动机在设计点的性能可以直接了当地通过热力计算获得,因为此时发动机的主要工作过程参数如风扇/压气机的增压比、涡轮前温度、涵道比等是选取的,为已知数;各部件的效率和总压恢复系数等也是根据部件的参数和当前技术水平选定的。然而非设计点的性能计算却大不相同了,当发动机工作条件偏离设计点值时,发动机的工作过程参数要发生变化,部件的效率和总压恢复系数等也要变化，必须先确定出这些参数而后进行热力计算才能得出发动机推力和耗油率等性能参数。这些参数的变化决定于发动机各部件的相互约束程度，即各部件的共同工作，因此部件的共同工作是特性计算的基础。特性计算的任务首先是确定部件的共同工作点，也就是解出满足流量平衡和功率平衡等约束关系的部件在其自身特性图上的工作点。共同工作点的确定和发动机特性的计算通常都利用计算机进行，有时把寻找共同工作点的方法称为“平衡技术”。

下面以低涵道比混合排气涡扇发动机为例来说明平衡技术方法，发动机截面符号如图5-2所示。无论何种类型的燃气涡轮发动机，其平衡技术的实质都是一样的。

一、已知条件

计算发动机特性的已知条件如下：

(1)发动机设计点的有关参数；

(2)各部件如风扇/压气机、燃烧室和涡轮、加力燃烧室等发动机部件的特性曲线(列表函数)或经验公式；

(3)给定油门杆位置、飞行马赫数、飞行高度和大气条件；

(4)选取的发动机调节规律，例如，选取发动机几何形状不变，主燃烧室供油量控制低压转子转速不变的调节规律，即

$$W_f \to n_1 = \text{const}, \quad A_8 = \text{const}$$

加力时的发动机调节规律，例如选取为

$$W_f \to n_1 = \text{const}$$

$$W_{f,ab} \to T_{t,ab} = \text{const}$$

$$A_{8,ab} \to \pi_{TL} = \text{const}$$

(5) 风扇 / 压气机可调静子叶片的角度，一般为

$$\varphi_1 = \varphi_1(\bar{n}_{1cor})$$

$$\varphi_2 = \varphi_2(\bar{n}_{2cor})$$

二、主要计算步骤

基本思路是从0—0截面至尾喷管出口截面进行热力计算，遇到未知量时就假定一个初值，最后根据平衡技术求解其精确值。对于低涵道比混合排气涡扇发动机来说，假定的未知量一般为6个：风扇(或低压压气机)的增压比π_{CL}、高压涡轮前总温T_{t4}、高压压气机的增压比π_{CH}、高压压气机相对换算转速$\bar{n}_{2cor}$、高压涡轮进口换算流量W_{4cor}、低压涡轮进口换算流量$W_{4.5cor}$。主要的计算步骤如下：

(1) 根据飞行条件、大气条件计算0—0截面的总压和总温等参数。

(2) 进气道出口参数：

总温　$T_{t2} = T_{t0}$

总压　$p_{t2} = \sigma_i p_{t0}$

其中，σ_i 为进气道总压恢复系数，可以根据给定的列表函数插值求得或由下式近似地估算：

当飞行马赫数　$Ma_0 \leqslant 1.0$ 时　$\sigma_i = \sigma_{i,max} = 0.97$

$Ma_0 > 1.0$ 时　$\sigma_i = \sigma_{i,max}[1 - 0.075(Ma_0 - 1)^{1.35}]$

如果要精确地确定 σ_i，则须在已知进气道特性曲线的前提下，由进气道与发动机的共同工作确定。

(3) 风扇(或低压压气机)出口总压和总温等参数的计算。根据叶轮机原理，风扇(或低压压气机)的特性可表示成增压比 π_{CL} 和效率 η_{CL} 与相对换算转速 $\bar{n}_{1cor}$、风扇进口相对换流量 $\overline{W}_{2cor}$ 和可调静子叶片角度 φ_1 的函数关系，即

$$\pi_{CL} = f(\overline{W}_{1cor}, \bar{n}_{1cor}, \varphi_1)$$

$$\eta_{CL} = f(\overline{W}_{1cor}, \bar{n}_{1cor}, \varphi_1)$$

在给定的角度 φ_1 情况下，典型的风扇特性如图 7-3 所示。由于选定的调节规律为 $n_1 = \mathrm{const}$，再由给定的飞行条件和大气条件不难计算出相对换算转速 $\bar{n}_{1cor}$。由 $\bar{n}_{1cor}$ 的值可确定 φ_1 的值，另外，π_{CL} 的初值是假定的。这样知道了 $\bar{n}_{1cor}$，π_{CL} 和 φ_1 的值，即可根据风扇特性(列表函数)插值求得风扇进口相对换算流量，进而再一次插值求得风扇效率。然后计算出压气机出口总压、总温、进口空气质量流量和风扇消耗的功率等。采用定比热容方法则较容易计算，如果采用变比热容，则计算方法如下。

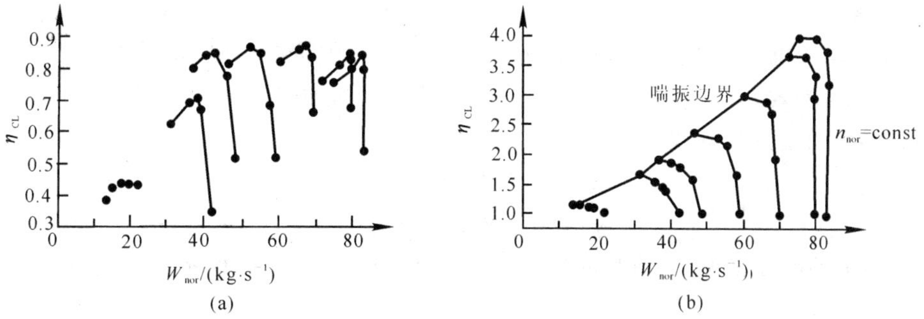

图 7-3　典型的风扇压气机特性曲线

1) 风扇出口总压

$$p_{t22} = \pi_{CL} p_{t2}$$

2) 等熵压缩过程时风扇出口的总温、总焓分别为

总温
$$\int_{T_{t2}}^{T_{t22i}} C_p \frac{dT}{T} = R\ln\frac{p_{t22}}{p_{t2}}$$

式中的未知数是等熵压缩过程时风扇出口总温 $T_{t22,i}$，它是积分的上限，故必须进行迭代计算来获得实际压缩过程风扇出口总焓、总温。

总焓 $$h_{t22,i} = h_{t2} + \int_{T_{t2}}^{T_{t22,i}} C_p \mathrm{d}T$$

根据风扇效率的定义，它是等熵压缩功（等熵过程焓差）与实际压缩功（实际焓差）之比，即

$$\eta_{KL} = \frac{h_{t22,i} - h_{t2}}{h_{t22} - h_{t2}}$$

由上式不难计算出实际过程风扇出口总焓 h_{t22}。

根据 h_{t22} 可计算实际过程风扇出口总温 T_{t22}，即

$$h_{t22} - h_{t2} = \int_{T_{t2}}^{T_{t22}} C_p \mathrm{d}T$$

式中只有一个未知数 T_{t22}，可以迭代求解。

3）计算风扇（或低压压气机）的功、进口空气质量流量和功率。

风扇功 $$L_{CL} = h_{t22} - h_{t2}$$

风扇进口换算流量 $$W_{2cor} = \overline{W}_{2cor} W_{2cor,d}$$

式中 $\overline{W}_{2cor}$——风扇进口相对换算流量；

$W_{2cor,d}$——设计点的风扇进口换算流量。

风扇进口空气质量流量 $$W_2 = W_{2cor}\sqrt{\frac{288.15}{T_{t2}}}\frac{p_{t2}}{1.0\ 133 \times 10^5}$$

风扇功率 $$N_{CL} = W_2(h_{t22} - h_{t2})$$

（4）高压压气机出口总温总压等参数的计算。与风扇的特性相似，高压压气机的特性可表示成增压比 π_{CH} 和效率 η_{CH} 与相对换算转速 $\bar{n}_{2cor}$、高压压气机进口相对换流量 $\overline{W}_{2.5cor}$ 和可调静子叶片角度 φ_2 的函数关系，即

$$\pi_{CH} = f(\overline{W}_{2.5cor}, \bar{n}_{2cor}, \varphi_2)$$

$$\eta_{CH} = f(\overline{W}_{2.5cor}, \bar{n}_{2cor}, \varphi_2)$$

在给定的角度 φ_2 情况下，典型的高压压气机特性图如图 7-4 所示。

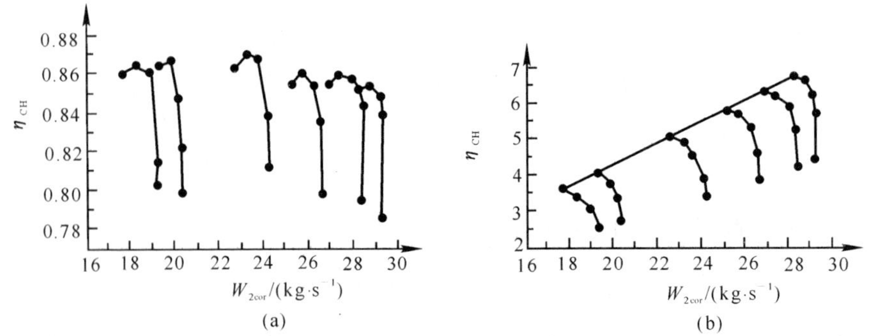

图 7-4 典型的高压压气机特性图

利用特性图计算高压压气机的有关参数的步骤如下：

1）试取相对换算转速和增压比的初值：$\bar{n}_{2cor}$，π_{CH}。

2）由 $\bar{n}_{2cor}$ 的值可确定 φ_2 的值。

3）根据由 $\bar{n}_{2cor}$，π_{CH}，φ_2 的值和高压压气机特性图插值确定进口相对换算流量 $\overline{W}_{2.5cor}$ 和效率 η_{CH}。

4）高压压气机进口的总温等于风扇出口的总温；高压压气机进口的总压近似地等于风扇出口的总压。如果风扇出口与高压压气机进口距离较大，可以用一个不变的总压恢复系数考虑两个总压的差别。

其余参数，如高压压气机出口的总压 p_{t3}、总温 T_{t3}、进口空气质量流量 W_3、功 L_{CH} 和功率等的计算方法与风扇的情况相似。

（5）燃烧室出口参数和油气比等参数的计算。

1）燃烧室进口的空气质量流量 W_{3a}。高压压气机进口的空气质量流量为 W_3，一般从其出口引一部分空气流量 $(\delta_1+\delta_2)W_3$ 去冷却涡轮，δ_1，δ_2 分别为冷却高压涡轮和低压涡轮的冷却空气系数，在特性计算时假定其值不变；另外还可能引一部分流量 βW_1 供飞机使用，所以燃烧室进口的空气质量流量为

$$W_{3a}=W_3(1-\delta_1-\delta_2-\beta)$$

2）试取燃烧室出口气流总温 T_{t4} 的初值。

3）确定燃烧室的燃烧效率 η_b。燃烧效率可以由燃烧室的特性曲线确定。该特性曲线一般表示为燃烧效率与燃烧室进口总压 p_{t3} 和温升 $T_{t4}-T_{t3}$ 的函数关系，如图 7－5(a) 所示。假定了燃烧室出口总温 T_{t4} 的初值，即可从燃烧室特性曲线上查得燃烧效率 η_b。

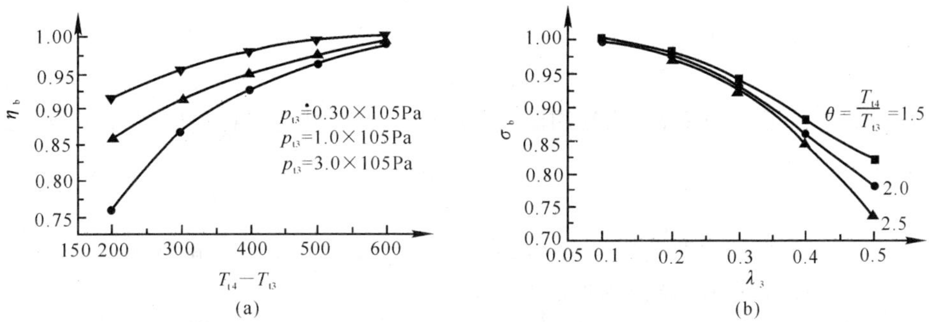

图 7－5　典型的燃烧室特性曲线

如果没有燃烧室特性曲线，可用下式计算燃烧效率：

当 $\alpha\leqslant 3.0$ 时　　$\eta_b=1-0.8\left(\dfrac{W_{3a}}{0.05T_{t3}p_{t3}^{1.25}}\right)^2\left[1+\left(1-\dfrac{3.0}{\alpha}\right)^2\right]^2$

当 $\alpha > 3.0$ 时 $\eta_b = 1 - 0.8\left(\dfrac{W_{3a}}{0.05T_{t3}p_{t3}^{1.25}}\right)^2\left[1+\left(1-\dfrac{\alpha}{3.0}\right)^2\right]^2$

式中 $\alpha = \dfrac{1}{fL_0}$—— 余气系数；

f—— 油气比；

L_0——1 kg 燃油完全燃烧所需要的理论空气量。

4) 燃烧室油气比 f。根据燃烧室的能量平衡关系，可以写出油气比 f 的公式为

$$f \equiv \frac{W_f}{W_{3a}} = \frac{h_{t4} - h_{t3}}{H_u\eta_b - h_{t4}}$$

式中 $h_{t4} = \int_0^{T_{t4}} C_{pg}\mathrm{d}T$—— 燃烧室出口燃气的总焓；

$C_{pg} = \dfrac{1}{1+f}(C_p + fC_{pF})$—— 燃气的定压比热容；

C_p—— 空气的定压比热容，是温度的函数；

C_{pF}—— 纯燃气的定压比热容，温度的函数；

h_{t3}—— 压气机出口空气的总焓，已知参数；

H_u—— 燃油的低热值，已知参数；

η_b—— 燃烧效率。

由此可知上式等号右边的 h_{t4}，η_b 也是油气比 f 的函数，所以必须经过迭代计算才能确定出燃烧室油气比 f 的值。

5) 燃烧室出口燃气质量流量为

$$W_4 = W_{3a} + W_f = W_{3a}(1+f)$$

6) 燃烧室出口总压为

$$p_{t4} = p_{t3}\sigma_b$$

式中，σ_b 为燃烧室总压恢复系数，可利用图 7-5(b) 所示的燃烧室特性曲线计算。若无特性曲线，则可由下式计算 σ_b：

$$\sigma_b = 1 - \mathrm{const}\cdot\lambda_3^2$$

式中，λ_3 为压气机出口的速度系数；const 为常数，可根据设计点的 σ_b 和 λ_3 值确定。

(6) 高压涡轮出口总压、总温等参数的计算。

1) 为了利用高压涡轮特性计算功、功率，先试选高压涡轮进口换算流量初值 $W_{4\mathrm{cor}}$；

2) 高压涡轮换算转速为

$$n_{\mathrm{TH,cor}} = \frac{n_2}{\sqrt{T_{t4}}}$$

3) 由 $n_{\mathrm{TH,cor}}$，$W_{4\mathrm{cor}}$ 的值从高压涡轮特性插值确定涡轮效率 η_{TH} 和涡轮功与 T_{t4} 的比值 L_{TH}/T_{t4}。

涡轮特性一般表示为 L_{TH}/T_{t4}，η_{TH} 与 $n_{TH,cor}$，W_{4cor} 的函数关系，即

$$\frac{L_{TH}}{T_{t4}}=f(n_{TH,cor},W_{4cor})$$

$$\eta_{TH}=f(n_{TH,cor},W_{4cor})$$

典型的涡轮特性曲线如图 7－6 所示。

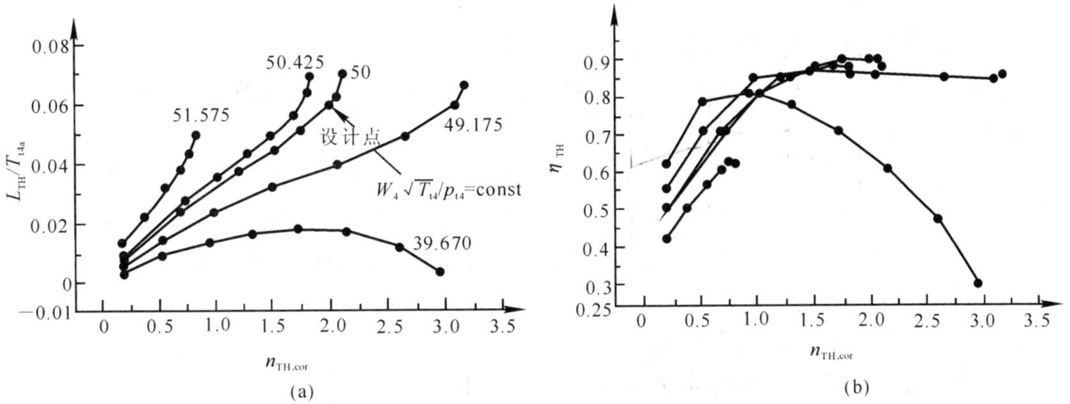

图 7－6　典型的涡轮特性曲线

4）高压涡轮出口总焓 h_{t45}、总温 T_{t45}。由 $L_{TH}=h_{t4}-h_{t45}$ 计算 h_{t45}；由总焓 h_{t45} 可迭代计算出总温 T_{t45}。

5）等熵膨胀时高压涡轮出口总焓 $h_{t45,i}$、总温 $T_{t45,i}$。由涡轮效率等于实际焓差与理想焓差之比

$$\eta_{TH}=\frac{h_{t4}-h_{t45}}{h_{t4}-h_{t45,i}}$$

可计算出 $h_{t45,i}$，进而计算出理想出口总温 $T_{t45,i}$。

6）高压涡轮出口总压 p_{t45}。根据等熵膨胀过程的温度变化与压力变化的关系，有

$$\int_{T_{t4}}^{T_{t45,i}}C_{pg}\frac{\mathrm{d}T}{T}=R_g\ln\left(\frac{p_{t45}}{p_{t4}}\right)$$

式中只有一个未知数 p_{t45}，所以迭代计算可求得 p_{t45}。

7）高压涡轮的功率 N_{TH} 为

$$N_{TH}=W_4L_{TH}$$

（7）低压涡轮出口总压总温等参数的计算。

1）试取低压涡轮进口换算流量的初值 W_{5cor}。

2）低压涡轮换算转速 $n_{TL,cor}$ 为

$$n_{TL,cor}=n_1/\sqrt{T_{t45}}$$

3）由 W_{5cor}，n_{TLcor} 根据低压涡轮特性插值确定效率 η_{TL} 和功参数 L_{TL}/T_{t45}。

4）其余参数，如低压涡轮出口总压 p_{t5}、总温 T_{t5}、功率 N_{TL} 等，算法与高压涡轮类似。

（8）外涵道参数计算。

1）外涵道的空气质量流量等于风扇的质量流量减去高压压气机进口的质量流量，即

$$W_{aⅡ}=W_2-W_3$$

2）外涵道进口的总压、总温分别等于风扇出口的总压（p_{t22}）、总温（T_{t22}）。

3）外涵道出口总压 $p_{t5Ⅱ}$、静压 $p_{5Ⅱ}$、总温 $T_{t5Ⅱ}$、流量 $W_{5Ⅱ}$ 和速度系数 $\lambda_{5Ⅱ}$ 的计算。

总压
$$p_{t5Ⅱ}=\sigma_Ⅱ p_{t22}$$

式中，$\sigma_Ⅱ$ 为外涵道的总压恢复系数，可认为是常数；静压 $p_{5Ⅱ}$ 和速度系数 $\lambda_{5Ⅰ}$ 可根据外涵道的流量、出口的总温、总压和通道面积 $A_{5Ⅱ}$ 计算；总温 $T_{t5Ⅱ}=T_{t22}$；质量流量 $W_{5Ⅱ}=W_{aⅡ}$。

（9）混合室的参数计算。实际的混合室结构形式和混合室中的气流混合流动计算是很复杂的。为了简化计算通常作如下假设：

1）混合室是圆筒形等截面的（见图 5－7）；

2）两股气流进入混合室时，流动方向平行、静压相等；

3）在出口（6 截面）气流完全混合均匀；

4）不考虑混合过程的散热损失和气流与壁面的摩擦损失。

混合室参数计算的任务是，根据给定的混合室几何参数，在已知进口两股气流参数的情况下计算出口气流的总压、总温等参数。计算的大致步骤和主要的公式如下：

1）混合室内涵进口的参数。混合室内涵进口的总温、总压、质量流量分别等于低压涡轮出口总温和气流质量流量，即 T_{t5}，p_{t5}，W_5。

油气比
$$f_5=\frac{W_f}{(1-\beta)W_3}$$

静压 p_5 和速度系数 λ_5：根据质量流量 W_5、总压 p_{t5}、总温 T_{t5}、截面面积 A_5 可计算出 p_5 和 λ_5。

2）混合室外涵进口的参数。即外涵道出口参数，前面已经求出即 $W_{5Ⅱ}$，$p_{t5Ⅱ}$，$T_{t5Ⅱ}$，$p_{5Ⅱ}$ 和 $\lambda_{5Ⅱ}$。

3）混合室出口参数的计算。混合室出口的气流质量流量为

$$W_6=W_5+W_{5Ⅱ}$$

油气比
$$f_6=\frac{W_f}{W_1-\beta W_3}$$

混合室出口总焓 h_{t6}、总温 T_{t6}。由混合室进、出口能量平衡方程计算 h_{t6}，即

$$W_5h_{t5}+W_{5Ⅱ}h_{t5Ⅱ}=W_6h_{t6}$$

根据总焓 h_{t6} 再计算出总温 T_{t6}。

混合室出口总压 p_{t6}，根据如下流量方程和动量方程联立求解：

流量方程

$$K_5 A_5 \frac{p_{t5}}{\sqrt{T_{t5}}} q(\lambda_5) + K_{5\mathrm{II}} A_{5\mathrm{II}} \frac{p_{5\mathrm{II}}}{\sqrt{T_{t5\mathrm{II}}}} q(\lambda_{5\mathrm{II}}) = K_6 A_6 \frac{p_{t6}}{\sqrt{T_{t6}}} q(\lambda_6)$$

动量方程

$$W_5 c_5 + W_{5\mathrm{II}} c_{5\mathrm{II}} + p_5 A_5 + p_{5\mathrm{II}} A_{5\mathrm{II}} = W_6 c_6 + p_6 A_6$$

由气体动力学基础，气流的冲量 $Wc + pA$ 与气动函数 $f(\lambda)$ 之间有如下关系：

$$Wc + pA = p_t A f(\lambda)$$

将此关系代入动量方程，最后可得

$$p_{t5} A_5 f(\lambda_5) + p_{t5\mathrm{II}} A_{5\mathrm{II}} f(\lambda_{5\text{-}\mathrm{II}}) = p_{t6} A_6 f(\lambda_6)$$

以上两个方程中，未知数是 p_{t6}，λ_6，所以联立可以求解。

(10) 加力燃烧室参数计算。带有加力燃烧室的发动机，可以在加力状态下工作，也可以在非加力状态下工作。即使在加力状态，因为对加力燃烧室所选的调节规律为

$$W_{f,ab} \rightarrow T_{ab} = \text{const}$$

$$A_{8,ab} \rightarrow \pi_{TL} = \text{const}$$

所以低压涡轮的膨胀比 π_{TL} 不变，打开加力并不影响发动机高压和低压转子的共同工作。因此，可先以不加力的情况确定发动机的共同工作点。在此基础上，如果要考虑加力时的发动机性能，只要进行加力燃烧室参数计算就可以了。

加力燃烧室参数计算时的已知参数是其进口，即混合室出口的参数 p_{t6}，T_{t6}，W_6，f_6，h_{t6} 等，需要计算加力燃烧室出口的总压 p_{t7}、油气比 f_{ab} 等参数。计算的大致步骤如下：

1) 根据给定的加力温度 T_{t7} 计算加力燃烧室供油量 $W_{f,ab}$ 和油气比。根据加力燃烧室进、出口的能量平衡，可写出

$$W_5 h_{t6} + W_{f,ab} \eta_{ab} H_u = (W_6 + W_{f,ab}) h_{t7}$$

所以

$$W_{f,ab} = \frac{W_6 h_{t7} - W_6 h_{t6}}{H_u \eta_{ab} - h_{t7}}$$

式中，η_{ab} 为加力燃烧室燃烧效率，可以根据加力燃烧室特性曲线确定。该特性的一般形式为

$$\eta_{ab} = f(\alpha_7, p_{t6}, T_{t6})$$

如果没有特性曲线，可根据下式近似估算：

$$\eta_{ab} = \left[0.067 + 1.272\left(\frac{B_d}{B}\right)^{0.082} \alpha_7 - 0.451\left(\frac{B_d}{B}\right)^{0.164} \alpha_7^2\right]\left[1 - \frac{550}{(p_{t6} T_{t6})^{2.42}}\right]$$

式中　B，B_d—— 涵道比和设计点的涵道比；

α_7—— 加力燃烧室出口的余气系数，$\alpha_7 = \dfrac{1}{f_7 L_0}$；

f_7—— 加力燃烧室出口的油气比(发动机油气比)。

发动机油气比 f_7 是加力燃烧室出口截面总的燃油量与空气质量流量之比，即

$$f_7 = \frac{W_f + W_{f,ab}}{W_2 - \beta W_3}$$

由以上关系式可迭代计算出 $W_{f,ab}$ 和发动机总油气比 f_7 的值。

加力油气比 f_{ab} 的定义是加力供油量 $W_{f,ab}$ 和加力燃烧室中空气质量流量之比，即

$$f_{ab} = \frac{W_{f,ab}}{W_2 - \beta W_3}$$

2）加力燃烧室出口总压

$$p_{t7} = \sigma_{ab} p_{t6}$$

式中，σ_{ab} 为加力燃烧室的总压恢复系数，根据加力燃烧室特性确定。该特性的一般形式为

$$\sigma_{ab} = f(\lambda_6, T_{t7}/T_{t6})$$

如果没有特性曲线，可根据下列公式估算：

$$\sigma_{ab} = \sigma_{ld}\sigma_{rz}$$

式中 σ_{ld}—— 加力燃烧室冷态总压恢复系数，$\sigma_{ld} = \sigma_{lz,d} - 0.1\,281(B - B_d)$；

$\sigma_{lz,d}$—— 设计点的加力燃烧室冷态总压恢复系数；

B_d—— 设计点的涵道比；

σ_{rz}—— 加热引起的总压恢复系数，$\sigma_{rz} = 1 + 0.043\,5(1 - \sqrt{T_{t7}/T_{t6}})$。

（11）尾喷管参数计算。

1）尾喷管喉道面积 A_8。喉道面积根据给定的调节规律确定，例如所选的调节规律为 $A_8 = \text{const}$。

如果尾喷管喉道面积可调，则一般 A_8 是油门杆角度 PLA（即发动机状态）和进气道进口总温 T_{t1} 的函数确定，即

$$A_8 = f(\text{PLA}, T_{t1})$$

2）尾喷管喉部的总压、总温可近似地认为分别等于加力燃烧室出口的总压、总温，即

$$p_{t8} = p_{t7}, \quad T_{t8} = T_{t7}$$

3）通过尾喷管喉道的燃气质量流量为

$$W_8 = KA_8 \frac{p_{t8}}{\sqrt{T_{t8}}} q(\lambda_8)$$

式中，K 为流量方程中的常数，与油气比和温度有关；$q(\lambda_8)$ 为喉部截面的气动函数，一般为 1.0。

由以上的计算可知，为了能顺利地进行热力计算，对于混合排气涡扇发动机总共试选了 6 个参数的初值。这 6 个参数是：风扇（低压压气机）的增压比 π_{CL}、高压压气机的增压比 π_{CH}、相对换算转速 $\bar{n}_{2cor}$、燃烧室出口总温 T_{t4}、高压涡轮进口换算流量 W_{4cor}、低压涡轮进口换算流量 $W_{4.5cor}$。

这 6 个参数的初值是否正确呢？根据发动机部件共同工作概念，双轴混合排气涡扇发动机必须满足如下 6 个共同工作条件：① 低压涡轮与风扇（低压压气机）流量平衡；② 低压涡轮功

与风扇（低压压气机）功率平衡；③ 高压涡轮与高压压气机流量平衡；④ 高压涡轮与高压压气机功率平衡；⑤ 混合室进口内、外涵气流静压相等；⑥ 加力燃烧室出口与尾喷管的流量平衡。根据这 6 个共同工作条件可以检验 6 个初值的正确性。为此采用如下 6 个偏差函数：

（1）低压涡轮／风扇流量平衡的偏差函数 E_1。根据风扇出口流入内涵的的空气质量流量 W_3、主燃烧室供油量 W_f 等参数可以计算出低压涡轮进口（导向器喉部截面）燃气换算质量流量 $W^*_{4.5cor}$ 为

$$W^*_{4.5cor} = [W_3(1-\beta+\delta_1)+W_f]\sqrt{T_{t4.5}}/p_{t4.5}$$

式中 β—— 飞机引气系数；

δ_1—— 高压涡轮冷却流量系数；

β_1，δ_1 分别等于其设计值。另外利用低压涡轮特性曲线计算涡轮出口参数时，试取了一个低压涡轮换算流量的初值 $W_{4.5cor}$。低压涡轮／风扇流量偏差函数定义为

$$E_1 = (W_{4.5cor} - W^*_{4.5cor})/W_{4.5cor} \tag{7-1}$$

（2）低压涡轮／风扇功率平衡偏差函数 E_2。其定义为

$$E_2 = (N_{TL} - N_{CL})/N_{CL} \tag{7-2}$$

（3）高压涡轮／高压压气机流量平衡偏差函数 E_3。计算的高压涡轮进口燃气换算质量流量 W^*_{4cor} 为

$$W^*_{4cor} = [W_3(1-\beta-\delta_2)+W_f]\sqrt{T_{t4}}/p_{t4}$$

另外，利用高压涡轮特性曲线计算其出口参数时，试取了一个换算质量流量的初值 W_{4cor}。则高压涡轮／高 压压气机流量偏差函数定义为

$$E_3 = (W_{4cor} - W^*_{4cor})/W_{4cor} \tag{7-3}$$

（4）高压涡轮／高压压气机功率平衡偏差函数 E_4 定义为

$$E_4 = (N_{TH} - N_{CH})/N_{CH} \tag{7-4}$$

（5）混合室进口静压平衡偏差函数 E_5 定义为

$$E_5 = (p_5 - p_{5\,II})/p_5 \tag{7-5}$$

（6）尾喷管气流质量流量偏差函数 E_6。根据给定的尾喷管最小截面面积 A_8，计算尾喷管的燃气质量流量 W_8 为

$$W_8 = A_8 p_{t8}\sigma_e K q(\lambda_8)\Big/\sqrt{T_{t8}}$$

式中 σ_e—— 尾喷管进口至最小截面的总压恢复系数，假定等于设计点值；

$q(\lambda_8)$—— 最小截面处的气动函数，一般当尾喷管处于临界或超临界状态时，$q(\lambda_8) = 1.0$；

K—— 流量公式中的常数。

另外，按照流量连续，流经尾喷管的气流质量流量应等于加力燃烧室出口的气流质量流量，把这个气流质量流量记为 W^*_8，其计算式为

$$W_8^* = W_2 - \beta W_3 + W_f + W_{f,ab}$$

偏差函数 E_6 的定义式为

$$E_6 = (W_8 - W_8^*)/W_8 \tag{7-6}$$

如果6个偏差函数同时为零，即 $E_1,\cdots,E_6$ 均为0，则意味着所选的6个变量初值是正确的。但一般说来，对于任意选取的初值，偏差函数不会恰好同时为零。显然，偏差函数是所选取的变量初值的函数。为书写方便以 $V_1,V_2,\cdots,V_6$ 分别代表选取初值的6个变量，则可写成

$$\left.\begin{aligned} E_1 &= f_1(V_1,V_2,\cdots,V_6) \\ E_2 &= f_2(V_1,V_2,\cdots,V_6) \\ &\vdots \\ E_6 &= f_6(V_1,V_2,\cdots,V_6) \end{aligned}\right\} \tag{7-7}$$

式(7-7)为非线性函数方程组。下面的任务是迭代求得变量 $V_1,V_2,\cdots,V_6$ 的新值，使新的 E_1，$E_2,\cdots,E_6$ 等于零或接近于零。为了便于理解求解过程，假定有单变量的非线性方程

$$E = f(V) \tag{7-8}$$

写成微分形式

$$\mathrm{d}E = \frac{\mathrm{d}f(V)}{\mathrm{d}V}\mathrm{d}V \tag{7-9}$$

为了迭代计算出 $E=0$ 时方程式(7-8)的值，开始先任意选定一个变量的初值 $V^{(0)}$，假定对应的函数值为 $E^{(0)}$，如图7-7所示。

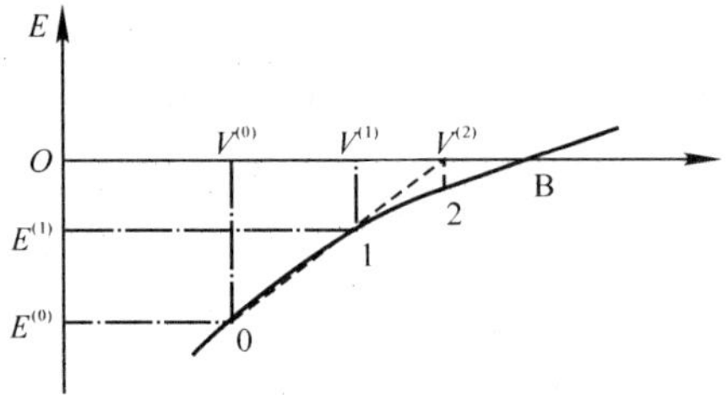

图7-7　单变量非线性方程的求解

如果B点的 $E_B=0$，为了求解出 V_B 值，可在 $V^{(0)}$ 附近再选一变量值 $V^{(1)}$，计算出相应的函数值 $E^{(1)}$。由方程

$$\frac{0 - E^{(1)}}{V^{(2)} - V^{(1)}} = \frac{E^{(1)} - E^{(0)}}{V^{(1)} - V^{(0)}} \tag{7-10}$$

求解出 $V^{(2)}$。由于函数是非线性的，故对应 $V^{(2)}$ 的偏差 $E^{(2)}$ 仍不等于零。再由(1)，(2)两点求解出 $V^{(3)}$，如此可逐渐逼近精确解 V_B。如果迭代计算到任意步 k，则式(7-10)可写为

$$-E^{(k)} = \frac{E^{(k)} - E^{(k-1)}}{V^{(k)} - V^{(k-1)}}(V^{(k+1)} - V^{(k)}) \tag{7-11}$$

与式(7－9)比较可以看出，式(7－11)是用有限差分 $0-E^{(k)}$ 代替微分 $\mathrm{d}E$；用 $V^{(k+1)}-V^{(k)}$ 代替 $\mathrm{d}V$；用 $(E^{(k)}-E^{(k-1)})/(V^{(k)}-V^{(k-1)})$ 代替导数 $\dfrac{\mathrm{d}f(V)}{\mathrm{d}V}$，进而迭代求解新的变量 $V^{(k+1)}$ 为

$$V^{(k+1)}=(V^{(k)}-E^{(k)})\frac{V^{(k)}-V^{(k-1)}}{E^{(k)}-E^{(k-1)}} \tag{7-12}$$

根据上述单变量非线性方程的迭代求解过程，不难推广到多变量非线性方程组的情况。发动机偏差方程式(7－7)写成一般形式为

$$E_i=f_i(V_1,V_2,\cdots,V_j) \qquad i=j=1,2,\cdots,n \tag{7-13}$$

对于单轴涡喷发动机，一般取 $n=3$；对于双轴涡喷或涡扇发动机通常选 $n=6$；对于三轴发动机则可取 $n=9$。

仿照单变量的情况，由式(7－13)可写出

$$\mathrm{d}E_i=\sum_{j=1}^{n}\frac{\partial f_i}{\partial V_j}\mathrm{d}V_j \qquad i=1,2,\cdots,n \tag{7-14}$$

写成差分形式为

$$\Delta E_i=\sum_{j=1}^{n}\frac{\Delta f_i}{\Delta V_j}\Delta V_j \qquad i=1,2,\cdots,n \tag{7-15}$$

与式(7－12)对比，可知式(7－15)是关于 ΔV_j 的线性代数方程组。求解该方程组可得 ΔV_j，这样就完成一次迭代。从选取变量的初值开始重复迭代过程，直到所有偏差的绝对值接近于零，即 $\Delta E_i\approx 0$，则迭代成功，获得发动机共同工作点，进而可以计算发动机的推力、耗油率等性能参数。

这种以发动机部件特性曲线为基础，通过迭代求解共同工作点的发动机特性计算方法可获得比较准确的结果，但必须具有比较准确的部件特性曲线，而且计算过程比较复杂。发动机特性的近似计算方法虽然精度差些，但不需要部件特性，方法简单，亦能获得特性变化的正确趋势。下面简单介绍航空燃气涡轮发动机特性的的近似计算方法。

7.4　发动机特性的近似计算方法

本节介绍双轴混合排气涡扇发动机特性的近似计算方法，该方法亦适合于双轴燃气涡轮发动机(涵道比等于零)。

一、基本假设

(1) 混合室进口的两股气流的静压相等：$p_5=p_{5\mathrm{II}}$，混合室出口的总压 p_{t6} 等于混合室进口两股气流总压的质量平均值再乘以混合室的总压恢复系数 σ_{m}，而 $\sigma_{\mathrm{m}}=\mathrm{const}$。

(2) 高压涡轮、低压涡轮的导向器和尾喷管最小截面均处于临界或超临界状态。

(3) 风扇、高压压气机和高、低压涡轮的多变压缩效率和多变膨胀效率不变，其定义如下

所述：

等熵过程有热力学关系

$$\left(\frac{T_2}{T_1}\right)=\left(\frac{p_2}{p_1}\right)^{\frac{k-1}{k}}$$

实际压缩过程的温度比要高于等熵压缩过程的温度比，其增加的程度用多变压缩效率 E_C 表示，即

$$\left(\frac{T_2}{T_1}\right)=\left(\frac{p_2}{p_1}\right)^{\frac{k-1}{E_C k}} \tag{7-16}$$

显然风扇或压气机的绝热效率 η_C 与多变压缩效率 E_C 有如下关系：

$$\eta_C=\frac{\pi_C^{\frac{k-1}{k}}-1}{\pi_C^{\frac{k-1}{E_C k}}-1} \tag{7-17}$$

涡轮是膨胀过程，用多变膨胀效率 E_T 考虑实际膨胀与等熵膨胀过程的差别，则有

$$\frac{T_2}{T_1}=\left(\frac{p_2}{p_1}\right)^{\frac{E_T(k-1)}{k}} \tag{7-18}$$

涡轮绝热效率 η_T 与多变膨胀效率 E_T 的关系是

$$\eta_T=\frac{1-1/\pi_T^{\frac{E_T(k_g-1)}{k_g}}}{1-1/\pi_T^{\frac{(k_g-1)}{k_g}}}$$

风扇(低压压气机)的多变压缩效率 E_{CL} 大致为 0.89；高压压气机的 E_{CH} 近似等于 0.90；高压涡轮和低压涡轮的多变膨胀效率大约是 $E_{TH}=E_{TL}=0.90$ 。

(4) 空气和燃气为完全气体，定压比热容等于常数不变。

空气　　$C_p=1.005\ \mathrm{kJ/(kg\cdot K)}$；$k=1.4$；

燃气　　$C_{pg}=1.244\ \mathrm{kJ/(kg\cdot K)}$；$k_g=1.3$；

气体常数　$R=287\ \mathrm{J/kg\cdot K}$。

(5) 高压压气机出口的引气系数 β 和涡轮冷却空气系数 δ_1，δ_2 不变；冷却空气与主流混合的温度比 τ_{m1}，τ_{m2} 不变；表示功率提取大小的功率提取参数 C_{T0} 不变。

(6) 进气道总压恢复系数用式(5-21)计算，其他部件的总压恢复系数不变，燃烧效率和机械效率不变。

(7) 尾喷管完全膨胀时，$p_9=p_0$。

(8) 加力时，尾喷管喉部面积适当放大，不影响加力燃烧室前面主发动机部件的工作。

(9) 主燃烧室油气比和加力燃烧室油气比(加力时)加 1，即 $1+f$ 和 $1+f_{ab}$ 假定为设计状态值不变。

二、计算时的已知条件

(1) 设计点的参数为已知，用带注角“d”的符号表示；一般设计点对应最大状态的油门杆

位置。

(2) 已知发动机的最大工作状态调节规律，用函数

$$T_{t4}=f(T_{t2})$$

表示，即高压涡轮进口温度是发动机进口温度的已知函数。

(3) 给定飞行条件(飞行马赫数和高度)。

(4) 采用标准大气条件，大气温度和大气压力随高度的变化按式(5－14)和式(5－15)计算。

三、计算方法

混合排气涡扇发动机低压涡轮的落压比和涵道比随飞行条件而变化，故计算特性时需要两层迭代，其计算步骤如下：

(1)0—0 截面的参数计算与第 5.4 节相同。

(2) 进气道出口总压、总温计算与第 5.4 节的计算方法相同。

(3) 选取风扇增压比的初值 π_{CL}(第一层迭代开始) 计算风扇出口总压和总温，即

$$p_{t22}=\pi_{CL}p_{t2}$$

$$T_{t22}=T_{t2}\pi_{CL}^{\frac{k-1}{kE_{CL}}}$$

(4) 根据高压转子功率平衡式(5－33)

$$\frac{T_{t4,b}}{T_{t4,a}}=1-\frac{C_p(T_{t3}-T_{t22})}{[(1-\beta-\delta_1-\delta_2)(1+f)+\delta_1]\eta_{mH}C_{pg}T_{t4a}}$$

计算高压压气机出口总温 T_{t3}。

式中　$\frac{T_{t4,b}}{T_{t4,a}}=\left(\frac{T_{t4,b}}{T_{t4,a}}\right)_d=\text{const}$；

$T_{t4,a}=\tau_{mI}T_{t4}$；

T_{t4}—— 涡轮进口总温，由调节规律决定；

$\beta,\delta_1,\delta_2,\tau_{mI},\eta_{mH}$—— 分别等于设计点值不变；

f—— 燃烧室油气比，等于设计点的值。

高压压气机出口总压为

$$p_{t3}=p_{t22}\left(\frac{T_{t3}}{T_{t22}}\right)^{\frac{E_{CH}k}{k-1}}$$

(5) 由式(5－30) 计算主燃烧室油气比 f。

(6) 燃烧室出口总压 $p_{t4}=\sigma_b p_{t3}$。

(7) 高压涡轮膨胀比等于设计点值不变，故高压涡轮出口的总压、总温分别为

$$p_{t4,b}=p_{t4}/(\pi_{TH})_d$$

$$T_{t4,b}=T_{t4,a}(T_{t4,b}/T_{t4,a})_d$$

(8) 假定涵道比的初值 B(内层迭代),由低压转子功率平衡式(式(5-37))

$$\frac{T_{t5}}{T_{t4,c}} = 1 - \frac{[C_p(T_{t22} - T_{t2}) + C_{T0}/\eta_{mp}](1+B)}{\eta_{mL} C_{pg} T_{t4,c}[(1-\beta-\delta_1-\delta_2)(1+f)+\delta_1+\delta_2]}$$

计算低压涡轮的温度比 $T_{t5}/T_{t4,c}$ 和总温 T_{t5}。

式中,$T_{t4} = \tau_{m2} T_{t4,b}$,$\tau_{m2}$ 等于设计点值不变。

(9) 低压涡轮膨胀比和出口总压分别为

$$\pi_{TL} = \left(\frac{T_{t4,c}}{T_{t5}}\right)^{\frac{k_g}{E_{TL}(k_g-1)}}$$

$$p_{t5} = p_{t4,b}/\pi_{TL}$$

(10) 通过高压涡轮导向器的燃气质量流量为

$$W_4 = W_{4d} \frac{p_{t4}}{p_{t4,d}} \sqrt{\frac{T_{t4,d}}{T_{t4}}}$$

(11) 高压压气机进口空气质量流量 W_3。由 $W_4 = W_{a4} + W_f = W_{a4}(1+f)$ 计算出 W_{a4},再由 $W_{a4} = (1-\beta-\delta_1-\delta_2)W_3$,计算出 W_3。

(12) 低压涡轮后的燃气流量 W_5 为

$$W_5 = (1-\beta)W_3 + W_f$$

(13) 根据低压涡轮后的参数 W_5,p_{t5},T_{t5} 和面积 A_5,计算混合室进口内涵气流的静压 p_5。

(14) 根据外涵道的空气质量流量 BW_3,风扇后的总压 p_{t22}、总温 T_{t22}、外涵道总压恢复系数以及截面 A_{5II} 计算混合室进口外涵气流的静压 p_{5II}。

(15) 比较第(13)和第(14)步计算的静压 p_5 和 p_{5II},若不相等,则从第(8)步开始重选涵道比,重复第(8)至第(15)步的计算过程,直到满足允差要求(内层迭代成功)。

(16) 通过尾喷管的气流质量流量(不加力)为

$$W_8 = (1+B-\beta)W_3 + W_f$$

(17) 由式(5-40) ~ 式(5-43) 计算混合室出口总压和总温 p_{t6},T_{t6}。

(18) 根据 p_{t6},T_{t6} 计算通过尾喷管的质量流量为

$$W_8 = W_{8d} \frac{p_{t6}}{p_{t6,d}} \sqrt{\frac{T_{t6,d}}{T_{6d}}}$$

(19) 比较第(16)和第(18)步的质量流量 W_8,如果不满足允差要求则重选 π_{CL},重复计算第(3) ~ 第(19)步,直到第一层迭代成功。

迭代成功之后,就可得到发动机的共同工作点,从而进一步计算发动机的性能参数。

7.5 燃气涡扇发动机速度特性与高度特性分析

由上一章的共同工作及调节规律分析可见,推力、单位推力和单位燃油消耗率随飞行速

度、高度的变化规律与发动机形式、设计工作过程参数、调节规律及使用限制均有直接关系。因此,每种具体发动机都有自己的特点。为了阐明一般规律性,下面引用一些假定条件。

设发动机在所有飞行速度和飞行高度范围内,调节规律均为$\begin{cases} T_{t4}=\text{const} \\ \alpha_{\Sigma}=\text{const} \end{cases}$,其他被调参数要能保证发动机获得最大可能推力。

在所给条件下,推力 F 和 sfc 与飞行马赫数和飞行高度 H 的关系对涡喷发动机、加力式涡喷发动机、涡扇发动机、加力式涡扇发动机来说在很多方面类似。此时有

$$F=W_{a}F_{s}$$

$$\text{sfc}=\frac{3\ 600q_{0}}{H_{u}(1+B)F_{s}}$$

$$F_{s}=c_{9}-c_{0}\quad (\text{尾喷管处于完全膨胀状态})$$

发动机类型的不同(涡喷或加力涡喷,涡扇或加力涡扇),反映在尾喷管排气速度 c_9 和单位推力 F_s 的绝对值上。速度 c_9 与尾喷管可用降压比 π_{CP} 和尾喷管前燃气温度有关。c_9 的较高值对应加力状态。

一、速度特性

发动机推力随飞行马赫数的变化规律取决于空气质量流量 W_a 和单位推力 F_s 随飞行马赫数的变化规律。外界条件的影响反映在当飞行高度一定时,随 Ma 的增大,发动机进口处空气的总压、总温大大提高。

随 Ma_0 增加,p_{t0} 的增高对热力循环产生有利影响,因为它使总增压比和热效率 η_t 提高。随着进气总压的增高,气流在发动机沿程流路所有截面上的总压都增大,尾喷管前总压也增大,尾喷管的可用降压比 π_{CP} 也提高。进气总温 T_{t0} 的升高对发动机热力循环产生不利影响。这是因为随着 T_{t0} 的升高,在压气机中空气压缩过程有效性降低,使高、低压压气机的增压比 π_{CL},π_{CH} 下降,$q(\lambda_2)$ 下降,换算空气质量流量减小;π_{CL},π_{CH} 的下降,使压缩过程总增压比的增长减缓,$q(\lambda_2)$ 的下降又降低了流过发动机的空气质量流量随 Ma_0 的增大而增大的速率。在给定的涡轮前总温和加力燃烧室出口温度 T_{t4},T_{tab} 下,发动机进口总温 T_{t2} 的增高,使 q,q_{Σ} 减小。此外,随着 Ma_0 的增大,π_{CL},π_{CH} 的降低使 π_{CP} 的增长速率比 π_0 的增长速率慢,因此,发动机尾喷管出口速度总是比飞行速度增大得缓慢些,这就导致了单位推力 F_s 随 Ma_0 增大是不断下降的。

接通加力时的发动机,由于尾喷管进口燃气总温较高,其排气速度和单位推力要大一些;而且加力式涡扇发动机的 $c_{9,ab}$ 和 $F_{s,ab}$ 比加力式涡喷发动机(在相同的工作过程参数下)的要低一些,具有高涵道比的涡扇发动机的排气速度和单位推力还要更低一些。这是因为随着涵道比 B 的增大,其尾喷管的可用膨胀比 π_{CP} 减小。

表7-1为一些典型的涡喷、涡扇发动机在地面台架条件下,最大状态和全加力状态下的单

位推力和单位燃油消耗率。其速度特性如图 7-8(a) 和 7-8(b) 所示。图 7-8(a) 为单位推力 F_s 绝对值随 Ma_0 的变化规律，图 7-8(b) 为 F_s 相对值随 Ma_0 的变化。

表 7-1　典型的涡喷、涡扇发动机地面台架性能

N	燃气涡轮发动机的类型	π_Σ	T_{t4}/K	B	$T_{t,ab}$/K	F_s/((N·s)/kg)	sfc/(kg/(N·h))
1	加力式涡喷发动机	20	1 500	0	2 000	1 300	0.17
2	涡喷发动机	20	1 500	0		900	0.09
3	加力式涡扇发动机	24	1 600	0.5	2 000	1 100	0.18
4	涡扇发动机	24	1 600	0.5		700	0.072
5	加力式涡扇发动机	28	1 600	2	2 000	980	0.21
6	涡扇发动机	28	1 600	2		500	0.056
7	涡扇发动机	28	1 600	6	1	300	0.035

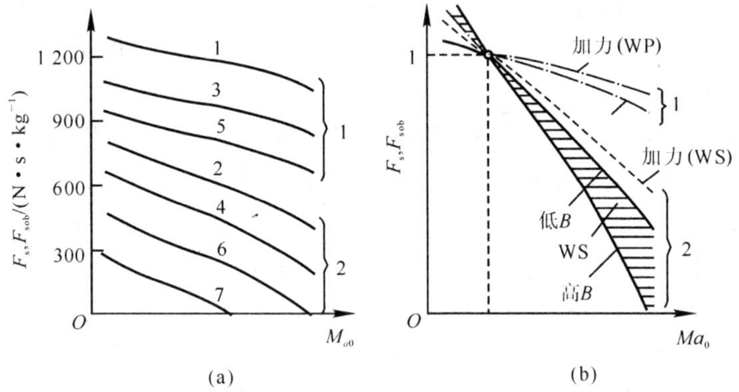

图 7-8　单位推力随着飞行马赫数的变化

由表 7-1 和图 7-8 可见，发动机在台架条件下尾喷管的排气速度愈小，其单位推力 F_s 也就愈低。发动机在地面台架下 B 愈大，c_9 愈小，F_s 愈低，且随 Ma_0 增加 F_s 下降得愈快。这是因为 B 的增大使 π_{CP} 减小，从而使 c_9 减小，F_s 降低。而发动机设计总增压比愈高，同样使 π_{CP} 和 c_9 减小，且随 Ma_0 的增加，F_s 也下降得愈剧烈。

发动机进口的空气质量流量首先与发动机进口处的总压 p_{t0} 有关。随着 Ma_0 增大，p_{t0} 的急剧增高是所有类型的涡喷发动机在飞行速度增大时空气质量流量增加的主要原因。但由于

$q(\lambda_2)$ 降低，T_{t0} 增加，因此 W_a 增加得比 p_{t0} 要缓慢一些。

对于涡扇发动机，设计的总增压比 π_{Cd} 和 B_d 对空气质量流量随 Ma_0 变化的规律是有影响的，因为

$$W_{a\Sigma} = W_{a\mathrm{I}}(1+B)$$

而

$$W_{a\mathrm{I}} = \mathrm{const}\cdot\frac{p_{t4}}{\sqrt{T_{t4}}} \tag{7-19}$$

故

$$W_{a\Sigma} = \mathrm{const}\cdot(1+B)\frac{p_{t4}}{\sqrt{T_{t4}}} \tag{7-20}$$

如果设 $T_{t4}\approx\mathrm{const}$，那么由公式(7－19)和(7－20)可以看出，流经内涵道的空气质量流量与压力 p_{t4} 成正比，总空气质量流量与涵道比 B 的变化紧密相关。

随 T_{t0} 的升高，π_C 降低，这使得 $W_{a\mathrm{I}}$ 增加得比发动机进口处的 p_0 要缓慢，因为

$$p_{t4} = \sigma_b p_{t3} = \sigma_b \pi_C \sigma_i p_{t0} \tag{7-21}$$

发动机的设计总增压比 $\pi_{C,d}$ 愈高，在 T_{t0} 增高时，π_C 降低得就愈剧烈，这在很大程度上降低了压力 p_{t4} 随 Ma_0 的增长速率，从而也减慢了 $W_{a\mathrm{I}}$ 和 $W_{a\Sigma}$ 的增长速率。由于随 Ma_0 增加，涵道比 B 增大，即流过外涵道的空气质量流量比流过内涵道的空气质量流量增加得要快。这使得涡扇发动机的总空气质量流量比涡喷发动机的总空气质量流量增加得更快些。设计涵道比 B 愈高，这使变化特点愈明显。

图 7－9 所示为涡喷／涡扇发动机设计增压比及涵道比对 W_a 随 Ma_0 变化关系的影响。发动机推力 F 是 F_s 和 W_a 的乘积。因此，在知道 F_s 和 W_a 随 Ma_0 变化规律后，就可以确定 F 随 Ma_0 的变化规律，如图 7－10 所示。

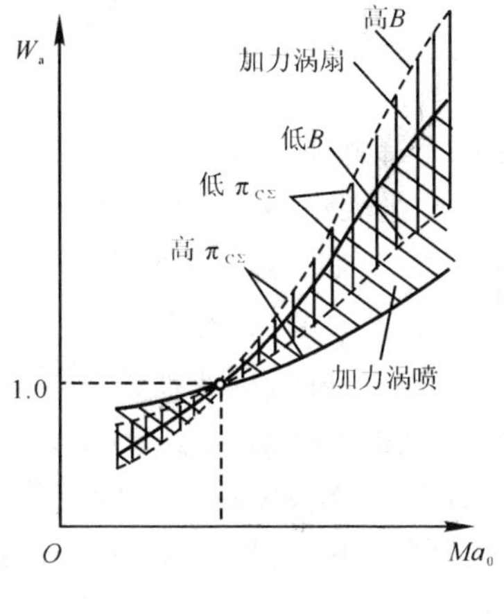

图 7－9　涡喷／涡扇发动机推力随 Ma_0 的变化关系

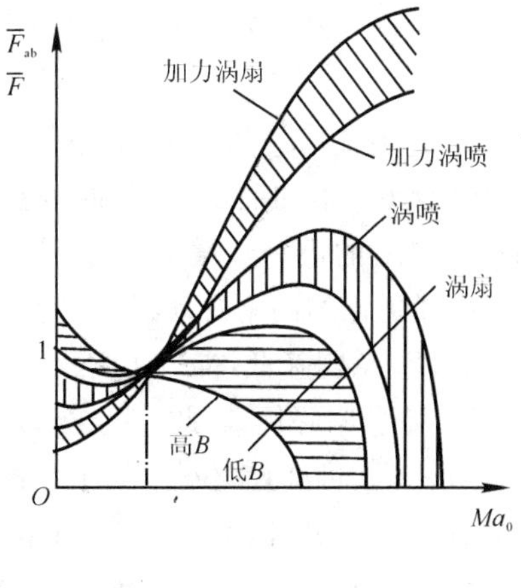

图 7－10　涡喷／涡扇发动机进口空气质量流量随 Ma_0 的变化关系

如图 7-10 所示，对于加力式涡喷发动机和小涵道比的加力式涡扇发动机，随着 Ma_0 的增加，发动机推力 F 急剧增大。若比较具有相同工作过程参数混合排气的加力式涡扇发动机和加力式涡喷发动机，则混合排气的加力式涡扇发动机推力增长要比加力式涡喷发动机增长得快一些，而且其设计涵道比 B_d 愈高，推力增长得愈急剧，如图 7-11 所示。这是因为随着 Ma_0 增加，提高 B_d 对 $W_{a\Sigma}$ 增大的影响要比对 F_s 的降低影响更加明显。

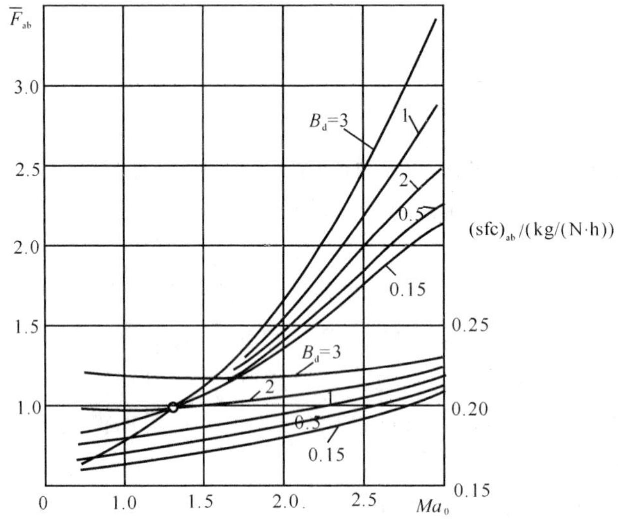

图 7-11　混合排气涡扇发动机加力的推力和加力耗油率随 Ma_0 的变化关系

不加力涡喷发动机和具有小涵道比的涡扇发动机，推力 F 随 Ma_0 的变化关系呈现三个特征段：

(1) 刚开始随 Ma_0 的增加，F 下降，此时 F_s 随 Ma_0 的下降起主导作用；

(2) F 随 Ma_0 增加而增大，此时，起主导作用的是空气质量流量 $W_{a\Sigma}$ 的增加；

(3) 随 Ma_0 的进一步增加，F 急剧下降，并在对应于 $F_s=0$ 的 Ma_0 值处，F 降到零。

具有高涵道比的涡扇发动机，尽管随 Ma_0 增加，$W_{a\Sigma}$ 有很大的增加(见图 7-9)，但由于随 Ma_0 的增加，F_s 急剧降低，推力 F 还是一直不断下降的。起初，F 下降得剧烈，然后较为平缓地降低，最后又开始急剧降低。因此，这类发动机随飞行速度增加，其推力降低问题必须加以考虑。

由式(7-17)可知，单位燃油消耗率 sfc 与 F_s，B 及 q 有关，但在 sfc 随 Ma_0 的变化中，F_s 的变化性质有决定意义，因为与 F_s 相比，q 和 $1+B$ 的变化量相当小。因此，随着 Ma_0 增加，F_s 急剧下降，sfc 急剧增大，但由于随着 Ma_0 的增加，q 减小和 B 的增大使 sfc 随 Ma_0 急剧增大的速率比 F_s 下降的速率低。当 F_s 趋向于零时，sfc 趋于无限大。

如图 7-12 所示为在高度 $H \geqslant 11$ km 条件下，sfc 绝对值和相对值随 Ma_0 的定性变化趋势。

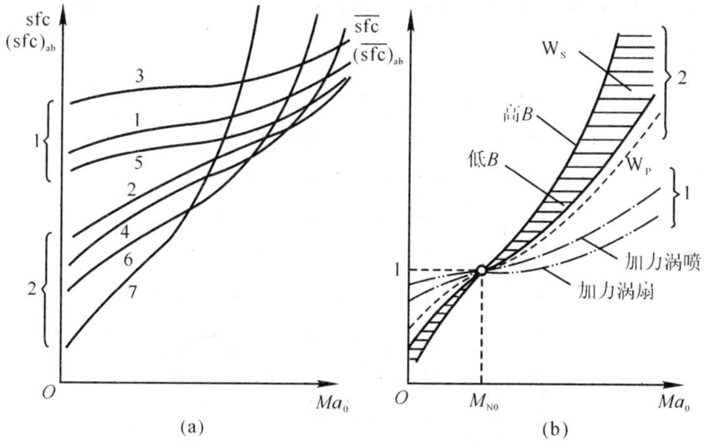

图 7-12 在 $H \geqslant 11$ km 下涡喷/涡扇发动机耗油率随 Ma_0 的变化关系

由图 7-12 可见，对于高涵道比的涡扇发动机，尽管在亚声速飞行速度下，这些发动机的 sfc 绝对值较小，但随着 Ma_0 的增加，sfc 却增大得非常剧烈。而当加力式涡喷发动机和加力式涡扇发动机在加力状态下工作时，其 sfc 随 Ma_0 增长得非常平缓。由图 7-11 给出的混合排气加力涡扇发动机设计涵道比对 sfc 绝对值随 Ma_0 变化规律可以看出，对于混合排气的加力式涡扇发动机，随着设计涵道比 B_d 的增大，sfc 显著增长，这是由于加力燃烧室中压力的下降和热量的利用程度变差的缘故。

随着 Ma_0 增大，sfc 的增加并不意味涡喷/涡扇发动机的经济性变差。由第 1 章已知道，发动机经济性是以总效率 η_0 来衡量的。它表示为

$$\eta_0 = \eta_t \eta_p$$

图 7-13 所示为 η_t，η_p，η_0 随着 Ma_0 的变化关系。可见随着 Ma_0 的增加，发动机的推进效率 η_p 始终是增大的。这是由于与飞行速度 c_0 相比，c_9 增长较慢，使 c_9/c_0 减小的缘故。随着 Ma_0 的增加，由于发动机总增压比(包括速度冲压)π_C 的提高，使热力循环中的热量利用程度得到改善，而使热效率 η_t 增加。但在大 Ma_0 下，当发动机加热量 q 逐渐变得很小时，发动机内部流动损失急剧增大，致使循环功下降；当全部输给气流的热量消耗在克服流体损失上时，发动机循环功为零，$F_s = 0$，$\eta_t = 0$，sfc $\rightarrow \infty$。

图 7-14 和图 7-15 分别表示，发动机设计工作过程参数 $\pi_{C,d}$ 和 $T_{t4,d}$ 对混合排气的加力涡扇发动机速度特性的影响。可见，$\pi_{C,d}$ 不仅影响 F_s，而且也影响 $W_{a\Sigma}$。

在小 Ma_0 下高 $\pi_{C,d}$ 值接近最佳值，故它对应大的单位推力 F_s，低的 sfc，但 F_s 随 Ma_0 增加而下降的速率更快些，致使更早地达到 $F_s = 0$ 的条件。

在宽广的飞行范围内，具有高 $\pi_{C,d}$ 的发动机的 sfc 值较低，这是因为涡喷发动机的最经济

增压比在非加力状态下显著大于其最佳增压比，故无论是低 Ma_0 还是高 Ma_0，π 的增大都会使 η_0 增高和 sfc 降低。

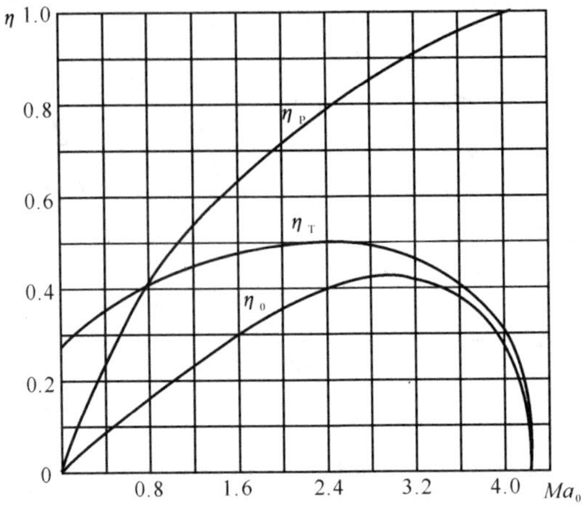

图 7－13　涡喷／涡扇发动机的 η_t，η_p，η_0 随 Ma_0 的变化关系

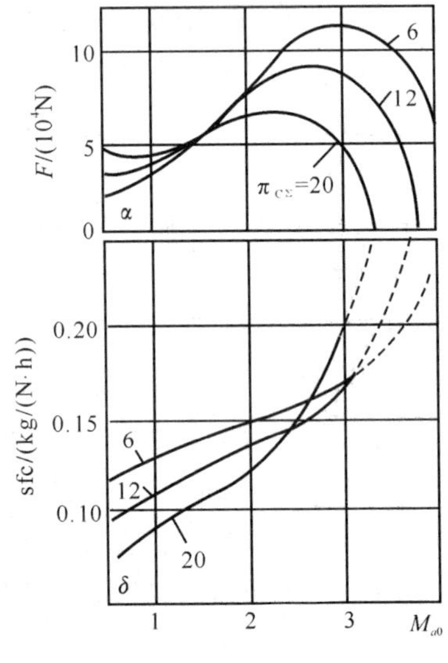

图 7－14　非加力状态下 $\pi_{C,d}$ 对混合排气涡扇发动机速度特性的影响

当设计增压比 $\pi_{C,d}$ 不变而使设计的涡轮前总温 $T_{t4,d}$ 增高时，虽然这不影响 W_a 与 Ma_0 的变化关系，但可使 F_s 在 Ma_0 所有范围内都增大，F 提高。随着 $T_{t4,d}$ 的升高，c_9 增大使 η_p 降低，η_0 降低，这使 sfc 在所有 Ma_0 范围内都增大。由图 7－15 可以很明显看出，在高 Ma_0 下过渡到高 $T_{t4,d}$ 值比在低 Ma_0 下更为有利，因为这时推力有较大的增加，而 sfc 的增加相当小。

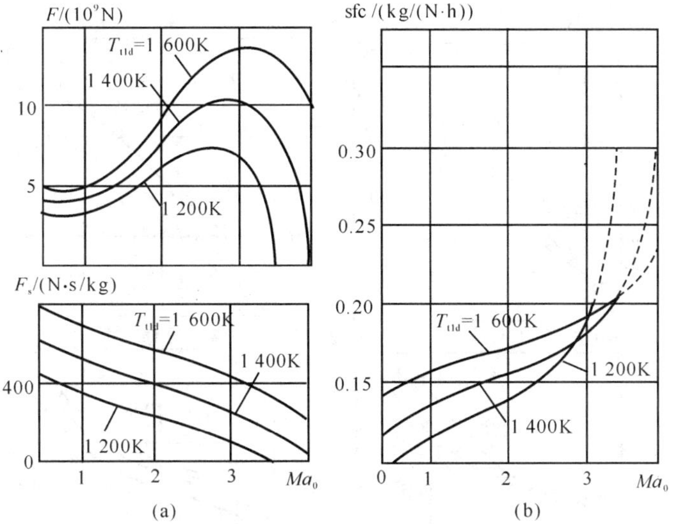

图 7-15　非加力状态下 $T_{t4,d}$ 对混合排气涡扇发动机速度特性的影响

图 7-16 所示为 $\pi_{C,d}$，$T_{t4,d}$ 对混合排气加力式涡扇发动机，在 $T_{t,ab}=\text{const}$ 时的全加力状态的速度特性的影响。可见，π_{Cd} 的增大在超声速下使推力 F_{ab} 降低，这主要是随 π_{Cd} 的提高，高 Ma_0 下空气质量流量 W_a 减小的缘故。随着 $T_{t4,d}$ 的增高，涡轮落压比 $\pi_{T,d}$ 减小，使加力燃烧室中的压力升高，因而改善了加力燃烧室热量利用程度，使发动机的速度特性得到明显改善。

图 7-17 所示为加力燃烧室出口温度 $T_{t,ab}$ 对涡扇发动机速度特性的影响。$T_{t,ab}$ 对涡喷发动机速度特性的影响定性地与图 7-17 相类似。这里假定 $T_{t,ab}$ 的变化并不影响主发动机工作状态，因此，在发动机最大工作状态和所有加力状态下，W_a，π_C，T_{t4} 随 Ma_0 的变化关系是相同的。当加力燃烧室接通时，温度 $T_{t,ab}$ 的增高，使 c_9 及 F_s 增加，因而增大发动机推力 F，随之带来了$(\text{sfc})_{ab}$ 也同时增大。这是由于随着 $T_{t,ab}$ 的增加，加给加力燃烧室的热量增大，而热量利用程度很差所致。从该图上还可以看出，随着 Ma_0 的增大，$(\text{sfc})_{ab}$ 的增加量却愈来愈小，这是因为 Ma_0 增大时加力燃烧室热量利用程度改善的结果。

以上给出了涡喷/涡扇发动机及其在加力状态下速度特性的一般变化规律，调节规律不同，发动机特性变化规律也会随之改变。以下进一步详细给出具体的混合排气和分别排气涡扇发动机的速度/高度特性结果及其变化规律分析。

混合排气涡扇发动机设计点主要参数如下：

$$Ma_0=0,\quad H=0,\quad T_0=288.15\ \text{K},\quad p_0=1.01\,325\times 10^5\ \text{Pa}$$

$$\pi_{CL}=4.5,\quad \pi_{CH}=6.67,\quad T_{t4}=185\,0\ \text{K},\quad B=0.44$$

加力时的 $T_{t,ab}=2\,200\ \text{K}$。

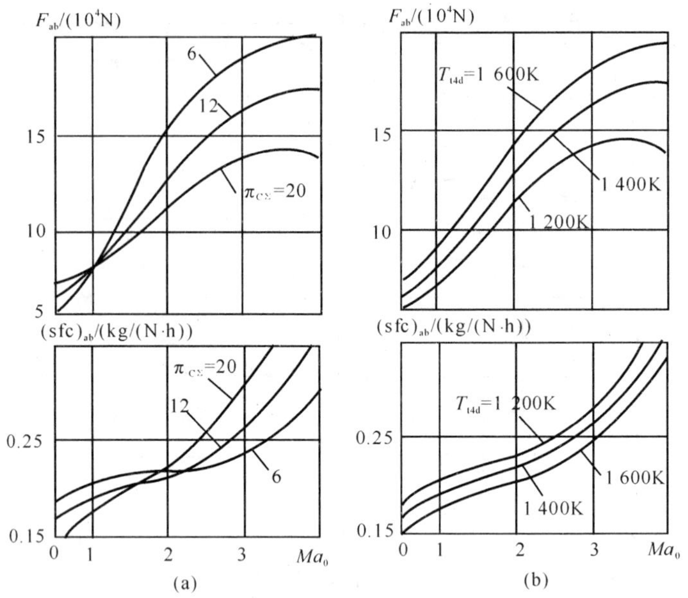

图 7-16　$\pi_{C,d}$，$T_{t4,d}$ 对混合排气涡扇发动机加力状态下速度特性的影响

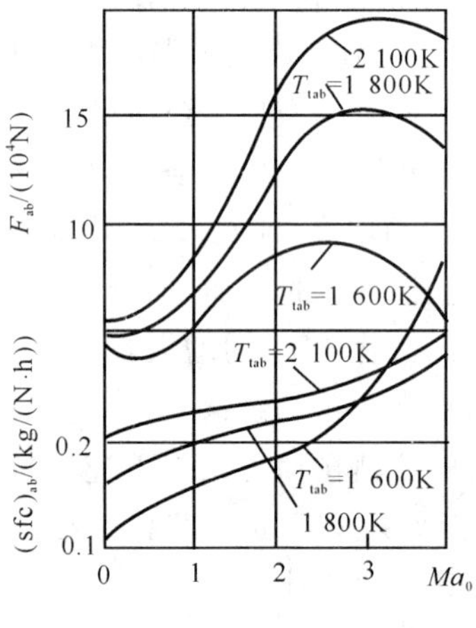

图 7-17　加力温度 $T_{t,ab}$ 对涡扇发动机速度特性的影响

发动机的调节规律为 $T_{t4}=f(T_{t2})$，如图 7-18 所示。由图可以看出，T_{t4} 随 T_{t2} 的变化可分为三个区域，对应着发动机使用过程中三个方面的限制。

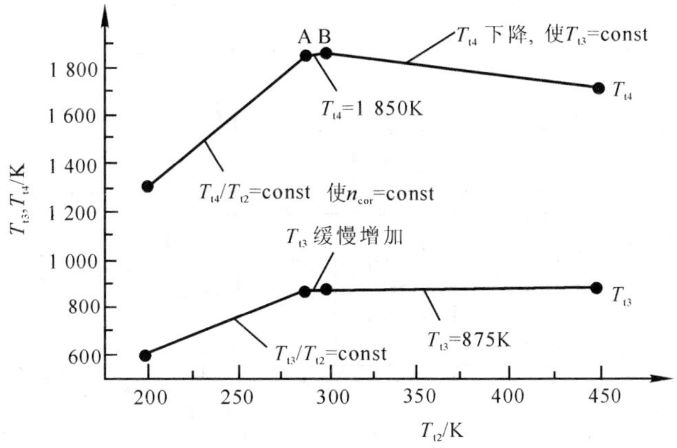

图 7－18　混合排气涡扇发动机调节规律

(1) $T_{t2} < T_{t2,d}$ 区域：$T_{t2,d}$ 下的风扇进口总温，一般为标准大气温度 288.15 K。在此区域内通常不允许风扇的换算转速 $n_1/\sqrt{T_{t2}}$ 和压气机的换算转速 $n_2/\sqrt{T_{t2.5}}$ 超过其设计点的值，否则风扇和压气机的效率急剧下降，同时还可能引起风扇和压气机的颤振。在此区域内选用调节规律 $T_{t4}/T_{t2}=\text{const}$，而根据发动机部件共同工作的知识可知，发动机的共同工作点不变，因而 $n_1/\sqrt{T_{t2}}$，$n_2/\sqrt{T_{t2.5}}$，T_{t4}/T_{t2} 以及其他所有参数不变。

(2) A—B 区域：当 T_{t2} 增加到图 7－18 中的 A 点时，T_{t4} 已达到其最大限制温度 $T_{t4,max}$。$T_{t4,max}$ 的大小与涡轮叶片材料、冷却空气质量流量的大小和效果以及预期的涡轮叶片寿命有关，当前技术条件下大约为 1 850 K。在 A—B 区域内，调节规律选为 $T_{t4}=T_{t4,max}=\text{const}$，故随着飞行马赫数增加，发动机进口总温 T_{t2} 增加，T_{t4}/T_{t2} 减小，使 $n_1/\sqrt{T_{t2}}$ 和 $n_2/\sqrt{T_{t2.5}}$ 下降，共同工作点沿共同工作线向下移动，因而压气机出口总温 T_{t3} 的增加速度减慢。

(3) 当 T_{t2} 增加到图 7－18 中的 B 点时，压气机出口温度 T_{t3} 达到其最大限制值 $T_{t3,max}$。该值大小与压气机出口处的轮盘和叶片的材料有关，钛基合金大约为 875 K，镍基合金大约为 975 K。所以在 T_{t2} 超过 B 点之后，应使 T_{t4} 温度下降以保持 $T_{t3}=T_{t3,max}=\text{const}$。

开加力时主发动机保持上述调节规律不变。

加力调节规律为：加力温度保持常数不变，$W_{f,ab} \rightarrow T_{t,ab}=T_{t,ab,max}=\text{const}$；低压涡轮落压比保持常数，$A_8 \rightarrow \pi_{TL}=\text{const}$。

现代远程大型民航飞机和运输机等一般都采用高涵道比（$B=4\sim8$）分别排气不加力的涡扇发动机，以获得巡航状态下较低的耗油率。通常的方案如图 7－19 所示，风扇及其后面的中压压气机在同一个轴上，由低压涡轮驱动形成低压转子。中压压气机后面的高压压气机由高压涡轮驱动形成高压转子。风扇、中压压气机和高压压气机组成的压缩系统总增压比可达 40 左右。

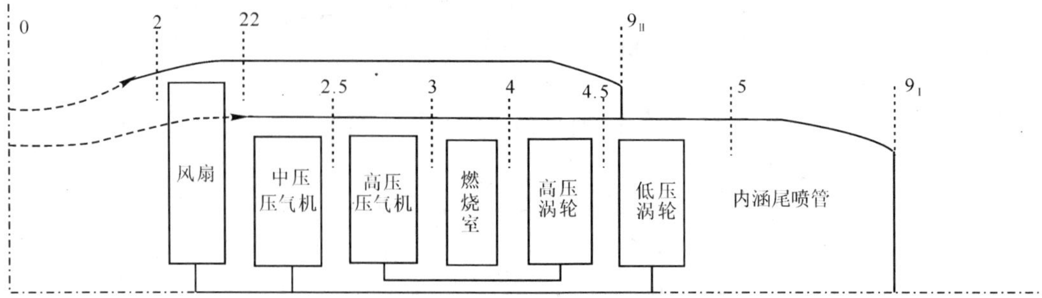

图 7-19　带有中压压气机的大涵道比分别排气涡扇发动机示意图

分别排气涡扇发动机设计点主要参数如下：

$$H = 11\text{km},\quad Ma_0 = 0.85,\quad p_0 = 0.227\times 10^5\ \text{Pa}$$

$T_0 = 216.5$ K，风扇增压比 $\pi_{CL} = 1.6$，中压压气机增压比 $\pi_{CI} = 1.56$，高压压气机增压比 $\pi_{CH} = 1.6$，涡轮进口总温 $T_{t4} = 1\,500$ K，涵道比 $B = 6.0$，风扇和压气机以及涡轮多变效率 $E = 0.90$。调节规律：$T_{t4} = 1\,500\ \text{K} = \text{const}$。

在分析其速度 / 高度特性时采用 $T_{t4} = \text{const}$ 的调节规律。

图 7-20(a) ~ (g) 所示为混合排气涡扇发动机的速度特性。

(1) 图 7-20(e) 表示 $H = 11$ km 时混合排气涡扇发动机相对推力与 Ma_0 的关系。可以看出该曲线有如下特点：

1) 在 $Ma_0 < 1.286$ 范围内，随着 Ma_0 的增加，发动机推力迅速增加。当 $H = 11\text{km}, Ma_0 < 1.286$ 时，进气道进口总温 $T_{t1} < 288$ K，所以对应的调节规律为 $T_{t4}/T_{t1} = \text{const}$。因此，$n_1/\sqrt{T_{t2}}$ 和 $n_2/\sqrt{T_{t2.5}}$ 不变，风扇和压气机的增压比也不变(见图 7-20(b))，所以单位推力基本不变(见图 7-20(g))；另一方面，由于速度冲压的增加，通过发动机的空气质量流量急剧增加(图 7-20(c))，故推力与空气质量流量一样迅速地增加。

2) Ma_0 增加到使 $T_{t3} = T_{t3,\max} = 875$ K 后，T_{t4} 下降(见图 7-20(e))，因而 $n_1/\sqrt{T_{t2}}$ 和 $n_2/\sqrt{T_{t2.5}}$ 下降；π_{CL}，π_{CH} 下降，使单位推力下降，同时空气质量流量增加速度减慢，所以最大工作状态的推力下降而加力状态的推力增加减缓。

3) 在 $T_{t4} = T_{t4,\max} = \text{const}$ 时的 Ma_0 变化范围内，参数的变化介于前面两种情况之间。不过由于这个范围较小，看得不太明显。

4) 随着 Ma_0 的增加，加力推力增加更为明显。这是由于加力燃烧室内气流压力增加的结果，这一变化规律与前面所给的图 7-12 相一致。

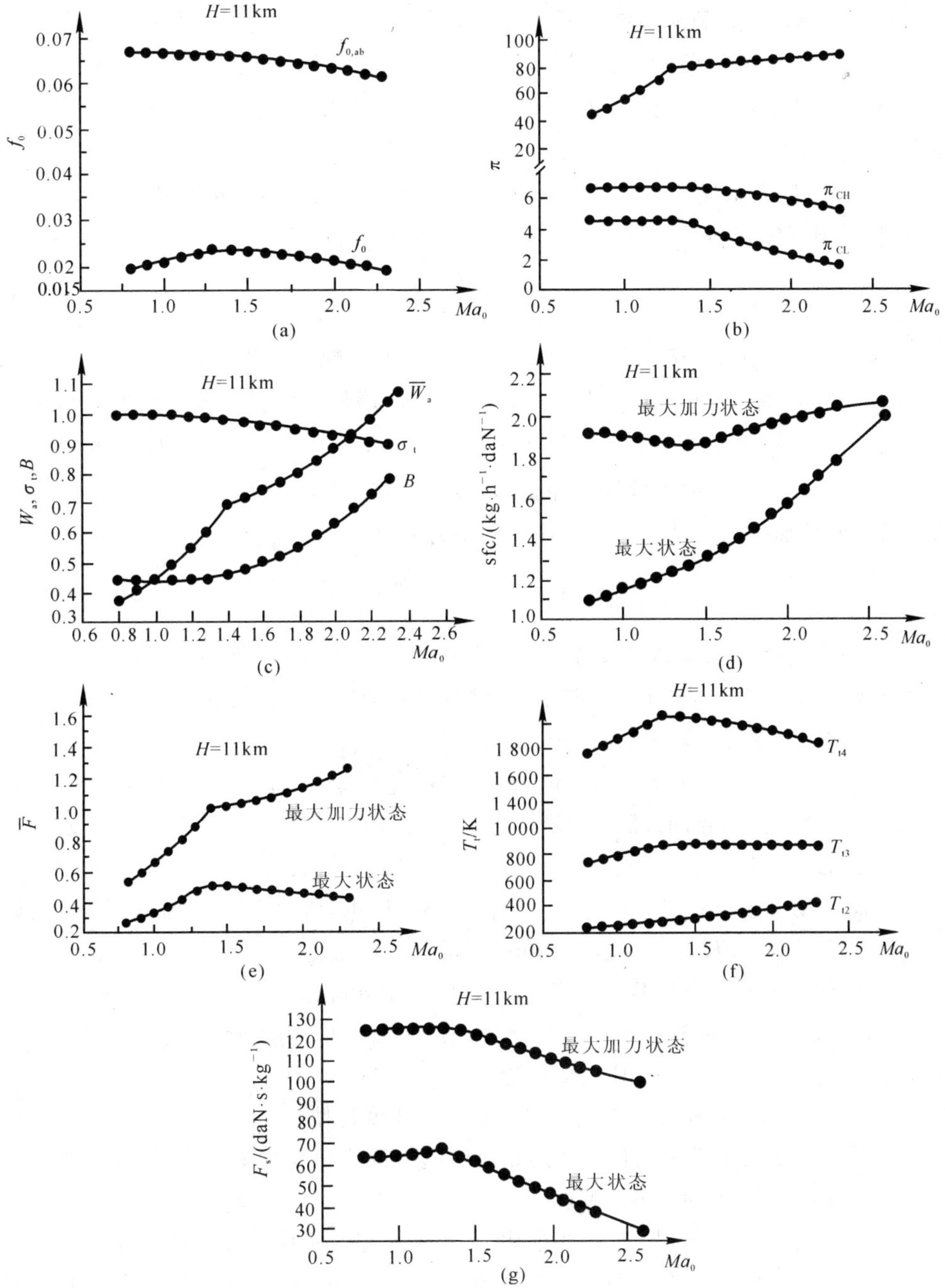

图 7-20　混合排气涡扇发动机的速度特性

(2) 图 7-20(g) 表示单位推力随 Ma_0 的变化关系。在 $Ma_0 < 1.286$ 时，$T_{t2} < 288$ K，调节规律为 $T_{t4}/T_{t1} = \text{const}$，风扇、压气机以及燃烧室、涡轮的工作点不变，所以发动机的单位推力基本不变。$Ma_0 > 1.286$ 之后，由于 T_{t4} 保持 $T_{t4,\max}$ 不变或下降，对每千克空气的加热量减小，故发动机单位推力下降。

(3) 图 7-20(d) 表示耗油率随飞行马赫数的变化关系。最大状态的耗油率 sfc 随 Ma_0 的增加而增加，其原因可解释如下：因为

$$\text{sfc} = \frac{3\,600 f_0}{F_s}$$

当 $H = 11$ km，$Ma_0 < 1.286$ 时，$T_{t1} < 288$ K，这时的调节规律为 $T_{t4}/T_{t1} = \text{const}$，所以 T_{t4} 随 Ma_0 增加而增加(见图 7-20(e))，使发动机总油气比 f_0 增加(见图 7-20(a))。另一方面此时单位推力变化不大，故结果是 sfc 随 Ma_0 的增加而增加。$Ma_0 > 1.286$ 之后，T_{t4} 保持 $T_{t4,\max}$ 不变或下降，使油气比 f_0 减小，但单位推力却急剧下降，结果是 sfc 以更快的速度增加。

加力状态的耗油率与发动机总油气比的关系为

$$(\text{sfc})_{ab} = \frac{3\,600 f_{0,ab}}{F_{s,ab}}$$

式中，$f_{0,ab}$ 为加力状态发动机总油气比。$f_{0,ab}$ 随 Ma_0 的增加而下降，如图 7-20(a) 所示。而加力状态的单位推力 $F_{s,ab}$ 在 $Ma_0 < 1.286$ 时基本不变，故耗油率 $(\text{sfc})_{ab}$ 随 Ma_0 的增加而有所下降。$Ma_0 > 1.286$ 之后，$F_{s,ab}$ 急剧下降，故 $(\text{sfc})_{ab}$ 上升。

(4) 图 7-21(a) ～ (d) 表示飞行高度 $H = 0$ 时，混合排气涡扇发动机的速度特性。其设计点参数和调节规律与前面相同。图 7-21(a) 表示推力与 Ma_0 的关系。图 7-21(b) 表示耗油率与 Ma_0 的关系。图 7-21(c) 表示单位推力与飞行 Ma_0 的关系。因为 $H = 0$，在标准大气条件下，当 $Ma_0 = 0$ 时发动机进口总温已达 $T_{t2} = T_{t1} = 288.15$ K，所以 Ma_0 增加时发动机的调节规律是：当 $T_{t3} < T_{t3,\max}$ 时，$T_{t4} = T_{t4,\max} = \text{const}$；当 $T_{t3} = T_{t4,\max}$ 时，T_{t4} 下降。在这样的调节规律下，通过发动机的空气质量流量 W_a、涵道比 B、高压涡轮进口总温 T_{t4}、发动机总油气比 f_0 以及风扇增压比 π_{CL} 等参数的相对值随 Ma_0 的变化规律如图 7-21(d) 所示，与图 7-20 中相应的参数在 $Ma_0 > 1.286$ 时的变化规律完全类似。

图 7-22(a) ～ (d) 分别表示排气涡扇发动机的速度特性。

(1) 图 7-22(a) 表示推力和耗油率的相对值随飞行马赫数的变化关系。推力的变化特点是，随着飞行马赫数的增加而单调下降。

我们先来解释推力的变化特点。推力等于空气质量流量与单位推力的乘积，流量和单位推力的变化如图 7-22(b) 所示。虽然空气质量流量随 Ma_0 增加而增加，但是单位推力下降更为迅速。因为大涵道比发动机的排气速度低，涵道比越大排气速度越低，Ma_0 增加时涵道比加大，所以单位推力比涡喷发动机的单位推力下降得更快。这就造成随着 Ma_0 的增加发动机推力单调下降。

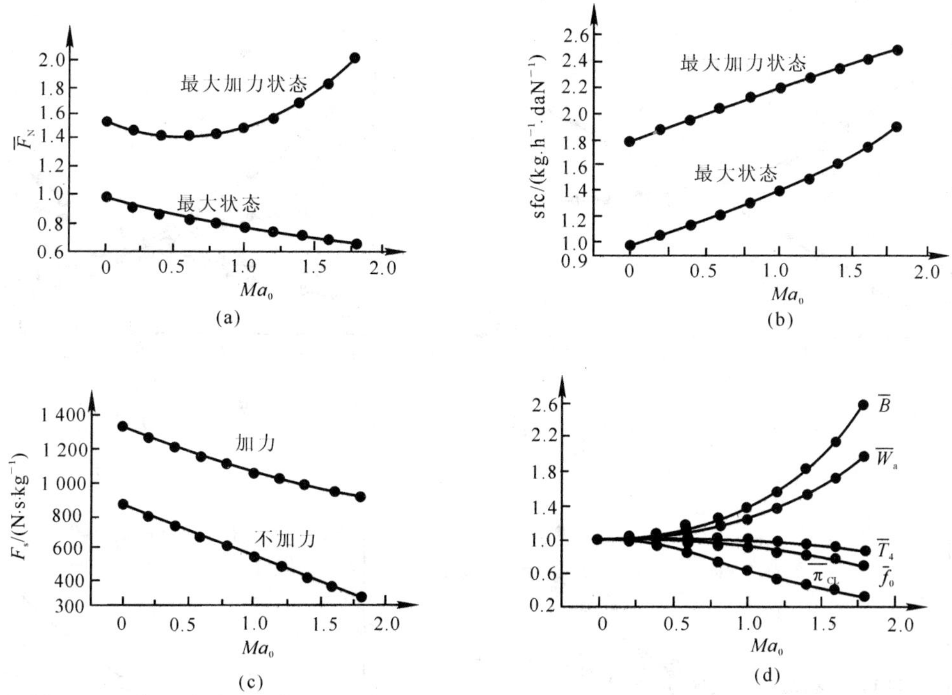

图 7-21　飞行高度 $H=0$ 时的混合排气涡扇发动机的速度特性

涵道比 B 随 Ma_0 而增加原因可解释如下：当尾喷管处于临界状态时，外涵空气质量流量近似地正比于外涵总增压比 $\pi_{Ⅱ}$（$\pi_{Ⅱ}=\pi_i\pi_{CL}$，其中 π_i 为进气道的速度冲压比，π_{CL} 是风扇增压比）；内涵空气质量流量决定于内涵的总增压比，即 $\pi_{Ⅰ}=\pi_i\pi_{CL}\pi_{CI}\pi_{CH}$。

由图 7-22(c) 可以看出，当 Ma_0 增加时，$\pi_{Ⅰ}$ 和 $\pi_{Ⅱ}$ 都是增加的，但 $\pi_{Ⅱ}$ 增加得更快，故涵道比 B 增加。

(2) 图 7-22(a) 表示耗油率随 Ma_0 的变化关系，特点是随着 Ma_0 的增加耗油率迅速增加。其原因可由下式解释：

$$\mathrm{sfc}=\frac{3\ 600 f_0}{F_s}$$

式中，f_0 为发动机总油气比。随着 Ma_0 的增加总油气比下降，但单位推力的下降更快，如图 7-22(b) 所示，故耗油率增加。

(3) 图 7-22(d) 表示进气道、风扇、高压压气机出口和高压涡轮进口总温的相对值随 Ma_0 的变化关系。

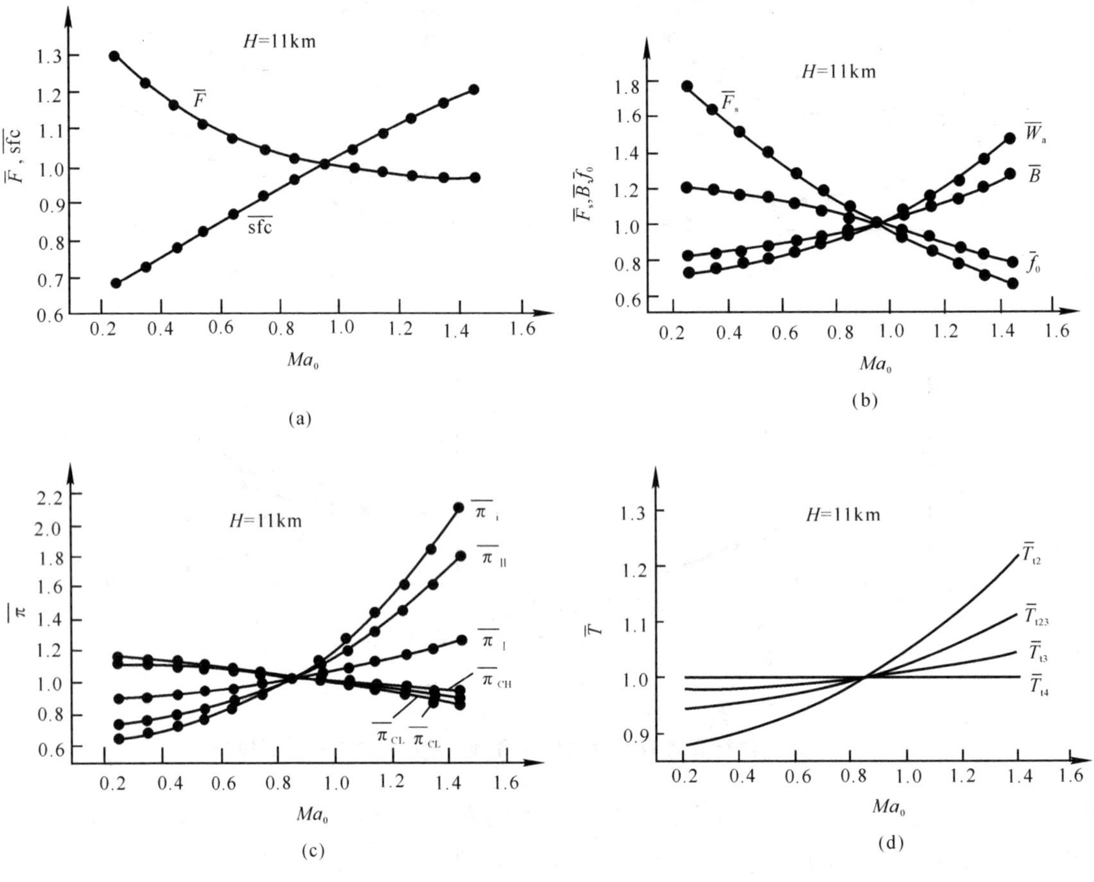

图 7－22　分别排气涡扇发动机的速度特性

(a) 大涵道比分别排气涡扇发动机推力和耗油率随 Ma_0 的变化关系；

(b) 大涵道比分别排气涡扇发动机单位推力和涵道比随 Ma_0 的变化关系；

(c) 大涵道比分别排气涡扇发动机风扇和中、高压压气机增压比随 Ma_0 的变化关系；

(d) 大涵道比分别排气涡扇发动机各截面总温随 Ma_0 的变化关系

二、高度特性

图 7－23 表示大涵道比分别排气涡扇发动机的高度特性。定性地说，推力和耗油率等参数随飞行高度的变化规律与涡喷发动机相应参数的变化规律相同。惟一不同的是涵道比的变化，涡喷发动机的涵道比恒等于零，涡扇发动机的涵道比变化如图 7－23(c) 中的 $\overline{B}$ 曲线所示。外涵空气质量流量决定于风扇增压比，而内涵空气质量流量决定于总的增压比。随着飞行高度的增

加，风扇、中压压气机和高压压气机的增压比都是增加的（$H < 11$ km），所以内涵空气质量流量增加快于外涵，故涵道比减小。在 $H > 11$ km 之后，由于外界大气温度不变，各增压比不变，所以涵道比也不变。

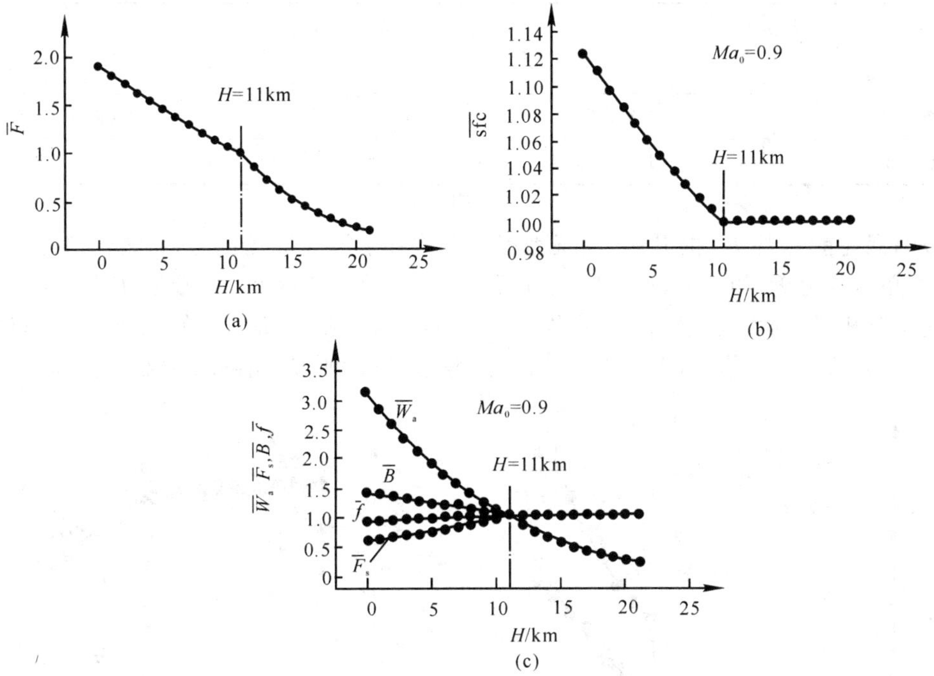

图 7-23　分别排气涡扇发动机的高度特性

(a) 带有中压压气机的大涵道比分别排气涡扇发动机相对推力与飞行高度的变化关系；

(b) 带有中压压气机的大涵道比分别排气涡扇发动机耗油率与高度的关系；

(c) 带有中压压气机的大涵道比分别排气涡扇发动机空气质量流量、涵道比、油气比和单位推力与飞行高度的关系

以上介绍的发动机高度特性，是在假设发动机压气机、涡轮效率和燃烧室效率基本不变的条件下才是正确的。当在很高的飞行高度 H 上和在小 Ma_0 时，发动机各截面上的压力和密度的降低引起发动机，尤其是小尺寸发动机流路中的雷诺数 Re 显著降低，这将导致黏性摩擦和发动机各个部件内流动损失增大。一般情况下当 $Re < Re_{cr}$ 时，压气机效率、涡轮的效率、燃烧效率和燃烧稳态性均明显降低，这些将导致发动机特性进一步变差。

在 Re 影响范围内，航空燃气涡轮发动机的高度特性明显受发动机采用的调节规律影响。若保持涡轮前温度 $T_{t4} = \text{const}$，则由于压气机和涡轮效率的降低，功率平衡要求涡轮落压比 π_T 增大，这使得尾喷管可用膨胀比 π_{CP} 降低，从而使 F_s 减小，同时 Re 减少使流过压气机和涡轮的换算流量降低，综合影响结果，使发动机推力显著降低，sfc 显著增加。若保持发动机中任何一个转子转速不变，那么压气机效率 η_C 和涡轮效率 η_T 的降低，不可避免地要求增大涡轮前总

温 T_{t4}，T_{t4} 可能增高几十度甚至超过 100 K。表 7－2 为某三种类型的混合排气涡扇发动机在 $H=20$ km 下，$Ma_0=0.5$，在保持 $\bar{n}_{1cor}=1.0$ 时，考虑 Re 影响时涡轮前总温 T_{t4} 的变化。由于类型 A 发动机的尺寸最小，因此 Re 影响最大，使类型 A 发动机涡轮前温升高最多。

表 7－2　*Re* 对三种涡扇发动机涡轮前总温 T_{t4} 的影响　　单位：K

Re \ 发动机类型	A	B	C
雷诺数不修正	935.27	1 100.97	1 165.60
雷诺数修正	1 051.08	1 182.23	1 167.09

显然，涡轮前总温 T_{t4} 的升高，在很大程度上弥补了压气机、燃烧室和涡轮部件效率降低对发动机单位推力 F_s 的影响，但从发动机可靠性和寿命角度考虑，不希望 T_{t4} 有这么大的升高。为定量分析 Re 对发动机特性的影响，图 7－24 表示了表 7－2 所给的三种类型发动机在保持 $\bar{n}_{1cor}=1.0$ 的调节规律下，当 $Ma_0=0.5$ 时，考虑与不考虑 Re 影响发动机高度特性的比较。

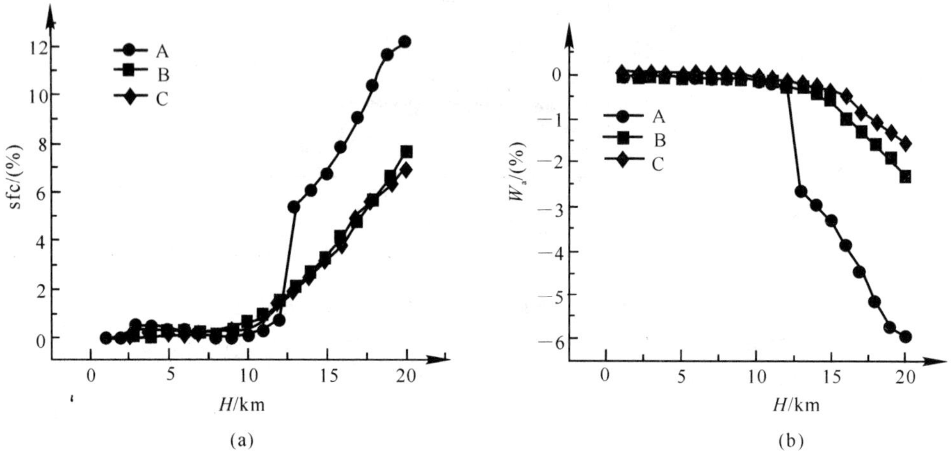

图 7－24　高空低速下 *Re* 对发动机高度特性的影响

7.6　航空燃气涡轮发动机的节流特性

航空燃气涡轮发动机在飞机上使用，大部分时间是运转于推力小于其最大值的情况下。对于几何不可调的发动机，通过减小发动机油门杆的角度减少向主燃烧室的供油量 W_f 即节流来实现推力的减小。这时节流过程的控制因素是供油量 W_f；此外，为改善节流状态下的经济性，还采用另外的控制因素，如尾喷管的最小截面面积 A_8，这样就有两个因素：W_f 和 A_8。有两个因素时可控制两个被调参数：燃烧室出口总温 T_{t4} 和使高压(或低压)转子的转速按一定的规律变化，从而得到较好的调节规律，获得较佳的节流性能。

发动机的节流特性是在给定的飞行条件和调节规律下推力和耗油率等参数随转速或涡轮前总温的变化关系。发动机在研制生产过程中要进行大量的地面台架试验，录取地面条件下的节流特性以检验其是否合格。为此一般在发动机的节流特性上规定若干个工作状态。在研究节流特性之前，先介绍发动机常用的主要工作状态。

一、发动机的主要工作状态

战斗机用发动机的主要工作状态有：

1. 全加力状态(最大加力状态)

发动机工作于最大允许条件：加力燃烧室对应于最大加力温度 $T_{t,ab,max}$；根据发动机进口总温 T_{t2} 的大小和调节规律的不同，主发动机工作于 $T_{t4,max}$，n_{max}，$n_{cor,max}$，$T_{t3,max}$ 等极限条件中的一个或两个。可连续工作的时间较短。

2. 最小加力状态

主发动机工作于最大允许条件，加力燃烧室工作于某个最低的加力温度 $T_{t,ab,min}$。

3. 最大工作状态

加力燃烧室不工作，主发动机工作于最大允许条件。可连续工作的时间一般都有限制。

4. 最大连续工作状态

通常规定，当推力为最大工作状态推力的85%左右时，为发动机的最大连续工作状态。涡轮前总温和耗油率相对较低，允许连续工作时间较长，或在规定的寿命范围内没有限制。

5. 巡航状态

通常规定，当推力为最大工作状态推力的60%左右时，为发动机巡航状态，使用时间不限。

6. 慢车状态

慢车状态是发动机的最小推力状态，一般为最大工作状态推力的5%左右，常用于进场着陆和地面滑行。

二、几何不可调的发动机节流特性

涡喷发动机和小涵道比混合排气涡扇发动机在几何不可调时的节流特性是非常类似的。现以一台小涵道比混合排气涡扇发动机为例说明节流特性曲线的变化规律。假定发动机设计点的参数为：

$$Ma_0 = 0,\quad H = 0,\quad p_0 = 1.013\times 10^5\ \text{Pa},\quad T_0 = 288\ \text{K}$$

$$\pi_{CL} = 4.5,\quad \pi_{CH} = 6.67,\quad T_{t4} = 1\,850\ \text{K},\quad B = 0.44$$

最大加力温度 $T_{t,ab} = 2\,000$ K，几何不可调，$A_8 = \text{const}$(但加力时，A_8 应适当放大)。

根据第7.3节介绍的发动机通用特性计算方法，并假定节流时没有任何限制，可得到如图7-25所示的节流特性曲线。

1. 推力的变化

首先分析不加力时推力的变化。由图7-25可以看出，从最大状态节流时，发动机推力迅速下降，这是因为通过发动机的空气流量和单位推力都下降的缘故。

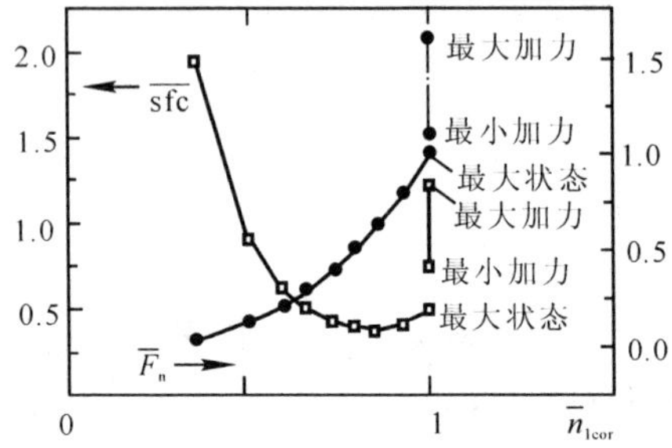

图7-25 低涵道比混合排气涡扇发动机的节流特性

(1) 空气质量流量 W_a。在 $A_8 = \text{const}$ 条件下节流，减少主燃烧室的供油量，使涡轮前总温 T_{t4} 减少，高压涡轮和低压涡轮的功率均减小，因而低压转速 n_1 和高压转速 n_2 都减小，共同工作点沿共同工作线下移，使流过内涵和外涵的空气质量流量都减小。但由于内涵增压比高，因此内涵空气质量流量降低的速率高于外涵空气质量流量降低的速率，因此内外涵道比 B 都是增大的。

(2) 单位推力 F_s。节流时，转速 n_1 和 n_2 的减少使风扇增压比 π_{CL} 和压气机增压比 π_{CH} 均减小，故发动机循环热效率降低。另一方面 T_{t4} 的减少，使 $\Delta = T_{t4}/T_{t1}$ 减小，两者都使 F_s 下降。深度节流时由于风扇、压气机的效率变得很低，涡轮效率和落压比也可能变得很低，这将造成随着转速的减小，涡轮前总温 T_{t4} 的下降变缓甚至有所增加，但单位推力仍然迅速下降。

从最大工作状态接通加力到最小加力状态，推力有不连续的阶跃。这是因为：

1) 接通加力时必然适当地放大尾喷管最小截面面积以保持主发动机的工作状态不变，即空气质量流量、增压比、涡轮前总温等参数不变。加力燃烧室供油增加了尾喷管进口的总温，加大了排气速度，单位推力增加因而推力增加。

2) 加力燃烧室的供油量不能太少，否则油气比太小不能稳定燃烧，即存在一个维持稳定燃烧的最小加力温度 $T_{t,ab,min}$，故从最大工作状态到加力工作状态的推力变化是不连续的。

从最小加力状态至最大加力状态，加力燃烧室的供油量连续加大，排气速度连续增加，所以推力也连续地增加。

2. 耗油率的变化

节流时有两种相互制约的因素对sfc产生影响：热效率的降低和推进效率的提高或动能损

失减小。节流时由于 π 和 Δ 的下降使 η_T 降低。在从最大状态开始节流起始阶段，sfc 的降低，是由于节流时 T_{t4}，π_{CL}，π_{CH} 下降使 c_9 减少，推进效率 η_P 显著增大或动能损失显著减小所致。正如第 4 章所指出的那样，现代涡喷发动机在最大状态下的温度 T_{t4} 大于 $T_{t4,ec}$，于是发动机靠近最大状态节流时，T_{t4} 的降低，使 T_{t4} 接近 $T_{t4,ec}$，引起 sfc 的一定降低。进一步节流所引起的热效率降低的影响占主导地位，致使发动机总效率 η_0 降低，引起 sfc 的增加。

三、不同设计涵道比的涡扇发动机的节流特性

图 7-26 表示不同涵道比的涡扇发动机的节流特性。除了涵道比的设计值不同之外，其他主要设计点的参数如 T_{t4}，π_{CL}，π_{CH} 等都相同，节流时发动机几何不可调。

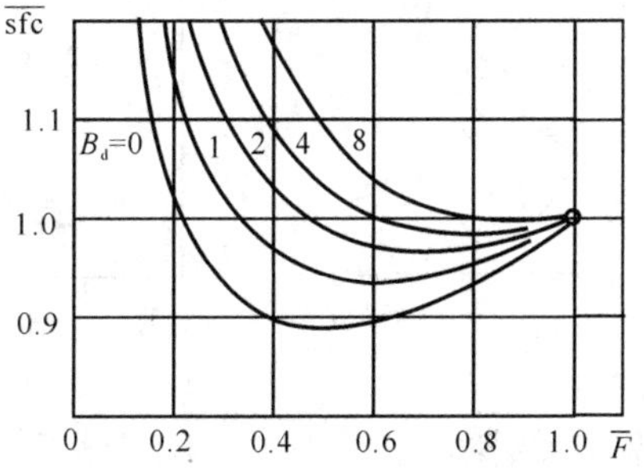

图 7-26　不同设计涵道比的涡扇发动机的节流特性

由图 7-26 的曲线可以看出，涡喷发动机（$B=0$）和涡扇发动机的节流特性大致是类似的。不同点在于涡扇发动机的设计涵道比增大时耗油率的最低点变得越来越不明显。当涵道比 $B=8$ 时，耗油率的最低点基本上已经消失，而随着节流程度的增加耗油率迅速地上升。这主要是因为：

（1）从热力循环角度，节流时不同涵道比发动机热效率的下降是非常接近的。

（2）大涵道比发动机最大状态的排气速度很小，动能损失小，节流时虽然动能损失进一步减小但减小的程度不大，而涡喷发动机节流时动能损失明显改善。结果涵道比越大，随节流耗油率的增加越明显。

四、尾喷管最小截面面积可调的发动机节流特性

为了保证飞机在不同飞行状态下所需的推力，发动机必须节流。而如前所述，在深度节流状态下，sfc 的增大给飞机在地面起飞和巡航飞行状态下的合理匹配带来困难。一般亚声速巡航飞行中所需推力比起飞状态推力要小 4/5 ～ 9/10。为了保证所需推力，发动机必须深度节流。可见，在深度节流状态下改善发动机的经济性十分重要。因此，对于单转子涡轮发动机，如果尾喷管最小截面面积 A_8 可调，则不加力情况下就有供油量 W_f 和 A_8 两个调节因素，可以用

不同的调节规律实现发动机的节流，以寻求较好的节流性能。以简单的单轴涡喷发动机为例，图 7-27 表示四种不同的节流方法。四种节流方法的调节规律分别是：第一种是 $T_{t4}=\text{const}$；第二种是 $A_8=\text{const}$；第三种是 $n=\text{const}$；第四种是 $\text{sfc}=(\text{sfc})_{\min}$。

采用第一种控制规律，显然在压气机特性图上共同工作线即为 $T_{t4}/T_{t1}=\text{const}$ 线。由于 $T_{t1}=\text{const}$，当转速从最大值减小时换算转速 n_{cor} 减小，压气机增压比 π_C 减小，为了保持涡轮与压气机功率平衡，必须减小尾喷管最小截面面积 A_8 以减小涡轮的膨胀比。这种控制规律的缺点是，压气机稳定工作裕度急剧降低而耗油率迅速升高。

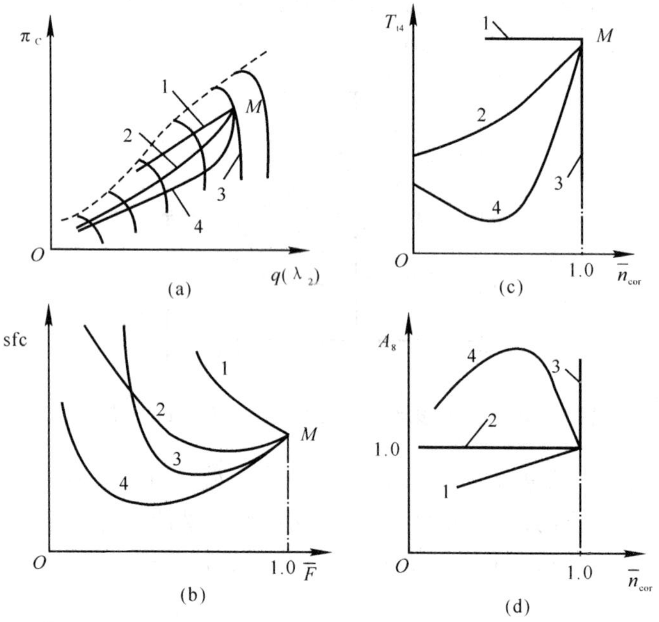

图 7-27　涡喷发动机最佳节流调节规律的选择

第二种控制规律实际上是几何不可调的方法，其缺点仍然是压气机稳定工作裕度小而耗油率高。第三种控制规律的优点是推力减小在一定的范围之内时，耗油率急剧减小。这是因为在这种节流情况下，空气质量流量几乎不变，推力的减小是靠急剧降低涡轮前温度 T_{t4} 而使 c_9 和 F_s 下降实现的，而且由于 T_{t4} 降低得比压气机功降低得更剧烈而必须放大 A_8 以加大 π_T。节流开始时 sfc 的下降是由于 c_9 减小使发动机动能损失减小的缘故。深度的节流则耗油率增加。由此看出，在 $n_{cor}=\text{const}$ 的线上，耗油率的变化率是先减小后增加的，存在某个点对应耗油率的最小值。如果把每一条 $n_{cor}=\text{const}$ 线上这样的点连起来就可得到最佳节流曲线，这就是第四种控制规律，$\text{sfc}=(\text{sfc})_{\min}$。

由图 7-27(d) 可以看出，采用第四种控制规律节流，尾喷管最小截面面积先是按一定规律增大，然后减小，直到慢车转速。实际上，在慢车状态下更希望对应较大的 A_8，因为这样可以提高慢车状态下的压气机稳定工作裕度，降低涡轮前总温，改善发动机的加速性。当然，此时耗油率有所增大，但慢车状态下的经济性无太大的意义。

对于混合排气涡扇发动机节流时的调节也可能取下列三种规律：

(1) $A_8 = \text{const}$，即几何不可调；

(2) $\pi_{TL} = \text{const}$，即涡轮落压比不变(此时几何必须可调)；

(3) $\bar{n}_{1cor}$ 减小时，预先规定 π_{TL} 增大的规律。

采用以上三种调节规律时，其节流时涡扇发动机推力与耗油率的变化关系如图 7-28 所示。

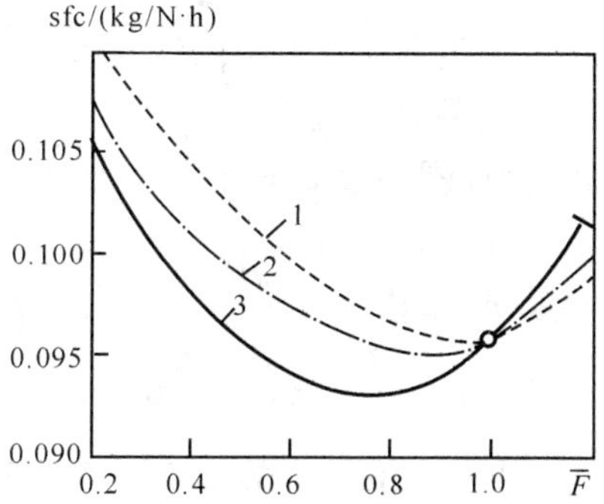

图 7-28　混合排气涡扇发动机在三种调节规律下的节流特性

可见，按调节规律(3) 节流时，涡扇发动机的经济性最好。这是因为与调节规律(1) 和(2) 相比，按调节规律(3) 节流时，涡轮前总温 T_{t4} 降低得更剧烈，加之 $\pi_C = \pi_{CL}\pi_{CH}$ 降低不明显，以及涵道比 B 增加更剧烈。这一方面使动能损失明显减小，另一方面使热效率 η_t 降低得不明显，从而降低 sfc。

7.7　涡轮螺桨发动机的速度特性和高度特性

在给定的飞行高度、大气条件、油门杆位置和调节规律下，涡轮螺桨发动机的推力(或当量功率) 随飞行马赫数的变化关系称为涡轮螺桨发动机的速度特性。当其他条件不变时，推力和耗油率等参数随飞行高度的变化关系称为高度特性。

一、速度特性和高度特性的近似计算方法

已知条件：发动机设计点的有关参数；给定的飞行条件、大气条件和油门杆位置；选定的发动机调节规律。

如果油门杆处于最大位置角度，则发动机工作处于最大状态，这时调节规律要保证发动机产生最大推力(或功率)。对于双轴涡轮螺桨发动机，计算时采用的调节规律为

$$W_f \to T_{t4} = T_{t4,max} = const$$

$$\varphi_B \to n_2 = n_{2,max} = const$$

式中，T_{t4} 为高压涡轮前总温，以主燃烧室供油量作为调节参数保证 $T_{t4} = const$；n_2 为带动螺旋桨的动力涡轮的转速，以螺旋桨的桨叶角 φ_B 为调节参数，保证在飞行条件和大气条件变化时转速 $n_2 = const$。计算时涡轮螺桨发动机的截面符号如图 5-21 所示。

在涡轮螺桨发动机中，除了有带动压气机的涡轮外，还必须有带动螺旋桨的涡轮，所以即使涡轮的导向器处于临界或超临界状态，而一般尾喷管总是处于亚临界状态的，故低压涡轮(动力涡轮)的落压比是变化的，因此计算过程需要迭代。计算步骤如下：

(1) 根据给定的飞行条件和大气条件，计算自由流(0—0)截面气流的总压和总温 p_{t0}，T_{t0}。

(2) 计算进气道出口的总压和总温 p_{t2}，T_{t2}。

(3) 根据下面的近似关系式，计算螺旋桨效率 η_B：

当 $0.1 \leqslant Ma_0 \leqslant 0.7$ 时，$\eta_B = \eta_{B,max} = 0.82$；

当 $Ma_0 < 0.1$ 时，$\eta_B = 10Ma_0\eta_{B,max}$；

当 $0.7 < Ma_0 \leqslant 0.85$ 时，$\eta_B = (1 - \dfrac{Ma_0 - 0.7}{3})\eta_{B,max}$。

(4) 压气机参数计算。由高压涡轮和压气机的功率平衡(忽略空气和燃气质量流量的差别)计算压气机出口总温 T_{t3}，公式为

$$C_{pg}T_{t4}(1 - \frac{T_{t4.5}}{T_{t4}}) = C_p(T_{t3} - T_{t2})$$

式中　T_{t4}——高压涡轮进口气流总温，由选定的调节规律确定；

$T_{t4.5}/T_{t4}$——高压涡轮出口与进口总温之比，等于设计点值不变。

根据下式计算压气机出口总压 p_{t3}：

$$\frac{p_{t3}}{p_{t2}} = (\frac{T_{t3}}{T_{t2}})^{\frac{E_C k}{k-1}}$$

式中，E_C 为压气机多变效率，等于设计点值。

(5) 通过发动机的燃气质量流量 W_4 计算式为

$$W_4 = W_{4d}\frac{p_{t4}}{p_{t4,d}}\sqrt{\frac{T_{t4,d}}{T_{t4}}}$$

(6) 计算燃烧室参数。

油气比 f 为

$$f = \frac{C_{pg}T_{t4} - C_pT_{t3}}{H_u\eta_b - C_{pg}T_{t4}}$$

出口总压 p_{t4} 为

$$p_{t4} = \sigma_b p_{t3}$$

出口总温由选定的调节规律确定。

(7) 动力涡轮(即低压涡轮)参数。选取低压涡轮落压比 π_{TL} 的初值,经迭代计算后确定其精确值。

出口总压　　$p_{t5} = p_{t4.5}/\pi_{TL}$

出口总温由下式计算:

$$\frac{T_{t5}}{T_{t4.5}} = \left(\frac{p_{t5}}{p_{t4.5}}\right)^{\frac{E_{TL}(k_g-1)}{k_g}}$$

式中,E_{TL} 为低压涡轮多变效率,等于设计点值。

(8) 尾喷管。

出口总压　　$p_{t8} = \sigma_e p_{t5}$

出口总温　　$T_{t8} = T_{t5}$

由于一般情况下尾喷管处于亚临界状态,所以有

$$p_8 = p_0$$

$$Ma_8 = \sqrt{\frac{2}{k_g-1}\left[\left(\frac{p_{t8}}{p_8}\right)^{\frac{k_g-1}{k_g}} - 1\right]}$$

$$T_8 = \frac{T_{t8}}{\left(1 + \frac{k_g-1}{2}Ma_8^2\right)}$$

$$a_8 = \sqrt{Rk_g T_8}$$

$$c_8 = Ma_8 a_8$$

(9) 通过尾喷管的燃气质量流量 W_8 的计算式为

$$W_8 = KA_8 \frac{p_{t8}}{\sqrt{T_{t8}}} q(\lambda_8)$$

(10) 比较第(9)步的燃气质量流量 W_8 与第(5)步的 W_4,若它们的差值在允许的误差范围之内,则迭代成功,否则从第(7)步开始重新选取低压涡轮落压比 π_{TL},重复第(7)至第(9)步的计算,直至迭代成功。

迭代成功之后,再进行发动机总体性能参数的计算。

(11) 计算螺旋桨的拉力或推力 F_B。螺旋桨从动力涡轮吸收功率 N_B,假设产生的拉力为 F_B,则推动飞机前进的推进功率是 $F_B c_0$。由于功率 N_B 转换为推进功率的有效程度用螺旋桨效率 η_B 来衡量,所以有

$$\eta_B N_B = F_B c_0$$

式中　　$N_B = \eta_g W_{4.5} C_{pg} T_{t4.5}\left(1 - \frac{T_{t5}}{T_{t4.5}}\right)$

η_g 为减速器效率,大约为 0.99。

(12) 喷气推力 F_C 为

$$F_C = W_8 c_8 - \frac{W_8}{(1+f)} c_0 + A_8 (p_8 - p_0)$$

(13) 总的推力 F 为

$$F = F_B + F_C$$

(14) 单位推力 F_s 为

$$F_s = F/W_a = F(1+f)/W_8$$

(15) 当量功率 N_e 为

$$N_e = Fc_0/\eta_B$$

(16) 耗油率。相对于推力的耗油率(简称为推力耗油率) 为 $sfc = 3\ 600 f/F_s$。

相对于当量功率的耗油率(简称为功率耗油率)$(sfc)_e = 3\ 600 W_f/N_e$。

根据以上的近似计算方法,可以将计算结果绘成速度和高度特性曲线。

二、涡轮螺桨发动机的速度特性和高度特性

图 7-29(a) 表示不同飞行高度下相对推力与飞行马赫数的变化关系。发动机设计点的有关参数是:$Ma_0 = 0.8$, $H = 8$ km, $p_0 = 0.356\ 5 \times 10^5$ Pa, $T_0 = 236.2$ K, $\pi_C = 30$, $T_{t4} = 1\ 750$ K。发动机的调节规律是:$T_{t4} = 1\ 750 = \text{const}$, $n_2 = \text{const}$。

由图 7-29(a) 可以看出:

(1) 在飞行高度等于常数时,随着 Ma_0 的增加发动机的推力急剧地减小,其原因可以解释为:推力由螺旋桨拉力和喷气推力两部分组成,螺旋桨的拉力由下式决定:

$$F_B = N_B \eta_B / c_0$$

虽然螺旋桨吸收的功率 N_B 随着 Ma_0 增加而增加,但飞行速度增加得更快,如图 7-29(c) 所示,因此螺旋桨产生的拉力减小。喷气单位推力与燃气涡轮发动机一样随 Ma_0 增加而减小,而且减小得更为剧烈,所以喷气推力也是减小的。

(2) 当 Ma_0 等于常数时,随着飞行高度的增加发动机的推力减小。这主要原因是,因为高度增加大气密度降低,通过发动机的空气质量流量减小,使螺旋桨从动力涡轮吸收的功率 N_B 减小,因此螺旋桨产生的拉力减小,同时喷气推力随着高度增加也是减小的。

从图 7-29(b) 推力耗油率与和飞行高度的关系可以看出:

(1) 当高度不变时,Ma_0 增加则推力耗油率增加。这是因为推力耗油率 $sfc = 3\ 600 f/F_s$,由图 7-29(d),(e) 可以看出,单位推力随着 Ma_0 增加而急剧下降,油气比 f 却变化不大,故推力耗油率增加。

(2) 当 Ma_0 不变时,高度增加则推力耗油率减小。当 $H < 11$ km 时,高度增加,大气温度下降,压气机增压比增加,发动机循环热效率增加,故推力耗油率随高度增加而降低。当 $H > 11$ km 时,大气温度不变,若不考虑雷诺数减小的影响,则推力耗油率不变。

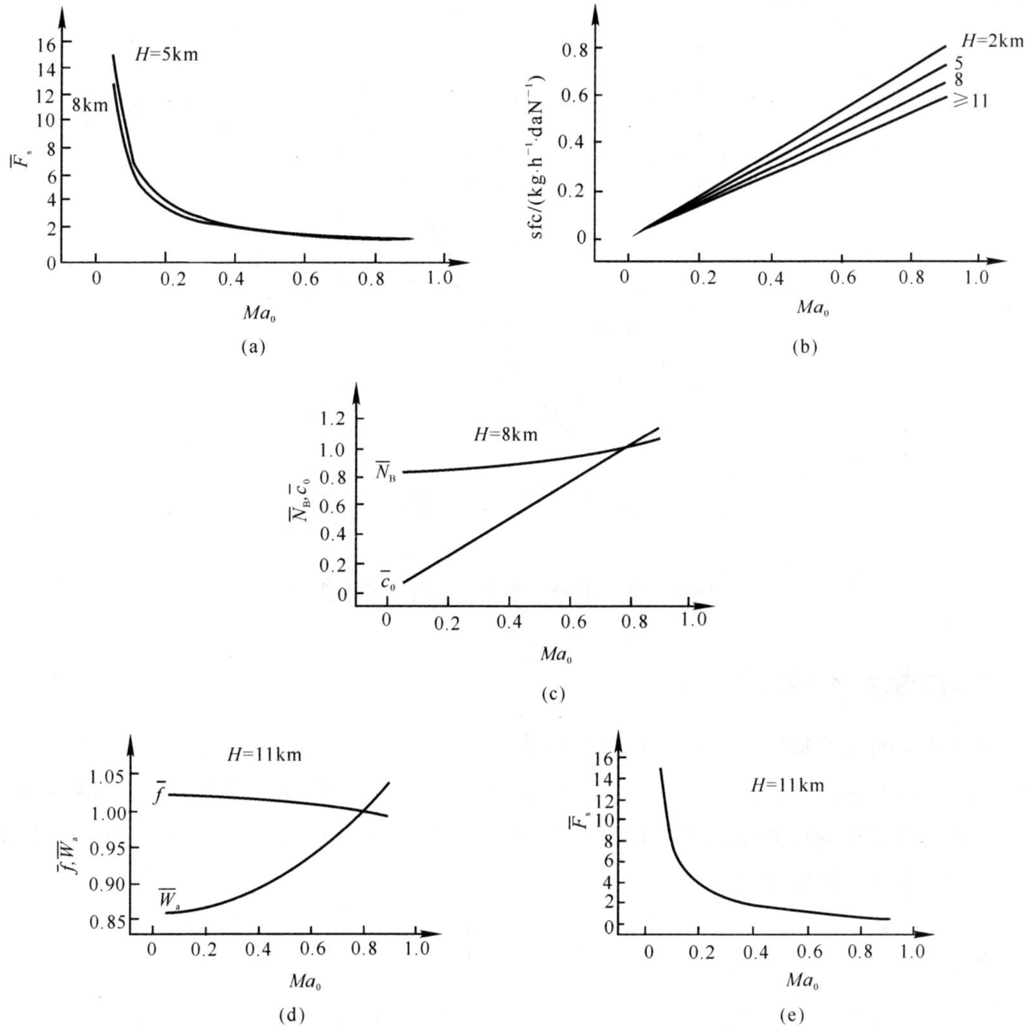

图 7－29　涡轮螺桨发动机的速度和高度特性

三、涡轮螺桨发动机的节流特性

图7-30给出了某涡轮螺桨发动机在地面静止条件下的节流特性。当油门杆位置角度减小使燃油流量降低时，转速调节器会使螺旋桨桨距减小以保持发动机转速不致下降。螺旋桨桨距达到最小值以后，进一步收小油门位置减小燃油流量，将使发动机转速、涡轮前温度 T_{t4} 和输出功率同时下降。由于发动机各部件效率降低和循环参数（增压比和涡轮前温度）的下降，使

耗油率随着转速的下降而升高。

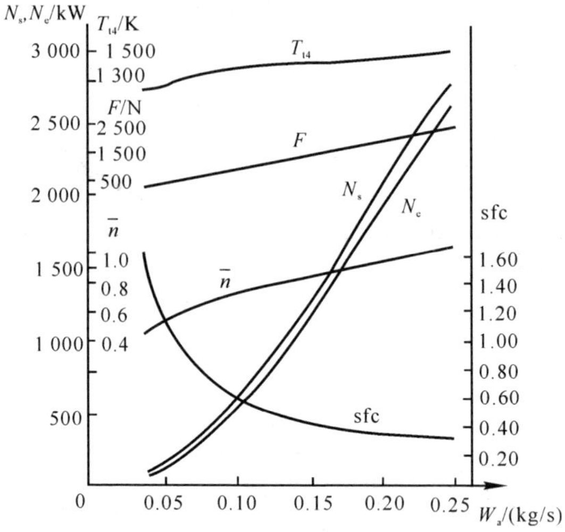

图 7-30　涡轮螺桨发动机的节流特性

四、涡轮轴发动机的高度特性

直升机用的涡轮轴发动机的飞行速度变化范围很小，可以忽略其影响。因此直升机用的涡轮轴发动机不考虑速度特性，只有高度特性。通常将当量功率 N_e 和当量功率耗油率$(sfc)_e$在给定调节规律下与飞行高度的关系称为涡轮轴发动机的高度特性。图 7-31 所示为某涡轮轴发动机最大状态下的高度特性。

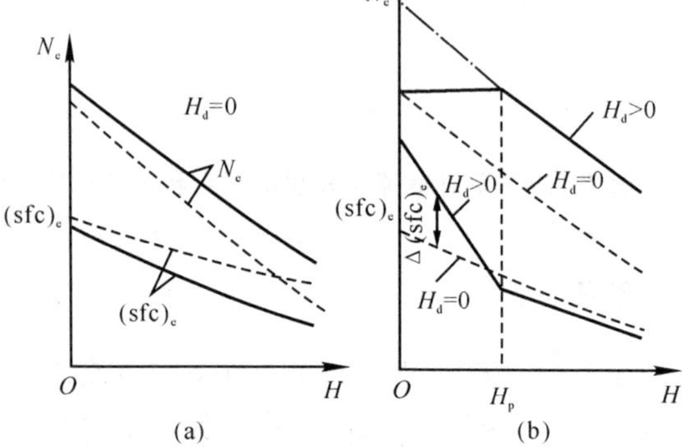

图 7-31　涡轮轴发动机的高度特性

首先假设涡轮轴发动机是非高空的，即其设计状态是在 $H_d = 0$，而其调节规律为 $T_{t4} = \text{const}$，并且没有任何其他限制。这种情况下的高度特性如图 7-31(a) 所示。在这种情况下 N_e 随高度增加而急剧下降，且 $(sfc)_e$ 减小。N_e 随高度增加而下降的原因主要是流进发动机的空气质量流量降低所致，而 $(sfc)_e$ 随高度增加而减小是由于大气温度随高度增加而降低，引起热力循环增压比和加热比的提高使循环热效率得到改善所致。

虽然直升机最大飞行高度一般不会超过 6～8 km，但随着飞行高度增加，Re 的减小对于直升机用的小尺寸燃气涡轮轴发动机的影响还是很大的。在 $Re < Re_{cr}$ 范围内，不仅使发动机部件效率降低，而且使流进发动机的空气质量流量也减小，这一方面导致 N_e 随高度增加减小得更多；另一方面使 $(sfc)_e$ 随高度增加而减小的幅度减小（见图 7-31 中的虚线）。

高空燃气涡轮轴发动机是以能获得设计飞行高度 $H = H_d$ 上给定功率的条件进行设计的。这样在大于设计飞行高度上，发动机的高度特性与前面刚讨论过的具有 $H_d = 0$ 的发动机高度特性没有差异，如图 7-31(b) 所示。但在 $H < H_d$ 时，发动机必须工作于 $N_e = N_{e,\max}$ 的限制状态下。由于涡轮前总温 T_{t4} 和发动机转速的降低又进一步导致 $(sfc)_e$ 的增加。为此，从 $H = 0$ 到 $H = H_d$ 的整个飞行高度范围内，必须降低涡轮前总温 T_{t4} 和相应的发动机转速来保证 $N_{e,\max} = \text{const}$。

7.8　用相似理论换算发动机的特性

一、相似理论在燃气涡轮发动机中的应用

在燃气涡轮发动机及其各个单独部件的性能研究中，相似理论具有重要的地位。

应用相似理论，可以把燃气涡轮发动机或各个单独部件在特定条件下的试验结果，推广到与它相似的其他条件中去。最常用的是，将燃气涡轮发动机的产品出厂试验性能转换成国际标准大气条件下的性能，以便进行性能对比检验。图 7-32 所示的是大气温度对某燃气涡轮发动机节流特性的影响。可以明显看出，大气温度升高，发动机推力减小，耗油率增加。其原因可解释如下。

(1) 在同样的大气压力下，温度高则空气密度下降，流过发动机的空气质量流量也随之减小。这是发动机推力下降的主要原因。

(2) 大气温度升高，使压气机进口的总温增加，在同样的物理转速下压气机增压比减小，这使发动机沿流程各截面的总压均下降，排气速度减小而使单位推力降低，这也使推力降低。

(3) 增压比的下降引起燃烧室中热量利用程度变差，所以耗油率增大。

大气压力的影响是：大气压力升高，推力增大，大气压力减小，推力也减小。但大气压力的变化对耗油率没有影响。在同样的大气温度下，大气压力升高则空气密度增加，流过发动机的空气质量流量也随之增加，故发动机推力增加；当大气压力增加时，发动机沿流程各截面的压

力成比例地增加，并不影响压气机的增压比和不同截面上的温度比，这样，单位推力和油气比不变，因此耗油率不变。

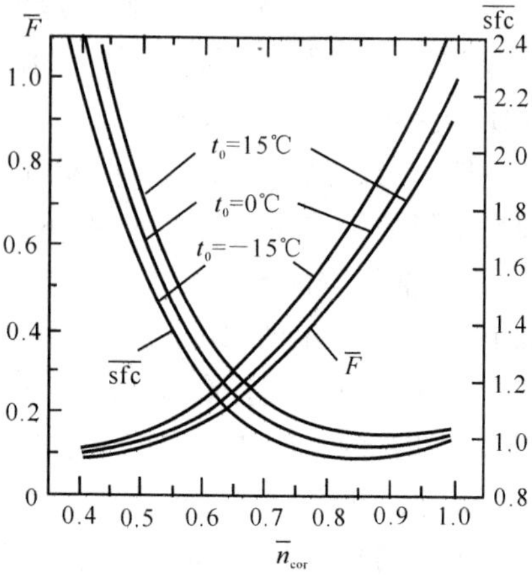

图 7－32　大气温度对燃气涡轮发动机节流特性的影响

发动机的特性曲线是在一定的大气条件下获得的，如果大气条件不同，发动机的特性曲线会在数值上产生变化。因此要利用发动机地面台架上试验测得的节流特性来判断、比较发动机性能是否合格，必须将不同大气条件下测量的数据换算到某一规定的大气条件之下，作出通用的特性曲线。试验测量参数向某一规定的大气条件的换算和发动机通用特性曲线的获得均是以相似理论为依据的。

对于地面燃气涡轮发动机，为了对不同大气条件下和不同的进、排气系统损失情况下试验的性能数据进行检验和评定，也需要应用相似理论将性能数据换算到标准大气条件下的工作数据。

在试验研究中，应用相似理论可以将试验件的尺寸缩小或放大，用相似模型进行试验。用缩小尺寸的模型进行试验，可以节省设备和试验件的生产费用，并节省试验所需要的能源和动力。

在设计时，若需要将某一产品缩小或放大并保持与原产品相同的循环参数和部件效率，只需要用相似理论对产品进行相似缩小或放大。

二、燃气涡轮发动机的相似工作状态

对于几何相似或相同的燃气涡轮发动机，如果对应截面上的同类物理量的比值分别相等，则称发动机的这些工作状态相似。文献[10]的第三章和第四章在讨论压气机和涡轮的相似工作状态时曾指出：如果流过几何相似的压气机进口的气流绝对运动和相对运动的 Ma_0 分别保持常数不变，则压气机的工作状态是相似的。也就是说，在几何相似的前提下，压气机进口气流轴向速度的 Ma_a 和工作轮圆周速度的 Ma_u 分别保持为常数，即

$$Ma_a = \text{const}, \quad Ma_u = \text{const}$$

是工作状态相似的充分必要条件。一般称 Ma_a 和 Ma_u 为(决定性的)相似准则。

上述两个相似准则可以转换为相应的等价准则。压气机进口的空气质量流量可以表示为

$$W_a = KA_2 \frac{p_{t2}}{\sqrt{T_{t2}}} q(\lambda_2)$$

$q(\lambda_2)$ 与压气机进口气流轴向速度的 Ma_a 有单值对应关系；A_2 正比于进口直径 D_2 的平方。因此，$Ma_a = \text{const}$ 等价于

$$\frac{W_a \sqrt{T_{t2}}}{D_2^2 p_{t2}} = \text{const}$$

此外，压气机进口工作轮圆周速度的速度系数可以写为

$$\lambda_u = \frac{U_2}{a_{cr}} = \text{const} \cdot \frac{nD_2}{\sqrt{\frac{2k}{k+1} RT_{t2}}} = \text{const} \cdot \frac{nD_2}{\sqrt{T_{t2}}}$$

λ_u 与压气机进口工作轮圆周速度的 Ma_u 有单值对应关系。因此 $Ma_u = \text{const}$，等价于

$$\frac{nD_2}{\sqrt{T_{t2}}} = \text{const}$$

很明显，对于同一台压气机或几何相同的压气机，其工作状态相似的充分必要条件是

$$\frac{W_a \sqrt{T_{t2}}}{p_{t2}} = \text{const}, \quad \frac{n}{\sqrt{T_{t2}}} = \text{const}$$

整台发动机工作状态的相似显然需要其所有部件工作状态都相似。几何相似的燃气涡喷发动机或涡扇发动机，其工作状态相似的充分必要条件即(决定性的)相似准则是：飞行马赫数和低压转子的换算转速，即

$$Ma_0 = \text{const}, \quad \frac{n}{\sqrt{T_{t2}}} = \text{const}$$

一台发动机的任何工作状态都是相似的。

现以单轴燃气涡喷发动机为例来论证上述结论。同一台发动机几何相似意味着所有可调节的部件，如进气道、压气机和尾喷管等，处于相同的几何位置。由压气机与涡轮的共同工作可知，当尾喷管最小截面处于临界或超临界状态时，共同工作线只有一条。只要给定 $\frac{n}{\sqrt{T_{t2}}}$，共同工作点就能够确定下来，从而使压气机及其后面的所有部件的同名物理量的比值保持不变，即工作状态是相似的。但这并不能保证进气道工作状态是相似的。为了保证进气道也处于相似的工作状态，还必须再加上条件：$Ma_0 = \text{const}$。由于进气道中没有转动件，$\frac{n}{\sqrt{T_{t2}}} = \text{const}$ 保证了

进气道出口边界条件的不变性，再加上飞行马赫数不变，所以进气道必定处于相似的工作状态，而且当尾喷管最小截面处于亚临界状态时，压气机与涡轮的共同工作点取决于飞行马赫数和换算转速，因此全台发动机工作状态相似的充分必要条件仍然是

$$Ma_0 = \text{const}, \quad \frac{n}{\sqrt{T_{t2}}} = \text{const}$$

燃烧室中进行着复杂的物理和化学过程，这些过程由许多的准则参数决定。严格地讲，几何相似的燃烧室仅仅保持其进口的飞行马赫数和油气比不变，并不能保证复杂的燃烧过程的相似性。但试验结果表明，燃烧室中燃烧的物理和化学过程的不相似对整台发动机工作状态的相似性不会产生太大的影响。只要燃烧室进口的飞行马赫数不变，燃烧室出口和进口的总温比值不变，则几何相似的燃烧室可以认为处于相似的工作状态之下。

加力燃烧室工作时，如果加力供油量保证加力温度和发动机进口总温比值不变，同时适当放大尾喷管最小截面面积以保证涡轮落压比不变，则接通加力并不影响整台发动机工作状态的相似。

以上论述了单轴燃气涡喷发动机的（决定性的）相似准则是：Ma_0 和 $\frac{n}{\sqrt{T_{t2}}}$ 分别等于常数。用类似的方法不难把这一结论推广到几何相似的双轴燃气涡喷发动机和涡扇发动机上去。

涡轮螺桨或涡轮轴发动机一般是在自由涡轮物理转速等于常数的调节规律下工作，因此 $Ma_0 = \text{const}$ 和 $\frac{n}{\sqrt{T_{t2}}} = \text{const}$ 并不能保证自由涡轮工作状态的相似性，因而也就不能保证整台发动机工作状态的相似性。

应该指出的是，燃气涡喷、涡扇发动机的状态相似只能是近似的，因为在以上讨论中忽略了一些次要的因素：

（1）气流黏性的影响。如果考虑其影响，则必须在讨论状态相似时计及雷诺数准则参数。

（2）气体绝热指数和定压比热变化的影响。

（3）气体重力的影响。

（4）发动机几何尺寸加工误差和使用过程中温度不同引起变形差异的影响。

（5）燃烧室中复杂的物理和化学过程的不相似性。

尽管忽略了一些次要因素，但实践证明在绝大多数情况下，用 $Ma_0 = \text{const}$ 和 $\frac{n}{\sqrt{T_{t2}}} = \text{const}$ 两个相似准则，可以满足工程要求的精度。可是，在高空低速飞行等情况下则应该考虑雷诺数相似准则。

发动机工作状态相似时，有如下重要的性质：

（1）各对应截面上同名物理量的比值保持不变，即 $\frac{p_i}{p_0} = \text{const}$，$\frac{T_i}{T_0} = \text{const}$（$i$ 为发动机流

路上的任意截面标识)；

(2) 各截面上的飞行马赫数和部件的效率不变，即 $Ma_i = \text{const}$，$\eta_j = \text{const}$(i 为发动机流路上的任意截面；j 为任意部件)；

(3) 由上面这两个性质可以推导出一些物理量的组合参数不变，这些组合参数虽然并不是无量纲的准则参数，但也常被称做相似参数。下面导出某些常用的组合相似参数。

三、发动机的组合相似参数

根据相似理论，相似参数只与相似准则有关，只要工作状态相似，相似参数就必然相等。

1. 低压转速相似参数

前面已经论述了$\dfrac{n_1}{\sqrt{T_{t2}}} = \text{const}$ 是一个相似准则，因而它必定也是相似参数。因为 $T_{t2} = T_{t1} = T_{t0}$，故$\dfrac{n_1}{\sqrt{T_{t0}}} = \text{const}$ 或$\dfrac{n_1}{\sqrt{T_{t1}}} = \text{const}$ 与$\dfrac{n_1}{\sqrt{T_{t2}}} = \text{const}$ 是等价的。

2. 高压转子转速相似参数

由发动机部件的共同工作可知，当 $Ma_0 = \text{const}$ 和$\dfrac{n_1}{\sqrt{T_{t2}}} = \text{const}$ 时，高压转子的共同工作点也随之确定，故其转速的相似参数是$\dfrac{n_2}{\sqrt{T_{t2.5}}} = \text{const}$。

3. 空气质量流量的相似参数

在 $Ma_0 = \text{const}$ 和$\dfrac{n_1}{\sqrt{T_{t2}}} = \text{const}$ 的条件下，由发动机共同工作可知，风扇或压气机进口的流量组合参数不变，即

$$\frac{W_a\sqrt{T_{t2}}}{p_{t2}} = \text{const}$$

由于 $T_{t2} = T_{t0}$ 以及相似状态下进气道总压恢复系数 $\sigma_i = \text{const}$，故

$$\frac{W_a\sqrt{T_{t0}}}{p_{t0}} = \text{const}$$

即上述两个流量组合参数是等价的。

4. 单位推力相似参数

以尾喷管完全膨胀为例。单位推力 F_s 为

$$F_s = c_9 - c_0$$

现进行变换为

$$\frac{F_s}{\sqrt{T_{t0}}} = \frac{c_9}{\sqrt{T_{t0}}} - \frac{c_0}{\sqrt{T_{t0}}} = \sqrt{\frac{T_{t9}}{T_{t0}}}\frac{c_9}{\sqrt{T_{t9}}} - \frac{c_0}{\sqrt{T_{t0}}}$$

在相似状态下，任意两个截面上同名物理量的比值相同；任意截面上的飞行马赫数或 λ 数不变，所以

$$T_{t9}/T_{t0}=\text{const},\quad c_9/\sqrt{T_{t9}}=\text{const},\quad c_0/\sqrt{T_{t0}}=\text{const}$$

因此，单位推力相似参数为

$$\frac{F_s}{\sqrt{T_{t0}}}=\text{const}$$

5. 推力相似参数

仍然以尾喷管完全膨胀为例。推力为

$$F=W_a(c_9-c_0)$$

现进行变换为

$$\frac{F}{p_{t0}}=\frac{W_a\sqrt{T_{t0}}}{p_{t0}}\left[\sqrt{\frac{T_{t9}}{T_{t0}}}\frac{c_9}{\sqrt{T_{t9}}}-\frac{c_0}{\sqrt{T_{t0}}}\right]$$

式中，$\dfrac{W_a\sqrt{T_{t0}}}{p_{t0}}$ 为空气质量流量的组合相似参数，它只取决于相似准则。前面已说明，在相似工作状态下，$T_{t9}/T_{t0}=\text{const}$，$c_9/\sqrt{T_{t9}}=\text{const}$，$c_0/\sqrt{T_{t0}}=\text{const}$。

可见推力相似参数为

$$\frac{F}{p_{t0}}=\text{const}$$

6. 燃油流量 W_f 的相似参数

写出涡扇发动机主燃烧室简化的能量平衡方程为

$$W_f H_u \eta_b=\frac{W_a}{1+B}\bar{C}_p(T_{t4}-T_{t3})$$

式中，燃油低热值 H_u，燃烧效率 η_b，平均定压比热 $\bar{C}_p$ 均为常数，涵道比 B 为无量纲参数，在相似工作状态下亦为常数，因此上式变为

$$W_f=\text{const}\cdot W_a(T_{t4}-T_{t3})=\text{const}\cdot\frac{W_a\sqrt{T_{t0}}}{p_{t0}}\left(\frac{T_{t4}}{T_{t0}}-\frac{T_{t3}}{T_{t0}}\right)p_{t0}\sqrt{T_{t0}}$$

所以，在相似工作状态下有

$$\frac{W_f}{p_{t0}\sqrt{T_{t0}}}=\text{const}$$

7. 耗油率相似参数

$$\text{sfc}=\frac{3\,600W_f}{F}=\text{const}\cdot\frac{W_f}{p_{t0}\sqrt{T_{t0}}}\frac{p_{t0}}{F}\sqrt{T_{t0}}$$

可见，相似工作状态下，有

$$\frac{\text{sfc}}{\sqrt{T_{t0}}}=\text{const}$$

推导了上述组合相似参数就可把任何大气条件下测得的发动机有关数据换算到标准大气条件之下的数据，或者用相似参数表示发动机的特性。

四、地面台架试车时燃气涡轮发动机性能的换算

航空燃气涡轮发动机的地面台架试车经常是在不同的大气条件下进行的，尽管在试车时保持相同的转速，但是由于周围大气条件不同，燃气涡轮发动机的推力、耗油率等性能参数的数值可以有很大的差异。为了比较性能的优劣，必须应用相似理论，把不同大气条件下试验的数据换算成标准大气条件下的数据。

例如，一台航空燃气涡轮发动机在地面试车时，周围大气温度和大气压力分别为 T_0，p_0，测得的发动机转速及其他性能参数分别以下标“m”表示，发动机在标准大气条件下与试车状态相似的工作状态的换算参数用下标“cor”表示。

在不同大气条件下的地面试车时，由于飞行马赫数均为零，因此只要发动机转速参数 $\dfrac{n}{\sqrt{T_0}}=\text{const}$ 相等，燃气涡轮发动机就处于相似工作状态。当燃气涡轮发动机在 T_0，p_0 的大气条件下以转速 n_m 工作时，在标准大气条件下与此工作状态相似的状态应满足

$$n_{cor}/\sqrt{288.15}=n_m/\sqrt{T_0}$$

由此可得，在标准大气条件下，当燃气涡轮发动机转速为 $n_{cor}=n_m\sqrt{288.15/T_0}$ 时，这个工作状态与试验工作状态相似。n_{cor} 称为换算转速。

同理，根据相似工作状态下，各对应相似参数值相等，很容易得到各物理量的换算关系。与试验状态相似的标准大气条件下的相应参数，均称为换算参数。以 n_{cor} 为横坐标，以 F_{cor}，$(sfc)_{cor}$ 等为纵坐标作出的发动机特性曲线，就是标准大气条件下发动机的转速特性曲线。图 7-33 给出了某型燃气涡轮发动机在 $T_0=-20℃$ 以及 $p_0=0.999\ 92\times10^5\text{Pa}$ 条件下试车时所获得的转速特性及其换算到标准大气条件下的转速特性。

从图 7-33 上可以看出，发动机在试车条件下以最大转速($n_{max}=15\ 600\ \text{rad/min}$) 工作时发动机的推力为 23.70 kN，而在标准大气条件下以最大转速($n_{max}=15\ 600\ \text{rad/min}$) 工作时推力为17.70 kN。两者相比，同样以最大转速工作，试车条件下的发动机推力比标准大气条件下的推力高约 34%。

成批生产发动机时，希望不通过转速特性曲线的测定，直接检查一下发动机在标准大气条件下以最大转速工作时的性能。最简单的方法是根据当时周围大气温度 T_0，按换算关系式算出发动机的测量转速 n_m，即

$$n_m=n_{max}\sqrt{T_0/288.15}$$

将发动机置于转速 n_m 下工作，并测出发动机的性能参数 F_m，$(sfc)_m$，$W_{f,m}$ 等，再利用前面部分所导出的换算关系式进行换算，得到标准大气条件下发动机以最大转速 n_{max} 工作时的性能。

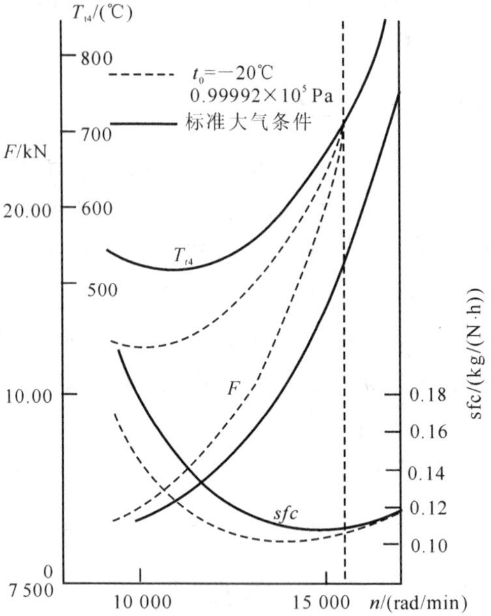

图 7－33　发动机转速特性及其相似换算

例如，图 7－33 所示的发动机在 $T_0=-20$℃ 以及 $p_0=0.999\,92\times10^5$ Pa条件下试车时，将发动机置于

$$n_m = n_{max}\sqrt{T_0/288.15}=15\,600\sqrt{253/288.15}=14\,621\ \text{rad/min}$$

转速下工作，并测得发动机性能为

发动机测量推力　　$F_m = 17.45$ kN；

测量单位燃油消耗率　　$(sfc)_m = 0.101\,2$ kg/(N・h)；

测量排气温度　　$T_{t5,m} = 603$ ℃

经换算后，得到标准大气条件下发动机以最大转速 $n_{max}=15\,600$ rad/min 工作时的性能为

换算推力　　$F_{cor} = 17.45\times760/750 = 17.70$ kN

换算耗油率　　$(sfc)_{cor} = 0.101\,2\sqrt{288.15/253} = 0.108\,0$ kg/(N・h)

换算排气温度　　$T_{t5,cor} = (603+273)\times288.15/253-273 = 725$ ℃

用这种方法很容易得到发动机在标准大气条件下以最大状态工作时的性能。然而值得注意的是，当大气温度高于 288.15 K 时，发动机的实际工作转速 n_m 将超过最大转速 n_{max}，即发动机必须进行超转工作，有时对压气机和涡轮来说，这样的机械负荷是不允许的。

能否避免上述使发动机超转工作的情况，使其在任何大气条件下，直接利用最大转速工作时所测得的性能来进行检查呢?如果有一台作为标准的发动机，而且事先通过试验和相似换算

得到该发动机在标准大气条件下的转速特性曲线，那么将被检查的发动机在任何大气条件下，在最大转速工作时所测得的转速和性能通过相似换算，得到标准大气条件下的换算转速和换算性能以后，就可以与标准发动机的特性相比较。需要指出的是，当周围大气温度很低时，换算到标准大气条件下的换算转速，将远远超过发动机的最大转速。为了使标准发动机的标准转速达到比较高的转速范围，在获得标准发动机的转速特性时，应该在尽可能低的大气温度下进行试验。

有了标准发动机的标准转速特性以后，就可以用来检查被试验的发动机。例如，前面所举例的发动机在 $T_0=-20℃$ 以及 $p_0=0.999\ 92\times10^5$ Pa 条件下试车，发动机转速为最大转速 $n_{max}=15\ 600$ rad/min 工作时，测得

发动机测量推力　$F_m=23.70$ kN；

测量单位燃油消耗率　$(sfc)_m=0.107\ 7$ kg/(N·h)；

测量排气温度　$T_{t5,m}=711℃$。

经换算后，得到标准大气条件下的性能参数为

发动机换算转速　$n_{cor}=15\ 600\sqrt{288.15/253}=16\ 644$ r/min；

换算推力　$F_{cor}=23.70\times760/750=24.02$ kN；

换算耗油率　$(sfc)_{cor}=0.107\ 7\sqrt{288.15/253}=0.114\ 9$ kg/(N·h)；

换算排气温度　$T_{t5,cor}=(711+273)\times288.15/253-273=847$ ℃。

将上述换算后的发动机性能参数与标准发动机的转速特性曲线相比较，就可以确定发动机的性能是否符合要求。

五、燃气涡轮发动机特性的相似参数表示方法

燃气涡轮发动机的推力相似参数 F/p_{t0} 和耗油率相似参数 $sfc/\sqrt{T_{t0}}$ 是两个独立的相似准则 Ma_0 和 $n/\sqrt{T_{t0}}$ 的函数。用这些参数表示的发动机转速特性如图 7-34 所示，它包括了飞行马赫数 Ma_0、飞行高度 H 和转子转速的影响，称为燃气涡轮发动机的通用特性。

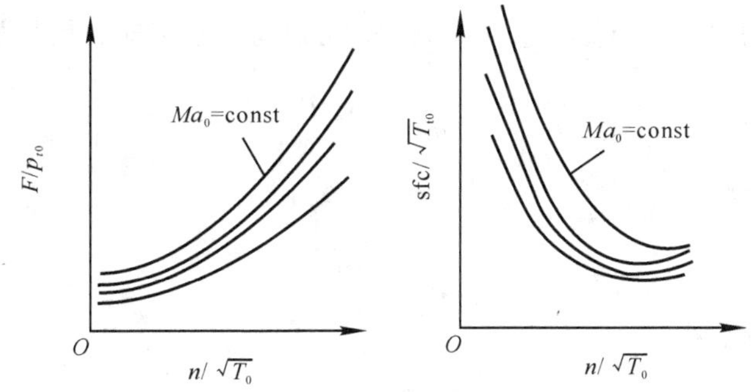

图 7-34　用相似参数表示的发动机特性

图7-34给出了燃气涡轮发动机的换算推力和换算耗油率与飞行高度、飞行马赫数和转速的变化关系。任意给定飞行高度 H、飞行马赫数 Ma_0 和转子转速 n 后，可以求得自由流截面的总压 p_{t0}、总温 T_{t0}，进一步计算出 $n/\sqrt{T_{t0}}$，从图中曲线可查得 F/p_{t0} 和 $\mathrm{sfc}/\sqrt{T_{t0}}$，这样便可计算出发动机的推力 F 和耗油率 sfc。

六、性能换算时考虑大气湿度的影响

本章在研究燃气涡轮发动机工作过程和发动机特性时，认为进入发动机的空气是干燥的。实际上，空气中总含有不同程度的水蒸气，尤其是在沿海地区，空气中的水蒸气有时接近饱和状态。

实际使用中，往往忽略空气中的水蒸气对发动机性能的影响。但是在地面试车台上检查发动机性能时，有时由于大气湿度不同而不能正确比较发动机的性能。下面给出当空气中含有水蒸气时，发动机性能的换算方法。

空气中所含水蒸气的分量是有一定限度的。空气中的水蒸气达到饱和状态是在该温度下空气中所含水蒸气最多的情况。

由工程热力学知识知道，每千克干空气中所含水蒸气的质量称为湿度，用符号 d 表示，即

$$d = \frac{W_w}{W_a}$$

式中　W_w—— 湿空气中水蒸气的质量流量；

W_a—— 湿空气中空气的空气质量流量。

湿空气是一种混合气体，水蒸气的容积 V_w 与干空气的容积 V_a 在它们的分压力下是相同的，均等于混合气体的容积 V，因此可以将上式中的质量比用水蒸气和干空气在它们的分压力下的密度比来表示，即

$$d = \frac{\rho_w}{\rho_a}$$

如果把空气中的水蒸气当做理想气体，那么，可以写出水蒸气的状态方程为

$$\frac{p_w}{\rho_w} = R_w T$$

干空气的状态方程为

$$\frac{p_a}{\rho_a} = R_a T$$

两状态方程相除后得到

$$\frac{p_a}{\rho_a}\frac{\rho_w}{p_w} = \frac{R_a}{R_w}$$

或
$$d=\frac{\rho_w}{\rho_a}=\frac{p_w}{p_a}\frac{R_a}{R_w}$$

式中　$R_a = 287\mathrm{J/(kg\cdot K)}$；

$R_w = 461.5\mathrm{J/(kg\cdot K)}$；

p_w 为水蒸气分压力；

p_a 为干空气的分压力，$p_a = p_0 - p_w$。

因此
$$d=\frac{0.622p_w}{p_0-p_w}$$

上式说明，当周围大气压力不变时，湿度 d 由水蒸气分压力 p_w 来确定。在一定的大气温度下，当水蒸气的分压力 p_w 达到该温度下的饱和蒸气压力时，空气中的水蒸气就达到了饱和状态。

图 7－35(a) 给出了水蒸气的饱和蒸气压力随着大气温度的变化关系。图 7－35(b) 示出了当周围大气压力为 101 325 Pa 时，大气饱和湿度 d_{max} 随大气温度的变化关系。

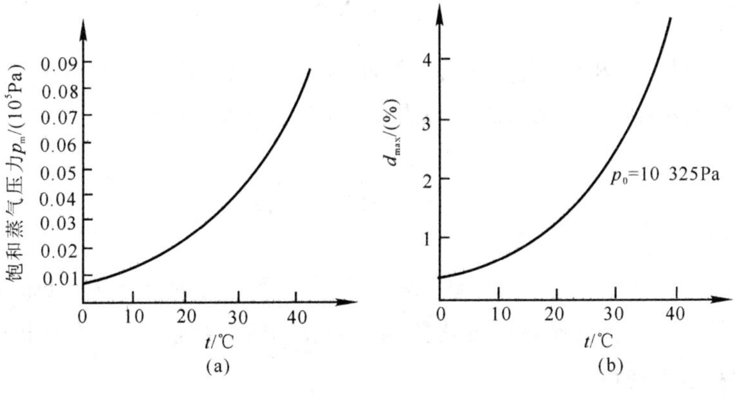

图 7－35　水蒸气饱和压力和大气饱和湿度随大气温度的变化

(a) 水蒸气饱和压力随大气温度的变化关系；

(b) 一定大气压下饱和湿度随大气温度的变化关系

进入燃气涡轮发动机的空气含有水蒸气会使发动机的推力、耗油率等性能参数发生变化，其根本原因是由于空气中含有水蒸气以后，其气体常数 R、定压比热 C_p 及绝热指数 k 等气体性质发生了变化。因此必须研究大气湿度对于空气和燃气性质的影响。

湿空气以及由湿空气燃烧成的湿燃气都是混合气体，它的气体常数、比热及比热比可以用下述关系式求得：

对于空气，则有

$$R_{\mathrm{h}} = \frac{R_{\mathrm{a}} + dR_{\mathrm{w}}}{1 + d}$$

$$C_{p\mathrm{h}} = \frac{C_{p\mathrm{a}} + dC_{p\mathrm{w}}}{1 + d}$$

$$C_{\mathrm{vh}} = \frac{C_{\mathrm{va}} + dC_{\mathrm{vw}}}{1 + d}$$

$$k_{\mathrm{h}} = \frac{C_{p\mathrm{h}}}{C_{\mathrm{vh}}}$$

对于燃气，可由与空气相类似关系式求得燃气气体常数、比热及比热比等参数。

在以上关系式中，空气和水蒸气的比热及比热比是随着温度而变化的，空气的比热及比热比随着温度的变化关系可参见文献[9]，水蒸气的比热，气体常数及比热比等参数可由下式计算：

$$C_{p\mathrm{w}} = [(32.24 + 0.001\,923T + 1.055 \times 10^{-5} T^2 - 4.187 \times 10^{-9} T^3)/18.015]\ \mathrm{kJ/(kg \cdot K)}$$

$$R_{\mathrm{w}} = \frac{8\,314.3}{18.015} = 461.5\ \mathrm{J/(kg \cdot K)}$$

$$C_{\mathrm{vw}} = C_{p\mathrm{w}} - R_{\mathrm{w}}$$

$$k_{\mathrm{w}} = \frac{C_{p\mathrm{w}}}{C_{\mathrm{vw}}}$$

在实际工程设计和分析中，若大气湿度影响明显，可以以湿空气和湿燃气为工质，按以上所给出的关系式对燃气涡轮发动机进行热力计算，来考虑大气湿度影响。

7.9 小　结

(1) 在给定的调节规律下，燃气涡轮发动机稳定状态工作时的推力、耗油率等性能参数随油门杆位置、飞行条件和大气条件的变化关系称为发动机的特性。一般发动机的特性分为速度特性、高度特性和节流特性。

(2) 获得燃气涡轮发动机特性的方法有试验方法和计算方法，但由于燃气涡轮发动机及其各个部件在非设计条件下流动情况的极其复杂性，使发动机特性的试验获取方法在发动机研制阶段占有非常重要的地位。用试验的方法取得发动机各个部件的特性数据以后，可以通过计算的方法来获得燃气涡轮发动机的特性。发动机特性的通用计算方法是在已知设计点有关参数、部件特性的基础上，寻求在给定的飞行条件、大气条件、发动机工作状态(油门杆角度)及调节规律下发动机各部件的共同工作点，然后计算发动机的性能如推力、单位推力和单位燃油消耗率等。

(3) 燃气涡轮发动机的特性还可以采用一种近似计算方法来获得，该方法比依赖部件特性的通用计算方法快捷方便，能够得到发动机特性曲线变化的正确趋势。

(4) 在调节规律为 $T_{t4}=\text{const}, n=\text{const}$ 条件下，燃气涡喷发动机速度特性的基本特征是：在低速范围，随着 Ma_0 的增大发动机推力减小；然后在较大的飞行速度内，Ma_0 增大，推力随之增加；最后在更高的 Ma_0 时，Ma_0 增大，推力迅速减小。随着 Ma_0 的增加，单位推力不断减小，耗油率一直不断增大。

(5) 低涵道比的混合排气燃气涡扇发动机的速度特性与燃气涡轮发动机的速度相类似。

(6) 高涵道比涡扇发动机和涡轮螺桨发动机速度特性的特点是，随着 Ma_0 的增大，发动机推力单调减小，没有燃气涡轮发动机的速度特性的马鞍形变化。

(7) 各种类型的燃气涡轮发动机高度特性的变化规律是相似的。若忽略雷诺数影响，在高度低于 11 km 的范围，随着高度增加，推力、耗油率减小，高度大于 11 km 之后，随着高度增加推力减小的速度更快，耗油率不变。若考虑高空低速条件下的雷诺数影响时，由于发动机各部件效率随雷诺数减小而降低，在高度大于 11 km 的高空耗油率将显著增加。

(8) 几何不可调的低涵道比混合排气燃气涡扇发动机的节流特性的基本特征是：发动机推力随低压转速的增加而迅速地增加；打开加力时，低压转速不变，推力显著增加；发动机的耗油率随低压转速的增加而迅速地下降，在最大转速附近有不明显的最小值。

习　题

1. 什么是燃气涡轮发动机的速度特性、高度特性和节流特性？

2. 发动机特性的通用计算方法已知条件是什么？发动机特性的近似计算方法已知条件又是什么？这两种计算方法有什么差异？

3. 为什么一定要用试验的方法确定燃气涡轮发动机的特性？用试验方法确定燃气涡轮发动机的特性时，使用哪些方法？相应的试验设备有哪些？

4. 单轴燃气涡轮发动机特性的通用计算方法中一般需要假设几个独立变量？为什么？

5. 在混合排气的涡扇发动机的速度特性和高度特性的近似计算中，为什么需要两层迭代？对于单轴或双轴燃气涡轮发动机是否也需要两层迭代？为什么？

6. 如果采用 $T_{t4}=T_{t4,\max}=\text{const}$ 的最大状态调节规律，涡喷发动机的推力和耗油率随 Ma_0 是如何变化的？当进口总温 T_{t2} 变化较大时，可能会遇到什么问题？

7. 设计增压比的大小和设计涡轮前总温的大小对燃气涡轮发动机的速度特性曲线有什么影响？为什么？

8. 分别排气涡扇发动机的尾喷管出口面积调整不当对发动机工作和发动机性能产生什么样的影响？

9. 为什么涡扇发动机在非设计条件下其涵道比 B 会发生变化？

10. 燃气涡扇发动机一般采用哪些最大状态调节规律?

11. 大涵道比分别排气涡扇发动机速度特性有哪些特点?为什么?

12. 大涵道比分别排气涡扇发动机的涵道比 B 是如何随 Ma_0 变化的?为什么?

13. 什么是发动机的最佳节流曲线?理论上如何获得最佳节流曲线?

14. 大气压力和大气温度对发动机特性有什么影响?大气湿度的影响又如何?

15. 什么是发动机的相似工作状态?在状态相似时有什么特点?

16. 几何相似的涡喷或涡扇发动机状态相似的准则参数是什么?

17. 在什么条件下必须考虑雷诺数对发动机性能的影响?为什么?通常雷诺数对发动机性能是如何影响的?

18. 一台双轴燃气涡轮发动机在几何不可调时采用 $n_1 = \text{const}$ 的调节规律,在一定的飞行高度下,当飞行马赫数增加时,高压转子的转速 n_2 和涡轮前温度 T_{t4} 是如何变化的?若保持飞行马赫数不变,当飞行高度增加时,n_2 和 T_{t4} 又是如何变化的?

19. 混合排气燃气涡扇发动机在保持 $n_1 = \text{const}$ 的条件下,将尾喷管出口面积减小时,风扇压气机进口流场会发生怎样的变化?涵道比 B 及 n_1 和 T_{t4} 又是如何变化的?

20. 某型混合排气燃气涡扇发动机,设计状态为海平面标准大气条件,风扇增压比为4.5,总增压比为30,$T_{t4} = 1\ 850$ K,$T_{t4}/T_{t2} = 6.42$,$B = 0.47$,风扇多变效率为0.85,高压压气机多变效率为0.90,高、低压涡轮的多变效率均为0.875。试求:

(1) 压气机出口总温、单位推力和单位燃油消耗率。

(2) 若采用的调节规律如图7-36所示,则当飞行至11 km,Ma_0 分别为0.9,1.5和2.0时,计算此时涡轮前最大允许温度。

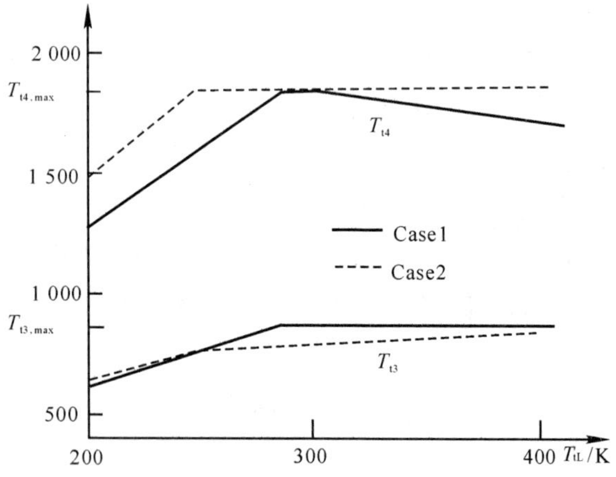

图 7-36　习题 20(2) 图

(3) 若该发动机增压比和温度比随 T_{t4}/T_{t2} 的关系如图 7－37 所示，求风扇增压比和风扇出口总温，高压压气机增压比和出口总温。

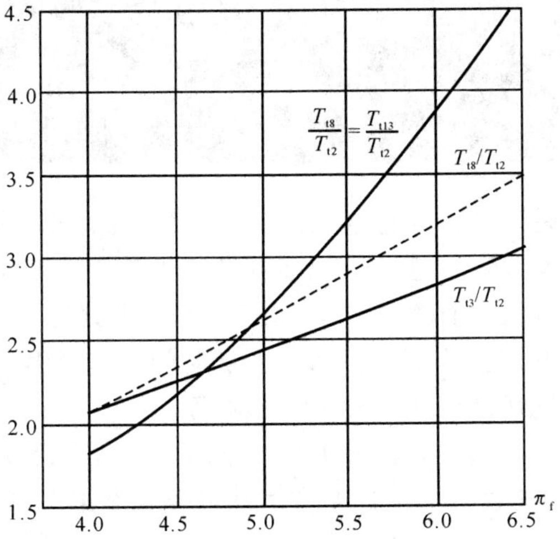

图 7－37　习题 20(3) 图

第8章 航空燃气涡轮发动机的过渡工作状态

前述各章中所讨论的是发动机的稳定工作状态，发动机的转子转速、涡轮前后的燃气温度、耗油量，以及其他一些参数等不随时间变化，或者变化非常缓慢以致对发动机的共同工作条件没有什么影响。发动机从一个稳定工作状态迅速地过渡到另一个稳定工作状态的过程称为过渡状态。在过渡状态下，发动机的一些参数会随时间迅速变化。发动机的过渡状态包括起动过程、加速过程、减速过程、接通加力与断开加力等。

通常是靠操纵油门杆来改变发动机的工作状态的。推动油门杆时，发动机推力（或者功率）迅速增大的能力称为加速性。加速性通常用从慢车状态过渡到推力达到最大推力值的95%所需的时间来评定。

在有加力燃烧室的发动机中，从非加力状态过渡到全加力状态的加速时间也是一个重要的指标。

航空燃气涡轮发动机还有一个重要的使用性能，那就是在地面和在空中起动的迅速性及可靠性。

8.1 单轴燃气涡轮发动机的加速过程

发动机在慢车状态或较小的推力状态稳定工作时，供油量为稳态时的供油量，压气机与涡轮的功率相等，发动机转速为稳态时的转速。如果这时操纵油门杆从较小的角度迅速地增大到另一角度，则供油量须迅速增加且大于稳态时的供油量，涡轮前总温迅速增加，涡轮功率大于压气机功率，发动机转速以及其他一些参数都随之迅速增加，最后在另一个工作点稳定下来。

一、加速过程的限制

图8-1所示为单轴涡喷发动机加速过程在压气机特性图上的表示。如果加速过程中供油量增加得比较慢，则加速过程由工作点M沿曲线1过渡到工作点D，加速过程曲线1位于稳态工作线的左上方。为了缩短加速过程的时间，显然应使该供油量增加得更快，相应的加速过程曲线可能变为曲线2。但这样可能会受到如下几个方面的限制：

（1）压气机工作稳定裕度。供油量增加得越快，加速过程工作线就越靠近压气机喘振边界。为了保证压气机的稳定工作，其稳定裕度应不小于5%～7%。

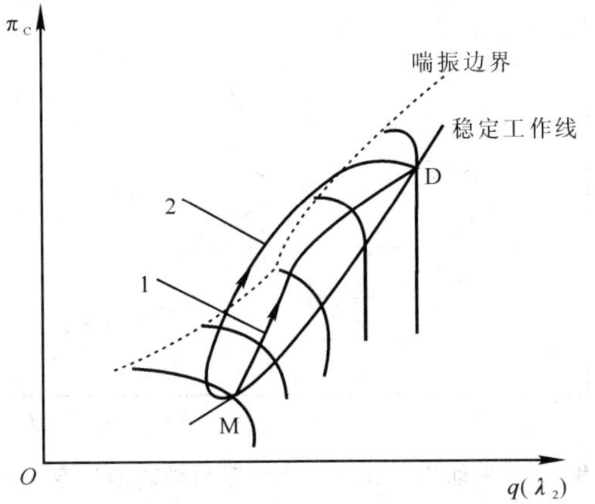

图 8-1 单轴燃气涡轮发动机加速过程曲线

(2) 涡轮叶片强度。考虑到涡轮叶片强度，涡轮前温度 T_{t4} 不能太高。在加速过程中，发动机转速小于最大转速，而且加速过程时间比较短，因此 T_{t4} 可以高于最大状态的涡轮前温度：$T_{t4} = T_{t4,max} + (40 \sim 70)$，加速过程涡轮前总温随发动机转速的变化如图 8-2 所示。

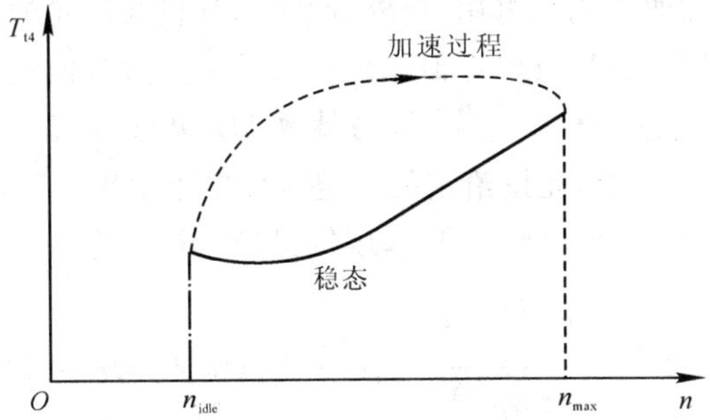

图 8-2 发动机加速过程涡轮前总温随转速的变化曲线

(3) 燃烧室稳定燃烧。加速过程中供油量迅速增加，燃烧室中余气系数 α 显著降低，余气系数太小将导致燃烧室熄火。加速过程燃烧室余气系数随发动机转速的变化曲线如图8-3所示。

在高空低速飞行条件下，发动机的加速过程可能会受到燃烧室熄火的限制；低空与中空的加速过程，在发动机的大转速范围通常是涡轮叶片强度条件受限，而在低转速和中等转速条件下往往压气机的稳定裕度要求苛刻。

如果在加速过程的每一点上，都能保持上述限制所允许的最大值，显然加速过程时间最短，这样的加速过程称为最佳加速过程。

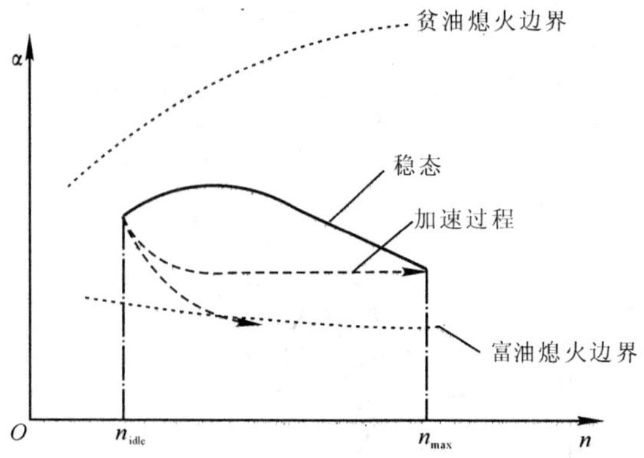

图 8-3　发动机加速过程余气系数随转速的变化曲线

二、最佳加速过程的近似确定

严格地说，发动机各部件稳定工作状态时的特性曲线不适合于过渡工作过程，用于稳定工作状态的流量平衡、能量平衡和压力平衡等方程也不能在过渡过程中使用。但是，考虑到发动机加速过程所需要的时间一般是 5～10 s，而一个气体微团通过发动机的时间只有百分之几秒，所以可认为部件的特性曲线仍然可用；此外，除了压气机与涡轮的功率平衡，其他稳态下的平衡方程仍可用于加速过程，这样可以近似地确定最佳加速过程曲线。其方法如下：

(1) 给定发动机加速时的飞行条件：飞行马赫数 Ma_0 和高度 H。

(2) 在压气机的特性曲线上，先按给定的稳定裕度要求定出加速过程工作线。

在每一个换算转速等于常数的特性线上，压气机稳定裕度为

$$\Delta SM \equiv \left[\frac{\left(\dfrac{\pi_C}{W_{a,\ cor}}\right)_s}{\left(\dfrac{\pi_C}{W_{a,\ cor}}\right)_{ac}} - 1\right] \times 100\% = 5\% \sim 7\% \tag{8-1}$$

式中　ΔSM—— 压气机稳定裕度；

s—— 喘振边界上的参数值(下标)；

ac—— 加速过程曲线上的参数值(下标)。

由于喘振边界上的参数值已知，故根据式(8-1) 可计算出加速过程在每一个换算转速上的工作点。这些点的连线即为加速过程曲线，如图 8-4 所示。

既然工作线已定，加速过程中每个换算转速下的 π_C 和 $q(\lambda_2)$ 就已知。在给定的飞行条件下，压气机进口的总压 p_{t2} 和总温 T_{t2} 是确定的，因此在加速过程工作线的每一点上，转速 n、空气质量流量 W_a、压气机出口总压 p_{t3}、总温 T_{t3} 等是已知的。

(3) 确定加速过程曲线上每一点的涡轮的膨胀比 π_T。如果涡轮导向器和尾喷管是处于临

界或超临界状态的，则涡轮膨胀比为

$$\pi_T = \left(\frac{\sigma_c A_8}{\sigma_{nb} A_{nb}}\right)^{\frac{2m}{m+1}}$$

式中　m—— 涡轮膨胀过程多变指数，可近似认为等于常数；

σ_c, σ_{nb}—— 尾喷管和涡轮导向器总压恢复系数，可认为等于常数。

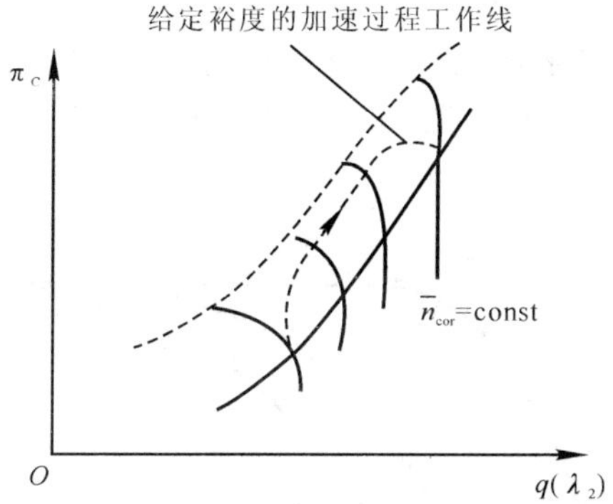

图 8－4　给定喘振裕度时的加速过程工作线

可见，当尾喷管喉部面积 A_8 和涡轮导向器喉部面积 A_{nb} 不变时，$\pi_T = \text{const}$。

如果尾喷管处于亚临界状态，则由如下公式和方法可确定 π_T。

根据压力关系

$$\frac{p_{t3}}{p_0} = \frac{p_{t3}}{p_{t4}} \frac{p_{t4}}{p_{t5}} \frac{p_{t5}}{p_{t8}} \frac{p_{t8}}{p_0}$$

可得

$$\frac{\pi_C}{\pi(\lambda_0)} = \frac{\pi_T}{\sigma_i \sigma_b \sigma_c} \frac{1}{\pi(\lambda_8)} \tag{8-2}$$

式中　$\sigma_i, \sigma_b, \sigma_c$—— 分别为进气道、燃烧室和尾喷管的总压恢复系数，均为常数；

π_C, π_T—— 分别为压气机的增压比和涡轮的膨胀比；

$\pi(\lambda_0)$—— 对应飞行马赫数的气动函数；

p_{t8}, p_0—— 尾喷管喉部总压和外界大气压力。

由涡轮与尾喷管的流量方程以及涡轮进出口温度比与压力比的关系可得

$$\pi_T \sqrt{1 - \left(1 - \frac{1}{e_T}\right) \eta_T} = \text{const} \cdot q(\lambda_8) \tag{8-3}$$

式中，$e_T \equiv \pi_T^{\frac{k-1}{k}}$，$\text{const} = \dfrac{\sigma_c A_8}{\sigma_{nb} A_{nb}}$。

在尾喷管处于亚临界状态时，根据式(8－2)和式(8－3)可作出涡轮膨胀比与压气机增压比的关系曲线。具体步骤如下：

1) 由给定的飞行马赫数 Ma_0 计算 $\pi(\lambda_0)$；

2）根据发动机设计点的涡轮膨胀比 π_T 和效率 η_T 计算出式(8-3)等号左边的 const 值

$$\text{const} = \left[\pi_T \sqrt{1-\left(1-\frac{1}{e}\right)\eta_T}\right]_d$$

3）选定多个 π_T 值，认为涡轮效率 η_T 不变，由式(8-3)计算 $q(\lambda_8)$，进而计算 $\pi(\lambda_8)$；

4）由式(8-2)计算压气机增压比 π_C；

5）于是可作出给定 Ma_0 下的 π_T 与 π_C 的关系曲线；

6）给定另一个飞行马赫数的值，重复上述步骤，这样就获得不同 Ma_0 条件下，π_T 与 π_C 的关系曲线，如图 8-5 所示。只要知道 Ma_0 和 π_C 即可查得涡轮膨胀比 π_T。

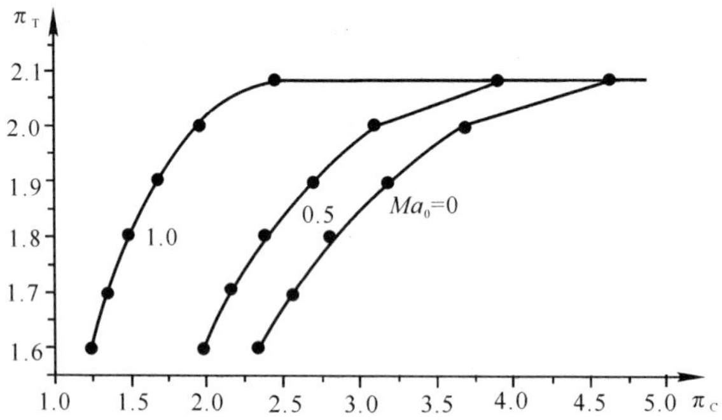

图 8-5　不同 Ma_0 下 π_T 与 π_C 的关系

(4) 确定加速过程曲线上每一点的涡轮前总温 T_{t4}。

根据涡轮特性图有

$$\frac{W_g\sqrt{T_{t4}}}{p_{t4}} = f\left(\frac{n}{\sqrt{T_{t4}}}, \pi_T\right) \tag{8-4}$$

式中　W_g—— 流过涡轮的燃气质量流量，近似地认为等于通过压气机的空气质量流量 W_a；

p_{t4}—— 涡轮进口总压，$p_{t4} = p_{t3}\sigma_b$；

n—— 发动机转速。

于是由式(8-4)可确定涡轮前总温 T_{t4}。

(5) 检查加速过程曲线上的每一点是否都是 $T_{t4} \leqslant$ 允许值。T_{t4} 的允许值可能由涡轮叶片强度或燃烧室稳定燃烧条件决定。如果 $T_{t4} >$ 允许值，则令 T_{t4} 等于允许值，继续下一步计算。

(6) 根据给定的 T_{t4} 确定工作点。

1）在压气机特性图有关的换算转速等于常数线上任选一点，并查得 π_C，$\frac{W_a\sqrt{T_{t2}}}{p_{t2}}$ 的值；

2）计算出 $\frac{W_g\sqrt{T_{t4}}}{p_{t4}}$ 的值；

3）根据$\frac{W_g\sqrt{T_{t4}}}{p_{t4}}$，$\frac{n}{\sqrt{T_{t4}}}$由涡轮特性图查取涡轮膨胀比 π_T；

4）根据 Ma_0，π_T 由图 8－5 查得 π_C；

5）比较 4）和 1）的 π_C，迭代确定工作点。

这样最后确定的加速过程是最佳加速过程，如图8－6所示。由图8－6可以计算加速过程的一些参数随时间的变化关系。

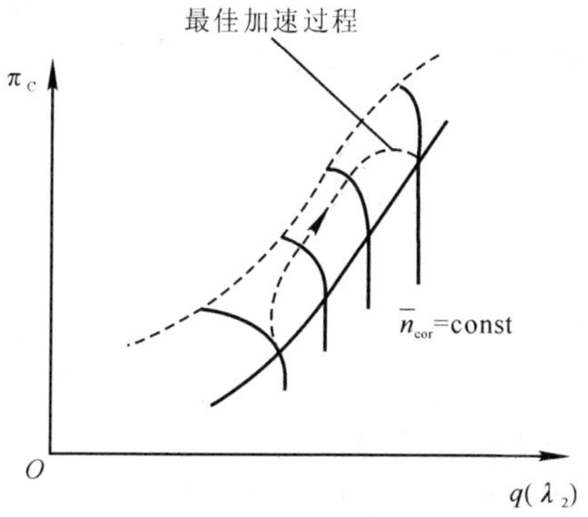

图 8－6　最佳加速过程曲线示意图

三、最佳加速过程转速随时间的变化关系

在发动机加速过程中，忽略机械效率时转子运动方程为

$$J\frac{d\omega}{dt}=M_T-M_C \tag{8-5}$$

式中，J 为转子对旋转轴的惯性矩。

转子旋转角速度为

$$\omega=\frac{\pi n}{30}$$

涡轮扭矩为

$$M_T=\frac{N_T}{\omega} \tag{8-6}$$

压气机扭矩为

$$M_C=\frac{N_C}{\omega} \tag{8-7}$$

由此可得

$$\frac{\mathrm{d}n}{\mathrm{d}t}=\frac{N_{\mathrm{T}}-N_{\mathrm{C}}}{J\left(\frac{\pi}{30}\right)^{2}n} \tag{8-8}$$

式中，涡轮功率为 $N_{\mathrm{T}}=C_{pg}T_{t4}W_{g}\left(1-\frac{1}{e_{\mathrm{T}}}\right)\eta_{\mathrm{T}}$

压气机功率为 $N_{\mathrm{C}}=C_{p}T_{t2}W_{a}\left(\frac{e_{k}-1}{\eta_{k}}\right)$

显然在给定的飞行条件下，涡轮功率 N_{T} 和压气机功率 N_{C} 都是发动机转速 n 的函数。如果加速过程是从慢车转速 n_{idle} 加速到某一较大的转速，则方程式(8-8)是常微分方程的边值问题，可表示为

$$\left.\begin{aligned}\frac{\mathrm{d}n}{\mathrm{d}t}&=f(n)\\ n\,|_{t=0}&=n_{\mathrm{idle}}\end{aligned}\right\} \tag{8-9}$$

利用数值解法，例如欧拉法，则任一时刻 $t+\Delta t$ 的转速为

$$n(t+\Delta t)\approx n(t)+\Delta t f(n(t)) \tag{8-10}$$

最后，得到最佳加速过程的转速随时间变化关系为

$$n=f(t) \tag{8-11}$$

四、加速过程的控制规律

为了实现发动机加速过程，必须增加供油量使其大于稳态时的供油量，为了使加速过程安全可靠而加速时间较短，就必须有适当的供油规律。给定了供油规律，发动机的加速过程随之而定，因此加速过程的供油规律，即加速过程的控制规律，是至关重要的。

1. $W_{f}=f(t)$ 控制规律

根据最佳加速过程的转速随时间变化关系式(8-11)中 $n=f(t)$，不难求出供油量随时间的变化关系，方法如下：

由燃烧室的能量平衡

$$C_{pg}(W_{a}+W_{f})T_{t4}=C_{p}W_{a}T_{t3}+\eta_{b}W_{f}H_{u}$$

可计算供油量

$$W_{f}=W_{a}\frac{C_{pg}T_{t4}-C_{p}T_{t3}}{\eta_{b}H_{u}-C_{pg}T_{t4}{}^{2}} \tag{8-12}$$

式中，W_{a}，T_{t4}，T_{t3} 在图 8-5 中所示的最佳加速过程线上都是转速 n 的函数。于是可计算出

$$W_{f}=f(n) \tag{8-13a}$$

或

$$W_{f}=f(t) \tag{8-13b}$$

这样的供油量随时间的变化关系对应着最佳加速过程，即为最佳供油规律(曲线)。它所对应的加速时间 t_{ac} 最短，即

$$t_{ac}=\left(\frac{\pi}{30}\right)^{2}J\int_{n_{\mathrm{idle}}}^{n_{\max}}\frac{n}{(N_{\mathrm{T}}-N_{\mathrm{C}})}\mathrm{d}n \tag{8-14}$$

式(8－13b)所表示的供油量随时间变化关系，初看起来是一种很理想的加速过程控制规律，既能保证加速时间最短，又使供油量仅仅是时间的函数，容易实现，但应该注意它只是对于给定的飞行条件是最佳的。如果飞行条件不同，它就不再是最佳的加速过程控制规律。因此对于飞行条件变化不大的飞机来说，这是一种可行的加速过程控制规律。

2. $W_f = f(p_{t3})$ 控制规律

在给定的飞行条件下，沿最佳加速过程工作线，压气机出口总压 p_{t3} 是发动机转速 n 的函数，因此令供油量 W_f 按一定的规律随 p_{t3} 变化，同样也可实现最佳加速过程。但是同第一种控制规律一样，只适用于给定的飞行条件。

3. $\dfrac{W_f}{p_{t0}\sqrt{T_{t0}}} = f\left(\dfrac{n}{\sqrt{T_{t2}}}\right)$ 控制规律

由于 $\dfrac{W_f}{p_{t0}\sqrt{T_{t0}}}$ 和 $\dfrac{n}{\sqrt{T_{t2}}}$ 都是相似参数，即在加速过程工作线上，它们单值对应，不受飞行条件的影响，所以按此控制规律确定供油量，在任何飞行条件下可以近似地实现最佳加速过程。因为前题条件“最佳加速过程”本身就是近似确定的；在较低的转速范围，涡轮导向器和尾喷管可能是亚临界的；此外，对于现代高性能的涡扇发动机多处是几何可调的，例如尾喷管喉部面积 A_8、风扇进口导流叶片安装角 α_1、压气机静子叶片安装角 α_2 等，在加速过程中都按预先设定的规律变化。在所有这些条件下，完全实现最佳加速过程是相当复杂的。

五、影响加速性的因素

影响发动机加速性的因素有大气条件、飞行条件、发动机的某些结构参数以及使用参数等，仍然以单轴涡喷发动机为例说明这些参数的影响。为了说明方便，先将式(8－13)改写成相似参数的形式为

$$\mathrm{d}t_{\mathrm{ac,cor}} = \left(\frac{\pi}{3}\right)^2 J \frac{n_{\mathrm{cor}}}{N_{\mathrm{T,cor}} - N_{\mathrm{C,cor}}} \mathrm{d}n_{\mathrm{cor}} \tag{8-15}$$

式中　$n_{\mathrm{cor}} = \dfrac{n}{\sqrt{T_{t2}}}$——转速的相似参数；

$N_{\mathrm{T,cor}} = \dfrac{N_T}{p_{t2}\sqrt{T_{t2}}}$——涡轮功率的相似参数；

$N_{\mathrm{C,cor}} = \dfrac{N_K}{p_{t2}\sqrt{T_{t2}}}$——压气机功率的相似参数。

加速时间的相似参数为

$$t_{\mathrm{ac,cor}} = t_{\mathrm{ac}} \frac{p_{t2}}{\sqrt{T_{t2}}} \tag{8-16}$$

对于稳定工作状态，保证发动机工作状态相似的是 Ma_0 和换算转速 $\dfrac{n}{\sqrt{T_{t2}}}$ 两个相似准则；

对于加速过程，因为涡轮功率不等于压气机功率($N_T \neq N_C$)，为保证加速过程相似，除了 Ma_0，$\frac{n}{\sqrt{T_{t2}}}$ 之外，还需要另外增加一个相似准则，如 $\frac{W_f}{p_{t0}\sqrt{T_{t0}}}$。换言之，只要保持 Ma_0，$\frac{n}{\sqrt{T_{t2}}}$，$\frac{W_f}{p_{t0}\sqrt{T_{t0}}}$ 相同，在任意不同的大气条件下加速过程是相似的，即式(8-14)右边的变化是相同的，对式(8-14)积分就可以得到一条通用的 $n_{cor} = f(t_{ac,cor})$ 曲线(见图 8-6)。

下面分析影响发动机加速性的因素。

(1) 起始转速的影响。发动机的加速特点是在小转速条件下转速的增加缓慢，所以增大慢车转速可以显著缩短加速时间。但是慢车转速的大小是根据地面条件下对慢车状态的推力要求确定的，一般地面条件下，单轴涡喷发动机的慢车转速为 $n_{idle} = (35\% \sim 50\%)n_{max}$。

(2) 大气条件的影响，如图 8-7 所示，在同样的 n_{cor} 范围内，$t_{ac,cor} = \text{const}$。再由式(8-16)可知，实际的加速时间 t_{ac} 与 p_{t2} 成反比。而 $p_{t2} = p_0\sigma_i\left(1+\frac{k-1}{2}Ma_0^2\right)^{3.5}$，所以在 Ma_0，σ_i 和 n_{idle} 不变的条件下，t_{ac} 与大气压力 p_0 成反比。这是因为，p_0 下降，空气质量流量减小，剩余功率减小，故加速时间增长。同样的道理，t_{ac} 与 $\sqrt{T_0}$ 成正比。

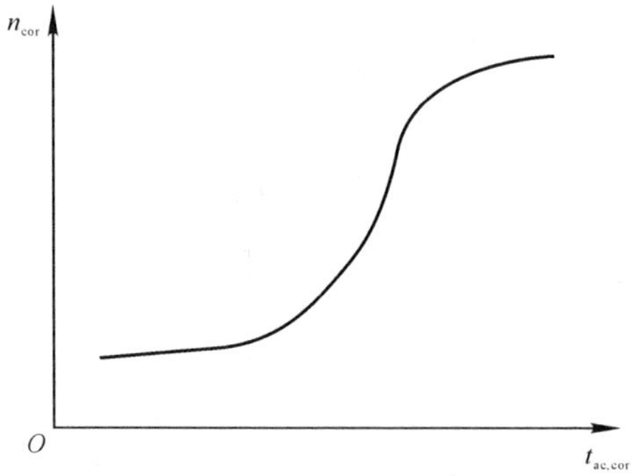

图 8-7　涡喷发动机的通用加速曲线示意图(Ma_0 = const)

(3) 飞行马赫数的影响。Ma_0 对发动机加速过程的影响比较复杂。首先，在小转速范围内尾喷管是处于亚临界状态的，Ma_0 对稳态工作线就有影响(见图 8-8)。其次，由于飞行条件对慢车转速的影响，不同飞行条件下加速过程的起始点可能是不同的，即使加速到同样的最大物理转速，加速过程的终点也是不同的。

由图 8-8 可知，在小转速范围内，Ma_0 增加，稳态工作线远离喘振边界，因此可以更快地加速；当尾喷管达到临界或超临界时，发动机的稳态工作线和加速过程工作线不受 Ma_0 的影响。

Ma_0 增加，压气机进口总温和总压增加，如果最大物理转速不变，则加速过程终点的换算转速减小，使换算的加速时间减小。综合总温、总压的影响，Ma_0 增加使实际的加速时间减小。

Ma_0 增加还会使慢车转速变化，具体如何变化决定于慢车状态的调节规律。

(4) 惯性矩和发动机尺寸的影响。由式(8-8)可知，发动机转子的惯性矩 J 越大，加速性越差。转子对旋转轴的惯性矩的一般公式是

$$J = \sum_i r^2 \, \mathrm{d}m$$

式中　$\mathrm{d}m$—— 转子中第 i 个零件的质量微元；

r—— 质量微元至转轴的距离。

采用圆柱坐标系时

$$J = \sum^{i} \rho_i \int_{v_i} r^3 \mathrm{d}v_i$$

式中，ρ_i 为转子第 i 个零件的材料密度。

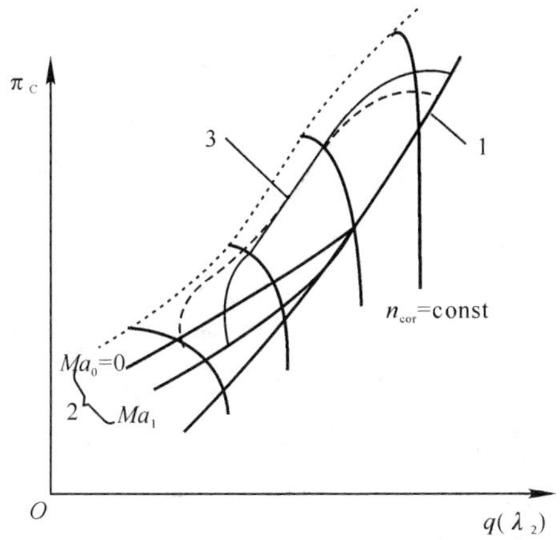

图 8-8　不同飞行条件下发动机的共同工作线

1— 尾喷管处于超临界状态时的稳态工作线；2— 尾喷管处于亚临界状态时的发动机工作线($Ma_1 > Ma_0$)；3— 不同飞行条件下加速过程可能的工作线

可见，对于几何相似而且转动零件材料相同的发动机，转子的惯性矩与发动机的直径 D 的5次方成正比，即

$$J = C_1 D^5 \tag{8-17}$$

另外，加速过程的剩余功率($\Delta N = N_T - N_C$)与发动机的空气质量流量成正比，而空气质量流量正比于直径的平方，所以

$$\Delta N = N_T - N_C = C_2 D^2 \tag{8-18}$$

在圆周速度相同的情况下，转速与直径成反比，即

$$n = C_3 D^{-1} \tag{8-19}$$

如果把式(8－17)、式(8－18)、式(8－19)代入式(8－14)将会得到加速时间与发动机直径成正比，即

$$t_{ac} = C_3 D^{-1} \tag{8-20}$$

式(8－20)是一个非常粗略的简化公式，只说明大尺寸的发动机加速性变差。

六、改善发动机加速性的措施

1．减小惯性矩 J

减轻发动机的重量从来就是发动机研制的重大课题，不仅可以减小惯性矩从而改善加速性，而且对于飞机的性能有重大影响。减轻重量的主要方法是，采用更先进的压气机、涡轮气动设计方法；改进结构；采用新材料等。

2．增加慢车转速 n_{idle}

一般 n_{idle} 是根据地面条件对慢车状态的推力要求来确定。在保持给定的推力要求情况下，有如下方法可以增大慢车转速：

第一，放大尾喷管的最小截面面积。因为当保持转速不变时，增大 A_8 则推力减小，要保持给定的推力则需增加慢车转速；

第二，转动压气机导流叶片。在小转速下，转动导流叶片使空气质量流量减小，发动机推力减小，再增加慢车转速以保证推力要求。

3．增加剩余功率

加速过程的特点是小转速范围加速缓慢，因此增加小转速时的涡轮前总温以增加剩余功率是改善加速性最有效方法，但受压气机喘振的限制。为此可在增加涡轮前总温的同时，采用扩大压气机稳定工作范围的措施，例如调节导流叶片和静子叶片、放气等，以增加剩余功率。

采用可调节的尾喷管亦能增加加速过程的剩余功率。加速过程中，将尾喷管喉部截面面积调节到最大，这样一方面增加了单轴涡喷发动机压气机的稳定裕度，同时又降低了稳态时的涡轮前总温，因此可显著地增加剩余功率。

8.2　单轴燃气涡轮发动机的减速过程

发动机的减速过程与加速过程相反，操纵油门杆使供油量迅速减少，涡轮前燃气总温降低，涡轮功率小于压气机功率，发动机从大转速过渡到较小的转速。单轴涡喷发动机减速过程的近似计算原则上与加速过程没有什么区别，只不过减速过程的剩余功率($\Delta N = N_T - N_C$)是负值。由于剩余功率 ΔN 的绝对值在高转速范围内比较大而低转速时比较小，所以减速过程开始时转速下降很快，而后则比较缓慢。图 8－9 表示从慢车状态到最大工作状态的加速和减速过程某些参数变化的比较，其中图 8－9(a) 表示加速和减速工作线在压气机特性图上的走向。

减速过程的限制是燃烧室贫油熄火。发动机从最大状态减速时，供油量突然减小，而由于

惯性发动机转速尚处于较大的转速，空气质量流量下降较慢，燃烧室为贫油状态，可能引起熄火，特别是在高空时燃烧条件恶化，更容易发生熄火，为此，供油量的减小速度应受到燃油系统的限制。

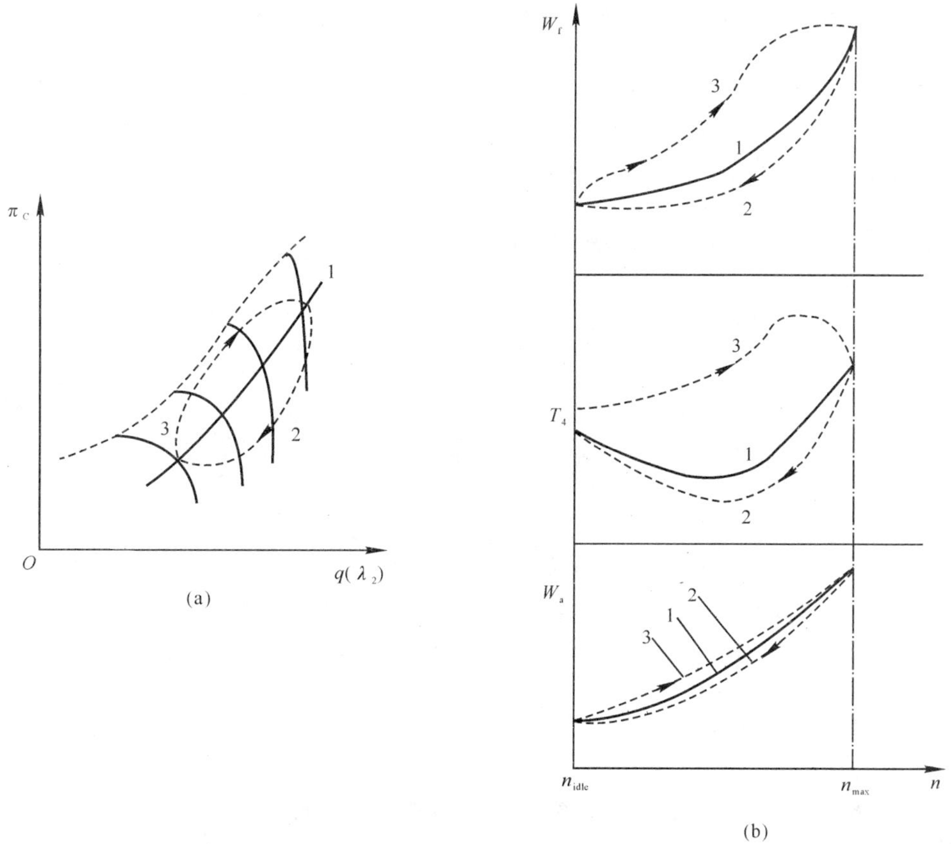

图 8-9　示意地表示加速和减速过程参数变化

1— 稳定状态；2— 减速过程；3— 加速过程

8.3　双轴燃气涡轮发动机的加、减速过程的特点

与单轴燃气涡轮发动机比较，双轴燃气涡轮发动机的加、减速过程要复杂一些。单轴发动机的转子运动方程式(8-5)对双轴发动机的每一个转子都适合，可以在各自的转速变化范围内积分。但是由于两个转子之间有气动方面的联系，高压转子的剩余功率($\Delta N_H = N_{TH} - N_{CH}$)和低压转子的剩余功率($\Delta N_L = N_{TL} - N_{CL}$)是相互关联的。由于两个转子没有机械上的物理联系，却有气动上的联系，使得双轴燃气涡轮发动机加、减速过程有下述特点。

一、“转差率”S 的变化

稳定工作状态下，双轴发动机的两个转子有不同的转速，定义为高压转速与低压转速之比的“转差率”S随着发动机的节流而增大。通常在最大工作状态时，$S \approx \frac{n_2}{n_1} = 1.3$左右，慢车状态下 S 增加到 2.0 以上。这就是说，慢车状态下低压转子相对转速 $\bar{n}_{1,\mathrm{idle}} = \frac{n_{1,\mathrm{idle}}}{n_{1,\max}}$ 比高压转子的相对转速 $\bar{n}_{2,\mathrm{idle}} = \frac{n_{2,\mathrm{idle}}}{n_{2,\max}}$ 低得多。

从慢车状态至最大状态的加、减速过程，转差率相对值 $\bar{S}(= \frac{n_2}{n_1}\frac{n_{1,\max}}{n_{2,\max}})$ 随高压转子相对物理转速 $\bar{n}_2(= \frac{n_2}{n_{2,\max}})$ 的变化关系如图 8－10 所示。

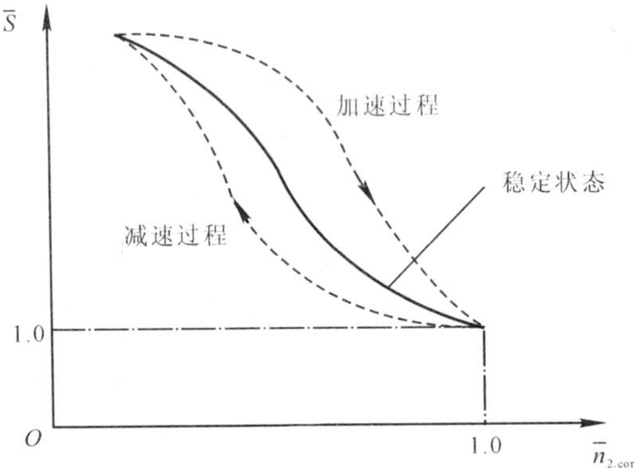

图 8－10　相对转差率与高压转子相对物理转速的关系

由图 8－10 可以看出，加速过程中的转差率大于稳定状态的值。这主要是因为低压慢车转速小，使 n_1 加速过程缓慢(第 8.1 节已经指出慢车转速的大小对减速过程有重大影响)；其次是在小转速条件下低压转子剩余功率比较小。加速过程高压转速增加较快，减速过程高压转速下降也较快，故减速过程中转差率 S 小于稳定状态的值。

二、加、减速过程工作线走向

(1) 对于高压转子，如图 8－11(a) 所示，其共同工作线的走向定性地与单轴涡喷发动机没有差别，加速过程工作线位于稳态线的上面，减速过程工作线位于稳态线的下面，因为高压转子实际上就是一个单轴涡喷发动机。

(2) 低压转子的加速过程工作线的大部分位于稳态线的下面，只是在加速过程开始的很

小部分位于稳态线的上面(见图 8－11(b))。这个特点决定于低压压气机和高压涡轮导向器的流量平衡方程,即

$$q(\lambda_2) = \text{const} \cdot \pi_{CL}\pi_{CH}\sqrt{\frac{T_{t2}}{T_{t4}}} \tag{8-21}$$

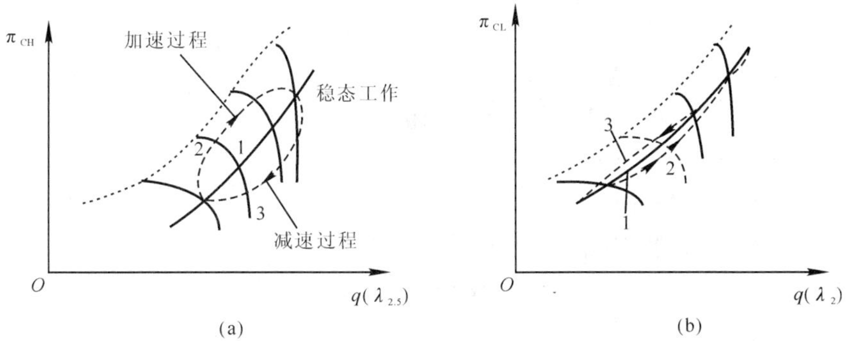

图 8－11　双轴燃气涡轮发动机的加、减速过程工作线走向示意图

(a) 高压转子；　(b) 低压转子

1— 稳态工线；2— 加速过程；3— 减速过程

加速过程中由于高压转子转速增加快,因此式(8－20)中的高压压气机增压比 π_{CH} 很快增加,使低压压气机进口的相对密流 $q(\lambda_2)$ 加大。所以在同样的换算转速下,加速过程工作线位于稳态线的下面。

(3) 低压转子的减速过程工作线的大部分位于稳态线的上面,只是在减速过程开始的小部分位于稳态线的下面(见图 8－11(b))。这是因为减速过程中高压转子转速下降快,因此式(8－21)中的高压压气机增压比 π_{CH} 下降快,使低压压气机进口的相对密流 $q(\lambda_2)$ 减小。所以在同样的换算转速下,加速过程工作线位于稳态线的上面。这个特点使减速过程低压压气机的稳定裕度减小,可能成为减速过程的一个限制。

(4) 与工作过程参数相同的单轴燃气涡轮发动机相比,双轴燃气涡轮发动机的加速时间稍短一些。因为后者有较大的压气机稳定工作裕度,而且高压转子比较轻,加速较快。

涡扇发动机通常是双轴的,其过渡状态的特点大致与双轴涡喷发动机相同。不同的是,双轴涡喷发动机中低压压气机的流通能力 $q(\lambda_2)$ 决定于式(8－21),即高压压气机的抽气能力(以 π_{CH} 为代表)对 $q(\lambda_2)$ 有重要影响;而涡扇发动机中,只是通过风扇内涵部分的空气质量流量与高压压气机的抽气能力关系比较大,而外涵部分的空气质量流量与 π_{CH} 关系不大。这就是说,涡扇发动机低压转子的过渡过程工作线偏离稳态工作线的程度比双轴燃气涡轮发动机的要小,而且涵道比越大,偏离越小。

8.4 涡轮螺桨发动机的加、减速过程的特点

仿照式(8－14)，单轴涡轮螺桨发动机的加速过程的时间可以用下式确定：

$$t_{ac}=\frac{\pi}{30}(J_z+J_{B,cor})\int_{n_{idle}}^{n_{max}}\frac{n}{(N_T-N_C)}dn \tag{8-22}$$

式中 J_z—— 发动机转子对旋转轴的惯性矩；

$J_{B,cor}=J_B i^2$—— 换算到发动机转速的螺旋桨惯性矩；

J_B—— 螺旋桨的惯性矩；

i—— 减速器的传动比。

式(8－21) 中的剩余功率为

$$\Delta N=N_T-N_C-N_B/\eta_B \tag{8-23}$$

式中 N_B—— 螺旋桨功率；

η_B—— 减速器效率。

涡轮螺桨发动机的稳态工作有两个控制量：供油量 W_f 和桨叶角 φ_B。最大状态的控制规律一般是：$\varphi_B\rightarrow n=n_{max}=\text{const}$，$W_f\rightarrow T_{t4,max}=\text{const}$。因此与涡喷发动机不同，涡轮螺桨发动机从最大状态过渡到较小的功率状态的一般方法如下：

(1) 减小供油量，使涡轮前总温 T_{t4} 下降，同时 $\varphi_B\rightarrow n=n_{max}=\text{const}$。这样，在相当大的范围内改变功率时并不需要增加发动机的转速。

(2) 需进一步降低发动机功率时，T_{t4} 下降的同时 n 下降。

由此，涡轮螺桨发动机通常设置有两个慢车状态，地面慢车状态和飞行中的慢车状态。

飞行中的慢车转速比较大：$n_{idle}=(0.75\sim1.0)n_{max}$，其目的是为了改善某些危险条件下的发动机加速性，例如在着陆下滑过程中须拉起复飞即是这种情况。

地面慢车转速比较小：$n_{idle}=(0.4\sim0.5)n_{max}$，以获得比较小的地面慢车推力。

所以单轴涡轮螺桨发动机从慢车状态至最大推力状态的加速，可能有如下几种情况：

(1) 慢车状态的转速等于最大状态的转速。这时发动机的加速性决定于螺旋桨桨叶的变矩速度，可以大大地改善发动机的加速性。

(2) 慢车状态的转速小于最大状态的转速。当发动机操纵杆从慢车位置迅速移动到最大位置时，发动机转速增加，同时桨叶角 φ_B 按一定的规律变化，φ_B 如何变化决定着发动机推力的增加规律。

1) 在发动机加速过程中，没有特殊装置的一般变矩螺旋桨调节器开始是减小 φ_B，以使转速更迅速增加，达到 n_{max} 后才开始增大 φ_B。这样的加速过程中转速 n、推力 F 和桨叶角 φ_B 随时间的变化如图 8－12(a) 所示。可见，在加速的开始阶段有负推力出现，这是不允许的，特别是在飞机着陆要拉起的时候。为此在变矩螺旋桨调节器上应设有特殊装置，例如飞行桨矩限制器，

以避免出现负推力。

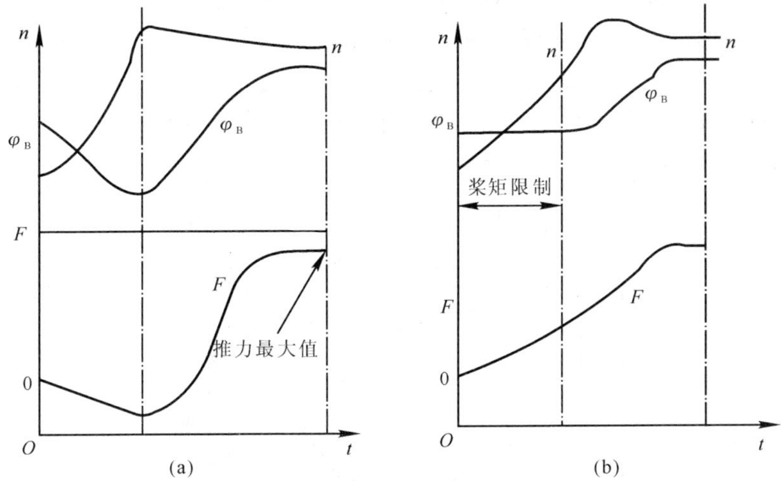

图 8-12　涡轮螺桨发动机加速过程中参数随时间的变化

(a) 一般变矩螺旋桨;(b) 带飞行桨矩限制器的变矩螺旋桨

2) 当变矩螺旋桨带有飞行桨矩限制器时,如果接通飞行低挡矩,则不会产生负推力。其加速过程中的参数变化如图 8-12(b) 所示。

具有自由涡轮的涡轮螺桨发动机的加、减速过程与几何不可调节的单轴涡喷发动机差别不大。

8.5　燃气涡轮发动机的起动过程

一、概述

发动机从零转速过渡到慢车转速的过程称为起动过程。燃气涡轮发动机在地面起动时必须依靠外界动力源,因为这时没有空气流过发动机,如果向燃烧室喷油点火只能将发动机烧伤而转子不会转动起来。只有达到一定的转速后,燃烧室内的气流才能建立起稳定燃烧所需要的气流压力和温度。图 8-13 中所示的 n_1 是开始向燃烧室供油点火的转速,涡轮开始产生功率。但是在 n_1 转速下,压气机增压比很低,压气机和涡轮效率也很低,即使涡轮前总温为最大允许值 $T_{t4,max}$,涡轮产生的功率也小于压气机所需要的功率。在 $T_{t4,max}$ 值下涡轮功率等于压气机功率的最小转速,称为最小稳定工作转速 n_p(见图 8-13),这个转速一般大于发动机最大转速的 10%。在转速 n_p 下涡轮前总温为最大值 $T_{t4,max}$,因此发动机本身不具备加速的潜力。只有发动

机转速超过 n_p 后，在 $T_{t4,max}$ 值下涡轮功率超过压气机功率，才可能依靠涡轮的剩余功率使发动机加速。因此，发动机地面起动过程必须借助于外界动力源，即起动机将发动机从零转速带动到最小稳定工作转速以上。在双轴燃气涡轮发动机和双轴涡扇发动机中通常是起动机带动高压转子旋转。

单轴燃气涡轮发动机的涡轮功率 N_T、压气机功率 N_C 和起动机功率 N_{CT} 与发动机转速的关系如图 8-13 所示。

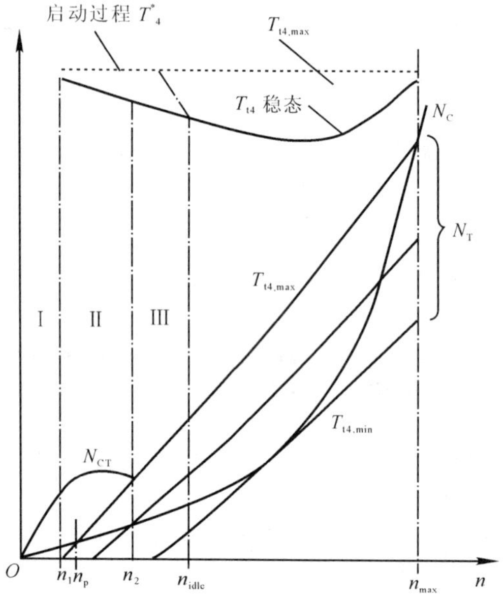

图 8-13　涡轮功率 N_T、压气机功率 N_C 和起动机功率 N_{CT} 与发动机转速的关系

二、起动机的类型

对起动机的主要要求是：尺寸小、质量轻、可靠程度高，以及短时间能产生大功率。起动机的输出功率从几十千瓦到几百千瓦。

目前广泛应用的起动机有以下几种类型。

(1) 电起动机。由机上电瓶或地面电瓶供电，起动过程结束后，电起动机就由发动机带动作为发电机使用。这种起动机的优点是结构简单、尺寸小和起动准备容易。缺点是在较短时间内允许的再起动次数有限（3～5 次），受外界条件的影响较大，当外界条件变化使电瓶电压下降时，就不易起动。

(2) 燃气涡轮起动机。适用于起动功率高的大型发动机。其优点是在质量和尺寸较小的情况下能产生较大的起动功率，并且可以多次起动。由于这种起动机本身是一种小型燃气涡轮发动机，所以它还需要起动机（一般用电起动机）。这样使结构复杂，起动时间长。

(3) 冷气涡轮起动机。由飞机上或地面压缩空气吹动冷气涡轮旋转，再经减速器带动发动机转子。这种起动机本身的质量小，但压缩空气的消耗量很大。

以上 3 种起动机的重度（不包括设备重量）大致如下：

电起动机	14 ～ 20 N/kW
燃气涡轮起动机	9 ～ 12 N/kW
冷气涡轮起动机	9 ～ 12 N/kW

以上 3 种起动机轴上的扭矩与发动机的转速非常接近直线关系，即

$$M_{CT} = M_{CT,0} - An \tag{8-24}$$

式中　$M_{CT,0}$—— 转速为零时的起动机扭矩；

n—— 发动机转速；

A—— 与起动机类型有关的常数。

三、起动过程的三个阶段

燃气涡轮发动机的起动过程通常分为3个阶段，图8-13上已经标出了这3个阶段。为了清楚起见，以单轴燃气涡轮发动机为例，将起动过程的扭矩变化示意地表示在图 8-14 上。

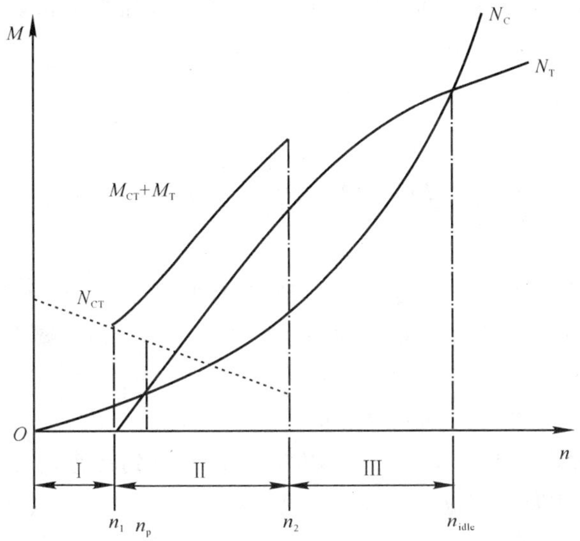

图 8-14　单轴燃气涡轮发动机起动过程的 3 个阶段

1. 第 Ⅰ 阶段

转速由零到涡轮开始产生功率的转速 n_1，发动机完全由起动机带动加速。在这个阶段的末尾 n_1 转速下，起动系统向燃烧室供油、起动点火，燃烧室开始工作。一般

$$n_1 = (0.08 \sim 0.12) n_{\max}$$

这个阶段的功率平衡方程为

$$N_{CT} - \frac{N_C}{\eta_m} = \left(\frac{\pi}{30}\right)^2 J n \frac{dn}{dt} \tag{8-25}$$

或者用扭矩表示为

$$M_{CT} - \frac{M_C}{\eta_m} = J \frac{d\omega}{dt} \tag{8-26}$$

式中，压气机扭矩为
$$M_C = \frac{W_a L_C}{\omega}$$

需要的起动机扭矩为

$$M_{CT} = \frac{W_a L_C}{\omega \eta_m} + J \frac{d\omega}{dt} \tag{8-27}$$

可见在一定的起动时间要求下，对于大流量、高增压比的发动机，起动机扭矩 M_{CT} 比较大。

2. 第 Ⅱ 阶段

由涡轮开始产生功率的转速到起动机脱开的转速是起动过程的第 Ⅱ 阶段。在这个阶段，起动机与涡轮的扭矩之和驱动发动机加速，涡轮前总温通常保持为最大值 $T_{t4,\max}$。当转子加速到转速 n_p 时，理论上可以脱开起动机，但是为了增加可靠性和缩短起动时间，一般到转速 n_2 才脱开起动机。转速 n_2 大约为

$$n_2 = (0.2 \sim 0.3) n_{\max}$$

扭矩平衡方程为

$$M_{CT} + M_T - \frac{M_C}{\eta_m} = J \frac{d\omega}{dt} \tag{8-28}$$

3. 第 Ⅲ 阶段

由起动机脱开转速 n_2 至慢车转速 n_{idle} 是起动过程第 Ⅲ 阶段，转子加速完全靠涡轮剩余功率。涡喷发动机的慢车转速 n_{idle} 主要根据地面条件下对慢车推力的要求（一般不超过最大推力的 3% ～ 4%）选定，通常

$$n_{idle} = (0.24 \sim 0.4) n_{\max}$$

图 8-15 为起动过程在压气机特性图上的示意图。由 0 到转速 n_1 是第一阶段，发动机由起动机带动，涡轮前总温实际上接近外界大气温度；第二阶段开始，燃烧室供油点火，在 1 ～ 2 s 时间内涡轮前总温升高到最大值 $T_{t4,\max}$，然后保持 $T_{t4,\max}$ 直到第三阶段的前半部分。

在第三阶段的后半部分，涡轮前总温逐渐下降，最后达到慢车转速。整个起动过程工作线沿 0—1—2—3 曲线变化。

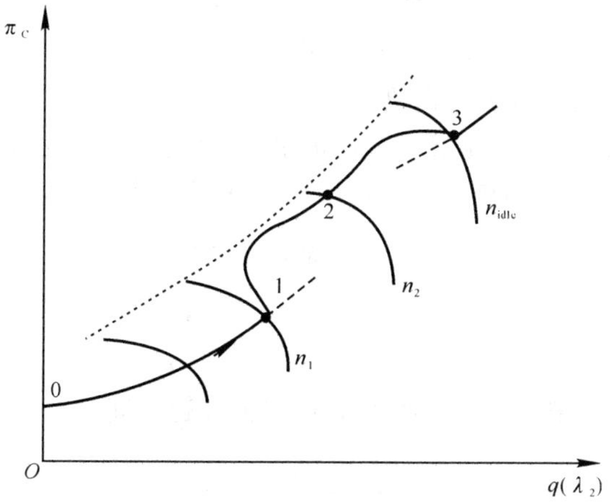

图 8－15　起动过程在压气机特性图上的示意图

四、起动过程的近似计算方法

现以单轴燃气涡轮发动机为例说明起动过程的近似计算方法。计算的主要目的是在规定的起动时间条件下选取起动机的功率。计算时的已知条件如下：

(1) 起动时间 t,发动机设计时根据飞机的要求确定；

(2) 发动机转子的转动惯性矩 J,对于新设计的发动机应有估计值；

(3) 选定的特征转速 n_1,n_p,n_2,n_{idle}；

(4) 发动机在最大工作状态 n_{max} 和慢车状态 n_{idle} 的空气质量流量、压气机增压比、效率等；

(5) 起动机的类型。

根据起动过程的发动机转子运动方程式(8－28),可得任一阶段的加速时间为

$$t = J\frac{\pi}{30}\int_{n_a}^{n_b}\frac{dn}{M_{CT}+M_T-M_C/\eta_m} \tag{8-29}$$

1. 第 Ⅰ 阶段的加速时间计算

(1) 压气机扭矩 M_C 的确定。在起动过程中,压气机的功率可近似地认为与转速的 3 次方成正比,即扭矩与转速的平方成正比,表示为

$$M_C = \text{const}\cdot n^2$$

所以有

$$\frac{M_C}{\eta_m} = \frac{M_{C,idle}}{\eta_m}\left(\frac{n}{n_{idle}}\right)^2 = M_{T,idle}\left(\frac{n}{n_{idle}}\right)^2 = An^2 \tag{8-30}$$

式中,$M_{T,idle} = \text{const}$ 为慢车状态的涡轮扭矩,与慢车状态的压气机扭矩 $M_{C,idle}$ 相等,$A = \dfrac{M_{T,idle}}{n_{idle}} = \text{const}$,根据已知条件可以计算。

(2) 起动机的扭矩。电起动机和涡轮机起动机的扭矩与发动机转速实际上是直线关系,即

$$M_{CT} = M_{CT,0} - C\,n \tag{8-31}$$

式中　$M_{CT,0}$—— 转速 $n = 0$ 时的起动机扭矩；

C—— 与起动机类型有关的常数。

在起动过程第 Ⅰ 阶段中，有足够的起动机扭矩，这对起动的可靠性和缩短起动时间是非常重要的，但增加扭矩又使起动机尺寸和重量加大。根据经验，一般选取

$$M_{CT,0} = (4 \sim 5)\frac{M_{C,\mathrm{I}}}{\eta_m} \tag{8-32}$$

或

$$M_{CT,\mathrm{I}} = (2 \sim 2.5)\frac{M_{C,\mathrm{I}}}{\eta_m} \tag{8-33}$$

(3) 第 Ⅰ 阶段的涡轮扭矩为零，故第 Ⅰ 阶段的加速时间为

$$t_1 = J\frac{\pi}{30}\int_0^{n_1}\frac{dn}{M_{CT} - M_C/\eta_m} = J\frac{\pi}{30}\int_0^{n_1}\frac{dn}{M_{CT\,0} - Cn - An^2} \tag{8-34}$$

2. 第 Ⅱ 阶段加速时间的计算

(1) 压气机扭矩 M_C 仍采用式(8-28)计算。

(2) 起动机扭矩为　$M_{CT} = M_{CT,0} - Cn$

或　$M_{CT} = M_{CT,1} - C(n - n_1)$

(3) 涡轮扭矩的确定。在涡轮前总温 $T_{t4} = \mathrm{const}$ 情况下可以认为涡轮扭矩与转速成正比

$$M_T = C_1 n - C_2$$

式中 C_1, C_2 为常数，决定于发动机类型和特征转速 n_1, n_p, n_2, n_{idle}。设计中的发动机可以由如下方法确定 C_1, C_2：

当 $n = n_1$ 时　$M_T = 0$

所以　$C_1 n_1 - C_2 = 0$

当 $n = n_p$ 时　$M_T = \dfrac{M_C}{\eta_m}$,

所以　$An_p^2 = C_1 n_p - C_2$

由以上两式可以解得

$$C_1 = \frac{An_p^2}{n_p - n_1},\quad C_2 = \frac{An_p^2 n_1}{n_p - n_1}$$

(4) 第 Ⅱ 阶段的加速时间为

$$t_{\mathrm{II}} = J\frac{\pi}{30}\int_{n_1}^{n_2}\frac{dn}{M_{CT} + M_T - M_C/\eta_m} = J\frac{\pi}{30}\int_{n_1}^{n_2}\frac{dn}{M_{CT,0} - Cn + C_1 n - C_2 - An^2} \tag{8-35}$$

3. 第 Ⅲ 阶段加速时间计算

(1) 涡轮扭矩 M_T。在起动过程的第 Ⅲ 阶段，涡轮前总温不等于常数，涡轮扭矩 M_T 与转速的关系如图 8-16 中的虚线 2—3 所示，但可以近似地用直线 2—3 代替，即仍然认为 M_T 与 n 成正比，表示为

$$M_T = C_3 n - C_4$$

当 $n = n_2$ 时　　$C_3 n_2 - C_4 = C_1 n_2 - C_2$

当 $n = n_{idle}$ 时　　$An_{idle}^2 = C_3 n_{idle} - C_4$

由以上两式可解得

$$C_3 = \frac{An_{idle}^2 - C_1 n_2 + C_2}{n_{idle} - n_2} \tag{8-36}$$

$$C_4 = \frac{An_{idle}^2 - C_1 n_2 + C_2}{n_{idle} - n_2} - An_{idle}^2 \tag{8-37}$$

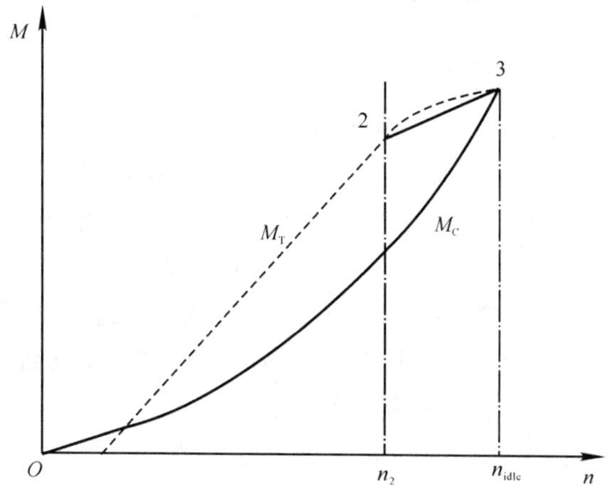

图 8-16　起动过程第三阶段涡轮扭矩近似确定

(2) 在第 Ⅲ 阶段中,起动机已脱开,故加速时间为

$$t_{Ⅲ} = J\frac{\pi}{30}\int_{n_2}^{n_{idle}} \frac{dn}{M_T - M_C/\eta_m} = J\frac{\pi}{30}\int_{n_2}^{n_{idle}} \frac{dn}{C_3 n + C_4 - An^2} \tag{8-38}$$

4. 总起动时间

$$t = t_Ⅰ + t_Ⅱ + t_Ⅲ$$

如果计算的起动时间不满足给定的要求,则重新选取起动机的扭矩 $M_{CT,0}$,或选取别的起动机类型。为了保证在外界条件变化时可靠地起动,应把计算的起动机功率放大 20%。

五、大气条件对发动机起动过程的影响

1. 大气温度的影响

大气温度 T_0 的降低对起动过程不利。在同样的发动机转速下,通过发动机的空气质量流量近似地与 T_0 成反比,故 T_0 下降压气机扭矩增加;T_0 下降,滑油黏性增加,机械效率降低;另一方面,T_0 下降燃油黏性增加,雾化不良,燃烧效率降低。

在寒冷的条件下起动必须适当地增加供油量,否则会造成涡轮剩余扭矩不足,在起动过程

的第 Ⅱ 阶段和第 Ⅲ 阶段转速增加非常缓慢，甚至出现“冷悬挂”。

相反在炎热的条件下起动容易超温，因此必须适当地减小供油量，否则会因为超温引起压气机气流分离，使转速不能增加，即“热悬挂”。

2. 高原起动

高原起动过程时间增长，甚至无法起动。这是因为，大气密度减小，采用燃气涡轮起动机时，起动机本身的起动就很困难，起动机功率减小；燃烧室内的压力和温度比较低，对起动点火火焰的稳定不利；涡轮的剩余扭矩减小。

采用燃气涡轮起动机的现代先进的燃气涡轮发动机可以在海拔 3 500 m 以下的高原上起动。

六、燃气涡轮发动机空中起动特点

1. 在发动机的风车状态下空中起动不需要起动机

当发动机装于飞机上正常工作时，供入燃烧室的燃油稳定燃烧，发动机产生推力。飞行过程中由于某些原因可能造成燃烧室熄火而使发动机自动停车，或为了解除压气机的喘振而被迫停车，发动机转速迅速下降，然后进入稳定的自转状态即风车状态。这时燃烧室没有燃烧，是迎面气流的动压头使发动机转子旋转，因此风车状态的发动机参数主要决定于飞行马赫数。风车状态下，风扇 / 压气机和涡轮都远离其设计点，效率非常低。发动机的空中起动就是在风车状态下向燃烧室喷油点火，建立起发动机的正常工作状态。

正常工作状态下发动机各部件的共同工作决定于 2 个参数：飞行马赫数 Ma_0 和温度比 T_{t4}/T_{t0}。而在风车状态下，燃烧室出口总温等于压气机出口总温 $T_{t4}=T_{t3}$，因此如果不考虑雷诺数的影响，这时的发动机换算转速、压力比、换算质量流量等相似参数只决定于飞行马赫数 Ma_0。如果小转速下的风扇 / 压气机特性和涡轮特性是已知的，加上条件 $T_{t4}=T_{t3}$，则风车状态的发动机共同工作计算方法与其他稳定工作状态一样。图 8-17 表示单轴涡喷发动机风车状态的发动机工作线，应注意工作线上的每一点对应不同的飞行马赫数。因为通过燃烧室总温不增加，因此决定工作点的参数是与飞行马赫数有关的进气道冲压比 p_{t2}/p_0。由于压气机和涡轮效率非常低，以及燃烧室中的总压损失，尾喷管的总压 p_{t8} 小于进气道出口总压 p_{t2}，结果 $c_9<c_0$，发动机产生阻力。

随着飞行马赫数的增加，冲压比 p_{t2}/p_0 增加，发动机转速、增压比、空气质量流量等都随之增加。转速的增加主要是因为涡轮膨胀比加大，尾喷管达到临界状态后，风车状态的换算转速 $\bar{n}_{cor}$ 达到最大值。飞行马赫数 Ma_0 继续增加，虽然物理转速继续增加，但 $\bar{n}_{cor}$ 不再变化，在压气机特性上对应着一个点，所以压气机增压比、换算流量等相似参数都保持不变，如图 8-18 所示。

对于单轴燃气涡轮发动机，一般当 $Ma_0=1.2\sim1.7$ 时，尾喷管可达到临界状态，这时的风车换算转速为设计状态换算转速的 $50\%\sim70\%$。可见，在相当的飞行速度下，发动机自转转速是足够大的，空中起动不需要起动机驱动转子。

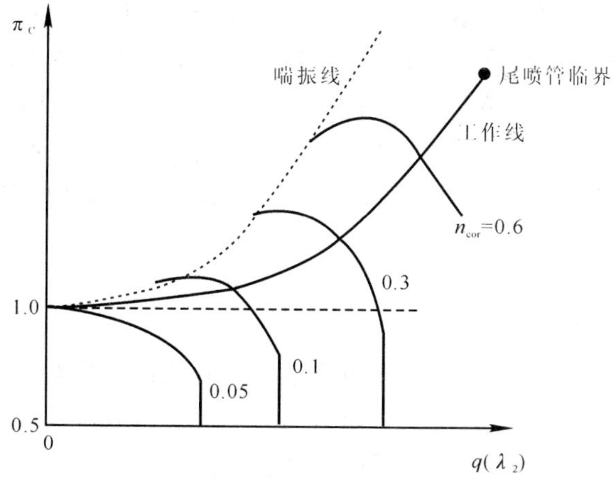

图 8－17 单轴燃气涡轮发动机风车状态的发动机工作线

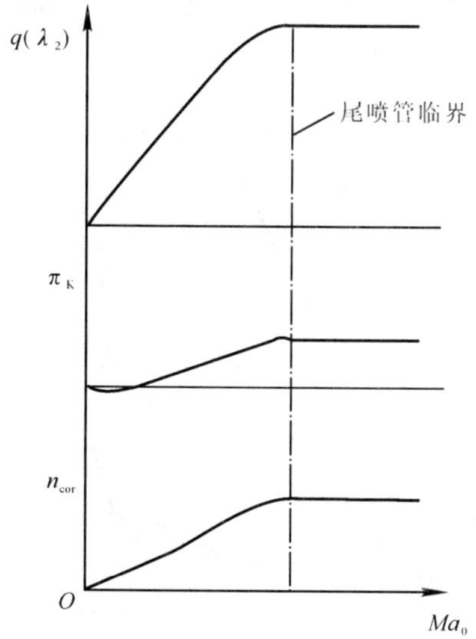

图 8－18 风车状态下的压气机参数与 Ma_0 的关系

涡扇发动机的情况是类似的。不带中压压气机的分别排气涡扇发动机在风车状态下，外涵道的流动阻力比较小，风扇的增压比接近或稍小于 1.0，外涵尾喷管的膨胀比接近于进气道的冲压比。内涵的流动相当于一个单轴燃气涡轮发动机，其尾喷管是低压涡轮的导向器，由于导向器的流通面积较小使内涵的空气质量流量较小。结果是风车状态的涵道比大于设计状态的值，低压与高压转速比也大于设计值，燃烧室中的压力和温度比较低，不利于空中点火起动。

在带有中压压气机的分别排气涡扇发动机中，中压压气机从低压轴上获取功率而增压内涵气流，结果导致低压转速下降和涵道比减小(与无中压压气机方案比较)。由于中压压气机的增压，使进入燃烧室的空气质量流量、温度和压力都增加，这有利于点火起动。

混合排气(不带中压压气机)的涡扇发动机，由风扇出口至混合室进口的内涵气流压力差基本上与外涵道气流相应的压力差相当。因此，与分别排气方案比较，混合排气发动机的低压涡轮出口的压力较大，导致内涵气流质量流量较小、涵道比较大、转速比 n_1/n_2 较大，燃烧室中的压力和温度比较低，对点火起动不利。

2. 空中起动燃烧室点火条件差

空中风车状态下通过压气机的空气容积流量可达到地面同样转速条件下的 2 ～ 2.5 倍，压气机后面各级处于"涡轮"状态，压气机出口压力和温度大大降低，进入燃烧室的气流速度增加而温度和压力降低。这就使可点燃的混合气油气比的范围显著缩小，特别是在高空起动时点燃的范围非常狭窄。

在给定的飞行马赫数和高度条件下，可以计算出风车状态时燃烧室气流参数，结合燃烧室油气比可点燃范围的试验特性就可估算出空中可起动范围，如图 8 - 19 所示。

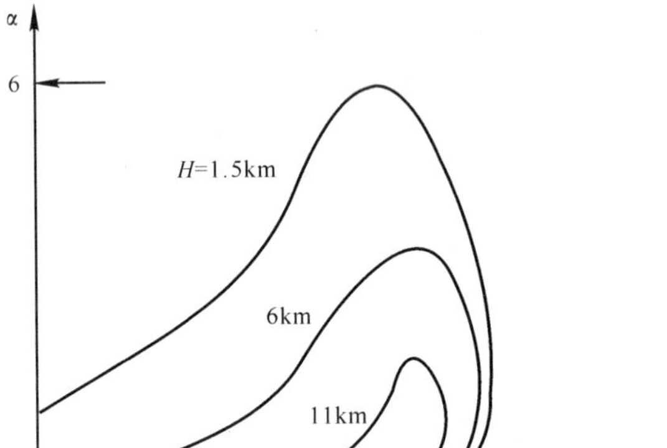

图 8 - 19　空中可起动范围示意图

由图 8 - 19 可以看出，只有在一定的飞行速度和高度范围内才可能起动发动机，在很多情况下为了起动发动机必须降低飞行速度和高度，而且对起动时燃油的调节精确性有更严格的要求。在燃烧室中采用高效力点火器可以显著地扩大起动范围。

3. 空中起动时间长

有 3 个因素影响空中起动时间。空中大气密度减小，涡轮剩余功率降低，使起动时间增长；

其次，熄火边界的限制，特别是在高空往往是富油熄火限制了供油量，使起动时间增长；最后，空中起动终了的慢车转速 n_{idle}，而 n_{idle} 决定于飞行高度、飞行马赫数和慢车状态调节规律。以最简单的情况 $W_f = const$ 为例，慢车转速随高度和飞行马赫数的变化如图 8－20 所示。

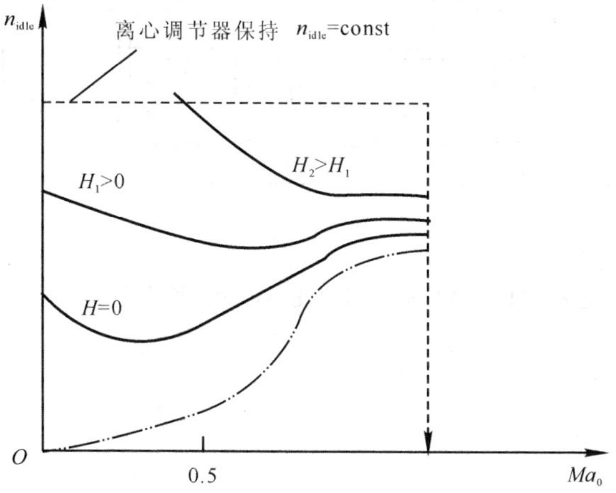

图 8－20　慢车转速与飞行高度、飞行马赫数的关系

由图 8－20 可见，在同样的 Ma_0 下 n_{idle} 随高度增加而增加，而风车转速与高度无关。因此，在高度增加时，由于起动时转速的变化范围增大使起动时间加长。

8.6　发动机过渡态的数值模拟

航空燃气涡轮发动机的加、减速过程中，严格地说零部件的特性与稳态下的特性是不同的。这不仅是由于气流本身的非定常性，而且还由于各部件在过渡态下与气流的热交换与稳态时不同，叶片与壁面的间隙变化等都导致压气机、涡轮及其他部件特性的变化。但是工程计算时可以认为零部件瞬态加热的影响很小；发动机的气动过程比转子转速的变化过程要快得多，一个空气微团从发动机进口到尾喷管出口需要百分之几秒，而从慢车转速到最大转速需要几秒时间；如果风扇、压气机可调，则现代发动机调节叶片角度的速度比发动机转子转速变化的速度也大得多。因此可以认为过渡态下的零部件特性与稳态时的特性一样，并且压气机和涡轮功率的表达式以及部件效率的概念都保持不变。

在过渡态的数值模拟中还应考虑零部件的容积效应。一般说，动态过程中零部件进出口的流量守恒、能量守恒和动量守恒方程与稳态时是不同的。但在工程计算中可以只考虑容积比较大的零部件如主燃烧室、加力燃烧室和外涵通道的容积效应，同时动量守恒简化为用通道的总压恢复系数代替。这样既可以保证足够的工程精度又大大简化了计算。

下面以混合排气涡扇发动机为例说明动态过程的数值模拟方法，发动机原理图如图 8-21 所示。

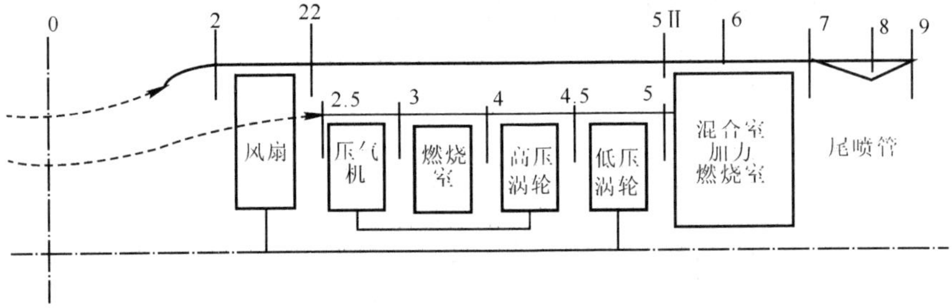

图 8-21 混合排气涡扇发动机示意图和截面符号

一、已知条件

(1) 飞行条件和大气条件；

(2) 加速或减速过程的起始状态的参数；

(3) 发动机各零部件的特性；

(4) 发动机流路各特征截面的面积；

(5) 可调零部件的调节规律；

(6) 加速和减速过程的供油规律和各种限制条件；

(7) 发动机设计点的参数。

二、数值模拟中使用的主要动态方程

在计算模型中，主要使用 3 个容积室（主燃烧室、外涵道和加力燃烧室）中的动态方程和转子运动方程。

1. 燃烧室容积中的能量守恒方程

一维能量守恒方程的一般形式为

$$\frac{\partial}{\partial t}(\rho, C_V, T_t) = -\frac{\partial}{\partial x}(\rho, C, h_t) \tag{8-39}$$

应用于主燃烧室（见图 8-22），为了方便起见，假定定容比热容 $C_V = \text{const}$，截面面积 $A = \text{const}$，并注意流量 $W = A\rho C$，式(8-39) 中等号左边的气流参数采用容积中的平均参数，公式中等号右边的气流参数为燃烧室进出口的参数，式(8-29) 改写成差分形式为

$$C_V\left(\rho\frac{\partial T_t}{\partial t} + T_t\frac{\partial \rho}{\partial t}\right) = \frac{W_3 h_{t3} + W_f H_f \eta_b + W_f h_c - W_4 h_{t4}}{A\Delta x}$$

由连续方程可知

$$\frac{\partial \rho}{\partial t}=\frac{W_3+W_f-W_4}{V_b}$$

状态方程

$$\rho=\frac{p}{RT}\approx\frac{p_{t4}}{RT_{t4}}$$

并且用

$$T_t=T_{t4},\quad p_t=p_{t4}$$

式(8-39)最后可写为

$$\frac{dT_{t4}}{dt}=\frac{R_4T_{t4}}{p_{t4}V_b}\frac{1}{C_V}\left[W_f\left(H_u\eta_b+h_c-\frac{h_{t4}}{k_4}\right)+W_3\left(h_{t3}-\frac{h_{t4}}{k_4}\right)-W_4h_{t4}\left(1-\frac{1}{k_4}\right)\right] \tag{8-40}$$

式中 V_b—— 主燃烧室容积；

h_c—— 燃油进入燃烧室时所带有的焓值。

根据方程式(8-40)可求解主燃烧室出口总温 T_{t3} 随时间的变化关系为

$$T_{t4}^{(t+\Delta t)}=T_{t4}^{(t)}+\frac{dT_{t3}}{dt}\Delta t \tag{8-41}$$

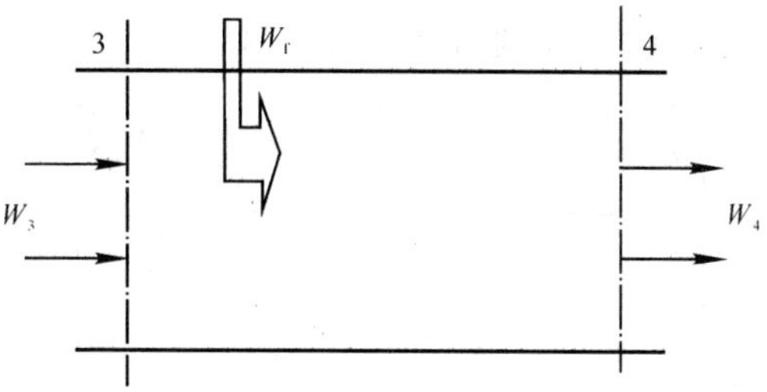

图8-22 主燃烧室能量方程推导

2. 燃烧室连续方程

$$\frac{\partial \rho}{\partial t}=-\frac{\partial}{\partial x}(\rho C) \tag{8-42}$$

或

$$\frac{\partial \rho}{\partial t}=-\frac{\partial}{A\partial x}(\rho AC)$$

认为容积中的参数在空间上是均匀的，仅进口和出口的参数不同；式(8-42)等号左边的偏微分表示微元容积中参数随时间的变化，可近似用出口截面的平均参数代替，则式(8-42)可写为

$$\frac{d\rho_4}{dt}=-\frac{W_4-W_3}{V_b} \tag{8-43}$$

利用

$$\rho=\frac{p}{RT}\approx\frac{p_{t4}}{RT_{t4}}$$

最后有

$$\frac{\mathrm{d}p_{t4}}{\mathrm{d}t}=\frac{R_4T_{t4}}{V_b}(W_3+W_f-W_4)+\frac{p_{t4}}{T_{t4}}\frac{\mathrm{d}T_{t4}}{\mathrm{d}t} \tag{8-44}$$

根据式(8-44)计算主燃烧室出口总压随时间的变化关系为

$$p_{t4}^{(1+\Delta t)}=p_{t4}^{(t)}+\frac{\mathrm{d}p_{t4}}{\mathrm{d}t}\Delta t \tag{8-45}$$

3. 外涵道容积中的能量方程(截面符号见图8-23)

由于外涵道中的气流与外界无能量交换，所以与式(8-40)比较，其能量方程的右边中括号内只有两项，而与供油量有关的项为零。仿照式(8-40)，只把参数的注角变一下，就可得出

$$\frac{\mathrm{d}T_{t,5\mathrm{II}}}{\mathrm{d}t}=\frac{RT_{t,5\mathrm{II}}}{p^{\cdot}_{t,5\mathrm{II}}V_{HK}}\frac{1}{C_V}\left[W_{22}\left(h_{t22}-\frac{h_{t5\mathrm{II}}}{k_{52}}\right)-W_{52}h_{t,5\mathrm{II}}\left(\frac{k_{52}-1}{k_{52}}\right)\right] \tag{8-46}$$

式中　V_{HK}—— 外涵道的容积，单位为cm^3；

　　　R—— 空气气体常数。

于是

$$T_{t,5\mathrm{II}}^{(t+\Delta t)}=T_{t,5\mathrm{II}}^{(t)}+\frac{\mathrm{d}T_{t,5\mathrm{II}}}{\mathrm{d}t}\Delta t \tag{8-47}$$

4. 外涵道容积中的连续方程(截面符号见图8-23)

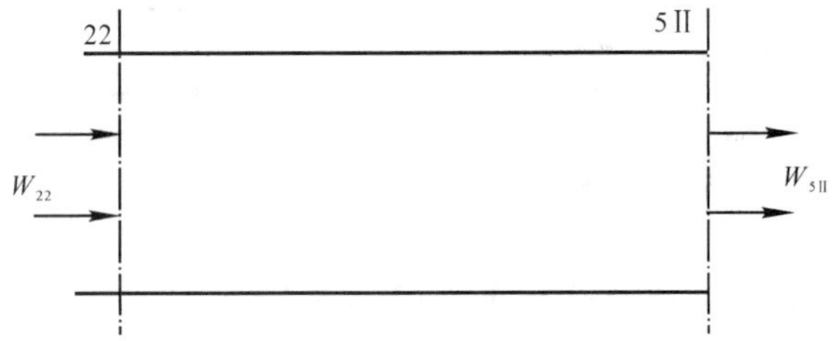

图8-23　外涵道示意图

仿照式(8-44)，只把参数的注角变一下，并注意与供油量有关的项为零，即可得出外涵道容积中连续方程的推导结果为

$$\frac{\mathrm{d}p_{t,22}}{\mathrm{d}t}=\frac{RT_{t,5\mathrm{II}}}{V_{KC}}(W_{22}-W_{5\mathrm{II}})+\frac{p_{t,22}}{T^{\cdot}_{t,5\mathrm{II}}}\frac{\mathrm{d}T_{t,5\mathrm{II}}}{\mathrm{d}t} \tag{8-48}$$

5. 混合室和加力燃烧室容积中的能量方程

仿照主燃烧室的能量方程即可写出

$$\frac{\mathrm{d}T_{t7}}{\mathrm{d}t}=\frac{R_7T_{t7}}{V_{FK}p_{t7}C_V}\left[W_{f,ab}\left(n_{ab}H_f+h_c-\frac{h_{t7}}{k_7}\right)+W_5\left(h_{t5}-\frac{h_{t7}}{k_7}\right)+W_5\left(h_{t5}-\frac{h_{t7}}{k_7}\right)-W_7(k_7-1)\frac{h_{t7}}{k_7}\right] \tag{8-49}$$

式中，V_{FK} 为混合室和加力燃烧室容积。

出口总温为

$$T_{t7}^{(t+\Delta t)} = T_{t7}^{(t)} + \frac{dT_{t7}}{dt}\Delta t$$

6. 混合室和加力燃烧室容积中的连续方程

仿照主燃烧室的连续方程即得

$$\frac{dp_{t7}}{dt} = \frac{R_7 T_{t7}}{V_{FK}}(W_5 + W_{f,ab} - W_6) + \frac{p_{t7}}{T_{t7}}\frac{dT_{t7}}{dt} \tag{8-50}$$

出口总压为

$$p^{(t+\Delta}t)_{t7} = p_{t7}^{(t)} + \frac{dp_{t7}}{dt}\Delta t \tag{8-51}$$

7. 转子运动方程

低压转子

$$\frac{dn_1}{dt} = \frac{30}{\pi}\frac{(M_{TL} - M_{CL})}{J_1} \tag{8-52}$$

高压转子

$$\frac{dn_2}{dt} = \frac{30}{\pi}\frac{(M_{TH} - M_{CH})}{J_2} \tag{8-53}$$

三、发动机加速和减速过程计算步骤

在整个计算方法中，全部方程以时间推进形式进行数值计算。选取时间步长 Δt，如 $\Delta t = 0.000\,5$ s。

1. 进气道

(1) 根据高度、飞行马赫数计算大气温度和压力；

(2) 计算自由流总温和总压。

(3) 进气道出口的总温和总压；

2. 由转子运动方程确定新时刻的转速

(1) 低压转子物理转速为

$$n_1^{(t+\Delta t)} = n_1^{(t)} + \frac{dn_1}{dt}\Delta t$$

(2) 高压转子物理转速为

$$n_2^{(t+\Delta t)} = n_2^{(t)} + \frac{dn_2}{dt}\Delta t$$

3. 根据容积室动态方程的计算结果计算下列参数

(1) 高压压气机出口总压为

$$p_{t3} = \frac{p_{t4}}{\sigma_b}$$

式中，σ_b 为燃烧室总压恢复系数，在燃烧室参数的计算中确定。

(2) 风扇出口总压为

$$p_{t22}=\frac{p_{t,5\,\mathrm{II}}}{\sigma_{22}}$$

式中，σ_{22} 为风扇出口至外涵进口的总压恢复系数。

(3) 混合室出口的总压为

$$p_{t6}=\frac{p_{t7}}{\sigma_{ab}}$$

式中，σ_{ab} 为加力燃烧室的总压恢复系数，其值在加力燃烧室参数计算时计算。

(4) 根据混合室进口总压的面积平均值乘以混合室总压恢复系数等于出口总压，可得

$$(A_5 p_{t,5}+A_{5\,\mathrm{II}}\,p_{t,5\,\mathrm{II}})\sigma_m = A_6 p_{t6}$$

计算得混合室进口内涵气流的总压为

$$p_{t,5}=\frac{A_6 p_{t6}}{\sigma_m A_5}-\frac{A_{5\,\mathrm{II}}\,p_{t,5\,\mathrm{II}}}{A_5}$$

(5) 混合室内涵进口的总压为

$$p_{t,6\,\mathrm{I}}=\frac{p_{t5}}{\sigma_{zd}}$$

式中，σ_{zd} 为低压涡轮出口至混合室内涵进口的总压恢复系数，其值是变化的，在低压涡轮中计算。

4. 由风扇特性计算风扇有关参数

(1) 转速和相对换算转速分别为

$$n_{1,cor}=n_1\sqrt{\frac{288.15}{T_1}}$$

$$\bar{n}_{1,cor}=\frac{n_{1,cor}}{n_{1cor,d}}$$

(2) 风扇增压比为

$$\pi_{CL}=\frac{p_{t22}}{p_{t2}}$$

(3) 由风扇特性插值确定风扇进口换算流量、效率、风扇进口流量等参数为

$$W_{2,cor}=f(\bar{n}_{1,cor},\varphi_1,\pi_{CL})$$

$$\eta_{CL}=f(\bar{n}_{1,cor},\varphi_1,\pi_{CL})$$

式中，φ_1 为风扇可调静子的转角，其值是 $\bar{n}_{1,cor}$ 的函数。

(4) 风扇进口流量为

$$W_2=W_{2,cor}\sqrt{\frac{288.15}{T_{t2}}}\,\frac{p_{t2}}{1.0332}$$

(5) 风扇进口和出口平均总温、平均定熵指数为

$$T_{t,cor}=\frac{T_{t2}+T_{t,22}}{2},\quad k_{cp}=f(T_{t,cp})$$

(6) 风扇出口总温为

$$T_{t,22} = T_{t2}\left[1+\left(\frac{\pi_{CL}^{\frac{k_{cp}-1}{k_{cp}}}-1}{\eta_{CL}}\right)\right]$$

(7) 风扇进口和出口的总焓为

$$h_{t22} = f(T_{t22})$$
$$h_{t2} = f(T_{t2})$$

(8) 风扇功率和扭矩为

$$N_{CL} = W_2(h_{t,22} - h_{t2}),\quad M_{CL} = \frac{N_{CL}}{n_1}\frac{30}{\pi}$$

5. 压气机的参数计算

压气机的参数计算与风扇的参数计算类似。

(1) 计算换算转速和相对换算转速为 $n_{2,cor}$,$\bar{n}_{2,cor}$。

(2) 压气机增压比为 π_{CH}。

(3) 压气机进口换算流量、流量和效率为 $W_{2.5,cor}$,$W_{2.5}$,η_{CH}。

(4) 压气机进口和出口平均总温、平均定熵指数为 $T_{t,cp}$,k_2。

(5) 压气机出口总温为 T_{t3}。

(6) 压气机出口的总焓为 h_{t3}。

(7) 压气机功率和扭矩为 N_{CH},M_{CH}。

(8) 风扇出口外涵气流质量流量为 $W_{22} = W_2 - W_{2.5}$。

(9) 涵道比为 $B = \frac{W_{22}}{W_{2.5}}$。

6. 燃烧室参数计算

(1) 燃烧室进口空气流量为

$$W_{3a} = W_{2.5} - W_{ox}$$

式中,W_{ox} 为从压气机中引出的用于冷却涡轮的空气质量流量。

(2) 压气机出口的气动函数 $q(\lambda_3)$ 为

$$q(\lambda_3) = \frac{W_{2.5}\sqrt{T_{t3}}}{p_{t3}KA_3}$$

(3) 由 $q(\lambda_3)$ 确定压气机出口的速度系数为 λ_3。

(4) 燃烧室总压恢复系数为

$$\sigma_b = 1 - \text{const}\cdot\lambda_3^2$$

式中,常数由设计点参数确定。

(5) 燃烧效率可由如下经验公式计算。

当余气系数 $\alpha \leqslant 3.0$ 时

$$\eta_b = 1 - 0.8\left(\frac{W_{3a}}{0.05 p_{t3}^{1.25} T_{t2}}\right)^2 \left[1 + \left(1 + \frac{3.0}{\alpha}\right)^2\right]^2$$

当余气系数 $\alpha > 3.0$ 时

$$\eta_b = 1 - 0.8\left(\frac{W_{3a}}{0.05 p_{t3}^{1.25} T_{t3}}\right)^2 \left[1 + \left(1 + \frac{\alpha}{3.0}\right)^2\right]^2$$

（6）燃烧室出口总温为

$$T_{t4}^{(t+\Delta t)} = T_{t4}^{(t)} + \frac{\mathrm{d}T_{t4}}{\mathrm{d}t}\Delta t$$

（7）燃烧室出口总压为

$$p_{t4}^{(t+\Delta t)} = p_{t4}^{(t)} + \frac{\mathrm{d}p_{t4}}{\mathrm{d}t}\Delta t$$

7. 高压涡轮和低压涡轮参数计算

（1）高压涡轮相对换算转速为

$$\bar{n}_{T2} = \frac{n_2 / \sqrt{T_{t4}}}{\left(n_2 / \sqrt{T_{t4}}\right)_d}$$

（2）由高压涡轮特性插值确定进口换算流量，进而计算出绝对流量为

$$W_{4,cor} = f(\bar{n}_{T2}, \pi_{TH})$$

$$W_4 = W_{4,cor} \frac{p_{t4}}{\sqrt{T_{t4}}}$$

式中，π_{TH} 为高压涡轮的膨胀比，用上一时刻值。

（3）高压涡轮出口总温。根据 π_{TH} 计算的高压涡轮出口总温为

$$T_{t4.5} = T_{t4}\left[1 + \left(\frac{1}{e_{TH}} - 1\right)\eta_{TH}\right]$$

再由冷却气流与主流混合计算出高压涡轮出口总温 $T_{t4.5}$。

（4）涡轮总落压比为

$$\pi_T = \frac{p_{t4}}{p_{t5}}$$

式中　p_{t4}——燃烧室出口总压，由燃烧室容积中动态连续方程计算；

p_{t5}——低压涡轮出口总压，由加力燃烧室容积中动态连续方程计算。

（5）低压涡轮相对换算转速为

$$\bar{n}_{TL} = \frac{n_1 / \sqrt{T_{t4.5}}}{\left(n_1 / \sqrt{T_{t4.5}}\right)_d}$$

（6）局部迭代低压涡轮膨胀比。

1）选低压涡轮膨胀比初值 π_{TL}；

2）由低压涡轮特性插值确定进口换算流量为 $W_{4.5,\mathrm{cor}} = f(\bar{n}_{\mathrm{T2}},\pi_{\mathrm{TL}})$；

3）由流量方程计算低压涡轮膨胀比 π_{TL}；

4）比较 1）和 3）的值，若满足允差则迭代成功，否则再迭代。

（7）由低压涡轮特性插值确定低压涡轮效率为

$$\eta_{\mathrm{TL}} = f(\bar{n}_{\mathrm{TL}},\pi_{\mathrm{TL}})$$

（8）高压涡轮膨胀比为

$$\pi_{\mathrm{TH}} = \frac{\pi_{\mathrm{T}}}{\pi_{\mathrm{TL}}}$$

（9）高压涡轮出口总压为

$$p_{\mathrm{t4.5}} = \frac{p_{\mathrm{t4}}}{\pi_{\mathrm{TH}}}$$

（10）由高压涡轮特性插值确定高压涡轮效率为

$$\eta_{\mathrm{TH}} = f(\bar{n}_{\mathrm{TH}},\pi_{\mathrm{TH}})$$

（11）低压涡轮出口总温。根据膨胀比 π_{TL} 计算的低压涡轮出口总温为

$$T_{\mathrm{t,5\,I}} = T_{\mathrm{t4.5}}\left[1+\left(\frac{1}{e_{\mathrm{TL}}}-1\right)\eta_{\mathrm{TL}}\right]$$

再由低压涡轮出口主流和冷却流量混合计算 $T_{\mathrm{t,5\,I}}$。

（12）高压涡轮功率和扭矩为

$$N_{\mathrm{TH}} = W_4(h_{\mathrm{t4}}-h_{\mathrm{t4.5}})\eta_{\mathrm{mH}}, \quad M_{\mathrm{TH}} = \frac{N_{\mathrm{TH}}}{n_2}\frac{30}{\pi}$$

式中，η_{mH} 为机械效率。

（13）低压涡轮功率和扭矩为

$$N_{\mathrm{TL}} = W_{4.5}(h_{\mathrm{t4.5}}-h_{\mathrm{t,5\,I}})\eta_{\mathrm{mL}}, \quad M_{\mathrm{TL}} = \frac{N_{\mathrm{TL}}}{n_1}\frac{30}{\pi}$$

式中，η_{mL} 为机械效率。

8. 外涵道参数计算

（1）由外涵道容积中的动态能量方程

$$\frac{\mathrm{d}T_{\mathrm{t,5\,II}}}{\mathrm{d}t} = \frac{R_{5\,\mathrm{II}}T_{\mathrm{t,5\,II}}}{p_{\mathrm{t,5\,II}}V_{\mathrm{HK}}C_V}\left[W_{22}\left(h_{\mathrm{t22}}-\frac{h_{\mathrm{t,5\,II}}}{k_{5\,\mathrm{II}}}\right)-W_{5\,\mathrm{II}}h_{\mathrm{t,5\,II}}\left(\frac{k_{5\,\mathrm{II}}-1}{k_{5\,\mathrm{II}}}\right)\right]$$

计算 52 截面新时刻的总温为

$$T_{\mathrm{t,5\,II}}^{(t+\Delta t)} = T_{\mathrm{t,5\,II}}^{(t)} + \frac{\mathrm{d}T_{\mathrm{t,5\,II}}}{\mathrm{d}t}\Delta t$$

（2）由外涵容积中的动态连续方程

$$\frac{\mathrm{d}p_{\mathrm{t22}}}{\mathrm{d}t} = \frac{R_{\mathrm{II}\,2}T_{\mathrm{t,5\,II}}}{V_{\mathrm{HK}}}(W_{22}-W_{5\,\mathrm{II}}) + \frac{p_{\mathrm{t22}}}{T_{\mathrm{t,5\,II}}}\frac{\mathrm{d}T_{\mathrm{t,5\,II}}}{\mathrm{d}t}$$

计算新时刻的 p_{t22} 为

$$p_{t22}^{(t+\Delta t)}=p_{t22}+\frac{\mathrm{d}p_{t22}}{\mathrm{d}t}\Delta t$$

(3) 外涵道出口 5Ⅱ 截面的参数：

总压为 $$p_{t,5Ⅱ}=p_{t22}\sigma_2$$

式中，σ_2 为外涵道的总压恢复系数。

总焓为

$$h_{t,5Ⅱ}=f(T_{t,5Ⅱ})$$

静压等于内涵混合室进口的静压

$$p_{5Ⅱ}=p_5$$

由静压和总压可计算 $\lambda_{5Ⅱ}$。由总温 $T_{t,5Ⅱ}$ 和 $\lambda_{5Ⅱ}$ 计算静温 $T_{5Ⅱ}$。

外涵道出口流量为

$$W_{5Ⅱ}=\mathrm{const}\cdot A_{5Ⅱ}\frac{p_{t,5Ⅱ}}{\sqrt{T_{t,5Ⅱ}}}q(\lambda_{5Ⅱ})$$

9. 混合室出口参数计算

(1) 发动机压力比为

$$\pi_E=\frac{p_{t,5Ⅱ}}{p_{t2}}$$

(2) 气流质量流量为

$$W_6=W_5+W_{5Ⅱ}$$

(3) 总焓为

$$h_{t6}=\frac{W_5h_{t5}+W_{5Ⅱ}h_{t,5Ⅱ}}{W_6}$$

(4) 总温为

$$T_{t6}=f(h_{t6},f_6)$$

10. 加力燃烧室(6—7 截面)参数计算

(1) 油气比为

$$f_6=\frac{W_f}{W_6}$$

$$f_7=\frac{W_f+W_{f,ab}}{W_6}$$

(2) 加力燃烧室燃烧效率一般可取

$$\eta_{ab}=0.95$$

或者当 $1.05\geqslant\alpha_6\geqslant1.4$ 时，根据经验公式计算

$$\eta_{ab}=\left[0.067+1.272\left(\frac{0.25}{B}\right)^{0.082}\alpha_6-0.451\left(\frac{0.25}{B}\right)^{0.164}\alpha_6^2\right]\left[1-\frac{550}{(p_5T_5)^{2.42}}\right]$$

(3) 加力燃烧室容积中动态能量方程计算新时刻出口总温为

$$T_{t7}^{(t+\Delta t)} = T_{t7}^{(t)} + \frac{dT_{t7}}{dt}\Delta t$$

(4) 出口总焓为

$$h_{t7} = f(T_{t7}, f_7)$$

(5) 由加力燃烧室容积中动态连续方程计算新时刻出口总压为

$$p_{t7}^{(t+\Delta t)} = p_{t7}^{(t)} + \frac{dp_{t7}}{dt}\Delta t$$

(6) 根据经验公式计算加力燃烧室总压恢复系数：

冷态

$$\sigma_1 = c_1 - c_2(B - c_3)$$

式中，$c_1 = 0.965\ 8$，$c_2 = 0.128\ 1$，$c_3 = 0.25$ 为常数；B 为涵道比。

热阻为

$$\sigma_2 = 1 + 0.043\ 5(1 - \sqrt{T_{t7}/T_{t6}})$$

加力燃烧室总压恢复系数为

$$\sigma_{ab} = \sigma_1\sigma_2$$

11. 尾喷管计算按一般常规方法

12. 计算发动机总体性能按一般常规方法

四、加速过程数值模拟结果举例

利用以上所述方法，对某型混合排气涡扇发动机从地面慢车状态到最大状态的加速过程进行了数值计算，现将其中某些结果分别用图形表示。

(1) 如图 8-24 所示为加速过程的供油规律。

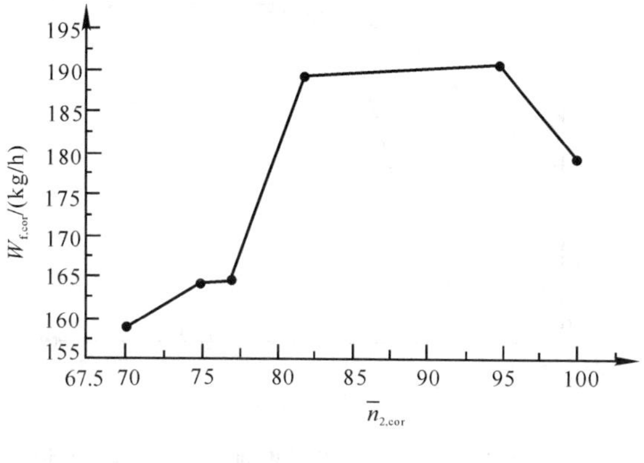

图 8-24　发动机加速过程供油规律

图中，$W_{f,cor} \equiv W_f \dfrac{p_{st}}{p_{t2}}\sqrt{\dfrac{T_{st}}{T_{t2}}}$ 是供油量的相似参数；$\bar{n}_{2,cor}$ 是高压转子相对换算转速。如果加速过程按给定的 $W_{f,cor}=f(\bar{n}_{2,cor})$ 函数关系进行，则加速过程在高压压气机特性图上的工作线就是确定的。但在加速过程中还可能遇到其他条件的限制，如涡轮前总温、压气机稳定裕度等，这时的供油量就等于限制条件所对应的最小的供油量。

图 8－25 表示发动机加速过程供油量随时间的变化规律。

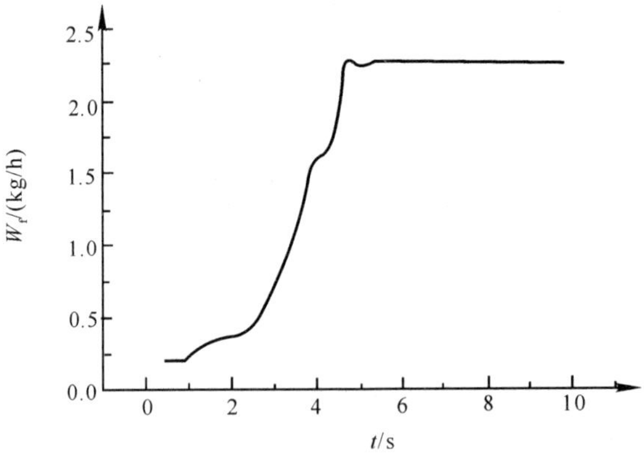

图 8－25　发动机加速过程供油量的时间历程

(2)如图 8－26 所示为发动机加速过程高压和低压相对物理转速随时间的变化规律。可以看出，地面慢车状态时低压物理转速大约为其最大转速的 40%，而高压物理转速为其最大转速的 80%以上。在加速过程的最初阶段，物理转速的增加非常缓慢。

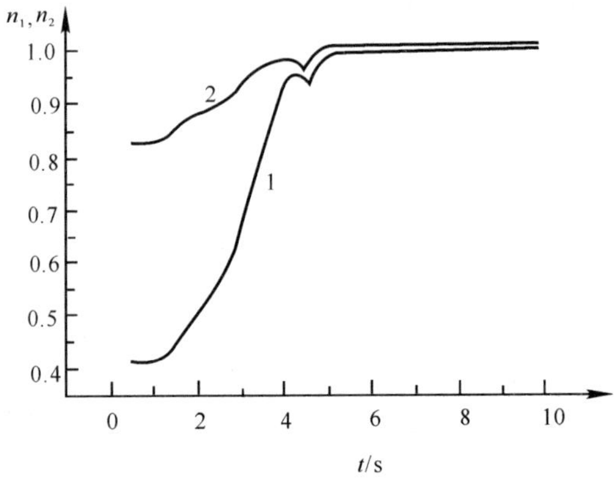

图 8－26　发动机加速过程高低压相对物理转速随时间的变化

1—低压转子；2—高压转子

(3) 如图 8－27 所示为发动机加速过程在高压压气机和风扇特性图上的工作线。

可以看出，高压转子的加速过程工作线位于稳态工作线的上方，类似于单轴涡喷发动机的加速过程。在加速过程的最初阶段，由于转速的增加非常缓慢，所以加速过程的工作线基本上沿等转速线向上移动。

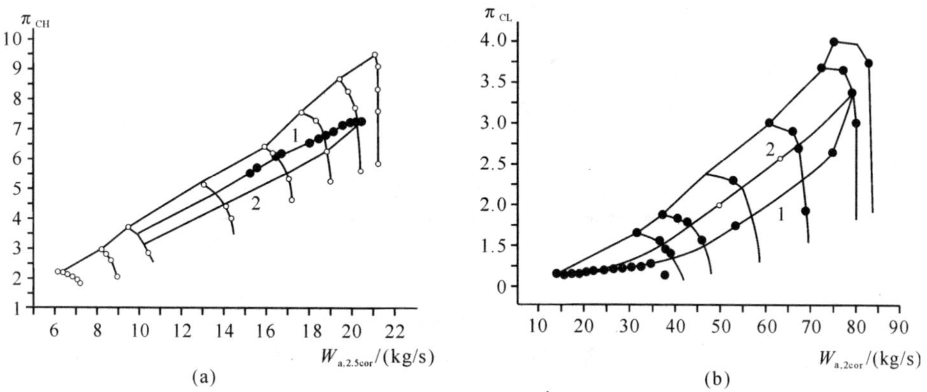

图 8－27　加速过程的工作线

(a)高压转子工作线；(b)低压转子工作线

1—加速过程；2—稳态过程

加速过程低压转子的工作线大部分位于稳态工作线的下面，只是在加速过程的最初阶段和终了阶段相反。

(4) 如图 8－28 所示为发动机加速过程的推力随时间变化关系。

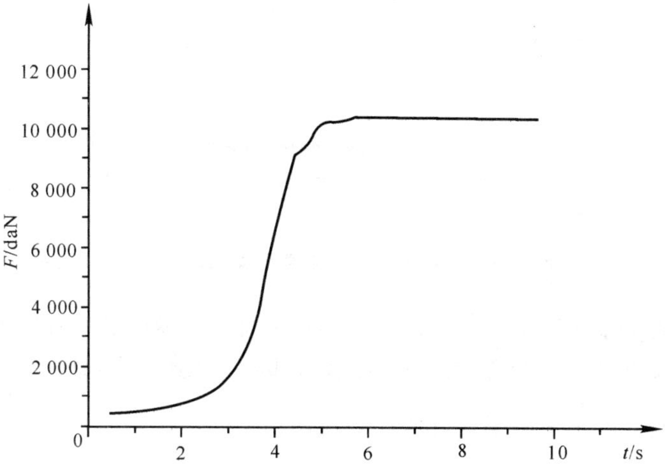

图 8－28　发动机加速过程推力随时间变化关系

(5) 如图 8-29 所示为发动机加速过程中风扇导流叶片和高压压气机可调静叶的安装角随时间变化关系。

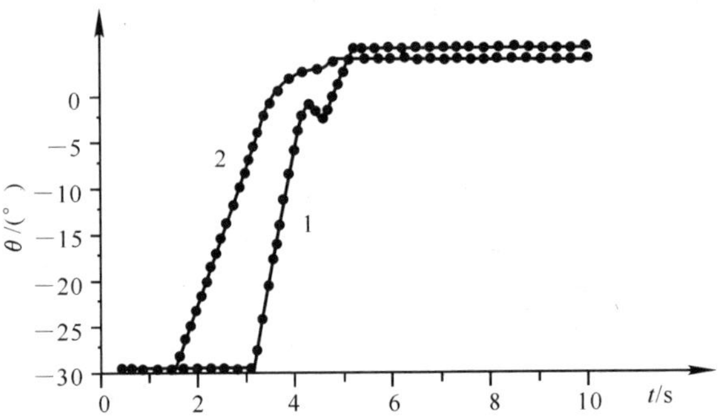

图 8-29 加速过程中风扇导流叶片 1 和高压压气机可调静叶 2 的安装角随时间变化关系

为了扩大风扇和压气机在较低的换算转速下的稳定裕度，通常将可调叶片向减小流通面积的方向转动。加速过程中安装角不断加大。

(6) 如图 8-30 所示为发动机加速过程尾喷管喉部截面面积随时间变化关系。

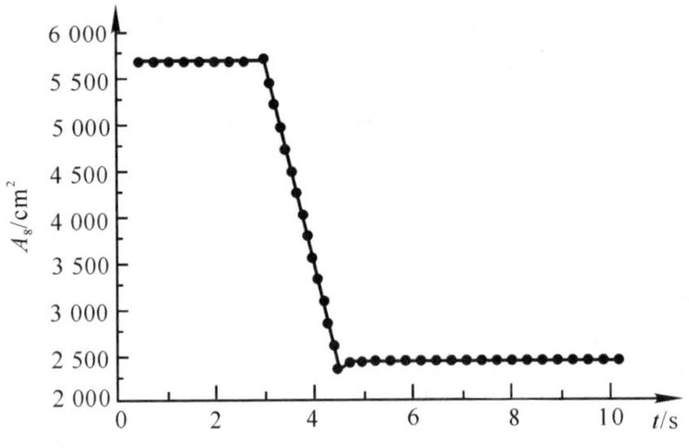

图 8-30 加速过程尾喷管喉部截面面积随时间变化关系

在慢车状态，尾喷管喉部面积最大，以减小涡轮前总温。加速过程有较大的涡轮剩余功率，缩短加速过程时间。随着加速过程的进行尾喷管喉部面积迅速收小，直到最大状态收缩到最小。

五、接通加力与断开加力的动态过程

在加力式航空燃气涡轮发动机中，通常是在发动机等于或者接近于最大转速的工作状态下才能接通加力。为了保持加力燃烧室之前的涡轮压气机部分的工作状态不变，对于涡喷发

动机，近似有

$$\frac{A_{8,\mathrm{af}}}{A_8}=\sqrt{\frac{T_{\mathrm{t,ab}}}{T_{\mathrm{t5}}}} \tag{8-54}$$

对于混合排气的涡扇发动机，则有

$$\frac{A_{8,\mathrm{af}}}{A_8}=\sqrt{\frac{T_{\mathrm{t,ab}}}{T_{\mathrm{t6}}}} \tag{8-55}$$

式中，$T_{\mathrm{t,ab}}$ 为加力时的 T_{t7}。

可见在接通加力的过程中，必须使加力燃烧室中燃气温度的提高与尾喷管临界截面面积的增大相协调。然而，实际上在接通加力的过程中，严格地保持这两个量相互协调是不可能的。因此，接通加力与断开加力都会造成涡轮压气机原来工作状态的暂时破坏，引起发动机转速与涡轮前总温的波动，风扇和压气机稳定裕度以及推力的波动等。

根据前面所述的方法可以对接通加力过程进行近似地数值模拟。仅以从地面最大工作状态接通到最大加力状态为例说明之。

1. 确定接通加力时油门杆角度的变化率和瞬时油门杆角度 α_{af}

(1) 油门杆角度的变化率为

$$\frac{\mathrm{d}\alpha_{\mathrm{af}}}{\mathrm{d}t}=\mathrm{const}\cdot(\alpha_{\mathrm{af}}-\alpha) \tag{8-56}$$

式中 α_{af}—— 接通加力时给定的油门杆角度(本例为最大油门杆角度)；

α—— 接通加力时起始油门杆角度；

const—— 根据控制系统设计给定。

(2) 接通加力过程中瞬时油门杆角度为

$$\alpha_i=\alpha^{i-1}+\frac{\mathrm{d}\alpha_{\mathrm{af}}}{\mathrm{d}t}\Delta t \tag{8-57}$$

2. 最大加力(或部分加力)稳态工作时的供油量 $W_{\mathrm{f,ab}}$

根据加力调节规律确定，一般 $W_{\mathrm{f,ab}}$ 是发动机进口总压和总温的函数，即

$$W_{\mathrm{f,ab}}=f(p_{\mathrm{t2}},T_{\mathrm{t2}}) \tag{8-58}$$

3. 接通加力过程中加力供油量的确定

根据加力燃烧室所设置的供油总管数目、各供油总管之间的供油量的分配以及供油总管的充油时间确定加力燃烧室的瞬时供油量。在本例中共有 5 个供油总管，即起动燃油总管及 No. 1，No. 2，No. 3 和 No. 4 燃油总管。

(1) 接通加力时，首先起动燃油总管充油；

(2) 加力燃油起动总管充油时间，按设计时规定给出，例如为 0.4 s；

(3) 起动油管供油量。

加力燃油起动总管充油完成后，其向加力燃烧室的供油量为预先规定的值，例如：

$$W_{f,st} = 0.1W_{f,ab}$$

式中， $W_{f,ab}$ 为式(8－58)所计算的值。

(4) 起动总管充油完成并开始向加力燃烧室供油后，其他4个燃油总管依次充油，其充油时间和向加力燃烧室的供油量按设计时的分配给定。例如：

No.1燃油总管：充油时间0.4 s；供油量 $W_{f,st} = 0.225W_{f,ab}$

No.2燃油总管：充油时间0.5 s；供油量 $W_{f,st} = 0.225W_{f,ab}$

No.3燃油总管：充油时间0.6 s；供油量 $W_{f,st} = 0.225W_{f,ab}$

No.4燃油总管：充油时间0.8 s；供油量 $W_{f,st} = 0.225W_{f,ab}$

4. 尾喷管临界截面面积的确定

(1) 最大加力状态的尾喷管临界截面面积由给定的函数关系确定，即

$$A_{8,ab,max} = f(T_{t2})$$

(2) 同样最大状态的尾喷管临界截面面积为

$$A_8 = f(T_{t2})$$

(3) 加力过程尾喷管的瞬时临界截面面积。

加力过程尾喷管的瞬时临界截面面积根据其调节规律确定。一般有保持涡轮总膨胀比不变的调节或保证足够的风扇、压气机稳定裕度的调节等。本例采用保持加力前起始状态时的涡轮总膨胀比 $\pi_T = \text{const}$ 调节，虽然如此，但加力过程进行迅速，尾喷管临界面积的变化很难与供油量变化严格协调，所以加力过程中 π_T 不可避免有波动。

图8－31～图8－35所示是地面($Ma_0 = 0, H = 0$)最大工作状态接通加力到最大加力状态的数值模拟的某些结果。

图8－31表示接通加力时加力燃烧室供油量随时间的变化关系，大致呈阶梯形上升。这是因为油门杆角度按一定速率变化，当达到最小加力角度时起动总油管开始充油，充油完成后才供油，随着油门杆角度继续增加，其他总油管依次充油、供油。

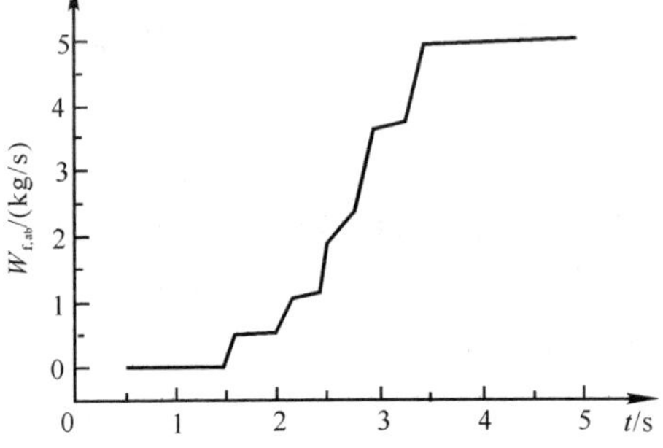

图8－31 接通加力时加力燃烧室供油量随时间的变化关系

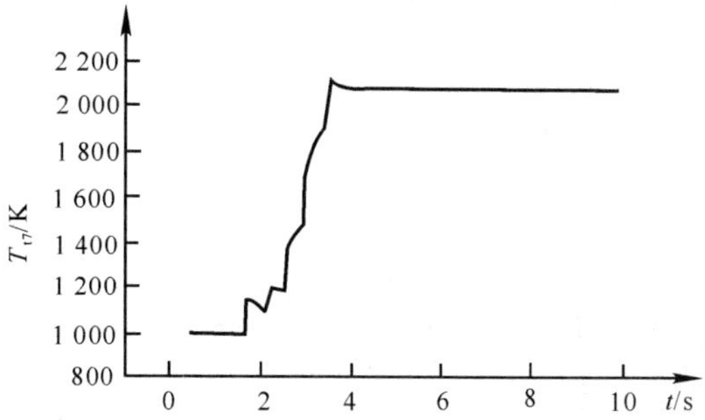

图 8-32　接通加力时加力燃烧室出口总温随时间的变化关系

图 8-32 表示加力燃烧室出口总温 T_{t7} 随时间的变化关系。由于供油量的阶梯形上升，故 T_{t7} 基本上也呈阶梯形上升。

图 8-33 表示加力过程中尾喷管临界面积 A_8 随时间的变化关系。随着加力燃烧室出口总温 T_{t7} 的上升，为了保持涡轮总膨胀比不变，A_8 的基本趋势是增加的，但是其变化也有一定的速率，故在加力过程的后半段有所波动。

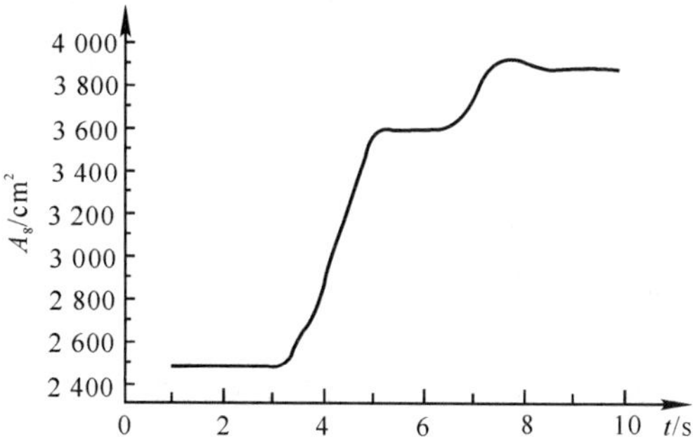

图 8-33　尾喷管临界面积随时间的变化关系

图 8-34 表示涡轮总膨胀比 π_T 随时间的变化关系。可见，在加力过程结束后，π_T 保持加力起始状态的值不变，但在加力过程中是波动的。为了减少这种波动的不良现象与缩短加力过程所需要的总时间，必须力求使得 A_8 与温度 T_{t7} 随时间而变化尽可能地协调，这就要求提高加力燃烧室的自动调节系统工作的精确度。

图 8-35 表示发动机推力随时间的变化关系，基本趋势是推力迅速的增加，但由于尾喷管临界面积与加力燃烧室出口总温变化并非严格协调，所以推力也有一些波动。

切断加力过程与接通加力过程的情况是类似的。

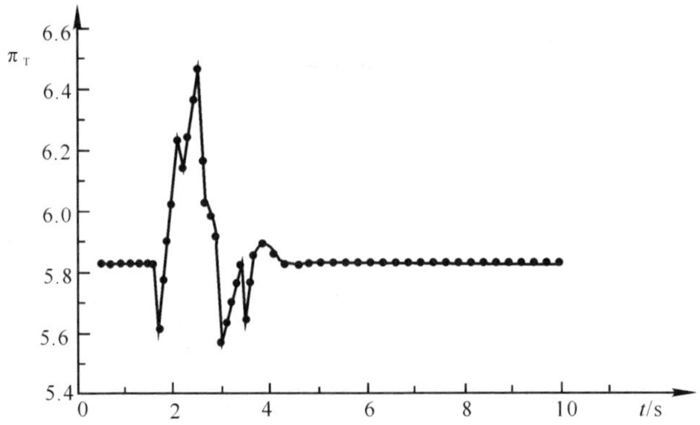

图 8-34　涡轮总膨胀比 π_T 随时间的变化关系

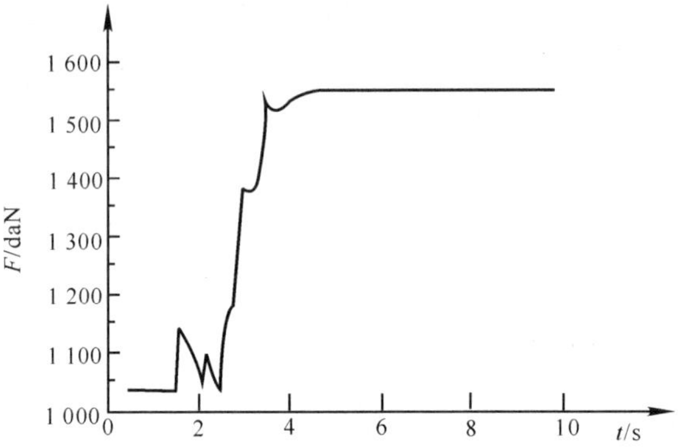

图 8-35　发动机推力随时间的变化关系

8.7 小　结

1. 航空燃气涡轮发动机的过渡工作状态

发动机的过渡工作状态包括加速过程、减速过程、起动过程和加力的接通与断开。

2. 加速过程的限制

(1) 压气机稳定工作裕度；

(2) 涡轮叶片强度；

(3) 燃烧室稳定燃烧。

3. 最佳加速过程

在加速过程的每一点上都保持限制参数的最大值，则加速过程可靠而时间又最短。

4. 发动机加、减速过程中，最基本的方程

$$\frac{\mathrm{d}n}{\mathrm{d}t}=\frac{N_{\mathrm{T}}-N_{\mathrm{C}}}{J\left(\frac{\pi}{30}\right)^{2}n}$$

从慢车转速 n_{idle} 加速到某一较大的转速，加速过程是常微分方程的边值问题，即

$$\begin{cases}\dfrac{\mathrm{d}n}{\mathrm{d}t}=f(n)\\ n\big|_{t=0}=n_{\mathrm{idle}}\end{cases}$$

5. 加速过程的控制规律

(1) $W_{\mathrm{f}}=f(t)$ 控制规律；

(2) $W_{\mathrm{f}}=f(p_{\mathrm{t3}})$ 控制规律；

(3) $\dfrac{W_{\mathrm{f}}}{p_{\mathrm{t0}}\sqrt{T_{\mathrm{t0}}}}=f\left(\dfrac{n}{\sqrt{T_{\mathrm{t2}}}}\right)$控制规律。

6. 影响加速性的因素

(1) 起始转速；

(2) 大气条件的影响；

(3) 飞行马赫数；

(4) 惯性矩和发动机尺寸。

7. 改善发动机加速性的措施

(1) 减小惯性矩 J；

(2) 增加慢车转速 n_{idle}；

(3) 增加剩余功率。

加速过程的特点是小转速范围加速缓慢，因此增加小转速时的涡轮前总温，以增加剩余功率是改善加速性最有效的方法，但受压气机喘振的限制。为此可在增加涡轮前总温的同时采用适当的防喘措施。

8. 双轴燃气涡轮发动机的加、减速过程的特点

(1)“转差率”S 变化。

(2) 加、减速过程工作线走向。

1) 高压转子压转子与单轴涡喷发动机相同；

2) 低压转子的加速过程工作线与单轴涡喷发动机不相同；

3) 与工作过程参数相同的单轴涡喷发动机相比，双轴涡喷发动机的加速时间稍短；

4) 双轴涡扇发动机过渡状态的特点大致与双轴涡喷发动机相同。不同的是，涡扇发动机低压转子的过渡过程工作线偏离稳态工作线的程度，比双轴涡喷发动机的要小，而且涵道比越大，偏离越小。

9. 涡轮螺桨发动机的加、减速过程的特点

涡轮螺桨发动机从最大状态过渡到较小的功率状态的一般方法是：

(1) 减小供油量使涡轮前总温 T_{t4} 下降，同时 $\varphi_B \to n = n_{max} = \text{const}$；

(2) 需进一步减小发动机功率，T_{t4} 下降的同时 n 下降。

10. 燃气涡喷发动机的起动过程

(1) 起动过程分 3 个阶段：

1) 第 1 阶段：发动机完全由起动机带动加速。这个阶段上的功率平衡方程为

$$N_{CT} - \frac{N_C}{\eta_m} = \left(\frac{\pi}{30}\right)^2 J_n \frac{dn}{dt}$$

2) 第 2 阶段：起动机与涡轮的扭矩之和驱动发动机加速，扭矩平衡方程为

$$M_{CT} + M_T - \frac{M_C}{\eta_m} = J \frac{d\omega}{dt}$$

3) 第 3 阶段：转子加速完全靠涡轮剩余功率。

(2) 任一阶段的加速时间为

$$t = J \frac{\pi}{30}\int_0^n \frac{dn}{M_{CT} + M_T + M_C/\eta_m}$$

(3) 大气条件对发动机起动过程的影响：

1) 大气温度 T_0 降低对起动过程影响不利。在寒冷的条件下起动，在起动过程的第 2 阶段和第 3 阶段转速增加非常缓慢，甚至出现“冷悬挂”。在炎热的条件下起动容易超温，引起压气机气流分离，可能出现“热悬挂”。

2) 高原起动过程时间增长，甚至无法起动。

(4) 燃气涡轮发动机空中起动特点如下：

1) 在发动机的风车状态下空中起动不需要起动机；

2) 空中起动燃烧室点火条件差；

3) 空中起动时间长。

11. 过渡过程的数值模拟所应用的主要动态方程

(1) 一维能量守恒方程的一般形式为

$$\frac{\partial}{\partial t}(\rho C_V T_t) = -\frac{\partial}{\partial x}(\rho C h_t)$$

(2) 连续方程为

$$\frac{\partial \rho}{\partial t} = -\frac{\partial}{\partial x}(\rho C)$$

(3) 转子运动方程

低压转子
$$\frac{dn_1}{dt} = \frac{30}{\pi}\frac{(M_{TL} - M_{CL})}{J_1}$$

高压转子
$$\frac{dn_1}{dt} = \frac{30}{\pi} \frac{(M_{TL} - M_{CL})}{J_2}$$

习　题

1. 航空燃气涡轮发动机的过渡工作状态包括哪些工作过程?

2. 发动机的加速过程有哪些限制?什么是最佳加速过程?

3. 单轴燃气涡轮发动机有哪几种加速过程供油规律?

4. 试分析说明影响单轴燃气涡轮发动机加速过程的因素和改善加速性的措施。

5. 双轴燃气涡轮发动机加速过程中转差率如何变化,为什么?

6. 示意地画出双轴燃气涡轮发动机加速过程在高压和低压压气机特性图上的工作线,并加以解释。

7. 单轴涡轮螺桨发动机为什么通常设置两个慢车状态?这种发动机加速过程的特点是什么?

8. 发动机起动过程的 3 个阶段是如何划分的?

9. 在起动过程的近似计算方法中,所采用的主要假设是什么?

10. 大气温度对发动机地面起动有什么影响?

11. 什么是发动机的空中风车状态?为什么飞行马赫数大于某值后,风车状态在压气机的特性图上就只对应着一个点?

12. 为什么只有在一定的飞行马赫数和高度范围内才能进行空中起动?

13. 在发动机过渡状态的数值模拟中,为什么要采用动态的守恒方程?它与稳态情况下的守恒方程有什么区别?

14. 为什么在加速过程中采用 $W_{f,cor} = f(\bar{n}_{2,cor})$ 的供油规律就确定了在压气机特性图上的工作线?

15. 接通加力时,原则上尾喷管喉部截面面积应如何调节?

16. 为什么接通加力过程中发动机的参数总是有某些波动?

第 9 章　航空燃气涡轮发动机压缩系统的气动稳定性

发动机在使用过程中常遇到的问题之一是其压缩系统(风扇和压气机)的气动不稳定工作。进气道出口流场的不均匀(总压畸变、总温畸变等)及总温的突升等使发动机压缩系统的稳定裕度显著地降低。

发动机压缩系统的气动不稳定可造成发动机的失控、推力下降、进气道和发动机机械的损坏、发动机的超温停车,严重地限制着飞机的飞行。

20 世纪 60 年代中期以来,世界航空界对影响发动机气动稳定性因素给予了极大的关注和研究,并取得了相当的进展。提供足够的压缩系统稳定性裕度以保证在飞行包线范围内安全飞行是一个重要问题。这需要在发动机的高推力、低油耗、轻重量、长寿命与满意的稳定裕度之间权衡、折中。

9.1　风扇和压气机的不稳定工作状态

风扇和压气机的不稳定工作状态通常有两种形式:旋转失速和喘振。

一、多级轴流压气机在台架上的试验结果

1. 旋转失速

多级轴流压气机或风扇在台架上试验时,若进口、出口没有连接相当大的容积,则不稳定工作状态呈现为旋转失速,如图 9-1(a)所示为一些参数的示波记录。在 A 点开始发生气流分离,压气机流量和出口压力迅速下降,而进口压力稍有增加,这是压缩过的气流通过分离区向压气机进口流动的结果。旋转失速形成后,各参数表现为幅值较低而频率较高的振荡。

2. 喘振

多级压气机在台架上试验时,若出口连接有相当大容积,压气机的不稳定工作将呈现喘振形式,在压气机及其相连的容积中,气流的压力和流量呈现低频大幅度的轴向振荡,频率为几个赫(兹),如图 9-1(b)所示。

二、发动机中的风扇和压气机的不稳定工作

压气机或风扇在发动机系统中工作时,前面连接有进气道,后面有燃烧室、外涵道,但这些

容积并不太大，而且不同型号发动机的这些容积也不相同。所以，根据推进系统的配置和发动机的工作状态可能出现不同形式的不稳定工作。加力涡喷发动机在 $\bar{n}_{cor} < 0.85 \sim 0.9$ 时通常产生的是旋转失速，而在较高的 $\bar{n}_{cor}$ 值下失稳的形式一般是喘振。加力混合排气涡扇发动机，其总的增压比较高，燃烧室容积相对较小，气动不稳定往往表现为旋转失速。

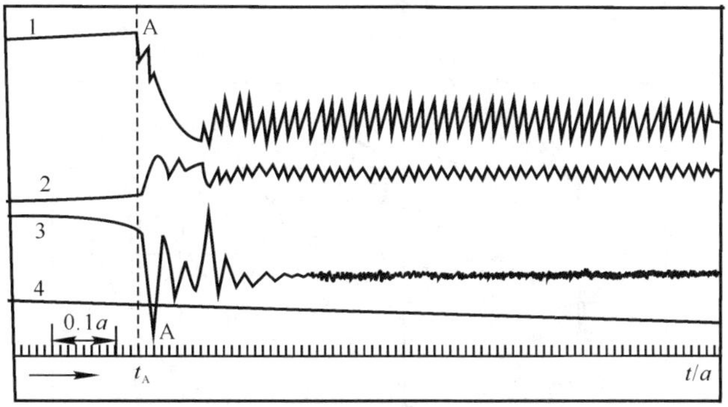

(a)

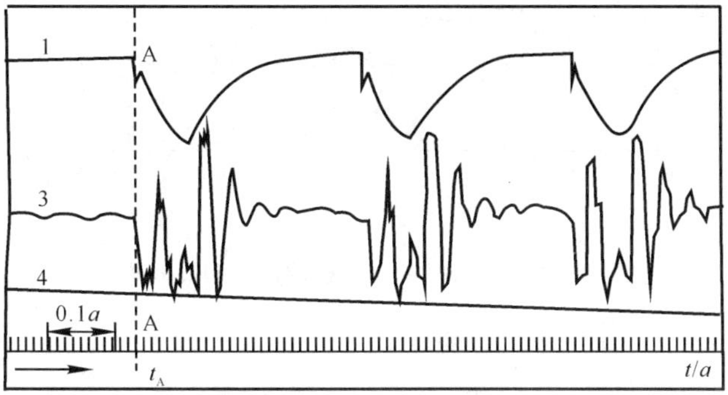

(b)

图 9-1　压气机旋转失速时参数记录示意图

1— 压气机出口压力；2— 压气机进口压力；3— 空气质量流量；4— 节气门面积

图 9-2 所示为航空燃气涡轮发动机中的压气机的旋转失速和喘振两种不稳定的形式。图中曲线 1 表示工作点从正常区向旋转失速状态的过渡，开始时分离区的尺寸有所增加，然后稳定于固定的节气门开度下的C点。相应的换算转速 $\bar{n}_{cor} = 0.8$，π_C 从S点的5.1变为C点的3.0；η_C 从0.80变到0.35；相对换算空气质量流量从0.61到0.35。尽管增压比和空气质量流量都有明显的下降，但C点的压气机功比S点的还大。所以在发动机系统中，涡轮前总温仍有较大的升高。

图 9-2 中的曲线 2 表示当 $\bar{n}_{cor} = 1.0$ 时，从 S′ 点开始的喘振循环。喘振是由于压气机和相连容积的动态不稳定所产生的结果。

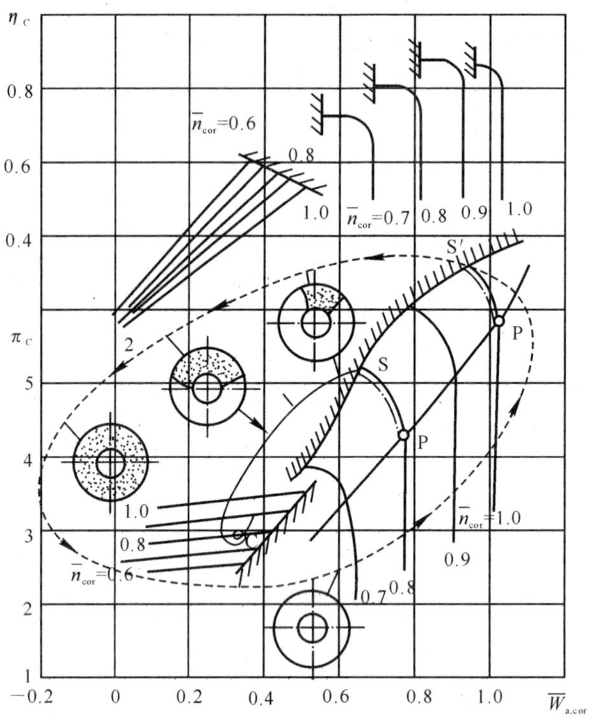

图 9-2　发动机中压气机的喘振和旋转失速

9.2　稳定性裕度

一、可用稳定性裕度

在均匀进气条件下，风扇或压气机气动稳定边界上的有关参数与工作线上参数的相对差值称为可用稳定性裕度(见图 9-3)。参数一般用增压比或增压比与换算空气质量流量的比值，参数一般取在等换算转速线上，有时也可取在等换算空气质量流量线上。其定义式如下：

$$SM = \left(\frac{\pi_{C,s} - \pi_{C,o}}{\pi_{C,o}}\right)_{W_{cor}=\text{const}} \tag{9-1a}$$

或

$$SM = \left(\frac{\pi_{C,s} - \pi_{C,o}}{\pi_{C,o}}\right)_{n_{cor}=\text{const}} \tag{9-1b}$$

或

$$SM = \frac{\pi_{C,s}/W_{cor,s} - \pi_{C,o}/W_{cor,o}}{\pi_{C,o}/W_{cor,o}} \tag{9-1c}$$

式中，π 的下标中，s 为喘振边界上的值；o 为工作线上的值。

以式(9－1c)定义的可用稳定裕度，在设计点上通常为 15％ ～ 25％。

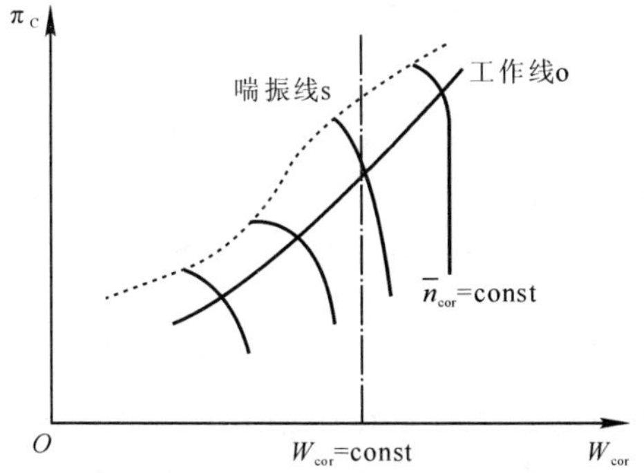

图 9－3　稳定裕度的定义

二、稳定裕度损失

在发动机使用过程中，某些因素使稳定边界下移，或工作线上移，或两者同时都有。例如，稳定边界下移，引起稳定裕度损失，如图 9－4 所示。

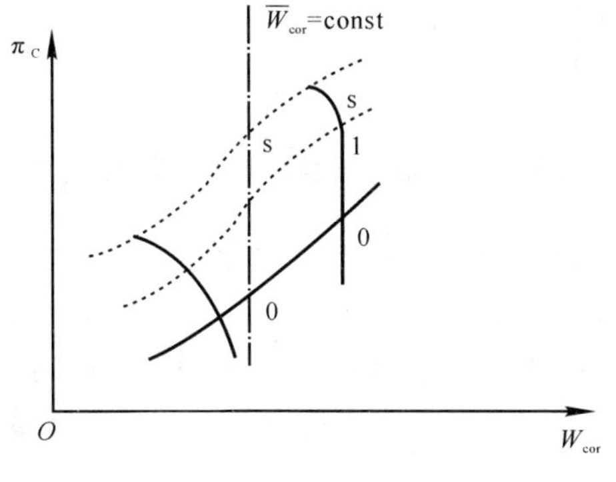

图 9－4　稳定边界下移引起的稳定裕度损失

所以，稳定裕度损失为

$$\Delta SM = \frac{\pi_{C,s} - \pi_{C,1}}{\pi_{C,o}} \tag{9-2a}$$

或

$$\Delta SM = \frac{\pi_{C,s}/W_{cor,s} - \pi_{C,1}/W_{cor,1}}{\pi_{C,o}/W_{cor,o}} \tag{9-2b}$$

三、稳定性压力比损失

$$\Delta \mathrm{PRS} = \frac{\pi_{\mathrm{C,s}} - \pi_{\mathrm{C,1}}}{\pi_{\mathrm{C,s}}} \tag{9-3a}$$

或

$$\Delta \mathrm{PRS} = \frac{\pi_{\mathrm{C,s}}/W_{\mathrm{cor,s}} - \pi_{\mathrm{C,1}}/W_{\mathrm{cor,1}}}{\pi_{\mathrm{C,s}}/W_{\mathrm{cor,s}}} \tag{9-3b}$$

稳定裕度损失与稳定性压力比损失的关系为

$$\Delta \mathrm{SM} = \Delta \mathrm{PRS}(1 + \mathrm{SM}) \tag{9-4}$$

四、降稳因子

使风扇或压气机稳定裕度减小的因素称为降稳因子。降稳因子包括下述因素。

(1) 发动机过渡工作状态。发动机过渡工作状态使工作线上移，如图 9－5 所示，使稳定裕度减小。

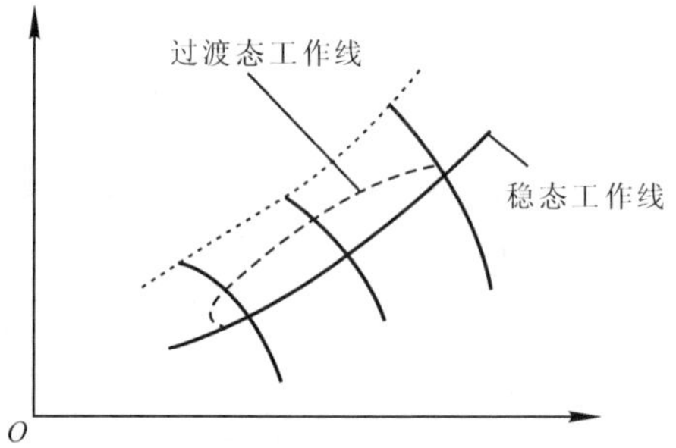

图 9－5　发动机过渡状态对稳定性的影响

(2) 制造公差。叶片和导向器的质量、转子尖部的间隙、轮毂漏气线路都会影响喘振边界的变化；尾喷管、导向器的面积公差以及影响部件效率的那些部件质量都影响工作线的变化。特别是涡轮叶尖间隙对压气机的稳定性有强烈影响，例如，JT9D 级的大涵道比涡扇发动机，高压涡轮第一转子叶尖间隙变化 0.01″，等价于 1％的涡轮效率或涡轮功变化，大致是低压压气机稳定裕度变化的 1％。

(3) 损坏。叶片表面的砂石侵蚀，大气灰尘的沉积，轮毂间隙的磨损，转子尖部间隙在加速和减速过程中的摩擦，都导致喘振边界的变化。

(4) 控制允差。进口导流叶片和静子叶片的调节、燃油控制、放气活门的控制和尾喷管喉部面积的控制精度等，均影响工作线或喘振边界线。

(5)传热。加速或减速过程的传热引起机械的膨胀或收缩，影响间隙；向气路的传热引起压气机后面级的不匹配。

(6) 加力燃烧室的接通或断开主要影响风扇的工作线。

(7)功率提取。

(8)抽气。

(9)雷诺数的影响。

(10)进气畸变的影响。

9.3　进气总压畸变对发动机气动稳定性的影响

进气总压畸变可能消耗可用稳定裕度的 5%，是影响稳定性的一个重要方面。发动机在飞行中的喘振往往可归结到进气道/发动机相容性不良。航空界在相当长的一个时期内曾讨论过什么是描述畸变现象的最佳物理参数。起初认为进气道出口的流场畸变应归因于涡，但是一些研究涡与发动机稳定性相关性的结果，都不令人满意，此外，涡这个参数在飞行条件下测量是困难的。根据 Crocco's 理论，涡可以反映在总压变化中，总压测量容易，所以现在都用总压描述进气道出口流场的速度不均匀。

一、周向稳态总压畸变

如果进气道出口气流沿圆周方向的总压不均匀性与时间无关，则称之为周向稳态总压畸变。

1. 周向稳态总压畸变影响发动机压缩系统稳定性的原因

周向稳态总压畸变影响发动机稳定性的原因可以由平行压气机理论解释。假定有 180°的周向总压畸变，平行压气机理论的要点是(见图 9－6)：

(1) 将整个压气机沿周向分成工作于高压区和低压区的两个子压气机，子压气机具有与原压气机相同的特性曲线；

(2) 子压气机各自独立的工作，互不干涉；

(3) 子压气机出口有相同的静压；

(4) 当一个子压气机喘振时即认为整个压气机喘振。

由于两个子压气机有相同的换算转速且出口静压相同，所以高压区的子压气机的工作点 F 位于等换算转速线的下方，而低压区的子压气机工作点位于等换算转速线上方。当低压区的子压气机工作点进入喘振边界 S 点时，整个压气机喘振。因此，这时整个压气机的喘振点是两个压气机工作点的平均点 S^*。这就是说，总压畸变使压气机的喘振边界下移，稳定裕度减小。其物理意义是，当进气均匀时，压气机进口第一级的每一个叶片的轴向速度是相同的，又因为切向速度相同，所以速度矢量三角形一样。如果进气总压不均匀，则低压区轴向速度小，故攻角大。低压区总压小到一定程度就会引起压气机的不稳定。

发动机在飞机上使用时，进气道出口总压畸变可能导致发动机压缩系统的不稳定工作。新飞机系统的研制，应该在整个的飞行包线范围内都保证有正的剩余喘振裕度。在发动机的研制过程中，必须给予压缩系统的稳定性以足够的重视，从理论和试验两个方面研究发动机对进气畸变的响应。从飞机的角度，需要一系列广泛的风洞试验缩尺的飞机和进气道模型，随着研制过程的进展，缩尺比例变化为1/20，1/6，1/3，全尺寸。

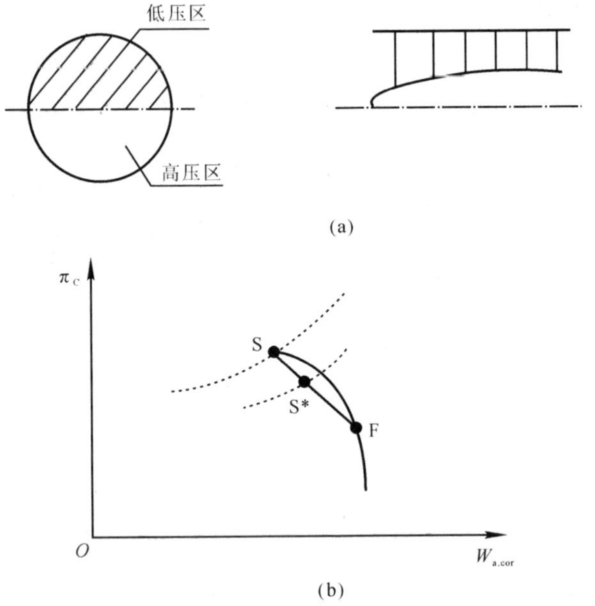

图9-6 周向总压畸变的平行压气机模型

2. 畸变源

飞机在其飞行包线范围内飞行时，进气道出口产生总压畸变的原因，可能有下述几方面。

(1)进气道气动方面的原因：

1) 超声速进气道唇口较尖，低速大功率飞行时唇口分离；

2) 附面层吸除口与激波位置不协调，引起激波附面层干涉气流分离；

3) 附面层吸除小孔被堵塞(如结冰)引起气流分离；

4) 大攻角、大侧滑角机动飞行时引起的气流分离等。

(2) 外燃气的吸入。在下述情况下，可能产生外燃气吸入。例如，相邻的另一架飞机的排气；发射武器；反推力装置；弹射装置的蒸汽吸入；直升机地面附近旋停时，发动机排出的燃气再吸入；等等。

(3) 发动机工作状态的影响。高速飞行时发动机突然节流，使进气道进入亚临界工作状态；当发动机工作状态变化使涵道比减小时，可引起分流板内表面的气流分离，造成高压压气机进口的畸变(见图9-7)。

(4)地面涡的吸入。有时，地面上的附面层可能扩展到很厚，附面层是有旋的，发动机吸入有旋的附面层，产生像浴盆排水一样的效应，使进气道出口产生总压畸变。安装在机翼下的发动机，在飞机大升力时，风扇出口接近机翼的部分反压较大，远离机翼的部分反压较小，形成背压畸变。

进气周向稳态总压畸变对风扇或压气机稳定性的定量影响由试验和理论两方面研究。

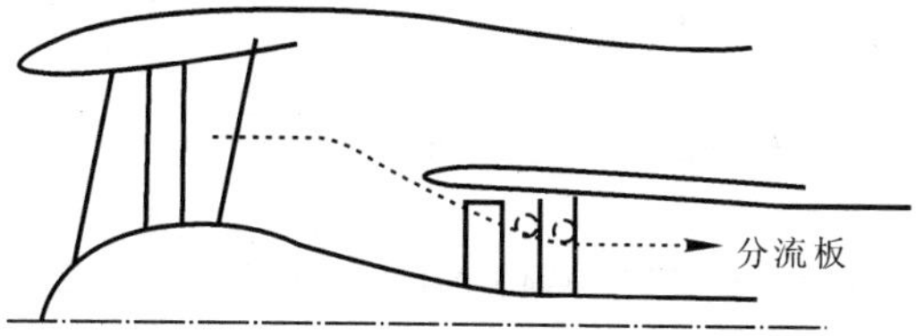

图 9－7　分流板内表面的气流分离

3. 周向稳态总压畸变试验

进气周向稳态总压畸变试验是研究发动机的风扇或压气机对进气畸变响应的主要手段，其目的在于定量地建立进气畸变与风扇或压气机稳定裕度损失的关系。

(1) 试验设备。试验设备如图 9－8 所示。图中，进气稳态周向畸变发生器，例如畸变网，产生压气机进口的畸变流场；测靶一般为“米”字型，每个半径上设 5 个探针，每个探针位于等环面积的中心来测取总压；测靶的轴向位置即测量平面，称为气动交界面。实际上气动交界面应尽量靠近发动机进口平面，在此平面上的空气质量流量全部进入发动机。

气动交界面在整个发动机寿命期试验内，对所有缩尺的、全尺寸的模型在飞行试验中应保持不变。测靶的设计不应影响到发动机的性能和稳定性。

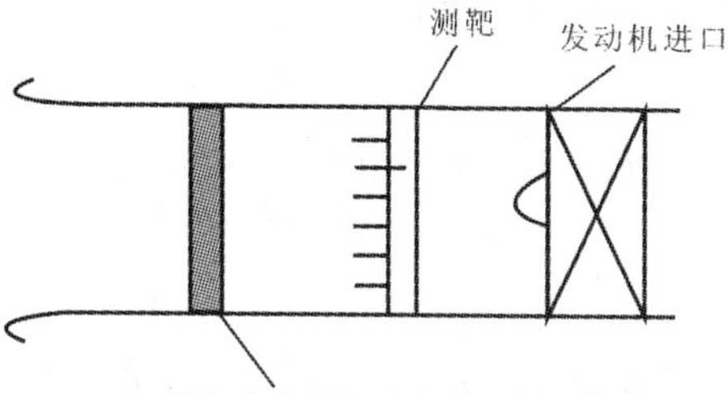

图 9－8　进气畸变试验示意图

(2)畸变的定量描述(畸变元素)。对进气总压畸变定量的描述，有不同的方法。一种方法是用 3 个畸变元素描述稳态周向畸变。

对于如图 9－8 所示的进气畸变试验，假定 5 个环面的任意一个环，测得的总压的周向分布如图 9－9 所示，则定量描述畸变的畸变元素为：

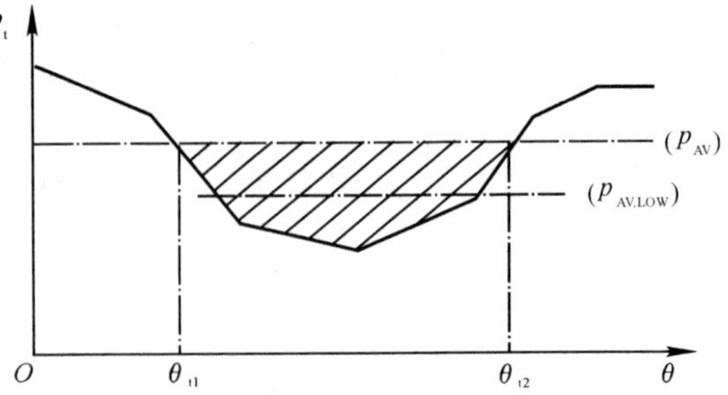

图 9-9 测量环面上的周向总压分布示意图

1）周向畸变强度为

$$\left(\frac{\Delta PC}{p}\right)_i = \frac{(p_{AV})_i - (p_{AV,LOW})_i}{(p_{AV})_i} \tag{9-5}$$

式中，环面平均总压为
$$(P_{AV})_i = \frac{1}{2}\int_0^{2\pi} p(\theta)_i \mathrm{d}\theta \tag{9-6}$$

低压区平均总压为
$$(p_{AV,LOW})_i = \frac{1}{\theta_i^-}\int_{\theta_i^-} p(\theta)_i \mathrm{d}\theta \tag{9-7}$$

2）畸变范围为
$$(\theta^-)_i = \theta_{2i} - \theta_{1i} \tag{9-8}$$

3）低压区个数因子。对于每周 1 个低压区的畸变为

$$(\mathrm{MPR})_i = 1 \tag{9-9}$$

常见的是每周 1 个低压区的畸变。假定是有 2 个以上的低压区，如果某个低压区的范围较小，例如小于 25°，则略去该低压区。

一般情况，可采用下式计算低压区个数因子：

$$(\mathrm{MPR})_i = \frac{\sum_{k=1}^{Q}\left[\left(\frac{\Delta PC}{p}\right)_{ik}\theta_{ik}^-\right]}{\left[\left(\frac{\Delta PC}{p}\right)_{ik}\theta_{ik}^-\right]_{\max}} \tag{9-10}$$

式中，Q 为低压区的个数。

（3）总压畸变敏感系数。用试验方法确定压缩部件喘振压力比损失与总压畸变元素之间的定量关系。其方法如下：

1）先选一个参考畸变型，大多数情况选 1 个低压区范围等于 180° 的畸变网所产生的畸变，作为参考畸变型。

ⅰ 在如图 9-8 所示的试验台架上，在某个换算转速 $n_{cor} = \mathrm{const}$ 下，开车试验。

ⅱ 由测得的每个环的总压周向分布，计算相应的畸变强度 $\left(\frac{\Delta PC}{p}\right)_i$，$i = 1,2,3,4,5$。

ⅲ 对压缩部件节流（即增加其出口压力使工作点上移），直到出现气动不稳定状态。有畸

变时的喘振点总是低于均匀进气时的喘振点，如图 9－10 所示。由此可计算喘振压力比损失为

$$\Delta \mathrm{PRS}=\frac{\pi_{s}-\pi_{s,1}}{\pi_{0}}$$

式中，π_s，$\pi_{s,1}$，π_0 分别为均匀进气、畸变进气和原工作点的压力比。

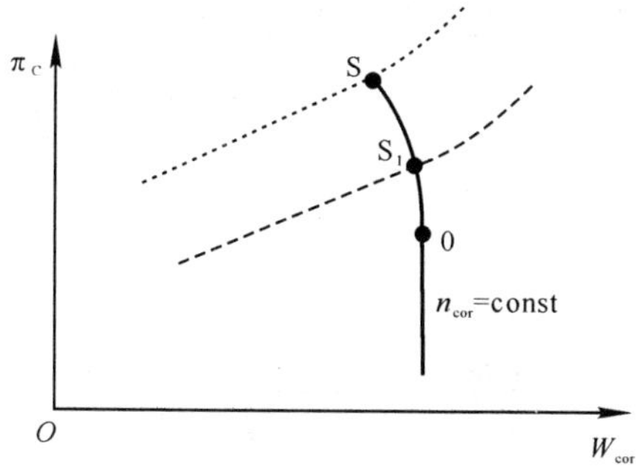

图 9－10　进气畸变下的喘振点 S_1

ⅳ 喘振压力比损失除以畸变强度便得到每周 1 个低压区（180° 范围）的总压敏感系数为

$$(\mathrm{KP})_{c,180^{\circ}}=\frac{\Delta \mathrm{PRS}}{(\Delta PC/p)_{\max}} \tag{9-11}$$

式中，$(\Delta PC/p)_{\max}$ 为两个相邻环的平均畸变强度中的最大者，即

$$\left(\frac{\Delta PC}{p}\right)_{\max}=\left\{\frac{1}{2}\sum_{i=1}^{N-1}\left[\left(\frac{\Delta PC}{p}\right)_{i}+\left(\frac{\Delta PC}{p}\right)_{i+1}\right]\right\}_{\max}\qquad i=1,2,3,4 \tag{9-12}$$

试验证明，如果按式(9－11) 分析喘振压力比损失与畸变强度的关系，则它们基本上是线性关系。

2) 畸变范围的影响系数。对于 1 个低压区但畸变范围 $\theta^{-}\neq 180^{\circ}$ 的畸变型，确定畸变范围影响系数的方法如下：

ⅰ 用每周 1 个低压区但畸变范围 $\theta^{-}\neq 180^{\circ}$ 的畸变网作试验。

ⅱ 畸变范围的影响系数为

$$\mathrm{EXP}(\theta^{-})=\frac{\Delta \mathrm{PRS}(\theta^{-})}{\Delta \mathrm{PRS}(180^{\circ})} \tag{9-13}$$

式中　$\Delta \mathrm{PRS}(\theta^{-})$—— 畸变范围为 θ^{-} 时的喘振压力比损失；

$\Delta \mathrm{PRS}(180^{\circ})$—— 畸变范围为 180° 时的喘振压力比损失。

3) 低压区个数影响系数。若每周 1 个低压区，则低压区个数影响系数等于 1。多于 1 个低压区时，低压区个数影响系数由畸变网试验确定，即

$$f(\mathrm{MPR}_{p})=\frac{\Delta \mathrm{PRS}(\theta^{-},\mathrm{MPR})}{\Delta \mathrm{PRS}(\theta^{-})} \tag{9-14}$$

式中　$\Delta \mathrm{PRS}(\theta^{-})$—— 每周 1 个低压区、畸变范围为 θ^{-} 的稳定压力比损失；

ΔPRS(θ^-,MPR)—— 每周多个低压区、畸变范围为 θ^- 的稳定压力比损失。

如果，每周有两个 90° 范围的畸变，则需要能生成这种畸变特性畸变网试验，获得对应的畸变范围的稳定压力比损失。然后与每周有 1 个 90° 范围的畸变的稳定压力比损失相比，即得低压区个数因子敏感性 $f(\mathrm{MPP}_p)$。

最后，稳定压力比损失与压力畸变的关系式表示为

$$\Delta\mathrm{PRS} = f(\mathrm{MPR}_p)\mathrm{EXP}(\theta^-)\left(\frac{\Delta PC}{p}\right)_{\max} \tag{9-15}$$

二、径向总压畸变

(1) 径向畸变强度为

$$\left(\frac{\Delta PR}{p}\right)_i = \frac{(p_{\mathrm{E,AV}}) - (p_{\mathrm{AV}})_i}{(p_{\mathrm{F,AV}})} \tag{9-16}$$

式中，面平均总压为

$$p_{\mathrm{F,AV}} = \frac{1}{N}\sum_{i=1}^{N}(p_{\mathrm{AV}})_i \tag{9-17}$$

$(p_{\mathrm{AV}})_i$ 为环平均总压；N 为环的个数。

(2) 径向畸变敏感系数为

$$(\mathrm{KP})_{\mathrm{r}} = \frac{\Delta\mathrm{PRS}}{(\Delta PR/p)_{\max}} \tag{9-18}$$

式中，$(\Delta PR/p)_{\max}$ 为 N 个环中，径向畸变最大者，一般为第 1 环(轮毂) 或第 5 环(叶尖)。

应注意，有时径向畸变敏感性是负值，这是因为设计风扇或压气机时已经考虑了总压分布的径向不均匀性。

三、稳定性压力比损失与周向和径向压力畸变的关系

由于发动机进口周向和径向总压畸变所引起的稳定压力比损失，可写成如下形式：

$$\Delta\mathrm{PRS} = \mathrm{BP}\cdot f(\mathrm{MPR}_P)\mathrm{EXP}(\mathrm{KP})_{\mathrm{c}}\left[\frac{\Delta PC}{p}\right]_{\max} + (\mathrm{KP})_{\mathrm{r}}\left[\frac{\Delta PR}{p}\right]_{\max} \tag{9-19}$$

式中，BP 为叠加因子，用畸变元素确定稳定压力比损失时，认为周向畸变与径向畸变是独立的，但实际上是不独立的，用叠加因子考虑它们的耦合效应。叠加因子的大小由试验确定，一般说它是 $(\Delta PR/p)_{\max}/(\Delta PC/p)_{\max}$ 和换算转速的函数。

据有的资料介绍，使用式(9-19) 对许多发动机是非常成功的，预测的稳定压力比损失与实际测量的值差别在 ±0.02 之内。

四、总压畸变的传递和总温畸变生成系数

按照平行压气机理论，低压区子压气机的加工量较大，因而增压比较高，所以当总压畸变

通过压缩部件时，一般说总压畸变是衰减的。既然低压区子压气机的增压比较高，因而其出口的总温较高，故单纯的总压畸变通过压缩部件时将产生总温畸变。

对于双转子发动机，假定低压压气机进口是单纯总压畸变，要预测其对高压压气机的影响，必须考虑低压压气机的总压传递系数和总温生成系数。

总压传递系数为 $$\mathrm{DPC}=\frac{(\Delta PC/p)_{\mathrm{H,in}}}{(\Delta PC/p)_{\mathrm{L,in}}} \tag{9-20}$$

总温生成系数为 $$\mathrm{DTC}=\frac{(\Delta TC/T)_{\mathrm{H,in}}}{(\Delta PC/p)_{\mathrm{L,in}}} \tag{9-21}$$

式中，下标 H,in 和 L,in 分别代表高压和低压压气机进口。

径向畸变的总压传递系数和总温生成系数，通常不需要考虑。

五、动态总压畸变

如果进气道出口气流沿圆周方向的总压不均匀性随时间变化，称为周向动态总压畸变。

20 世纪 60 年代早期，在发动机 / 进气道的试验中，发现随时间变化的总压畸变对发动机压缩系统的旋转失速有很大影响。1969 年 Ploude 提出了瞬时畸变的概念。

在气动交界面安装 40 ～ 48 个动态压力测点，每一个点皆可测得其总压的时间历程，如图 9 - 11 所示。采用同步测量，可得瞬时总压图谱和瞬时畸变元素。当瞬时峰值畸变超过发动机的抗畸变容限时，则发动机可能失速，这就是动态畸变引起发动机失速的机理。

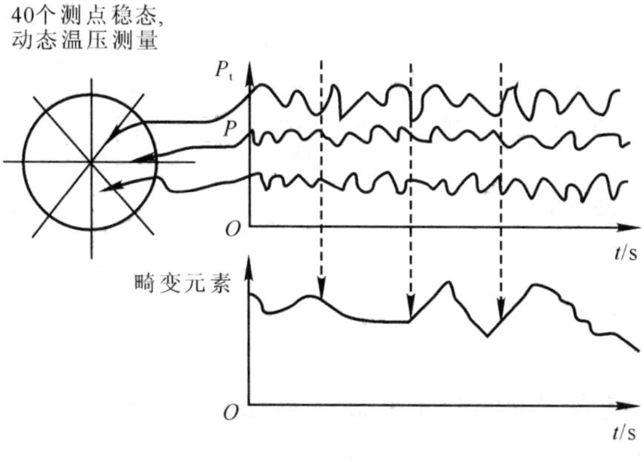

图 9 - 11 动态总压畸变

对动态畸变研究的一个重大发现是：总压脉动有一个临界频率，对高于这个频率的总压畸变发动机不敏感；对低于这个频率的畸变，发动机感觉为稳态压力畸变。这是 NASA（美国国家航空和航天局）在 J85 发动机与超声速进气道在 3m×3m 风洞中进行 $Ma_0=2.6$，攻角 $=6°$ 的试验中发现的。

图 9 - 12 所示是 40 个高频压力探针测量的总压时间历程，经数学处理得到的瞬时畸变因

子在喘振前 1.08 s 随时间的变化，图中曲线上的每一点均代表一个具体的畸变型。

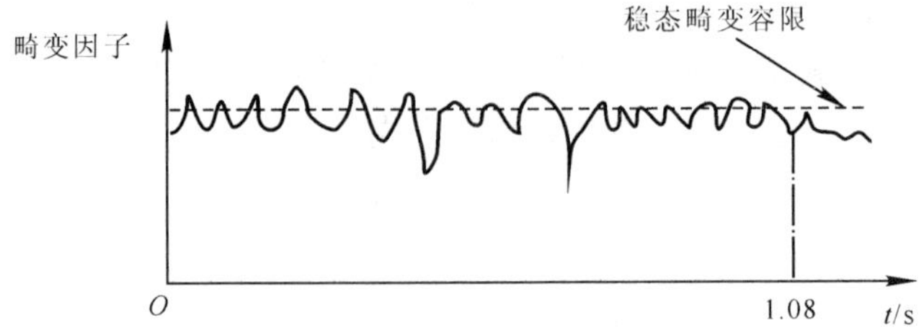

图 9－12　J85 发动机试验的瞬时畸变因子随时间的变化

为什么图 9－12 所显示的喘振之前有许多个畸变因子大于发动机畸变容限呢？可能是压缩部件仅对持续时间超过某个临界时间的畸变才有响应，所以对高频记录的压力信号滤波或时间平均，看其结果如何。用 1 ms 进行平均，喘振前仍有 10 个峰值大于稳态容限；用 3 ms 平均仍有几个；用 6 ms 平均，结果喘振前只有 1 个峰值超过稳态容限，如图 9－13 所示。这样，找到了正确的线索，引起喘振的畸变型发生在喘振前大约 12 ms。

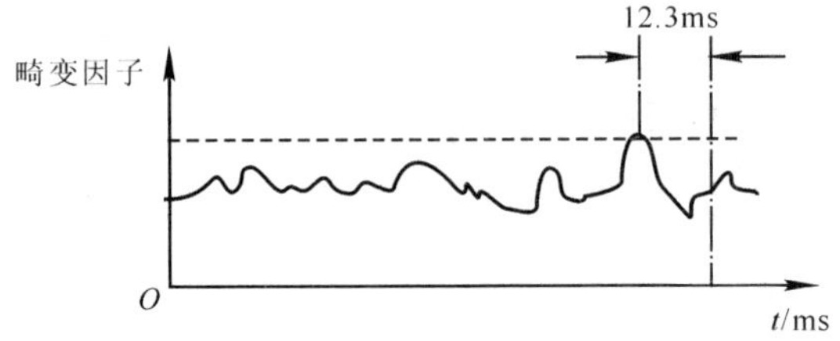

图 9－13　用 6 ms 平均动态压力所得畸变因子

为什么从发现引起喘振的畸变到喘振还经历了大约 12 ms 呢？因为畸变从气动交界面传递到喘振首发级大约需要 6 ms，如图 9－14 所示。余下的 6～7 ms 是失速发展的时间，如图 9－15 所示。

由图 9－15 可以看出，有 3 个不同的区域：

(1) 在第 1 区，压力是高频低幅的随机振动，正常的进气道噪声；

(2) 在第 2 区中，依次是 45°→81°→225°处的探针压力信号的突然下降。说明失速细胞从 45°处开始，发展到 225°时 3 个探针的压力信号都是大幅低频的振荡。从 45°到 225°大约需要 7 ms(见图 9－16，表示失速发展时间与周向位置的关系)。

(3) 第 3 区，压力大幅低频振荡意味着喘振。喘振时，在压缩系统的任一截面上，例如高压压气机的出口截面，都会交替地经历压缩波和膨胀波，因此出现压力的周期振荡，如图9－17 所示。

根据动态压力畸变的研究资料，可将动态总压畸变的主要方面小结如下：

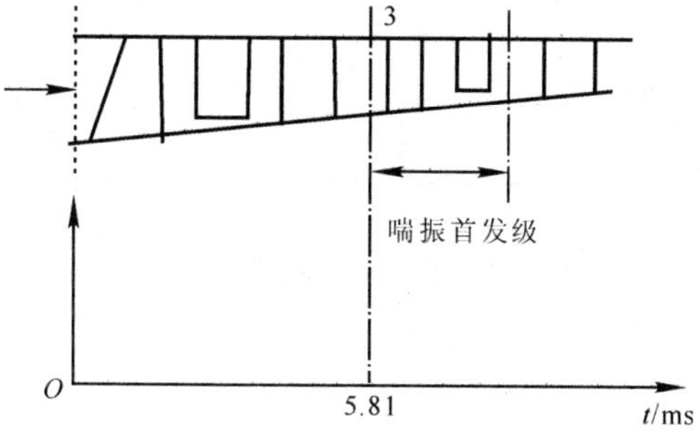

图 9－14 畸变从气动交界面传递到关键级的时间

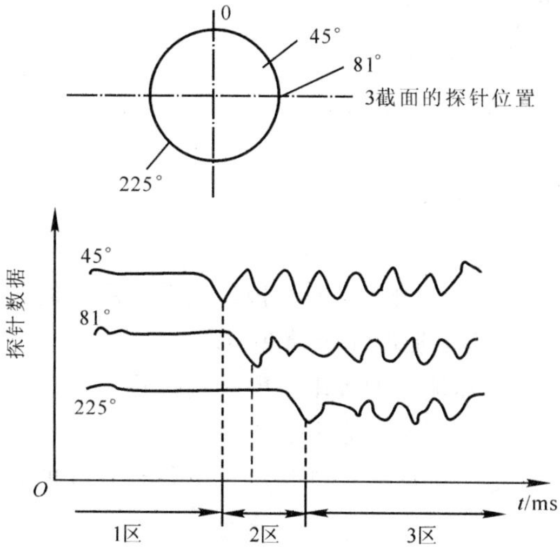

图 9－15 失速的发展

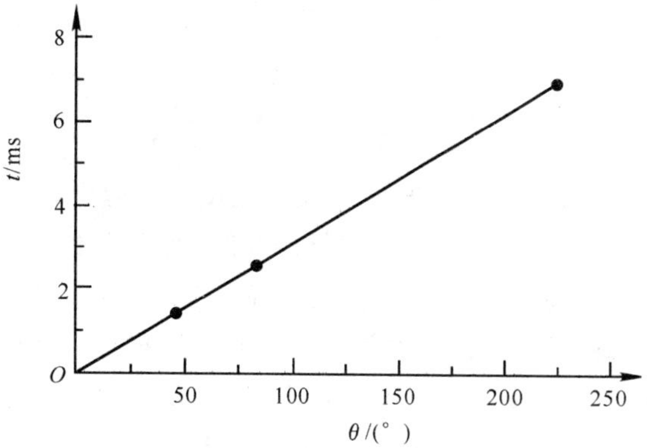

图 9－16 失速细胞的发展时间

(1) 在进气道方面，动态总压畸变的实质是出口流场包含随机的旋涡。但是把涡与发动机的抗畸变容限关联起来的结果不能令人满意，同时在飞行条件下涡的测量比较困难。根据 Croco's 理论，涡可以反映在总压的变化之中，所以选取随时间变化的总压畸变性来衡量进气道出口流场的不均匀性。

(2) 进气道的总压畸变必须持续足够长的时间发动机才能响应，时间持续足够长的最大总压畸变称为最大瞬时畸变。最大瞬时畸变对发动机压缩系统稳定性的影响，如同稳态总压畸变的影响一样。所谓足够长的时间，一般是转子转动 0.5～1 转的时间。也就是说，测得的高频压力信号需要滤波(或时间平均)。输入滤波，即对压力信号滤波与对输出滤波(即对计算的畸变因子滤波)的结果是不同的。既然发动机对高频的压力畸变不能响应，所以应该是输入滤波。

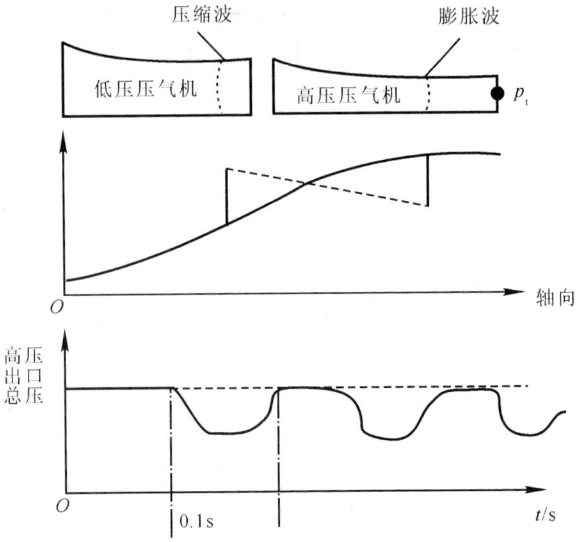

图 9－17　高压压气机出口总压随时间变化

(3) 在分析进气道/发动机试验引起失速的畸变型时，必须考虑畸变传递到首发级的时间和失速细胞发展起动喘振的时间，否则不能找到真正引起喘振的那个畸变型。

(4) 发动机压缩系统的各个部件都影响发动机对总压畸变的容限。畸变经过压缩部件一般是衰减的，好的设计可使畸变很快衰减，以改善发动机对畸变的阻抗。

进气道的动态总压畸变，关键是寻找最大瞬时畸变。寻找最大瞬时畸变有各种各样的方法，其中最可靠的方法是确定性方法。

六、寻找最大瞬时畸变的确定性方法

图 9－18 是确定性方法的示意图。寻找最大瞬时畸变的确定性方法系统主要包括两个子系统。

1. 数据采集子系统

该子系统负责完成气动交界面上 40～48 点的动态总压高速采集和储存，并完成滤波计算；负责完成气动交界面上 40～48 点的稳态总压的采集和储存，以保存试验过程的全部参数。

2. 畸变描述元素的计算子系统

该子系统应具有如下主要功能：

(1) 将各个测点测量的稳态总压和脉动总压合成动态总压，实时地计算畸变描述元素(畸变指标)，寻找峰值；

(2) 在峰值附近，可以进行深入分析，绘制瞬时动态总压图谱等；

(3) 动态信号低通滤波器的截至频率,可按要求进行调节;

(4) 可对动态总压和畸变指标进行统计分析等。

确定性方法的特点是:方法可靠,但需要的仪表多、试验的时间长、处理的数据多、成本高,等等。

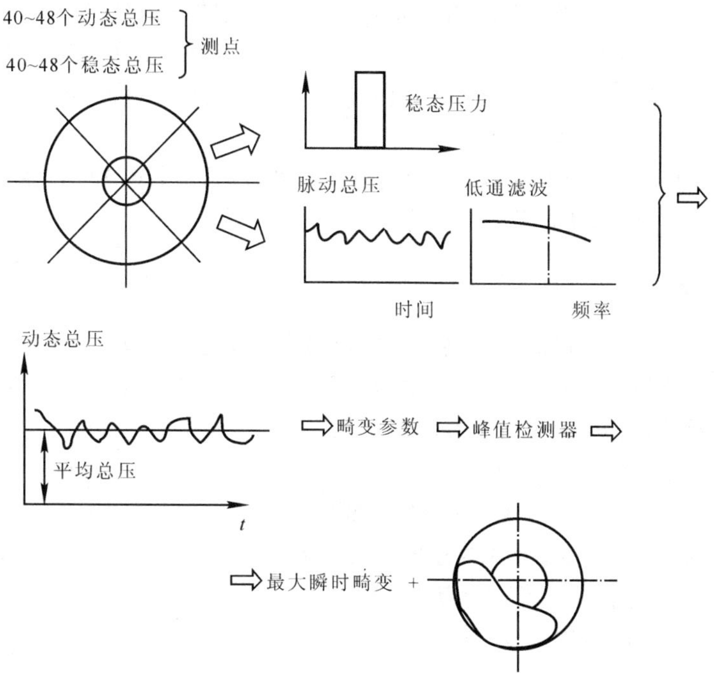

图 9-18　寻找最大瞬时畸变的确定性方法示意图

七、动态总压畸变合成方法

确定性方法确定最大瞬时畸变,采集数据是耗时耗资的,在研制飞机系统的早期,进气道方案的筛选不适合用确定性方法,为此发展了简化方法。其中一种即是动态总压的合成方法。

这种方法的基本假设是:时关总压(动态总压、脉动气动总压)在统计学的意义上是随机的、平稳的和正态分布的。这样,就可以利用动交界面上的 48 个点的稳态总压测量值、脉动总压的均方根值和随机数发生器来合成动态总压。

对于气动交界面上的 48 个点(或 40 个点)的每一个点,其动态总压由下式合成:

$$(p_{t})_i = (p_{t,s})_i + (\Delta p_{t,rms})_i (RN)_i \tag{9-22}$$

式中　$(p_t)_i$——48 个测点中任一个点的动态总压;

$(p_{t,s})_i$—— 任一个点的稳态总压;

$(\Delta p_{t,rms})_i$—— 任一个点的脉动总压的均方根值；

$(RN)_i$—— 任一个点的随机数发生器产生的随机数。

对上述合成方法作如下几点说明：

(1) 不直接测量动态总压，只测量脉动总压的均方根值；

(2) 动态总压由式(9-22)合成，并获得每一个测量点的总压时间历程；

(3) 由合成的动态总压，像确定性方法一样寻求最大瞬时畸变和图谱；

(4) 测量的脉动总压均方根值 rms 与频率有关，在多大的频率下，确定 rms 应根据发动机对动态总压畸变的敏感性而定；

(5) 时关总压的正态分布的假定，可能是引起这种方法预测误差的重要原因。要改进这种方法的准确性，须对合成的动态总压进行修正。

八、综合指数法

综合指数法是工程上采用的一种简化的处理稳态加动态总压畸变的方法，它将发动机进口的周向总压畸变分为两个分量：稳态分量和动态分量，而动态分量用发动机进口的面平均总压脉动紊流度表示。两个分量相加即为综合指数"W"。

1. 综合畸变指数 W

$$W = \Delta\bar{\sigma}_0 + \varepsilon \tag{9-23}$$

式中 $\Delta\bar{\sigma}_0$—— 进口总压的周向不均匀度(畸变强度)；

ε—— 进口的面平均总压脉动紊流度。

(1) 进口总压的周向不均匀度 $\Delta\bar{\sigma}_0$ 为

$$\Delta\bar{\sigma}_0 = \left(1 - \frac{p_{t,L,AV}}{p_{t,AV}}\right)\times 100\% \tag{9-24}$$

式中，$p_{t,AV}$ 为发动机进口面平均总压，其表达式为

$$p_{t,AV} = \frac{1}{r_t^2 - r_h^2}\int_{r_h}^{r_t}\int_0^{2\pi} p_t(r,\varphi) r\mathrm{d}r\mathrm{d}\varphi =$$

$$\frac{1}{2\pi}\int_0^{2\pi}\left[\frac{1}{r_t^2 - r_h^2}\int_{r_h}^{r_t} p_t(r,\varphi)2r\mathrm{d}r\right]\mathrm{d}\varphi = \frac{1}{2\pi}\int_0^{2\pi} p_t(\varphi)\mathrm{d}\varphi \tag{9-25}$$

式中，r_t，r_h 分别为发动机进口截面的叶尖和轮毂半径；$p_t(\varphi)$ 的表达式为

$$p_t(\varphi) = \frac{1}{r_t^2 - r_h^2}\int_{r_h}^{r_t} p_t(r,\varphi)2r\mathrm{d}r \tag{9-26}$$

发动机进口截面上，径向平均总压的周向分布为：

低压区平均总压 $p_{t,L,AV} = \dfrac{1}{\varphi_0}\displaystyle\int_{\varphi_H}^{\varphi_k}(\varphi)\mathrm{d}\varphi$(见图 9-19)。

低压区范围 $\varphi^- = \varphi_K - \varphi_H$(见图 9-19)。

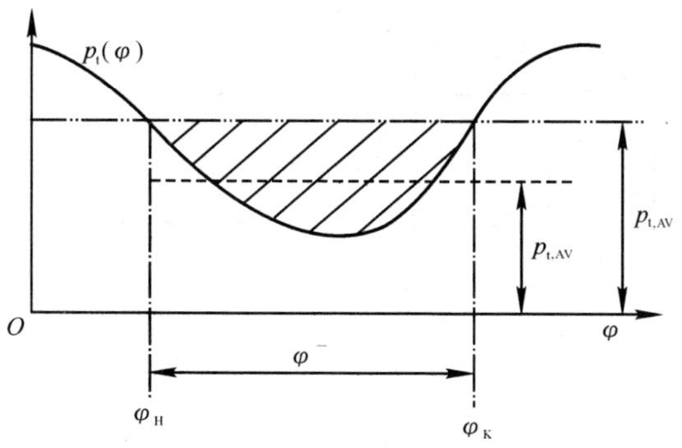

图 9-19 发动机进口总压的周向分布

如果有两个以上的低压区，当 $\varphi > 60°$ 时，取低压区 $\Delta\bar{\sigma}_0$ 的最大值；当 $\varphi < 60°$ 时，则取 $\Delta\bar{\sigma}_0(\varphi^- /60)$ 最大的那个低压区所对应的 $\Delta\bar{\sigma}_0$ 值。

(2) 紊流度 ε 为

$$\varepsilon = \frac{1}{N}\sum_{i=1}^{N} \frac{\sqrt{(\Delta p_{t,i})^2}}{p_{t,AV}}\% \tag{9-27}$$

式中，$\sqrt{(\Delta p_{t,i})^2}$ 为发动机进口平面第 i 个测点的动态压力脉动分量的均方根值，即

$$\sqrt{(\Delta p_{t,i})^2} = \sqrt{\frac{1}{T}\int_0^T [p_{t,i}(t) - p_{t,AV,i}]^2 \mathrm{d}t} \tag{90-28}$$

式中，$p_{t,AVi}$ 为第 i 个测点在时间 T 内的平均总压，即

$$p_{t,AV,i} = \frac{1}{T}\int_0^T p_{t,i}(t)\mathrm{d}t \tag{9-29}$$

式中，T 为测量试验数据的时间间隔，$T = 1 \sim 2$ s。

式(9-27) 中的 N 为测点的数目，一般是在相对半径 $\bar{r} = 0.9$ 处沿周向布置 6 个测点。

2. 获得畸变敏感性系数 α_W 的试验方法

(1) 试验方法示意图，如图 9-20 所示。

(2) 综合畸变指数与喘振裕度损失的关系为

$$\alpha_W = \frac{SM}{W_{cr}} \tag{9-30}$$

式中 α_W—— 畸变敏感系数；

SM—— 均匀流时的压气机稳定裕度，如图 9-21 所示。

$$SM = \frac{(\pi_K/W_{a,cor})_S - (\pi_K/W_{a,cor})_1}{(\pi_K/m_{a,cor})} \tag{9-31}$$

W_{cr}—— 临界畸变指数，使喘振边界下移到工作点时的畸变指数。

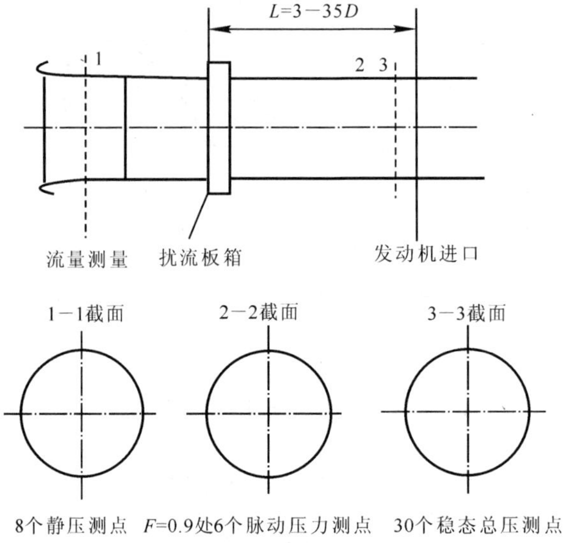

图 9－20　扰流板试验示意图

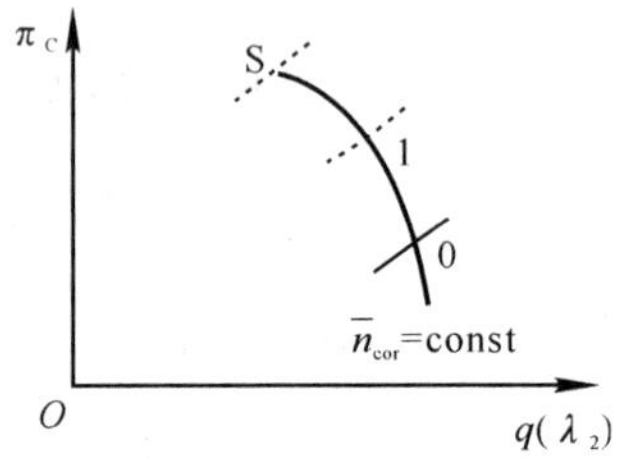

图 9－21　可用稳定裕度 SM 的定义

假定喘振裕度损失与综合因子 W 和畸变敏感性系数成正比，则

$$\Delta \mathrm{SM} = \alpha_W W \tag{9-32}$$

式中，ΔSM 为当综合畸变因子为 W 时的喘振裕度损失，其定义为

$$\Delta \mathrm{SM} = \Delta K_{\mathrm{yucx}} - \Delta K_{\mathrm{yw}} = \frac{(\pi_C / W_{\mathrm{a,cor}})_S - (\pi_C / W_{\mathrm{a,cor}})_1}{(\pi_C / W_{\mathrm{a,cor}})_0} \tag{9-33}$$

$\Delta K_{\mathrm{yucx}} \equiv \dfrac{(\pi_C / W_{\mathrm{a,cor}})_S - (\pi_C / W_{\mathrm{a,cor}})_0}{(\pi_C / W_{\mathrm{a,cor}})_0}$，为均匀流时的喘振裕度；

$\Delta K_{\mathrm{yw}} = \dfrac{(\pi_C / W_{\mathrm{a,cor}})_1 - (\pi_C / W_{\mathrm{a,cor}})_0}{(\pi_C / W_{\mathrm{a,cor}})_0}$，为有畸变时的喘振裕度。

（3）某涡喷发动机的试验结果。

1）发动机在几个不同状态下临界点的参数如表 9－1 所示。

表　9－1

$\bar{n}_{1.cor}$	$\bar{H}_{CR}$	$\Delta\bar{\sigma}_0$	ε	W_r	$\Delta\bar{\sigma}_0/\varepsilon$
73.8%	0.357	2.04	2.12	4.16	0.962
87.6%	0.28	1.96	2.49	4.45	0.787
96.7%	0.298	3.71	3.79	7.5	0.979

表中　$\bar{n}_{1.cor}$——低压相对换算转速；$\bar{H}_{cr}$——发动机开始喘振时扰流板插入的相对深度；$\Delta\bar{\sigma}_0$——周向总压不均匀度；ε——平均紊流度；W_{cr}——发动机喘振时的临界畸变指数。

2）畸变敏感系数等参数随低压换算转速的变化关系。由某涡喷发动机试验所获得的临界综合畸变指数、畸变敏感系数、紊流度和总压不均匀度等参数随低压换算转速的变化关系如图 9－22～图 9－24 所示。

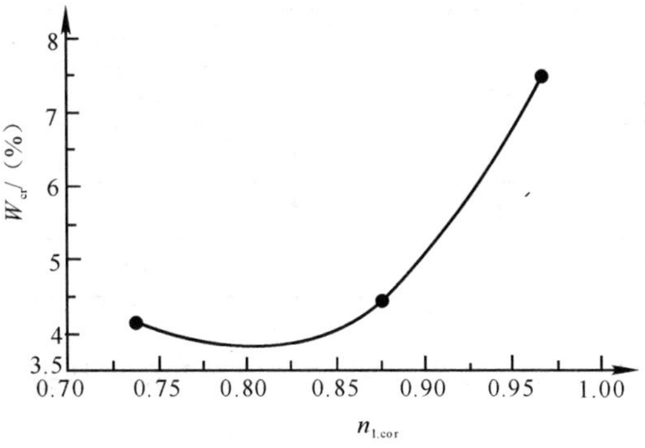

图 9－22　临界综合畸变指数与低压换算转速的关系

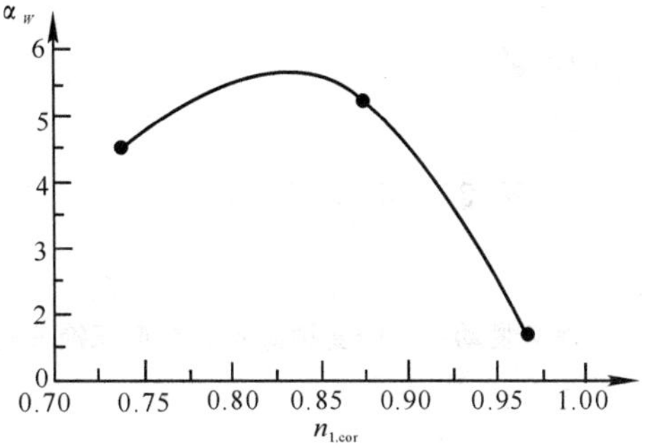

图 9－23　畸变敏感系数与低压换算转速的关系

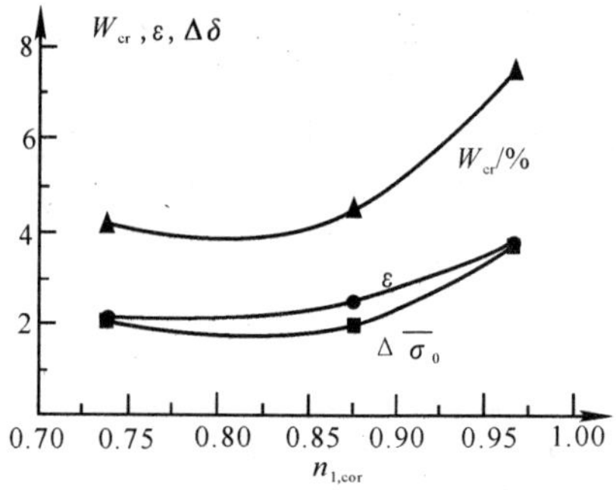

图 9-24 综合畸变指数、紊流度和总压不均匀度与低压换算转速的关系

(4) 某涡扇发动机的试验结果如表 9-2 所示。

表 9-2

	$\bar{n}_{1,cor}=0.85$	$\bar{n}_{1,cor}=0.9$	$\bar{n}_{1,cor}=0.95$
$\Delta\bar{\sigma}_0$/(%)	13.62	10.71	17.8
ε/(%)	7.98	6.06	8.78
W/(%)	21.6	16.76	26.55
ΔSM/(%)	29.16	31.05	29.48

如图 9-25 所示为某涡扇发动机试验获得的敏感系数随低压换算转速的变化关系。

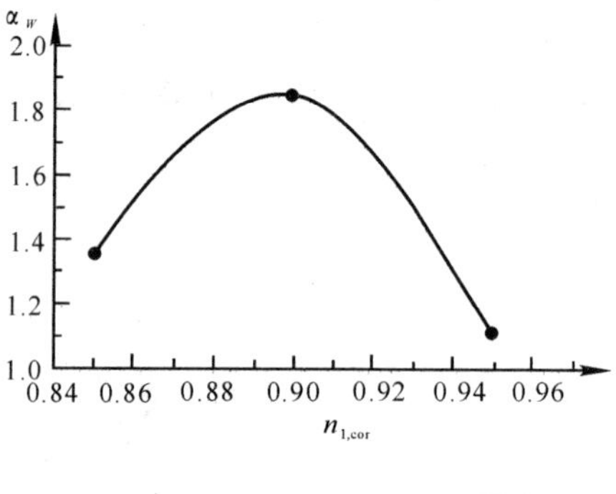

图 9-25 某涡扇发动机的畸变敏感系数与低压换算转速的关系

3. 径向总压畸变

通常径向总压畸变对发动机的稳定性影响较小，一般忽略不计，综合畸变指数不包含径向总压畸变。若要考虑，可用径向总压畸变强度描述径向总压畸变。

9.4 进气总温畸变对发动机稳定性的影响

发动机进气总温畸变，如总压畸变一样，概念上可分为稳态畸变和动态畸变两种。周向稳态总温畸变影响发动机稳定性的原因，同样可以由平行压气机理论解释。假定有180°的周向总温畸变，如图9-26所示。

与周向总压畸变类似，把压气机分成两个平行的子压气机，一个工作于高温区，一个工作于低温区，其进口总压是相同的，两个子压气机的出口具有均匀的静压。

因为两个子压气机具有同样的物理转速，故换算转速不同，高温区的压气机换算转速低，而低温区的压气机换算转速高。其工作点的相对位置如图9-26(b)所示，其中，点1表示高温区工作点；点2表示平均工作点；点3表示低温区工作点。当高温区工作点达到喘振边界时整个压气机喘振，这时的喘振点为点2，即喘振边界下移。

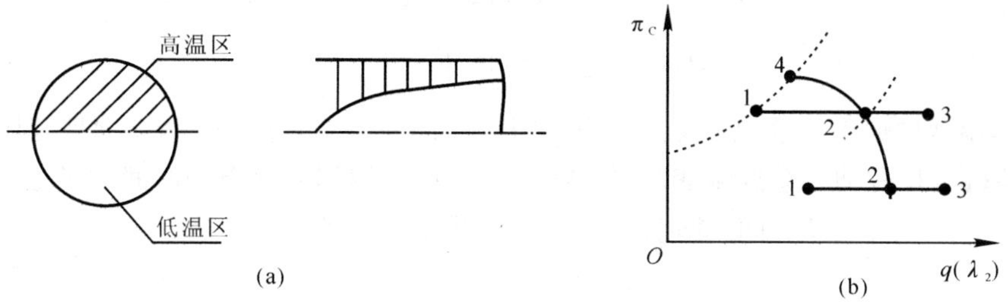

图9-26 周向总温畸变的平行压气机模型

一、进气总温畸变的描述

在使用过程中，发动机进气的总温畸变通常是动态畸变，一般可采用下述的畸变指数描述。

(1)面平均相对温升：

$$\delta T_{t2} = \frac{T_{t,AV} - T_{t,0}}{T_{t,0}} \tag{9-34}$$

式中，$T_{t,AV}$为发动机进口面平均总温，其表达式为

$$T_{t,AV} = \frac{1}{2\pi}\int_0^{2\pi} \frac{1}{r_t^2 - r_h^2}\int_{r_h}^{r_t} T_t(r,\varphi)2r\mathrm{d}r\mathrm{d}\varphi \tag{9-35}$$

式中 $T_{t,0}$——未受扰动气流的总温；

r,φ——发动机进口截面的径向和周向坐标；

r_t, r_h——发动机进口截面的叶尖和轮毂半径。

(2) 高温区范围 φ^{+}，如图 9－27 所示。

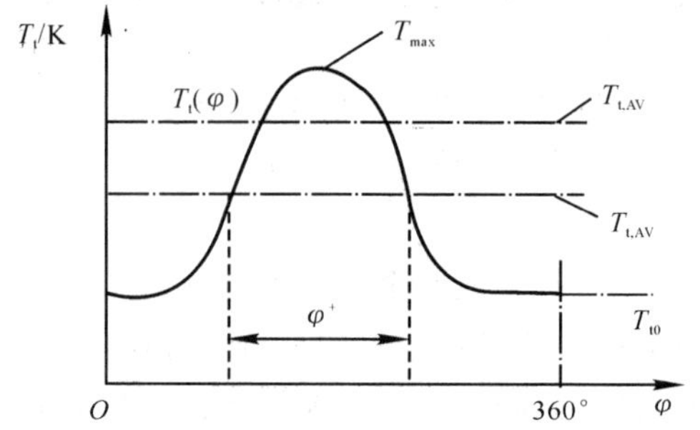

图 9－27　发动机进口截面高温区范围

图 9－27 中，$T_t(\varphi)$ 为发动机进口截面总温的周向分布，其表达式为

$$T_t(\varphi) = \frac{1}{r_t^2 - r_h^2}\int_{r_h}^{r_t} T_t(r,\varphi)2r\mathrm{d}r \tag{9-36}$$

$T_{t,H,AV}$ 为高温区的面平均总温；$T_{t,AV}$ 为发动机进口的面平均总温；φ^{+} 为高温区范围。

当发动机进口有动态总温畸变时，图 9－27 所示的总温周向分布是时间的函数，因此，最大温升 $\Delta T_{max} = (T_{t,max} - T_{t,0})$ 也是时间的函数，如图 9－28 所示。

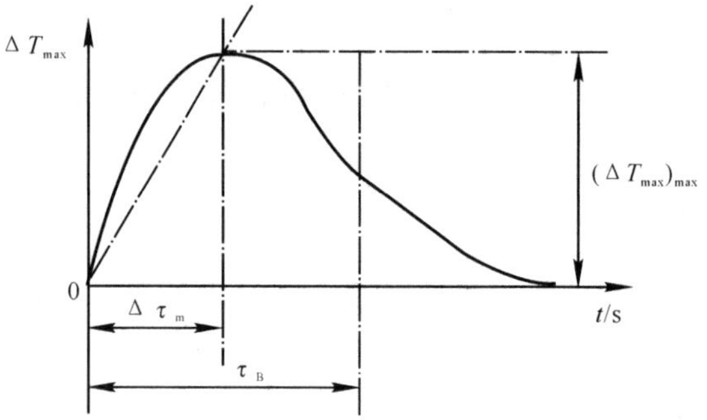

图 9－28　最大温升 ΔT_{max} 与时间的关系

图 9－28 中，$\Delta\tau_m$ 为最大温升 ΔT_{max} 由开始增加到最大值的时间；$\tau_B = 2\Delta\tau_m$ 为温度畸变持续时间。

(3) 畸变强度为

$$\delta T_{t,H} = \frac{T_{t,H,AV} - T_{t,AV}}{T_{t,AV}} \tag{9-37}$$

(4) 温升率 $\dot{T}$(见图 9-28) 为

$$\dot{T} = \frac{(\Delta T_{max})_{max}}{\Delta \tau} \tag{9-38}$$

二、总温畸变与发动机稳定裕度损失的关系

1. 总温畸变对发动机稳定性影响的试验曲线

总温畸变对发动机稳定性影响可以由数值模拟或试验方法获得。试验时，在发动机进口前装有温度畸变发生器，可以独立地改变高温区范围、温升率、最大相对温升、畸变持续时间等参数。

根据试验结果，可以整理出下述参数关系曲线。

(1) 图 9-29 所示是在高温区平均总温 $T_{t2,H,AV}$ = const、低压转子相对换算转速 $\bar{n}_{1,cor}$ = const 的条件下，相对临界温升 $\delta T_{t2,cr}$ 与高温区范围角 φ^+ 的关系曲线。

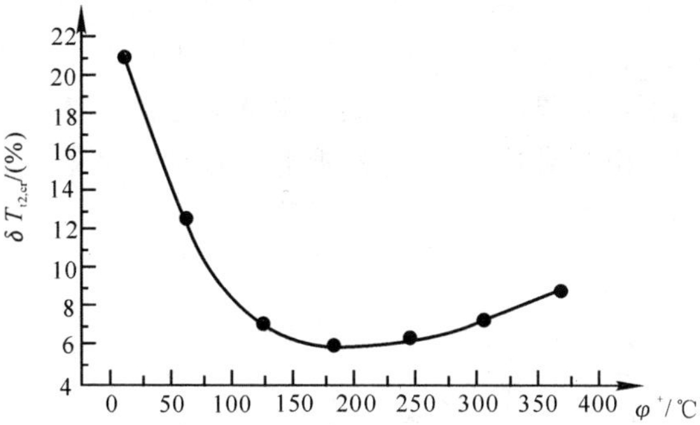

图 9-29 相对临界温升 $\delta T_{t2,cr}$ 与 φ^+ 的关系曲线

图 9-29 所示曲线的变化原因，解释如下：

假定是周向方形波稳态总温畸变、且高温区的总温等于常数。则在 $\varphi^+ = 0$ 时的极限情况下，畸变强度最大而动叶在高温区滞留的时间最短(等于零)，有效攻角没有变化，故相对临界温升 $\delta T_{t2,cr}$ 趋于无穷大；在 $\varphi^+ = 360°$ 的极限情况下，动叶在高温区滞留的时间最长，但畸变强度为零，实际上这时相当于发动机进口总温升高的稳态情况，工作点沿稳态工作线向下移动而可能进入喘振状态，$\delta T_{t2,cr}$ 也比较大。所以存在 $\delta T_{t2,cr}$ 值最小的 φ^+，称为临界畸变角，以 φ^+_{cr} 表示。当 φ^+ 从 0 增加时，畸变强度减小但由于动叶在高温区滞留的时间加大使有效攻角迅速增加，故 $\delta T_{t2,cr}$ 减小，直到 $\varphi^+ = \varphi^+_{cr}$ 为止；当 $\varphi^+ > \varphi^+_{cr}$ 时，畸变强度的减小起主要作用，$\delta T_{t2,cr}$ 增加。图 9-30 表示不同 $\bar{n}_{1,cor}$ 值下相对临界温升 $\delta T_{t2,cr}$ 与高温区范围角 φ^+ 的关系曲线。

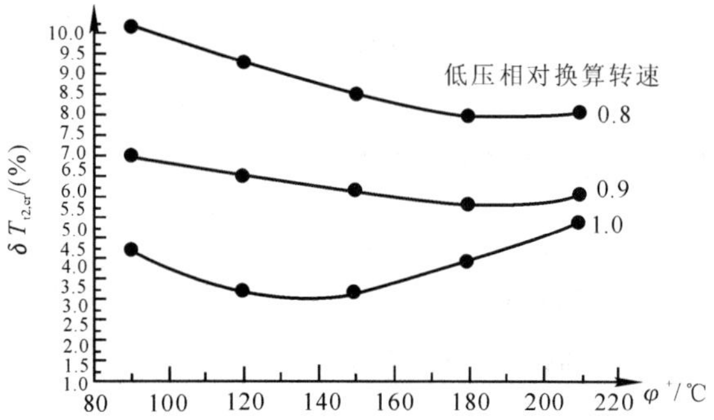

图 9-30 不同 $\bar{n}_{1,cor}$ 值下相对临界温升 $\delta T_{t2,cr}$ 与高温区范围角 φ^+ 的关系曲线

(2) 相对临界温升 $\delta T_{t2,cr}$ 与温升率 dT_t/dt 的关系曲线($\varphi^+=$ const)，如图 9-31 所示。图 9-31 所示为在给定的发动机工作状态和总温畸变范围情况下，相对临界温升与温升率的关系曲线。曲线表明，随着温升率的增加，相对临界温升减小，温升率大于某值后，相对临界温升基本不变。其他条件不变，如果温升率非常小，则发动机平均工作点将沿着稳态工作线移动，如图 9-32 中 ab 线所示，所以临界温升很大；温升率增加，则发动机平均工作线轨迹变得较为平坦(见图 9-32 中 ac 线)，相对临界温升下降；温升率增加到某值后，工作线变为水平线(见图 9-32 中 ad 线)，则温升率对临界温升不再有影响。

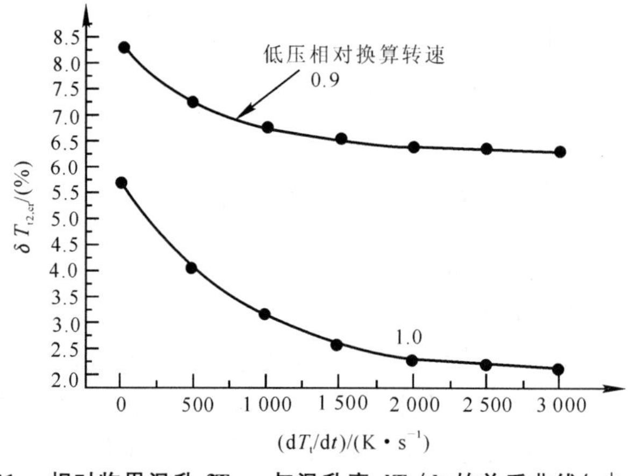

图 9-31 相对临界温升 $\delta T_{t2,cr}$ 与温升率 dT_t/dt 的关系曲线($\varphi^+=$ const)

(3) 相对临界温升 $\delta T_{t2,cr}$ 与温升率 dT_t/dt 的关系曲线($\bar{n}_{1,cor}=$ const)。图 9-33 表示 $\bar{n}_{1,cor}=$ const 相对临界温升 $\delta T_{t2,cr}$ 与温升率 dT_t/dt 的关系曲线。$dT_t/dt=0$，$\varphi^+=360°$，相当于进口总温增加时的发动机稳态工作；$dT_t/dt=0$，$\varphi^+<360°$ 相当于稳态总温畸变；不同的 dT_t/dt 和 φ^+ 的组合，决定着发动机工作线的走向不同(见图 9-32)，因而相对临界温升 $\delta T_{t2,cr}$ 不同。

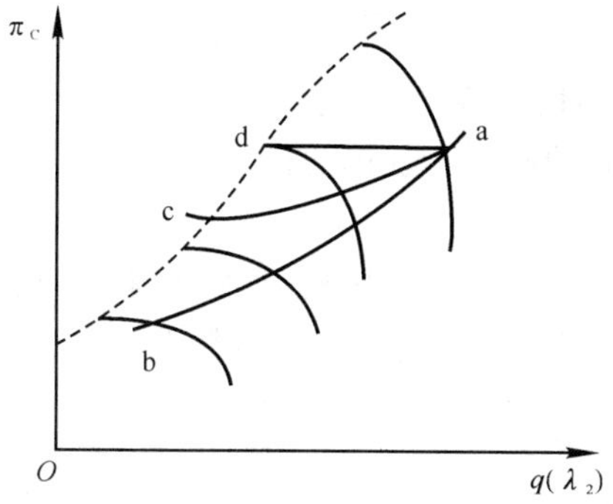

图 9－32　温升率对发动机工作线影响示意图

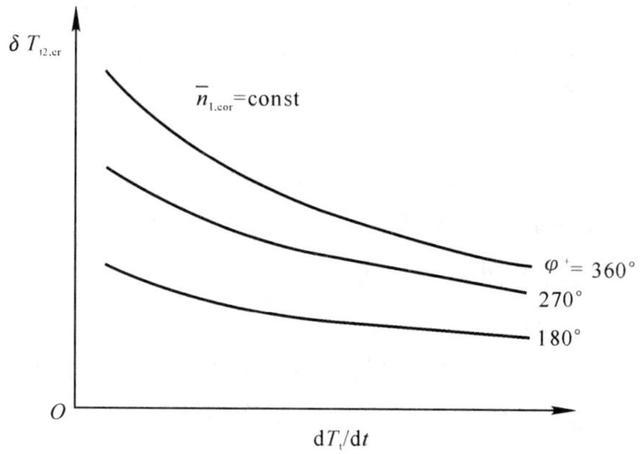

图 9－33　相对临界温升 $\delta T_{t2,cr}$ 与温升率 dT_t/dt 的关系曲线($\bar{n}_{1,cor}$ = const)

2. 温度畸变影响系数

可以认为，温度畸变对发动机稳定裕度损失的影响关系是线性的，其斜率即为温度畸变影响系数。在给定的发动机状态下，可以获得相对临界温升 $\delta T_{t2,cr}$（或 $\delta T_{t,H,cr}$），即发动机进入喘振时的面平均相对温升。均匀进气时的稳定裕度（可用裕度）SM 与相对临界温升 $\delta T_{t2,cr}$ 的百分比称为温度影响系数 α_T，它是总温畸变基元（畸变范围、温升率、畸变得持续时间等）、发动机工作状态、风扇压气机的特性等参数的函数。发动机进入喘振状态时，可能有两种情况：风扇（低压压气机）首先失稳和高压压气机首先失稳。

（1）高压压气机首先失稳。

1）高压压气机总温畸变影响系数为

$$\alpha_{T,\mathrm{H}}=\frac{\mathrm{SM_H}}{\delta T_{2,\mathrm{cr}}} \tag{9-39}$$

式中 $\alpha_{T,\mathrm{H}}$—— 高压压气机的总温畸变影响系数；

$\mathrm{SM_H}$—— 均匀进气时的高压压气机的稳定裕度；

$\delta T_{\mathrm{t2,cr}}$—— 相对临界温升。

2）风扇总温畸变影响系数。通过改变尾喷管（例如缩小）最小截面面积，提高其工作线，在温度畸变下使风扇首先喘振。风扇总压畸变影响系数为

$$\alpha_{T,\mathrm{L}}=\frac{\mathrm{SM_{H,NZ}}}{\delta T_{\mathrm{t2,cr,NZ}}} \tag{9-40}$$

式中 $\alpha_{T,\mathrm{L}}$—— 风扇总温畸变影响系数；

$\mathrm{SM_{L,NZ}}$—— 尾喷管最小截面面积改变后的风扇的稳定裕度；

$\delta T_{\mathrm{t2,cr,NZ}}$—— 尾喷管最小截面面积改变后的相对临界温升。

如果改变尾喷管最小截面面积达极限位置，仍然是高压压气机首先失稳，则认为$\alpha_{T,\mathrm{L}}=0$。

(2) 风扇（低压压气机）首先失稳。

1）风扇总温畸变影响系数为

$$\alpha_{T,\mathrm{L}}=\frac{\mathrm{SM_L}}{\delta T_{\mathrm{t2,cr}}} \tag{9-41}$$

式中 $\alpha_{T,\mathrm{L}}$—— 风扇总温畸变影响系数；

$\mathrm{SM_L}$—— 均匀进气时的风扇的稳定裕度；

$\delta T_{\mathrm{t2,cr}}$—— 相对临界温升。

2）高压压气机总温畸变影响系数。通过改变尾喷管（例如加大）最小截面面积，在温度畸变下使高压压气机首先喘振。高压压气机总压畸变影响系数为

$$\alpha_{T,\mathrm{H}}=\frac{\mathrm{SM_{H,NZ}}}{\delta T_{\mathrm{t2,cr,NZ}}} \tag{9-42}$$

式中 $\alpha_{T,\mathrm{H}}$—— 高压压气机的总温畸变影响系数；

$\mathrm{SM_{H,NZ}}$—— 尾喷管最小截面面积改变后的的高压压气机的稳定裕度；

$\delta T_{\mathrm{t2,cr,NZ}}$—— 相对临界温升。

如果改变尾喷管最小截面面积使达极限位置，仍然是风扇首先失稳，则认为$\alpha_{T,\mathrm{H}}=0$。

(3) 发动机使用过程的稳定裕度损失

$$\Delta\mathrm{SM}_T=\alpha_T\delta T_{\mathrm{t2}} \tag{9-43}$$

式中 $\Delta\mathrm{SM}_T$—— 温度畸变引起的稳定裕度损失；

α_T—— 影响系数；

δT_{t2}—— 实际的面平均相对温升。

9.5　进口总温总压组合畸变对发动机气动稳定性的影响

一、低压区和高温区的重叠情况

实际使用过程中，发动机进口的畸变往往是总压和总温畸变同时存在，即组合畸变。如果风扇进口有稳态或动态的总压畸变，则在高压压气机的进口会诱发稳态或动态的总压总温组合畸变。总压畸变的低压区和总温畸变的高温区的不同重叠情况，对发动机稳定性的影响是不同的。

假定总压和总温都是180°周向稳态畸变，可能有3种典型的重叠情况，它们对发动机稳定性的影响，可定性地作如下说明。

1. 低压区和高温区完全不重叠

图9－34表示低压区和高温区完全不重叠的情况。图中，点3对应均匀进气时的工作点，点1为低压区工作点，点2是高温区工作点。显然，当总压畸变或总温畸变足够高时都有可能使相应的工作点进入喘振边界，引起发动机的失稳。如果低压区的点1恰好处于喘振边界上，则此时的平均工作点S为整个发动机的喘振点。

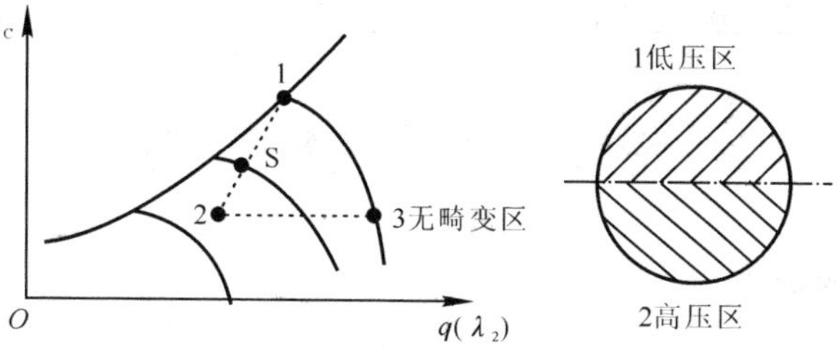

图9－34　低压区和高温区完全不重叠($\varphi_{pr}^{+}=180°$)

2. 低压区和高温区完全重叠

图9－35表示低压区和高温区完全重叠时的情况。这是对发动机稳定裕度影响最大的情况。图中，点3对应均匀进气时的工作点，点1为低压区工作点，点2是高温区工作点。如果重叠区的点2恰好处于喘振边界上，则此时的平均工作点S为整个发动机的喘振点。

3. 低压区和高温区90°重叠

图9－36表示低压区和高温区90°重叠时的情况。图中，点3对应无畸变区，点1是低压区工作点；点2是高温区工作点；点4是低压和高温的重叠区，点S是平均工作点。

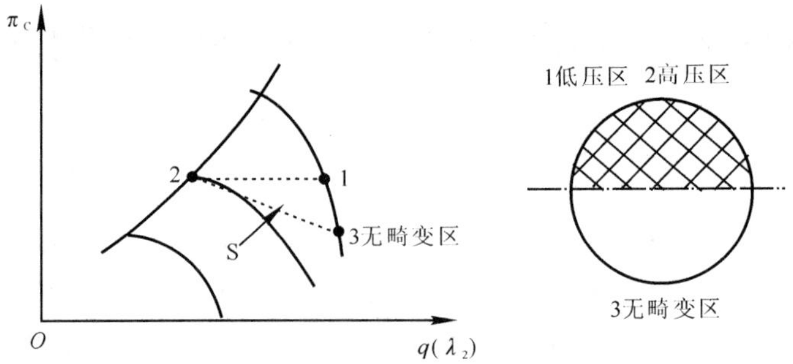

图 9－35　低压区和高温区完全重叠

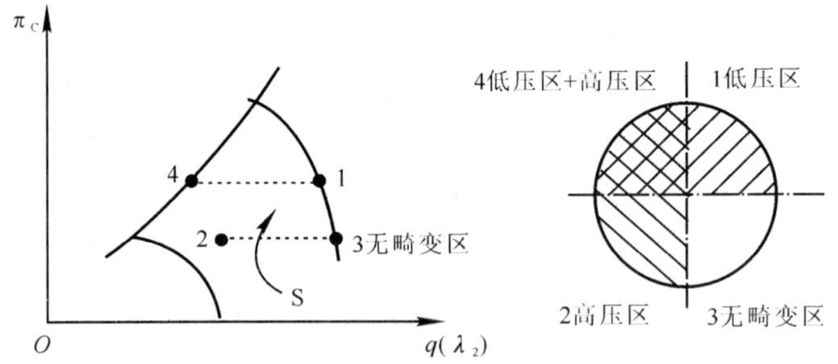

图 9－36　低压区和高温区 90° 重叠

二、组合畸变影响系数

在专门的试验设备上试验可获得组合畸变影响系数。试验设备一般是在发动机进口前装有总温畸变发生器，其后面装有总压畸变发生器。试验时，让总压畸变发生器产生希望的总压畸变，然后接通总温畸变发生器并逐步增加面平均相对温升，直到喘振发生为止，测得相对临界温升 $\delta T_{t2,cr}$，根据试验结果绘制组合畸变对 $\delta T_{t2,cr}$ 的影响曲线。

图 9－37 表示不同重叠情况下的 $\delta T_{t2,cr}$ 与综合畸变因子 W 的关系。当横坐标 $W=0$ 时，表示无总压畸变，$\delta\overline{T}_{t2,cr}=1$，单纯由总温畸变引起喘振；当 $W=1\times W_{cr}$ 时，单纯由总压畸变引起喘振；当 $W=0\sim 1\times W_{cr}$ 时为组合畸变引起喘振。当低压区和高温区完全重叠时，对发动机稳定性的影响最为严重。

组合畸变影响系数的定义式为

$$\alpha_{WT}=\frac{\mathrm{SM}-\alpha_T\delta T_{t2,cr,W}-\alpha_W W}{\delta T_{t2,cr}} \tag{9-44}$$

式中　SM——发动机给定状态下的风扇或压气机的稳定裕度，使用哪一个，决定于风扇还是压气机首发喘振；

W—— 组合畸变时的总压畸变综合因子；

$\delta T_{t2,cr,W}$—— 组合畸变的总压畸变综合因子为 W 时，测得的相对临界温升；

α_T—— 单纯总温畸变的影响系数；

α_W—— 单纯总压畸变的影响系数。

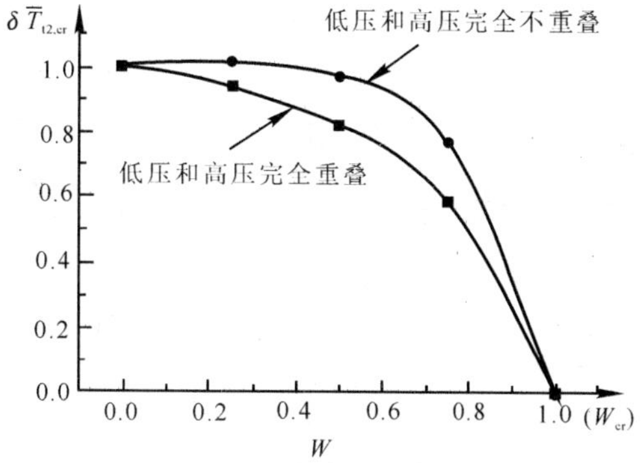

图 9-37　组合畸变对相对临界温升的相对值的影响(φ_{PT}^{+} = const)

应用式(9-44)，可能有两种情况：

(1) 在 φ_{PT}^{+} = const 的曲线上，喘振的是同一个压气机，则认为另一个压气机的 $\alpha_{W,T}=0$。

(2) 在 φ_{PT}^{+} = const 的曲线上，若某个 W 范围内风扇首发喘振，而另一 W 范围压气机首发喘振，则根据式(9-44) 分别计算风扇和压气机的 $\alpha_{W,T}$。

在发动机使用过程中，由于总压总温组合畸变引起的稳定裕度损失计算式为

$$\Delta SM_{WT} = \alpha_{W,T}\delta T_{t2}W \tag{9-45}$$

式中　δT_{t2}—— 发动机进口面平均相对温升；

W—— 总压畸变综合指数。

9.6　相容性评估简介

在整个飞行包线内如何提供适当的可用稳定裕度，以满足高推力、低油耗、重量轻、长寿命以及成本低的要求，是一个非常困难的问题。相容性评估是一种方法。它是在所有关键的飞行条件下估算有关的降稳因子所消耗的稳定裕度，以达到可用稳定裕度与降稳因子所要求的稳定裕度适当平衡。如果能够达到希望的平衡，则发动机可以稳定地工作，如果需要的稳定裕度大于可用裕度，则可能发生气动不稳定。

在发动机概念设计阶段和初步设计阶段，稳定性评估用来确定每一个压缩部件工作线和稳定边界线的相对位置，而稳定边界线是风扇和压气机的设计者预计能达到的。在发动机发展

阶段，稳定性评估要保证在飞行包线的关键区域有足够的稳定裕度。在使用阶段，用于诊断哪些因子可能变化超出设计允许值。

根据经验，首先需确定关键点，即在这些点可用稳定裕度与需要的稳定裕度差值较小。发动机的每一个压缩部件都要进行评估，以压气机为例，如图 9－38 所示。

条件	飞行速度	0.8	
	飞行高度	15 000 m	
	功率状态	最大不加力	
	空气质量流量	60 kg/s	
	畸变条件		
	估计的动态畸变	$\Delta PC/p = 0.08$	
稳定裕度损失 $-\Delta SM$		$\sum$	RSS
工作线变化			0.008
喘振线变化			0.020
静子叶片转动误差			0.002
过渡状态燃油调节变化			0.006
喘振线退化		0.01	
功率状态过渡		0.03	
功率提取		0.01	
畸变		0.10	
总的 ΔSM 需求		0.15 ± 0.036	
均匀流时的可用稳定裕度 SM		17.1	

图 9－38　压气机稳定性评估举例

飞行条件包括飞行马赫数、高度和攻角等。

发动机条件包括发动机功率状态、空气质量流量、功率提取和流量提取等。

根据这些条件由发动机非设计点计算可得共同工作点上的参数：换算转速、换算流量和稳定裕度。

各个降稳因子引起的稳定性裕度损失或稳定性压力比损失，可以根据经验数据或者利用分析的方法确定。

由图 9－38 可以看出，降稳因子的影响分为两列。左边一列是确定性的，可以直接求和；右边一列是统计分布性质的，以均方根值表示。控制和制造误差属于后一类，通常假设这一类降稳因子具有高斯分布的性质。

评估计算如下（见图 9－39）：

(1) 假定均匀进气时的可用喘振裕度：$SM = 17.1\%$；

(2) 非随机的喘振裕度损失：$\Delta SM = 15\%$；

(3) 随机的喘振裕度损失：$\Delta SM = 3.6\%$；

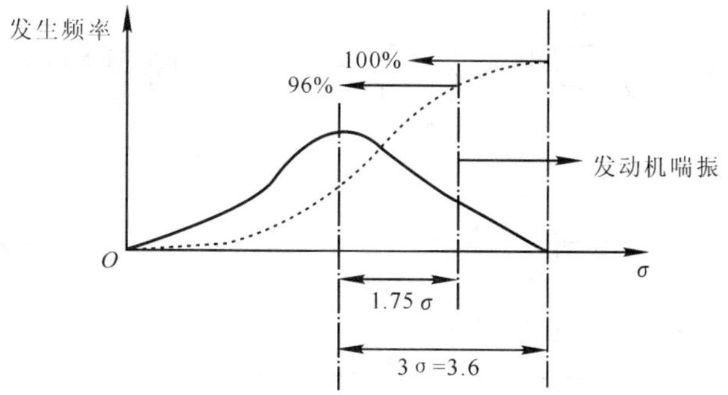

图 9-39 发动机发生喘振的概率计算

(4) 利用 3σ 原则，$3\sigma = 3.6\%$，所以 $\sigma = 1.2\%$；

(5) 压气机喘振时需要的随机喘振裕度损失：$17.1\% - 15\% = 2.1\%$；

(6) 压气机喘振时要求：$2.1/1.2 = 1.75\sigma$；

(7) 相应于 1.75σ 时的累积概率：96% 即为发动机不发生喘振的概率；

(8) 发动机发生喘振的概率：4%。

9.7 进气畸变对压气机稳定性影响的分析技术

一、平行压气机模型

1. 稳态周向总压畸变的简单平行压气机模型

稳态周向总压畸变的简单平行压气机模型，如图 9-40 所示。假设：

(1) 工作于低压区和高压区的压气机视为各自独立工作互不干涉的两个子压气机，并具有同样的特性曲线；

(2) 在压气机的进口总压不均匀，但静压均匀，压气机出口静压均匀；

(3) 当一个子压气机喘振时即认为整个压气机喘振。

根据上述假设，可以求得给定的畸变强度下压气机的喘振压力比损失，其大致步骤如下(见图 9-41)：

(1) 在压气机特性图的 $n_{\text{cor}} = \text{const}$ 曲线上，假定高压子压气机的工作点为点 F′，则根据出口静压相等的条件可求得低压子压气机的工作点 S′；

1) 由 F′ 点的增压比和高压区进口总压，求得高压子压气机出口总压 $p_{t,2F}$；

2) 由 F′ 点的效率、增压比和高压区进口总温，求得高压子压气机出口总温 $T_{t,2F}$；

3) 由高压子压气机出口参数总压、总温、流量和截面面积，求得出口静压 p_2；

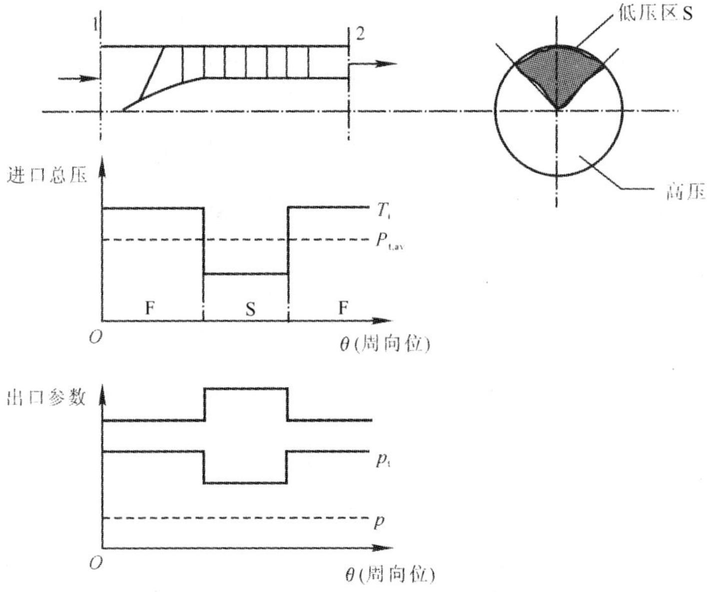

图 9-40　平行压气机模型

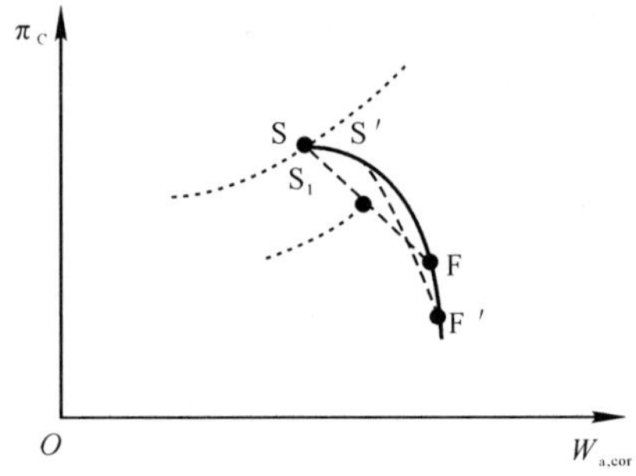

图 9-41　周向总压畸变引起的喘振压力比损失

4）在低压子压气机的 $n_{cor}=\text{const}$ 线上任取一点 S′，按上述同样的方法可求得其出口的静压 p_1。

5）比较 p_1 和 p_2，若相等，则 S′ 是 F 的对应点，否则重新取 S′ 点。

（2）整个压气机的工作点上的空气质量流量和增压比可由如下方法求得：

整个压气机进口的气流质量流量为　$W_a=W_{a,S}+W_{a,F}$

整个压气机进口的总压为　$p_{t1}=(p_{t1,S}A_{1,S}+p_{t1,F}A_{1,F})/A_1$

整个压气机出口的总压为　$p_{t2}=(p_{t2,S}A_{2,S}+p_{t2,F}A_{2,F})/A_2$

压气机进口换算气流质量流量为　$W_{a,cor}=W_a\dfrac{\sqrt{T_{t1}}}{p_{t1}}$

压气机增压比为　$\pi_C=\dfrac{p_{t1}}{p_{t2}}$

(3) 变动点 F′ 的位置，使其沿特性线上移，则相应的低压区工作点上移。假定高压区的工作点达到 F 点时低压区的工作点恰好达到喘振点 S，则认为整个压气机喘振，其平均工作点 S_1 就是整个压气机的喘振点。

(4) 计算喘振压力比损失为

$$\Delta PRS=\frac{\left(\pi_{CS}\big/W_{a,cor,S}\right)-\left(\pi_{CS_1}\big/W_{a,cor,S_1}\right)}{\left(\pi_{CS}\big/W_{a,cor,S}\right)}$$

2. 平行压气机理论计算与试验结果的比较

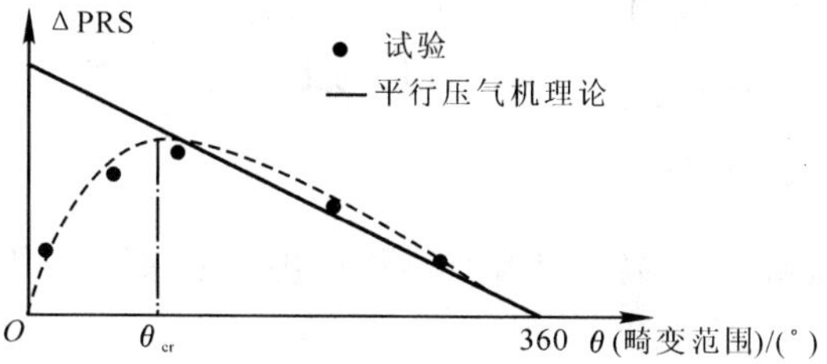

图 9-42　理论与试验结果的比较

由图 9-42 可以看出：

(1) 畸变范围 $\theta=0°$ 时，ΔPRS 最大，如图 9-43 所示。整个压气机进口的流量等于高压子压气机进口的流量，因为低压子压气机的进口流量为零；整个压气机进口的增压比等于高压子压气机进口的增压比，因为低压子压气机的流道面积为零。因而高压子压气机的工作点 F 即为整个压气机进口的工作点。所以喘振压力比损失大。

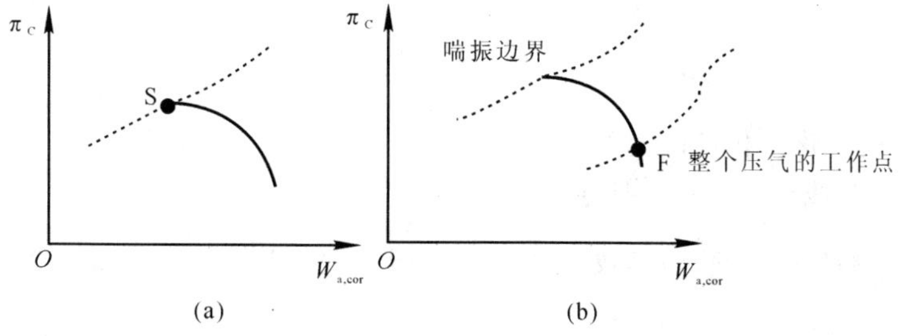

图 9-43　畸变范围等于零时的 ΔPRS

(a) 低压子压气机；(b) 高压子压气机

(2) 当畸变范围 $\theta = 360^\circ$ 时，ΔPRS = 0，如图 9-44 所示。

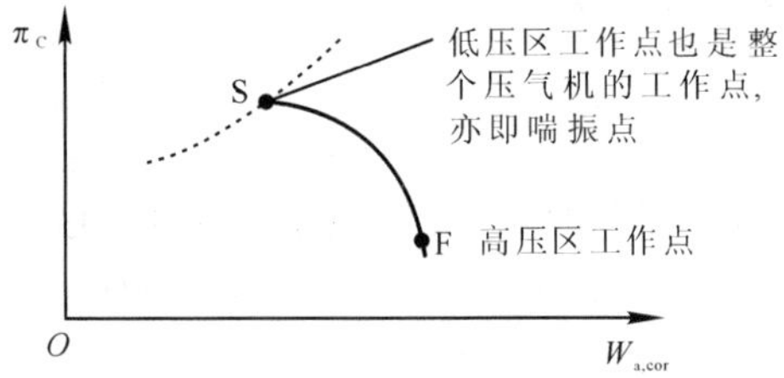

图 9-44　畸变范围为 360° 时的 ΔPRS

(3) 畸变范围大于某个临界值时，理论与试验结果吻合良好；而当畸变范围小于这个临界畸变角时，理论与试验结果相差很大。其主要原因是把稳态的压气机喘振边界当成低压子压气机的喘振边界，而转子转动经过低压区时是一个非稳态的过程，特别是当畸变范围很小时，工作叶片在低压区滞留的时间短，来不及响应，因此实际的喘振压力比损失比平行压气机理论计算要低。在极限情况下畸变范围等于零，对压气机的工作没有影响。

二、对平行压气机理论的修正

如果是稳态周向总压畸变，当转子叶片从高压区进入低压区时，其攻角的变化是从高压区的攻角 α_F 突跃到低压区的攻角 α_S。

对稳态周向总压畸变平行压气机模型的修正有两种方法，分述如下：

1. 有效攻角方法

根据孤立翼型理论，当其攻角迅速变化时，有两个方面的影响需要考虑。第一，在非失速范围内，相对应于攻角的变化，升力的变化有一定的滞后。这是因为，气流微团流过翼型需要一定的时间，翼型上的压力分布需要一定的时间进行调整。升力对攻角阶跃变化的响应由下式描述：

$$\frac{L(t)}{L(t \to \infty)} = 1 - e^{-t/\tau} \tag{9-46}$$

式中　$\tau = \dfrac{l}{c}$—— 时间常数；

l, c—— 翼型弦长和自由流速度。

式(9-46) 的曲线如图 9-45 所示。

第二，对于一个孤立翼型，当其攻角变化率等于常数，即 $\dfrac{d\alpha}{dt} = \text{const}$ 时，将会有升力系数 C_L 短时间地超过稳态时的最大升力系数 $C_{L,\max}$，如图 9-46 所示。$\Delta C_{L,\max}$ 与 $\dfrac{d\alpha}{dt}$ 的关系为

$$\Delta C_{L,\max} = 21.7 \frac{l}{c} \frac{d\alpha}{dt} \tag{9-47}$$

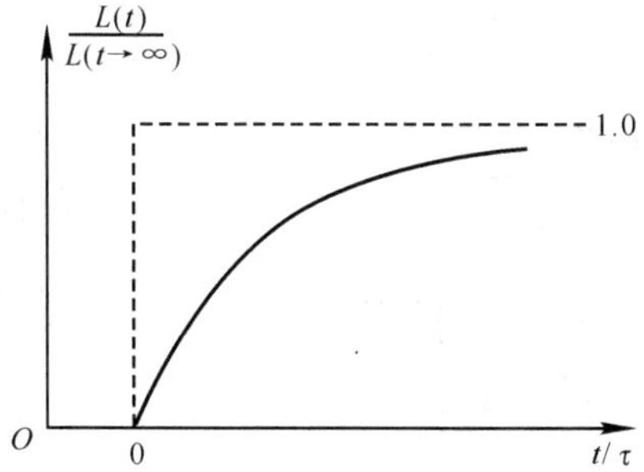

图 9-45　孤立翼型相对升力对攻角阶跃的响应

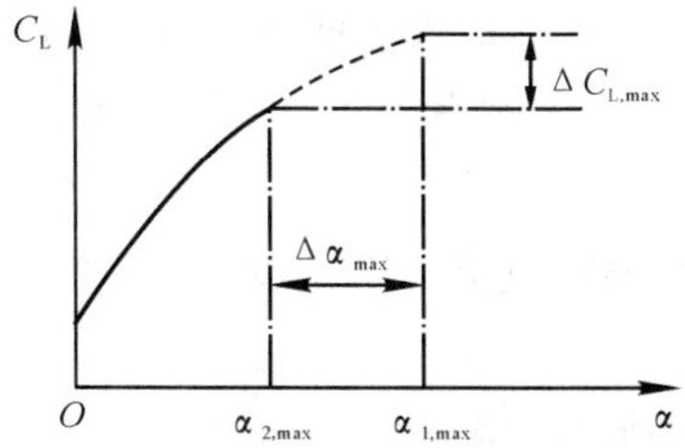

图 9-46　孤立翼型攻角迅速变化的升力系数

根据上述理论，Melick 提出有效攻角概念，给出了对平行压气机模型的第一种修正方法。当攻角以一定的速度变化时，升力系数 C_L 的变化相对于瞬时攻角有一定的滞后。可以设想存在一个有效攻角 α_{eff} 也滞后于瞬时攻角，C_L 与 α_{eff} 的关系相当于稳态的关系一样，只有当有效攻角达到稳态失速攻角时翼型才会失速。当转子叶片从高压区进入低压区时，其瞬时攻角的变化是从高压区的攻角 α_F 阶跃到低压区的攻角 α_S，有效攻角与瞬时攻角的关系是

$$\frac{\alpha_{eff}-\alpha_F}{\alpha_S-\alpha_F}=1-e^{-\Delta t/\tau} \tag{9-48}$$

式中

$$\tau=\text{const}\cdot\frac{l}{C_W} \tag{9-49}$$

τ —— 叶删翼型对攻角动态变化响应的时间常数；

l —— 叶型弦长；

C_W —— 相对气流速度。

根据式(9-48)，有效攻角 α_{eff} 随时间的变化关系如图 9-47 所示。

由图 9-47 可知：

α_S 为叶片进入低压区的瞬时攻角；α_{max} 为稳态失速时的最大攻角；α_F 为叶片在高压区的攻角；α_{eff} 为叶片在低压区的有效攻角；Δt 为叶片经过低压区所需要的时间。

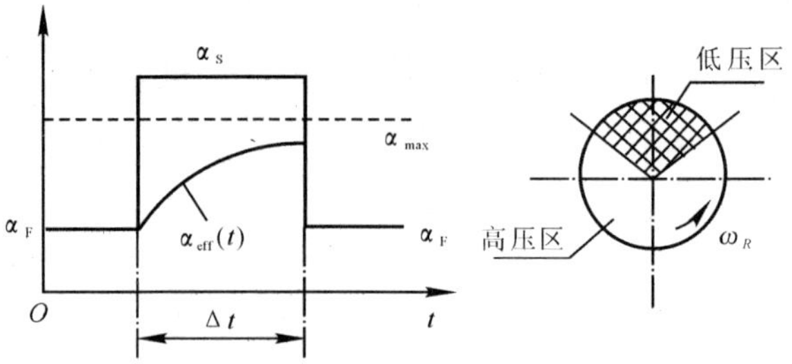

图 9-47　有效攻角的变化

如果叶片在低压区中的最大有效攻角大于或等于 α_{max} 则会引起失速，否则不能引起失速。根据函数 $1-e^{-\Delta t/\tau}$ 的性质，当 $\Delta t=3\tau$ 时有效攻角基本达到其最大值，所以若 $\Delta t/\tau$ 较小，即使 $\alpha_S>\alpha_{max}$，仍可能不失速。

采用这种修正方法，困难在于理论上不易准确确定时间常数 τ。

2. *有效畸变强度法*

第 2 种修正方法是有效畸变强度概念。其关系如下：

$$\left(\frac{\Delta PC}{p}\right)_{eff}=E(\theta^{-})\left(\frac{\Delta PC}{p}\right) \tag{9-50}$$

式中　$\left(\frac{\Delta PC}{p}\right)_{eff}$——有效畸变强度；

$\left(\frac{\Delta PC}{p}\right)$——畸变强度；

$E(\theta^{-})$——修正系数。

当 $\theta^{-}<\theta^{-}_{crit}$ 时

$$E(\theta^{-})=\frac{\theta^{-}}{\theta^{-}_{crit}} \tag{9-51a}$$

当 $\theta^{-}\geqslant\theta^{-}_{crit}$ 时

$$E(\theta^{-})=1.0 \tag{9-51b}$$

式中　θ^{-}——低压区范围扇形角；

θ^{-}_{crit}——临界畸变角。

三、周向稳态总温畸变的平行压气机模型

图 9-48 表示压气机进口稳态周向总温畸变，前面已给出过畸变强度定义为

$$\delta T_{t,H}=\frac{T_{t,H,AV}-T_{t,AV}}{T_{t,AV}}$$

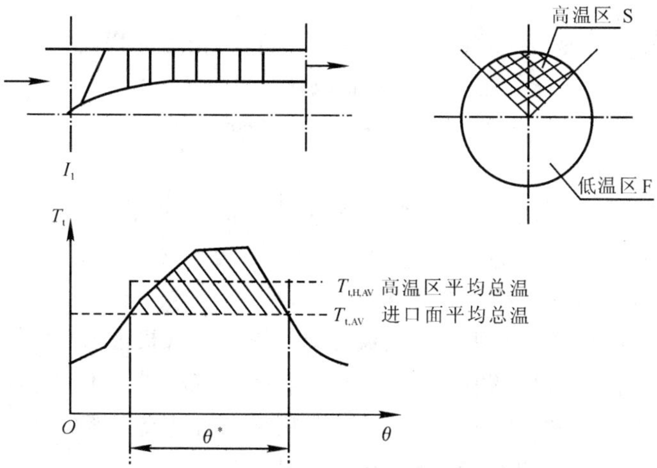

图 9-48　压气机进口周向总温畸变

同处理总压畸变一样，把压气机分成两个平行的子压气机，一个工作于高温区，一个工作于低温区，其进口总压是相同的。两个子压气机的出口具有均匀的静压。因为两个子压气机具有同样的物理转速，故换算转速不同，高温区的压气机换算转速低而低温区的压气机换算转速高。其工作点的相对位置如图 9-49 所示。图中，点 1 表示高温区工作点；点 3 表示低温区工作点；点 2 表示平均工作点。当高温区工作点达到喘振边界时，认为整个压气机喘振，这时的喘振点为 2。

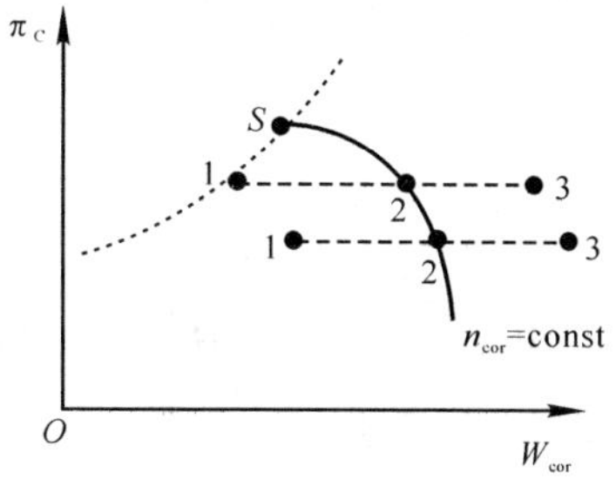

图 9-49　总温畸变平行压气机模型

9.8　小　结

1. 发动机中风扇和压气机的气动不稳定工作状态有两种形式，旋转失速和喘振。

旋转失速的特征是：

(1) 压缩部件中的局部分离区沿周向旋转，转动方向与转子转动方向相同，转动角速度大约为转子角速度的一半；

(2) 全发展的旋转失速，就参数的环面平均值而言有稳定的特性线；

(3) 叶片上的分离区可能发生在整个叶高或部分叶高上；

(4) 旋转失速区通常是单个的，也可能有 2 个，甚至多个。

喘振的特征是：

(1) 气流参数在压缩部件轴线方向的振荡，通常有倒流现象；

(2) 喘振循环的频率一般比较低，对于中等和大型涡扇发动机大约为 5 ～ 20Hz。

2. 发动机中压缩系统的不稳定工作状态

(1) 当 $\bar{n}_{cor} > 1.0$ 时，最后几级中的气流分离使整个压气机进入不稳定状态；

(2) 当 $\bar{n}_{cor}$ 较低时，前面几级中的气流分离使整个压气机进入不稳定状态；

(3) 当 $\bar{n}_{cor} = 0.8 \sim 0.9$ 的中间状态时，前面几级中的气流分离决定了整个压气机的不稳定状态，但可能存在若干级旋转失速，而没有过渡到整个压气机的分离状态。

3. 稳定裕度

(1) 可用稳定裕度定义式有如下 3 种：

$$SM = \left(\frac{\pi_{C,s} - \pi_{C,o}}{\pi_{C,o}}\right)_{W_{cor}=\text{const}}$$

$$SM = \left(\frac{\pi_{C,s} - \pi_{C,o}}{\pi_{C,o}}\right)_{n_{cor}=\text{const}}$$

$$SM = \left(\frac{\pi_{C,s}/W_{cor,s} - \pi_{C,o}/W_{cor,o}}{\pi_{C,o}/W_{cor,o}}\right)$$

通常采用第 3 种定义式，在设计点上 SM 一般为 15% ～ 25%。

(2) 稳定裕度损失定义式有如下 2 种：

$$\Delta SM = \frac{\pi_{C,s} - \pi_{C,1}}{\pi_{C,o}}$$

$$\Delta SM = \frac{\pi_{C,s}/W_{cor,s} - \pi_{C,1}/W_{cor,1}}{\pi_{C,o}/W_{cor,0}}$$

(3) 稳定性压力比损失为

$$\Delta PRS = \frac{\pi_{C,s} - \pi_{C,1}}{\pi_{C,s}}$$

$$\Delta PRS = \frac{\pi_{C,s}/W_{cor,s} - \pi_{C,1}/W_{cor,1}}{\pi_{C,s}/W_{cor,s}}$$

(4) 稳定裕度损失和稳定性压力比损失的关系为

$$\Delta SM = \Delta PRS(1 + SM)$$

4. 进气总压畸变对发动机气动稳定性的影响

(1) 进气周向稳态总压畸变对发动机气动稳定性的影响可以由简单平行压气机模型解

释，简单平行压气机模型的要点是：

1）整个压气机沿周向分成工作于高压区和低压区的两个子压气机，子压气机具有与原压气机相同的特性曲线；

2）子压气机各自独立的工作，互不干涉；

3）子压气机出口有相同的静压；

4）当一个子压气机喘振时即认为整个压气机喘振。

（2）周向畸变的定量描述（畸变元素）：

1）周向畸变强度为

$$\left(\frac{\Delta PC}{p}\right)_i = \frac{(p_{\mathrm{AV}})_i - (p_{\mathrm{AV,LOW}})_i}{(p_{\mathrm{AV}})_i}$$

2）畸变范围为 $$(\theta^-)_i = \theta_{2i} - \theta_{1i}$$

3）低压区个数因子为

$$(\mathrm{MPR})_i = \frac{\sum_{k=1}^{Q}\left[\left(\frac{\Delta PC}{p}\right)_{ik}\theta_{ik}^-\right]}{\max\left[\left(\frac{\Delta PC}{p}\right)_{ik}\theta_{ik}^-\right]}$$

（3）周向总压畸变敏感系数：

1）每周1个低压区的总压敏感系数为

$$(\mathrm{KP})_{\mathrm{C},180^\circ} = \frac{\Delta \mathrm{PRS}}{(\Delta PC/p)_{\max}}$$

$$\left(\frac{\Delta PC}{p}\right)_{\max} = \left\{\frac{1}{2}\sum_{i=1}^{N-1}\left[\left(\frac{\Delta PC}{p}\right)_i + \left(\frac{\Delta PC}{p}\right)_{i+1}\right]\right\}_{\max},\ i = 1,2,3,4$$

2）周向畸变范围的影响系数为

$$\mathrm{EXP}(\theta^-) = \frac{\Delta \mathrm{PRS}(\theta^-)}{\Delta \mathrm{PRS}(180^\circ)}$$

3）周向低压区个数影响系数为

$$f(\mathrm{MPR}_p) = \frac{\Delta \mathrm{PRS}(\theta^-, \mathrm{MPR})}{\Delta \mathrm{PRS}(\theta^-)}$$

4）周向畸变稳定压力比损失与压力畸变的关系为

$$\Delta \mathrm{PRS} = f(\mathrm{MPR}_p)\mathrm{EXP}(\theta^-)\left(\frac{\Delta PC}{p}\right)_{\max}$$

（4）径向总压畸变：

1）径向畸变强度为

$$\left(\frac{\Delta PC}{p}\right)_i = \frac{(p_{\mathrm{F,AV}}) - (p_{\mathrm{AV}})_i}{(p_{\mathrm{F,AV}})}$$

2）径向畸变敏感系数为

$$(\mathrm{KP})_{\mathrm{r}} = \frac{\Delta \mathrm{PRS}}{(\Delta PR/p)_{\max}}$$

(5) 稳定性压力比损失与周向加径向压力畸变的关系：

$$\Delta \mathrm{PRS} = \mathrm{BP} \cdot f(\mathrm{MPR}_p)\mathrm{EXP}(\theta^-)(\mathrm{KP})_{\mathrm{C}}\left(\frac{\Delta PC}{p}\right)_{\max} + (KP)_{\mathrm{r}}\left(\frac{\Delta PC}{p}\right)_{\max}$$

(6) 总压畸变的传递和总温畸变生成系数：

总压传递系数 $\mathrm{DPC} = \dfrac{(\Delta PC/p)_{\mathrm{H,in}}}{(\Delta PC/p)_{\mathrm{L,in}}}$

总温生成系数 $\mathrm{DTC} = \dfrac{(\Delta TC/T)_{\mathrm{H,in}}}{(\Delta PC/p)_{\mathrm{L,in}}}$

5. 动态总压畸变

(1) 随时间迅速变化的总压畸变为动态总压畸变。

(2) 时间持续足够长的最大总压畸变称为最大瞬时畸变，这个时间一般是转子转动 0.5 ～ 1 转的时间。最大瞬时畸变对发动机压缩系统稳定性的影响，与稳态总压畸变对发动机的影响一样。

(3) 发动机压缩系统的各个部件都影响发动机对总压畸变的容限。畸变经过压缩部件一般是衰减的，好的设计可使畸变很快衰减，以改善发动机对畸变的阻抗。

(4) 确定动态总压畸变对稳定性的影响，关键是寻找最大瞬时畸变。寻找最大瞬时畸变有各种各样的方法，其中最可靠的方法是确定性方法。

(5) 动态总压畸变合成方法。基本假设是，非定常总压是随机的、平稳的和正态分布的。动态总压由下式合成：

$$(p_{\mathrm{t}})_i = (p_{\mathrm{t,s}i} + \Delta p_{\mathrm{t,rms}})_i (RN)_i$$

合成的动态总压，像确定性方法一样寻求最大瞬时畸变和图谱；测量的脉动总压均方根值 rms 的频率应根据发动机对动态总压畸变的敏感性而定。时关总压的正态分布的假定，可能是引起这种方法预测误差的重要原因。要改进这种方法的准确性，需对合成的动态总压进行修正。

(6) 综合指数法：

综合畸变指数 $W = \Delta\bar{\sigma}_0 + \varepsilon$

$$\Delta\bar{\sigma}_0 = \left(1 - \frac{p_{\mathrm{t,L,AV}}}{p_{\mathrm{t,AV}}}\right) \times 100\%$$

6. 进气总温畸变对发动机气动稳定性的影响

进气总温畸变的描述：

(1) 面平均相对温升；

(2) 高温区范围 φ^+；

(3) 畸变强度：

$$\delta T_{\mathrm{t,H}} = \frac{T_{\mathrm{t,H,AV}} - T_{\mathrm{t,AV}}}{T_{\mathrm{t,AV}}}$$

（4）温升率：

$$\dot{T} = \frac{(\Delta T_{\max})_{\max}}{\Delta \tau}$$

（5）温度畸变影响系数：

1）高压压气机首先失稳，高压压气机总温畸变影响系数为

$$\alpha_{T,\mathrm{H}} = \frac{\mathrm{SM_H}}{\delta T_{\mathrm{t,2,cr}}}$$

2）风扇总温畸变影响系数为

$$\alpha_{T,\mathrm{L}} = \frac{\mathrm{SM_{L,NZ}}}{\delta T_{\mathrm{t2,cr,NZ}}}$$

3）风扇（低压压气机）首先失稳，风扇的总温畸变影响系数为

$$\alpha_{T,\mathrm{L}} = \frac{\mathrm{SM_L}}{\delta T_{\mathrm{t2,cr}}}$$

4）高压压气机首先失稳，高压压气机的总温畸变影响系数为

$$\alpha_{T,\mathrm{H}} = \frac{\mathrm{SM_{H,NZ}}}{\delta T_{\mathrm{t2,cr,NZ}}}$$

（6）发动机使用过程的稳定裕度损失为

$$\Delta \mathrm{SM}_T = \alpha_T \delta T_{\mathrm{t2}}$$

7. 进气总温总压组合畸变影响系数

$$\alpha_{W,T} = \frac{\mathrm{SM} - \alpha_T \delta T_{\mathrm{t2,cr},W} - \alpha_W W}{\delta T_{\mathrm{t2,cr}}}$$

由总压总温组合畸变引起的稳定裕度损失为

$$\Delta \mathrm{SM}_{W,T} = \alpha_{W,T} \delta T_{\mathrm{t2}} W$$

习　题

1. 发动机中的压气机有哪两种不稳定工作状态？其各自的特征是什么？

2. 示意地画出压气机的级在其进口流量系数所有可能变化范围内的特性曲线，并说明4个不同区域的特点。

3. 试分析说明多级轴流压气机级间的不匹配现象。

4. 什么是压气机的稳定裕度？什么是稳定裕度损失和稳定性压力比损失？

5. 假定某发动机在设计点上，压气机的可用稳定裕度为20%，由于某种原因稳定裕度损失等于5%，试计算稳定性压力比损失。

6. 什么是稳态周向总压畸变？它对压气机喘振边界的影响是什么？其影响的机理是

什么？

7.简单平行压气机模型有哪些基本假设？

8.如何根据简单平行压气机模型预测进气周向稳态总压畸变对压气机稳定性的影响？

9.根据简单平行压气机模型，预测进气周向稳态总压畸变对压气机稳定性的影响，与试验的结果有何差别；说明为什么会出现这样的差别。

10.如何修正简单平行压气机模型才能使预测结果更接近实际？

11.定量地描述周向稳态总压畸变的畸变强度、畸变范围和低压区个数3个因素的含意各是什么？

12.如何用畸变网试验确定周向稳态总压畸变与稳定性压力比损失的关系？

13.什么是径向稳态总压畸变和径向总压畸变强度？

14.稳定性压力比损失与周向加径向压力畸变的一般关系式是什么？请说明关系式中各项的意义。

15.为什么稳态总压畸变通过风扇和压气机部件时一般说总压畸变强度是衰减的？

16.为什么稳态总压畸变通过风扇和压气机部件时会产生总温畸变？

17.什么是动态总压畸变？动态总压畸变对发动机稳定性影响的特点是什么？

18.什么是最大瞬时总压畸变？

19.确定最大瞬时总压畸变的确定性方法是什么？有何特点？

20.确定最大瞬时总压畸变的合成方法的特点是什么？

21.综合畸变指数中的两项各是什么意义？

22.说明描述进气总温畸变的面平均相对温升、高温区范围、畸变强度和温升率的意义。

23.对于涡扇发动机，说明总压畸变影响系数的含意。

24.周向稳态总压畸变和周向稳态总温畸变有几种不同的组合情况？哪种组合情况对发动机稳定性的影响最严重？为什么？

25.发动机在使用过程中，哪些情况可能导致进气总压畸变或总温畸变？

26.发动机在使用过程中，哪些情况可能导致稳定性有一定的损失？

第 10 章　超声速燃烧冲压发动机

随着飞行速度的增加，气流在进气道中的增压比增加。当飞行马赫数增加到 4.0 左右以后，再用压气机增压气流反而是不利的，这时应该取消压气机和涡轮，即采用冲压发动机。

冲压发动机没有压气机、涡轮等转动部件，只有进气道、燃烧室和尾喷管 3 个部件，结构简单、重量轻，但在飞行速度为零时不能产生推力。在低速飞行时，由于进气道的增压作用小，燃烧室内的压力低，所以冲压发动机的性能较差。

10.1　冲压发动机的主要类型

冲压发动机主要可以分为两种类型：亚声速燃烧（以下简称亚燃）冲压发动机和超声速燃烧（以下简称超燃）冲压发动机。

如图 10－1 所示是亚声速飞行器使用的亚燃冲压发动机。虽然在亚声速飞行时，冲压发动机性能不如燃气涡轮发动机，但由于其结构简单，在某些低速飞行器（例如靶机）上仍可能用其作为动力装置。冲压发动机的进气道是截面扩张形的通道，燃烧室一般是等截面的圆筒，其中设有供油喷嘴、火焰稳定器等构件，燃烧室进口的气流速度为 70～90 m/s，以保证发动机在大加热比时的工作稳定和燃烧室具有较高的总压恢复系数，而尾喷管则做成简单收敛形的。

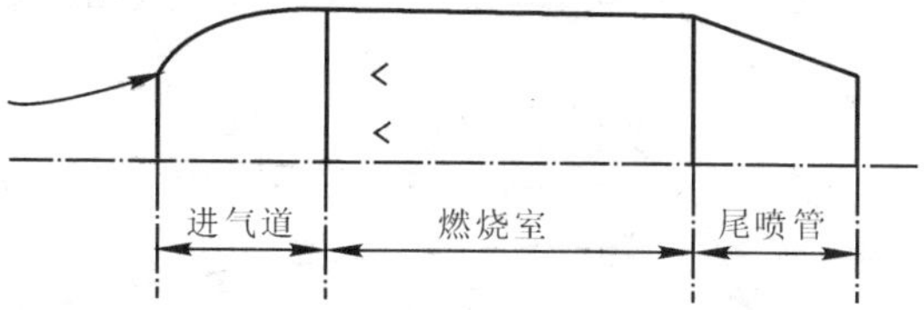

图 10－1　亚声速飞行器用的亚燃冲压发动机简图

超声速飞行器用的亚燃冲压发动机原理图如图 10－2 所示。为了减少超声速气流滞止过程中的总压损失，发动机采用超声速进气道，气流经进气道的波系由超声速变为亚声速，然后在进气道的内管道中进一步减速增压以保证燃烧室进口有较低的马赫数（$Ma_0 = 0.19 \sim 0.23$）。尾喷管一般是超声速尾喷管，如收敛-扩张型的拉瓦尔尾喷管、塞式尾喷管等。超声速飞行的亚燃冲压发动机可作为最大飞行马赫数 $Ma_0 = 4 \sim 6$ 的飞行器如导弹和超声速飞机等的动力装置。

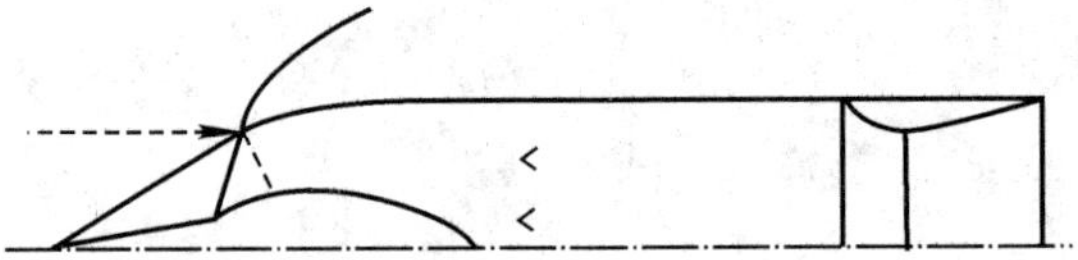

图 10-2　超声速飞行器用的亚燃冲压发动机简图

在高超声速飞行时($Ma_0 > 6.0$)，进气道出口滞止温度迅速增加，例如，当飞行马赫数$Ma_0 = 6.0$，燃烧室进口的飞行马赫数仍然限制在$Ma_0 = 0.2$时，相应的气流温度大约为1 600K，当$Ma_0 = 10$时，气流在燃烧室进口的温度可高达3 600K。这样高的温度，气流对发动机壁面的单位热流量很大。燃烧室进口空气的温度很高，燃料燃烧所放出热量的相当一部分可能消耗在燃烧产物的离解上，使燃烧效率很低。进气道和尾喷管中气流的压力变化很大，所以总压损失都会很大。由于尾喷管中的可用压力比很大，燃气在其中停留的时间太短，离解的产物来不及复合，离解所消耗的热量收回得很少。上述因素都说明，高超声速飞行时如果仍然采用亚声速燃烧，冲压发动机的性能将严重地恶化，若飞行马赫数$Ma_0 = 10$，则采用煤油作燃料的亚燃冲压发动机将不能产生推力。如果减小气流在进气道中的滞止程度，使进气道出口保持超声速流动，同时使燃烧室的整个燃烧过程都在超声速条件下进行，就有可能减小向发动机壁面的热流、减小进气道和尾喷管中的总压损失、减小燃烧产物离解所造成的热量损失。因此在高超声速飞行时，要使发动机具有满意的性能，应该采用在整个流程中气流都是超声速的冲压发动机，即超燃冲压发动机。

如图 10-3 所示为高超声速飞行器用的超燃冲压发动机简图，仍由进气道、燃烧室和尾喷管 3 个部件组成。它们的功用与亚燃冲压发动机没有什么区别，但具有下述主要特点：

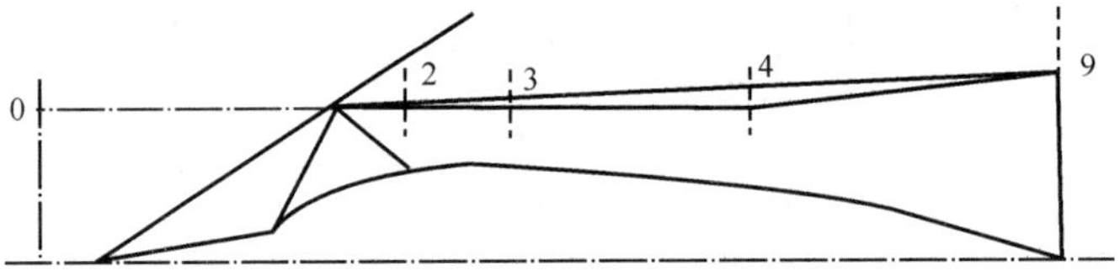

图 10-3　高超声速飞行器用的超燃冲压发动机简图

(1) 进气道一般是混压式超声速进气道，出口截面 2 仍然是超声速气流；截面 2— 截面 3 为隔离段，通常是等截面的管道，其作用是使燃烧室内的气流流动情况变化不会破坏进气道的波系；

(2) 燃烧室(截面 3— 截面 4) 的截面面积变化决定于预定的加热规律，可以是一段等直管道加扩张形管道，或整个是扩张形的管道，燃烧在超声速气流中进行，燃烧室内不产生激波，出口气流马赫数大于 1.0；

(3) 截面 4— 截面 9 是超声速尾喷管，没有喉部，是扩张形的管道。

超燃冲压发动机可以作为高超声速飞机、空射中远程导弹的动力装置以及航天飞行器等的加速动力装置。

10.2　超燃冲压发动机实际循环

一、实际循环的 $T-S$ 图

如图 10-4 所示为超燃冲压发动机实际循环的 $T-S$ 图。

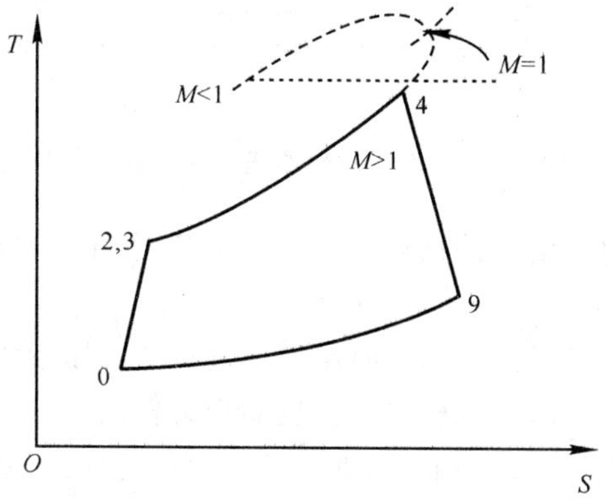

图 10-4　超燃冲压发动机实际循环的 $T-S$ 图

图中　点 0—— 发动机前未扰动状态。

点 0～点 2,3—— 气流在进气道和隔离段中减速增压，但进气道出口气流仍为超声速。

点 3～点 4—— 燃烧室中的燃烧过程，燃烧室进口气流的马赫数 $Ma_3>1.0$；在给定的燃烧室截面变化情况下，加热量增加则出口马赫数减小，极限加热量对应 $Ma_4=1.0$；此时若继续加热则产生加热堵塞，使燃烧室进口气流变为亚声速。

点 4～点 9—— 气流在尾喷管中的膨胀过程。

亚燃冲压发动机和超燃冲压发动机的循环不同点是，前者燃烧室进口的 $Ma_3<1$,，燃烧在亚声速气流中进行；后者燃烧室进口 $Ma_3>1$，燃烧在超声速气流中进行。图 10-5 所示为两者的区别。点 0 表示大气状态，0^* 表示总参数，点 0— 点 1— 点 2 为气流在进气道中的压缩过程；超燃时压缩到点 1，气流为超声速，相应的滞止状态为 1^*；亚燃时，气流在进气道中压缩到点 2，气流为亚声速，相应的滞止状态为点 2^*。点 1^* ～ 点 Y 对应超声速燃烧，熵增加较快；

点 2* — 点 C 对应亚声速燃烧，熵增加较慢；两曲线相交于 PQ。由图 10－5 可见：

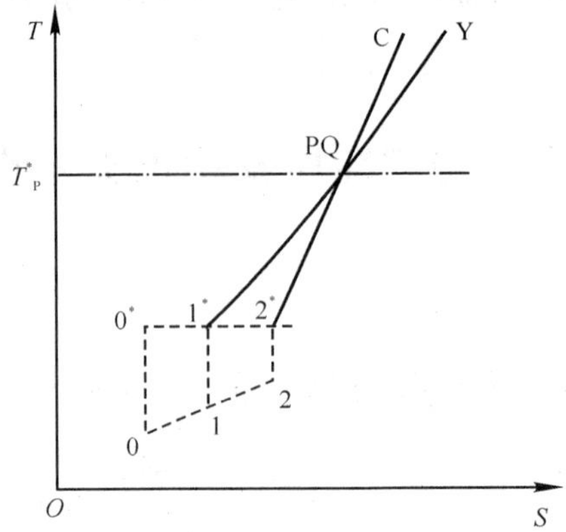

图 10－5　亚燃与超燃冲压发动机循环的比较

（1）如果燃烧室出口总温的限制恰好是 T_P，并假定尾喷管的效率是相同的，则两种情况有相同的推力；

（2）如果总温的限制小于 T_P，则超燃时尾喷管进口的总压较大，具有较大的推力；

（3）如果总温限制大于 T_P，则亚燃时发动机的推力较大；

（4）在相同的燃烧室出口总温限制下，亚燃情况下的静温高。这一点可用等截面加热管流的温熵图解释。如图 10－6 所示为等截面加热管流的温熵图，即瑞利线。图中，点 0— 点 1 为超燃时气流在进气道中的压缩过程，点 1— 点 P 是超声速加热过程，马赫数逐渐减小；点 0— 点 2 为亚燃时气流在进气道中的压缩过程，点 2— 点 Q 是亚声速加热过程，马赫数逐渐增加。可见，点 Q 的静温高于点 P 的静温，静温高则分解损失加大。

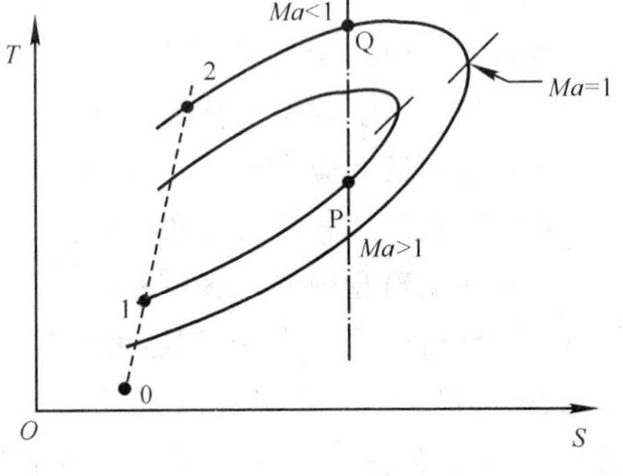

图 10－6　等截面加热管流的温熵图

根据发动机部件的效率计算的发动机总效率，大约在$Ma_0 \leqslant 6.0$时亚燃冲压发动机优越。

二、实际循环的有效功和热效率

以等压加热过程为例说明实际循环的有效功和热效率。

超燃冲压发动机的加热过程有不同的加热规律，其中一种是等压加热规律。根据下述理由研究等压加热情况下的实际循环，其 $T-S$ 图如图 10－7 所示。

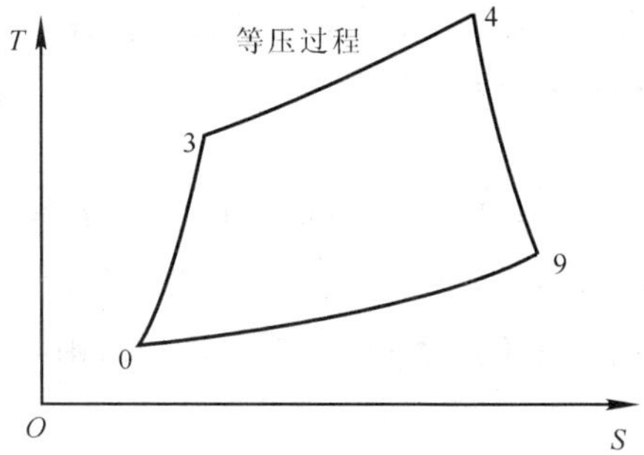

图 10－7　等压加热循环的 $T-S$ 图

(1) 从气动观点，希望等压加热，这样可以避免附面层分离，结构承受的压力低；

(2) 在燃气涡轮发动机和亚燃冲压发动机的循环分析中，一般都是等压加热过程；

(3) 对于等面积的燃烧室，当释放的化学能使附面层分离时，实际上是等压燃烧；

(4) 数学处理容易。

1. 循环有效功

仿照燃气涡轮发动机的等压循环，可以写出循环有效功为

$$L_e = \frac{1}{2}(c_9^2 - c_0^2) = q_1 - q_2 \tag{10-1}$$

式中，等压加热过程的加热量为

$$q_1 = \int_3^4 T\mathrm{d}s = h_4 - h_3 \tag{10-2}$$

等压放热过程的放热量为

$$q_2 = \int_0^9 T\mathrm{d}s = h_9 - h_0 \tag{10-3}$$

用焓的变化表示有效循环功为

$$L_e = \int_3^4 T\mathrm{d}s - \int_0^9 T\mathrm{d}s = (h_4 - h_1) - (h_9 - h_0) \tag{10-4}$$

2. 循环热效率

循环热效率是循环有效功与加热量之比

$$\eta_{tc}=\frac{循环功}{加热量}=1-\frac{q_2}{q_1}$$

或
$$\eta_{tc}=1-\frac{h_9-h_0}{h_4-h_3} \tag{10-5}$$

另外，加热量可以表示为燃料燃烧释放的热量

$$q_1=\frac{\eta_b W_f H_u}{W_a}=f\eta_b H_u=h_4-h_3 \tag{10-6}$$

式中　W_f, W_a, f—— 燃料质量流量、空气质量流量、油气比；

H_u, η_b—— 燃料热值和燃烧效率。

举例：若给定如下参数：

$T_0=222\ \mathrm{K}$　　$C_{p0}=1.00\ \mathrm{kJ/(kg\cdot K)}$　　$T_3=1\ 556\ \mathrm{K}$

$p_0=0.01\times1.013\ 25\times10^5\,\mathrm{Pa}$　　$p_3=2.5\times1.013\ 25\times10^5\,\mathrm{Pa}$

计算时，假定采用变比热容 C_p，C_p 为温度的近似多项式函数，可得循环的热效率近似为

$$\eta_{tc}\doteq0.55$$

如果用液态氢为燃料，则有效油气比为

$$\eta_b f=\frac{q_1}{H_u}=0.026\ 3$$

式中，H_u 为液态氢的热值（$=120\ 000\ \mathrm{kJ/kg}$）。

关于上述等压循环的热效率的近似计算，作如下说明：

(1) 热循环的热效率是相当高的，必然使总效率也比较高。

(2) 当不断提高加热过程的进口温度时，将导致加热过程中空气的离解。在其后的尾喷管膨胀过程中，一部分离解的空气不能再还原，因为气流在尾喷管中停留的时间较短，而还原所需要的时间较长。这相当于损失了一部分能量，而没有使动能提高。这时，过程不是处于热力学的平衡状态，严格地说，不能进行循环分析。实际燃烧过程同样存在着这种现象。

3. 加热过程进口最大允许温度 T

当燃烧室进口和出口温度提高时，循环的热效率不断提高，但加热过程进口最大允许温度 T 不能无限上升，以防止过分的离解，不能让离解的损失将得益完全消耗掉。最大允许温度的确定需要依赖对计算的分析和经验的判断，因为这个温度与许多因素有关，例如，飞行马赫数和高度比 Ma_0/H、进气道的总压损失、燃料种类、油气比、燃烧室和尾喷管的几何尺寸，等等。

由于设计状态的油气比通常为化学恰当比，最大允许的压缩终了温度（即加热过程进口最大允许温度 T）大约处于（1 440 ～ 1 670 K）的范围内，所以在循环分析中，取其平均值 $T_3=1\ 560\ \mathrm{K}$ 作为温度限制是合理的。

由 T_3 的限制可直接求得相应的马赫数 Ma_3 的限制如下：

当 $Ma_3=1.0$ 时

$$Ma_0=\sqrt{\left[\frac{T_3}{T_0}\left(\frac{k_c+1}{2}\right)-1\right]\frac{2}{k_c-1}}$$

而

$$T_{t0}=T_0\left(1+\frac{k_c-1}{2}Ma_0^2\right)=T_3\left(1+\frac{k_c-1}{2}Ma_3^2\right)$$

由此

$$Ma_3=\sqrt{\left[\frac{T_0}{T_3}\left(1+\frac{k_c-1}{2}Ma_0^2\right)-1\right]\frac{2}{k_c-1}} \tag{10-7}$$

假定 $T_0=222$ K，则由 T_3 限制，得

$$\frac{T_3}{T_0}=\frac{1\ 556}{222}\approx 7.0 \tag{10-8}$$

于是由式(10－7)可计算相应的 Ma_3 最小限制(取 $k_c=1.36$)为

$$Ma_0=6.35\qquad Ma_3=1.0$$
$$Ma_0=10\qquad Ma_3=3.086$$
$$Ma_0=15.0\qquad Ma_3=5.232\ 7$$

由此可见：

(1) 当 $Ma_0\geqslant 6.35$ 时，才有必要采用超燃，由此可定义高超声速飞行的马赫数为 $Ma_0\geqslant 6$；

(2) 当 $Ma_0>\sqrt{\frac{2}{k_c-1}\left[\left(\frac{k_c+1}{2}\right)\frac{T_3}{T_0}-1\right]}$ 增加时，燃烧室进口的马赫数 Ma_3 必须相应地增加。

(3) $H-K$ 图，如图 10－8 所示。

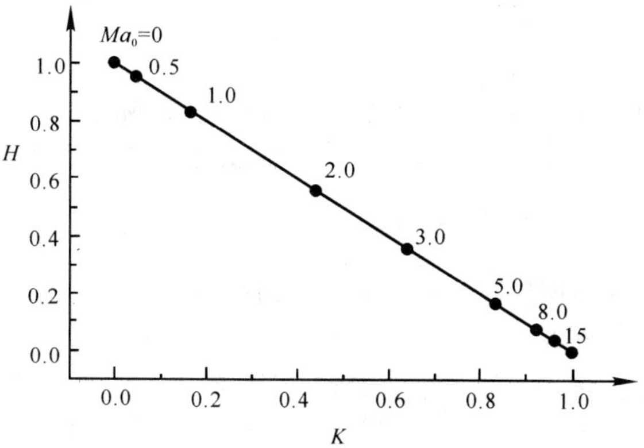

图 10－8　无因次静焓 H 与无因次动能 K 的关系

由

$$C_pT_{t0}=C_pT_0+\frac{1}{2}c_0^2$$

可得
$$\frac{C_pT_0}{C_pT_{t0}}+\frac{c_0^2}{2C_pT_{t0}}=1.0$$

令
$$H\equiv\frac{C_pT_0}{C_pT_{t0}},\quad K\equiv\frac{c_0^2}{2C_pT_{t0}}$$

其中 H 和 K 分别代表无量纲静焓和无量纲动能，则有
$$H+K=1.0 \tag{10-9}$$

另有
$$\frac{K}{H}=\frac{c_0^2}{2C_pT_0}=\frac{k-1}{2}Ma_0^2 \tag{10-10}$$

由式(10-10)可知 H 与 K 为直线关系；根据式(10-10)可以把 Ma_0 值标在这条直线上，如图 10-8 所示。由图可以看出：

(1) 在亚声速流动中，静焓占总能量的绝大部分；

(2) 在高超声速区，动能占总能量的绝大部分。

由此也可定义 $Ma_0\geqslant 5\sim 7$ 为高超声速飞行，这时总温的主要存在形式是动能(动能占 $83\%\sim 91\%$)，且 Ma_0 的变化对动能只有较小的影响。

三、循环的各过程参数关系

基本假设：

(1) 在发动机部件中所进行的过程的每一点上，气体处于完全平衡状态；

(2) 描述压缩、加热和膨胀过程的效率等于常数不变，即 η_c，η_b，η_e 分别等于常数；

(3) 循环的静温比 $\psi=\dfrac{T_3}{T_0}\geqslant 1.0$。

1. 压缩过程

如果压缩过程是理想的，则从点 0 至点 3 的熵不变，实际上由于有激波和壁面摩擦的存在，熵必然增加，如图 10-9 所示。用压缩过程的效率表示其完善程度，压缩过程效率的定义为
$$\eta_c=\frac{h_3-h_X}{h_3-h_0}\leqslant 1.0 \tag{10-11}$$

式中 h_3，h_0—— 分别代表压缩过程终点和起点的静焓；

h_X—— 表示 X 点的静焓。

压缩过程效率可取为 $\eta_c=0.9$ 左右。根据压缩过程效率的定义可得
$$\eta_c=\frac{h_3-h_X}{h_3-h_0}=\frac{C_p(T_3-T_X)}{C_p(T_3-T_0)}=\frac{\psi-\dfrac{T_X}{T_0}}{\psi-1} \tag{10-12}$$

式中，$\psi\equiv\dfrac{T_3}{T_0}$ 为压缩过程的静温比，由压缩终了温度限制确定。

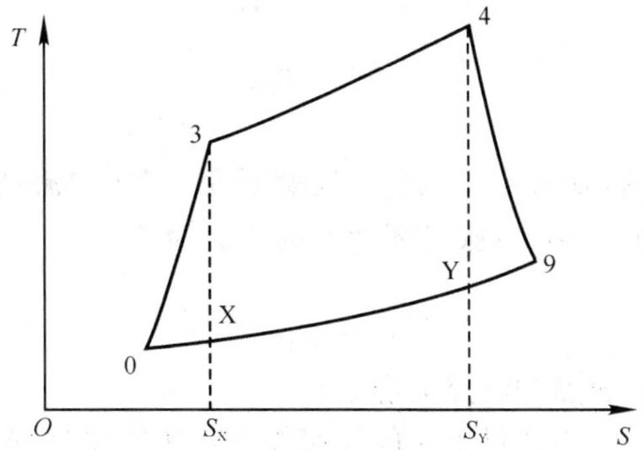

图 10－9　超燃冲压发动机循环的 T－S 图

若 $T_0 = 222$ K，$T_3 = 1\ 556$ K，则 $\psi \approx 7.0$。于是可以计算

$$\frac{T_X}{T_0} = [\psi(1 - \eta_c) + \eta_c] \geqslant 1.0 \tag{10-13}$$

$$s_3 - s_0 = s_X - s_0 = \left(C_{pc} \ln \frac{T_X}{T_0}\right) \geqslant 0 \tag{10-14}$$

$$\frac{p_3}{p_0} = \left(\frac{T_3}{T_X}\right)^{(C_{pc}/R_c)} = \left(\psi \frac{T_0}{T_X}\right)^{(C_{pc}/R_c)} \geqslant 1.0 \tag{10-15}$$

2. 加热过程

假定加热过程(点 3— 点 4) 为等压过程，则根据动量守恒，加热过程的气流速度不变。于是可计算加热过程终点的参数。

(1) 气流的速度 $c_4 = c_3$。

(2) 由能量守恒计算加热量：

$$q_1 = h_4 - h_3 = C_{pb}(T_4 - T_3) = \eta_b f H_u$$

$$C_{pb} T_3 \left(\frac{T_4}{T_3} - 1\right) = \eta_b f H_u$$

所以

$$\frac{T_4}{T_3} = 1 + \frac{\eta_b f H_u}{C_{pb} T_3} - 1 + \frac{C_{p0} \eta_b f H_u}{C_{pb} \dfrac{T_3}{T_0} C_{p0} T_0} = \left[1 + \frac{C_{p0}}{C_{pb}} \frac{\eta_b f H_u}{\psi C_{p0} T_0}\right] \geqslant 1.0 \tag{10-16}$$

式中　H_u—— 燃料的热值；

η_b—— 燃烧效率；

C_{pb}—— 加热过程平均定压比热容。

(3) 熵增 $s_4 - s_3$：

等压过程有

$$ds = C_{pb} \frac{dT}{T}$$

所以
$$s_4 - s_3 = C_{pb}\ln\left(\frac{T_4}{T_3}\right) \tag{10-17}$$
$$p_4 = p_3$$

3. 绝热膨胀过程

如果膨胀过程是理想的，则从点 4 至点 9 的熵不变，实际的流动过程有总压损失，用膨胀过程的效率考虑这种损失的大小。膨胀过程效率的定义为

$$\eta_e = \frac{h_4 - h_9}{h_4 - h_Y} \leqslant 1.0 \tag{10-18}$$

式中 h_4, h_9—— 膨胀过程起点和终点的静焓；

h_Y(或以 h_{9i} 表示)—— 为通过点 4 的等熵线与等压膨胀过程曲线(点 9 → 点 0) 的交点 Y(或以 $9i$ 表示) 的静焓。

由此可以作如下的计算：

$$\frac{T_Y}{T_4} = \left(\frac{p_Y}{p_4}\right)^{(R_e/C_{pe})} = \left(\frac{p_0}{p_3}\right)^{(R_e/C_{pe})} \leqslant 1.0 \tag{10-19}$$

根据膨胀过程效率定义，有

$$\eta_e = \frac{h_4 - h_9}{h_4 - h_Y} = \frac{1-(T_9/T_4)}{1-(T_Y/T_4)} \tag{10-20}$$

所以
$$\frac{T_9}{T_4} = 1 - \eta_e\left(1 - \frac{T_Y}{T_4}\right) \tag{10-21}$$

由式(10 - 15) 和式(10 - 17) 至式(10 - 21) 可得

$$\frac{T_9}{T_4} = 1 - \eta_e\left\{1 - \left[1 - \eta_c\left(1 - \frac{1}{\psi}\right)\right]^{\frac{C_{pc}}{R_c}\frac{R_e}{C_{pe}}}\right\} \leqslant 1.0 \tag{10-22}$$

$$s_9 - s_4 = s_9 - s_Y = C_{pe}\ln\left(\frac{T_9}{T_Y}\right) = C_{pe}\ln\left(\frac{T_9}{T_4}\frac{T_4}{T_Y}\right) \tag{10-23}$$

4. 放热过程

(1) 等压过程释放热量

$$q_2 = h_9 - h_0 = C_{pr}(T_9 - T_0) = C_{pr}\ln\left(\frac{T_9}{T_Y}\right) = C_{pe}\ln\left(\frac{T_9}{T_4}\frac{T_4}{T_Y}\right) \tag{10-24}$$

(2) 熵增：
$$s_9 - s_0 = C_{pr}\ln\frac{T_9}{T_0} = C_{pr}\ln\left(\psi\frac{T_4}{T_3}\frac{T_9}{T_4}\right) \geqslant 0$$

(3) 定压比热容：

$$C_{pr} = \frac{s_{10} - s_0}{\ln\dfrac{T_{10}}{T_0}} = \frac{(s_{10} - s_4) + (s_4 - s_3) + (s_3 - s_0)}{\ln\left(\psi\dfrac{T_4}{T_3}\dfrac{T_{10}}{T_4}\right)}$$

这个计算可以作为等压放热过程的定压比热容 C_{pr} 的验算。

(4) 排气速度：由循环有效功$\frac{1}{2}(c_9^2 - c_0^2) = q_1 - q_2$，可计算出排气速度 c_9。

5. 循环热效率

由式(10－5),有
$$\eta_{tc}=1-\frac{h_9-h_0}{h_4-h_3}$$

由式(10－6),有
$$\eta_b fH_u=h_4-h_3$$

由式(10－16),有
$$\frac{T_4}{T_3}=1+\frac{C_{p0}}{C_{pb}}\frac{\eta_b fH_u}{\psi C_{p0}T_0}$$

由式(10－24),有
$$h_9-h_0=C_{pr}T_0\left(\psi\frac{T_4}{T_3}\frac{T_9}{T_4}-1.0\right)$$

故可得
$$\eta_{tc}=1-\frac{C_{pr}}{C_{p0}}\left[\left(\psi\frac{C_{p0}T_0}{\eta_b fH_u}+\frac{C_{p0}}{C_{pb}}\right)\frac{T_9}{T_4}-\frac{C_{p0}T_0}{\eta_b fH_u}\right] \tag{10－25}$$

四、其他参数

(1) 发动机热效率定义为
$$\eta_{th}=\frac{L_e}{q_0}$$
式中,q_0 为 f kg燃料完全燃烧所释放的热能。而
$$q_0=q_1/\eta_b\text{(如果不考虑散热损失)}$$
所以有
$$\eta_{th}=\eta_b\eta_{tc}$$

(2) 推进效率:
$$\eta_p=\frac{2}{1+\dfrac{c_9}{c_0}}$$

(3) 总效率:
$$\eta_0=\eta_{th}\eta_p$$

(4) 比冲 I_s:每单位质量的燃料产生的推力称为发动机的比冲,即
$$I_s\equiv\frac{1}{g\,f}\frac{F}{W_a}=\frac{F_s}{g\,f}=\frac{1}{g\,f}\frac{\eta_0 q_0}{c_0}=\frac{1}{g}\frac{\eta_0 H_u}{c_0} \tag{10－26}$$

(5) 单位推力:
$$F_s=gfI_s$$

五、结果举例

(1) 假定给定如下参数:

$c_0=3\ 048$ m/s;$T_0=222$ K;$T_3=1\ 556$ K($\psi=7.0$);$\eta_c=\eta_b=\eta_e=0.9$

$C_{p0}=1.00$ kJ/(kg·K);$C_{pc}=1.09$ kJ/(kg·K);$C_{pb}=1.51$ kJ/(kg·K)

$H_u=120\ 000$ kJ/kg(液氧燃料)

$f=\dfrac{1}{34}=0.029\ 3$(化学恰当油气比)

$\eta_b fH_u/(C_{p0}T_0)=14.3$

（2）计算结果为：

$$\eta_{th}=0.507;\eta_p=0.919;\eta_0=0.466$$

$$I_s=1\ 872\ \text{s};F_s=\frac{\eta_0 q_0}{c_0}=537\ (\text{N}\cdot\text{s})/\text{kg}$$

10.3　超燃冲压发动机的推力和主要性能参数

一、推力

冲压发动机的推力定义与燃气涡轮发动机的推力定义完全相同。因此，当尾喷管的气流完全膨胀时，冲压发动机的推力为

$$F=W_g c_9-W_a c_0$$

式中

$$W_g=W_a(1+f)$$

所以

$$F=W_a[(1+f)c_9-c_0] \tag{10-27}$$

式中　c_9—— 尾喷管出口的气流速度；

　　　c_0—— 远前方自由流速度。

二、单位推力

在尾喷管完全膨胀情况下，单位推力可表示为

$$F_s=\frac{F}{W_a}=(1+f)c_9-c_0 \tag{10-28}$$

三、比冲

发动机每单位时间、每消耗单位质量的燃料所产生的推力称为比冲。当尾喷管完全膨胀时，比冲为

$$I_s=\frac{F}{gW_f}=\frac{W_a F_s}{gW_f}=\frac{F_s}{gf}=\frac{1}{gf}[(1+f)c_9-c_0] \tag{10-29}$$

四、单位燃料消耗率

$$\text{sfc}=\frac{3\ 600W_f}{F}=\frac{3\ 600f}{F_s}=\frac{3\ 600f}{(1+f)c_9-c_0} \tag{10-30}$$

式中，$f=\dfrac{W_f}{W_a}$ 为油气比。

五、热效率

气流通过发动机的动能增量与燃烧室内燃料的质量流量完全燃烧所释放的热能之比称为

发动机的热效率，用 η_{th} 表示，即

$$\eta_{th}=\frac{W_a[(1+f)c_9^2-c_0^2]}{2W_fH_u} \tag{10-31}$$

式中，H_u 为 1 kg 燃料完全燃烧的热值。

实际上不可能完全燃烧，用燃烧效率 η_b 考虑完全燃烧程度，则式(10－31) 可以写成

$$\eta_{th}=\eta_{tc}\eta_b \tag{10-32}$$

$$\eta_{tc}=\frac{W_a[(1+f)c_9^2-c_0^2]}{2W_fH_u\eta_b} \tag{10-33}$$

式中　η_{tc}—— 发动机循环热效率；

η_b—— 燃烧效率。

六、推进效率

飞行中发动机完成的推进功率与通过发动机气流的动能增量之比为推进效率，用 η_p 表示，即

$$\eta_p=\frac{2Fc_0}{W_a[(1+f)c_9^2-c_0^2]}=\frac{2\left[(1+f)\dfrac{c_9}{c_0}-1\right]}{\left[(1+f)\left(\dfrac{c_9}{c_0}\right)^2-1\right]} \tag{10-34}$$

由于油气比远小于 1，所以推进效率可简化为

$$\eta_p=\frac{2}{1+\dfrac{c_9}{c_0}} \tag{10-35}$$

七、总效率

与燃气涡轮发动机一样，总效率等于热效率与推进效率的乘积，用 η_0 表示，即

$$\eta_0=\eta_{th}\eta_p \tag{10-36}$$

10.4　超燃冲压发动机气动热力计算

前面在进行热循环分析时没有考虑到燃料的质量、动量和动能、燃烧室的几何和非完全膨胀的影响，但是这些因素对发动机性能有重要影响。在进行气动热力计算之前，先给出气流推力函数的定义。

一、气流推力函数

假定一维管流，如图 10－10 所示。

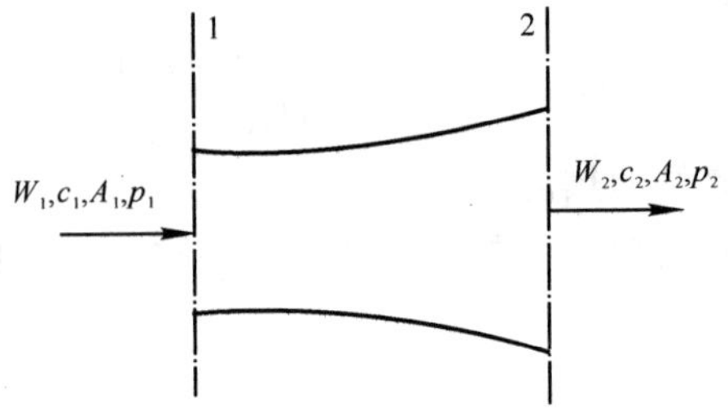

图 10-10　气流推力函数定义

根据动量方程可写出气流作用于截面 1— 截面 2 管道的轴向力为

$$F_x = (Wc + Ap)_2 - (Wc + Ap)_1 = I_2 - I_1$$

式中，$I \equiv Wc + Ap$，为任意截面的冲量。

所以
$$\frac{F_x}{W_1} = \frac{W_2}{W_1}\frac{I_2}{W_2} - \frac{I_1}{W_1}$$

定义气流推力函数为

$$S_a \equiv \frac{I}{W} = c\left(1 + \frac{RT}{c^2}\right) \tag{10-37}$$

因此有
$$\frac{F_x}{W_1} = \frac{W_2}{W_1}(S_{a2} - S_{a1}) \tag{10-38}$$

如果 $W_2 = W_1$，则
$$\frac{F_x}{W_1} = S_{a2} - S_{a1} \tag{10-39}$$

发动机的推力为

$$F = W_9 c_9 - W_0 c_0 + A_9(p_9 - p_0) = (Wc + pA)_9 - (Wc + pA)_0 - p_0 A_0\left(\frac{A_9}{A_0} - 1\right)$$

单位推力
$$F_s = \frac{F}{W_0} = \frac{W_9}{W_0}(S_{a9} - S_{a0}) - p_0 A_0\left(\frac{A_9}{A_0} - 1\right)$$

或
$$F_s = (1 + f)(S_{a9} - S_{a0}) - p_0 A_0\left(\frac{A_9}{A_0} - 1\right) \tag{10-40}$$

二、气动热力计算

定义了气流推力函数之后，下面作发动机的气动热力计算，计算时给定 c_0，A_0 的值。

1. 进气道(截面 0— 截面 3)

(1) 截面 0：
$$S_{a0} = V_0\left(1 + \frac{RT_0}{V_0^2}\right)$$

(2) $T_3 = \psi T_0$，ψ 为根据燃烧室进口静温的限制选取的独立变量。

(3) 由能量方程$\frac{c_0^2}{2}+C_pT_0=\frac{c_3^2}{2}+C_pT_3$，可得

$$c_3=\sqrt{c_0^2-2C_pT_0(\psi-1)} \tag{10-41}$$

(4) 截面 3：

$$S_{a3}=c_3\left(1+\frac{RT_3}{c_3^2}\right) \tag{10-42}$$

(5) 由式(10-13)和式(10-15)可得

$$\frac{p_3}{p_0}=\left[\frac{\psi}{\psi(1-\eta_c)+\eta_c}\right]^{(C_{pc}/R_c)} \tag{10-43}$$

(6) 由流量连线方程：$A_0\rho_0c_0=A_3\rho_3c_3$，即$\frac{A_3}{A_0}=\frac{\rho_0}{\rho_3}\frac{c_0}{c_3}=\frac{p_0}{RT_0}\frac{RT_3}{p_3}\frac{c_0}{c_3}$，可得

$$\frac{A_3}{A_0}=\psi\frac{p_0}{p_3}\frac{c_0}{c_3} \tag{10-44}$$

2. 燃烧室(截面 3— 截面 4)

为了简单起见，以等压燃烧过程为例计算，其他加热规律只是计算燃烧室出口速度的公式复杂一些。

(1) 燃烧室出口速度 c_4。图 10-11 为燃烧室示意图，假定燃烧室管道对气流的阻力为 D_b，则动量方程为

$$A_3p_3-D_b-A_4p_4=(W_3+W_f)c_4-W_3c_3-W_fc_{f,x}$$

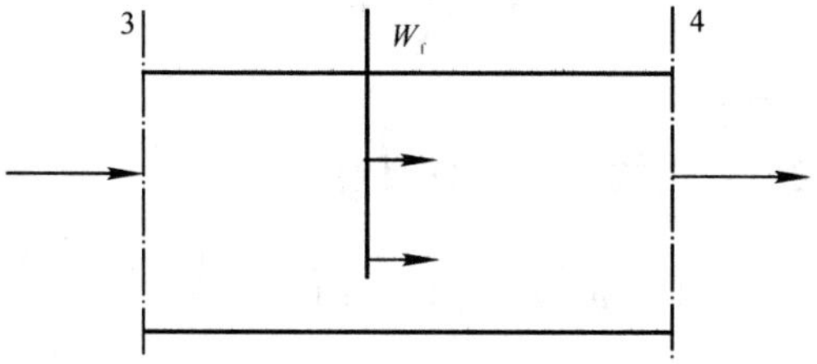

图 10-11　燃烧室示意图

式中　$c_{f,x}$—— 燃油喷射速度的轴向分速度；

c_3—— 燃烧室进口气流的轴向速度。

动量方程也可表示为

$$\frac{A_3p_3-D_b-A_4p_4}{c_3W_3}=\frac{1}{c_3W_3}(W_3+W_f)c_4-W_3c_3-W_fc_{f,x}=$$

$$(1+f)\frac{c_4}{c_3}-1-f\frac{c_{f,x}}{c_3}$$

式中

$$\frac{A_3p_3-D_b-A_4p_4}{c_3W_3}=\frac{A_3p_3-D_b-A_4p_4}{A_3\rho_3c_3^2}\frac{2}{2}=\frac{1}{2}\frac{\mu A_w}{A_3}$$

式中，μ 为黏性摩擦因数，$\mu A_{\mathrm{w}}=\dfrac{A_3p_3-D_{\mathrm{b}}-A_4p_4}{\rho_3c_3^2/2}$，称为燃烧室有效阻力系数。

于是可得

$$c_4=\frac{c_3}{1+f}\left(1+f\frac{c_{\mathrm{f}x}}{c_3}-\frac{1}{2}\frac{\mu A_{\mathrm{w}}}{A_3}\right) \tag{10-45}$$

由能量守恒方程可得燃烧室出口温度 T_4 为

$$T_4=\frac{T_3}{1+f}\left\{1+\frac{1}{C_{p\mathrm{b}}T_3}\left[\eta_{\mathrm{b}}fH_{\mathrm{u}}+fh_{\mathrm{f}}+fC_{p\mathrm{b}}T^0+\left(1+f\frac{c_{\mathrm{ff}}^2}{c_3^2}\right)\frac{c_3^2}{2}\right]\right\}-\frac{c_4^2}{2C_{p\mathrm{b}}} \tag{10-46}$$

式中　T^0—— 计算静焓的基准温度，在 T^0 温度下气流的静焓等于零（T^0 取为 298 K）。

h_{f}—— 燃料进入燃烧室外时带入的静焓，远小于 H_{u}，可忽略不计。

c_{ff}—— 燃料喷射速度。

(2) 燃烧室出口与进口面积比$\dfrac{A_4}{A_3}$：

由气流连续方程　$W_4=W_3+W_{\mathrm{f}}=W_3(1+f)=\rho_3c_3A_3(1+f)$，可得

$$\frac{A_4}{A_3}=(1+f)\frac{T_4}{T_3}\frac{c_3}{c_4} \tag{10-47}$$

(3) 燃烧室出口气流推力函数为

$$S_{\mathrm{a4}}=c_4\left(1+\frac{RT_4}{c_4^2}\right) \tag{10-48}$$

3. 膨胀过程（截面 4— 截面 9）

(1) 膨胀过程终点温度 T_9：由式(10-22) 计算，T_9 为

$$\frac{T_9}{T_4}=1-\eta_{\mathrm{e}}\left\{1-\left[1-\eta_{\mathrm{c}}\left(1-\frac{1}{\psi}\right)\right]^{\frac{C_{p\mathrm{c}}}{R_{\mathrm{c}}}\frac{R_{\mathrm{e}}}{C_{p\mathrm{e}}}}\right\}$$

(2) 膨胀过程终点速度 c_9：由能量方程可求得

$$c_9=\sqrt{c_4^2+2C_{p\mathrm{e}}(T_4-T_9)}$$

(3) 膨胀过程终点气流推力函数为

$$S_{\mathrm{a9}}=c_9\left(1+\frac{RT_9}{c_9^2}\right)$$

(4) 面积比$\dfrac{A_9}{A_0}$：由质量守恒可求得

$$\frac{A_9}{A_0}=(1+f)\frac{p_0}{p_9}\frac{T_9}{T_0}\frac{c_0}{c_9}$$

4. 发动机性能

单位推力：$F_{\mathrm{s}}=(1+f)S_{\mathrm{a9}}-S_{\mathrm{a0}}-\dfrac{R_0T_0}{c_0}\left(\dfrac{A_9}{A_0}-1\right)$

比冲：$I_s = \frac{1}{g_0 f} F_s$

热效率：$\eta_t = \frac{1}{2} \frac{c_9^2 - c_0^2}{f H_u}$　推进效率 $\eta_p = \frac{2\left[(1+f)\frac{c_9}{c_0} - 1\right]}{\left\{\left[(1+f)\left(\frac{c_9}{c_0}\right)^2 - 1\right]\right\}}$；

总效率：$\eta_0 = \frac{c_0}{f H_u} F_s$ 或 $\eta_0 = \eta_t \eta_p = \frac{(1+f)\frac{c_9^2}{2} - \frac{c_0^2}{2}}{f H_u} \frac{F_s c_0}{(1+f)\frac{c_9^2}{2} - \frac{c_0^2}{2}}$

5. 计算举例

(1) 已知参数：

$\psi = 7.0$；	$c_0 = 3\,048$ m/s；	$T_0 = 222$ K；
$\eta_c = \eta_b = \eta_e = 0.90$；	$R = 289.3(\text{m/s})^2/\text{K}$；	$\frac{p_9}{p_0} = 1.0$；
$C_{pc} = 1.09$ kJ/(kg·K)；	$C_{pb} = 1.51$ kJ/(kg·K)；	$C_{pe} = 1.51$ kJ/(kg·K)；
$k_c = 1.362$；	$k_b = 1.238$；	$k_e = 1.238$；
$h_f = 0.0$；	$T^0 = 298$ K(基准静温)；	
$\frac{c_{fx}}{c_3} = 0.5$；	$\frac{c_{ff}}{c_3} = 0.5$；	$\mu \frac{A_w}{A_3} = 0.1$；
$f = 0.029\,4$(氢燃料化学恰当比)；		$H_u = 119\,954$ kJ/kg。

(2) 计算结果：

等压加热规律下超燃冲压发动机气动热力计算结果如下：

S_{a0}	3 070 (N·s)/kg	T_3	1 556 K
c_3	2 530 m/s	S_{a3}	2 710 (N·s)/kg
p_3/p_0	258	A_3/A_0	0.032 7
c_4	2 360 m/s	T_4	3 740 K
A_4/A_3	2.68	p_4/p_0	258
S_{a4}	2 820 (N·s)/kg	T_9	1 610 K
c_9	3 460 m/s	S_{a9}	3 590 (N·s)/kg
A_9/A_0	4.74	F_s	590 (N·s)/kg
η_0	0.512	η_{th}	0.45
η_p	1.139	I_s	1 504 S

(3) 计算结果说明。对等压燃烧和等面积燃烧两种情况的详细计算可得如下的结论：

1) 静温比 ψ 的影响。静温比 ψ 对发动机总效率的影响并不敏感，增加 ψ 值得益不明显，实际采用的 ψ 值应该小于 0.8。

2）加热量的影响。无量纲加热量$\frac{\eta_b f H_u}{C_{p0} T_0}$对总效率$\eta_0$的影响甚微，可以忽略。因此，比冲和单位推力将正比于燃料的热值H_u。

3）等压加热和等面积加热的影响。超声速燃烧室，在等面积加热时，马赫数Ma_0逐渐下降，其加热极限是$Ma_0 = 1.0$，如果不出现热堵塞，即保证加热终点的飞行马赫数大于1.0，则等压加热和等面积加热时的发动机性能差别很小。由于等压加热时的T_4较低，其相应的总效率稍低。

4）燃料质量加入的影响。例如液态氧燃料，即使不计喷入的速度，在化学恰当比下，只考虑质量加入，总效率可提高8.5%左右。这主要是由于推进效率的增加，由于质量附加，推进效率可能大于1.0。

如果虑到燃料的喷射速度，η_0将增加更多。对于液态氢燃料，分子量较小，其喷射速度可达1 524 m/s（$\frac{c_{ff}}{c_3} \approx 0.5$）。

5）非膨胀完全的影响。超燃冲压发动机设计状态通常是工作于不完全膨胀。若膨胀过程的效率为$\eta_e = 0.9$，在不完全膨胀范围内（$\frac{p_9}{p_0} = 1.05 \sim 2.0$），总效率$\eta_0$的变化非常平坦，而面积比$\frac{A_9}{A_0}$的变化非常迅速。所以选择不完全膨胀状态是有利的，$\eta_0$下降不多，而$A_0$小得多，重量和成本下降。但在低马赫数飞行时可能出现过渡膨胀而引起性能损失。

6）自由流速度的影响。当其他条件不变，飞行马赫数Ma_0增加时，推进效率增加，总效率增加。但随着Ma_0的增加，需要面积比变化。当$Ma_0 < 10$（$c_0 = 3\ 048$ m/s）时，飞行马赫数增加，3个有代表性的面积比，即A_3/A_0，A_4/A_0，A_9/A_0随着Ma_0的增加而变化迅速，要求几何可变；$Ma_0 > 10$后，3个面积比的变化就比较慢了，这是高超声速冲压发动机所特有的“Ma独立原理”，在足够高的Ma下，许多无量纲的气动量近似为常数，这意味着超燃冲压很少或不需要几何可变。

7）燃烧室阻力的影响。摩擦因数μ本身并不大，对于光滑平板紊流时只有$0.001 \sim 0.005$，但由于燃烧室中有喷嘴和机械混合设备，以及相对于进气道捕获面积，燃烧室进口和出口的面积很小，使燃烧室有效阻力系数较大，即使取中等值$\mu \frac{A_w}{A_3} = 0.1$，亦会引起总效率下降6%左右。

10.5 超燃冲压发动机的进气道

超燃冲压发动机进气道应该具有高总压恢复系数、低外阻力系数、出口流场均匀和结构简单、重量轻的特点。

轴对称进气道一般不适用于超燃冲压发动机，因为吊舱式安装的轴对称进气道存在如下问题：

(1) 很狭窄的环形通道，使相当大的内外表面积暴露在高温的热气流之中，需要大量的冷却剂，当飞行马赫数等于10时，冷却需要的液氢量大约是燃烧量的3倍；

(2) 热疲劳寿命短；

(3) 发动机外阻力大，在高飞行马赫数下，外阻力基本上相当于发动机推力。

超燃冲压发动机的特点是进气道的收敛比很大，尾喷管的扩张很大，适用于超燃冲压发动机的进气道类型有二元和三元超声速进气道，如图10－12所示。与轴对称进气道相比，二元进气道的攻角特性较好，攻角增加时，总压恢复系数和流量系数可能增加。与二元进气道相比，三元进气道压缩效率高、长度短、起动性较好。带侧壁压缩的三元进气道在较大的飞行马赫数范围内，有较好的起动特性和较低的附加阻力，进气道内的附面层不易与激波干扰分离。

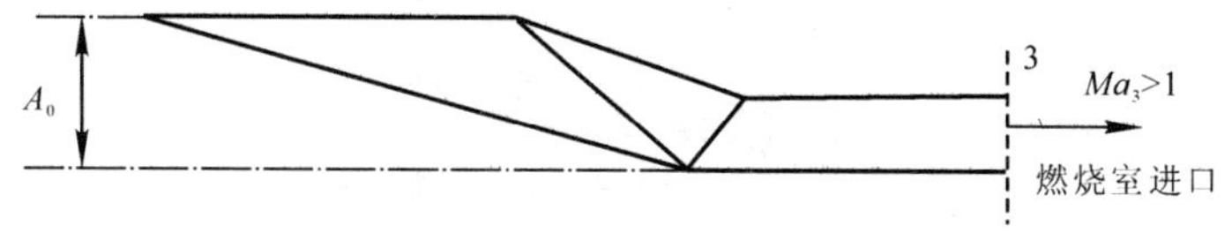

图10－12　超燃冲压发动机的进气道示意图

在下面的论述中，作如下基本假设：

(1) 一维流动；

(2) 完全气体、定比热容和绝热指数等于常数，即 $k=1.36$（在不致混淆情况下，为了书写简单，以 k 代替压缩过程的 k_c），$\dfrac{C_{pc}}{R_c}=\dfrac{k}{k-1}=3.778$；

(3) 不考虑传热；

(4) 激波前后参数按斜激波计算。

一、进气道性能参数

进气道的实际压缩过程，如图10－13中所示的点0—点3过程中熵是增加的，通过点3的等熵线与 $p_0=\text{const}$ 线的交点以X表示，用下列参数之一可以表示压缩过程的损失。

(1) 总压恢复系数：
$$\sigma_i=\frac{p_{t3}}{p_{t0}}=\frac{p_3}{p_0}\left(\frac{1+\dfrac{k-1}{2}Ma_3^2}{1+\dfrac{k-1}{2}Ma_0^2}\right)^{\frac{k_c}{k_c-1}} \tag{10-49}$$

(2) 压缩过程效率：由式(10－12)，有

$$\eta_c=\frac{h_3-h_X}{h_3-h_0}=\frac{C_p(T_3-T_X)}{C_{pc}(T_3-T_0)}=\frac{\psi-\dfrac{T_X}{T_0}}{\psi-1},\quad \psi\equiv\frac{T_3}{T_0}$$

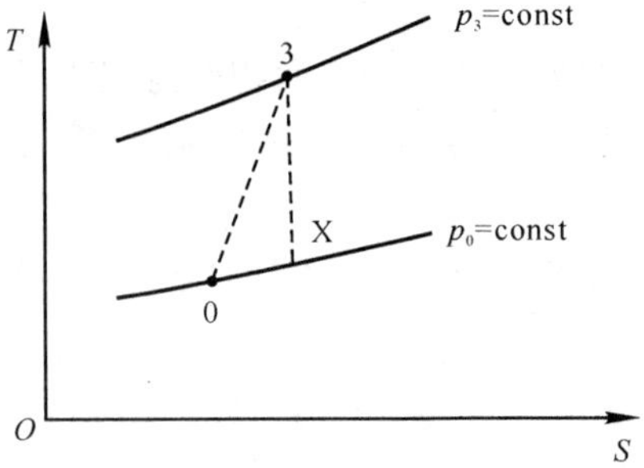

图 10-13　进气道压缩过程(点 0— 点 3)

由 $T_{t3}=T_{t0}$，得

$$\psi=\frac{T_3}{T_0}=\frac{1+\frac{k-1}{2}Ma_0}{1+\frac{k-1}{2}Ma_3^2} \tag{10-50}$$

$$\sigma_i=\frac{p_3}{p_0}\left(\frac{1}{\psi}\right)^{\frac{k}{k-1}} \tag{10-51}$$

另有
$$\frac{p_3}{p_0}=\frac{p_3}{p_X}=\left(\frac{T_3}{T_X}\frac{T_0}{T_0}\right)^{\frac{k}{k-1}}=\left(\psi\frac{T_0}{T_X}\right)^{\frac{k}{k-1}} \tag{10-52}$$

由式(10-52)、式(10-51)与式(10-12)联立，可得

$$\eta_c=\frac{\psi-\left(\frac{1}{\sigma_i}\right)^{(k-1)/k}}{\psi-1} \tag{10-53}$$

由式(10-53)可见：

(1) 这个关系显然与 Ma_0 无关。

(2) 压缩过程的效率稍微变化，会引起总压恢复系数强烈的变化。η_c 由 1 变到 0.86，则 σ_i 由 1 变到 0.1，因此在高超声速范围内不太采用 σ_i。

(3) 动能效率：
$$\eta_{KE}=\frac{c_X^2}{c_0^2} \tag{10-54}$$

动能效率关联了发动机重要的量(动能、速度或动量)，这些量直接与推力有关，所以常常在高超声速文献中用到动能效率。

根据能量方程
$$\frac{c_0^2}{2}+C_{pc}T_0=\frac{c_X^2}{2}+C_{pc}T_X$$

$$c_X^2=c_0^2-2C_{pc}(T_X-T_0)$$

可得
$$\eta_{KE}=1-\frac{2C_{pc}(T_X-T_0)}{c_0^2}=1-\frac{2}{(k_c-1)Ma_0^2}\left(\frac{T_X}{T_0}-1\right) \tag{10-55}$$

再由式(10-13)，得
$$\frac{T_X}{T_0}=\psi(1-\eta_c)+\eta_c$$

所以动能效率与压缩效率的关系为

$$\eta_{KE}=1-\frac{2}{(k-1)Ma_0^2}(\psi-1)(1-\eta_c) \tag{10-56}$$

或者
$$\eta_c=1-\frac{(k-1)Ma_0^2}{2}\left(\frac{1-\eta_{KE}}{\psi-1}\right) \tag{10-57}$$

由式(10-56)可见：

1）这个公式显然与 Ma_0 有关；

2）当 $Ma_0=\text{const}$，$\psi=\text{const}$，$k=\text{const}$ 时，动能效率 η_{KE} 与压缩效率 η_c 呈直接关系；

3）当 $\psi=7.0$，$\eta_c=0.80$ 时，由式(10-56)可得 $\eta_{KE}=1.0-\dfrac{6.7}{Ma_0^2}$，可见在大 Ma_0 下，η_{KE} 非常接近 1.0。这是不好的特性，因为当 η_c 变化很大时，η_{KE} 的变化很小，至少取 3 位有效位，才能保证精度。

(4) 无量纲熵增：压缩过程熵增加为

$$s_3-s_0=C_{pc}\ln\frac{T_3}{T_0}-k_c\ln\frac{p_3}{p_0}$$

$$\frac{s_3-s_0}{C_{pc}}=\ln\frac{T_3}{T_0}-\frac{R_c}{C_{pc}}\ln\frac{p_3}{p_0} \tag{10-58}$$

另由
$$\frac{p_3}{p_0}=\left[\frac{\psi}{\psi(1-\eta_c)+\eta_c}\right]$$

可得无量纲熵增为

$$\frac{s_3-s_0}{C_{pc}}=\ln\left\{\frac{\varphi}{\psi}[\psi(1-\eta_c)+\eta_c]\right\}=\ln[\psi(1-\eta_c)+\eta_c] \tag{10-59}$$

无量纲熵增与压缩效率的关系为

$$\eta_c=\frac{\psi-e^{(s_3-s_0)/C_{pc}}}{\psi-1} \tag{10-60}$$

总压恢复系数与熵增的关系

$$\sigma_i=e^{-\Delta S/R_c}$$

可见，σ_i 强烈依赖熵增，呈指数关系衰减。当熵增较大时，σ_i 很小，所以实践上很少用它作为进气道的性能指标。

二、进气道参数估算

进气道性能计算是整台发动机性能分析计算的基础。本节讨论进气道性能的近似估算方法。以四波系混压式超声速进气道为例，如图 10-14 所示，估算时假定：

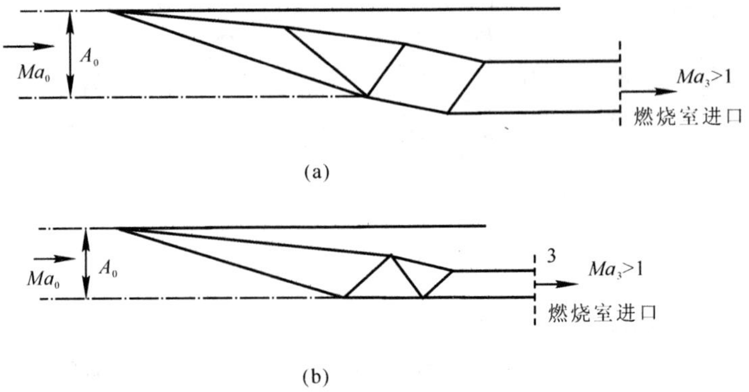

图 10-14　四波系混压式进气道简图

(1) 四波系混合压缩；

(2) 在燃烧室进口转至 c_0 方向；

(3) $k = 1.36$；

(4) $\psi = 7.0$；

(5) 图 10-14(a) 所示方案，外压缩多一些。

压缩效率 η_c：把压缩效率想像为由两部分组成，即激波引起的压缩效率和摩擦引起的压缩效率。图 10-15 所示为相应的压缩过程 $T-S$ 图，其中点 0— 点 1 为激波压缩过程，点 1— 点 3 为摩擦过程，近似为一个等压过程。

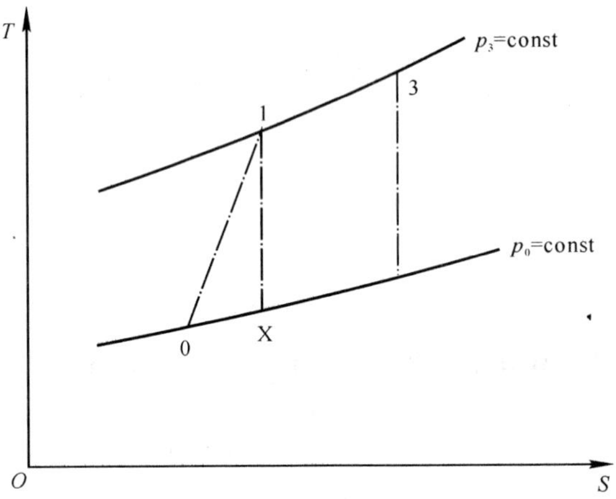

图 10-15　进气道压缩效率估算用图

(1) 总压缩效率 η_c 与激波压缩效率 η_1 的关系：由式(10-11) 和式(10-15) 可得

$$\frac{p_3}{p_0}=\left[\left(\frac{\psi}{\psi(1-\eta_c)+\eta_c}\right)\right]^{\frac{k}{k-1}},\quad \psi\equiv\frac{T_3}{T_0}$$

应用于激波压缩，有

$$\frac{p_1}{p_0}=\left[\left(\frac{\psi_1}{\psi_1(1-\eta_1)+\eta_1}\right)\right]^{\frac{k}{k-1}},\qquad \psi_1\equiv\frac{T_1}{T_0}$$

又因为

$$\frac{p_3}{p_0}=\frac{p_1}{p_0}$$

由以上 3 式可得

$$\eta_c=\eta_1\frac{\left(1-\dfrac{1}{\psi_1}\right)}{\left(1-\dfrac{1}{\psi}\right)}\tag{10-61}$$

由于在分析计算中，ψ 是作为独立变量给定的，所以为了计算 η_1 必须根据给定的 ψ 和飞行马赫数 Ma_0 确定 ψ_1。

(2) ψ_1 的确定：

1) 根据 $T_{t1}=T_{t0}$ 可得

$$\psi_1=1+\frac{k-1}{2}Ma_0^2\left[1-\left(\frac{c_1}{c_0}\right)^2\right]\tag{10-62}$$

2) 由于摩擦过程简化为等压过程，所以截面 1— 截面 3 的动量方程为

$$W_0c_1-F_{fx}=W_0c_3\tag{10-63}$$

式中，壁面对气流的轴向摩擦力为

$$F_{fx}=\mu\frac{\rho_3c_3^2}{2}A_w=W_0c_3\left(\frac{\mu}{2}\frac{A_w}{A_3}\right)\tag{10-64}$$

式中 $\dfrac{\mu}{2}\dfrac{A_w}{A_3}\approx0.01\sim0.05$，一般可取 0.02。

3) 由式(10-63) 和式(10-64)，可得

$$\frac{c_1}{c_3}=1+\frac{\mu}{2}\frac{A_w}{A_3}\tag{10-65}$$

4) 由

$$C_pT_0+\frac{1}{2}c_0^2=C_pT_3+\frac{1}{2}c_3^2$$

可得

$$\left(\frac{c_3}{c_0}\right)^2=1+\frac{2(1-\psi)}{(k-1)Ma_0^2}\tag{10-66}$$

5) 最后，由式(10-62)、式(10-65) 和式(10-66)，得到

$$\psi_1=1+\frac{k-1}{2}Ma_0^2\left\{1-\left(1+\frac{\mu}{2}\frac{A_w}{A_3}\right)^2\left[1+\frac{2(1-\psi)}{(k-1)Ma_0^2}\right]\right\}\tag{10-67}$$

(3) 确定了 ψ_1，根据斜激波关系可以计算出 $\dfrac{p_1}{p_0}$，进而计算出 η_1，最后由式(10-61) 可算出总压缩效率 η_c。

三、燃烧室进口压力限制

燃烧室进口静压在发动机内是最大的，热载荷、机械载荷都随 p_3 增加而增加，p_3 的上限一般为 $10\times1.013\ 25\times10^5$ Pa。

燃烧室的化学反应速度随 p，T 增加而迅速增加，为了保持燃烧室长度和燃烧室的完全程度，p_3 也不能太小，一般下限取为 $0.5\times1.013\ 25\times10^5$ Pa。

四、进气道其他气动现象

设计进气道时必须考虑一些气动现象，这些现象都直接或间接地与黏性、三元效应和非稳定性有关。详细讨论这些问题涉及计算流体力学，但从一维流动观点可以近似解释。

1. 激波与附面层分离

进气道的斜激波与附面层的相互作用可能引起附面层的分离，紊流附面层抗分离的能力较强，因为其速度图形比较饱满；另外由于强烈的局部混合，有助于低速流克服必要的压力提高。高超声速下的分离严重地使发动机内性能下降；附面层厚度和速度图形的变形可能发生流动堵塞；流动的分布更难预测和控制。分离区本身是不稳定的，并引起下游流动的不稳定。气流的分离使热传递率增加。所有这些都使进气道的设计非常困难，因为即使采用于最先进的CFD技术也难以预测高超声气流什么时候发生分离。

激波与附面层干涉分离的近似准则是：

层流：当激波后的和前面的马赫数比值$\dfrac{Ma_{下游}}{Ma_{上游}}<0.898$时，气流将分离；

紊流：$\dfrac{Ma_{下游}}{Ma_{上游}}<0.762$，气流将分离。

2. 进气道起动问题

有3种情况可能导致进气道变为不起动：

(1) 飞行马赫数 Ma_0 小于起动值；

(2) 进气道进口截面的气流有相当的畸变程度，造成相当高的总压损失，例如，攻角的变化，外压缩表面上附面层的分离或废气的吸入等，这些都难以预计和分析，在设计上应该考虑一定的裕度；

(3) 燃烧室中化学释放的能量增加，或尾喷管喉部面积下降，使反压增加，可能引起进气道不起动，但无论如何不起动现象必须避免。

五、隔离段

进气道的后端通常设有一段等截面或稍微扩张的管道，称为隔离段，其作用是避免或缓解燃烧室内的扰动或者下游堵塞面积的变化对进气道正常流动的影响。

在超燃冲压发动机的隔离段中，一般存在复杂的波系，称之为“激波链”。激波链有两种，一种是正激波链，一种是斜激波链。

图 10－16 是二维等截面隔离段中正激波链的示意图，图 10－17 是二维等截面隔离段中斜激波链的示意图。当隔离段的进口马赫数较小以及进口附面层较厚时，趋向于产生正激波链，当进口马赫数较高以及附面层较薄时，趋向于产生斜激波链。隔离段进口马赫数一般是在 $2 < Ma_i < 3$ 时产生正激波链和斜激波链的分界线。

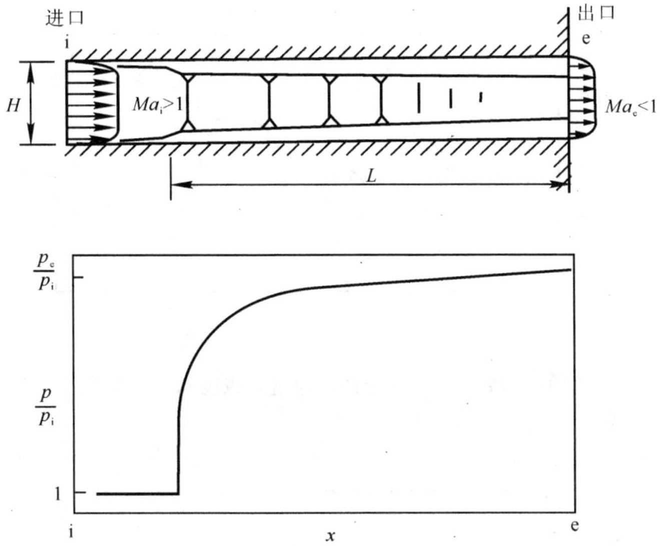

图 10－16　隔离段中正激波链示意图和压力变化

（在较小的 Ma_i 以及较厚的进口附面层时，隔离段通常产生正激波链）

等截面隔离段激波链的一个重要特点是：只要激波链是完整的，即隔离段出口平面的参数是均匀的，以及总的壁面摩擦（相对于进口冲量）可以忽略时，则通过激波链的静压升恰好等于通过一道正激波的静压升。这一点不难证明，只要对等截面无壁面摩擦均匀管流的进口和出口写出动量方程（见图 10－18）即可得证。其动量方程为

$$p_1A_1 + W_1c_1 = p_2A_2 + W_2c_2$$

即

$$p_1\left(1 - \frac{p_2}{p_1}\right) = \rho_1 c_1^2\left(\frac{c_2}{c_1} - 1\right)$$

所以，不论管道中存在什么样的激波系，其最大静压升只能是一道正激波的静压升。

正激波链的特点是，第一道正激波与附面层干涉分离，在靠近壁面的区域是分叉的，大部分静压升发生在第一道正激波，而后面的附面层又重新附着。其余的激波可能分叉或不分叉。较厚的附面层使壁面压力呈连续变化。

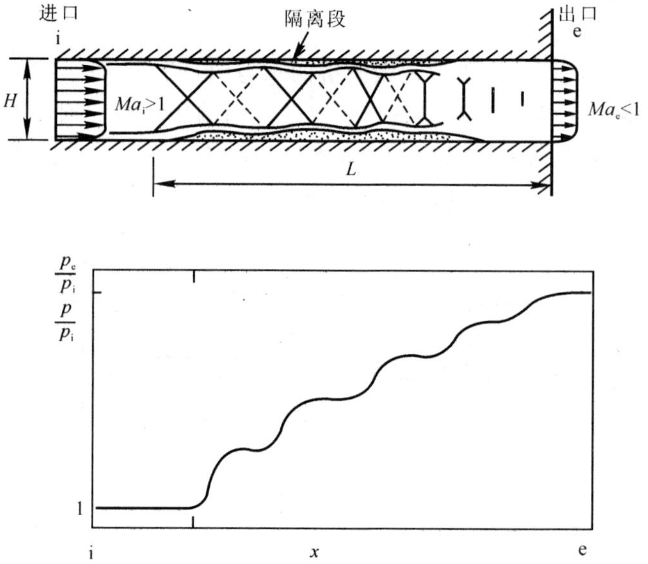

图 10－17　隔离段中斜激波链示意图和压力变化

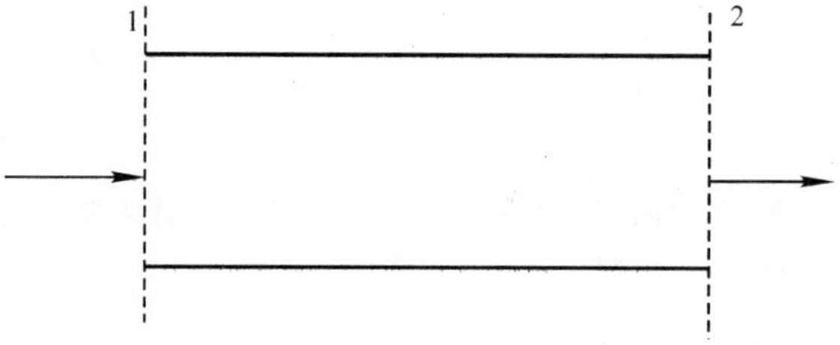

图 10－18　等截面无壁面摩擦均匀管流

图 10－17 所示的斜激波链，第一道斜激波与附面层干涉分离，斜激波与对面的附面层相交产生反射膨胀波，然后又产生反射激波。如此继续向下游传播，静压随之不断地变化，附面层在很长一段距离内都是分离的。

可见，对于超声速气流，隔离段中的激波链可以调节出口静压高于进口的静压。如果出口反压超过激波链的最大可能静压升，激波链将被推出，进气道处于不起动状态；如果反压在进口静压和最大值之间，则激波链将在隔离段中移动以调整出口静压等于反压，如图 10－19 所示。

激波链可以在高超声速气流中自由地向上游传递压力信息，初看起来是不合理的。但附面层的亚声速区的存在，总是允许压力信息向上游传递一小段短距离，这样引起激波附面层的干涉，从而继续传递信息，激波链就是由这种过程形成的。

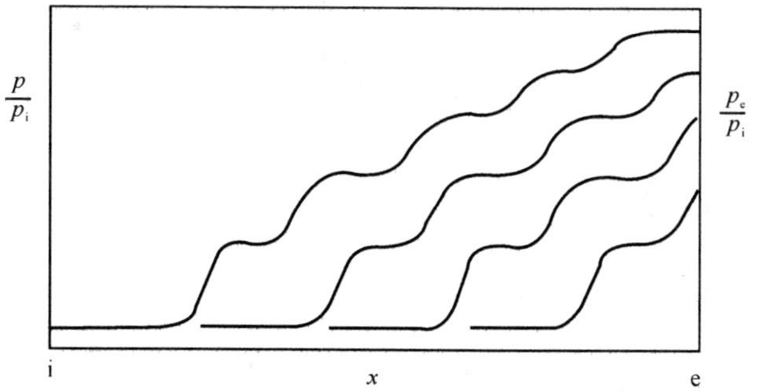

图 10－19　斜激波链的轴向位置和壁面静压分布

隔离段激波链相当于一个气垫缓冲器，但是等截面隔离段必须足够长，才能保持完整的激波链。由于激波链中的流动太复杂，需要多长难以预测。目前广泛采用下式计算隔离段长度：

$$\frac{L}{H}=\frac{\sqrt{\frac{\theta}{H}}}{\sqrt[4]{Re_\theta}}\frac{50\left(\frac{p_e}{p_i}-1\right)+170\left(\frac{p_e}{p_i}-1\right)^2}{(Ma_i^2-1)} \tag{10-68}$$

式中　θ—— 隔离段进口附面层动量厚度；

Ma_i—— 进口马赫数；

$\frac{p_e}{p_i}$—— 出口与进口静压比；

Re_θ—— 基于进口动量厚度 θ 的雷诺数。

应该注意，根据上式计算的隔离段长度，一般说还不是完整的激波链。

六、最大收缩比

自由流管面积 A_0 与进气道最小面积（喉部面积）A_t 的比，称为收缩比。如果流动过程是等熵的，而且喉部马赫数等于 1.0，则 $\frac{A_0}{A_t}=\frac{1}{q(\lambda_0)}$。

但是对于实际的进气道，收缩比不可能达到此值，因为压缩过程不可能是等熵的，而且喉部的马赫数也不能太接近于 1.0。

由于实际的流动非常复杂，究竟收缩比等于多少合适，难以给出确定的答案。但是基于在 $2<Ma_0<4$ 范围内，大量的压缩系统试验可以得到一个有用的近似：把自由流马赫数 Ma_0 等熵地压缩，则当喉部马赫数 $Ma_t=\frac{Ma_0}{2}$ 时的收缩比等于最大收缩比。若收缩比超过最大收缩比，则进气道的损失以及不起动的损失将急剧增加。

对于区别外压缩和内压缩，这个结论似乎是不太敏感。

由 $q(\lambda)A = \text{const}$，可得最大收缩比与飞行马赫数的关系为

$$\frac{A_0}{A_t} = \frac{q\left(\frac{Ma_0}{2}\right)}{q(Ma_0)}$$

例如：$Ma_0 = 3.0$，则 $\frac{A_0}{A_t} = 3.85$；

$Ma_0 = 4.0$，则 $\frac{A_0}{A_t} = 7.19$。

设 $k = 1.36$，由此估计总压恢复，当 $Ma_t = \frac{Ma_0}{2}$ 时，正激波的总压恢复系数为 0.90。

10.6　超燃冲压发动机的燃烧室

在超燃冲压发动机的燃烧室中，要完成燃料的喷射、超声速气流与燃料的混合和燃烧过程。所有这些过程应在合理的燃烧室长度内，而且不致产生正激波的情况下进行，但在实际中这是难以实现的。本节讨论超燃冲压发动机燃烧室的一些基本问题。

一、燃烧化学

1. 燃料与空气的化学恰当比 f_{st}（或称为理想的燃料与空气比）

当 1 kg 燃料与理论上适当的空气量混合所生成的混合气完全燃烧时，燃料中的可燃元素与空气中的氧元素完全生成相应的氧化物，而空气中没有剩余的氧元素，燃料中也没有剩余的可燃元素，这种燃料-空气比称为化学恰当比 f_{st}。氢燃料的化学恰当比为 $f_{st} = \frac{1}{34} = 0.0294$。

燃烧中实际的燃料量与实际的空气量之比称为油气比 f，油气比与化学恰当比的比值称为当量比 φ，即

$$\varphi \equiv \frac{f}{f_{st}} \tag{10-69}$$

应当注意，即使在化学恰当比下，在实际的燃烧室的出口并不是完全燃烧产物，因为：

(1) 在高温下，燃烧生成物将离解成其他生成物；

(2) 在燃烧室中，特别是在超燃烧室中，气流停留的时间极短，来不及完全燃烧，因此在燃烧室的出口含有可燃混合气体（燃料 + 空气）、离解产物和没有完全氧化的燃料分子；

(3) 在高温下，空气中有很少一部分氮被氧化生成 NO_x。

当燃烧室中的当量比 φ 不等于 1.0 时，对燃烧产物的类型和分布都有影响。一般来说，当量比 φ 只有在 0.2 ～ 2.0 之间才能使燃料在希望的时间内完成燃烧。

2. 燃料的热值

每 1 kg 质量燃料与空气在化学恰当比下，从起始状态的温度和压力，在等压和绝能的条件下完全燃烧生成燃烧产物后，再等压地回到起始状态的温度和压力时所释放出来的热量称为燃料的热值(H_u)。起始状态的温度和压力在一般正常的范围内变化时对燃料的热值影响相对较小，因此一般都按标准起始状态(25℃) 计算热值。下面列出了一些典型燃料与空气在标准起始状态下反应的热值(反应物和产物都是气体，燃烧产物没有离解)。

燃料	热值 /(kJ/kg)
H_2	119 954
CH_4	500 10
C_2H_6	47 484
C_4H_{14}	45 100
C_8H_{18}	44 786

3. 氢燃料与空气的混合

由于反应物间的分子碰撞引起它们的原子交换而产生气相化学反应，因此燃料和空气必须在分子水平上混合接近化学恰当比才能燃烧。

当氢燃料平行喷入超声速空气流中，氢气与平行流混合时，在近场远不能成为符合化学恰当比的混合气。

垂直于气流喷射燃料的情况如图 10-20 所示。

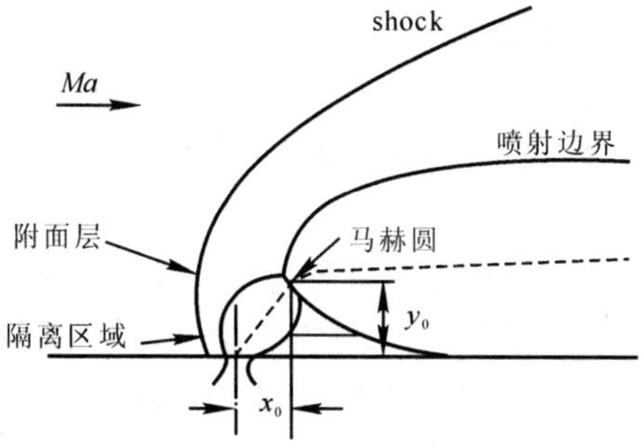

图 10-20　垂直于超声速气流喷射燃料

图 10-20 所示的流动特点是：垂直喷射的燃料恰似垂直插入到超声速气流中的一个圆柱棒。结果在喷注的近上游生成脱体的正激波，并引起壁面附面层的分离。此外，在燃料喷流注的后面形成一个尾流区，尾流区的回流恰似涡轮发动机燃烧室的主流区中的亚火焰稳定区，或者亚燃冲压发动机和涡轮发动机加力燃烧室中的 V 型火焰稳定器的尾流区。

燃料的垂直喷射的总效应是将混合层固定于喷流核心周围，实际上通过分离的附面层将混合区和火焰稳定区轻微地向喷流的上游扩展。

但是这种垂直喷射要付出总压损失的代价;脱体的正激波引起严重的总压损失,加上分离附面层的总压损失使总的循环效率下降。

为了避免严重的总压损失,可以在 0°～90°之间选择燃料喷射方向。

在涡轮发动机的亚燃和燃烧室中,采用旋流燃料喷射可以显著增加混合气形成速率,这是在燃料空气流中产生轴向涡的方法。对于超声速燃烧和燃烧室也是有效的,采用超声速的旋流燃料喷嘴可以显著地增加混合速率。虽然这种旋流燃料喷射对于混合速率的改善并不比燃料垂直喷射的情况好多少,但其总压损失是较小的。

对于燃料和空气的混合以及化学反应,如果有足够的时间,则燃烧产物的终了状态是化学平衡的。实际在燃烧室中既没有足够的时间完全混合,也没有足够的时间完全燃烧,所以在燃烧室出口是一种非平衡的状态。要确定这种状态必须考虑化学动力学和化学反应的速率。

4. 混合气放热反应的3个阶段和主要反应方程

混合气放热反应过程可分为3个不同的阶段(或时期):

(1) 感应期:感应期是均匀可燃的混合气的压力、温度达到着火极限后到着火的一段时间间隔。

感应期的时间可根据如下经验公式估算:

$$t_{ind} \approx 4.5 \times 10^{-9} \left(\frac{p_0}{p}\right) \exp\left(\frac{10^4}{T}\right) \tag{10-70}$$

式中 p_0—— 标准大气压;

T—— 混合气的起始温度(K);

p—— 混合气起始压力。

如果混合气的 $\varphi = 1.0$,起始 $T = 1\,500$ K,$p = 2 \times 1.013\,25 \times 10^5$ Pa,则 $t_{ind} \approx 1.768 \times 10^{-6}$ s。

(2) 反应期:反应期是混合气剧烈迅速进行化学反应的时期,从感应期结束到所有的反应中间产物都超过其最大值后的一段时期。反应期大约为 1×10^{-5} s。

(3) 平衡期:平衡期起始于反应期结束到反应生成物趋于各自己平衡值的一段时期。由于其过程的渐近性质,平衡期的终点没有明确的定义。但是平衡状态的温度和各种基的浓度是可以计算的,所以平衡期的终点一般定义为基的浓度和温度达到其化学平衡值的98%时。平衡期大约为 2×10^{-4} s。

3个时期的时间量级分别为 10^{-6} s,10^{-5} s 和 10^{-4} s。即3个时期的化学反应速率依次减慢。

5. 氢与空气的主要化学反应方程

氢与空气的反应是一种典型的链分支反应。这种反应是通过中间产物如 H,O 及 OH,H_2 等自由原子和基相互作用进行的。但是在反应开始时,自由原子和基还不存在或存在极少。当某种原因使可燃混合气的温度升高后，H_2 和 O_2 与任何一种活性粒子 M 碰撞生成自由原子和基，即

$$\begin{aligned} H_2+M &\longrightarrow H+H+M \\ O_2+M &\longrightarrow O+O+M \end{aligned} \tag{10-71}$$

式中，M 表示系统中参加碰撞的任何一个粒子，又称为第 3 体，它本身不发生化学反应只是传递能量。此外，通过光化学反应也可生成自由原子及 O_2，H_2 和活性粒子的碰撞产生 OH 基，即

$$\begin{aligned} H_2+O_2+M &\longrightarrow O_2H_2+M \\ O_2H_2 &\longrightarrow OH+OH \end{aligned} \tag{10-72}$$

虽然式(10－72)是 3 分子碰撞反应，但需要的能量很少，在较低的温度下是链起始的主要反应。

以上反应都相当缓慢，不能生成足够多的自由原子和基。

已生成的自由原子和基可通过自身的作用，形成链分支与传递，例如：

$$H+O_2 \longrightarrow OH+O \tag{10-73}$$

$$O+H_2 \longrightarrow OH+H \tag{10-74}$$

$$OH+H_2 \longrightarrow H_2O+H \tag{10-75}$$

原子 H 是链分支的起始物质，通过式(10－72)、式(10－73)两个反应衍生出二级 H 原子、进而衍生出三级 H 原子、四级 H 原子、……形成分支链锁反应。反应速率迅速增加，原子和基的浓度很快增加到准平衡状态，感应期结束，燃烧开始。

燃烧过程的主要反应为

$$H+O_2+M \longrightarrow HO_2+M \tag{10-76}$$

$$HO_2+H \longrightarrow H_2O+O \tag{10-77}$$

$$HO_2+H \longrightarrow OH+OH \tag{10-78}$$

$$O+H_2 \longrightarrow OH+H \tag{10-79}$$

$$OH+H_2 \longrightarrow H_2O+H \tag{10-80}$$

在上述反应中，消耗一个 O_2 分子和两个 H_2 分子；生成物为 H_2O 和两个 H 原子。这些反应都是剧烈的放热反应。其放热量远远大于链起始形成自由原子和基时所需要的热量，因此促进了反应加速进行。

二、冲压发动机燃烧室气体动力学

1. $H-K$ 图

假定燃烧室进口为 i 截面，出口为 e 截面，如图 10－21 所示。

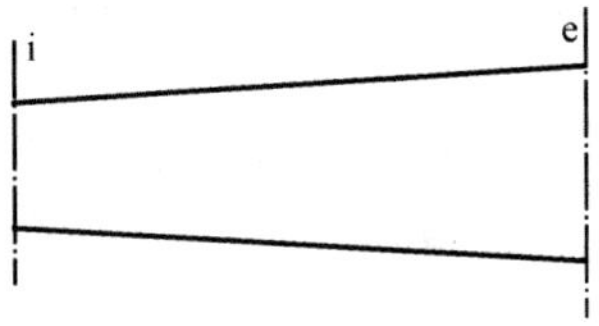

图 10-21　超燃冲压发动机燃烧室

考虑无质量加入的一维稳定流动，则流量方程为

$$\rho_i c_i A_i = \rho_e c_e A_e \tag{10-81}$$

动量方程为

$$A_i p_i + F_{bx} - A_e p_e = W c_e - W c_i$$

所以

$$F_{bx} = (A_e p_e + W c_e) - (A_i p_i + W c_i) \tag{10-82}$$

或

$$F_{bx} = A_e p_e (1 + k Ma_e^2) - A_i p_i (1 + k Ma_i^2) = I_e - I_i \tag{10-83}$$

式中，冲量函数为

$$I = pA(1 + k Ma^2) \tag{10-84}$$

由式(10-83)得

$$\frac{F_{bx}}{W} = c_e\left(1 + \frac{RT_e}{c_e^2}\right) - c_i\left(1 + \frac{RT_i}{c_i^2}\right) = S_{ae} - S_{ai} \tag{10-85}$$

式中，气流推力函数为

$$S_a = \frac{I}{W} = c\left(1 + \frac{RT}{c^2}\right)$$

最后可得

$$\Phi \equiv \frac{S_a}{\sqrt{C_p T_{ti}}} = \sqrt{\frac{1}{2}\left(\frac{2C_p T_{ti}}{c^2}\right)}\left[2\left(\frac{c^2}{2C_p T_{ti}}\right) + \frac{k-1}{k}\left(\frac{C_p T}{C_p T_{ti}}\right)\right] \tag{10-86}$$

可见，Φ 决定于无量纲量

$$H \equiv \frac{C_p T}{C_p T_{ti}}, \quad K \equiv \frac{c^2}{2C_p T_{ti}}$$

由绝能情况的能量方程式(10-9)：$H + K = 1.0$，H 与 K 是直线关系。根据式(10-86)，给定 Φ 值即可作出 $H-K$ 曲线，图 10-22 所示为 $\Phi = 1.0$ 时的 $H-K$ 曲线。

在给定的 $\Phi = \text{const}$ 下，对等截面管道内的气流加热(吸热或放热)而忽略摩擦时，即是众所周知的瑞利线。图 10-22 曲线中的虚线部分，表示相应的气体常数是不存在的。

2. 等截面管流中正激波前后参数的图解

假定在等截面管流中存在正激波，则这样的流动必然满足以下条件：

(1) 总焓等于常数：

$$\frac{C_p T}{C_p T_{ti}} + \frac{c^2}{2C_p T_{ti}} = 1$$

即

$$H + K = 1 \tag{10-87}$$

(2) 气流推力函数不变　$S_a = \text{const}$

那么，在给定的C_pT_{ti}和Φ值情况下可由式(10－86)和式(10－87)联立解出正激波前后的不连续状态为

$$\frac{c^2}{2C_pT_{ti}}=\left[\frac{k\Phi}{(k+1)\sqrt{2}}\pm\sqrt{\frac{1}{2}\left(\frac{k\Phi}{k+1}\right)^2-\left(\frac{k-1}{k+1}\right)}\right]^2 \tag{10-88}$$

$$\frac{C_pT}{C_pT_{ti}}=1-\frac{c^2}{2C_pT_{ti}} \tag{10-89}$$

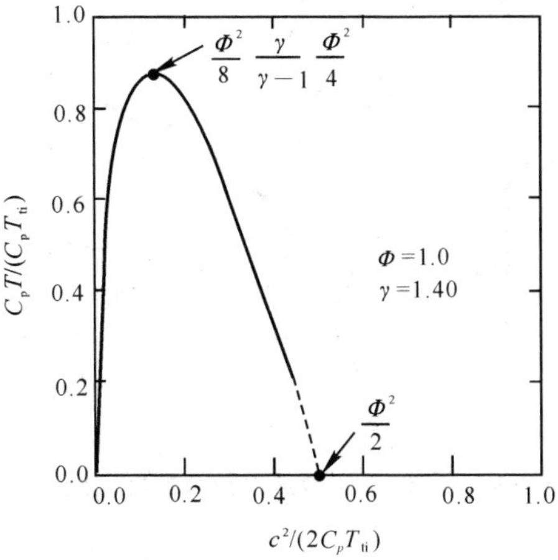

图 10－22　$\Phi=1.0$ 时的 $H-K$ 曲线

其图解如图 10－23 所示。图中，dcu 直线代表式(10－87)，3 条曲线分别代表 $\Phi=\text{const}$ ($\Phi=0.8$，0.99，1.2)时的式(10－86)。

一般说结果有两个，分别对应 $Ma>1.0$ 和 $Ma<1.0$。证明如下：

1) 当 $Ma=\text{const}$ 时，是通过原点的直线，且 Ma 越大，斜率越小。因为

$$Ma^2=\frac{2}{k-1}\frac{T_t-T}{T}=\frac{2}{k-1}\frac{\left(\dfrac{c^2}{2C_pT_{ti}}\right)}{\left(\dfrac{C_pT}{C_pT_{ti}}\right)}$$

即

$$H=\frac{2}{(k-1)Ma^2}K \tag{10-90}$$

2) 由图可以看出，当直线 dcu 与某个值下的曲线切于 c 点，这相当于只有一个解的情况，其解为

$$\Phi_c=\sqrt{2\left(1-\frac{1}{k^2}\right)}\qquad (k=1.4,\Phi_c=0.990)$$

$$\frac{c_c^2}{2C_pT_i^*}=\frac{k-1}{k+1},\qquad Ma_c=1.0$$

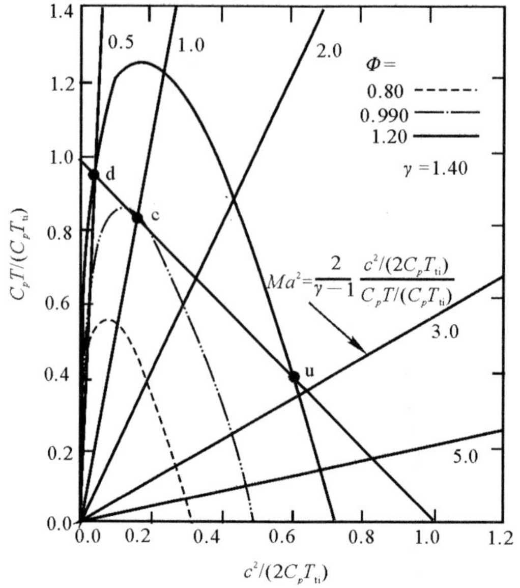

图 10-23　正激波前后状态的图解

3）由上所述可见：一般 $\Phi=\text{const}$ 时，有两个解：① $Ma>1.0$；② $Ma<1.0$。正激波前是超声速对应 u 点；正激波下游为 d 点。

在图 10-23 上，不仅 $Ma=\text{const}$ 是直线，而且 $T=\text{const}$，$h=\text{const}$，$c^2=\text{const}$ 等都是直线。

3. 等面积($A=\text{const}$) 加热和热堵塞

考虑当 $A=\text{const}$，无摩擦，一维加热管流，与外界有热交换时的守恒方程。

流量方程为 $$\rho_i c_i=\rho_e c_e$$

动量方程 $$p_i+\rho_i c_i^2=p_e+\rho_e c_e^2$$

因此有 $$S_a=c\left(1+\frac{RT}{c^2}\right)=\text{const}$$

$$\Phi=\frac{S_a}{\sqrt{C_pT_i^*}}=\Phi_i=\text{const}$$

即 $$\Phi_i\equiv\frac{S_{ai}}{\sqrt{C_pT_{ti}}}=\sqrt{\frac{1}{2}\left(\frac{2C_pT_{ti}}{c^2}\right)}\left[2\left(\frac{c^2}{2C_pT_{ti}}\right)+\frac{k-1}{k}\left(\frac{C_pT}{C_pT_{ti}}\right)\right]\tag{10-91}$$

能量方程为

$$C_pT_i+\frac{c_i^2}{2}+\frac{\dot{A}}{W}=C_pT_{ti}\left(1+\frac{\dot{Q}}{WC_pT_{ti}}\right)=C_pT_{te}=C_pT_e+\frac{c_e^2}{2}$$

可得
$$\frac{T_{te}}{T_{ti}}=\frac{C_pT_{te}}{C_pT_{ti}}+\frac{c_e^2}{2C_pT_{ti}}=1+\frac{\dot{Q}}{WC_pT_{ti}}\equiv\tau_e \tag{10-92}$$

式中，增温比$\frac{T_{te}}{T_{ti}}=\tau_e$代表无量纲加热，显然若$\tau_e=1$，则表示绝能过程。

式(10-91)代表等截面、无摩擦、一维加热管流的流量方程和动量方程。而式(10-92)代表能量方程，在给定的Φ_i值下两式联立可得解析解为

$$\frac{c_e^2}{2C_pT_{ti}}=\left[\frac{k\Phi_i}{\sqrt{2}(k+1)}\pm\sqrt{\frac{1}{2}\left(\frac{k\Phi_i}{k+1}\right)^2-\tau_e\left(\frac{k-1}{k+1}\right)}\right]^2 \tag{10-93}$$

$$\frac{C_pT_e}{C_pT_{te}}=\tau_e-\frac{c_e^2}{2C_pT_{ti}} \tag{10-94}$$

式(10-91)和式(10-92)的图解如图10-24所示。

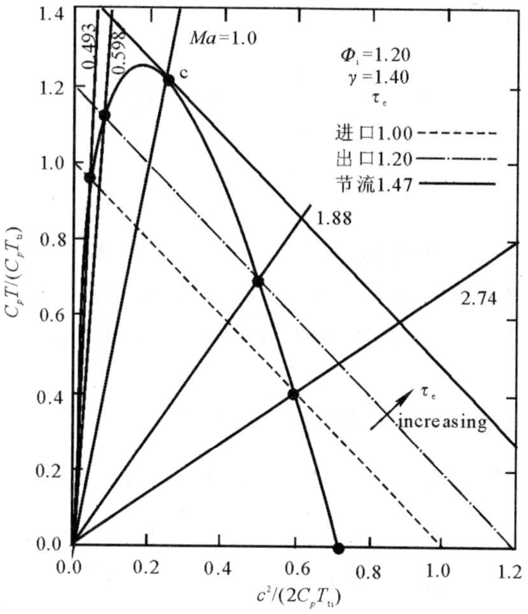

图10-24　等截面无摩擦一维加热管流式(10-91)和式(10-92)联立图解

由图10-24可见：

(1) $\tau_e=1.0$的直线与式(10-91)曲线的两个交点，表示不加热时的两个解：其中一个表示超声速进口条件；另一个表示亚声速进口条件。

(2) 加热时，τ_e值的增加，使超声速进口条件下的出口马赫数减小并趋于1；而亚声速进口条件下的出口马赫数增加并趋于1。

(3) 在某个 τ_e 值下，直线与曲线相切于图中的 c 点。这时式(10－93) 中的开方部分必然等于零，即

$$\tau_c = \frac{\Phi_i^2}{2\left(1-\frac{1}{k^2}\right)} \tag{10-95a}$$

$$\frac{c_c^2}{2C_pT_{ti}} = \frac{1}{2}\left(\frac{k\Phi_i}{k+1}\right)^2 \tag{10-95b}$$

这时的 τ_c 值是给定 Φ_i 值下的最大无量纲加热。

(4) 如果无量纲加热 $\tau_e > \tau_c$，则无解。其物理意义是，一旦达到 c 点，则此时的 $Ma_c = 1$，产生“热堵塞”，继续进入必然破坏进口流动条件。

4. 超燃和亚燃在 $H-K$ 图上的表示

考虑无质量附加时对管道中完全气体加热，假定管道进口的总温为 T_{t0}，由 Φ 的定义写出任意截面上的 Φ 为

$$\Phi = \sqrt{\frac{\tau(k-1)Ma^2}{1+\frac{k-1}{2}Ma^2}\left(1+\frac{1}{kMa^2}\right)} \tag{10-96}$$

式中，加热总温比 $\tau \equiv \dfrac{T_t}{T_{t0}}$；对于管道出口，则 $\tau_e \equiv \dfrac{T_{te}}{T_{t0}}$。

图 10－25(a) 表示 $\tau_e = 1.4$ 的超燃冲压发动机的 $H-K$ 图，图 10－25(b) 所示为亚燃冲压发动机的 $H-K$ 图。注意，在图 10－25 上，当总温不变时，超声速气流减速总是伴随着气流推力函数 S_a 减小，加速则气流推力函数增加；而亚声速气流减速则推力函数增加，加速则推力函数减小。

图 10－25(a) 中，$\tau_e = 1.4$，$Ma_0 = 10.0$，$\Phi_0 = 1.39$。图中，点 0— 点 1 为进气道中的压缩，通常温度比 $\dfrac{T_1}{T_0} = 6 \sim 8$，本例为 6.5，压缩的目的是提供足够高的燃烧室进口压力和温度，以获得满意的循环热效率，满足完全和稳定燃烧的要求。燃烧室进口气流仍为超声速，在燃烧室中加热，总温比为 $\tau_e = 1.4$，加热过程参数的变化决定于燃烧室设计，图 10－25(a) 中画有两种可能的典型途经，其中，点 1— 点 2 为等面积无摩擦加热，$\Phi = \text{const}$；点 1— 点 3 为无摩擦等压加热，速度亦等于常数。从燃烧室出口点 2 或点 3 在尾喷管中膨胀到大气压即点 4。

图 10－25(b) 中，$\tau_e = 1.4$，$Ma_0 = 3.0$，$\Phi_0 = 1.224$。图中，点 0— 点 1 为进气道中的减速增压，对于亚燃冲压发动机，气流在进气道中的压缩一般由如下几部分组成：点 0— 点 u 为斜激波压缩，点 u— 点 d 为正激波压缩，点 d－点 1 为进气道扩张器中的压缩。由于飞行马赫数较小，所以几乎要减速到零速度才能满足燃烧室进口的要求。实际上最大可能的温度比为

$$\frac{T_1}{T_0} = \frac{T_{t0}}{T_0} = 1 + \frac{k-1}{2}Ma_0^2 = 2.80 \quad (Ma_0 = 3.0)$$

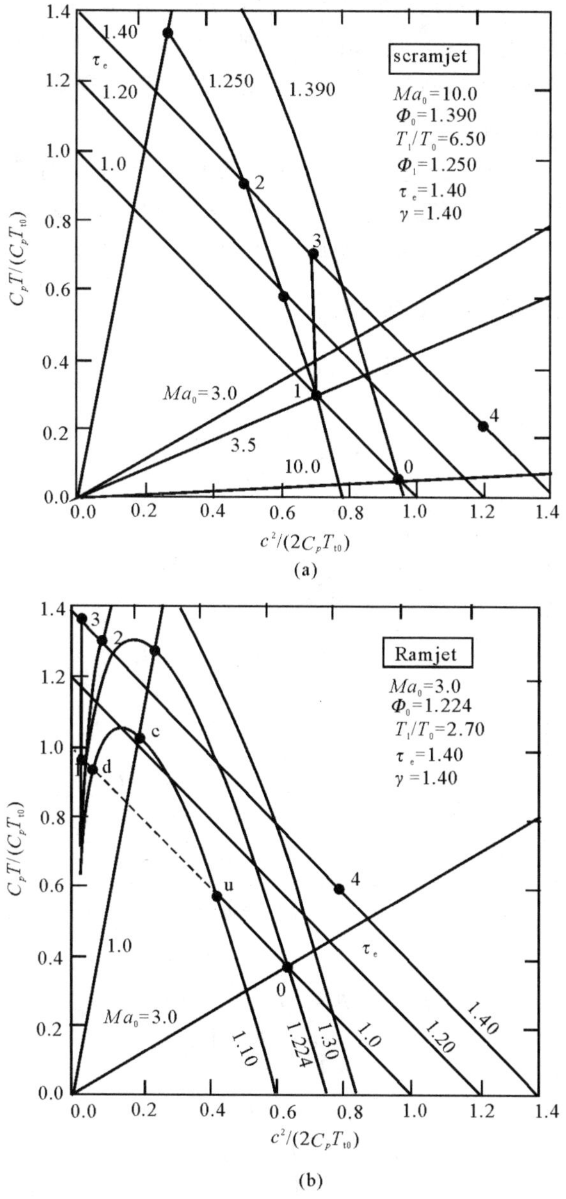

图　10－25

(a) 超燃冲压 $H-K$ 图；(b) 亚燃冲压 $H-K$ 图

在亚燃冲压发动机燃烧室中，仍然可能有无摩擦等面积加热（点 1— 点 2）和无摩擦等压加热（点 1— 点 3）。可以看到，如果从点 d 开始等面积加热，则在没达到给定的加热量之前就已经产生热堵塞。进气道的进一步减速，使燃烧室进口马赫数足够小，以保证在希望的加热量下不发生热堵塞。燃烧室出口的气流经尾喷管膨胀到外界大气压力点 4，该膨胀过程为点 2—点 4 或 点 3— 点 4 穿过马赫数 1，意味着收敛-扩张型尾喷管具有堵塞的喉部。

5. 不同加热规律下的参数变化关系

超燃冲压发动机燃烧室中的典型加热规律有等截面加热、等压加热、等静温加热和等马赫数加热等。假定一维定常流动，不考虑壁面摩擦和燃烧室内物体的阻力，气流与外界无功和质量交换，燃料的燃烧设想为外界对气流的加热，气流为完全气体，定压比热容和比热比为常数，令 $\Gamma \equiv 1+\frac{k-1}{2}Ma^2$，则气流服从下列方程：

连续方程为
$$\frac{\mathrm{d}\rho}{\rho}+\frac{\mathrm{d}c}{c}+\frac{\mathrm{d}A}{A}=0 \tag{10-97}$$

动量方程为
$$\mathrm{d}p+\rho c\,\mathrm{d}c=0$$

考虑到状态方程
$$p=\rho RT$$

声速
$$a^2=kRT$$

则动量方程化为
$$\frac{\mathrm{d}p}{p}+kMa^2\frac{\mathrm{d}Ma}{Ma}+\frac{kMa^2}{2}\frac{\mathrm{d}T}{T}=0 \tag{10-98}$$

状态方程的微分形式为
$$\frac{\mathrm{d}p}{p}=\frac{\mathrm{d}\rho}{\rho}+\frac{\mathrm{d}T}{T} \tag{10-99}$$

由马赫数等于速度比声速
$$Ma=\frac{c}{a}$$

有
$$\frac{\mathrm{d}Ma}{Ma}=\frac{\mathrm{d}c}{c}-\frac{\mathrm{d}a}{a}=\frac{\mathrm{d}c}{c}-\frac{1}{2}\frac{\mathrm{d}T}{T} \tag{10-100}$$

此外
$$\frac{\mathrm{d}T_t}{T_t}=\frac{\mathrm{d}T}{T}+\frac{1}{\Gamma}(k-1)Ma^2\frac{\mathrm{d}Ma}{Ma} \tag{10-101}$$

$$\frac{\mathrm{d}p_t}{p_t}=\frac{\mathrm{d}p}{p}+\frac{1}{\Gamma}kMa^2\frac{\mathrm{d}Ma}{Ma} \tag{10-102}$$

能量方程
$$\frac{\mathrm{d}s}{C_p}=\frac{\mathrm{d}T}{T}-\frac{k-1}{k}\frac{\mathrm{d}p}{p} \tag{10-103}$$

加热量等于总焓变化
$$\delta q=C_p\mathrm{d}T_t \tag{10-104}$$

可得
$$\frac{\delta q}{C_pT}=\frac{\mathrm{d}T_t}{T}=\Gamma\frac{\mathrm{d}T_t}{T_t} \tag{10-105}$$

由式(10－105) 可知，燃料燃烧释放的热量反映在总温的变化中。如果给定燃烧室截面面积和总温沿轴向的变化，根据上述方程式可以得出 7 个参数的变化，如式(10－106) ～ 式(10－112) 所示。

$$\frac{\mathrm{d}Ma}{Ma}=-\frac{\Gamma}{1-Ma^2}\frac{\mathrm{d}A}{A}+\frac{1+kMa^2}{2(1-Ma^2)}\Gamma\frac{\mathrm{d}T_t}{T_t} \tag{10-106}$$

$$\frac{dp}{p}=\frac{kMa^2}{1-Ma^2}\frac{dA}{A}-\frac{kMa^2}{1-Ma^2}\Gamma\frac{dT_t}{T_t} \tag{10-107}$$

$$\frac{d\rho}{\rho}=\frac{Ma^2}{1-Ma^2}\frac{dA}{A}-\frac{\Gamma}{1-Ma^2}\frac{dT_t}{T_t} \tag{10-108}$$

$$\frac{dT}{T}=\frac{(k-1)Ma^2}{1-Ma^2}\frac{dA}{A}+\frac{(1-kMa^2)\Gamma}{1-Ma^2}\frac{dT_t}{T_t} \tag{10-109}$$

$$\frac{dc}{c}=-\frac{1}{1-Ma^2}\frac{dA}{A}+\frac{\Gamma}{1-Ma^2}\frac{dT_t}{T_t} \tag{10-110}$$

$$\frac{dp_t}{p_t}=-\frac{1}{2}kMa^2\frac{dT_t}{T_t} \tag{10-111}$$

$$\frac{ds}{C_p}=\Gamma\frac{dT_t}{T_t} \tag{10-112}$$

根据式(10-106)～式(10-112)，如果给定$\frac{dT_t}{T_t}$和某种加热规律，例如等马赫数加热，亦可确定其他参数的变化。下面分析几种典型加热规律情况。

(1) 等压加热。在高超声速飞行状态下，超燃冲压发动机燃烧室进口的马赫数比较大，由式(10-111)可看出总压损失与马赫数的平方成反比。为了减小加热过程的总压损失，应该使加热过程中马赫数不断减小。

在等压加热规律下，由式(10-107)可知面积的变化为

$$\frac{dA}{A}=\Gamma\frac{dT_t}{T_t} \tag{10-113}$$

由式(10-110)可知，$\frac{dc}{c}=0$，即气流速度不变。

由式(10-109)和式(10-113)可得

$$\frac{dT}{T}=\Gamma\frac{dT_t}{T_t}$$

即气流的静温增加，所以马赫数减小。

(2) 等面积加热。采用等面积加热，马赫数迅速下降，可以避免过大的总压损失。

由式(10-106)，等面积加热时有

$$\frac{dMa}{Ma}=-\frac{1+kMa^2}{2(Ma^2-1)}\Gamma\frac{dT_t}{T_t} \tag{10-114}$$

等面积加热时，气流的马赫数迅速下降，但其极限是加热终了的马赫数等于1.0。这就可能限制加热量，从而影响发动机性能。所以当马赫数下降到接近1.0，或者当飞行马赫数较低而燃烧室进口的马赫数稍大于1.0时，为了保持超声速燃烧，必须采用其他加热规律，例如等马赫数加热。

(3) 等马赫数加热。由式(10-106)，等马赫数加热时有

$$\frac{\mathrm{d}A}{A}=\frac{1+kMa^{2}}{2}\frac{\mathrm{d}T_{\mathrm{t}}}{T_{\mathrm{t}}} \tag{10-115}$$

可见等马赫数加热时，燃烧室通道的截面面积要不断地扩大并且气流的静温不断地增加。因为由式(10－110)和式(10－115)，可得

$$\frac{\mathrm{d}c}{c}=\frac{1}{2}\frac{\mathrm{d}T_{\mathrm{t}}}{T_{\mathrm{t}}} \tag{10-116}$$

由式(10－116)可以看出等马赫数加热时，气流的速度 c 增加，因而静温是增加的。

如果静温超出一定的限制，则实际燃烧室中由于燃气热分解引起的热损失增加，同时结构的热负荷加大。为此，可采用等静温加热。

(4) 等静温加热。根据式(10－109)，等静温加热时有

$$\frac{\mathrm{d}A}{A}=\frac{kMa^{2}-1}{(k-1)Ma^{2}}\Gamma\frac{\mathrm{d}T_{\mathrm{t}}}{T_{\mathrm{t}}} \tag{10-117}$$

可见等静温加热时，燃烧室通道的截面面积也要不断地扩大，但气流的马赫数是增加的。因为由式(10－110)和式(10－117)，可得

$$\frac{\mathrm{d}c}{c}=\frac{\Gamma}{(k-1)Ma^{2}}\frac{\mathrm{d}T_{\mathrm{t}}}{T_{\mathrm{t}}} \tag{10-118}$$

由式(10－118)可以看出等静温加热时，气流的速度 c 增加，故马赫数增加。因此与等马赫数加热相比，等静温加热时的总压损失较大。

(5) 其他加热规律。如果任意指定 $\frac{\mathrm{d}A}{A}$ 随 $\frac{\mathrm{d}T_{\mathrm{t}}}{T_{\mathrm{t}}}$ 的变化关系，则由式(10－106)～式(10－112)，可以确定其他参数随 $\frac{\mathrm{d}T_{\mathrm{t}}}{T_{\mathrm{t}}}$ 的变化关系。

由式(10－110)和式(10－105)，可得

$$\frac{\mathrm{d}c}{c}=\frac{1}{Ma^{2}-1}\left(\frac{\mathrm{d}A}{A}-\frac{\delta q}{C_{p}T}\right)$$

令

$$\frac{\mathrm{d}A}{A}\equiv kc\frac{\delta q}{C_{p}T}=kc\psi\frac{\mathrm{d}T_{\mathrm{t}}}{T_{\mathrm{t}}} \tag{10-119}$$

式中，kc 为待定系数。则

$$\frac{\mathrm{d}c}{c}=\frac{1}{Ma^{2}-1}\frac{\delta q}{C_{p}T}(kc-1) \tag{10-120}$$

由式(10－120)可见，给定了 kc 即是给定了 $\frac{\mathrm{d}A}{A}$ 随 $\frac{\mathrm{d}T_{\mathrm{t}}}{T_{\mathrm{t}}}$ 的变化关系，例如：

$kc=0$ 是等面积加热规律；

$kc=1$ 是等速加热规律；

$0<kc\leqslant 1$ 是面积扩张，速度减小；

$kc>1$ 是面积扩张，速度增加。

三、冲压发动机的双模态燃烧系统

燃烧系统是指隔离段（通常是等截面的）加上其后面的燃烧室。冲压发动机双模态燃烧系统是指全程无几何喉部的几何不可调的冲压发动机，其燃烧系统既能工作于超燃模态又能工作于亚燃模态。

考虑冲压发动机要求高循环热效率和避免高静温下工质离解，当飞行马赫数$Ma_0 < 5.0$时应该采用亚燃，而当$Ma_0 > 7.0$时必须采用超燃。

用于超声速飞行速度的单纯亚燃冲压发动机，如图 10－26 所示，有两个几何喉部。一个喉部在进气道中，喉部之后有正激波，正激波后的亚声速气流进入燃烧室，从进气道几何喉部至燃烧室进口一段管道称为亚声速燃烧室“过渡段”；另一个喉部在尾喷管中，其作用是使气流从亚声速加速到超声速。

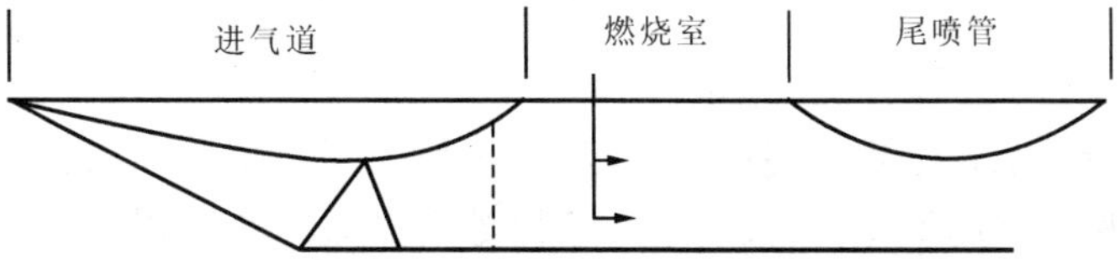

图 10－26　用于超声速飞行的亚燃冲压发动机

超燃冲压发动机中没有几何喉部，在设计飞行条件下全程都是超声速的，如图 10－27 所示。超燃冲压发动机不仅工作于超声速条件下，而且还须工作于较大的超声速飞行条件下，所以希望发动机既能工作于超燃模态也能工作于亚燃模态。理论上可以设计几何可调的冲压发动机，以实现上述希望，但实践上是极困难的。所以出现了双模态燃烧系统，即采用没有几何喉部的和几何不可调的冲压发动机，其燃烧系统既能实现亚燃也能实现超燃。

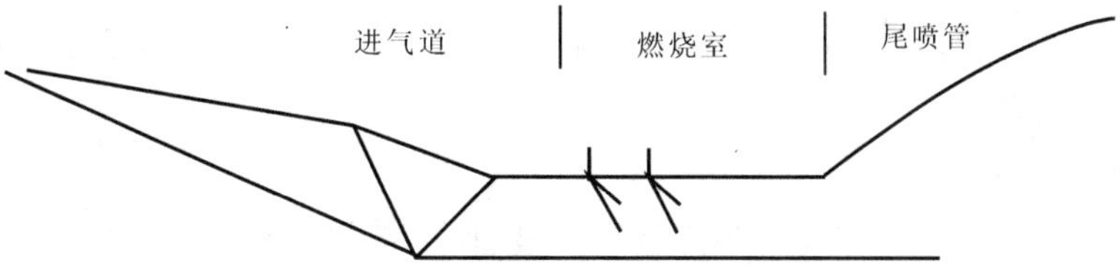

图 10－27　超燃冲压发动机示意图

1. 亚燃模态

在燃烧室进口，气流是亚声速的，从超燃过渡到亚燃借助于等面积“隔离段”实现。前面已有关于隔离段的一些论述，下面说明隔离段与燃烧室如何配合实现亚燃模态与超燃模态转换。隔离段位于进气道与燃烧室之间，如图 10－28 所示。

为了使燃烧室处于亚燃模态，燃烧室进口的马赫数必须小于 1.0（$Ma_3 < 1.0$），为此在燃

烧室进口的下游某处必须有马赫数等于 1.0 的截面($Ma=1.0$)，造成气流的堵塞以引起燃烧室进口截面静压 p_3 的增加。p_3 的增加使其上游隔离段中形成正激波链，只要 p_3 不超过一定的限度，隔离段就和亚声速燃烧室的过渡段的作用一样，将超声速气流转成亚声速。亚燃冲压发动机的第 2 个喉部作用由在双模态燃烧系统中由燃烧室中堵塞的热力喉部完成。如何形成堵塞的热力喉部，将在后面详述。

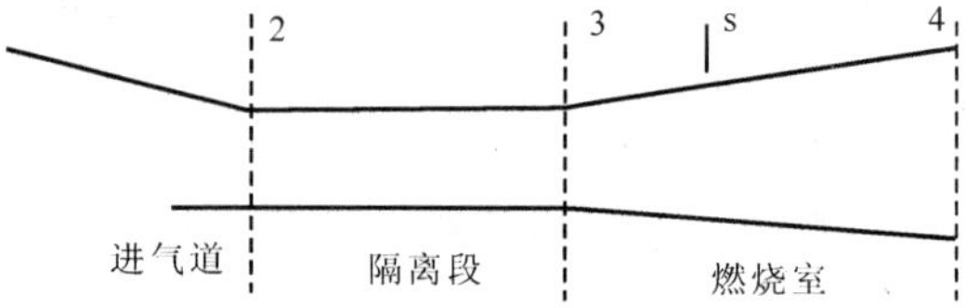

图 10-28　冲压发动机的进气道隔离段和燃烧室

2. 超燃模态

超燃模态下，沿发动机全程是超声速的，看起来似乎不需要隔离段。但常常会发生这样的情况：若燃烧室面积扩张的不充分，接近于无摩擦等截面加热管流，由式(10-107)可得

$$\frac{\mathrm{d}p}{p}=kMa^2\left(\frac{1+\frac{k-1}{2}Ma^2}{Ma^2-1}\right)\frac{\mathrm{d}T_t}{T_t}$$

可见，加热引起燃烧室内的压力增加。如果压力增加非常迅速，附面层将会分离，通过分离的附面层压力升可以向上游自由地传递从而引起进气道的不起动。所以必须限制压力升传向进气道，这就是说，超燃模态下仍然需要隔离段。这时隔离段中包含斜激波链，其出口的气流是超声速的。

隔离段不仅可包含有正激波链以保证亚燃模态下燃烧室进口的亚声速流，而且也可能包含斜激波链，在保持出口超声速的情况下可调节其出口压力与燃烧室加热引起反压相匹配，以防止进气道的不起动。

3. 燃烧模态的转换

举一个计算的例子说明燃烧模态的转换。计算时给定的主要条件如下：

等截面隔离段进口马赫数：$Ma_2=1.5$；

扩张燃烧室的面积分布规律：$\dfrac{A(x)}{A_3}=1+\dfrac{x-x_3}{x_4-x_3}=1+\bar{x}$，面积比 $A_4/A_3=2$；

无量纲加热分布规律：$\tau(x)\equiv\dfrac{T_t(x)}{T_{t2}}=1+(\tau_b-1)\left[\dfrac{\theta\bar{x}}{1+(\theta-1)\bar{x}}\right]$，式中 $\tau_b=1.4$，$\theta=2$。

计算结果如图 10-29 中曲线 A 所示。曲线 A 所示的燃烧过程的特点如下：

(1) 在燃烧过程的起始阶段，即燃烧室进口附近，加热率 $\dfrac{\mathrm{d}T_t}{\mathrm{d}x}$ 最大，接近等压过程(静压不变，速度不变)。这是由于面积增加使压力的下降与加热使压力的增加大致抵消。

(2) 由于 $\mathrm{d}T_t/\mathrm{d}x$ 随着 x 的增加是下降的，面积的增加起主导作用，加热接近等马赫数过程，这时速度增加，温度也增加。

(3) 接下来的过程近似等温过程。

(4) 最后在燃烧室出口附近接近总温不变的过程。

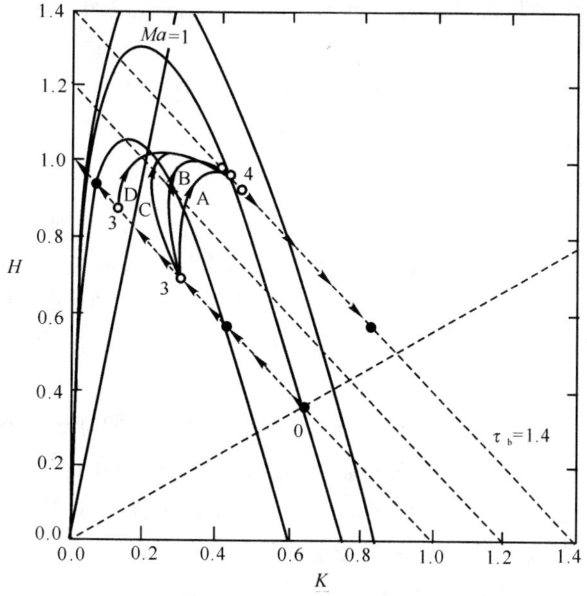

图 10-29　超燃冲压发动机燃烧过程在 *H*-*K* 图上的表示

由图 10-29 可以看出：

(1) 燃烧室中的最小马赫数为 $Ma_s = 1.33$，马赫数最小的截面以下标 s 表示(见图 10-28)，称为燃烧室的热力喉部(如果热力喉部的马赫数等于 1，则是堵塞的热力喉部)。此时的热力喉部，并没有堵塞($Ma_s = 1.33 > 1.0$)，而且还没有引起附面层分离，隔离段中无激波。

(2) 曲线 A 所给定的 $A_4/A_3 = 2.0$，显得太大，以致燃烧室出口静压 p_4 远小于进口静压 p_3。静压的下降是非常不利的，因为燃烧室加热的平均温度下降，循环热效率下降；静压下降，马赫数较大，不利于可燃混合气的形成；静压下降，温度较低，化学反压速度显著降低；静压下降，速度增加，可燃混合气在燃烧停留时间短，热量来不及释放完全。显然，在燃烧系统中，尽量保持等压燃烧是非常重要的。

为了使燃烧室出口压力 p_4 接近 p_3，可以减小面积比。例如从 $A_4/A_3 = 2.0$ 减小到 1.73。计算的结果如图 10-29 中路线 B 所示，相应的最小马赫数 $Ma_s = 1.19$，但仍然是 $p_4 < p_3$，进一步减小面积比为 $A_4/A_3 = 1.57$，结果如图 10-29 中路线 C 所示，$Ma_s = 1.03$，接近热堵塞，但

仍然是 $p_4 < p_3$。

如果面积比减小到 $A_4/A_3 = 1.55$，则热力喉部堵塞，燃烧室进口必然变为亚声速气流。这时在隔离段内形成正激波链，使隔离段出口为亚声速气流，并调整出口压力以适应燃烧室进口的要求，相应的加热过程路线为D。双模态燃烧系统现在工作于亚燃冲压模态，燃烧室进口为亚声速，而出口为超声速。

以上所述，是依靠发动机面积改变实现模态的转换。除此之外，还有其他方法使模态转换，例如，改变 $A(x)$，变化供油量 W_f 以变化 $T_t(x)$，使燃烧室产生热堵塞，从超燃变为亚燃模态；或者反过来使加热量减小，实现从亚燃模态转换为超燃模态。

4. 燃烧室与隔离段干涉的3种情况

在双模态燃烧系统中，燃烧室面积沿轴向的分布、总温的分布、热堵塞和附面层分离之间的相互关系是非常重要的。

双模态燃烧系统有两种模态3种情况，下面分别予以讨论。

(1) 隔离段中无激波链的超燃模态。图10-29中的曲线B,C是这种情况的例子。

如果面积扩大和加热规律的配合使加热过程为等压过程，则附面层不分离，隔离段中无激波链，整个流动是超声速的。

相对于加热而言，如果面积扩张不太充分，则加热过程初期静压增加并在燃烧室某处达到最大值，此后由于面积的扩大超过加热的影响，静压开始下降。在这种情况下，燃烧室中虽有压力升高，但不足以使附面层分离，整个流动是超声速的，附面层是不分离的，隔离段中无激波链，隔离段对发动机的影响只是产生表面摩擦阻力。

(2) 隔离段中有斜激波链的超燃模态。与情况(1)相比，如果面积扩张更不足，则燃烧室中加热引起的压力升使附面层分离。燃烧室中的峰值压力沿分离的附面层自由地向上游传递，超声速流进入燃烧室时受到壁面附近附面层分离气流的阻塞，迫使核心的超声速流通过斜激波使其压力升高到燃烧室中的峰值压力。这时隔离段中有斜激波链产生，斜激波链的位置自动调整，直到其出口的压力与燃烧室加热所施加的反压平衡。加热并不一定在喷射燃油后立即开始，一般由于混合气的形成以及感应期的存在加热时会有某些延迟，但在某些情况下，例如，如果燃料的垂直喷射，形成局部的回流，或者燃料向喷孔的上游返流等，加热也可能在喷点的上游开始，所以有可能斜激波链部分位于隔离段中，部分位于燃烧室中。因为燃烧室中的最大压力可通过分离后的附面层自由地向上传递，由加热开始点至最大压力点的加热基本上是等压过程，而后，面积扩大的影响超过加热的影响，压力下降，气流重新附着。

(3) 隔离段中有正激波链的亚燃模态。与情况(2)相比，如果面积扩张进一步不足，这时必然在燃烧室的某处产生热堵塞，使燃烧室进口产生亚声速气流和相应的较大静压，这个静压即是燃烧室施加给隔离段的反压。隔离段中产生正激波链，超声速气流经正激波链变为亚声速，并使气流压力升高，与反压相匹配，所有的正激波链位于隔离段之内。从隔离段中的激波链开始至燃烧室中的最大压力点附面层是分离的。

5. 等截面隔离段的控制体分析

假定在等截面隔离段 2—3(见图 10-30) 中，忽略壁面摩擦和质量附加，且没有分离，并已知进口条件 $Ma_2 > 1.0$。对其控制体应用质量守恒和动量守恒，则出口 3 的截面参数可能有两种情况：

(1) 隔离段中没有激波，出口参数等同于进口参数。

(2) 隔离段中有正激波，出口参数为超声速气流 $Ma_2 > 1.0$ 经正激波后的参数，马赫数和压力分别以 Ma_{2y} 和 p_{2y} 表示。

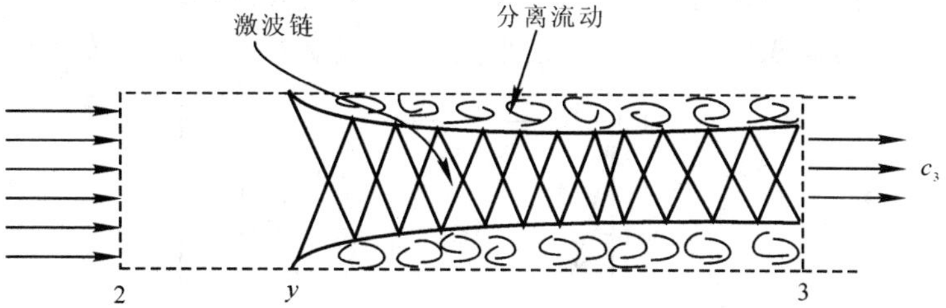

图 10-30　壁面附面层分离的等截面隔离段控制体分析

这是两个极端的情况，出口压力分别表示为 $p_{3,\min} = p_2$；$p_{3,\max} = p_{2y}$；当 $Ma_2 > 1.0$ 时，$p_3 < p_2$ 的情况不会发生。若反压 p_3 在 $p_2 \sim p_{2y}$ 的范围内，则隔离段内的流动必然是被分离区所包围的核心流为超声速的流动。

下面讨论 p_3 在 $p_2 \sim p_{2y}$ 之间的隔离段的出口马赫数 Ma_3，控制体如图 10-30 所示。

假定忽略摩擦和质量附加且为等截面加热管流，则隔离段壁面上无轴向力，所以有冲量函数 $I = pA + Wc = \text{const}$；

假定 p_3 是均匀的(对于超声速压缩，这个假设是非常良好的)，则有

$$I_3 = I_{\text{sep}} + I_{\text{core}} = [p_3(A_2 - A_{3c}) + 0] + (p_3 A_{3n} + Wc_3) = p_3 A_2 + Wc_3 \tag{10-121}$$

式中，0 为分离区平均速度；n 为注角，表示核心流。

由式(10-121) 和 $I_3 = I_2$，可以解出

$$Ma_3 = \left[\frac{k_b Ma_2^2\left(1 + \frac{k-1}{2}Ma_2^2\right)}{\left(1 + k_b Ma_2^2 - \frac{p_3}{p_2}\right)^2} - \left(\frac{k_b - 1}{2}\right)\right]^{\frac{1}{2}} \tag{10-122a}$$

$$\frac{p_3}{p_2} = 1 + k_b Ma_2^2 - k_b Ma_2 Ma_3 \sqrt{\frac{1 + \frac{k-1}{2}Ma_2^2}{1 + \frac{k-1}{2}Ma_3^2}} \tag{10-122b}$$

于是在给定的 Ma_2 和 p_3/p_2 条件下，可求得 Ma_3。

由此可见：

(1) 当 $p_3 = p_2$ 时，$Ma_3 = Ma_2$，隔离段中无激波链，为超燃模态；

(2) 随着 p_3 的增加，Ma_3 近似为直线下降；

(3) 当 $p_3 = p_{2y}$ 时，$Ma_3 = Ma_{2y}$，这是正激波后的马赫数；

(4) 对于任意给定的 p_3/p_2，A_{3m}/A_2，即可由动量方程求出

$$\frac{A_{3m}}{A_2} = \frac{1}{k_b Ma_3^2}\left[\frac{p_2}{p_3}(1 + k_b Ma_2^2) - 1\right] \tag{10-123}$$

式中，Ma_3 由式(10-122a)确定。在给定的 Ma_2 和 k_b 值下，可以将式(10-123)用曲线表示，如图10-31所示。一般压力比对应 $Ma_3 < 1.0$ 时，是正激波链；$Ma_3 > 1.0$ 时，是斜激波链。由图10-31可以看出，面积比 A_{3m}/A_2 在最小值时，对应着核心流出口马赫数 $Ma_3 > 1.0$。

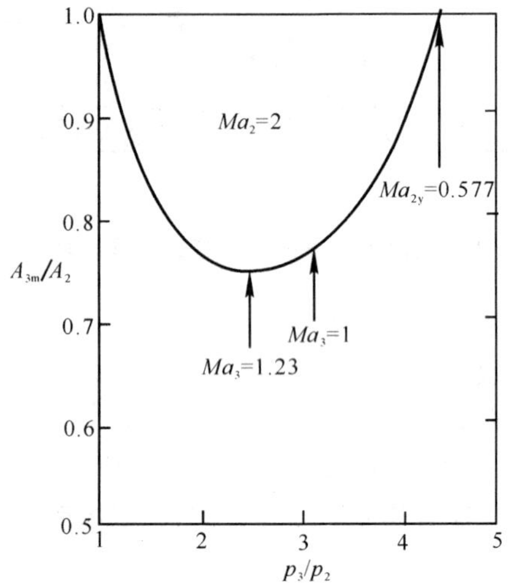

图10-31　隔离段核心流面积比与反压比的关系(进口马赫数 $Ma_2 = 2, k_b = 1.4$)

6. 燃烧室的一维流动分析

隔离段如同一个扩压器，能在其进口压力 p_2 的基础上绝热压缩到出口压力 p_3，与燃烧室燃烧施加的反压 p_3 平衡，防止进气道的不起动。下面研究燃烧室如何决定着其进口即隔离段出口的参数 p_3 与 Ma_3 的大小。

有两个不同的物理原因引起 $p_3 > p_2$：

1) 在超燃模态下，面积扩张不足引起不希望的分离流动；

2) 在亚燃模态下，需要热堵塞以保证燃烧室进口为亚声速。

(1) 一维流动的马赫数变化方程。对无摩擦、完全气体、无质量附加的一维加热管流，由式(11-106)可得

$$\frac{dMa}{dx} = Ma\frac{\Gamma}{(1 - Ma^2)}\left[\left(-\frac{1}{A}\frac{dA}{dx}\right) + \frac{(k_b Ma^2 + 1)}{2}\left(\frac{1}{T_t}\frac{dT_t}{dx}\right)\right] \tag{10-124}$$

由式(10-124)可见：当 $Ma > 1.0$ 时，$A(x)$ 下降和 $T_t(x)$ 增加都可能使气流马赫数减小而产生堵塞；相反的，$A(x)$ 增加或者 $T_t(x)$ 下降都可以使气流马赫数增加；不过在双模态的燃烧系统中，$A(x)$ 不会随 x 下降，而 $T_t(x)$ 也不会随 x 下降。可以用式(10-124)研究如何使 $A(x)$ 与 $T_t(x)$ 配合，以控制马赫数、静压和其他参数的变化。为此假定 $A(x)$，$T_t(x)$ 是独立的变量，可以选定。$A(x)$ 是燃烧室截面面积，设计时给定没有问题，但 $T_t(x)$ 是总温的分布，决定于燃烧室放热速率，而放热速率又决定于混合气形成和化学反应的速率，精确地给定比较困难。不过我们知道，对于超燃，混合过程和化学反应放热过程的速率在开始时是最大的，并分别逐渐地衰减到完全混合和化学平衡的零速率值，这个过程理论上需要无限长的时间或距离。结果是，$\dfrac{dT_t}{dx}$ 在着火之后很短时间内，即一般在燃烧室进口附近是最大的，然后单调地下降到燃烧室出口的最小值。所以对于超燃，$T_t(x)$ 一般可近似表示成有理函数，其形式为

$$\tau(x) = 1 + (\tau_b - 1)\left[\frac{\theta\bar{x}}{1 + (\theta - 1)\bar{x}}\right] \qquad (\theta \geqslant 1.0) \tag{10-125}$$

式中 $\tau(x) \equiv T_t(x)/T_{t2}$；

$\bar{x} \equiv \dfrac{(x - x_i)}{(x_4 - x_i)}$；

x_i—— 加热或超声速燃烧开始的轴向位置；

θ—— 经验常数，$\theta = 1 \sim 10$，决定于燃油喷射和油气混合的模式；

$\tau_b = \dfrac{T_{t4}}{T_{t2}}$—— 决定于燃料类型、燃油喷射、混合气形成和化学动力学。

亚燃模态的油气混合和火焰稳定的机理与超燃模态非常不同，不过可以近似地假设 $x_i = x_3$ 以及式(10-125)中的 $\theta = 40 \sim 50$。为求解式(10-124)，还必须给定燃烧室进口的马赫数 Ma_3。已知了这些，式(10-124)可用数值方法，例如四阶龙格-库塔方法求解。解得 $Ma(x)$ 后，再与 $A(x)$，$T_t(x)$ 联合求得其他气流参数，可求得的参数为

$$T(x) = T_2\,\frac{T_t(x)}{T_{t2}}\left[\frac{1 + \dfrac{k_b - 1}{2}Ma_2^2}{1 + \dfrac{k_b - 1}{2}Ma_2(x)}\right] \tag{10-126}$$

$$p(x) = p_2\,\frac{A_2}{A_n(x)}\,\frac{Ma_2}{Ma(x)}\sqrt{\frac{T(x)}{T_2}} \tag{10-127}$$

$$p_t(x) = p_{t2}\,\frac{p(x)}{p_2}\left[\frac{T_2}{T(x)}\,\frac{T_t(x)}{T_{t2}}\right]^{\frac{k_b}{k_b - 1}} \tag{10-128}$$

$$C(x) = C_2\,\frac{Ma(x)}{Ma^2}\sqrt{\frac{T_t(x)}{T_2}} \tag{10-129}$$

注意式(10-127)中，$A_n(x)$ 的注角 n 表示“核心流”。应用这个方程时，要注意燃烧室中若有附面层分离，则 $A_m(x)$ 不等于 $A(x)$。

下面两个方程计算无量纲焓和无量纲动能，由此可画 $H-K$ 图。

$$H(x)=\frac{T(x)}{T_{t2}};\quad K(x)=\frac{k-1}{2}Ma^2(x)H(x) \tag{10-130}$$

(2) 无摩擦的等面积加热。在式(10-124)中，若 $A(x)$ 和 $T_t(x)$ 两者之一保持不变时，则可直接积分得出 $Ma(x)$。例如 $T_t(x)=\text{const}$，积分便得到等熵流动的马赫数随面积的变化关系。

如果给定 $A(x)=\text{const}$，则在式(11-124)中只有 $T_t(x)$ 函数，式(10-124)简化为

$$\frac{\mathrm{d}Ma}{Ma}=\frac{\Gamma(1+kMa^2)}{2(1-Ma^2)}\frac{\mathrm{d}T_t}{T_t}$$

这就是无摩擦、等截面加热管流(Rayleigh 流动)的方程，可解得

$$Ma(x)=\sqrt{\frac{1+k_b\Omega+(k_b+1)\sqrt{k_b}}{1-k_b^2\Omega}}$$

式中
$$\Omega\equiv1-\tau(x)\left[\frac{2(k_b+1)Ma_3^2\left(1+\dfrac{k_b-1}{2}\right)Ma_3^2}{(1+k_bMa_3^2)^2}\right]$$

其他参数沿 x 轴的变化求法同前。

在以往的研究中，大多数对超燃模态的分析都假定为等面积燃烧。因为一方面等截面燃烧室易于加工，另外在忽略分离时易于分析。但是对无摩擦、等截面超声速管流加热，必然有很大的正反压梯度，因为这时有

$$\frac{\mathrm{d}p}{p}=-\frac{kMa^2}{1-Ma^2}\left(1+\frac{k-1}{2}Ma^2\right)\frac{\mathrm{d}T_t}{T_t}$$

如果反压梯度太大必将引起附面层分离。附带说明，在超燃燃烧室中的这种引起压力升的原因与进气道的情况是不同的。在进气道中壁面的转折使超声速来流转弯，超声速气流在斜激波中压缩，如果斜激波压力升超过一定的门限值，则附面层分离；而在无摩擦的等截面燃烧室中对超声速气流加热将会引起压力升；如果压力升超过一定的门限值则附面层分离；在壁面分离区包围的核心区中，超声速来流通过斜激波链自身压缩，使其压力与分离区的压力匹配。

(3) 无摩擦等压加热。由无摩擦等压加热的关系

$$\frac{\mathrm{d}Ma}{Ma}=\frac{1}{2}\left(1+\frac{k-1}{2}Ma^2\right)\frac{\mathrm{d}T_t}{T_t}$$

可得
$$\frac{\mathrm{d}Ma(x)}{\mathrm{d}x}=-\frac{Ma}{2}\left(1+\frac{k-1}{2}Ma^2\right)\frac{1}{T_t}\frac{\mathrm{d}T_t(x)}{\mathrm{d}x},\quad \tau(x)\equiv\frac{T_t(x)}{T_{t2}}$$

对于给定的 $T_t(x)$ 和 Ma_3 积分可得

$$Ma(x)=\frac{Ma}{\sqrt{\tau(x)\left[1+\dfrac{k-1}{2}Ma_3^2-\left(\dfrac{k_b-1}{2}\right)Ma_3^2\right]}} \tag{10-131}$$

$$A(x) = A_3\left[\tau(x)\left(1+\frac{k_b-1}{2}Ma_3^2-\left(\frac{k_b-1}{2}\right)Ma_3^2\right)\right] \tag{10-132}$$

由式(10－132)可见：保持 $p = \text{const}$ 加热时的 $A(x)$ 分布只是 $\tau(x)$ 的简单函数。$\tau(x)$ 由式(10－125)给定，对于任何给定的一组 $x_i,\tau_b,Ma_3,\theta>1$ 的值，$A(x)$ 的面积分布形状是非常难制造的，如果考虑到飞行条件变化，$A(x)$ 的分布更难以保证等压加热。显然严格的等压燃烧实践上是不可能实现的。不过在二维平面燃烧室中某种程度的可变几何，使 A_4/A_3 随飞行条件在一定范围内可变还是可能的。因此方程式(10－132)用来估计保持 $p_4=p_3$ 所需要的面积比 A_4/A_3 仍然是重要的，另外方程式(10－132)在分析双模态燃烧系统工作于超燃模态下时的定压核心流动也是很有用的。

如果实践上可能，设计一个完全可调的超燃燃烧室，使其能够总是工作于等压加热过程，这样就不需要隔离段。但是实际上不可能无限可调，燃烧室壁面的形状也必须简单容易制造，此外，为了获得最大的燃烧室效率，希望有很大的放热速率，这样往往会产生较大的反压梯度而引起气流的分离，因此在超燃模态时下为了防止进气道不起动，隔离段仍然是必要的。

(4) 热力喉部堵塞的形成。如前所述，由于超燃冲压发动机中没有物理喉部，为了保证双模态燃烧系统工作于亚燃模态，必须依赖燃烧室内的热力喉部堵塞(热力喉部的马赫数 $Ma=1.0$)。这可以由选取适当的面积分布 $A(x)$ 和总温 $T_t(x)$ 分布来实现。堵塞的热力喉部在 $H-K$ 图上的位置称为临界点。

把式(10－124)右边中括号内的面积和总温两项视为当量几何面积或有效面积，即

$$\left(\frac{1}{A_{\text{eff}}}\frac{\mathrm{d}A_{\text{eff}}}{\mathrm{d}x}\right)\equiv\left(\frac{1}{A}\frac{\mathrm{d}A}{\mathrm{d}x}-\frac{(1+k_bMa^2)}{2}\frac{1}{T_t}\frac{\mathrm{d}T_t}{\mathrm{d}x}\right) \tag{10-133}$$

则
$$\frac{\mathrm{d}Ma}{\mathrm{d}x}=Ma\frac{\Gamma}{(1-Ma^2)}\left(\frac{1}{A_{\text{eff}}}\frac{\mathrm{d}A_{\text{eff}}}{\mathrm{d}x}\right) \tag{10-134}$$

由式(10－134)可知，当 $Ma\to1.0$ 时，必然 $\mathrm{d}A_{\text{eff}}/\mathrm{d}x\to0$，这就是有效面积的喉部(与收敛-扩张型尾喷管类似)。

因为 $A(x)$ 和 $T_t(x)$ 是给定的函数，所以可由式(10－133)得到 $Ma=1,\mathrm{d}A_{\text{eff}}/\mathrm{d}x=0$ 时的 x 值，以 x_* 表示：

$$\left(\frac{1}{A}\frac{\mathrm{d}A}{\mathrm{d}x}\right)_*-\left(\frac{1+k_b}{2}\right)\left(\frac{1}{T_t}\frac{\mathrm{d}T_t}{\mathrm{d}x}\right)_*=0 \tag{10-135}$$

式中，* 表示堵塞热力喉部或临界点，此处的 $Ma=1.0$。

对于给定的一组 $A(x)$ 和 $T_t(x)$，由式(10－135)确定值 x_* 是可能的。注意，如果对于具体的 $A(x)$ 和 $T_t(x)$ 没有解，就是说如果在 $x_3\sim x_4$ 之间没有 x_* 值满足式(10－135)，那么这个燃烧系统不能工作于亚燃模态。

由式(10－135)确定了临界点 x_* 的轴向位置后(假定有解)，可以由式(10－124)从临界点向上游直到燃烧室进口求解。这时会出现一个问题：由于起始条件 $Ma(x_*)=1.0$，

式(10－134) 中的分母 $1-Ma^2=0$，相应地$(\mathrm{d}A_{\mathrm{eff}}/\mathrm{d}x)_*=0$，所以式(10－124) 变为$\left(\dfrac{\mathrm{d}Ma}{\mathrm{d}x}\right)_*=\dfrac{0}{0}$是不确定的。Shapiro 的著作“The Dynamics and Thermodynamics of Compressible Fluid Flow” 中第八章有这个问题的解，即

$$\left(\frac{\mathrm{d}Ma}{\mathrm{d}x}\right)_*=\frac{1}{\psi}(-\Omega\pm\sqrt{\Omega^2-4\psi}) \tag{10-136}$$

式中

$$\Omega\equiv k\left(\frac{1}{A}\frac{\mathrm{d}A}{\mathrm{d}x}\right)_*$$

$$\psi\equiv(k_{\mathrm{b}}-1)\left(\frac{1}{A}\frac{\mathrm{d}A}{\mathrm{d}x}\right)_*^2-(1+k_{\mathrm{b}})\left(\frac{1}{A}\frac{\mathrm{d}^2A}{\mathrm{d}x^2}\right)_*+\frac{(1+k_{\mathrm{b}})^2}{2}\left(\frac{1}{T_{\mathrm{t}}}\frac{\mathrm{d}^2T_{\mathrm{t}}}{\mathrm{d}x^2}\right)_*$$

式(10－136) 中的根号前有±号，表示$\left(\dfrac{\mathrm{d}Ma}{\mathrm{d}x}\right)_*$在临界点上可以是正的，也可以是负的，恰如收敛-扩张型尾喷管中的等熵流动一样。为了得到亚声速的进口马赫数，选取负号，用推进法由 $x_*\sim x_3$ 向上游求解式(10－134)。结果得到燃烧室进口的亚声速马赫数的惟一解，以 $Ma_{3\mathrm{p}}$ 表示(注脚 p 表示式(10－136) 中选取了“+” 号)。同样，选取正号，可解得燃烧室进口的超声速马赫数惟一解，以 $Ma_{3\mathrm{m}}$ 表示。两种结果都如图 10－32 所示。

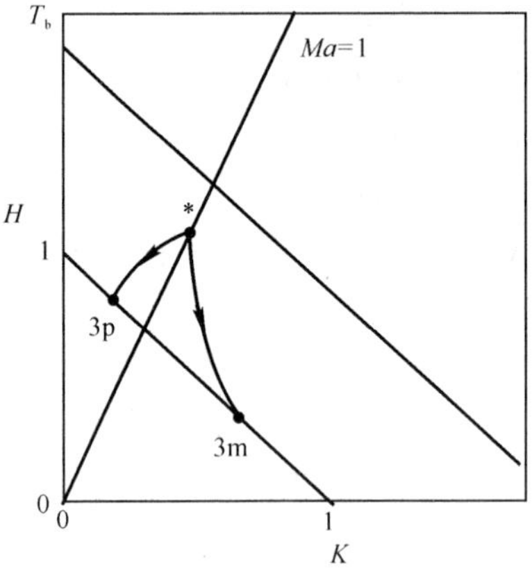

图 10－32　燃烧室进口的亚声速和超声速的解(式(10－136))

将 $Ma_{3\mathrm{p}}$ 和 $Ma_{3\mathrm{m}}$ 分别代入式(10－122b)，得到相应的压力 $p_{3\mathrm{p}}$ 和 $p_{3\mathrm{m}}$，于是得到压力比 p_3/p_2，隔离段将把 $p_{3\mathrm{p}}$ 和 $p_{3\mathrm{m}}$ 看做反压。

注意，对于给定的 $A(x)$ 和 $T_{\mathrm{t}}(x)$，上述解不仅满足方程式(10－124) 和式(10－136)，同时也满足与隔离段进口的截面 2 的质量流量、动量和能量值。燃烧室进口核心流的面积 $A_{3\mathrm{n}}$ 由式(10－123) 决定，隔离段出口或燃烧室进口的其他气流参数由式(10－126) ～ 式(10－130) 决

定。燃烧室中临界点 x_* 下游的参数，由式(10-124)从 x_* 点的 $Ma=1.0$ 至 x_4 点的值求解 $Ma(x)$，求解时式(10-136)中等号右边的根号前取"+"号。同样根据式(10-126)～式(10-130)求解气流的其他参数。

7. 隔离段-燃烧室干涉分析

在讨论了隔离段和燃烧室的气动热力参数计算之后，下面分析双模态燃烧系统中隔离段和燃烧室的相互干涉。

(1) 隔离段无激波链的超燃模态。在这种情况下，无摩擦、等截面隔离段(截面2—截面3)中气流的参数不发生变化，隔离段与燃烧室没有什么干涉。燃烧室(截面3—截面4)参数的变化，可以直接用数值方法求解方程式(10-124)和方程式(10-126)～式(10-130)。

(2) 隔离段中有斜激波链燃烧室面积扩张的超燃模态。在给定隔离段进口的状态 T_{t2}，p_2，和 $Ma_2>1.0$；给定 $A(x)$ 和 $T_t(x)$ 的情况下，首先必须确定，燃烧室中加热引起的静压升是否会造成附面层分离，如果分离，则必须确定燃烧室进口的核心流状态，为此进行如下两步计算：

1) 先假定隔离段中没有激波链。

ⅰ 隔离段等截面无摩擦时 $Ma_3=Ma_2$。

ⅱ 对于给定的 $A(x)$ 和 $T_t(x)$，由式(10-124)可得马赫数的分布 $Ma(x)$，进而由式(10-127)得到静压分布 $p(x)$，并由此可确定最大静压的轴向位置 x_s，假定此点以 s 表示，相应的马赫数为 Ma_s，压力为 p_s。

ⅲ 判别气流是否分离：如果 $\dfrac{Ma_s}{Ma_2}<0.672$，则附面层分离，否则不分离。

2) 根据1)的结果，可能有两种情况：

ⅰ 附面层不分离，则是隔离段无激波链的超燃模态(即第1)种情况)；

ⅱ 燃烧中的附面层分离(见图10-33)。

图10-33中，点u—点d表示气流在隔离段中的斜激波链中绝热压缩。燃烧室中的最大压力 p_s 通过分离的附面层向上游传递，隔离段斜激波链出口的压力会自动调整到这个压力 p_s。

点d—点s表示燃烧室中的等压加热过程 $p_d=p_s$。点d的参数由式(10-122a)确定，式中的 $p_3/p_2=p_d/p_2$，计算的 Ma_3 即为 Ma_d。然后由式(10-123)计算出 A_{3n}/A_2 即为 A_{dn}/A_2。

由点d—点s的气动热力参数 $Ma(x)$ 等由方程式(10-131)和方程式(10-126)～式(10-130)一起，在等压条件下解得。从点d至点s，被分离区包围的核心流动并不充满燃烧室面积 $A(x)$，核心流自身的轴向面积变化 $A_n(x)$，由方程式(10-132)确定。

点s—点4在燃烧室最大压力点s的紧接下游，附面层重新附着，因为点s之后的的压力梯度是负的。

(3) 隔离段中有斜激波链等截面燃烧室的超燃模态(见图10-34)。

为了简单起见，假定加热过程从燃烧室进口截面3开始，即点d与点3重合；斜激波链位于隔离段中，从隔离段进口截面2压力增加(点2与点u重合，点u为气流压力开始增加的起点)。

此外，在等面积加热中，气流压力总是增加的，最大压力必然位于燃烧室出口截面，即点 s 与点 4 必定重合，气流的膨胀从点 4 开始。

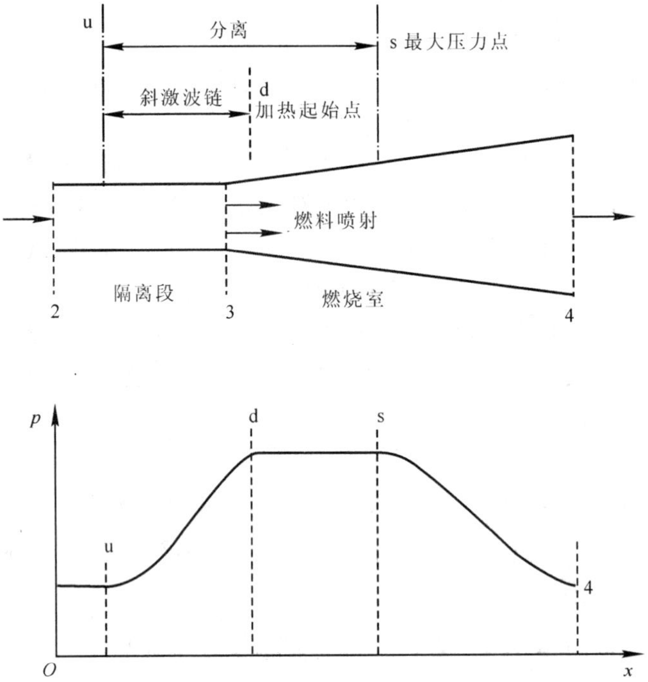

图 10-33　截面隔离段与面积扩张燃烧室

对于等面积燃烧室，同样可以进行类似于情况(2) 的分析，将分析结果表示在 $H-K$ 和 $T-S$ 图上，如图 10-34 (a) 和(b) 所示。

在图 10-34(a) 和(b) 中：

点 2— 点 3 表示气流在隔离段中的斜激波链绝热压缩，压力增加、温度增加、速度减小；

点 3— 点 4 代表对分离区所包围的核心流等压加热。因为，燃烧室中一旦有分离，通过分离区气流的压力将自动调整，使加热在等压情况下进行，$p = p_s = \text{const}$。

如果隔离段中没有激波，则加热从点 3 开始(此时的点 3 与点 2 参数相同) 加热到点 4，总的熵增量是相同的，即

$$\Delta s_{2-3} + \Delta s_{3-4} = \Delta s_{2-4} \tag{10-137}$$

式中　Δs_{2-3}—— 激波链的熵增；

Δs_{3-4}—— 等压加热的熵增；

Δs_{2-4}—— 从点 2— 点 4 等面积加热的熵增。

这就是说在加热量相同的情况下，有无斜激波链等面积加热的熵增是相同的。这个结论

与试验结果相符。

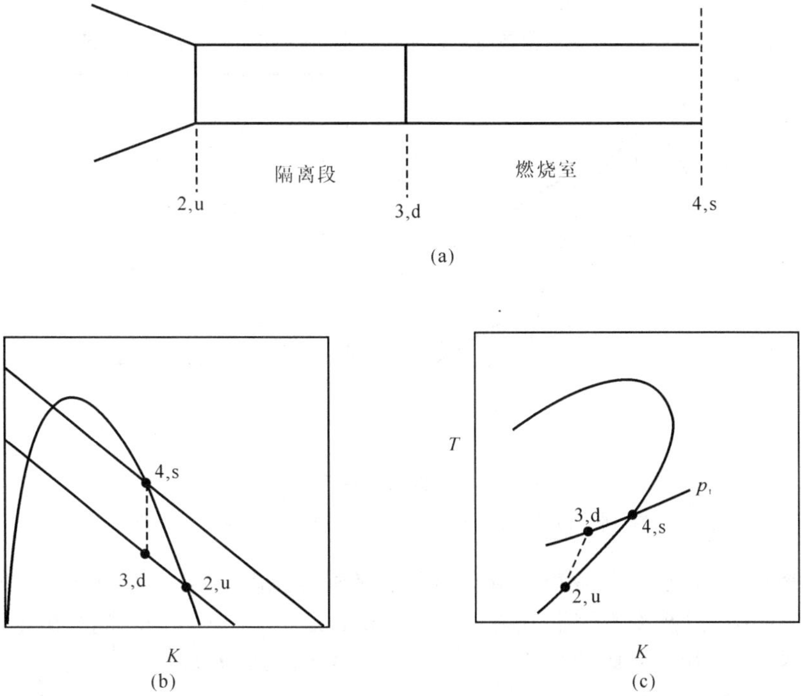

图 10-34 等面积加热附加层分离对隔离段和燃烧室进口与出口状态的影响

（忽略壁面摩擦和质量附加）

(a) 等截面隔离段等截面燃烧室的燃烧系统；(b) $H-K$ 图；(c) $T-S$ 图

(4) 隔离段中有正激波链的等面积燃烧室的亚燃模态。在前面对等截面无摩擦燃烧室的分析中，对等面积的燃烧室，如果总温比 $\tau_b(\equiv \dfrac{T_{t4}}{T_{t3}})$ 使气流无限接近热堵塞，则隔离段中仍然包含一个斜激波链，燃烧室进口马赫数小于隔离段进口马赫数，即 $Ma_3 < Ma_2$，但燃烧室仍是超燃模态。参数的变化表示在图 10-35 中。

图中(10-35(a) 中)，点 2— 点 3a 表示隔离段内斜激波链中的绝热压缩，隔离段和燃烧室中气流有分离；点 3a— 点 4 表示等截面燃烧室中的等压加热。

如果 τ_b 再稍微增加一点，则迫使超燃突然变化到亚燃，隔离段中存在正激波链，燃烧室进口马赫数 $Ma_3 < 1.0$，如图 10-35 中的点 2— 点 3b— 点 4 所示。

10-35(b) 中，点 2— 点 3b 表示隔离段内正激波链中的绝热压缩，分离区限于隔离段进口的小部分范围；点 3b— 点 4 表示等截面亚燃。注意此时是在等截面管道中对亚声速气流加热，所以为负压力梯度，燃烧室中没有分离，燃烧室的进口的压力最大，即点 d、点 3 和点 s 重合。隔

离段与燃烧室的熵增为

$$\Delta s_{2-3a}+\Delta s_{3a-4_*}=\Delta s_{2-3b}+\Delta s_{3b-4_*}$$

在加热比 τ_b 相同的情况下，有、无正激波链的等面积加热的熵增是相同的。

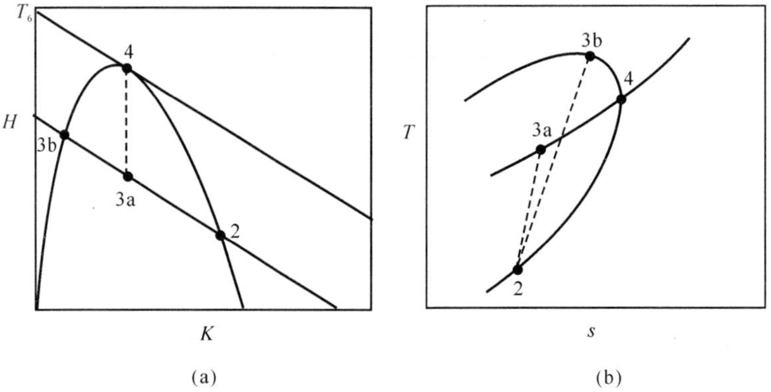

图 10-35

(a)等截面燃烧室加热至热堵塞的 $H-K$ 图； (b)$T-s$ 图

因为隔离段出口点 3b 的亚声速流动附面层是附着流动，所以气流冲量函数 $I=\text{const}$、推力函数 $S_a=\text{const}$，以及无量纲推力函数 $\Phi=\text{const}$，即 $\Phi_3=\Phi_2$。因此，隔离段正激波链的进口与出口参数的关系，相当于隔离段中存在一道正激波的前后参数的关系。所以 $Ma_{3b}=Ma_{2y}$，$p_{3b}=p_{2y}$，其中，Ma_{2y} 为隔离段进口马赫数 Ma_2 经正激波后的马赫数，p_{2y} 为相应的波后静压。于是，若 τ_b 再增加任意的微小量，进气道就变为不起动状态；而 τ_b 若稍有下降，则进气道返回到超燃状态(燃烧室进口为点 3a 的状态)。

在等面积加热中，在给定隔离段进口 $Ma_2>1.0$ 时，只有一个 τ_b 值引起热堵塞，这个总温比用 τ_{b*} 表示为

$$\tau_{b*}=\frac{(1+k_b Ma_2^2)^2}{1(1+k_b)Ma_2^2\left(1+\frac{k_b-1}{2}Ma_2^2\right)} \tag{10-138a}$$

或

$$Ma_2=\sqrt{\frac{1+k_b\left(\frac{\tau_{b*}-1}{\tau_{b*}}\right)+(1+k_b)\sqrt{\frac{\tau_{b*}-1}{\tau_{b*}}}}{1-k_b\left(\frac{\tau_{b*}-1}{\tau_{b*}}\right)}} \tag{10-138b}$$

式中，Ma_2 为当 $\tau_b=\tau_{b*}$ 时引起燃烧室热堵塞的隔离段进口超声速马赫数。

如果 τ_{b*} 保持常数，而隔离段进口马赫数变化，则：

1) 若 Ma_2 大于由式(10-138b)计算的 Ma_2 值，则是无热堵塞的等截面超声速加热，分离可能存在；

2) 若 Ma_2 无限趋于由式(10-138b)计算的 Ma_2 值，则隔离段出口的马赫数为亚声速马赫

数，相当于 Ma_2 经过一道正激波后的马赫数 Ma_{2y}，气流变为亚声速；

3）若 Ma_2 稍微小于由式(10－138b)计算的 Ma_2 值，则进气道进变为不起动状态。

由上所述可见，在给定的隔离段进口马赫数 Ma_2 情况下，对一维等截面、无摩擦、无质量附加的加热可以得出如下结论：

1）燃烧室的亚燃模态完全没有裕度：当 τ_b 保持常数时，隔离段进口马赫数只要小于由式(10－138b)计算的 Ma_2，进气道便不起动；

2）显然，等截面的隔离段加上等截面的燃烧室，不是双模态燃烧系统的良好组合；

3）如果等截面燃烧室指定为双模态的系统，隔离段必须是一个面积增加的管道，或者在接近隔离的出口处抽取足够的附面层气流；

等截面的隔离段，加上面积扩张的燃烧室 $A(x)$，可以提供一定的亚燃模态裕度。

(5) 隔离段有正激波链燃烧室面积扩张的亚燃模态。等截面隔离段加面积扩张燃烧室组成的双模态燃烧系统，如图 10－36(a) 所示。对于给定的燃烧室面积变化 $A(x)$ 和温度变化 $T_t(x)$，如果燃烧室中有热堵塞的喉部（当地 $Ma=1$），则由式(10－135)可确定这个喉部的轴向位置 x_*。前面介绍过燃烧室进口有两个解：亚声速解 Ma_{3p} 和超声速解 Ma_{3m}，如图 10－36(b) 所示。

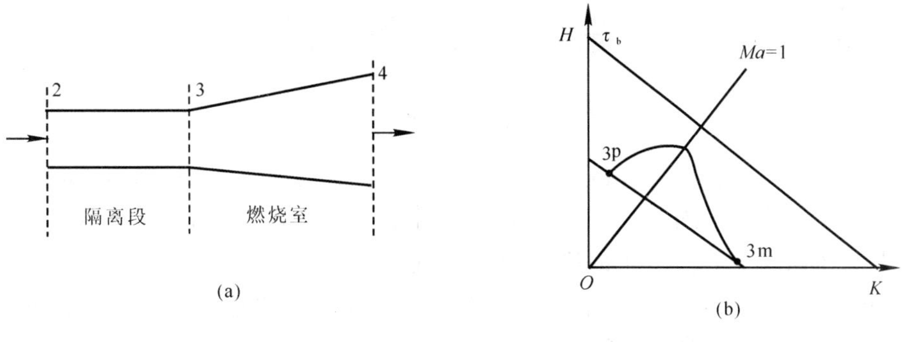

图 10－36

(a) 等截面隔离段加燃烧室面积扩张的燃烧系统；

(b) 给定 $A(x)$，$T_t(x)$，热力喉部 $Ma=1$ 的燃烧室进口马赫数两个解

3m—— 超声速解；3p—— 亚声速解

隔离段进口超声速气流马赫数可能有如下几种情况：

1）隔离段进口马赫数 $Ma_2 > Ma_{3m}$，则不会产生热堵塞，全程为超声速流动。

2）当 $Ma_2 = Ma_{3m}$ 时，恰好热力喉部马赫数等于1；只要 Ma_2 稍微小于 Ma_{3m}，就会产生热堵塞，隔离段中存在正激波链，燃烧室进口马赫数小于1，燃烧室处于亚燃模态，但是进气道仍然是起动的。

3）隔离段进口马赫数 Ma_2 继续减小，在一定的范围内，燃烧室亚燃模态都可能稳定地工

作，而且进气道都处于起动状态下。这个范围虽然不大但很有用，如何确定这个范围呢？

我们仍然假定燃烧室壁面无摩擦，忽略燃烧室中物体的阻力，因此只有压力作用于壁面上，如图 10－37 所示，该作用力的轴向分量为 $p\mathrm{d}A$。

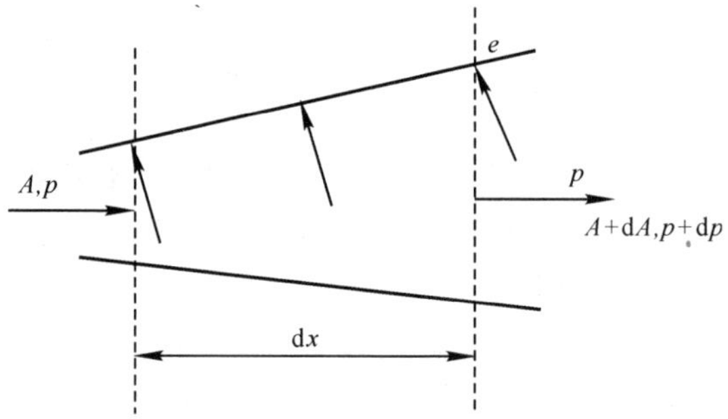

图 10－37　无摩擦管流壁面微元上的作用力

对如图 10－37 所示的控制体应用动量方程可得

$$\mathrm{d}I = p\mathrm{d}A,\quad I \equiv pA(1 + k_{\mathrm{b}}Ma^{2}) \tag{10-139}$$

所以

$$\frac{\mathrm{d}I}{I} = \frac{1}{(1 + kMa^{2})}\frac{\mathrm{d}A}{A} = \frac{\mathrm{d}\Phi}{\Phi} \tag{10-140}$$

式中

$$\Phi = \frac{S_{\mathrm{a}}}{\sqrt{C_{p}T_{\mathrm{ti}}}} = \frac{I}{W}\frac{1}{\sqrt{C_{p}T_{\mathrm{ti}}}}$$

将式(10－140)沿两个路线积分(见图 10－32)：亚声速路线 $* \to 3\mathrm{p}$；超声速路线 $* \to 3\mathrm{m}$。由式(10－140)可见：在同样的轴向位置 x 以及同样的 A 和 $\mathrm{d}A/\mathrm{d}x$ 情况下，亚声速路线上的 $\mathrm{d}I/\mathrm{d}x$ 总是大于路线 $3\mathrm{m} \to *$ 上的值，因为亚声速路线上的马赫数总是比较小的。所以 $I_{3\mathrm{p}} < I_{3\mathrm{m}}$，$\Phi_{3\mathrm{p}} < \Phi_{3\mathrm{m}}$。所以亚声速点 3p 将位于通过点 3m 的等 Φ 线的里边。同样道理，点 3m 将位于通过点 3p 的等 Φ 线外边，如图 10－38 所示。另外的物理解释是：沿亚声速路线 $* \to 3\mathrm{p}$ 上的积分的压力 p 总是大于沿超声速路线 $* \to 3\mathrm{m}$ 上的积分的压力，那么方程式(10－139)中的 $p\mathrm{d}A$ 亦是如此，所以沿亚声速路线，气流推力函数变化也较大。

我们已经知道，隔离段的作用是防止进气道的不起动，但是当隔离段进口的马赫数小到使 $\Phi_{2} = \Phi_{3\mathrm{p}}$ 时，进气道处于起动与不起动之间的临界状态，假定这时的隔离段进口马赫数为 Ma_{2x}。显然 Ma_{2x} 与 $Ma_{3\mathrm{p}}$ 的关系恰是正激波前后马赫数的关系，即

$$Ma_{2x} = \sqrt{\frac{Ma_{3\mathrm{p}}^{2} + \dfrac{2}{k_{\mathrm{b}} - 1}}{\dfrac{2k_{\mathrm{b}}Ma_{3\mathrm{p}}^{2}}{k_{\mathrm{b}} - 1} - 1}} \tag{10-141}$$

不难看出，Ma_{2x} 就是保持进气道起动燃烧室亚燃模态的最小极限马赫数。只有在隔离段

进口马赫数 $Ma_2 < Ma_{2x}$ 时，进气道才不起动。

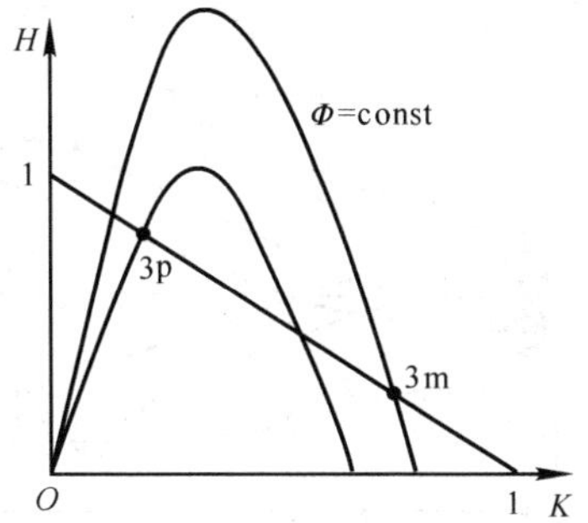

图 10-38　点 3p 和点 3m 的无量纲推力函数

由上所述可见：对于等截面隔离段加扩张燃烧室的系统，当隔离段进口超声速气流的马赫数 Ma_2 在 $Ma_{2x} \sim Ma_{3m}$ 之间时，燃烧室可以稳定地工作于亚燃模态，但在等截面隔离段加等截面燃烧室的系统中，亚燃模态没有裕度。

最后应特别强调指出：对于亚燃和超燃模态，燃料与空气的混合、火焰的稳定和燃烧的物理机理是不同的。由此引起双模态燃烧系统中对模态转换设计的困难。在亚燃模态下，必须提供局部的回流，这不仅是燃料与空气混合所需要的，同时也局部使某些燃烧产物进入未燃的混合气，以形成先导火焰或稳定器尾流区。这个回流涡可以是垂直燃料喷射的尾流，或者是一排 V 型稳定器，或者是非流线型的物体，在亚燃模态下，这些稳定器伸入到燃烧室中，在超燃模态时缩回去。不论在何种情况下，燃烧室内的总温 $T_t(x)$ 分布，对于超燃和亚燃模态是不同的，见式(10-125)。

10.7　超燃冲压发动机的尾喷管

超燃冲压发动机尾喷管的功用与航空燃气涡轮发动机的尾喷管一样，是使其进口气流的压力尽可能等熵地膨胀到外界大气压力 p_0，并且在尾喷管的出口得到均匀的、平行于轴线的气流。

一、理想的超声速尾喷管

图 10-39 是一种理想二元尾喷管的示意图，均匀的进口气流马赫数 $Ma_4 = 1.5$，当尾喷管内完全膨胀到外界大气压力时，出口 $Ma_9 = 3.0$。

图 10-39 所示的尾喷管有如下的特点：

(1) 尾喷管是二维而不是轴对称的，因为二维尾喷管比较轻，易于调节，同时与飞行器易于一体化设计；

(2) 尾喷管进口气流是超声速的，这就可使分析大为简化，因为没有跨声速区，控制方程完全是双曲型的；

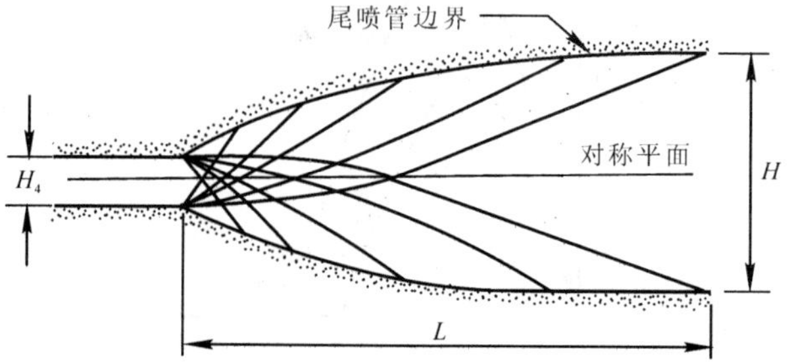

图 10-39　理想超声速二元尾喷管示意图

（均匀进口 $Ma_4 = 1.5$，均匀出口 $Ma = 3.0$）

(3) 假定气流是完全气体等熵地膨胀，可用特征线性法设计和分析；

(4) 在设计状态下，尾喷管出口气流是均匀的、平行的；

(5) 在设计状态下，尾喷管有最短的长度。

1. 尾喷管内部流动

图 10-40 表示尾喷管内流动的区域划分。

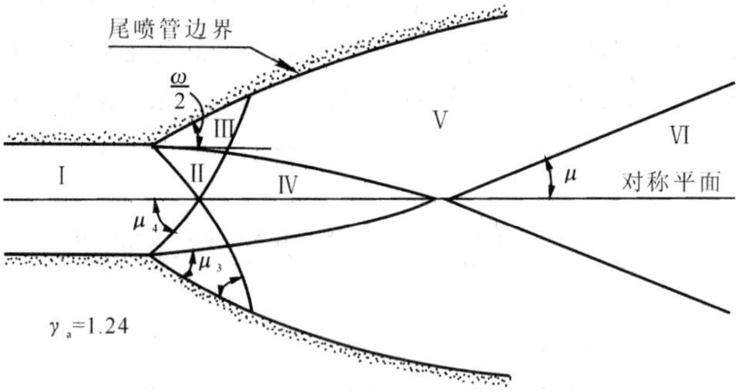

图 10-40　尾喷管内流动区域的划分

（均匀进口 $Ma_4 = 1.5$，均匀出口 $Ma = 3.0$）

Ⅰ 区：均匀超声速流，$Ma = Ma_4$，相应的马赫波角 $\mu_4 = \arcsin \dfrac{1}{Ma_4}$。

Ⅱ 区：是普朗特-梅耶膨胀扇形区，由从角点发出的直线组成。气流转折角的设计值取为 $\dfrac{\omega}{2}$，ω 为从 Ma_4 膨胀到 Ma_9 的气流总转折角，即

$$\omega = f(Ma_4, Ma_9, k)$$

扇形膨胀的角度范围，决定于第一道马赫波角 μ_4 和最后一道马赫波角 μ_{III}，相当于气流转折了 $\frac{\omega}{2}$。

Ⅲ 区：该区中流动是均匀的，气流参数是从角点发出的最后一道马赫波后的参数。尾喷管的边界为一直线，因为相对边界上的膨胀波尚未到达。

Ⅳ 区：是特性线性相交形成的区，由特性线的相交可以得 Ⅳ 区结束点的轴的位置，它决定了整个尾喷管的长度，特性线的相交引起特性线的偏转。Ⅳ 区的流场参数，亦是 Ⅴ 区的起始条件。

Ⅴ 区：从边界发出的特性线，在 Ⅴ 区中是不再相交的，因为在 Ⅴ 区中的尾喷管边界设计成特殊线型，使特性线到达时不再反射。

Ⅵ 区：在设计状态下具有均匀的气流参数，出口 $Ma_9 = Ma_y$；$p_y = p_0$；在 Ⅵ 区中，特性线向对称平面的弯曲是非常重要的，由此形成 Ⅴ 区和 Ⅵ 区分界的特性线，并最后形成尾喷管的出口。

图 10－41 表示由特性线法设计的二元尾喷管简图。

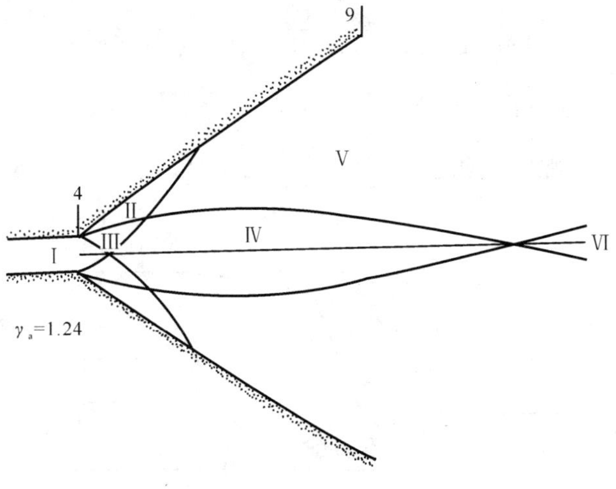

图 10－41　二元尾喷管设计简图

（进口 $Ma_4 = 2.0$，出口 $Ma_9 = 5.0$）

2. 高超声速尾喷管构型

图 10－39 所示的二元尾喷管，如果对称平面用物理表面代替，只保留上边一半或下边一半，物理表面反射达到的膨胀波，可以达到同样的效果。

代替对称平面的物理表面只需从进口延伸到 Ⅳ 区的结尾点，因为在此点之后没有特性线达到对称平面，而且在 Ⅵ 区沿着这最后一条特性线已经膨胀到大气压力 p_0。由于这个物理表面比较短，并常常是铰接的以便转动，所以通常称之为调节片，如图 10－42 所示。

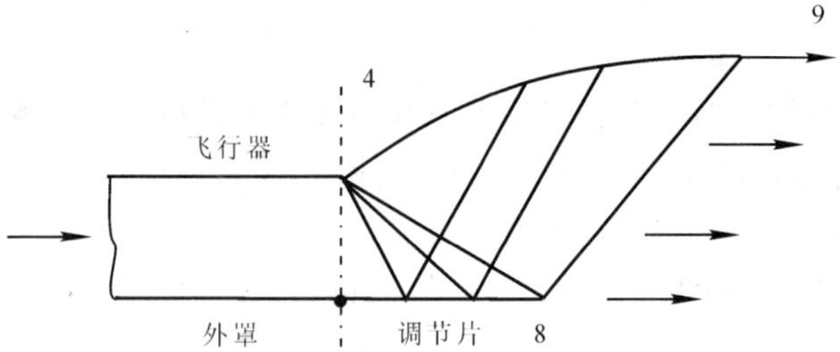

图 10－42　超燃冲压发动机尾喷管的一种构型

3. 尾喷管理想膨胀分析

在设计状态，二元尾喷管的几何要求，可按下述方法和步骤计算（见图 10－43）。

（1）Ⅰ 区的马赫角：

$$\mu_4 = \arcsin\frac{1}{Ma_4} \tag{10-142}$$

（2）由 Ma_4 至 Ma_9 时，普朗特-梅耶总转角 ω 为

$$\omega = \sqrt{\frac{1}{a}}\left[\arcsin\sqrt{a(Ma_9^2-1)}\arctan\sqrt{a(Ma_4^2-1)}\right]- \left[\arctan\sqrt{Ma_9^2-1}-\arctan\sqrt{(Ma_4^2-1)}\right] \tag{10-143}$$

式中，$a\equiv\dfrac{k_e-1}{k_e+1}$，$k_e$ 为尾喷管平均绝热指数，可取为 1.24。

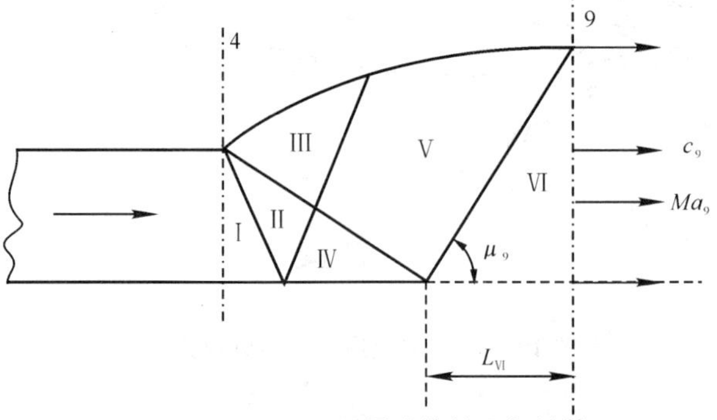

图 10－43　二元尾喷管的几何计算

（3）Ⅲ 区域：取气流转折角为 $\dfrac{\omega}{2}$ 时，Ⅲ 区内的马赫数为 $Ma_{Ⅲ}$，则

$$\omega = \sqrt{\frac{1}{a}}\left[\arcsin\sqrt{a(Ma_{Ⅲ}^2-1)}-\arctan\sqrt{a(Ma_4^2-1)}\right]- \left[\arctan\sqrt{Ma_{Ⅲ}^2-1}-\arctan\sqrt{(Ma_4^2-1)}\right] \tag{10-144}$$

迭代可求出 $Ma_{\text{Ⅲ}}$。

(4) Ⅲ 区马赫波角：

$$\mu_{\text{Ⅲ}} = \arcsin \frac{1}{Ma_{\text{Ⅲ}}} \tag{10-145}$$

(5) Ⅲ 区静压：根据等熵流假设

$$\frac{p_{\text{Ⅲ}}}{p_4} = \left[\frac{1+\dfrac{k_e-1}{2}Ma_4^2}{1+\dfrac{k_e-1}{2}Ma_{\text{Ⅲ}}^2}\right]^{\frac{k_e}{k_e-1}} \tag{10-146}$$

(6) Ⅵ 区马赫角：

$$\mu_{\text{Ⅵ}} = \arcsin \frac{1}{Ma_9} \tag{10-147}$$

(7) 尾喷管出口的高度 H_9 与进口高度 H_4 之比：根据等熵流假设，有

$$\frac{H_9}{H_4} = \frac{q(\lambda_4)}{q(\lambda_9)} \tag{10-148}$$

(8) Ⅵ 区的长度 $L_{\text{Ⅵ}}$：

$$\frac{L_{\text{Ⅵ}}}{H_4/2} = \frac{1}{\tan\mu_9}\frac{H_9}{H_4} \qquad \left(L_{\text{Ⅵ}} = \frac{1}{\tan\mu_9}\frac{H_9}{2}\right)$$

(9) 静压比：

$$\frac{p_9}{p_4} = \frac{p_0}{p_4} = \left[\frac{1+\dfrac{k_e-1}{2}Ma_4^2}{1+\dfrac{k_e-1}{2}Ma_9^2}\right]^{\frac{k_e}{k_e-1}} \tag{10-149}$$

尾喷管设计状态的计算结果，如图 10-44 ～ 图 10-46 所示，$k_e = 1.24$。计算时，选取了 3 种不同飞行条件下典型的尾喷管工作条件，列于表 10-1 中。表中所列的工作条件是根据超燃冲压发动机的循环计算得到的。特别应该注意，静压比 p_4/p_0 不是独立变量。计算时取 $\psi \equiv \dfrac{T_3}{T_0} = 7.0$，进气道压缩效率 $\eta_c = 0.9$，燃烧室绝热指数 $k_c = 1.36$。燃烧室加热在等静压下进行，则 $p_4/p_0 = 264$；如果 ψ，η_c 取得较低，则 p_4/p_0 会小些；如果燃烧室加热在等面积下进行，则 p_4/p_0 会大一些。

表 10-1　尾喷管几何计算的 3 种条件

条件	Ma_0	Ma_4	Ma_9	c_9/c_0	c_4/c_9
条件 A	8.0	1.5	5.0	1.30	0.55
条件 B	10.0	2.0	5.5	1.25	0.70
条件 C	18.0	3.0	6.5	1.20	0.80

图 10-44 表示尾喷管出口面积（或高度）与进口面积（或高度）比值的变化，A，B，C 三个点为表 10-1 所列的数据。可见，出口面积不仅是进口面积的许多倍，而且随出口马赫数增加

而急剧地增加，因此膨胀系统必须有非常大的 H_9/H_0 值。

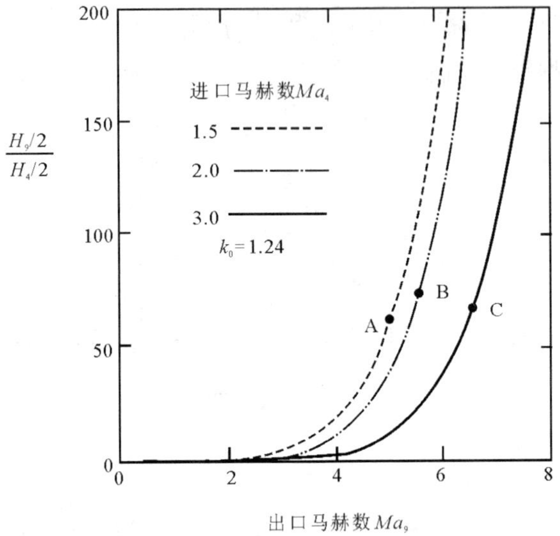

图 10-44　设计状态尾喷管出口高度与进口高度的比值随出口马赫数的变化

（A，B，C 三个点为表 10-1 所列的数据）

图 10-45 表示 Ⅵ 区的长度 $L_{Ⅵ}$ 与进口高度的比值随出口马赫数的变化。虽然 $L_{Ⅵ}$ 只是整个尾喷管长度的一部分，即使如此，$L_{Ⅵ}$ 也是进口高度的很多倍，飞行器难以提供如此长的尾喷管。

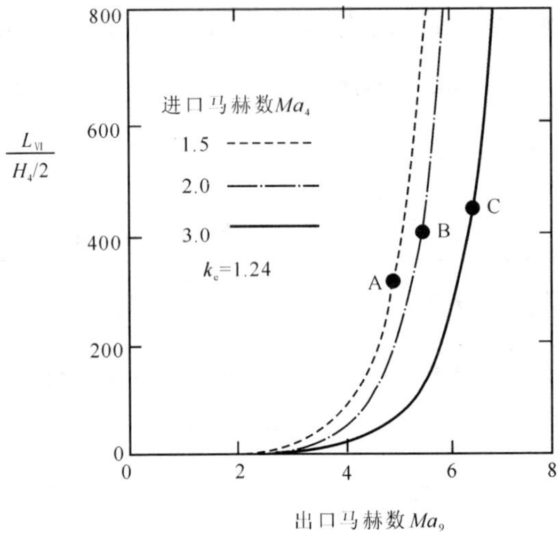

图 10-45　Ⅵ 区长度与进口高度的比值随出口马赫数的变化

图 10-46 表示总的气流转折角 ω 的变化。在角点的普朗特-梅耶扇形膨胀角度取为$\frac{\omega}{2}$。

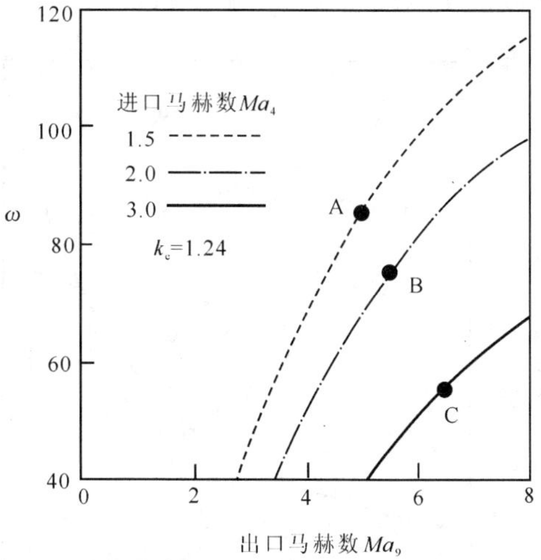

图 10-46　转折角 ω 随出口马赫数的变化

二、尾喷管的性能参数

(1) 总压恢复系数:尾喷管出口的总压与进口总压之比定义为尾喷管总压恢复系数,即

$$\sigma_e=\frac{p_0}{p_4}\left(\frac{1+\frac{k_c-1}{2}Ma_9^2}{1+\frac{k_c-1}{2}Ma_4^2}\right) \tag{10-150}$$

$$\sigma_e=\frac{p_0}{p_4}\left(\frac{T_4}{T_9}\right)^{\frac{k_e}{k_e-1}} \tag{10-151}$$

根据式(10-18)、式(10-19)和式(10-151),可得

$$\sigma_e=\left[\frac{1}{\eta_e(1-\eta_e)\left(\frac{p_4}{p_0}\right)^{\frac{k_e}{k_e-1}}}\right]^{\frac{k_e}{k_e-1}} \tag{10-152}$$

或

$$\eta_e=\frac{1-\left(\frac{1}{\sigma}\frac{p_0}{p_4}\right)^{(k_c-1)/k_c}}{1-\left(\frac{p_0}{p_4}\right)^{(k_c-1)/k_c}} \tag{10-153}$$

绝热膨胀效率 η_e 与总压恢复系数 σ_e 的典型关系如图 10－47 所示。可以看出，绝热膨胀效率稍有减小，就会引起 σ_e 的急剧降低，表现出强烈的非线性关系。例如，当 $\eta_e = 0.995 \sim 0.980$ 时，$\sigma_e = 0.1 \sim 0.4$。所以实际上不太应用总压恢复系数 σ_e。

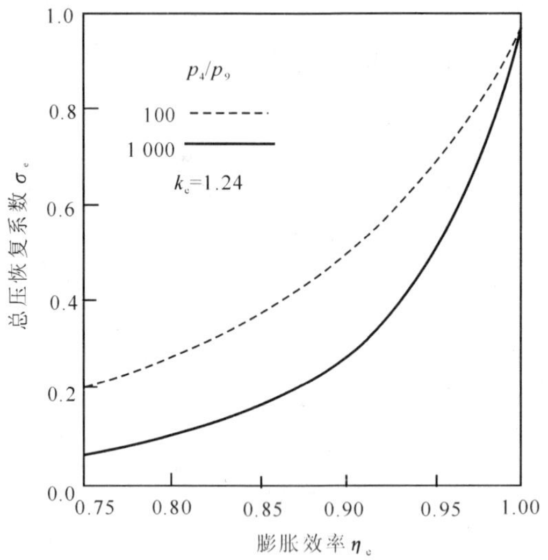

图 10－47　膨胀过程总压恢复系数与绝热膨胀效率的关系

(2) 速度系数：尾喷管出口实际的平均速度与理论出口速度之比称为速度系数，即

$$c_{ev} = \frac{c_9}{c_y} \tag{10-154}$$

式中，c_y（或以 c_{9i} 表示）为在同样的进口总压和总温下，等熵膨胀的出口速度。

根据 $C_pT + \frac{c^2}{2} = \text{const}$ 和膨胀效率的定义 $\eta_e = \frac{h_4 - h_0}{h_4 - h_y}$，则式(10－154) 变为

$$c_{ev} = \sqrt{\eta_e + (1-\eta_e)\left(\frac{c_4}{c_y}\right)^2} \tag{10-155}$$

或

$$\eta_e = \frac{c_{ev}^2 - \left(\frac{c_4}{c_y}\right)^2}{1 - \left(\frac{c_4}{c_y}\right)^2} \tag{10-156}$$

图 10－48 表示在 3 种典型的 c_4/c_y 值下 c_{ev} 和 η_e 的关系曲线。c_4/c_y 的 3 个值对应着表 10－1 所列的 3 种情况。

在高超声速飞行中，速度系数的应用比较广泛。

(3) 无量纲熵增：

$$\frac{s_9 - s_4}{c_{pe}} = \ln\left[\eta_e + (1-\eta_e)\left(\frac{p_4}{p_0}\right)^{\frac{k_e-1}{k_e}}\right] \tag{10-157}$$

(4) 出口速度的角度系数：　$c_{ea} \approx \frac{c_{x9}}{c_9}$

计算结果表明，一般由于出口气流的角度而引起的总推力损失大约为1%～2%。

(5) 推力系数 c_{Fg}：实际尾喷管推力与理想值之比。

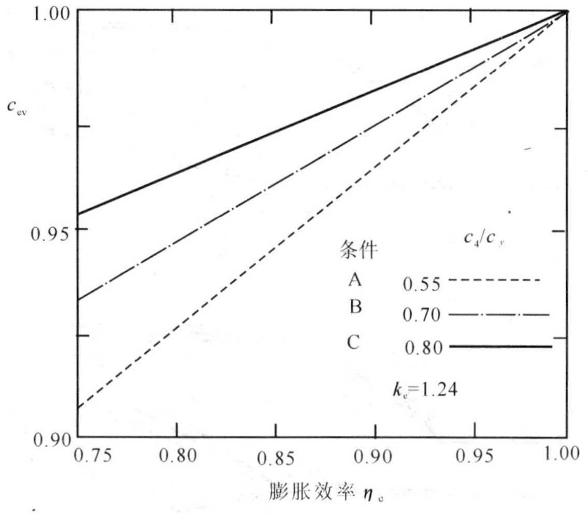

图 10-48　尾喷管速度系数与绝热膨胀效率的关系

三、尾喷管的非设计状态工作情况

所谓非设计状态是指过度膨胀或不完全膨胀。为了了解这种状态下的性能，先来讨论图10-49所表示的几何不可调尾喷管的3种工作情况。

图10-49(a)表示设计状态的完全膨胀流动情况。在尾喷管底部出口后边的内流与外流的分界线上，内流与外流有同样的方向和静压，但气流的速度不同。虚线表示所取的控制体，用来计算作用于尾喷管上的内力。

图10-49(b)表示过度膨胀状态。在尾喷管底部的出口处，内流的压力小于外流的压力，因此，外流经扇形膨胀，而内流受压缩产生激波，该激波与尾喷管上壁面相交产生反射波。

图10-49(c)表示不完全膨胀状态。内流在尾喷管底部出口处经扇形膨胀，外流经激波压缩，而后内流与外流的方向和压力一致。

取图10-49中虚线所表示的控制体，求内流作用于尾喷管的轴向力。

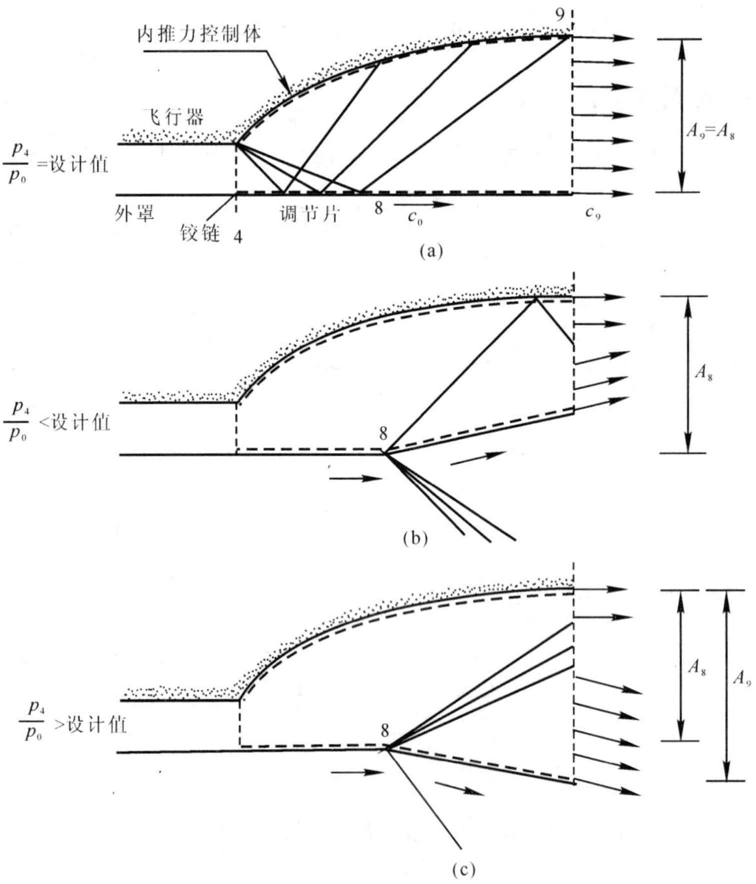

图 10-49　尾喷管 3 种工作状态示意图

(a) 设计状态完全膨胀;(b) 过度膨胀;(c) 不完全膨胀

为了简单明了,假定在进口和出口截面上气流垂直于横截面 A_4 和 A_9;作用于滑移线(即内流与外流的分界线)上的黏性力忽略不计;由动量方程,可以写出

$$F_{\mathrm{in}} = (W_9 c_9 + A_9 p_9) - (W_4 c_4 + A_4 p_4) - \int_8^9 p \mathrm{d}A_x$$

式中　$\int_8^9 p \mathrm{d}A_x$—— 尾喷管底部出口后沿内外流分界线压力积分的轴向分量;

F_{in}—— 内流作用于尾喷管的轴向力。

采用推力函数 S_{a} 的定义,有 $W_4 c_4 + A_4 p_4 = W_4 S_{\mathrm{a4}}$,并注意到 $W_9 = W_4$。所以

$$F_{\mathrm{in}} = W_4 c_9 + A_8 p_0 - W_4 S_{\mathrm{a4}} \tag{10-158}$$

式中,c_9 为尾喷管出口截面气流的质量平均轴向速度。为了使尾喷管的内推力尽可能大,首要

的是增加 c_9。

在过度膨胀状态下，在调节片的尾端产生两种波，排气流中产生斜激波，外流中产生膨胀波。斜激波使内流在出口平面的速度 c_9 减小，因为：① 气流经过激波总压下降，当发生严重的过度膨胀时，斜激波可能部分转为正激波，使损失大大增加；② 斜激波可能引起壁面上附面层的分离，产生附加的损失；③ 出口气流方向偏离轴向。

不完全膨胀波时，在调节片的尾端也产生两种波，内流产生膨胀波，外流产生压缩波。

图 10－50 表示调节片可调的尾喷管在非设计状态的工作情况。其中，图 10－50(a) 表示过度膨胀时调节片关小情况；图 10－50(b) 表示不完全膨胀时的调节片开大情况。

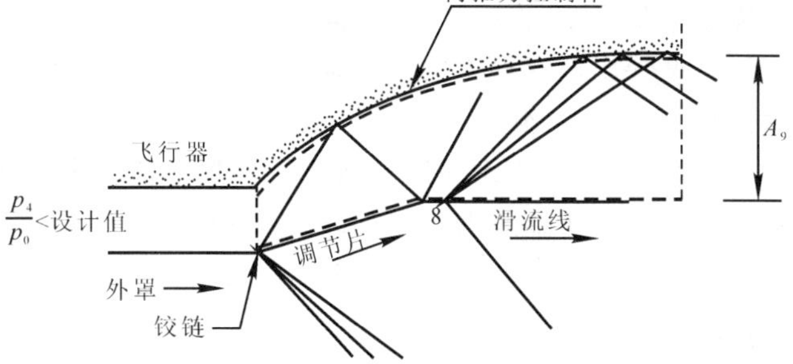

(a)

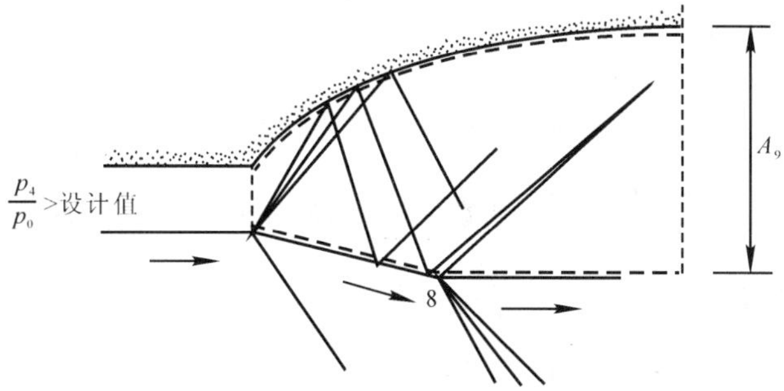

(b)

图 10－50　几何可调的尾喷管在非设计状态的工作

(a) 过度膨胀状态下调节片关小；(b) 过度膨胀状态下调节片开大

铰接的调节片的优点是，可以减小非设计状态下的推力损失；在亚燃模态下提供可以控制的最小堵塞面积。

根据推力系数的定义，实际尾喷管推力与理想值之比为

$$c_{Fg}=\frac{F_{in}}{(F_{in})_i}=\frac{W_4c_9+p_0A_9-W_4S_{a4}}{W_4c_{9i}+p_0A_9-W_4S_{a4}} \tag{10-159}$$

因为 p_0A_9 可以忽略，$c_{9i}\approx S_{a9i}$，于是有

$$c_{Fg}\approx\frac{c_{ea}c_{ev}S_{a9i}-S_{a4}}{S_{a9i}-S_{a4}}\tag{10-160}$$

四、膨胀过程中非化学平衡的影响

上述尾喷管的理想性能指的是，在气流的实际化学状态下等熵膨胀所得到的性能。气流在尾喷管中的实际化学状态决定于化学反应速度和气流的流动速度。有两种极限情况：一是“冻结”状态，化学反应到燃烧室出口结束，在尾喷管中没有化学反应；二是化学“平衡”状态，即化学反应极其迅速，根据尾喷管中的每一点处的温度和压力，化学反应都能进行完毕。当然，实际的化学状态必然处于“冻结”状态与“平衡”状态之间。

基于化学平衡状态，尾喷管出口有最大的焓和动能，尾喷管的性能参数更明确清晰，并且与平衡的热力循环分析的结果更为一致。

尾喷管的性能可以通过下面的步骤由实际的状态转换到平衡状态。化学平衡状态的参数用“ * ”标志，比如等熵的化学平衡状态的出口速度以 c_{9i}^* 表示。

平衡的绝热膨胀效率定义为 $$\eta_e^*=\frac{\frac{c_9^2}{2}-\frac{c_4^2}{2}}{h_4-h_{9i}^*}$$

实际绝热膨胀过程的膨胀效率为 $$\eta_e=\frac{\frac{c_9^2}{2}-\frac{c_4^2}{2}}{h_4-h_{9i}}$$

所以

$$\eta_e^*=\left(\frac{h_4-h_{9i}}{h_4-h_{9i}^*}\right)\eta_e\leqslant\eta_e\tag{10-161}$$

为了考察式(10-161)中 $\dfrac{h_4-h_{9i}}{h_4-h_{9i}^*}$ 的数值大小，使用专门的程序计算了等熵的化学平衡状态的 $h_4-h_{9i}^*$ 和等熵的冻结状态的 h_4-h_{9i}。计算的条件为 $T_3=1\,556$ K；等压燃烧 $p_3=p_4=1.013\,25\times10^5$ Pa；$\dfrac{p_4}{p_0}=250$；氢燃料，化学恰当比。

计算结果：$\dfrac{h_4-h_{9i}}{h_4-h_{9i}^*}\approx0.85$，冻结状态和平衡状态的平均 $k_e\approx1.24$。

所以 $$\eta_e^*\approx0.85\eta_e$$

尾喷管实际流动处于化学平衡和冻结状态之间，即

$$\eta_e^*\approx0.93\eta_e\tag{10-162}$$

式(10-162)表明了由于超燃冲压发动机尾喷管中的化学不平衡状态所引起的性能损失。

10.8 超燃冲压推进系统的特性

本节讨论超燃冲压发动机的特性，以及其作为飞行器推进系统的特性。

一、超燃冲压发动机的非安装特性

1. 计算方法

在以前各章节有关分析的基础上，计算超燃冲压发动机的特性(非安装性能)。计算的基本方法与以前所述相同，只是进气道压缩效率和尾喷管膨胀效率由计算给出更实际的值。

(1) 进气道压缩效率，由式(10-61)可知

$$\eta_c = \eta_1 \left(\frac{1-\dfrac{1}{\psi_1}}{1-\dfrac{1}{\psi}} \right)$$

式中的 ψ_1 由式(10-67)确定，即

$$\psi_1 = 1+\frac{k-1}{2}Ma_0^2\left\{1-\left(1+\frac{\mu}{2}\frac{A_w}{A_3}\right)^2\left[1+\frac{2(1-\psi)}{(k-1)Ma_0^2}\right]\right\}$$

(2) 采用等压燃烧、燃烧效率给定高、中、低三种情况：$\eta_b = 0.90, 0.85, 0.8$；

(3) 尾喷管膨胀效率：根据式(10-156)得

$$T_y = T_4\left(\frac{p_0}{p_4}\right)^{\frac{R}{C_{pe}}} = T_4\left(\frac{p_0}{p_3}\right)^{\frac{R}{C_{pe}}} \tag{10-163}$$

$$\left(\frac{c_y}{c_4}\right)^2 = 1+\frac{2C_{pe}T_4}{c_4^2}\left(1-\frac{T_y}{T_4}\right) \tag{10-164}$$

2. 计算举例

(1) 已知条件：

1) 标准大气条件。

2) 飞行轨迹由动压 $q_0 = \text{const} = 47.88$ kPa 确定。$q_0 \equiv \dfrac{\rho_0 c_0^2}{2} = \dfrac{k_0 p_0 Ma_0^2}{2}$，超燃冲压发动机飞行器的 q_0 范围在 20～90 kPa 内。上限由结构强度确定，下限由升力支持飞行器重力需求确定。

3) 飞行马赫数范围：$5 < Ma_0 < 25$。给定马赫数，由 2) 可算得大气压力 p_0，进而计算飞行高度。

4) 其他输入参数如下：

$\psi = 7.0$	$H_u = 3\,510$ kJ/kg	$f = 0.029\,1$
$h_f = 0.0$	$T^0 = 222$ K	$R = 289.3\ (\text{m/s})^2/\text{K}$

$C_{pe}=1.09\ \mathrm{kJ/(kg\cdot K)}$ $k_c=1.362$ $C_{pb}=1.51\ \mathrm{kJ/(kg\cdot K)}$

$k_b=1.238$ $\dfrac{c_{fx}}{c_3}=0.50$ $\dfrac{\mu}{c_3}=0.5$

$\dfrac{p_9}{p_0}=1.0$

(2) 计算结果。部件估算结果(分“高、中、低”三种情况)列于表 10－2 中。

表 10－2 部件参数估算结果

参数 \ 3 种情况	高	中	低
η_l	0.95	0.90	0.85
$\left(\mu\cdot\dfrac{A_w}{A_3}\right)_C$	0.01	0.02	0.04
η_b	0.90	0.85	0.80
$\left(\mu\cdot\dfrac{A_w}{A_3}\right)_h$	0.1	0.2	0.4
c_{ev}	0.99	0.98	0.97
c_{pe}	1.59	1.51	1.42 kJ/(kg·K)
k_e	1.222	1.238	1.235
c_{ea}	1.0	0.99	0.98

计算结果如图 10－51 所示,可以看出:

由单位推力、比冲和总效率表示的超燃冲压发动机总体性能对于部件的效率是极其敏感的。如果部件性能水平可能达到计算中所选的高值,那么高超声速飞行计划就变得很简单;如果只能达到低值,那么就变得非常困难;如果能达到平均水平,则吸气式高超声速巡航飞行器能达到 $Ma_0\approx15.0$ 左右。压缩和膨胀效率也表示在图 10－51 上。

二、超燃冲压发动机的安装特性

1. 吊舱发动机

对于图 10－52 所示的吊舱发动机,取控制体 abcd,应用动量方程,可以得到安装推力的表达式为

$$F_{ef}=W_9c_9-W_0c_0+\int_b^c(p-p_0)\mathrm{d}A_x+\int_c^d(p-p_0)\mathrm{d}A_x+\int_0(p-p_0)\mathrm{d}A_x-F_{fx} \tag{10-165}$$

式中 c_9—— 出口平面质量平均速度;

$\mathrm{d}A_x$—— 微分面积的轴向投影,当其外法线的轴向投影与 X 轴一致时取正号;相反时取负号。

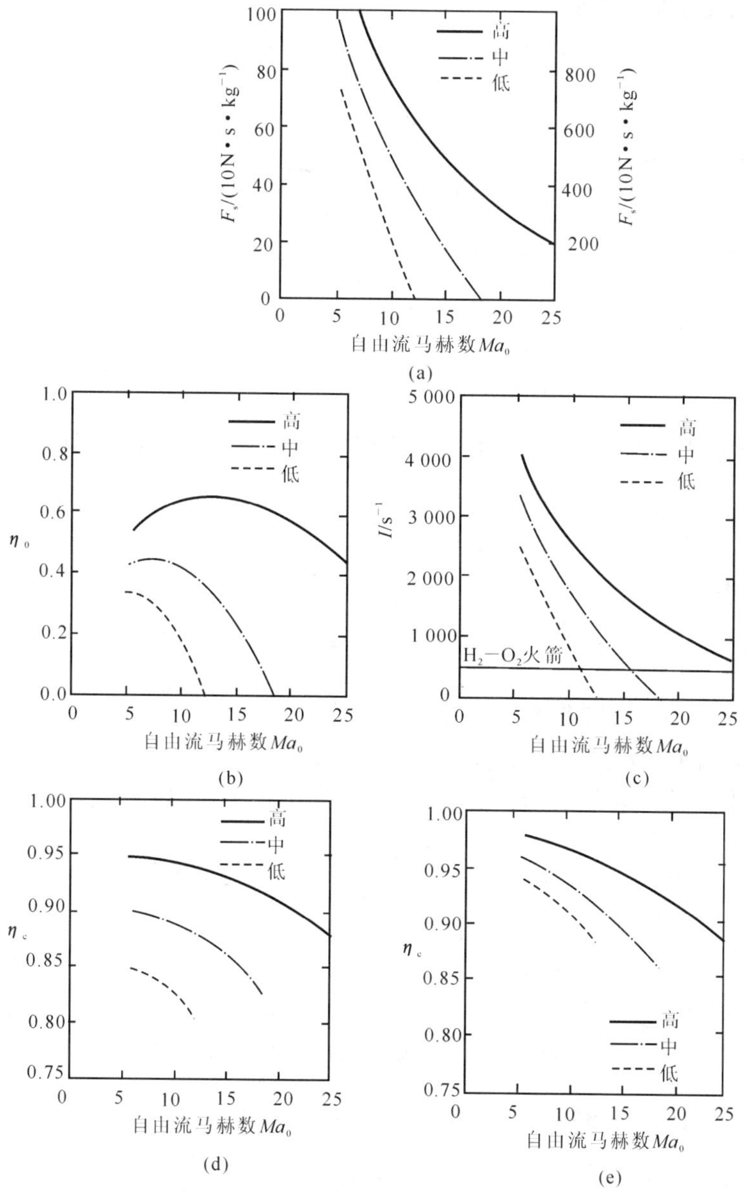

图 10-51

(a) 超燃冲压发动机单位推力随飞行马赫数的变化关系；(b) 超燃冲压发动机总效率随飞行马赫数的变化关系；(c) 超燃冲压发动机比冲随飞行马赫数的变化关系；(d) 超燃冲压发动机压缩过程效率随飞行马赫数的变化关系；(e) 超燃冲压发动机膨胀过程效率随飞行马赫数的变化关系

而发动机的非安装推力为

$$F = W_9 c_9 - W_0 c_0 + A_9 (p_9 - p_0)$$

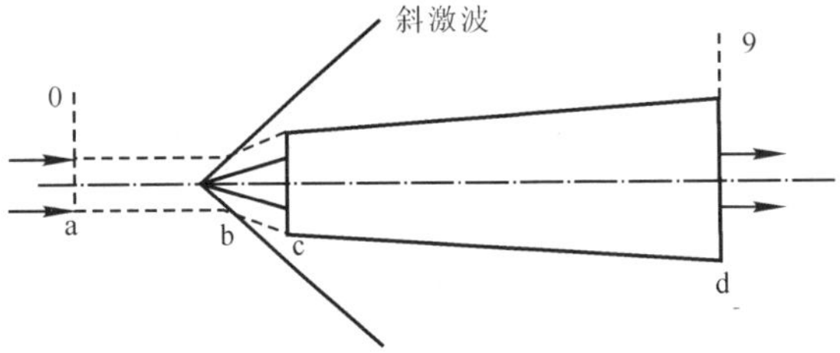

图 10-52 吊舱发动机安装推力用

通常，把摩擦阻力放在飞行器阻力考虑，而在推力中考虑附加阻力和外阻力。于是可得安装推力为

$$F_{\mathrm{ef}} = F - (D_{\mathrm{add}} + D_{\mathrm{ext}}) \tag{10-166}$$

式中，附加阻力为

$$D_{\mathrm{add}} = -\int_{\mathrm{b}}^{\mathrm{c}} (p - p_0) \mathrm{d}A_x \tag{10-167}$$

外阻力为

$$D_{\mathrm{ext}} = -\int_{\mathrm{c}}^{\mathrm{d}} (p - p_0) \mathrm{d}A_x \tag{10-168}$$

2. 一体化的发动机与飞行器

为了使讨论简单，假定发动机是二维的，其结论同样可应用于其他几何情况。图 10-53 所示是发动机与飞行器一体化的示意图和推导安装推力用的控制体 abcdefh。

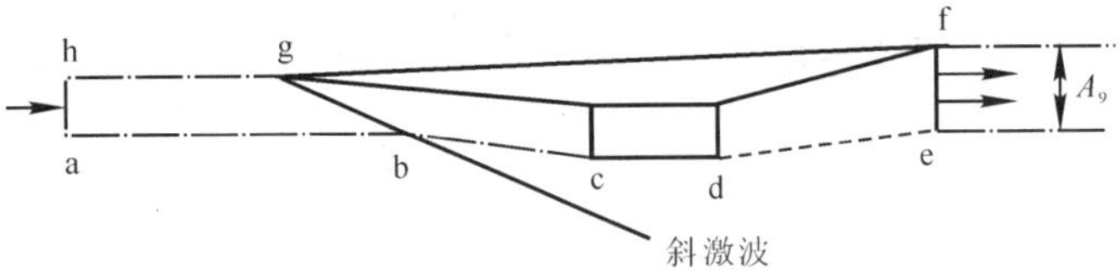

图 10-53 发动机与飞行器一体化的示意图

对图 10-53 所示的控制体，应用动量方程可以得到安装推力的表示式为

$$F_{\mathrm{ef}} = W_9 c_9 - W_0 c_0 + \int_{\mathrm{b}}^{\mathrm{c}} (p - p_0) \mathrm{d}A_x + \int_{\mathrm{c}}^{\mathrm{d}} (p - p_0) \mathrm{d}A_x + \int_{\mathrm{d}}^{\mathrm{e}} (p - p_0) \mathrm{d}A_x + \int_{\mathrm{e}}^{\mathrm{f}} (p - p_0) \mathrm{d}A_x + \int_{\mathrm{f}}^{\mathrm{g}} (p - p_0) \mathrm{d}A_x - F_{\mathrm{f}x} \tag{10-169}$$

附加阻力为

$$D_{\mathrm{add}} = -\int_{\mathrm{b}}^{\mathrm{c}} (p - p_0) \mathrm{d}A_x - \int_{\mathrm{d}}^{\mathrm{e}} (p - p_0) \mathrm{d}A_x \tag{10-170}$$

外阻力为
$$D_{\text{ext}} = -\int_{c}^{d}(p - p_0)\mathrm{d}A_x - \int_{f}^{g}(p - p_0)\mathrm{d}A_x \tag{10-171}$$

非安装推力为
$$F = W_9 c_9 - W_0 c_0 + A_9(p_9 - p_0)$$

一体化发动机的安装推力的表达式与式(10-168)相同,即
$$F_{\text{eff}} = F - (D_{\text{add}} + D_{\text{ext}})$$

可用安装损失系数表示安装的推力损失,即
$$\phi_c = 1 - \frac{F_{\text{eff}}}{F} = \frac{D_{\text{add}} + D_{\text{ext}}}{F} \tag{10-172}$$

10.9　小　结

1. 超燃冲压发动机性能参数及其相互关系

单位推力：　$F_s = \dfrac{F}{W_0}, \quad \dfrac{f}{\text{sfc}}, \quad gfI_s, \quad \dfrac{fH_u}{c_0}\eta_0$

比冲：　$I_s = \dfrac{F}{gW_f}, \quad \dfrac{1}{g\,\text{sfc}}, \quad \dfrac{1}{gf}\dfrac{F}{W_0}, \quad \dfrac{H_u}{gc_0}\eta_0$

耗油率：　$\text{sfc} = \dfrac{3\,600W_f}{F}, \quad \dfrac{f}{F_s}, \quad \dfrac{1}{gf}, \quad \dfrac{c_0}{H_u\eta_0}$

总效率：　$\eta_0 = \dfrac{Fc_0}{H_u fW_0}, \quad \dfrac{c_0}{H_u\,\text{sfc}}, \quad \dfrac{gc_0}{H_u}I_s, \quad \eta_{th}\eta_p$

热效率：　$\eta_{th} = \dfrac{W_a[(1+f)c_9^2 - c_0^2]}{2W_f H_u}, \quad \eta_{tc}\eta_b$

循环热效率：$\eta_{tc} = \dfrac{W_a[(1+f)c_9^2 - c_0^2]}{2W_f H_u \eta_b}$

推进效率：　$\eta_p = \dfrac{2Fc_0}{W_a[(1+f)c_9^2 - c_0^2]}, \quad \dfrac{2}{1+\dfrac{c_9}{c_0}}$

油气比：　$f = \dfrac{W_f}{W_a}$

燃烧效率：　η_b

2. 冲量函数、气流推力函数、无量纲焓和动能

冲量函数：　$I = pA(1 + kMa^2)$

气流推力函数：　$S_a \equiv \dfrac{I}{W} = c\left(1 + \dfrac{RT}{c^2}\right)$

无量纲气流推力函数：　$\Phi \equiv \dfrac{S_a}{\sqrt{C_p T_{ti}}}$

无量纲焓：$H \equiv \dfrac{C_p T}{C_p T_{\text{ti}}}$

无量纲动能：$K \equiv \dfrac{c^2}{2C_p T_{\text{ti}}}$

绝能过程：$H + K = 1$

3. 进气道

总压恢复系数：$\sigma_i = \dfrac{p_{t3}}{p_{t0}} = \dfrac{p_3}{p_0}\left(\dfrac{1+\dfrac{k-1}{2}Ma_3^2}{1+\dfrac{k-1}{2}Ma_0^2}\right)^{\frac{k}{k-1}} = \left[\dfrac{1}{\psi(1-\eta_c)+\eta_c}\right]^{\frac{k}{k-1}}$

压缩过程效率：$\eta_c = \dfrac{h_3 - h_x}{h_3 - h_0} = \dfrac{C_p(T_3 - T_x)}{C_{pc}(T_3 - T_0)} = \dfrac{\psi - \dfrac{T_x}{T_0}}{\psi - 1}, \psi \equiv \dfrac{T_3}{T_0}$

$$\eta_c = \frac{\psi - \left(\dfrac{1}{\sigma_i}\right)^{(k-1)/k}}{\psi - 1}$$

动能效率：$\eta_{KE} = \dfrac{c_x^2}{c_0^2}$

$$\eta_{KE} = 1 - \frac{2}{(k-1)Ma_0^2}(\psi - 1)(1-\eta_c)$$

$$\eta_c = 1 - \frac{(k-1)Ma_0^2}{2}\left(\frac{1-\eta_{KE}}{\psi - 1}\right)$$

压缩过程熵增：$S_3 - S_0 = C_{pc}\ln\dfrac{T_3}{T_0} - k\ln\dfrac{p_3}{p_0}$

$$\eta_c = \frac{\psi - e^{(S_3 - S_0)/C_{pc}}}{\psi - 1}$$

$$\sigma_i = e^{-\Delta S/R}$$

总压缩效率 η_c 与激波压缩效率 η_1 的关系：$\eta_c = \eta_1 \dfrac{\left(1-\dfrac{1}{\psi_1}\right)}{\left(1-\dfrac{1}{\psi}\right)}$

燃烧室进口压力限制：燃烧室进口静压 p_3 的上限一般为 $10\times 1.013\ 25\times 10^5$ Pa；一般下限为 $0.5\times 1.013\ 25\times 10^5$ Pa。

激波与附面层干涉分离的近似准则是：层流，$\dfrac{Ma_{\text{下游}}}{Ma_{\text{上游}}} < 0.898$，分离；紊流，$\dfrac{Ma_{\text{下游}}}{Ma_{\text{上游}}} < 0.762$，分离。

隔离段的长度估算：

$$\frac{L}{H}=\frac{\sqrt{\dfrac{\theta}{H}}}{\sqrt[4]{Re_\theta}}\frac{50\left(\dfrac{p_e}{p_i}-1\right)+170\left(\dfrac{p_e}{p_i}-1\right)^2}{(Ma_i^2-1)}$$

最大收缩比：基于 $2<Ma_0<4$ 范围内试验的近似：最大慢收缩比等于把自由流 Ma_0 等熵地压缩，则喉部马赫数 $Ma_t=\dfrac{Ma_0}{2}$ 时的收缩比。

4. 燃烧室

(1) 忽略质量附加，燃烧室中加热时的参数变化关系如下：

$$\frac{\mathrm{d}Ma}{Ma}=-\frac{\Gamma}{1-Ma^2}\frac{\mathrm{d}A}{A}+\frac{1+kMa^2}{2(1-Ma^2)}\Gamma\frac{\mathrm{d}T_t}{T_t}$$

$$\frac{\mathrm{d}p}{p}=\frac{kMa^2}{1-Ma^2}\frac{\mathrm{d}A}{A}-\frac{kMa^2}{1-Ma^2}\Gamma\frac{\mathrm{d}T_t}{T_t}$$

$$\frac{\mathrm{d}\rho}{\rho}=\frac{Ma^2}{1-Ma^2}\frac{\mathrm{d}A}{a}-\frac{\Gamma}{1-Ma^2}\frac{\mathrm{d}T_t}{T_t}$$

$$\frac{\mathrm{d}c}{c}=-\frac{1}{1-Ma^2}\frac{\mathrm{d}A}{a}+\frac{\Gamma}{1-Ma^2}\frac{\mathrm{d}T_t}{T_t}$$

$$\frac{\mathrm{d}p_t}{p_t}=-\frac{1}{2kMa^2}\frac{\mathrm{d}T_t}{T_t}$$

$$\frac{\mathrm{d}s}{C_p}=\Gamma\frac{\mathrm{d}T_t}{T_t}$$

(2) 双模态燃烧系统。隔离段加燃烧室组成燃烧系统，是既能工作于超燃模态又能工作于亚燃模态的无几何喉部的冲压发动机燃烧系统。等截面隔离段加等截面燃烧室不是好的双模态燃烧系统，其亚燃模态完全没有裕度。

双模态燃烧系统通常由等截面隔离段加面积扩张的燃烧室组成，有两种模态 3 种工作情况如下：

1) 隔离段无激波的超燃模态。燃烧室中无热堵塞，隔离段中无激波，隔离段与燃烧室无分离、无干涉，全程无亚声速流。

2) 隔离段有斜激波链超燃模态。燃烧室中无热堵塞，隔离段中有斜激波链，隔离段与燃烧室有分离、有干涉，全程无亚声速流。

3) 隔离段有正激波链的亚燃模态。燃烧室中有热堵塞，隔离段中有正激波链，隔离段与燃烧室有分离、有干涉，燃烧室进口亚声速流。

模态的转换决定燃烧模态的主要因素是：$A(x)$，$\tau(x)$，Ma_2，改变这 3 个因素之一就可能实现模态的转换。

(3) 无摩擦等截面隔离段进出口参数关系如下：

1) 出口的最小压力等于进口压力，$p_{3,\min}=p_2$，隔离段中无激波。

2) 出口的最大压力等于进口马赫数经一道正激波后的压力，$p_{3,\max}=p_{2y}$，隔离段中有最强的正激波链，其强度相当于一道正激波的强度。

3）当出口反压 $p_3 = p_{3,\min} \sim p_{3,\max}$ 时，隔离段中有激波链。若 $Ma_3 < 1$，则为正激波链，若 $Ma_3 > 1$，则为斜激波链。

隔离段通过调整其中的激波链，改变出口的压力，使其与燃烧室所施加的反压相匹配。

5. 尾喷管

(1) 尾喷管性能参数。

总压恢复系数：

$$\sigma_e = \frac{p_0}{p_4}\left(\frac{1+\frac{k-1}{2}Ma_9^2}{1+\frac{k-1}{2}Ma_4^2}\right)^{\frac{k_e}{k_e-1}}$$

$$\sigma_e = \frac{p_0}{p_4}\left(\frac{T_4}{T_9}\right)^{\frac{k_e}{k_e-1}}$$

$$\sigma_e = \left[\frac{1}{\eta_e(1-\eta_e)\left(\frac{p_4}{p_0}\right)^{\frac{k_e}{k_e-1}}}\right]^{\frac{k_e}{k_e-1}}$$

膨胀效率
$$\eta_e = \frac{h_4 - h_9}{h_4 - h_{9i}}$$

$$\eta_e = \frac{1-\left(\frac{1}{\sigma_e}\frac{p_0}{p_4}\right)^{(k-1)/k}}{1-\left(\frac{p_0}{p_4}\right)^{(k-1)/k}}$$

速度系数：
$$c_{ev} = \frac{c_9}{c_y}$$

$$\eta_e = \frac{c_{ev}^2 - \left(\frac{c_4}{c_y}\right)^2}{1-\left(\frac{c_4}{c_y}\right)^2}$$

无量纲熵增
$$\frac{s_9 - s_4}{c_{pe}} = \ln\left[\eta_e + (1-\eta_e)\left(\frac{p_4}{p_0}\right)^{\frac{k_e-1}{k_e}}\right]$$

出口速度的角度系数：
$$c_{Fg} \approx \frac{c_{x,9}}{c_9}$$

推力系数 c_{Fg}：实际尾喷管推力与理想值之比。

(2) 尾喷管 3 种工作状态为完全膨胀、不完全膨胀、过度膨胀。

习 题

1. 假定一个超燃冲压发动机，飞行速度 $c_0 = 3\ 000$ m/s，单位推力 $F_s = 600$ (N·s)/kg，

采用液氢燃料，热值 $H_u = 120\ 000\ \mathrm{kJ/kg}$，油气比 $f = 0.029\ 4$，试计算发动机的耗油率、比冲、总效率、推进效率和热效率。

2. 试画出绝能过程无量纲焓与无量纲动能的关系曲线，并在此曲线上标出马赫数的数值。

3. 导出进气道总压恢复系数 σ_i 与动能效率 η_{KE} 的关系：

$$\sigma_i = \left[\frac{1}{1+\dfrac{k-1}{2}Ma_0^2(1-\eta_{KE})}\right]^{\frac{k}{k-1}}$$

并作出 $\sigma_i - \eta_{KE}$ 的关系曲线。

4. 导出进气道总压恢复系数 σ_i 与无量纲熵增 $(s_3 - s_0)/C_{pc}$ 的关系：

$$\sigma_i = \exp\left[-\left(\frac{k}{k-1}\right)\left(\frac{s_3 - s_0}{C_{pc}}\right)\right]$$

并作出 $\sigma_i - (S_3 - S_0)/C_{pc}$ 的关系曲线。

5. 导出进气道动能效率 η_{KE} 与无量纲熵增 $(s_3 - s_0)/C_{pc}$ 的关系：

$$\eta_{KE} = 1 - \frac{2}{(k-1)M_0^2}\left(e^{\frac{s_3 - s_0}{C_{pc}}} - 1\right)$$

并作出 $\eta_{KE} - (s_3 - s_0)/C_{pc}$ 的关系曲线。

6. 用于表示压缩过程性能的首选参数是 $K_D = \dfrac{c_x^2 - c_3^2}{c_0^2 - c_3^2}$，假定 $k = \mathrm{const}$，求证：$K_D = \eta_c$。

7. 进气道的压缩过程如图 10-54 所示。

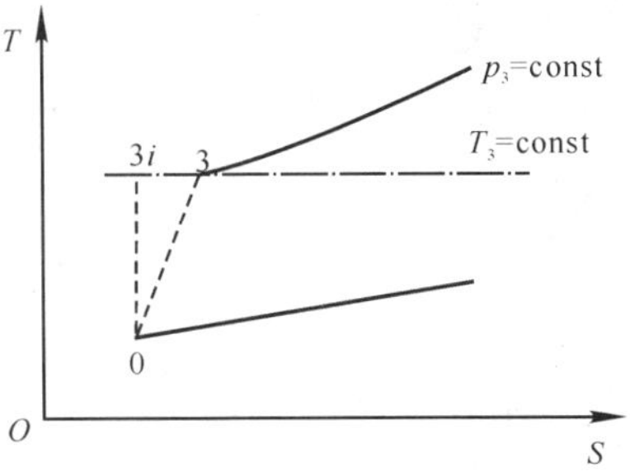

图 10-54

假定 $k = \mathrm{const}$，求证：$\eta_{pr} = \sigma_i$（$\eta_{pr} \equiv \dfrac{p_3}{p_{3i}}$）。

8. 美军用规范 MIL-E-5008B 对高速飞机无黏性进气压缩系统总压恢复系数的预测，有如下关系：

$$\sigma_i = \frac{800}{Ma_0^4 + 935} \qquad (Ma_0 \geqslant 5)$$

试利用该关系式，对于 $\psi \equiv \frac{T_3}{T_0} = 7.0, k = 1.36$，转换为压缩效率 η_c 随飞行马赫数 Ma_0 的变化曲线。

9. 近来估计黏性压缩系统性能的新方法是：

$$\frac{A_0}{A_3} = -3.5 + 2.17Ma_0 - 0.017Ma_0^2$$

$$\frac{p_3}{p_0} = -8.4 + 3.5Ma_0 + 0.63Ma_0^2$$

假定为完全气体，利用静压表示的质量流量参数为

$$\frac{W\sqrt{T_t}}{pA} = \sqrt{\frac{k}{R}}Ma\sqrt{1 + \frac{k-1}{2}Ma^2}$$

可得

$$Ma_3\sqrt{1 + \frac{k-1}{2}Ma_3^2} = \frac{p_0}{p_3}\frac{A_0}{A_3}Ma_0\sqrt{1 + \frac{k-1}{2}Ma_0^2}$$

试根据上述关系，对于 $5 < Ma_0 < 25$ 范围，计算燃烧室进口马赫数 Ma_3，并进而计算 $\psi, s_3 - s_0, \eta_c$。因此可以得出压缩效率基本上等于常数（$0.878 < \eta_c < 0.894$）。

10. 对于一维无质量附加的完全气体流动，求作给定无量纲气流推力函数 $\Phi = \text{const}$ 时的无量纲静焓与无量纲动能的关系曲线。试问：在什么情况下，该曲线即是 Rayleigh 线？

11. 假定在等截面无摩擦并且与外界无能量交换的一维管流中存在有一道正激波，已知进口的 C_pT_{ti} 和马赫数 Ma_i。说明如何利用图解法确定激波后的无量纲焓和无量纲动能。

12. 考虑等截面无摩擦无质量附加的一维加热管流，已知进口的 C_pT_{ti}、马赫数 Ma_i 和出口与进口的总温比 $\tau_e \equiv \frac{T_{te}}{T_{ti}}$（即无量纲加热的主要指标），示意地利用图解法确定出口的参数，并用图说明在什么 $\tau_e \equiv \frac{T_{te}}{T_{ti}}$ 值下产生热堵塞（即出口马赫数 $Ma_e = 1$）。

13. 对于等截面无摩擦无质量附加的一维加热管流，求证：

$$\frac{dMa}{Ma} = \frac{\Gamma(1 + kMa^2)}{2(1 - Ma^2)}\frac{dT_t}{T_t} \qquad \Gamma \equiv 1 + \frac{k-1}{2}Ma^2$$

$$\frac{dp_t}{p_t} = -\frac{kMa^2}{2}\frac{dT_t}{T_t}$$

并分析上面两式说明什么问题。

14. 考虑无摩擦无质量附加的加热管流，管道的面积变化使气流的静压不变，已知进口的 C_pT_{ti}、马赫数 Ma_i 和出口与进口的总温比 $\tau_e \equiv \frac{T_{te}}{T_{ti}}$，求证：

$$\frac{Ma_i}{Ma_e} = \sqrt{\tau_e\left(1 + \frac{k-1}{2}Ma_i^2\right) - \frac{k-1}{2}Ma_i^2}$$

$$\frac{p_{ti}}{p_{te}}=\left[1+\frac{k-1}{2}Ma_i^2\left(1-\frac{1}{\tau_e}\right)\right]^{\frac{k}{k-1}}$$

$$\frac{A_e}{A_i}=\tau_e\left(1+\frac{k-1}{2}Ma_i^2\right)-\frac{k-1}{2}Ma_i^2$$

15. 在 $H-K$ 图上示意地表示出超燃和亚燃冲压发动机无摩擦等面积加热和无摩擦等压加热的气动热力过程。假定尾喷管完全膨胀，问其出口的马赫数能否达到飞行马赫数？为什么？

16. 什么是双模态燃烧系统？为什么需要双模态燃烧系统？

17. 双模态燃烧系统有哪几种工作情况？它们各自的特点是什么？如何实现两种模态的转换？

18. 隔离段的作用是什么？为什么能起到这样的作用？超燃模态下为什么还需要隔离段？

19. 在给定的隔离段进口马赫数和 k 值下，试计算隔离段出口核心流面积与进口面积之比 $\frac{A_{3n}}{A_2}$ 随压力比 $\frac{p_3}{p_2}$ 的变化关系。

20. 为什么说等截面隔离段加等截面燃烧室不是好的双模态燃烧系统？

21. 为什么等截面隔离段加面积扩张的燃烧室组成的双模态燃烧系统，在一定的隔离段进口超声速马赫数范围内可以稳定地工作于亚燃模态？

22. 什么是燃烧室的热力喉部？什么是堵塞的热力喉部？热力喉部的马赫数是否一定等于1.0？

23. 燃烧室有效面积或当量几何面积的概念是什么？

24. 若给定 $\frac{p_4}{p_0}=100,500,1000$；$k_e=1.24$，求作尾喷管总压恢复系数 σ_e 与膨胀效率 η_e 的曲线关系，并说明为什么高超声速飞行下一般不使用总压恢复系数。

25. 假定已知尾喷管进口静压和气流马赫数（大于1.0），试简要叙述如何利用特征线法设计一个二维完全膨胀的尾喷管。

26. 高超声速冲压发动机与飞行器一体化的尾喷管的特点是什么？

27. 画出高超声速冲压发动机尾喷管的3种工作状态的示意图。

28. 高超声速冲压发动机尾喷管如果调节，一般采用什么方法调节？

29. 在计算实际的超燃冲压发动机特性时，为什么要给定动压 q_0？若分别给定动压 $q_0=25$ Pa，50 Pa，100 Pa，试求作飞行轨迹，即飞行高度 H 与飞行马赫数的关系曲线。

30. 试分析飞行轨迹的动压对超燃冲压发动机特性的影响。

31. 超燃冲压发动机的附加阻力的定义式是什么？其物理意义是什么？

参考文献

1 Guha A. Optimisation of Aero Gas Turbine Engines. The Aeronautical Journal，2001：345～358

2 Guha A. Optimum Fan Pressure Ratio for Bypass Engines with Separate or Mixed Exhaust Streams，Journal of Propulsion and Power，2001：1 117～1 122

3 马丁利. D J,海泽. W H,戴利. D H. 航空发动机设计. 候志兴等译. 北京:科学出版社,1992

4 Bendot J G,Piercy T G and Brown P N. Composite Engines to Single-Stage-To-Orbit Vehicle. NASA-CR-2613,1975

5 Daines R and Segal C. Combined Rocket and Airbreathing Propulsion Systems for Space-Launch Application,Journal of Propulsion and Power,1998：605～612

6 Chappell M S and Cockshutt E P. Gas Turbine Cycle Calculation：Thermodynamics Data Tables for Air and Combust Products,AD690716,1969

7 朱行健,王雪瑜. 燃气涡轮机工作原理及性能. 北京:科学出版社,1992

8 廉小纯,吴虎. 航空燃气涡轮机原理(下册). 北京:国防工业出版社,2001

9 Sellers J F and Daniele C J. DYNGEN-A Program for Calculating Steady State Transient Performance of Turbojet and Turbofan Engines,NASA-TND-7901,1975

10 聂恰耶夫 Ю H. 航空动力装置控制规律与特性.单凤桐译. 北京：国防工业出版社,1999

11 Oates,G C. 燃气涡轮发动机气动热力学理论及其应用. 张逸民等译. 北京：国防工业出版社,1992

12 陈大光,张津. 飞机-发动机匹配及优化. 北京：北京航空航天大学出版社,1990

13 唐狄毅,廉小纯.航空燃气涡轮机原理(下册). 北京:国防工业出版社,1990

14 Cumpsty N A. Jet Propulsion. Cambridge University Press，1997

15 吴达,郑克扬. 排气系统的气动热力学. 北京:北京航空航天大学出版社,1989

16 聂恰耶夫 Ю H. 航空燃气涡轮发动机原理. 姜树明译. 北京:国防工业出版社,1984

17 陆亚钧. 叶轮机非定常流理论. 北京:北京航空航天大学出版社,1990

18 赵鹤书，潘杰元. 飞机进气道气动原理. 北京:国防工业出版社,1989

19 Davis,Jr M W. Parametric Investigation into the Combined Effects of Pressure and Temperature Distortion on Compression System Stability ,AIAA91-1895

20 潘锦珊. 气体动力学基础. 北京:国防工业出版社,1989

21 William H，Heiser，Daid T Pratt. Hypersonic Airbreathing Propulsion. AIAA Education Series，1994

22 斯辽赫钦科 C M. 空气喷气发动机原理. 王振华,陆亚均等译. 北京:国防工业出版社,1982

23 Gordon C Oates. Aircraft Propulsion Systems Technology and Design. AIAA Education Series，1989

24 刘小勇. 矢量喷管数学模型研究:[博士论文]. 西安:西北工业大学,1997

25 Matesanz A,Velazquez A and Rodriguez M. Aerodynamics Performance Prediction of Thurst-Vectorying Nozzles. Journal Of Propulsion And Power，1998,14(2)

26 Erich A Wilson etc. Optimizing Subcritical-Flow Thrust-Vectoring of Converging-Diverging Nozzles，Journal Of Propulsion And Power，2000,16(2)

27 Erich A Wilson etc. Thrust-Vectoring Turbofan Jet-Engine Analysis. International of Turbo and Jet Engines,1999,16:39～48

28 Berrier P E. A Review of Thrust－Vectoring Schemes for Figter Aircraft. AIAA/SAE 14TH JOINT PROPULSION CONFERENCE LAS VEGAS,Nev./July 25～27,1978

29 Hiley P E etc. Installed Performance of Vectoring/Reversing Nonaxisymmetric Nozzles, AIAA/SAE 14TH JOINT PROPULSION CONFERENCE LAS VEGAS,Nev./July 25～27,1978

30 《航空发动机设计手册》总编委会. 航空发动机设计手册. 第7册. 排气装置. 北京:航空工业出版社,2000

31 Seddon J and Goldsmith E L. Intake Aerodynamics, AIAA Education Series,1985

32 黄志澄. 高超声速飞行器空气动力学. 北京:国防工业出版社,1995

33 Marvin C Gridley,Steven H Walker. Inlet and Nozzle Technology 21st Century Fighter Aircrafty,ASME 96-GT-244

34 杨应凯,李玉璞. JSF X-35的无附面层隔道超声速进气道. International Aviation, 2001